ISBN 978-0-666-09252-6
PIBN 10602814

IL NUOVO CIMENTO

GIORNALE DI FISICA, DI CHIMICA E SCIENZE AFFINI

COMPILATO DAI PROFESSORI

C. MATTEUCCI E **R. PIRIA**

COLLABORATORI

DONATI G. B. a Firenze
FELICI R. a Pisa
GOVI G. a Firenze
CANNIZZARO S. a Genova
DE LUCA S. a Pisa
SELLA Q. a Torino

Tomo VII.

MARZO

(Pubblicato l' 8 Aprile)

1858

TORINO
PRESSO I TIPOGRAFI-LIBRAI
G. B. PARAVIA E C.°

PISA
PRESSO IL TIPOGRAFO-LIBRAIO
F. PIERACCINI

RICERCHE SUL CANFENE; DI BERTHELOT.

I rapporti che esistono fra l'essenza di terebentina ed il composto cristallizzato prodotto dalla sua combinazione coll' acido idroclorico e chiamato col nome di canfora artificiale sono stati oggetto di ricerche di un gran numero di Chimici. Ed in vero lo studio di questo rapporto sembrerebbe di tale natura da gettare un qualche lume non che sopra i fenomeni che avvengono nelle combinazioni, ma eziandio sopra il mantenersi costanti più o meno perfettamente le proprietà de' corpi generatori nelle combinazioni ch' essi producono. La canfora artificiale si produce con estrema facilità, ed il suo potere rotatorio corrisponde esattamente al carburo d' idrogeno da cui essa deriva; questi fatti ed altri ancora avevano fatto pensare che il monocloridrato cristallizzato fosse costituito dal carburo medesimo unito all' idracido senza che questo fosse modificato.

La formazione costante e simultanea di un cloridrato liquido isomero non è un ostacolo alla conclusione che precede anche quando si opera con un carburo omogeneo e ben definito e con identità del potere rotatorio de' prodotti della sua distillazione, mentre il cloridrato liquido varia nella sua proporzione e nel valore del suo potere rotatorio a seconda delle condizioni della esperienza, il che autorizza a considerarlo come una alterazione dello stato molecolare del carburo d' idrogeno generatore.

Però le sperienze per mezzo delle quali Soubeiran e Capitaine han cercato di separare il carburo unito all'acido idroclorico nella canfora artificiale non hanno confermato le induzioni relative alla natura di questo carburo d' idrogeno.

In fatti il carburo che essi hanno ottenuto decomponendo la canfora artificiale per mezzo della calce è liquido come l' essenza di terebentina ed isomero con essa, ma privo del potere rotatorio, il che ne lo distingue completamente.

Trattato con l' acido idroclorico esso forma di nuovo e simultaneamente due cloridrati isomeri ambedue privi del potere rotatorio, l'uno cristallizzato analogo alla canfora a ficiale, l'altro liquido. Questo carburo non è dunque id tico all'essenza di terebentina e l'assenza del potere r torio non permette di ammettere la sua presenza nella c fora artificiale.

Quindi il carburo d'idrogeno che costituisce l'esse di terebentina sembra passare per una serie successiva modificazioni isomere, senza poterlo riottenere nè allo s primitivo, nè ad uno stato fisso e determinato proprio a s vire di base nelle teorie molecolari.

Io sono riuscito ad ottenere questo stato fisso continu do le mie ricerche sugli stati isomeri dell'essenza di te bentina. Secondo tali ricerche l'essenza di terebentina e maggior parte de' carburi isomeri sono modificati sia ris dandoli isolatamente al di sopra di 250°, sia sopratutto qu do si portino fino a questa temperatura in contatto del c ruro di calcio, o di altri cloruri terrosi o metallici. Ora q ste due condizioni sfavorevoli si trovano realizzate nella c composizione del monocloridrato cristallizzato di essenza terebentina per mezzo della calce. Per ciò prevenire, se bra necessario operare questa decomposizione ad una te peratura inferiore o tutto al più eguale a 250°, e per m zo o della potassa o della soda che entrambe non altera sensibilmente l'essenza, nè per azione propria nè per i c ruri ch'esse producono. Ma la potassa e la soda riscald in vasi chiusi con la canfora artificiale ad una temperat prossima a 250° non l'attaccano che imperfettissimamente ragione dell'assenza della forza dissolvente reciproca.

Le dissoluzioni più comuni generalmente adoperate c me sarebbero l'alcool ed i corpi analoghi non potrebbe essere impiegati dacchè la potassa e la soda li decomp gono al di sopra di 200° con sviluppo di gas idrogeno.

Pensai come questa difficoltà potesse essere tolta imp gando come dissolvente comune dell'alcali e della canfora tificiale un acido organico, cioè a dire impiegando un sale potassa o di soda convenientemente scelto. L'acetato di da che in principio sembrerebbe il più adatto, non può ad perarsi dacchè l'acido acetico modifica isomericamente l'e senza alla temperatura di 100°, ma si può ricorrere al benzoato di potassa, come pure a' sali di soda formati dagli acidi grassi cioè a dire a' saponi disseccati.

Si ottiene così un carburo cristallizzato del tutto analogo per le sue proprietà alla canfora artificiale da cui deriva, dotato del potere rotatorio, e dotato della proprietà di combinarsi di nuovo all'acido idroclorico dando luogo ad un composto unico o ben definito, la canfora artificiale, da cui deriva. Ecco come si opera: Si scalda la canfora artificiale con 8 o 10 volte il suo peso di sapone secco, o pure con due volte il suo peso di benzoato di potassa in tubi chiusi alla lampada fino ad una temperatura compresa fra i 240° e 250° e mantenuta per lo spazio di 20 o 40 ore almeno.

Dopo il raffreddamento, si rompono i tubi e si introduce il contenuto, che è di consistenza gelatinosa, in una storta tubulata, si distilla fino al comparire di vapori bianchi, i quali annunziano come la sostanza grassa è prossima a decomporsi. Si ridistilla il prodotto volatile, si mettono da parte le prime gocce che formansi verso 160° e si raccoglie separatamente ciò che distilla in seguito verso a' 180°.

Questo prodotto si rapprende in massa cristallina talora immediatamente, talora al termine di alcune ore. Si asciuga questa massa, e la si comprime fortemente tra fogli di carta sugante fintantochè cessino di essere umidi.

È questo il carburo d'idrogeno cercato, il vero canfene.

Questo corpo è composto di

$$\begin{array}{r} C = 87{,}8 \\ H = 11{,}9 \\ \hline 99{,}7 \end{array}$$

La formola $C^{20}H^{16}$ esige $\left\{\begin{array}{r} C = 88{,}2 \\ H = 11{,}8 \end{array}\right.$

$$\begin{array}{r} \hline 100{,}0 \end{array}$$

Esso è solido cristallizzato dotato di aspetto e di prodo con un carburo isomero atto a formare un cloridrato quido, poichè il rapporto fra questi due carburi dovreb essere almeno quello di 86 : 14 = 6 : 1, relazione trop complicata per essere probabile.

L'azione dell'acido idroclorico sopra una soluzione coolica di canfene è egualmente contraria alla ipotesi pı cedente.

La trasformazione del canfene in monocloridrato soli o canfora artificiale, termina di stabilire come il carburo realmente la base di questo cloridrato, poichè l'analisi e sintesi concorrono ad una tale conclusione.

FATTI RELATIVI A' DIVERSI STATI DEL SOLFO ISOLATO DALLE SUE COMBINAZIONI; DI CLOËZ.

Corrispondenza particolare del Nuovo Cimento.

I Chimici partigiani delle teorie elettro-chimiche du stiche o d'antagonismo, sono indotti a considerare certi c pi come suscettibili di potere esistere in varie loro com nazioni sotto due stati opposti, funzionando nelle une da e mento elettro-negativo o comburente e nelle altre al c trario da elemento elettro-positivo o combustibile; il cloro p esempio offre il primo di questi stati nell'acido cloridri ne' cloruri, ed il secondo negli acidi ipercloroso, cloros clorico, e perclorico; nella stessa guisa il solfo nelle s combinazioni coll' idrogeno ed i metalli è riguardato co elettro-negativo, mentre ne' composti numerosi che gene coll'ossigeno, col cloro, col bromo è in uno stato elettri opposto, cioè elettro-positivo.

Alcuni Chimici come Berzelius distinguono questi d stati cominciando le formole chimiche, destinate a rapp sentare la composizione de' corpi, per l' elemento elettrositivo e terminandole per l'elemento elettro-negativo. Così l'acido cloridrico è espresso dalla formola HCl e l'acido clorico dalla formola ClO^5; per lo stesso principio, l'acido solfidrico ed i solfuri si scrivono HS, RS, mentre gli acidi solforoso, solforico, iposolforico sono rappresentati dalle formole SO^2,SO^3,S^2O^5.

Si può domandare se gli stati elettrici essenzialmente relativi de' corpi combinati si manifestano per via di differenze sensibili nelle proprietà de' corpi isolati dalle loro combinazioni. Per quanto concerne il solfo in particolare esiste forse una relazione costante fra la parte che deve sostenere questo corpo nelle sue combinazioni, e fra i differenti stati che presenta nell'atto della sua separazione?

La questione promossa in questi ultimi tempi da Berthelot è stata da lui affermativamente risoluta. Secondo questo Chimico: *I differenti stati del solfo libero possono restringersi a due varietà fondamentali corrispondenti al doppio ufficio del solfo nelle sue combinazioni; se esso funziona da elemento elettro-negativo o comburente analogo al cloro, all'ossigeno, si manifesta sotto forma di solfo cristallizzabile, ottaedrico, solubile nel solfuro di carbonio; se viceversa funziona da elemento elettro-positivo o combustibile analogo all'idrogeno ed a' metalli, si manifesta sotto forma di solfo amorfo, insolubile ne' dissolventi propriamente detti*. La proposizione di Berthelot è tanto ingegnosa di fondo quanto seducente per la forma. Essa è intimamente d'accordo colla questione dell'isomerismo e se fosse generalmente vera formerebbe uno de' punti più importanti della teoria chimica.

Ho avuto l'occasione di fare recentemente un gran numero di osservazioni che non mi permettono di adottare questo modo di vedere; le diverse modificazioni del solfo separato dalle sue combinazioni mi sembrano doversi attribuire più di sovente alle condizioni fisiche in mezzo alle quali questo corpo prende origine, e qualche volta ancora all'influenza degli agenti chimici che incontra nell'atto di sua separazione. Mi sono accertato che si può in generale estrarre a piacere da una stessa combinazione solforata del solfo insolubile o solubile e che lo stato di questo corpo di-

pende meno dalla natura della combinazione medesima, c
dal processo impiegato per operarne la separazione.

Il mio lavoro comprende più fatti nuovi, e s'appog
inoltre sopra fatti conosciuti di cui ho potuto constatare l'
sattezza. Ecco il riassunto delle mie sperienze:

1°. Solfo estratto da' cloruri o dal bromuro di zolfo
Fordos e Gelis hanno osservato pe' primi la formazione
solfo amorfo insolubile per mezzo della decomposizione d
cloruro di solfo in presenza dell'acqua, quando s'impie
questo liquido in eccesso avendo cura inoltre di rinnu
varlo più volte nello spazio di 5 o 6 giorni. Il solfo sep
rato è quasi totalmente insolubile nel solfuro di carboni
contiene solo da 0,12 a 0,20 di solfo solubile cristallizzabi
Ma si ottengono risultati affatto differenti, se si determi
lentissimamente la decomposizione del cloruro. In questo
so il solfo isolato può contenere sino a 0,95 di solfo de
nitivamente solubile e cristallizzabile. L'esperienza si eseg
sce esponendo all'aria il cloruro giallo distillato, o il clor
ro rosso saturo di cloro in un tubo chiuso a punta effilat
rotta, o in una boccia mal chiusa; la reazione non si compie c
dopo un tempo lunghissimo ma che necessariamente varia
condo lo stato igrometrico dell'aria, di cui l'umidità solt
to produce la decomposizione del cloruro esposto alla s
azione: il solfo cristallizza a misura che si separa, lo si
tiene finalmente sotto forme di grossi cristalli ottaedrici, t
sparenti, alcune volte ricoperti d'un lieve strato di so
amorfo, opaco, insolubile.

Il bromuro di solfo si comporta come il cloruro;
decomposizione è più lenta, ma i risultati sono identici.

È quindi stabilito che i cloruri ed il bromuro di so
producono del solfo insolubile per mezzo di una decomp
sizione rapida e del solfo solubile per mezzo di una deco
posizione lenta.

2°. Solfo degli iposolfiti. — La costituzione chimi
dell'acido iposolforoso può essere risguardata in due dif
renti modi: o che il solfo vi si trovi come negli acidi s
foroso e solforico tutto intero allo stato di corpo combus
bile; oppure se si considera quest'acido come un compo

d'acido solforoso e di solfo SO^2,S, analogo all'acido solforico formato d'acido solforoso e di ossigeno SO^2,O, il solfo vi compia un doppio ufficio vi esista in parte allo stato di corpo elettro-positivo, ed in parte allo stato di solfo elettro-negativo.

Qualunque sia l'ipotesi ammessa si deve giungere a verificarla, se è vero che esista una relazione costante tra l'ufficio elettro-chimico del solfo combinato ed i differenti stati di solubilità del solfo libero; le sperienze numerose fatte collo scopo di risolvere la questione non hanno dato fin qui alcun risultato decisivo; la sola conclusione che si può tirare, si collega colla proposizione suaccennata, vale a dire che il solfo insolubile si ottiene generalmente per mezzo di una separazione brusca, mentre il solfo solubile si forma sopratutto nelle decomposizioni lente.

Il solfo separato per mezzo dell'azione dell'acido cloridrico concentrato in eccesso sopra l'iposolfito di soda cristallizzato, è difficile a raccogliere fino a tanto che si trova in contatto col liquido acido contenente del cloruro di sodio, dell'acido solforoso ec. Non passa a traverso il filtro su cui si getta; ma tosto che la maggior parte del sale alcalino è separato dal precipitato, se si tenta di continuare il lavaggio all'acqua pura, il solfo è trascinato, e forma con l'acqua una emulsione che dura più di quindici giorni. L'acido cloridrico allungato scioglie una proporzione considerevole di questo solfo emulsionabile. La soluzione filtrata e chiara, presenta appena una leggiera tinta opalina, si conserva in questo stato per un tempo assai lungo, ma finisce sempre per decomporsi producendo un deposito di solfo cristallizzabile.

Quasi tutt' i sali alcalini disciolti intorbidano la soluzione cloridrica del solfo estratto dagli iposolfiti; i solfati di potassa ed ammoniaca possedono sopratutto questa proprietà al massimo grado.

Il solfo ottenuto per via umida, per mezzo dell'azione dell'acido cloridrico sopra l'iposolfito di soda ritiene dell'acqua e dell'acido solforoso; dopo otto giorni di esposizione nel vuoto sopra l'acido solforico, è ancora elastico, e ritiene anche dell'acqua in quantità notevole. Lo stato molle ed elastico di questo solfo sarebbe forse dovuto alla preset dell'acqua? Pongo la questione senza risolverla.

L'acido solforico debole produce colla soluzione allı gata d' iposolfito di soda del solfo liquido sotto forma gocciolette oleose che cadono in fondo al vaso e si riuı scono per costituire un liquido giallastro simile in tutto polisolfuro d' idrogeno.

L'iposolfito di soda, sciolto nell'acqua, è decompo per l'azione della pila; si forma del solfo aderente al ı lo positivo, come nell'elettrolisi dell'acido solfidrico; la ‹ composizione ha luogo nello stesso modo dopo l'aggiunta una quantità di soda sufficiente per rendere la sostanza m to alcalina.

Questa circostanza congiunta al fatto dell'aderenza ‹ solfo sull'elettrode in platino, addimostra che la corre ha per effetto di decomporre dapprima il sale in base ed acido, e di agire simultaneamente sopra quest'ultimo, prod cendo dell'acido solforoso che si porta al polo negativo a stato di solfito, mentre il solfo aderisce al polo positivo; porzione del solfo separato che resta sospeso nel liqui può provenire dalla decomposizione spontanea dell'acido ip solforoso messo in libertà dalla corrente.

8°. Solfo dell'acido solfidrico e de' solfuri. — La ma gior parte de' corpi ossidanti convenientemente impiega decompongono l'acido solfidrico ed i solfuri con separazio di solfo allo stato solubile o allo stato insolubile secondo modo di operare: in generale è solubile quando il reage agisce lentamente; è insolubile al contrario quando la ‹ composizione è pronta e quando si raccoglie il prodotto qualche modo allo stato nascente nell'atto di sua separ zione.

L'acido solfidrico ed i solfati sono pure decomposti p mezzo della pila, il solfo purificato è totalmente solub secondo Berthelot; i polisolfuri decomposti per mezzo de acidi danno egualmente dello solfo cristallizzabile, solubi

Qui ha luogo una osservazione relativamente all'influe za che certi agenti chimici esercitano sullo stato del s fo. Si è notato che l'acido solfidrico, i solfuri alcalini, ı alcali fissi, o carbonati, l'ammoniaca, hanno la proprietà di modificare il solfo amorfo insolubile e di farlo passare allo stato di solfo solubile cristallizzabile; è una causa perturbatrice, a cui va posto mente: è questa causa che rende solubile il solfo estratto dall'idrogeno solforato per l'azione della pila; è chiaro che in un caso simile non si può stabilire alcun rapporto tra lo stato del solfo dopo la sua separazione ed il posto che gli si attribuisce nella combinazione. La stessa osservazione può applicarsi al solfo estratto da' polisolfuri: fuori di queste condizioni, l'acido solfidrico i solfuri ed i composti in cui il solfo funziona da elemento elettronegativo comburente possono dare del solfo insolubile.

Berthelot attribuisce l'insolubilità del solfo estratto dall'acido solfidrico e da' solfuri a' corpi ossidati che hanno servito ad isolarlo; mi sembrerebbe più ragionevole l'ammettere che lo stato molle insolubile, è lo stato normale del solfo nell'atto della sua separazione; Esso rappresenta, per così dire, soltanto lo stato nascente; questo stato è poco stabile, si trova modificato in un gran numero di circostanze fisiche e chimiche, sopratutto, quando la decomposizione avviene lentamente, o quando il prodotto separato si trova nell'atto di formarsi, in contatto con reagenti capaci di cambiare il suo stato.

4°. Solfo dell'acido solfo-arsenico. — L'acido solfo-arsenico deve considerarsi come dell'acidoarsenico in cui due equivalenti di ossigeno sono rimpiazzati da una quantità proporzionale di solfo; è un composto analogo per la sua costituzione al cloro — solfuro di fosforo di Serullas o all'ossicloruro scoperto da Wurtz. Dietro questa analogia, il solfo esiste in questo acido sotto lo stesso stato che il cloro e l'ossigeno ne' composti a' quali si è confrontato; cioè allo stato elettro-negativo; deve comportarsi conseguentemente come il solfo dell'acido solfidrico e de' solfuri, e se la proposizione di Berthelot è vera, deve presentare inoltre, dopo la sua separazione, i caratteri attribuiti al solfo elettronegativo, vale a dire la solubilità nel solfuro di carbonio, e la facoltà di separarsi dalla soluzione sotto forma di cristalli ottaedrici.

La composizione del solfo-arseniato di potassa è rapp sentata dalla formola

$$ArO^{5}S^{2}KO2HO.$$

Trattando il sale polverizzato con un eccesso d'ac cloridrico concentrato, si decompone immediatamente p ducendo del cloruro di potassio, dell'acido arsenioso, del solfo molle non emulsionabile, facile a sbarazzarsi, pe lavaggio, delle materie solubili estranee che l'accompagna La reazione ha luogo senza elevazione di temperatura; si fettua fuori delle condizioni ossidanti che danno del sc insolubile con l'acido solfidrico ed i solfuri, e ciò nondime il solfo isolato è quasi completamente insolubile; contie meno di 0,06 di solfo solubile.

Operando la decomposizione del sale sciolto nell'acc per mezzo dell'acido cloridrico allungato, la decomposiz ne si fa lentissimamente e si ottiene, come cogli altri co posti solfurati, del solfo in gran parte solubile.

La soluzione acquosa del sale con una piccola quan tà di potassa in modo da renderla leggiermente alcalina decomponibile per mezzo della pila, nella stessa guisa c gl' iposolfiti di soda, si deposita del solfo aderente al p positivo; questo corpo è dunque elettro-negativo, ma dif risce essenzialmente dal prodotto ottenuto per l'elettro dell'acido solfidrico; è difatto molle, elastico, e totalmen insolubile nel solfuro di carbonio, come il solfo ottenuto polo negativo della pila per mezzo della decomposizio dell'acido solforoso.

L'insolubilità del solfo separato dal solfo-arseniato potassa per mezzo dell'acido cloridrico concentrato confern la mia opinione sullo stato di questo corpo semplice nell'a to di sua separazione: Esso dimostra che questo stato è fatto indipendente dalla funzione elettro-chimica del so nelle sue combinazioni.

AZIONE DEL PERCLORURO DI FOSFORO SUL CLORURO DI BENZOILO;

DI L. CHICHKOFF, E A. ROSING.

(*Comptes Rendus*, 15 *Febbrajo* 1858, *p.* 367).

Estratto.

Gli Autori hanno riscaldato un miscuglio di cloruro di benzoilo e percloruro di fosforo a equivalenti eguali, in tubi chiusi alla lampada a bagno d'olio verso 200 gradi finchè pel raffreddamento non si formino più cristalli di percloruro di fosforo. I tubi si aprono senza sprigionamento di gas, si versa il contenuto in una storta e si distilla al di là de' 100° per separare l'ossicloruro. Allora si agita il residuo a più riprese con una soluzione concentratissima di potassa per eliminare l'eccesso di cloruro di benzoilo e di percloruro di fosforo. Ciò fatto si lava all'acqua, e si scioglie il prodotto nell'alcool, si filtra e si precipita coll'acqua.

Si ottiene un liquido leggiermente giallastro, molto più pesante dell'acqua, di un odore debole ma piacevole, perfettamente neutro alla carta di tornasole. Può lasciarsi lungamente in contatto dell'acqua e della potassa anche in pezzi, senza decomporsi; è solubile nell'alcool e nell'etere; l'acqua lo precipita dalla soluzione alcoolica. Non si può distillare senza decomporlo; annerisce facilmente al di là de'130 a' 140 gradi, e questo avviene pure quando si ridistilla il prodotto già distillato. Un tale inconveniente ha impedito agli Autori di potere ottenere fino ad ora questo corpo perfettamente puro: ma le analisi seguenti, che si sono eseguite col prodotto purificato, come si è più sopra accennato, sembrano non lasciare alcun dubbio sulla reazione ed esistenza del *cloroformio dell'acido benzoico*

	I		II
C =	41,81	. . . . . .	42,01
H =	2,50	. . . . . .	2,65
Cl =	55,05	. . . . . .	55,03

La formola $C^{14} H^{5} Cl^{3}$

esige C = 42,96. H = 2,55. Cl = 54,47.

Varie analisi hanno mostrato che la quantità di carbonio minuisce sensibilmente in ciascuna distillazione.

Gli Autori aggiungono che il corpo riscaldato a 150° c l'acqua in un tubo chiuso si decompone completamente, col raffreddamento si ottiene una massa bianca cristalliz che per l'aspetto somiglia all'acido benzoico. L'acido nit co fumante reagisce con isprigionamento di vapori nitro e l'acetato d'argento produce in circostanze ordinarie cloruro di argento.

OSSERVAZIONI ALLA NOTA PRECEDENTE, FATTE DA BERTHEL(

Nella seduta dell'Accademia delle Scienze in data del Febbrajo 1858, Chichkoff e Rosing hanno annunziata la scop ta di un composto particolare ottenuto facendo agire il p cloruro di fosforo sul cloruro di benzoilo. Questo compo presenta la composizione dell'acido benzoico anidro, $C^{14}H^{5}$ in cui tutto l'ossigeno sarebbe rimpiazzato dal cloro, $C^{14}H^{5}$(secondo questa formola, e la sua origine è un vero tric ruro benzoico: tra la composizione dell'acido anidro e qu la del tricloruro esistono relazioni analoghe a quelle che gano l'acido fosforoso PO^{3} al tricloruro di fosforo PCl^{3}.

Credo utile di rammentare che ho annunziato, è già q si un anno (*Comptes rendus de la Société Philomatique, sé ce du 16 Mai* 1857; *Institut 3 Juin* 1857) la formazione un composto analogo del tutto al precedente per la sua f mazione, e per la natura dell'acido donde deriva; vog parlare del tribromuro butirrico $C^{8}H^{7}Br^{3}$, in cui il bro rimpiazza l'ossigeno. Trattato colla potassa o solamente c l'acqua si scompone immediatamente rigenerando acido bromidrico ed acido butirrico, senza altro prodotto finale

$$C^8H^7Br^3 + 4HO = C^8H^7O^3,HO + 3HBr.$$

Se io ricordo tali reazioni, che ulteriori ricerche mi hanno impedito di maggiormente sviluppare, non è già per rivendicare la priorità delle sperienze intraprese dagli Autori che hanno scoperto il tricloruro benzoico, ma semplicemente per conservare l'originalità delle mie ricerche ed il diritto di proseguirle.

Ciò che mi sembra presentare interesse in simili composti non è già la possibilità di sostituire successivamente l'ossigeno col bromo, poi coll'idrogeno, come l'ho fatto per la glicerina; ma sono pure le relazioni d'isomeria che questi corpi presentano rispetto ad un gran numero di altre sostanze.

Difatti per citare un esempio

A lato del tribromuro propinico . . $C^6H^3Br^3$. .

derivato dall'acido propinico $C^6H^6O^4$ e suscettibile di rigenerarlo, composto, di cui le sperienze precedenti permettono di prevederne l'esistenza e la formazione, esistono varie altre combinazioni isomere: l'una derivata dal propilene C^6H^6.

Il bromuro di propilene bromato . . $C^6H^5Br^3$.

Un'altra (non ancora ottenuta) derivata dall'etere propilbromidrico; C^6H^7Br, l'etere propilbromidrico bibromato . . . . $C^6H^5Br^3$;
ed in fine la tribromidrina . . . . $C^6H^5Br^3$;
e l'isotribromidrina . . . . $C^6H^5Br^3$;

ambedue derivate dalla glicerina $C^6H^8O^6$ ed atte a rigenerarla. Tutti questi corpi aventi una composizione analoga ed una formola identica si distinguono non solo per le loro proprietà fisiche; densità; punto di ebullizione ec., ma eziandio per le relazioni che presentano coi corpi che li hanno prodotti che possono rigenerarli. Non si deve dunque cercare ne formula l'espressione della loro costituzione, ma nell'eq zioni che rappresentano la loro produzione e la loro t sformazione.

CONSIDERAZIONI SULL'ATMOSFERA LUNARE E DEI PIANETI; DEL P. A. SECCHI.

Le ricerche intorno all'atmosfera lunare non sono s za grande interesse nell'astronomia fisica, e però è imp tante l'attendere a tutti quei fenomeni che possono o assi rarne o smentirne l'esistenza. Le occultazioni de'pianeti d tro la luna presentano una occasione favorevolissima a que ricerche, come ha ottimamente fatto osservare il chiari mo sig. Prof. Nobile Astronomo napoletano in un importa articolo inserito nell'*Antologia contemporanea* An. 11, n.° x La presenza di un' atmosfera nella luna non può a meno non fare storcere i lembi del pianeta, e da tale distorsio potrà rilevarsi la sua presenza e anche la sua densità. Tut via resta sempre ad accertarci sul dubbio se tali distorsi siano reali o mere illusioni ottiche nate da qualche ca che difficilmente può rilevarsi senza una gran pratica di servazione. Se le distorsioni osservate dal sig. Nobile fos ro reali, non vi sarebbe dubbio alcuno della esistenza di le atmosfera, ma mi permetta il dotto collega di promuov qualche difficoltà, non per distruggere la forza de' suoi gomenti, ma per servire di scorta in altra simile occasio onde aver cautela di assicurarsi e premunirsi contro q lunque causa di incertezza. Il primo dubbio nasce in me vedere che tra molti Astronomi che hanno osservato que occultazioni, il testimonio non è conforme in tutti: altri osservato le distorsioni, altri no. Se io ho da citare le osservazioni devo mettermi tra quelli che le hanno vedute; ma pure sono consigliato a sospendere il mio giudizio in darle per dimostrative della esistenza dell' atmosfera. Io fui in queste osservazioni sfortunato assai, perchè delle ultime due occultazioni di Giove, la prima non fu da me osservata per indisposizione di salute, e la seconda lo fu solo imperfettamente per lo stato dell'aria; ma in questa rasserenatasi all'immersione, nel momento che il pianeta finì di entrare, vidi che il piccolo segmento restante parve dilatarsi ed allungarsi come se le sue cuspidi fossero sollevate notabilmente, il che combina colle apparenze notate dal Nobile e da diversi altri. Similmente nell'emergere riapparve una simil forma al primo istante, e al momento del distacco dei dischi parve dilatarsi il lembo del pianeta come se stentasse a staccarsi. Queste due apparenze all'atto dell'osservazione, non esitai attribuirle allo stato dell'aria che era poco soddisfacente, onde non potei usare che l'ingrandimento di 300 volte. D'altra parte vedo ciò indirettamente confermato dalle osservazioni del sig. Lassel (1), il quale con ottimo stato d'aria non ha veduto la minima distorsione, e solo ha notato che la Luna pareva separata da Giove nel limite di projezione del suo disco sopra il pianeta, mediante un filetto di color cenerino, che io stimo effetto di radiazione e di contrasto, come dichiarerò appresso. La dilatazione osservata nelle cuspidi del segmento ridotto piccolissimo e vicino a sparire, può benissimo spiegarsi in tali circostanze colla nota dilatazione che soffrono i piccoli spazi illuminati non solo per l'irradiazione ordinaria, ma per la distruzione e agitazione dell'aria atmosferica, come ho fatto vedere nella mia memoria sulla scintillazione delle stelle e basta gettare un' occhiata sulle figure delle stelle date ivi, per vedere di quali dilatazioni le immagini siano suscettibili secondo lo stato vario dell'aria. L'aria adunque non essendo in buona condizione (come pare che fosse anche a Napoli) potevano facilmente prodursi i fenomeni indicati nelle figure *c* e *b* del sig. Nobile. La figura *a* del medesimo e che rappre-

(1) *Month. Not. Astr. Soc.*, 1857 Febr.

senta Giove irregolarmente ellittico nel sollevamento dell' lo vicino alla Luna, sembra un poco più difficile a spieg con questa cagione, nè io sono tanto nemico dell' atmosf lunare che voglia per forza escluderla, ma avendovi l'a rità contraria di altri osservatori che nulla hanno osserv potrebbe temersi qualche altra cagione di errore.

Infatti tanto la Luna quanto Giove sono dilatati per radiazione, e dove uno de' dischi tende a coprir l'altro, trebbe la maggior luce della Luna diminuire l'irradiazi di Giove e così mostrare il suo disco alcun poco manca presso l'orlo lunare, quindi nascerne quella apparente formazione, come da diversi è stata notata con minori s menti e mediocre stato d'aria, mentre al sig. Lassel in favorevoli circostanze si è presentata nel suo vero asp di un filetto cenericcio che separava i due dischi. Chi fletterà che questi fenomeni sono estremamente passegg atteso il rapido moto della Luna, e che in quel breve t po la mente trovasi sorpresa da tali novità, concederà cilmente che è assai difficile riconoscere la vera forma contorno del pianeta e farvi sopra riflessione per scoprir sorgente delle apparenze osservate. Questo io osservo s tanto onde rendere più avvertiti gli osservatori in simili c costanze a notare ogni particolarità anche più minuta. fra tutte le circostanze da notarsi sempre con grande ac ratezza sarebbe lo stato dell'aria indicandolo con l'aspe di qualche stella doppia ben conosciuta e descrivendone m nutamente la forma e l'irradiazione. Questo è un passo cessario a farsi per avere fiducia nelle osservazioni, come si usa fare dell'apertura del cannocchiale e dell'ingran mento, e come ha fatto realmente il sig. Nobile donde a punto può giudicarsi il valore dell'osservazione.

Dissi poc'anzi che il filetto turchinetto osservato dal s Lassel poteva spiegarsi come fenomeno di irradiazione; è n infatti che la Luna per questa cagione pare più grande c vero, e a tal cagione certo è dovuto il projettarsi delle st le sopra la Luna nel momento delle occultazioni, la qual p jezione è sensibile anche colla luce cenerina se si usi fo te strumento e debole oculare, ma non si osserva nelle mo grandi se si usi fortissimo ingrandimento che indebolendo la luce lunare scema assai l'irradiazione. L'orlo adunque della Luna che si projettava sopra Giove (molto più pallido di essa) non era il vero orlo ma lo spurio e dilatato per uno spazio almeno di oltre mezzo secondo, se vogliamo ammettere nella Luna il limite di irradiazione da me trovato per Venere: la differenza inoltre delle due tinte de' due astri con questa incerta luce intermedia non poteva a meno di far nascere qualche contrasto di luce sufficiente a spiegare il suddetto filetto. Non avendolo io stesso osservato non oserei progredire più avanti nel particolareggiare la spiegazione. Siccome da qui a qualche anno si rinnuoveranno questi fenomeni, così potremo premunirci contro qualsiasi illusione, e mercè di queste operazioni arrivare certamente a qualche sicura conclusione. Che il colore turchino o cenericcio si manifestasse a preferenza d'ogni altro per mero contrasto, non mi sorprende, perchè anche nell'ecclissi lunari la luce rossastra della Luna ecclissata parzialmente sembra separata dalla parte ancora illuminata da una zona cerulea, la quale è realmente effetto di pura illusione, e tale tinta non esiste affatto, come me ne sono accertato nell'ultima ecclisse restringendo successivamente le porzioni di Luna che entravano nel cannocchiale e coprendone ora una parte ora un'altra con diaframmi opportunamente collocati. Siccome negli anni avvenire non mancheranno simili occultazioni con questo ed altri pianeti, si avrà occasione così da risolvere i dubbii nati nella presente circostanza.

Colgo la presente occasione per avvertire gli amatori di astronomia fisica che Giove nella corrente opposizione si è mostrato di aspetto notabilmente diverso dall'anno scorso. Le sue zone erano allora due, principali e larghissime e la boreale sopratutto era formata come da grandi ammassi di nubi facilmente distinguibili, e vi fu talora osservata una macchia così cupa che per poco si sarebbe scambiata coll'ombra di un satellite: quest'anno invece le zone sono diversamente distribuite, più uniformi e regolari, e può dirsi che le principali oscure sono tre, oltre le due callotte diversamente listate. Questi fatti mostrano esistere in quella

atmosfera talora periodi di grandi turbamenti, che de
no colà produrre effetti certo non minori ai nostri uraga
Sull'atmosfera di Venere ho già notato in altra mia memo
come essa produca un crepuscolo superiore a quello de
terra.

SULLA APPLICAZIONE DEI MOTI ROTATORII AGLI IMPONDERABI
DEL P. A. SECCHI.

Lettera al Prof. MATTEUCCI.

A proposito di una comunicazione del sig. Zantedes
nella ultima sessione dell'Accademia de' Nuovi Lincei, esp
un caso di produzione singolare di suono che mostrava,
sere le leggi del moto vibratorio più complicate di quello
si dice nei corsi elementari. L'esperimento era il seguen
Scaldando fortemente un tubo di ferro destinato a servire
tubo barometrico nel mio barometro a bilancia (1), fui s
preso al sentire un suono assai grave come di bordone
organo, quando io passava avanti la sua bocca. Credetti
prima che ciò dipendesse da un po' di acqua che fosse d
tro il tubo, ma dopo averlo tenuto molto tempo nel fuoc
arroventatolo, mi accorsi che questa non era la vera cagio
Restava quindi che fosse una circolazione particolare dell'a
nel suo interno, del che me ne facea accorto il soffio che
uscía costantemente. Per esaminar questo, accostai al cen
della bocca un cerino acceso che immediatamente fu sp
to; ma avendolo accostato più da vicino agli orli, la sua fi
ma fu assorbita dentro il tubo per oltre due pollici e all
gata notabilmente; ma portato il cerino nuovamente al c
tro, essa era soffiata lungi con violenza. Avevamo adun

(1) Questo è formato di una canna da fucile alla quale è forgiat
testa un cilindro di ferro lungo $0^m,30$, e largo $0^m,095$.

nel tubo una circolazione dall' esterno della parete all' asse interno, e la vibrazione in tal modo prodotta eccitava il suono da me percepito. Ma questo curioso fenomeno non deve essere unico in natura e probabilmente anche nelle canne d'organo deve effettuarsi una simile circolazione, la quale darebbe luogo a delle superficie nodali non solo trasversali ma anche longitudinali e parallele alle pareti de' tubi, e fui condotto a sospettare che da tal fatto si possa ottenere una spiegazione delle linee nodali ottenute da Quet nelle membrane tese sui detti tubi. Questi fenomeni ad ogni modo mostrano che non conosciamo ancora bene la teoria de' moti vibratorii.

E qui mi permetta di esporle un mio pensiero su questa teoria, il quale se fosse giusto spiegherebbe uno de' più difficili problemi della meccanica eterea, voglio dire la proprietà che hanno le molecole dell' etere di vibrare perpendicolarmente al raggio. Quanto è certa la verità di tali vibrazioni trasversali, tanto di esse ne rimane occulta la cagione; ora a me pare di poterla trovare nei moti di cui sono animate le molecole dell' etere, che devono essere principalmente rotatorii. Tutta la fisica c' insegna che ogni molecola è in moto continuo, e di moti rotatorii in specie; l' ottica ne dà parecchi esempi, e si sa inoltre quanto felicemente Ampère spiegasse così le azioni reciproche delle calamite; le recenti scoperte sull'equivalente meccanico del calore, dell' elettrico, dell' azione chimica stessa della luce ci hanno mostrato che l' etere è *inerte* e che non solo esige per esser messo in moto, una comunicazione di forza, ma ancora ci convincono, che le leggi delle sue oscillazioni sono come quelle dei corpi ponderabili. Posto ciò può domandarsi, che avverrebbe, se le molecole eteree, oltre l' essere animate da forze dirette secondo le linee di distanza che le congiungono, come si suppone comunemente da' trattatisti di queste materie, fossero esse inoltre fornite di moti rotatorii?

La risposta la dà il piccolo apparato del giroscopio, il quale c' insegna, che quando si comunica una forza alla massa in rotazione, la composizione de' suoi movimenti non si fa secondo la direzione della forza stessa, ma si forma una com-

posizione sugli *assi* e che quindi il corpo concepisce un n
to perpendicolarmente alla direzione dell' urto stesso.
strumento che ho fatto costruire per tale dimostrazione
una specie del giroscopio di Foucault, ma costruito con
semplicità e di molto maggior massa pesando circa 8 kil
grammi il solo toro. Pongo il toro in rapida rotazione, e
mentre il suo asse è orizzontale, io dò un urto al cercl
esteriore parallelamente all'asse stesso, ecco che l'asse si e
va e si abbassa secondo il verso della rotazione del to
se io dò un urto perpendicolare all'asse cioè lo colpisco
direzione verticale, ecco che esso devia orizzontalmente: s
chè si può concludere che esso sempre devia perpendicol
mente all'urto. Tali fenomeni, sono dipendenti dalla leg
di composizione de' moti rotatorii e si spiegano senza dif
coltà. Ora le stesse leggi che operano sulla materia ponc
rabile dovranno avere l'istesso effetto sulla imponderabile
perciò se imaginiamo gli atomi dell'etere in tale stato di
tazione, la loro vibrazione si dovrà eseguire sempre perp
dicolarmente a quella dell'urto, ossia della linea di prop
gazione della scossa. Sarebbe facile lo estendere simile pr
cipio a molti altri fatti, ma credo sufficiente l'averlo acce
nato lasciando le altre applicazioni del principio medesi
alla spiegazione delle leggi della riflessione e refrazione
altro tempo.

OSSERVAZIONI MICROSCOPICHE DELLA SCINTILLA ELETTRICA
DI RUGGERO FABBRI

(*Atti dell' Accademia dei Nuovi Lincei; 6 Dicembre* 1857).

Per istudiare le cause che determinano la figura de
scintilla, ho intrapreso alcune osservazioni microscopic
sulla medesima.

Allorquando una scintilla scocca fra due conduttori, si osservano generalmente nella sua forma due cose, cioè 1. Che essa è formata da diverse striscie luminose, le quali si congiungono alle estremità, inclinandosi le une sulle altre di angoli più o meno acuti, in guisa di formare tutto assieme una linea spezzata. 2. Che queste striscie sono in diversa guisa incurvate.

Questi due fenomeni, sembrano provenire da cause differenti, cioè le une agenti in modo discontinuo nei punti di inflessione, e le altre aventi un' azione continua, almeno in quei tratti nei quali la scintilla è senza spezzature.

Nell' esaminare amendue questi fenomeni, ho creduto bene di usare il microscopio, col quale ho osservato una piccola scintilla, che facevo passare fra gli estremi di due fili assai sottili di metallo, fissati colla gomma lacca su di una lastretta di cristallo, e ciò pei seguenti riflessi: cioè, che siccome il mezzo entro il quale scocca la scintilla, non può a meno di avere una grande influenza nella sua forma, sarà molto più probabile averlo omogeneo in piccoli strati, e quindi operando su delle piccole scintille, che per essere bene esaminate abbisognano dell' uso del microscopio: inoltre questo strumento togliendo, o diminuendo d' assai l' irradiazione, rende più netti i confini della scintilla, e mostra più facilmente le piccole diversità di forma. Farò non di meno avvertire, che non ho mai usato forti ingrandimenti, i quali mi sarebbero stati superflui, ed anche incomodi.

La prima cosa che mi si è presentata, osservando la scintilla col microscopio, è stata la sua piccola larghezza, al certo molto minore di quello che si giudica ad occhio nudo; e basti ricordare che benchè forse tutta l' irradiazione non fosse tolta, ho veduto delle scintille di varii millimetri di lunghezza, che presentavano al microscopio una larghezza certo minore di $\frac{1}{100}$ di millimetro. La scintilla di una piccola bottiglia si è mostrata molto più larga e luminosa.

Quando gli estremi sono assai vicini, non si vedono mai spezzature nella scintilla, la quale si mostra variamente incurvata; e mi è sembrato vedere, che quando la scintilla partiva da due medesimi punti si mostrava ugualmente incurvata. Se poi si aumenta la densità del mezzo interposto ponendo fra i due estremi dei conduttori una goccia di l quido, non conduttore, come p. e. l' olio d' uliva, ed ob bligando la scintilla ad attraversarlo, anche per piccolissi distanze si osservano le spezzature.

Da queste osservazioni sembra potersi concludere, ch probabilmente la spezzatura della scintilla, proviene dal me zo entro il quale essa si produce, mentre la sua curvatu dipende dalla posizione de' suoi estremi rispetto alle alt parti dei conduttori dai quali scocca, e forse anche rispe to agli altri corpi circostanti.

Nell' aria la scintilla si mostra nel microscopio di un c lore violaceo, come si vede anche ad occhio nudo, ma qua do la sorgente elettrica è un poco forte, ed i conduttori sai vicini fra loro, la parte interna si trasforma in fiocc allora si osserva una luce brillante, come quella della sci tilla ordinaria, ai due estremi dei conduttori, la quale dando verso il mezzo va sempre diminuendo di grandezz nel mentre che sorge all' intorno il fiocchetto, per cui questa apparenza può dirsi che la scintilla nel partire da estremi va poco a poco trasformandosi in fiocchetto, in g sa però che le parti interne sono le ultime a trasformarsi

Con due fili di ferro, o d' acciaio si vedono dei picc spruzzi di luce rossastra, lanciati in ogni direzione, molto probabilmente provengono da piccole porzioni di m tallo distaccate, e lanciate dalla scarica, le quali s' infia mano all' aria; ciò prova che la scintilla elettrica non s trasporta materia, ma anche ne lancia in ogni direzione

Quando si fa passare l' elettrico fra due punte molto cuminate, come quelle di due piccoli aghi da cucire, gran parte di esso elettrico passa in un modo quasi con nuo fra le due punte, ma nello stesso tempo si vedono n te scintille che si riuniscono tosto col filetto luminoso, stente fra i due conduttori. Queste scintillette si riconos no principalmente dai punti lucidi che esse formano luoghi ove partono; ed è curioso il vedere questi punti cidi sempre ad una certa distanza dal culmine dell' ago.

Osservando attentamente gli estremi della scintilla, si

de in ognuno un punto molto luminoso, circondato da una aureola, che qualche volta sorpassa di molto col suo diametro la grossezza della scintilla, e prende diverse apparenze colla diversa natura dei metalli, dei quali sono fatti i conduttori.

Le punte di platino danno un aureola piccola e bianca: il ferro e l' acciaro bluastra: il rame di un bel verde; ed in fine si hanno delle aureole molto grandi e di un color bianco di latte poco brillanti, con due fili di metallo amalgamati. Queste aureole divengono molto più grandi e brillanti, se i metalli fra i quali scocca la scintilla sono coperti da uno strato di olio d' uliva. Ciò si ottiene assai bene, frapponendo ai due estremi una goccia d' olio, che cuoprendo una piccola porzione dei fili, fa passare la scintilla per altri punti più lontani, ma quasi in contatto della goccia, e che per questo sono costantemente ricoperti da uno strato di olio. Operando in questa guisa con due fili molto fini di rame, si vedono attorno ai punti lucidi due grandi aureole di un magnifico color verde, che fa un bellissimo contrasto col colore violaceo della scintilla. La ragione di queste grandi aureole, è probabilmente la combustione di un poco d' olio, nella fiamma del quale si trovano delle molecole metalliche distaccate dalla scintilla. È però osservabile che altri liquidi coibenti, anche più combustibili dell' olio, come l' essenza di terebentina, producono meno bene il fenomeno.

SULLE VARIAZIONI DI COLORE DEL SANGUE VENOSO DEGLI ORGANI GLANDULARI, SECONDO CHE SONO ATTIVI O IN RIPOSO; DI C. BERNARD.

(*Comptes Rendus; Séance du 25 Janvier*, T. XLVI, p. 159).

In tutti i libri di fisiologia è ammesso senza alcuna eccezione e restrizione che vi sono due sistemi di vasi sanguigni e due rami della circolazione sanguigna; in un ramo i sangue è spinto dal cuore a tutte le parti del corpo e il sar gue che vi circola è rosso, nell'altro il sangue ritorna d tutte le parti del corpo al cuore ed è nero. Bernard ch aveva qualche tempo addietro osservato sopra diversi cai sottoposti ad esperienze sull'eliminazione di certe sostanz dai reni, che il sangue della vena renale è qualche volt rosso come il sangue arterioso, ha continuato recentement questo studio onde stabilire le circostanze in cui il nuov fenomeno avviene. A questo fine scoperto sopra un cane u rene, facendo una ferita la meno estesa possibile nella re gione lombare del lato sinistro, ha introdotto nell'ureter un piccolo tubo d'argento, dal quale si vedeva l'urina scolar goccia a goccia. Osservando nello stesso tempo il sangu della vena renale ed anche il tessuto del rene, Bernard è assicurato che quel sangue e quel tessuto, erano e si mant nevano rossi, finchè l'urina usciva abbondantemente e che i vece il sangue e il rene prendevano una tinta nerastra allo quando cessava lo scolo dell'urina. Nè vi era differenza s condo che si operava sul cane o sul coniglio, cioè il fen meno era indipendente dall'essere l'urina acida o alcalina

Per generalizzare questo fatto l'A. ha ricorso alla gla dula sotto mascellare del cane. Scoperta la vena di ques glandula fu trovato che il sangue era nero: però facenc cadere qualche goccia di aceto nella gola dell'animale, c che produceva un' abbondante secrezione di saliva, il coloı del sangue non tardò a divenire rosso ed a conservarsi ta per un certo tempo. Questa osservazione fu resa più perfe ta da Bernard introducendo un tubo d'argento nel cana escretore della glandula sotto-mascellare: si vedeva all ra il sangue venoso di quella vena essere più o meno rc so secondo che la secrezione della saliva era più o meı abbondante.

In conclusione, Bernard ha trovato che il sangue ven so del rene e delle glandule salivari, è nero se queste gla dule non agiscono e che quel sangue diventa rosso, ci prende il colore del sangue arterioso, allorchè quelle glaı dule sono in attività.

Questa osservazione ha certamente molta importanza e fa vedere come sia necessario per avere qualche lume sugli atti nutritivi dei diversi tessuti e sulle funzioni dei diversi organi secretori, di conoscere parzialmente e almeno con qualche esattezza la composizione del sangue che entra, e quella del sangue che ne esce immediatamente. Quanto alla osservazione di cui abbiamo reso conto potrebbe venire il dubbio che per la maggiore attività di un organo di secrezione o d'escrezione una maggior quantità di sangue arterioso accorrendo nel suo tessuto potesse una parte di questo sangue sfuggire al processo della secrezione. Ma certo l'illustre Fisiologo del Collegio di Francia non tarderà ad ampliare questa scoperta e a stabilirne rigorosamente le particolarità; forse il fatto osservato, mettendo sempre più in evidenza la distinzione che passa fra gli atti fisico-chimici che accompagnano lo sviluppo della forza muscolare e quelli che intervengono nelle secrezioni, potrà essere spiegato ammettendo che in un caso vi è veramente una combustione e uno sviluppo d'acido carbonico, cagione principale della colorazione nerastra del sangue e che nell'altra si tratta di una filtrazione accompagnata anche da un cambiamento chimico o d'un caso di fermentazione.

APPARECCHIO PER LE RICERCHE DELLA POLARITA' DIAMAGNETICA; DI W. WEBER.

(*Traité d' électricité par* A. DE LA RIVE *T. III. p.* 706).

Il terzo volume del Trattato sull'elettricità di A. De la Rive è apparso alla luce; con questo resta compiuta un' opera giustamente celebre pel nome dell' Autore, per la chiarezza e pel metodo dell' esposizione, per l' importanza delle vedute teoriche quà e là sparse, pel grande numero d fatti nuovi o recentissimamente scoperti che contiene.

Togliamo da questo volume la descrizione di un app recchio molto ingegnoso imaginato da Weber per lo stud del diamagnetismo, e di cui abbiamo avuto occasione di i conoscere tutti i pregi, dacchè l'Autore stesso ebbe la co tesia di procurarcene uno costruito con tutta la cura po sibile.

Quest'apparecchio (*Tav. III. fig.* 6) si compone di due sp rali magnetizzanti HE e H'E' che la corrente traversa nell stesso senso e nell'interno delle quali sono sospese due vergl della sostanza che si vuole sperimentare. Queste verghe ag scono sopra un sistema astatico di due sbarre calamitate (cui la projezione verticale è rappresentata in N S (*fig.* 6 e la projezione orizzontale in N S e N' S' (*fig.* 7). Le sp rali hanno 482^{mm} di altezza, 20^{mm} di diametro interno 33 di diametro esterno ed i loro assi sono alla distanza (101^{mm} l'uno dall'altro.

Il filo di rame coperto di seta con cui sono formate i spirali è avvolto sopra due tubi di rame di cui le estremit superiori G, G' oltrepassano di alcuni centimetri le estrem tà superiori delle spirali. Le verghe diamagnetiche *m n* e *o p* sono fissate a una corda senza fine *s s'* la quale pas sulle due carrucole W, W' di modo che si possono collocai ambedue le verghe coi loro punti di mezzo contro gli ste si punti delle spirali o spostarle in senso opposto di quai tità eguale partendo dalla prima posizione. Il sistema astat co (*fig.* 7) si compone di due sbarre calamitate eguali S N, S' N' situate in un piano orizzontale e riunite da ui verga trasversa P di rame che è sospesa per mezzo di u fascio di fili di seta senza torsione al sostegno R *t*. Le du sbarre calamitate sono collocate nell'interno di una scato di rame puro *aa'*, *d'd* che serve ad estinguere le oscillazi ni; uno specchio rappresentato da un dischetto nero nell *fig.* 8 e 9, è invariabilmente legato al sistema astatico, l'osservazione dell'immagine di una scala orizzontale divisa r flessa dallo specchio fa scoprire i più piccoli spostamenti ai golàri secondo il famoso principio per la prima volta appl cato da Gauss.

Dopo questa descrizione s'intende che se le due spirali e le due sbarre calamitate fossero perfettamente simmetriche in tutte le loro parti, le azioni delle spirali percorse dalla corrente sulle sbarre calamitate sarebbero nulle, se il piano delle sbarre tagliasse a metà le spirali. Poichè questa perfezione è impossibile a raggiungersi in pratica, si deve aggiustare l'apparecchio togliendo le verghe diamagnetiche e facendo passare la corrente per le spirali: allora si noterà una piccola deviazione nel sistema astatico, la quale deve essere corretta per mezzo di una corrente orizzontale, che è quella stessa delle spirali che si fa passare ad una conveniente distanza dalle spirali stesse in un filo orizzontale. L'apparecchio essendo così aggiustato, si rimettono in posto le verghe diamagnetiche, le quali quando sono col loro mezzo nel piano del sistema astatico, come nella (*fig.* 6), non esercitano alcuna azione sopra questo sistema, quando si fa passare la corrente.

Trattandosi di esperienze molto delicate è indispensabile che l'apparecchio rinchiuso in una cassa di vetro sia fissato ad un muro di una stanza terrena e si devono impedire le correnti dell'aria e tutti i movimenti e le vibrazioni del pavimento. L'osservatore posto ad una certa distanza dall'apparecchio comincia dal centrare lo specchio rispetto alla divisione dell'asta graduata e dell'asse del suo cannocchiale. Volendo far agire le verghe diamagnetiche basta di fare ruotare una delle carrucole, per esempio l'inferiore W', la quale trascina seco la corda senza fine, per cui le due verghe di bismuto si muovono in senso opposto. Per questo movimento della carrucola si usa una lunga asta di legno orizzontale che ad una estremità è tenuta in mano dall'osservatore e coll'altra è fissata nell'asse della carrucola. Secondo che il movimento è a destra o a sinistra, due delle estremità alternativamente delle verghe di bismuto sono messe in presenza dei poli del sistema astatico e così nei due casi le loro azioni si sommano.

Noi speriamo di poter pubblicare in breve una lunga serie di esperienze sopra il diamagnetismo. Convinti di avere eseguite quest'esperienze con tutte le precauzioni che furono trascurate dai Fisici che studiarono i primi ques soggetto, non conserviamo più alcun dubbio, e crediai di portare negli altri questa convinzione sull' esistenza n bismuto posto dentro una spirale elettro-dinamica di u polarità opposta a quella del ferro. C. M.

SULLA FOTOGRAFIA DEI CORPI CELESTI; WARREN DE LA RUI

(*Monthly Notices of the Royal Astr. Society*, XVIII, 54).

Estratto.

Il sig. De La Rue ha osservato che differenti punti di la superficie lunare, sebbene dotati di una eguale intensi luminosa, non hànno però un'azione chimica eguale sul sostanze che si adoprano in fotografia. Ha riconosciuto cl quelle parti della superficie della luna, le quali sono inv stite molto obliquamente dai raggi solari hanno un pote actinico molto minore di quelle parti che più direttamen ricevono quei medesimi raggi: quantunque il nostro occh giudichi e le une e le altre di quelle parti egualmente illu minate. Questo fenomeno è analogo a quello che si osser per gli oggetti terrestri, onde ottenere le immagini dei qu li, allorchè il sole è prossimo all' orizzonte, richiedesi u tempo molto maggiore di quello che richiederebbesi se durata necessaria per l'esposizione aumentasse nello stes rapporto col quale diminuisce lo splendore degli oggetti d ritrarsi in fotografia. La luna non ha un' atmosfera visibil pure qualche causa deve esistere per la quale i raggi cl vi cadono obliquamente producono sulle sostanze fotografic un effetto che non corrisponde a quello prodotto sul nost occhio. Onde confermare che il potere actinico dei cor celesti è, fino a un certo grado, indipendente dalla loro i tensità luminosa, il sig. De La Rue ha fatto alcuni esperimenti di confronto fra l'influenza actinica di Giove e quella della luna; giacchè per questi due corpi celesti è sufficientemente determinata la differenza del loro splendore.

Nella occultazione di Giove dietro la luna che avvenne il dì 8 Novembre 1856, molti Astronomi ebbero luogo di notare il colore pallido e verdiccio tendente all'azzurro che il pianeta presentava di fronte alla calda tinta giallo-rossastra della luna. In quella occasione favorevolissima fu incontrastabilmente riconosciuto essere la luna molto più splendente di Giove, la di cui luce fu stimata dall'A. soltanto un terzo di quella lunare. Però questo rapporto che passa fra lo splendore di Giove e quello della luna non si verifica egualmente per l'azione chimica esercitata dalla luce riflessa da questi due corpi celesti; dei quali il sig. De La Rue fece varie fotografie nella notte del 7 Dicembre 1857, allorchè dessi trovavansi alla medesima altezza sull'orizzonte. Da questi esperimenti, fatti nelle medesime condizioni, resultò che nove in dieci secondi erano in generale sufficienti per ottenere le immagini del nostro satellite, e che dodici secondi erano necessarii per ottenere quelle di Giove. Quindi, sebbene la luce della luna sia *almeno* due volte intensa quanto quella di Giove, il suo potere actinico sta a quello della luce di questo pianeta come 6 a 5, o come 6 a 4.

Al suo colore tendente all'azzurro devesi molto probabilmente il potere fotogenico della luce riflessa da Giove, del quale anche le parti più oscure richiedevano, per impressionare le sostanze fotografiche, una esposizione assai minore di quella necessaria per ottenere le immagini delle porzioni della luna situate presso il lembo, e perciò molto obliquamente illuminate dai raggi solari.

Alcuni esperimenti furono pure fatti dall'A. per confrontare l'azione actinica della luce di Saturno con quella di Giove. Allorchè questo pianeta era molto elevato sull'orizzonte, se ne ottennero delle fotografie in soli 5 secondi, mentre per avere delle immagini egualmente intense di Saturno, richiedevasi una esposizione di 60 secondi. Laonde deducesi che i raggi chimici di Giove hanno una energia dodici volte maggiore di quelli di Saturno. Questo effetto, sebbene in gran parte dipendente dall'essere il primo di questi pianeti molto più splendente del secondo, pure non semb che possa totalmente provenire da questa sola cagione; e luce di Saturno, confrontata con quella di Giove, apparis di un potere actinico assai minore di quello che dovreb avere in ragione della sua relativa forza ottica.

Lo strumento adoperato in questi esperimenti fu un flettore Newtoniano dell'apertura di 13 pollici e della stanza focale di 10 piedi inglesi. Esso era montato paral ticamente ed era mosso da un movimento di orologeria, se za le quali condizioni è impossibile di applicare la fotog fia allo scopo più nobile a cui essa è oggimai rivolta, ci alle più delicate e importanti ricerche astronomiche.

SOPRA ALCUNE PROPRIETA' FISICHE DEL GHIACCIO; DI T. TYNDALL.

(Estratto fatto dall'Autore).

In questa memoria sono particolarmente considerati i guenti punti:

1°. Gli effetti del calorico raggiante sul ghiaccio;
2°. Gli effetti del calore propagato sul ghiaccio;
3°. Le cavità d'aria e d'acqua del ghiaccio;
4°. Gli effetti della pressione sul ghiaccio;

Per gli esperimenti sul calorico raggiante si fece uso pezzi di ghiaccio di Norvegia e del Lago Wenham. Att verso a questi pezzi era trasmesso un raggio solare conc sato con una lente.

Nel momento in cui il raggio cadeva sul ghiaccio sparente, la traccia del raggio diveniva istantaneamente luminata a intervalli da punti splendenti come sarebb delle bolle d'aria splendenti. Intorno ad ognuna di qu stelle si formava una figura simile a un fiore con sei pe

Manifestamente i petali erano dovuti a acqua liquida. Se il raggio veniva a passare successivamente attraverso a diverse porzioni del ghiaccio la istantanea apparizione delle stelle e la formazione dei fiori intorno ad esse si potevano distintamente osservare con una lente ordinaria tascabile.

Per provare se i punti luminosi dei centri dei fiori contenevano aria o nò, si fece fondere nell'acqua calda del ghiaccio che conteneva questi punti. Nel momento in cui si stabiliva una connessione liquida fra le cavità e l'atmosfera, le bolle si dileguavano (*collapsed*) e nessuna traccia d'aria saliva alla superficie dell'acqua. La formazione di questi fiori liquidi è dunque accompagnata dalla formazione di un vuoto al loro centro. La perfetta simmetria dei fiori ci conduce a dedurre che il ghiaccio è un cristallo ad un solo asse, la linea perpendicolare ai piani in cui i fiori si producono essendo l' asse ottico. Da primo si era trovato che i fiori si formavano in piani paralleli al piano di congelazione. Ma alcune apparenti eccezioni a questa regola saranno descritte in seguito. In alcune masse di ghiaccio apparentemente omogeneo, questi fiori si formavano nella traccia del raggio in piani che in alcuni casi erano distanti fra loro di $\frac{1}{2}$ di pollice. Questo prova che le interne parti di una massa di ghiaccio possono essere fuse dal calorico raggiante che ha traversato altre parti senza fonderle. In un' altra parte di questa memoria, l'Autore descrive la graduale liquefazione di masse di ghiaccio per la formazione di dischi di acqua dentro di esse e deduce dalle sue osservazioni che il punto di fusione oscilla dentro piccoli limiti intorno all' ordinario punto di fusione. Così, dove la struttura cristallina del ghiaccio sembra debole o per altra cagione, la fusione accadeva un poco sotto 30° Fahrenheit, mentre nelle parti dove la tessitura è forte, la liquefazione richiede una temperatura un poco sopra 32°. Per lo che avviene che in una massa di ghiaccio a 32° vi sono delle parti solide e delle parti liquide.

Nella terza sezione l' Autore esamina le cavità d' aria e d'acqua del ghiaccio. Queste cavità osservate nel ghiaccio del lago hanno gli stessi caratteri assegnati da Agassiz e che

MM. Schlagintweit e Huxley hanno verificato nelle cavità d
ghiaccio delle ghiacciaje. L'ipotesi di Agassiz è che le bo
le d'aria assorbono il calore che traversa il ghiaccio com
corpo diatermano e che questo calore fonde il ghiaccio ci
costante. Huxley suppone che l'acqua nella cavità non
mai stata congelata, ma che è stata mantenuta liquida d
névé sovrapposto. L'Autore fa vedere che le cavità d'acq
da lui esaminate erano originate dalla fusione del ghiacci
L'ipotesi d'Agassiz generalmente abbracciata conduce al
conseguenze seguenti: tenendo conto dei calorici speci
ci dell'acqua e dell'aria, ne verrebbe che una bolla d'ar
per innalzare di 1° un volume d'acqua eguale al suo, dovre
be perdere 3080°. Tenendo conto del calorico latente de
l'acqua si dimostra che una bolla d'aria per fondere il s
volume di ghiaccio deve perdere 3080×142,6 o 437208 gr
di di Fahr. di temperatura. Ora Agassiz afferma che quan
un pezzo di ghiaccio che contiene bolle è esposto al sole, l'a
qua che si forma subito eccede l'aria in volume. Quindi
la sua ipotesi fosse esatta, la quantità di calore assorbita da
l'aria nel breve tempo di un'osservazione, dovrebbe se no
fosse comunicata dal ghiaccio, essere sufficiente per innalz
re la bolla ad una temperatura 160 volte maggiore di quel
che occorre per la fusione della ghisa. Se l'aria possedes
questo enorme potere assorbente, gli strati superiori dell'a
mosfera arresterebbero tutto il calorico raggiante. Oltre
che l'Autore deduce dalle esperienze di De la Roche e di Me
loni che la quantità di calorico assorbito da una bolla d'
ria alla superficie della terra, dopo che il calore ha trave
sata la nostra atmosfera, è assolutamente inapprezzabile. Ques
conclusione diviene tanto più valida quando si considera c
nel caso esaminato l'assorbimento operato dal ghiaccio si d
ve aggiungere a quello avuto dall'atmosfera.

Considerando il calore come una specie di moviment
l'Autore dimostra che le molecole delle superficie di una ma
sa di ghiaccio acquistano prima di quelle del centro la f
coltà di fondersi. Infatti nell'interno ogni molecola è tra
tenuta nei suoi movimenti dalle molecole circostanti. Ma
una cavità esiste nell'interno di una massa, le molecole c

circondano questa cavità sono nella stessa condizione di quelle della superficie: sono quindi queste molecole messe in libertà da una quantità di movimento trasmessa attraverso il ghiaccio senza disturbo della sua solidità. Questo concetto è favorito richiamando alla mente ciò che avviene nella trasmissione del movimento in una serie di palle elastiche, dove si vede l' ultima palla staccarsi, rimanendo in quiete tutte le altre.

L' Autore prova coll' esperienza che la porzione interna di una massa di ghiaccio può essere fusa da una quantità di calore propagata dagli strati esterni senza che questi si fondano.

Il caso contrario è quindi considerato, quando due pezzi di ghiaccio a 32° F, colla superficie liquida sono messi in contatto; le porzioni superficiali esterne divenendo necessariamente le interne e l' equilibrio stabilendosi subito fra il moto del sottile strato liquido e quello del solido per ognuna delle parti dello strato, ne segue che questo strato deve congelarsi e riunire i due pezzi di ghiaccio insieme.

Nella 5ª Sezione sono riferite le esperienze sulla propagazione del calore nel ghiaccio,

Nella 6ª Sezione è esaminata l' influenza della pressione sul ghiaccio. Un cilindro di questo corpo era posto fra due tavole di legno duro ed assoggettato ad una pressione gradualmente crescente. Osservato perpendicolarmente all' asse si vedono linee confuse formarsi attraverso il cilindro; guardato obliquamente, queste linee erano le sezioni di superficie poco distinte che traversano il cilindro dandogli l' apparenza di un cristallo di gesso di cui i piani di clivaggio sono stati spostati. Queste superficie non sono lamine d' aria come si vede quando il ghiaccio compresso è messo sotto l' acqua. Esse cominciano qualche volta nel centro della massa, da dove si distendono gradualmente da tutte le parti per un' intiera sezione trasversa del cilindro. Per mezzo di uno specchio concavo la luce diffusa del cilindro era gettata sul cilindro di ghiaccio durante la compressione. Le superficie nebbiose prodotte dalla compressione, osservate con una lente, apparivano in uno stato di viva commozione che procedeva dall' orlo della superficie avanzand nell' interno. È stato dimostrato che queste superficie pr vengono dalla liquefazione del ghiaccio in piani perpen colari alla pressione.

Queste superficie si formano con grande facilità parall lamente ai piani; in cui i fiori liquidi già descritti sono prod dal calorico raggiante, ed è molto difficile d' ottenerle p pendicolarmente a questi piani. Quindi è che quando si plica il calore o la pressione al ghiaccio di lago, si ve che questo corpo si fonde più facilmente in certe deter nate direzioni.

L' Autore in una Nota si ferma a considerare l' influ za grande esercitata dall' idrogeno che fa parte di un co posto sopra le onde luminose e specialmente sopra le o più lunghe. Stando alla lista dei corpi solidi diaterm data dal Melloni, si vede che quelli che possiedono il mi potere trasmissivo tutti contengono idrogene; fra questi ghiaccio è il meno diatermano di tutti. In nessun c quando l' idrogene entra nel composto, questi lascia p sare raggi calorifici da una sorgente di 400°. C., men in ogni sostanza dove l'idrogene non entra, esiste un po trasmissivo più o meno grande. Questa stessa singolarità è i strata dalla tavola dei liquidi diatermani. In quei liquidi ve entra l' idrogene insorge subito una brusca diminuzi del poter trasmissivo, come appunto avviene dell' acqua è il liquido più cattivo diatermano.

MEMORIA SOPRA UNA NUOVA AZIONE DELLA LUCE; DI NIEPCE DE SAINT-VICTOR.

(*Comptes Rendus*, *T.* XLV. *p.* 811)

Traduzione.

Un corpo, dopo essere stato colpito dalla luce o s tomesso all'insolazione, conserva egli nell'oscurità qual impressione di questa luce? Tal' è il problema che ho cercato di risolvere colla fotografia. La fosforescenza e la fluorescenza de' corpi sono conosciute: ma non è a mia cognizione, che alcuno abbia fatto avanti di me l'esperienze che passo a descrivere.

Si esponga a' raggi diretti del sole, durante un quarto d'ora per lo meno, un' incisione che è stata tenuta più giorni nell'oscurità, e della quale una metà è stata ricoperta da un diaframma opaco. Si applichi in seguito quest' incisione sopra una carta fotografica sensibilissima e dopo ventiquattro ore di contatto nell' oscurità si otterrà una riproduzione de' bianchi della parte dell' incisione che nell'atto dell'insolazione non è stata difesa dal diaframma.

Allorchè l'incisione è restata per più giorni nell'oscurità la più profonda, e che si applica sopra la carta sensibile senza esporla alla luce, essa non si riproduce.

Certe incisioni, dopo essere state esposte alla luce si riproducono meglio che altre, secondo la natura della carta; ma tutte le carte, l' istessa carta da feltro di Berzelius, e le carte di seta, si riproducono più o meno dopo una precedente esposizione alla luce.

Il legno, l'avorio, la pergamena ed anche la pelle vivente, colpite dalla luce, danno un' immagine negativa; ma i metalli, i vetri, gli smalti, non si riproducono.

Lasciando per molto tempo un' incisione esposta a' raggi solari, essa si saturerà di luce, se posso esprimermi in questo modo. In questo caso, essa produrrà il massimo effetto, purchè in seguito si lasci due o tre giorni in contatto colla carta sensibile. Ho ottenuto in questo modo dell' intensità d'impressioni che mi fanno sperare che un giorno si giungerà, oprando sopra carte sensibilissime, come sopra le carte preparate all' ioduro d' argento, per esempio, o sopra uno strato di collodione secco o d' albumina e sviluppandone l'immagine col mezzo dell' acido gallico ad ottenere delle prove assai rigorose per poterne formare una matrice; questo sarebbe un nuovo mezzo di riproduzione dell'incisioni.

Riprendo la serie delle mie esperienze. Se s' interpone

una lamina di vetro fra l'incisione e la carta sensibile, i bia
chi dell'incisione non impressionano più la carta sensibil
Lo stesso avviene se s'interpone una lamina di mica o u
lamina di cristallo di rocca, o una lamina di vetro giallo c
lorato dall'ossido d'urano. Si vedrà in seguito che l'inte
posizione di queste medesime sostanze arresta ugualmen
l'impressione delle luci fosforescenti situate direttamente
faccia della carta sensibile.

Un' incisione ricoperta d'uno strato di collodione o
gelatina si riproduce; ma un' incisione ricoperta da uno st
to di vernice da quadri o di gomma non si riproduce.

Un' incisione situata a tre millimetri di distanza dalla ca
ta sensibile si riproduce benissimo, e se c'è un disegno
grossi tratti, esso si riprodurrà ancora a un centimetro di
stanza. L'impressione non è dunque il resultato di un' az
ne di contatto.

Un' incisione colorata da molti colori si riproduce m
to inegualmente, vale a dire che i colori imprimono la l
ro immagine con intensità differenti. Alcuni lasciano un'i
pressione visibilissima, mentre che altri non colorano o c
lorano appena la carta sensibile.

Lo stesso avviene de' caratteri impressi con diversi i
chiostri: l'inchiostro grasso d'impressione in rilievo o in
taglio di rame, l'inchiostro ordinario formato d'una soluz
ne di noce di galla e di solfato di ferro, non danno imm
gini, mentre certi inchiostri inglesi ne danno delle as
nette.

De' caratteri vetrificati, tracciati sopra una placca
porcellana verniciata o ricoperta di smalto, s'imprimono
pra la carta sensibile, senza che la stessa porcellana la
alcuna traccia della sua presenza; ma una porcellana n
ricoperta di vernice o di smalto, tal quale il biscotto o
pasta di *kaolino*, produce un' impressione leggiera.

Se dopo avere esposto un' incisione alla luce dura
un' ora, si applica sopra un cartone bianco che è rest
nell'oscurità per alcuni giorni, e se dopo aver lasciato l'in
sione in contatto col cartone per ventiquattro ore per
meno, si mette il cartone alla sua volta in contatto con

foglio di carta sensibile si avrà, dopo ventiquattro ore di questo nuovo contatto, una riproduzione dell'incisione un poco meno visibile, egli è vero, di quello che se l'incisione fosse stata applicata direttamente sopra la carta sensibile, ma ancora distinta.

Allorchè una tavoletta di marmo nero, seminata di macchie bianche ed esposta alla luce, è applicata in seguito sopra la carta sensibile, le parti bianche del marmo s'imprimono sole sopra la carta. Nelle medesime condizioni, una tavoletta di creta bianca lascia parimente un' impressione sensibile, mentre una tavoletta di carbone di legno non produce alcun effetto.

Ho fatto alcune esperienze con stoffe di differente natura e di diversi colori, ed enuncierò rapidamente i resultati che esse mi hanno dato:

Cotone *bianco*, impressiona la carta sensibile;

Cotone *bruno*, colla robbia e l'allumina, non ha dato alcun indizio;

Cotone *violetto*, colla robbia ed il sale di ferro, pressocchè niente;

Cotone *rosso* colla cocciniglia, niente;

Cotone *rosso turco*, colla robbia e l'allume, niente;

Cotone *azzurro di Prussia*, sopra fondo bianco, è stato l'azzurro che ha più impressionato;

Cotone *azzurro*, coll' indaco, niente;

Cotone *camoscio*, col perossido di ferro, ha impressionato;

Delle stoffe di filo di seta e di lana danno egualmente delle impressioni, secondo la natura chimica del colore.

L'esperienza seguente, mi sembra curiosa ed importante.

Si prenda un tubo di metallo, di latta per esempio o di qualunque altra sostanza opaca, chiuso ad una delle sue estremità e interiormente tappezzato di carta o di cartone bianco; si esponga la parte aperta ai raggi solari diretti per un'ora all'incirca; dopo l'insolazione si applichi questa stessa apertura di contro un foglio di carta sensibile, e si troverà, dopo ventiquattro ore, che la circonferenza del tubo ha disegnato la sua immagine. Vi ha di più: un' incisione so-

pra carta della China, interposta tra il tubo e la carta se-
sibile, si troverà essa stessa riprodotta.

Se si chiude ermeticamente il tubo, subito dopo che è
stato tolto all'esposizione della luce, esso conserverà per u
tempo indefinito la facoltà di radiazione che l'insolazio
gli ha comunicato, e si vedrà queste facoltà esercitarsi o m
nifestarsi coll'impressione allorchè si applicherà questo tu
sopra la carta sensibile, dopo avere rimosso il coperchio c
lo chiudeva.

Ho ripetuto sopra le immagini luminose formate nella c
mera oscura l'esperienze che primitivamente aveva fatto c
la luce diretta. Ho levato un cartone bianco dall'oscu
per collocarlo, durante tre ore incirca, nella camera os
ra, ove si projettava un' immagine vivamente rischiarata d
sole; ho applicato in seguito il cartone sopra un foglio di c
ta sensibile ed ho ottenuto, dopo ventiquattro ore di cont
to, una riproduzione assai visibile dell'immagine primit
della camera oscura.

Un disegno tracciato sopra un foglio di carta bian
con una soluzione di solfato di chinina, uno de' corpi
fluorescenti conosciuti, esposto al sole ed applicato sopra
foglio sensibile, si è riprodotto in nero assai più intenso c
la carta bianca che formava il fondo del disegno. Una la
na di vetro interposta tra il disegno e la carta sensibile
impedito ogn'impressione; una lamina di vetro giallo colo
ta coll'ossido d'urano ha prodotto lo stesso effetto.

Se il disegno col solfato di chinina non è stato espo
alla luce, non ha azione sulla carta sensibile.

Un disegno luminoso tracciato col fosforo sopra un
glio di carta bianca, senza esposizione precedente alla lu
impressiona molto rapidamente la carta sensibile; ma se s
terpone una lastra di vetro non ha più alcun' azione.

SULLA FERMENTAZIONE LATTICA E SOPRA UN NUOVO FERMENTO DETTO – *FERMENTO LATTICO* –; DI L. PASTEUR.

(*Comptes Rendus, de l'Académie des Sciences*).

Estratto.

L'Autore stabilisce nella prima parte del suo lavoro l'esistenza di un fermento lattico, nello stesso modo ch'esiste un fermento alcolico.

Nelle fermentazioni lattiche ordinarie spesso si osserva al disopra del deposito di carbonato calcare e della sostanza azotata talune porzioni di una materia bruna, la quale spesso forma uno strato al di sopra del deposito anzidetto. Questa materia esaminata al microscopio si confonde colla caseina e col glutine disgregati; e può isolarsi e prepararsi allo stato puro nel modo seguente.

Il lievito di birra si mantiene per qualche tempo a 100 gradi in un' bagno maria con circa venti volte il suo peso di acqua, poi il liquido contenente la parte solubile del lievito si filtra, e nella soluzione si disciolgono circa 50 grammi di zucchero per litro, vi si aggiunge del carbonato calcare ed una traccia della materia bruna suddetta. Il giorno seguente si manifesta una fermentazione viva e regolare, ed il liquido ch'era libero s'intorbida, il carbonato calcare a poco a poco si sparisce, e nello stesso tempo si forma un deposito che aumenta progressivamente ed a misura che il carbonato calcare si discioglie. Questo deposito rappresenta la materia bruna alla quale appartengono i caratteri seguenti. Ha l'aspetto del lievito di birra in massa; al microscopio si vede sotto la forma di piccoli globuli, i quali costituiscono de' scacchi irregolari; tali globuli sono agitati vivamente dal movimento browniano; lavata per decantazione con gran quantità di acqua e poi mischiata ad una soluzione di zucchero, diviene acida ed il liquido non fermenta che con difficoltà; ma se vi si aggiunge del carbonato calcare che ne mantiene la neutralità, la trasformazione dello zucchero è molto accelerata, ed in meno di un' ora lo sviluppo del ga è manifesto e nel liquido si trova il lattato ed il butirrat di calce. Se non vi si aggiunge il carbonato calcare, la tra sformazione dello zucchero diviene penosa a misura che liquido acquista una più grande acidità. Se però si sotto mette all'analisi lo stesso liquido, dopo aver saturato gli ac di col carbonato calcare e distrutto lo zucchero in eccess col lievito di birra, si trova nel liquido evaporato, ed i proporzione variabile, la mannite e la materia vischiosa. L produzione della mannite dunque si osserva tutte le volt che il liquido acido non è neutralizzato dal carbonato cal care.

Ne' casi numerosi della fermentazione della mannite, il fermento lattico che prende origine e che produce il fe nomeno. Infatti, se ad una soluzione di mannite pura si ag giunge del carbonato calcare in polvere e del lievito lattic fresco e lavato, dopo un' ora, lo sviluppo gassoso e la tra sformazione chimica della mannite comincieranno, con for mazione di acido carbonico, d'idrogeno, di alcole, di acid lattico e di acido butirrico. In quanto all'acido butirrico, lievito lattico agisce direttamente producendo del carbonat di calce e del butirrato di calce; ma l'azione si esercita i prima sullo zucchero, che il lievito fa fermentare di pref renza all'acido lattico.

AZIONE DELLA LUCE SOPRA DIVERSE SOSTANZE FOTOGRAFICHE DI NIEPCE DE S. VICTOR.

(*Comptes Rendus du* 1. *Mars* 1858).

Estratto.

1. Vi sono due modi per mostrare l'azione che la lu ce esercita su' corpi. Il 1°. consiste ad esporre al sole, o anche alla luce diffusa del giorno, un disegno qualunque e poscia applicarlo sopra un foglio di carta sensibile pre

parato col cloruro di argento. Il 2°. poi consiste a coprire con carta, conservata nell'oscurità, un disegno fotografico fatto sopra carta o sopra vetro, ed esporre il tutto a' raggi solari. Riportando poi il disegno e la carta nell'oscurità, e trattando questa con una soluzione di nitrato di argento, si vede apparire dopo poco tempo un'immagine che basta lavare con l'acqua distillata per fissarla.

II. Se si volesse ottenere un'immagine più luminosa e meglio sviluppata, è necessario impregnare di una soluzione di nitrato di urano un foglio di carta in modo da colorarlo in giallo-paglia sensibile, seccarlo e poi conservarlo nell'oscurità. Per fare l'esperienza si copre la carta con un disegno fotografico, si espone il tutto a' raggi solari per circa un quarto d'ora, poi si porta nell'oscurità. Trattando la carta col nitrato di argento si produce istantaneamente l'imagine che basta lavarla coll'acqua per fissarla. L'acqua discioglie tutte le parti che non hanno ricevuto l'azione della luce.

Se dopo l'insolazione, si sostituisce alla soluzione di nitrato di argento, una soluzione di cloruro di oro acido, si vedrà l'immagine apparire istantaneamente di colore azzurro intenso, e potrà essere fissata lavandola coll'acqua distillata.

III. La soluzione di nitrato di urano può rimpiazzarsi da una soluzione di acido tartrico, e l'imagine si svilupperà pure, quando dopo avere esposta la carta a' raggi solari, la si tratterà con una soluzione di nitrato di argento. Però nel caso dell'acido tartrico è necessario elevare la temperatura da 30 a 40 gradi.

IV: Un disegno fatto sopra un cartone con una soluzione di nitrato di urano o di acido tartrico, esposto alla luce solare, e poscia applicato sopra una carta sensibile, imprime su questa il disegno menzionato. Se il disegno sul cartone è tracciato a grossi caratteri, esso si riprodurrà a distanza sulla carta sensibile, soprattutto se la temperatura sia alquanto elevata.

V. Un cartone impregnato da due o tre strati di una soluzione di acido tartrico o di un sale di urano, esposto a'raggi solari e poi introdotto circolarmente in un tubo di latta lungo ed avente un piccolo diametro, se questo tubo si conserva ermeticamente chiuso, si osserva che anche dopo molti giorni il cartone ha la proprietà d'impressionare la carta sensibile preparata col cloruro di argento. Alla temperatura ordinaria sono necessarie 24 ore per ottenere il massimo di effetto; ma se dopo di aver projettato nel tubo alquante gocce di acqua per umettare leggiermente il cartone, lo si chiude e lo si espone ad una temperatura di 40, o di 50 gradi si osserverà che aprendolo di nuovo ed applicando l'apertura sulla carta sensibile, basteranno pochi minuti per ottenere un' immagine circolare corrispondente all'apertura del tubo. Tale sperienza non riesce che una sola volta; val quanto dire che la luce si è eliminata interamente dal cartone, e che per ottenere una seconda immagine bisognerà ricorrere ad una nuova insolazione.

VI. Tutte queste sperienze mostrano che la luce comunica a talune sostanze una vera attività; o meglio che taluni corpi hanno la proprietà singolare di ritenere la luce in uno stato di attività persistente.

La quantità di attività è più o meno energica secondo la natura della sostanza, la durata più o meno lunga dell'esposizione e le circostanze particolari atmosferiche che concorrono nell'atto dell'esposizione. Inoltre questa quantità di attività ha i suoi limiti, cioè ciascuna sostanza ha un massimo di attività, raggiunto il quale, una nuova insolazione è senza il minimo effetto.

Un corpo divenuto attivo per insolazione, conserva per più di un giorno, nell'oscurità ed all'aria libera, la facoltà di agire su' sali di oro e di argento; esso finirà per perdere questa proprietà, ma potrà nuovamente acquistarla con una nuova insolazione.

La carta impregnata di nitrato di urano presenta una proprietà rimarchevole: essa cioè si colora coll'azione della luce, si scolora nell'oscurità dopo alquanti giorni per colorarsi di nuovo alla luce, e riduce i sali di oro e d'argento semplicemente quando è colorata.

VII. Le parti bianche di un'incisione impregnate di un sale di urano o di acido tartrico, ed insolate, s'imprimono benissimo sulla carta sensibile preparata al cloruro d'argento

to, e le parti nere al contrario non vi lasciano la minima traccia di azione, ed avviene lo stesso con un disegno fatto coll'inchiostro ordinario, o con una carta annerita col nero di fumo.

VIII. Se si espone un disegno a' vapori che si sviluppano lentamente dal fosforo, le sole parti nere s'impregnano di vapori fosforosi; se poi il disegno si applica sulla carta sensibile preparata al cloruro di argento, dopo un quarto d'ora di contatto il disegno è rappresentato sulla carta, per la formazione del fosfuro di argento, il quale resiste abbastanza all'azione de' reagenti chimici allungati coll'acqua. L'esperienza può farsi facilmente in una scatola, in una delle cui superficie si fissa il disegno, e sull'opposta si stropiccia del fosforo. In ogni operazione bisogna stropicciare con un cilindro di fosforo la parete opposta al disegno, per la ragione che se questo metalloide diviene rosso, non produce veruno effetto.

IX. Infine i vapori di solfo producono gli stessi effetti del vapore di fosforo e riproducono un disegno per la formazione del solfuro di argento ch' è nero.

RICERCHE INTORNO ALLE RELAZIONI TRA LA ELETTRICITA' DINAMICA E LE ALTRE FORZE FISICHE.

(Récherches sur la correlation de l'éléctricité dinamique et des autres forces physiques par M. L. SORET. — *Archives des Sciences Physiques et Naturelles de la Biblioteque de Genève, Septembre* 1857.

Remarques sur la relation entre l'action chimique qui a lieu dans la pile voltaique et les effets produits par la courant par R. CLAUSIUS — *Idem Octobre* 1857.

Observations sur la note de M. Clausius par M. SORET — *Idem idem*.

Etudes sur les machines électro-magnetiques et magneto-electriques par F.P. LEROUX — *Comptes Rendus de l'Acad. des Sciences, Sept.* 1857).

Il principio della equivalenza di una data quantità di calore con una quantità determinata di lavoro meccanico, quantità che si possono trasformare rispettivamente l'una nell'altra, ha dato origine alle ricerche, intorno alle relazioni che passano tra la elettricità dinamica e le altre forze fisiche che si sviluppano in un circuito elettrico.

Allorchè una corrente è sviluppata da una pila si produce in questa un'azione chimica, la quale non dà immediatamente il calore che potrebbe produrre se avesse luogo in altre condizioni, ma dà origine ad una corrente elettrica, la quale è la trasformazione delle forze molecolari che vengono impiegate in siffatta azione chimica, quantità di forze che può chiamarsi *lavoro impiegato* o *lavoro motore*.

La corrente nel sormontare la resistenza galvanica sviluppa calore in tutto il circuito; e se la corrente non esercita alcuna azione o lavoro esterno, *il calore sviluppato* deve essere l'equivalente del *lavoro impiegato*. Tale è il fatto che risulta dimostrato dall'esperienze di Favre.

Ma riesce evidente che se la corrente compie un lavoro esterno, muovendo per esempio una macchina elettro-magnetica, e in generale effettuando induzioni, magnetizzazioni, ec. non potendo quest'azione esteriore crearsi dal nulla, debbono per necessità prodursi dei cangiamenti nelle forze fisiche che si sviluppano nel circuito. Il lavoro esterno dovendo sottrarsi al lavoro impiegato nel circuito, la quantità di lavoro che si converte in corrente deve diminuire e per conseguenza deve decrescere la quantità di calore che si svolge nel circuito, e al tempo stesso deve anche decrescere la intensità dell'azione chimica per cui vi sarà meno lavoro impiegato.

Soret in due memorie, che portano il titolo sopra indicato, si è proposto di studiare in via sperimentale, le varie quistioni cui dà origine questo fatto, e nella prima si fa a studiare le variazioni d'intensità che subisce la corrente elettrica allorchè produce un lavoro meccanico.

Jacobi avea già osservato che se si fa passare una corrente nei fili conduttori di un motore elettrico che si obbliga a rimanere in riposo, e si misura la corrente per mezzo di una bussola; se in seguito si permette alla macchina di mettersi in moto, si osserva una diminuzione notevole nella sua intensità, e tanto maggiore quanto più grande è la velocità della macchina. Questo indebolimento proviene dalla produzione di una contro-corrente d'induzione; perchè, come dice Jacobi, una macchina elettro-magnetica in moto, rappresenta una macchina magneto-elettrica che genera una corrente contraria a quella della pila.

Il Soret esaminando varie esperienze, nelle quali si osserva il fenomeno di diminuzione d'intensità nella corrente che esercita un'azione esterna, ne ricava la seguente legge generale, che si può riguardare come una conseguenza o piuttosto la reciproca della legge di Lenz.

Quando una corrente elettrica continua, tende a determinare un movimento relativo di due pezzi di un apparecchio, se i due pezzi si spostano, cedendo a quest'azione, cioè se si produce un lavoro meccanico positivo, si osserva una diminuzione d'intensità della corrente, mentre che il moto si effettua, e inversamente quando si obbligano i due pezzi a prendere un moto opposto a quello che le forze elettriche tendono a dar loro, cioè se il lavoro meccanico è negativo, si osserva un aumento d'intensità della corrente.

I casi da lui esaminati sono i seguenti:

1°. Si sa che un pezzo di ferro dolce, un cilindro per esempio, disposto in modo da potere entrare nell'interno di un'elica, è attratto e tende a prendere una direzione centrale nella bobina. Quando il cilindro penetra nell'interno dell'elica, si osserva una diminuzione momentanea della intensità della corrente; ed ogni volta che si obbliga ad uscire, la forza della corrente subisce un aumento mentre che si effettua questo movimento.

2°. Si ottengono risultati analoghi allorchè si pone in azione l'attrazione di una elettro-calamita e di un'armatura di ferro. Secondo che l'armatura è attirata dalla calamita, o che se ne stacca a viva forza, la corrente subisce una diminuzione o un' aumento che si riconosce facilmente anco con la misura diretta della intensità.

3°. Le variazioni si producono ancora allorchè si introducono l'una nell'altra due bobine che fanno parte dello stesso circuito; solamente l'azione è piccolissima e per conseguenza meno facile a verificare.

4°. Negli apparecchi di rotazione delle calamite per mezzo delle correnti; e delle correnti per mezzo delle calamite, l'intensità delle correnti è un poco più debole quando il movimento si effettua sotto la influenza elettrica che allorquando l'apparecchio è mantenuto in riposo; se si fa girare in senso inverso del suo moto naturale la intensità aumenta leggiermente. Queste variazioni sono estremamente piccole, perchè il lavoro meccanico prodotto è poco considerevole. Ma allorchè senza far passare la corrente, si mette l'apparecchio meccanicamente in rotazione, e si fa comunicare con un galvanometro, si riconosce che si sviluppa una corrente d'induzione di cui il senso cambia con quello della rotazione. Questo fenomeno che si lega alla induzione chiamata dal Matteucci *assiale*, deve senza dubbio prodursi ancora quando si colloca una pila nel circuito; e secondo che la rotazione si effettua sotto l'influenza della corrente o che si obbliga l'apparecchio a prendere un movimento opposto, l'intensità della corrente diminuisce o aumenta un poco. Questa modificazione della forza della corrente è permanente sin che si mantiene la rotazione, essa non è un cangiamento momentaneo come nei casi precedenti.

5°. L'attrazione che una calamita permanente esercita sul ferro dolce non può classificarsi rigorosamente nella stessa categoria di fatti, perchè non si adopera una corrente elettrica; nondimeno vi ha una grande analogia tra le variazioni del magnetismo in questo caso, e le variazioni di intensità della corrente nei casi precedenti. Se la calamita permanente si circonda con un' elice di cui le estremità siano in comunicazione con un galvanometro, al momento in cui un' armatura è attirata, si osserva una corrente temporanea di cui il senso è lo stesso di quella che produrrebbe una diminuzione di magnetismo della calamita; quando si stacca l'armatura, la corrente è di senso contrario, come se vi fosse stato un aumento di magnetismo. Questi fatti si possono riguardare come una conferma della legge annunciata.

6°. Un caso che riusciva curioso ad esaminare è quello del magnetismo di rotazione. Si sa che allorquando si fa girare rapidamente una sfera di rame tra i poli di una elet tro-calamita, si sviluppano nella sfera correnti d' induzione che oppongono una resistenza notevole alla rotazione. Il moto della sfera di rame è sempre contrario a quello che le forze provenienti dalla calamita tendono ad imprimerle; ma queste forze non sono generate che quando ha luogo il movimento. Se in questo caso la legge fosse ancora applicabile dovrebbe verificarsi un aumento permanente della intensità della corrente sin che la sfera è in rotazione. Le esperienze sono difficilissime per varie ragioni; ecco intanto i risultati che se ne sono ottenuti. Allorchè si pone la sfera in rotazione, insino a che la sua velocità si va accelerando, si sviluppa una corrente d' induzione, la quale si aggiunge alla corrente primitiva; quando il moto della sfera è uniforme la intensità è la stessa che se la sfera fosse immobile; infine quando la rotazione si rallenta, la corrente s'indebolisce un poco. Queste variazioni del resto sono poco considerevoli. Questo caso non rientra quindi nella regola ordinaria, ciò che si spiega per la ragione che non può ammettersi che la corrente produca realmente un lavoro meccanico: essa agisce come una forza che stringerebbe un freno; la resistenza che prova la sfera è analoga ad un attrito, e la forza meccanica consumata da questa resistenza si converte in calore secondo la esperienza del sig. Foucault.

Il sig. Soret nella sua prima Memoria, ha in seguito esaminato le formule date da Jacobi relativamente ai motori elettrici, applicandole al caso in cui si fa prendere alla macchina un movimento inverso, cioè dando alla velocità un valore negativo. Egli mostra che i risultati, che secondo quelle formule dovrebbero ottenersi, sono in contradizione con la esperienza. Il sig. Marié Davy il quale avea già contestato la loro esattezza, indicava due elementi trascurati nel calcolo, cioè l'energìa propria ai conduttori e l'energìa che proviene dall'essere i conduttori ravvolti a spirale, di guisa che le spire agiscono per induzione le une sulle altre. A questi due elementi l'A. ne aggiunge un terzo, che è la induzione che la magnetizzazione deve produrre ogni volta che si chiude il circuito. Al momento in cui la corrente si stabilisce nelle eliche di una macchina, il nucleo di ferro dolce che queste circondano, si magnetizza e questa magnetizzazione sviluppa una corrente d'induzione energica, in senso opposto alla corrente primitiva. Quando s'interrompe il circuito, la smagnetizzazione tende a produrre una corrente d'induzione diretta nello stesso senso; ma essa non può propagarsi, perchè il circuito è interrotto. I due effetti dunque non si compensano. Il Soret ha eseguito tre diverse esperienze che indicano chiaramente che si debba tener conto di siffatta azione.

Ma la parte più importante del suo lavoro è quella che forma il soggetto della seconda memoria, cioè *intorno al calore che svolge quella parte del circuito che esercita un' azione esterna*. Essa ha dato occasione ad alcune importanti osservazioni del Prof. Clausius, il quale ha mostrato che i fenomeni quali si presentano in questo caso sono al tutto conformi alle leggi già note intorno alle forze che sono in azione in un circuito elettrico. Il Soret ha in seguito meglio spiegato la sua maniera d'interpetrare i fenomeni, e procurato di mostrare che per quanto differisca in apparenza da quella del Professore di Zurigo, conduce in fine al medesimo risultato.

Egli si è proposto da prima di studiare se il lavoro esterno della corrente è una trasformazione di una parte del calore che si sviluppa in quella porzione del circuito che esercita l'azione induttiva o in altri termini se il lavoro esterno è l'equivalente della diminuzione di calore che in esso ha luogo. Siccome in un circuito che esercita un' azione esteriore avvengono notevoli cangiamenti e la intensità della sua corrente diminuisce, non si possono paragonare gli effetti calorifici di due correnti che hanno la medesima intensità, ma di cui l'una non produce alcun lavoro esterno, e l'altra esercita un' azione esteriore. Egli adunque adopera due circuiti al tutto uguali in ciascuno dei quali sia un' elica, che in uno dei due circuiti produce un' azione induttiva sopra un cilindro di ferro dolce, mentre nell' altro non esercita alcun' azione induttiva, ed esamina la quantità di calore sviluppata nelle due elici, quando la corrente che traversa i due circuiti ha la stessa intensità effettiva.

Le sue esperienze si possono dividere in due serie. La prima fatta con due calorimetri in ottone, formati di due cilindri concentrici, entro i quali calorimetri, riempiti di essenza di trementina stavano le due eliche dei due circuiti. Siffatte esperienze, siccome avvisa il sig. Soret, non erano adatte a risolvere la quistione, perchè ciascuna volta che il ferro si magnetizza o si smagnetizza, si producono delle correnti d' induzione, le quali sviluppano una gran quantità di calore che si comunica al calorimetro.

Tuttavia egli ha creduto di poterne ricavare; 1°. che il calore esterno non è preso semplicemente al calore svolto nella parte del conduttore che agisce per induzione, perchè l' effetto termico ottenuto nel calorimetro chè contiene il ferro dolce, è notevolmente maggiore che nell' altro; 2°. che il lavoro prodotto dalla corrente può essere considerevolissimo, e infatti l'eccesso di calore rivelato dal calorimetro si eleva ad $^1/_8$ del calore calcolato.

La seconda serie di esperienze è stata fatta con calorimetri di vetro, coi quali, dopo avere eliminato numerose cause di errori che rendono l' esperienze molto delicate, è pervenuto a un resultato negativo; ossia che il rapporto della quantità di calore sviluppato nelle due eliche, non è modificato, allorchè una di esse produce un' azione esteriore.

Come risultato dei fatti e delle considerazioni precedenti egli ha dedotta la seguente conclusione: « l' insieme di queste esperienze mostra che allorquando una corrente genera un lavoro esterno non si osserva una diminuzione equivalente di calore nella parte del circuito che produce quest'azione, ma non si può ancora concludere che non vi sia indebolimento generale calorifico in tutto l' insieme del circuito, compresavi la parte agente ».

Del resto (prosegue l' Autore) io passo ad indicare la ipotesi che mi sembra più probabile relativamente a questi fenomeni, benchè non possa appoggiarla ad alcun fatto sperimentale. Cioè che allorquando una corrente esercita un'azione esterna, le cose procedono, come se si aumentasse la resistenza galvanica della parte del circuito che agisce per induzione, con questa sola differenza che l'effetto termico dovuto a questo aumento di resistenza invece di portarsi sulla parte induttrice si porta sul corpo indotto.

Per far comprendere bene il mio pensiero supponghiamo due circuiti discontinui identici del tutto, composti ciascuno di una pila e di un conduttore di cui una parte è avvolta a spirale. Se queste diverse parti sono perfettamente simili, le due correnti avranno la medesima intensità, la quantità di zinco disciolto nelle due pile sarà la stessa, si avrà la medesima quantità di calore svolta nelle due pile e nei due conduttori, infine il rapporto degli effetti termici prodotti nell'elice e nel resto del conduttore sarà lo stesso nei due circuiti. Ora introduciamo un cilindro di ferro dolce nell'elica del primo circuito, la corrente sarà indebolita; poi diminuiamo la conduttibilità dell'elica del secondo circuito, elevando per esempio la sua temperatura, sino a che la intensità della corrente sia uguale a quella del primo circuito: allora, secondo la mia ipotesi, la quantità di zinco sciolto sarà ancora uguale nelle due pile, le quantità di calore svolte saranno ancora le stesse nelle due pile e nelle porzioni di circuiti che non agiscono per induzione; la sola differenza sarà che il rapporto degli effetti termici prodotti nell'elica e nel resto del conduttore diverrà più grande nel secondo circuito, perchè si sa che la quantità di calore svolto è proporzionale alla resistenza. Nell'altra elica non si avrà aumento di calore, perchè l'aumento di resistenza non proviene da cangiamento nelle proprietà del filo conduttore ma dall'azione di un corpo esterno; è dunque sopra questo corpo che si porterà l'aumento di calore. Si vede che questa ipotesi è conforme ai fatti conosciuti sin ora: la somma del lavoro interno e del lavoro esterno sarebbe equivalente alla quantità di calore generata dall'azione chimica; l'azione esterna si produrrebbe a spese del lavoro interno; la intensità della corrente subirebbe una diminuzione; infine non si osserverebbe alterazione nel rapporto degli effetti termici della parte agente del circuito e di un'altra parte del conduttore ».

Altrove l'Autore aggiunge, che l'assimilazione di una corrente di cui l'azione è indebolita perchè agisce sopra un pezzo di ferro dolce, caso che si presenta di frequente, con un'altra corrente affatto uguale, indebolita da un'aumento di resistenza, non è rigorosa. Perchè sebbene le due correnti possano avere la stessa intensità media, cioè produrre la stessa deviazione nell'ago calamitato, pure esse non passano per le medesime fasi d'intensità; per l'assoluta esattezza bisognerebbe supporre che la resistenza del secondo circuito sia periodicamente aumentata, in guisa da mantenère a tutti i momenti la uguaglianza d'intensità. In questo caso i fenomeni, sarebbero identicamente gli stessi, salvo che vi sarebbe maggiore sviluppo di calore dalla seconda corrente nella parte in cui la conducibilità è stata diminuita.

Siffatte ricerche del Soret hanno dato luogo alle osservazioni del Clausius, il quale ha mostrato, che allorquando la intensità della corrente è diminuita per causa di un'azione esteriore che essa esercita, tutto avviene secondo le leggi dinamiche generalmente ammesse, ed in ispecie che posta la diminuzione d'intensità della corrente, l'azione chimica, che deve anch'essa diminuire, rimane proporzionale a tale intensità, ed il calore svolto dalla corrente indebolita è quello che dev'essere secondo la legge ammessa generalmente.

Ma come l'azione chimica diminuisce nella ragione semplice della diminuzione d'intensità e il calore in ragione del quadrato, ne viene che la nuova quantità di calore è troppo piccola per essere l'equivalente dell'azione chimica ossia del lavoro motore, e vi ha quindi un eccesso di lavoro motore che dev'essere uguale all'azione esterna.

Mentre quando non v'ha azione esteriore la corrente prende naturalmente la intensità che è conveniente, onde il calore svolto, che è l'equivalente del lavoro resistente, il quale rimane tutto entro il circuito, sia uguale al lavoro motore.

Riproduciamo fedelmente il modo in cui Clausius dichiara questi fatti.

Sia a la quantità di zinco sciolta in un elemento galvanico corrispondente ad una corrente che ha l'unità d'intensità nell'unità di tempo, se Z indica la quantità di zinco sciolta nell' unità di tempo in una pila di n elementi, in cui l' intensità della corrente sia I, avremo

$$(1) \qquad Z = anI.$$

Le altre azioni chimiche che accompagnano la soluzione dello zinco, differiscono secondo i differenti elementi galvanici, e lo stesso avviene quindi del lavoro impiegato negli elementi. Sia e il lavoro impiegato per ogni unità di peso di zinco, quantità di lavoro variabile secondo la specie degli elementi, e maggiore p. e. in un elemento di Grove che in uno di Daniell. Sia inoltre W il lavoro totale impiegato in tutta la pila durante la unità di tempo quando la corrente ha la intensità I; allora si avrà

$$(2) \qquad W = eZ = aenI.$$

Il calore H che è svolto dalla stessa corrente è determinato dall' equazione

$$(3) \qquad H = AlI^2$$

nella quale l significa la resistenza totale del circuito, ed A è l' equivalente di calore per l' unità di lavoro.

Quando un circuito che contiene una pila galvanica è posto in condizioni in cui non risente e non esercita alcuna azione esteriore, la corrente prende la intensità necessaria perchè il calore svolto sia l' equivalente del lavoro impiegato. Quindi se W_1 ed H_1 sieno i valori speciali di W ed H che corrispondono a questo caso, si potrà determinare il valore di I_1 perchè si avrà

$$(4) \qquad H_1 = AW_1 \quad \text{ossia}$$

$$(5) \qquad AlI_1^2 = AaenI_1$$

$$(6) \qquad I_1 = \frac{aen}{l}.$$

La quantità aen, è ciò che ordinariamente si chiama la forza elettro-motrice.

Supponghiamo ora che la corrente produca un lavoro esterno e che perciò la sua intensità diminuisca di i, ossia divenga $I = I_1 - i$.

Allora sarà (7) $W = aen\ (I_1 - i)$

(8) $H = Al\ (I_1 - i)^2$ ossia

$$H = A \left\{ l I_1 \ (I_1 - i) - li \ (I_1 - i) \right\} .$$

Sostituendo nel primo termine per I_1 il suo valore, si ottiene

$$H = A \left\{ aen\ (I_1 - i) - li\ (I_1 - i) \right\},$$ e quindi per la (7)

$$(9) \qquad H = A \left\{ W - li\ (I_1 - i) \right\} .$$

Si vede da ciò che il calore svolto è troppo piccolo per essere equivalente al lavoro impiegato.

L'eccesso di quest'ultimo ossia la quantità $li\ (I_1 - i)$ rappresenta quella parte di lavoro motore che s'impiega nel lavoro esterno ottenuto.

Del pari nel caso in cui per una influenza esterna la intensità della corrente è aumentata, il calore svolto sorpassa il lavoro impiegato. Non è mestieri d'altro in questo caso che d'introdurre i col segno positivo, ciò che in luogo della (9) dà

$$(10) \qquad H = A \left\{ W + li\ (I_1 + i) \right\} .$$

Se il circuito nel quale la corrente i è indotta, non contiene una sorgente propria di corrente, bisogna fare $W = 0$ e $I_1 = 0$, ciò che cangia l'ultima equazione in

$$H = Ali^2$$

che è la stessa equazione per la corrente indotta che la (3) per una corrente qualunque.

Questa spiegazione dei cangiamenti che avvengono in una corrente che produce un'azione esterna è semplice, e non implica alcuna contradizione alle leggi generalmente ammesse intorno alle correnti.

Il sig. Soret ha voluto mostrare che il modo da lui indicato per dichiarare i fenomeni, concorda in fondo con quello del Clausius e conduce allo stesso risultato.

Indicando con λ l'aumento di resistenza che si deve produrre nel secondo circuito onde diminuire della quantità i la intensità della corrente, si ha la proporzione

$$I_1 : I_1 - i :: l + \lambda : l \quad \text{da cui si ricava}$$

$$\lambda = \frac{il}{I_1 - i}$$

e per la quantità di calore h dovuta all'aumento λ di resistenza

$$h = A\lambda (I_1 - i)^2 = Ail (I_1 - i) \quad ; \quad + W' = li (I_1 - i);$$

questo valore di h traducendosi nell'altro circuito in un'azione esterna, coincide col valore dato da Clausius. Tutto sta dunque nel verificare l'esattezza di questo valore dell'azione esteriore corrispondente alla diminuzione i nella intensità della corrente, il che si propone di esaminare il sig. Soret in esperienze ulteriori.

D'altronde la coincidenza dei resultati è necessaria, dappoichè il sig. Soret avendo supposto che l'aumento di resistenza del circuito diminuisca la intensità I_1 della corrente della quantità medesima di cui la diminuisce l'azione esterna, il calore che è l'equivalente di questa resistenza λ dev'essere del pari l'equivalente dell'azione esteriore.

Ciò non pertanto il paragone tra una corrente d'intensità $I_1 - i$ che produce un'azione esterna ed una corrente d'intensità $I_1 - i$ che è nelle medesime condizioni di circuito ma in cui non havvi azione esteriore ma in vece una maggiore resistenza interna, non pare adatta a rappresentare i fenomeni quali in fatti avvengono. Essa non sarebbe in fine che una somiglianza di effetti tra i due circuiti, anzichè una vera spiegazione di ciò che debba accadere nel circuito che esercita l'azione induttiva, ma havvi tra i due circuiti la differenza essenziale, che mentre in quello di resistenza $l + \lambda$ la corrente prende liberamente la intensità $I_1 - i$ di guisa che il lavoro resistente interno del circuito sviluppa una quantità di calore equivalente all'azione chimica impiegata, nell'altro in cui la corrente prende la intensità $I_1 - i$ per effetto dell'azione esterna, non vi dev'essere equivalenza tra la quantità di calore sviluppato nell'interno del circuito e l'intero lavoro impiegato dall'azione chimica, ma in questo caso il calore nell'interno del circuito sarà equivalente al lavoro impiegato, diminuito del lavoro esterno prodotto.

Il paragone tra le correnti d'intensità I_1 che non produce alcun lavoro esteriore e quella d'intensità $I_1 - i$ che produce un lavoro esterno, può bene ottenersi come si scorge dalle formule del Clausius e non v'ha quindi ragione di stabilire il confronto tra i due circuiti d'intensità $I_1 - i$ sovraccennato.

Il sig. Soret nelle sue osservazioni alla nota del Clausius ha discusso quattro diverse ipotesi che si potevano porre innanzi a spiegare i fenomeni di cui è quistione. Non ci fermeremo a discutere intorno a quelli che egli rigetta, perchè non conducono ad una spiegazione soddisfacente, o sono in contradizione alle leggi dinamiche più volte accennate. Quella che egli dichiara sembrargli la meglio fondata è la terza, cioè: che il lavoro esterno sia preso all'insieme del circuito, di modo che la legge di proporzionalità del calore al quadrato dell'intensità della corrente si vericherebbe in tutte le parti del circuito; ma il calore non si ripartirebbe nelle differenti parti della corrente, di tal guisa che la totalità del calore sia equivalente al lavoro impiegato dall'azione chimica. Chiamando l' la resistenza della parte del circuito che non agisce per induzione e che è principalmente composto dalla pila, e w' il lavoro corrispondente a questa parte della corrente; l'' la resistenza della parte del circuito che agisce per induzione, e w'' il lavoro corrispondente, cosicchè $l = l' + l''$ sarebbe la resistenza totale del circuito e $w' + w''$ il lavoro interno della corrente che riesce uguale a W quando essa non esercita alcun'azione esteriore. In tal caso $w' = \frac{Wl'}{l}$ e, $w'' = \frac{Wl''}{l}$; mentre nel caso della corrente che esercita un'azione esterna non si avrebbe $w' = \frac{Wl'}{l}$ nè $w'' = \frac{Wl''}{l}$.

Questa maniera d'intendere, non solo è fondata ma è evidente. Il lavoro esterno W' dovendo esser tolto al lavoro impiegato dall'azione chimica W si avrà $w' + w'' = W - W'$ e dovrà aversi $w' = \frac{(W - W')l'}{l}$, $w'' = \frac{(W - W')l''}{l}$.

E riesce del pari evidente che la quantità di lavoro resistente del circuito interno essendo $w' + w'' = W - W'$ dev'essere il suo equivalente in calore

$H = A(W - W') = A\left\{W - li(l_{1} - i)\right\}$, siccome risulta dalla formula (9) del Clausius.

Il sig. Soret conclude che per ispiegare questa conversione di forza si è posti fra tre alternative: o ammettere che il calore svolto non è proporzionale al quadrato della intensità della corrente, o abbandonare la legge della proporzionalità della intensità all'azione chimica, o rinunziare a quest'altra legge vera per le correnti ordinarie, che il calore in una parte del circuito è al calore totale svolto dall'azione chimica, come la resistenza di questa parte del circuito è alla resistenza totale della corrente; e crede che fra le tre si debba scegliere questa ultima alternativa.

Ma questa conclusione non ci pare fondata. Prima il De La Rive, e poi il sig. Favre con le sue varie e belle sperienze, hanno mostrato che le quantità di calore svolto nella pila e nel conduttore che ne riunisce i poli sono complementarii l'una dell'altra, e danno una somma costante; ripartendosi in varia proporzione tra le due parti del circuito a seconda la loro relativa resistenza.

Questa somma costante ha un valore uguale a quello del calore svolto direttamente dall'azione chimica, allorchè la corrente non esercita alcun lavoro esterno. Ma il sig. Favre ha esaminato anche il caso della corrente che passa a traverso un elettromotore che compie il circuito, il quale è posto in movimento e solleva un peso. In questo caso la somma del calore svolto nella pila e nell'elettromotore, rimane inferiore al calore che è l'equivalente dell'azione chimica totale, di una quantità che è l'equivalente in calore del lavoro meccanico eseguito dall'elettromotore. Non vi ha dunque alcuna legge da abbandonare; la legge dimostrata dall'esperienze è, che il calore totale svolto dalla corrente nell'interno del circuito, sta al calore svolto in una delle sue parti, come la resistenza totale, sta alla resistenza di quella parte. L'altra legge che proviene dal principio di equivalenza è, che il lavoro resistente dev' essere uguale al lavoro motore, e che però il calore svolto nell'interno del circuito aumentato dell'equivalente in calore dell'azione esterna eseguita dalla corrente, devono dare una somma uguale al calore che è l'equivalente dell'azione chimica e che sarebbe da essa svolto direttamente. Ora, siccome innanzi è stato mostrato, queste leggi si verificano nel caso in questione, e le formule del Clausius ne danno la prova.

Il sig. Leroux ha intrapreso a studiare in un modo generale i fenomeni di cui il Soret nella sua Memoria non tratta che un caso particolare. Di questo suo nuovo lavoro danno un brevissimo cenno i *Comptes rendus de l'Académie des Sciences del Sett.* 1857 che qui riproduciamo.

È diviso in due parti delle quali la prima s'intitola: *Applicazione del principio della conservazione del lavoro a diversi fenomeni d'induzione, e particolarmente al cominciamento ed alla cessazione di una corrente elettrica.*

L'Autore comincia col « discutere le condizioni di una « esperienza che può esser fatta nel modo seguente: si pren« de un galvanometro sensibile, una coppia di Bunsen, ed « un' elica di resistenza presso a poco uguale a quella del « galvanometro, e per mezzo di un apparecchio speciale si fa « passare una corrente nel circuito per un tempo cortissimo « e sempre lo stesso. Si misurano le deviazioni impulsive « dell'ago, dopo avere operato con l'elica vuota, vi si col« loca un'asta di rame che produce appena una diminuzio« ne di $\frac{1}{60}$ nella inpulsione, poi un' asta uguale di ferro dol-

« ce che la diminuisce quasi di metà; l'azione dell'acciajo « è meno energica che quella del ferro dolce.

« Io discuto varie spiegazioni di questo genere di feno« meni. La più generalmente ammessa è quella della inegua« glianza delle azioni delle correnti indotte sopra l'ago ca« lamitato. Quanto al paragone delle extra-correnti alla cor« rente principale, siffatta quistione è passata sino al presen« te per così dire inosservata. Dopo avere stabilito la insuf« ficienza delle teorie attuali intorno a questi fenomeni, io « cerco di abbracciarli in principj generali.

« Il *lavoro* non si crea nè si perde; ecco la base dei miei « ragionamenti. Per me l'elettricità è un movimento come « la luce, e come il calore. Il movimento elettrico subisce di« verse trasformazioni, lavoro meccanico, calore, luce, azio« ni chimiche ec. Il lavoro di questo movimento deve tro« varsi in tutte le sue trasformazioni.

« In quest'ordine d'idee che cosa è la produzione di « una corrente? È la comunicazione di uno stato di movi« mento nelle molecole di questi corpi ed anche dei corpi « vicini. È una sorgente finita di lavoro che agisce. Abbi« sogna quindi un tempo finito I_1 per questa comunicazione « completa.

« Il rapporto $\frac{dT}{dt}$ T essendo il lavoro impiegato nella « sorgente, varia ad ogni istante da $t = o$ a $t = t_1$, in vir« tù della inerzia della materia e dei legami che si debbo« no concepire tra le molecole del circuito. Questo rap« porto $\frac{dT}{dt}$ non è altro che la intensità variabile della corrente. « Quando la corrente è una volta stabilita, questo rapporto « è costante. La intensità media della corrente durante il « tempo t_1 sarà la media dei valori da $t = 0$ sino a $t = t_1$. « Questa media è evidentemente più piccola del valore di « $\frac{dT}{dt}$ che corrisponde al completo stabilimento della cor« rente.

« Estendendo alla corrente durante il suo stabilimento « le leggi che reggono la sua intensità permanente, si può

« rappresentare il fenomeno, dicendo, che durante il periodo t_1
« il circuito ha subito un aumento di resistenza. Sia r questo
« aumento, noi lo chiameremo *resistenza dinamica* per con-
« trapposto alla resistenza considerata abitualmente che chia-
« meremo *statica*. Vi ha resistenza dinamica tutte le volte
« che lo stato del circuito non è lo stesso nei diversi ele-
« menti successivi del tempo considerato.

« Noi ragioniamo sulle resistenze dinamiche come sulle
« resistenze statiche e diciamo: se T_0 è il lavoro che circo-
« lerebbe durante l'unità di tempo, la resistenza essendo
« l, il lavoro impiegato durante il tempo t_1 dallo stabilimen-
« to della corrente, sarà $\frac{T_0 t_1}{\Sigma R + r}$, espressione in cui ΣR
« rappresenta le resistenze statiche del circuito. Questo la-
« voro si sarà distribuito nelle differenti parti del circuito
« proporzionalmente alle loro resistenze, la parte relativa
« allo stabilimento della corrente rimane dissimulata nel si-
« stema; se v'ha un' elica che circonda del ferro dolce es-
« sa ne prende la più gran parte. Ma noi la ritroviamo sot-
« to forma di extra-corrente diretta, al momento della inter-
« ruzione del circuito.

« Al punto di vista del lavoro, la somma di queste due
« correnti è più piccola che la corrente allo stato perma-
« nente che passa durante lo stesso tempo. Si può darne
« diverse ragioni. Io discuto quelle che si danno del riscal-
« damento prodotto in questo caso, che in tutti i modi pro-
« duce una perdita di lavoro.

« Al momento in cui la rottura ha luogo può esservi una
« scintilla; questa è una nuova resistenza che s'introduce nel
« circuito e che viene a mutare la distribuzione del lavoro
« nelle sue differenti parti.

« Risulta da ciò che nelle macchine in cui si vuole far
« produrre alla elettricità il massimo effetto utile possibile,
« bisogna evitare i cangiamenti di senso troppo frequenti,
« le scintille.

« Seconda parte — *Applicazioni di considerazioni ana-*
« *loghe alle precedenti alla teoria delle macchine elettro-ma-*
« *gnetiche, ed alla ricerca del loro massimo effetto utile.*

« Io comincio dal richiamare l'esperienze del sig. Joule a « proposito dell'equivalente meccanico del calore; quelle del « sig. Favre sulle correnti idro-elettriche. Io richiamo ancora « che ho fatto vedere per mezzo di una macchina magneto- « elettrica potente, che se si osservasse lo svolgimento di ca- « lore prodotto in una parte del circuito allo stato di ripo- « so e si calcolasse secondo le leggi note (E. Becquerel, Jou- « le ec.) il calore prodotto nel circuito totale, e che si com- « parasse al lavoro meccanico impiegato, si troverebbe un « numero un po' troppo forte per esprimere l'equivalente « meccanico del calore. Questa circostanza dipende da ciò « che le scintille e le smagnetizzazioni assorbiscono una cer- « ta frazione di lavoro.

« Dall'insieme dei fatti conosciuti, io credo poter fare « uscire con una certezza quasi assoluta i principj seguenti:

« Allorchè un circuito ha parti in moto o è traversato « da correnti discontinue, ovvero che le due cose hanno « luogo insieme, le diverse parti di questo circuito (io parlo « del circuito stesso e non dei corpi vicini ad esso) si scal- « dano come se esso fosse immobile, la corrente fosse con- « tinua e se essa avesse la medesima intensità che possiede « allorquando è discontinua.

« Il movimento di una parte del circuito (movimento « necessariamente accompagnato da un lavoro meccanico) « ovvero la discontinuità della corrente, fa nascere una « resistenza speciale che noi chiamiamo resistenza dina- « mica ».

Il sig. Leroux in alcune recenti esperienze ha dato un'altra determinazione dell'equivalente meccanico del calore, per mezzo di un apparecchio magneto-elettrico, nel quale come in tutti i congegni di siffatto genere una forza meccanica motrice si trasforma in elettricità. Il suo apparecchio si compone nel seguente modo.

Sopra un albero di ferro sono disposte due ruote di bronzo, delle quali ciascuna porta alla sua circonferenza sedici bobine. Ciascuna di queste ruote può girare tra due ordini circolari di calamite sostenute da traverse. Vi sono otto calamite a ferro di cavallo, di guisa che tutte le bobine, allo stesso tempo si possono trovare ognuna dinanzi ad un polo di calamita.

Le bobine si compongono di un cilindro vuoto, formato da una lamina in ferro ripiegata, ma di cui i bordi non si riuniscono, a fine d'intercettare le correnti d'induzione prodotte alla superficie del ferro stesso e che producono un ritardo nella smagnetizzazione.

Sopra ogni bobina, sono avvolti quattro fili di rame uguali ed isolati l'un dall'altro nella loro lunghezza, ma riuniti alle loro estremità, aventi un diametro di $1^{mm},1$. La resistenza dell'insieme, è stata trovata equivalente in media, a quella di 11 metri di filo di rame puro di 1^{mm} in diametro.

Ora in una macchina magneto-elettrica, una parte del lavoro assorbito è impiegata specialmente nella produzione della corrente. Se infatti si pone in moto il congegno, rimanendo aperto il circuito, la persona che comunica il moto non deve vincere una grande resistenza; ma questa resistenza diviene sensibilmente maggiore, appena si riuniscono le estremità del filo congiuntivo. La produzione della corrente quindi, richiede l'impiego di un dato lavoro meccanico; ma il passaggio della corrente a traverso le bobine ed il conduttore interpolare, genera una produzione di calore, e questo calore prodotto è l'equivalente del lavoro meccanico impiegato nella produzione della corrente elettrica.

A dimostrare siffatta equivalenza, il Leroux ha impiegato il metodo seguente. Senza chiudere il circuito si pone in moto la macchina; ed il lavoro passivo che si determina, per una data velocità, misura le resistenze dovute agli attriti degli organi della macchina e la forza impiegata nella produzione di certe correnti d'induzione generate, sia nelle calamite, sia nelle masse di ferro dolce ec.

Indi si chiude il circuito, nel quale si trova un filo a spirale immerso dentro l'acqua di un calorimetro, in cui si immerge del pari un termometro destinato a misurare l'elevazione di temperatura prodotta dal passaggio della corrente. Conoscendo il rapporto della resistenza del circuito totale a quella della spirale, si può calcolare la quantità di calore svolta in tutto il circuito mediante la legge di Joule, per la quale, posta la medesima intensità di corrente, il calore che si svolge in un tempo dato, riesce proporzionale alla resistenza del conduttore. Questa quantità di calore, paragonata al lavoro meccanico impiegato, deve corrispondere al valore noto dell' equivalente meccanico del calore.

In una dell' esperienze, la macchina era posta in moto da una ruota a manubrio, munita della manovella dinamometrica di Morin. Il lavoro impiegato a circuito aperto con la velocità di 30 giri di manovella per minuto, era di 5,72 chilogrammetri ad ogni giro di manovella, corrispondente a quattro giri della macchina. Chiudendo il circuito, 444 giri di manovella alla velocità indicata, produssero nel calorimetro una elevazione di temperatura di $17^{\circ},17$ richiedendo un soprappiù di lavoro di 4,9 chilogrammetri ad ogni giro, ciò che corrisponde ad un lavoro totale di 5312 chilogrammetri: Eranvi nel calorimetro $198^{gr},8$ di acqua, e tenendo conto di tutte le correzioni necessarie, il calore sprigionato nel calorimetro si trovò essere $3^{cal},342405$. Le resistenze misurate davano per il circuito totale 189,8 e per la spirale di platino (alla temperatura media della esperienza) di 55,2 divisioni del reostata che ha servito al sig. Ed°. Becquerel per le sue sperienze sulla conducibilità. La quantità di calore è stata quindi di $3^{cal},342405 \times \frac{189,8}{55,2} = 11^{c},492$.

Il quoziente del lavoro per questo numero, dà 462,22 chilogrammetri, come l'equivalente meccanico di una unità di calore.

In altre sperienze fu adattato un tamburo all'albero della macchina, attorno al quale avvolgevasi una fune, che traversando una puleggia fissata alla volta, portava alla estremità un peso che con la sua caduta produceva il moto della macchina.

Si cominciava dal determinare il peso che poteva produrre con moto uniforme una velocità di 60 giri ad ogni minuto, per esempio. Poi si chiudeva il circuito per mezzo di un voltaimetro calorifico come nel caso precedente; si cercava il peso necessario a mantenere la medesima velocità:

circuito chiuso, e si poteva quindi per differenza arrivare alla determinazione del lavoro utile per ogni giro dell'albero. Allora per mezzo di una ruota a manubrio, facendo fare alla ruota un certo numero di giri sempre colla stessa velocità, si misurava il riscaldamento. In una esperienza fatta con una spirale la cui resistenza era di 172,9 racchiusa in un calorimetro contenente 227gr,25 di acqua, si ottenne con le analoghe misure precedentemente descritte, un valore dell'equivalente meccanico del calore rappresentato in chilogrammetri dal numero 469,27.

Ed in un'altra esperienza fatta in condizioni analoghe, ma con una spirale più forte ed in un calorimetro contenente 450 grammi di acqua, il valore dell'equivalente meccanico risultò di 442 chilogrammetri.

I tre valori danno una media in numero rotondo di 458 per l'equivalente meccanico del calore; la elettricità servendo d'intermedio. Questo numero differisce pochissimo da quello determinato da Joule che è 460.

SULLA SAVITE; DI Q. SELLA.

Da Lettera al Cav. A. Sismonda letta nella R. Accademia delle Scienze di Torino, li 2 Marzo 1856.

Il sig. Dott. Gaetano Burci ha fatto dono al R. Instituto tecnico di Torino di molti bellissimi minerali Toscani, e fra essi di un esemplare di savite, che egli teneva dal sig. Bechi. Questo esemplare presenta degli aghi di savite in verità finissimi, ma tuttavia misurabili al goniometro, i quali sono associati all'analcismo (Picranalcimo)— Questi aghi (*fig*. 10) sono foggiati a guisa di prisma, il cui angolo sembra retto, e terminano in una piramide composta di quattro faccie, che pajono egualmente inclinate fra loro. Indi nasce, che il Dana nella sua Mineralogia (1) appoggiandosi probabilmente

(1) *Dana*, *Mineralogy*, 4 edit. pag. 316.

a' dati del Meneghini autore di tale specie, descrive la Savite come dimetrica, senza tuttavia provare l'asserto con osservazioni. Ma assai diversa è la conclusione a cui si perviene misurandone gli angoli come dal quadro seguente.

FACCIE	ANGOLI OSSERVATI		ANGOLI DEL MESOTIPO
110, $\bar{1}10$	89°	(1)	89°
110, 111	63°,25'	(2)	63°, 20'
111, $\bar{1}11$	36°,50'	(3)	36°, 40'
111, $1\bar{1}1$	37°,22'	(4)	37°, 20'

(1) Le faccie del prisma sono striate parallelamente agli spigoli del medesimo; fra 110 e $1\bar{1}0$ esistono traccie della faccia 100.

(2) Le faccie della piramide, che terminano l'ago misurato, quantunque piccolissime, offrono tuttavia parecchie immagini.

(3) Oltre a dette faccie ve ne sono due altre in zona con loro che fanno un angolo di circa 1°,10' con ciascuna di esse, e che verrebbero perciò a costituire un ottaedro più ottuso del suindicato.

(4) Media di tutte le osservazioni prendendo successivamente gli angoli dati dalle varie immagini.

Gli angoli della savite si avvicinano tanto a quelli del mesotipo indicati nella terza colonna del quadro precedente (1), che poco rimane a dubitare doversi considerare la savite come una delle tante varietà di mesotipo, che già si conoscono.

La savite è stata analizzata dal Bechi, il quale la trovò

(1) Angoli desunti da Philipps, *Mineralogy by Brocke and Miller*, p. 445.

composta di silice, allumina, magnesia, soda con poca potassa, ed acqua, sicchè ne calcolò la formola di composizione

$$3\,(MgO,NaO),\ 2SiO^3 + Al^2O^3,SiO^3 + 2HO\ .$$

La varietà di mesotipo detta natrolite ha la composizione seguente

$$NaO,SiO^3 + Al^2O^3,\ SiO^3 + 2HO\ .$$

La varietà invece, a cui venne dato il nome di mesolite ha la composizione

$$(CaO,NaO),\ SiO^3 + Al^2O^3,\ SiO^3 + 3HO.$$

I risultati, a cui l'ultima formola conduce non sono molto diversi da questi, a cui conduce la formola data dal Bechi per la savite, ove si sostituisca la magnesia alla calce, ed è perciò probabile che la savite sia una varietà di mesotipo, in cui parte della soda della natrolite, ovvero la calce della mesolite siano sostituite dalla magnesia.

Nuove ed accurate analisi della savite potranno forse far scomparire il divario, che corre tra la formola attuale della savite, e quella della natrolite, o della mesolite. Infatti la savite è impiantata sovra serpentino, di cui avvolge piccoli frammenti, e se la scelta della materia analizzata non fu perfetta, è naturale che siasi rinvenuta maggior copia di silicato di magnesia di quanto forse convenga alla genuina composizione della savite.

La natrolite, la bergmannite, la radiolite, lo spreustein, la lehuntite, la brevicite, il mesole, la harringtonite, e la mesolite di alcune località sono considerate come varietà di mesotipo trimetrico. La scolesite, la poonahlite, la andrimolite, ed alcune mesoliti sono ritenute come varietà di una specie monoclina vicinissima al mesotipo, ed indicata da molti Mineralisti col nome di scolesite. Gli angoli della savite si avvicinano più a quelli del mesotipo, che non a quelli della scolesite, osservati da G. Rose, e non permettendo la piccolezza degli aghi di savite lo studio dei caratteri ottici, o piroelettrici, che distinguono la scolesite dal mesotipo, devesi conchiudere, che i caratteri finora osservati avvicinano la savite piuttosto al mesotipo, che non alla scolesite, e ci inducono a ritenerla per un mesotipo con magnesia, la quale o sostituisce parte della soda, o proviene da serpentino che contaminava la materia analizzata.

Nelle precedenti Memorie, dell'Autore stesso della presente, pubblicate nel Volume V di questo Giornale, essendo scorsi alcuni errori, se ne pongono qui appresso le relative rettificazioni.

Nella prima Memoria - *Sul boro adamantino* - Tom. V pag. 50.

	ERRATA	CORRIGE
Pag. 54 linea 15	332	223

Nella seconda Memoria - *Sulle forme cristalline - di alcuni sali di platino.* Tom. V pag. 81.

	ERRATA	CORRIGE
Pag. 97 linea 25.	:: 1,3549 : 1 : 1,0177	::1,0177 : 1,3549 : 1
		Naumann prenderebbe di preferenza $\gamma = 67° 11' \frac{1}{4}$ ma dovrebbesi in tale ipotesi cangiar segno ai simboli, che seguono.
» 98 » 7.	75°,59'	104°,1'
» ivi » 9.	6 ¹/₄	d¹/₄

AZIONE DELLA CORRENTE ELETTRICA SUL CLORO, SUL BROMO, E SULL' JODO IN PRESENZA DELL' ACQUA; DI A. RICHE.

(*Comptes Rendus*, 15 *Feb.* 1858, *p.* 348)

Estratto.

Se si fa passare una corrente elettrica nell' acqua di cloro perfettamente pura, preparata nell' oscurità con acqua distillata recentemente bollita si osservano i seguenti fenomeni.

L' acqua è dapprima decomposta, l' ossigeno si sprigiona e l' idrogeno in contatto del cloro vi si combina in gran parte. Un simile risultato poteva prevedersi: perchè l' acqua di cloro si comporta nello stesso modo sottomessa all' azione della luce o del calore, ma dopo pochi istanti il fenomeno è inverso; cioè l' ossigeno viene assorbito e l' idrogeno si sviluppa abbondantemente malgrado la sua possente affinità pel cloro che si trova in grande eccesso nel liquido. Ecco il risultato di una sperienza:

La pila si componeva di 10 elementi Bunsen; ed i gaz venivano raccolti simultaneamente in due tubi sensibilmente di egual volume ed altezza.

Si è cominciato a 10^{ore}, 29^{m} ed a 10°, 40^{m} il volume dell' ossigeno era sensibilmente doppio di quello dell' idrogeno, ma un' ora dopo il principio dell'esperienza, il volume dell' ossigeno era divenuto presso a poco eguale a quello dell' idrogeno.

La corrente ha continuato a passare e si sono misurati nuovamente i gas alle 12°, 19^{m}.

La proporzione dell' ossigeno ha aumentato considerevolmente. L' esperienza si è ripresa alle 3°, 55^{m}

Il tubo a idrogeno si era riempito alle. . . 4, 29 in 34^{m}

Il tubo a ossigeno si era riempito alle . . 6, 57 in 182^{m}

Si produce dunque in questo momento cinque o sei volte meno di ossigeno dell' idrogeno.

A questo punto l' assorbimento dell' ossigeno è al massimo: va decrescendo sempre finchè il volume dell' ossigeno sprigionato diventa esattamente metà di quello dell' idrogeno.

Esaminando la natura del liquido ottenuto, vi si trova una reazione acida manifesta che non è dovuta all' acido cloridrico perchè i sali d' argento non producono alcun precipitato, ma appartiene all' acido perclorico la cui presenza è manifestata da un intorbidamento ne' sali di potassa in soluzione.

La stessa sperienza ripetuta coll' acqua di cloro purissima, mantenuta satura per mezzo di una corrente di gas cloro fornisce risultati analoghi.

La spiegazione di questi fenomeni è facilissima: ne' primi istanti l' acqua è il solo corpo composto esistente nel liquido che viene decomposto, ma l'idrogeno incontrando del cloro vi si unisce per costituire dell'acido cloridrico; una volta che quest'acido si è formato, si decompone insieme all'acqua ed in questa guisa si sviluppa al polo positivo dell'ossigeno e del cloro nascenti che reagiscono in questo stato per formare gli acidi ossigenati del cloro.

La decomposizione per mezzo della pila dell'acqua di cloro preparata da molto tempo, dell'acido cloridrico, sono in appoggio della spiegazione annunciata. Difatti

Acqua di cloro preparata la vigilia — La corrente passa in un luogo rischiarato da una luce assai debole. Si sprigiona quattro volte più d'idrogeno che di ossigeno.

Acqua distillata resa acidula per mezzo dell'acido cloridrico — Principio della sperienza . . . . 6, 45m del mattino

Il tubo a idrogeno è pieno alle . . . . 6, 5m in 50m

Il tubo a ossigeno è pieno alle. . . . . 7, 27m in 27m

Alle cinque della sera il volume è metà di quello dell'idrogeno e l'acido cloridrico è scomparso ed è rimpiazzato dall'acido perclorico.

Il mezzo indicato è senza dubbio il più pronto, il più sicuro ed economico per produrre quest'acido senza che sia imbrattato d'acido solforico.

L'acqua di bromo, *l'acqua di jodo*, *l'acido bromidrico*, *l'acido jodidrico* presentano risultati presso a poco identici. Ma non si ottengono in questo caso gli acidi perbromico e periodico analoghi all'acido perclorico, ma solo gl'acidi bromico e jodico; Giacchè si è sperimentato che l'acido bromico puro si decompone sotto l'influenza della corrente, il bromo portandosi al polo positivo si ricombina in parte all'ossigeno per produrre di nuovo dell'acido bromico.

Le esperienze precedenti sembrano provare che il bromo e il jodo possono combinarsi direttamente all'idrogeno. Difatti sottomettendo del bromo, dell'jodio e dell'idrogeno secchi a numerose scariche elettriche prodotte dagli apparecchi d'induzione si ottengono gli idracidi gassosi con facilità. Dall'esposto si conchiude che;

1°. L'azione della corrente elettrica sopra l'acqua di cloro e l'acido cloridrico produce come risultato finale dell'acido perclorico.

2°. L'acqua di bromo, l'acido bromidrico, l'acqua di jodo, l'acido jodidrico, sottomessi alla stessa influenza formano dell'acido bromico e dell'acido jodico.

È questo il miglior processo per ottenere questi tre corpi.

3°. L'ossidazione di questi corpi è dovuta all'incontro dell'ossigeno col cloro, col bromo e coll'jodo allo stato nascente.

4°. Il bromo, il jodo si combinano direttamente e all'idrogeno come il cloro.

5°. Il cloro, il bromo, il jodo si combinano all'ossigeno in presenza dell'acqua sotto l'influenza delle scintille elettriche.

NUOVO METODO PER DOSARE IL RAME; DI A. TERREIL.

(*Comptes rendus*, 1 *Fevrier* 1858, *p.* 230).

Estratto.

Questo nuovo metodo consiste:

1°. A trattare il rame, la lega o la materia che contiene questo metallo con un acido: impiegando però l'acido nitrico è necessario trasformare i nitrati in solfati riscaldando il miscuglio coll'acido solforico;

2°. A rendere la soluzione ammoniacale: e se in tale operazione si formasse qualche precipitato insolubile nell'ammoniaca, sarebbe uopo filtrare;

3°. A far bollire il liquido ammoniacale cuprico con del solfito di soda o qualunque altro solfito alcalino, fino a perfetta decolorazione;

4°. A versare nel liquido scolorato un piccolo eccesso di acido idroclorico ed a fare bollire di nuovo per scacciare completamente l'acido solforoso.

5°. Finalmente, a trattare la soluzione allungata d'acqua col permanganato di potassa, di cui si è determinato il titolo con un peso noto di rame puro e trattato collo stesso metodo.

ERRATA-CORRIGE

all'Estratto inserito nel T. VI. *p.* 221.

Benchè troppo tardi, non vogliamo lasciare senza correzione un grave errore trascorso inavvertitamente in un estratto della Memoria di FAVRE, *inserito nel fascicolo di Agosto e Settembre dell'anno scorso* 1857, *a pagina* 221 *del T. VI dove si legge:*

1°. Che una corrente elettrica, allorchè è impiegata a produrre una certa quantità di lavoro meccanico, si consuma, non è più sensibile, si trasforma in una certa quantità del calore svolto dall'azione chimica che genera quella corrente;

Si deve leggere:

1°. Che, allorchè una corrente elettrica è impiegata a produrre una certa quantità di lavoro meccanico, si consuma, non è più sensibile, si trasforma una certa quantità del calore svolto dall'azione chimica che genera quella corrente.

C.

(*Segue la continuazione dell'articolo* — Nuova Teoria degli Stromenti Ottici — *del Prof. O. F. Mossotti*).

2.

Equazioni generali da soddisfarsi per elidere gli effetti delle aberrazioni.

Richiamate le due prime equazioni del Capitolo I, Parte II, dinotiamo con R il valore comune dei loro tre membri, e sostituendo in essi per x_n, y_n, z_n e cos Y_n cos Z_n le loro espressioni, date dalle formole (6) del Capitolo II, Parte I, e dalle (12) del Capitolo III, eguagliamo ciascun membro al rapporto medesimo, avremo le tre equazioni

$$(1)\quad \begin{cases} x = H_n\alpha_n + R\cos X_n\,, \\ y = \left(Q^{(1)}_{2n-2} + v_n R Q^{(1)}_{2n-1}\right) y_1 - \dfrac{1}{v_0\Delta_0}\left(P^{(2)}_{2n-2} + v_n R P^{(2)}_{2n-1}\right) y_0, \\ z = \left(Q^{(1)}_{2n-2} + v_n R Q^{(1)}_{2n-1}\right) z_1 - \dfrac{1}{v_0\Delta_0}\left(P^{(2)}_{2n-2} + v_n R P^{(2)}_{2n-1}\right) z_0. \end{cases}$$

Concepiamo il valore di R diviso in due parti, la prima delle quali sia la distanza conjugata,

$$(2)\qquad \Delta = -\frac{1}{v_n}\,\frac{Q^{(1)}_{2n-2}}{Q^{(1)}_{2n-1}}\,,$$

data dall'equazione (5) del Capitolo I, Parte II, e calcolata facendo uso dei valori di $Q^{(1)}_{2n-1}$ e $Q^{(1)}_{2n-2}$ corrispondenti alla prima approssimazione, e la seconda sia denotata da $\delta\Delta$, così che si abbia

$$R = \Delta + \delta\Delta\,,$$

la variazione $\delta\Delta$ essendo dell'ordine delle quantità trascurate, vale a dire del second'ordine.

Ciò posto sostituiamo questo valore di R nella prima delle equazioni (1), e prendiamo x in modo che sia

$$(3) \qquad x = H_n + \Delta ,$$

in tal caso bisognerà, acciò la medesima sia soddisfatta, che rimanga

$$(4) \qquad \delta\Delta = H_n(1-\alpha_n) + \Delta(1-\cos X_n),$$

trascurando le quantità di quart'ordine.

Ritenendo che tutte le quantità le P, Q, $v_0\Delta_0$ e $v_n\Delta$ conservino i valori della prima approssimazione, e dinotando con δP, δQ, $\delta(v_n\Delta)$ e $\delta(v_0\Delta_0)$ le variazioni delle medesime, allorchè si tien conto nelle loro espressioni anche dei termini di second'ordine, si troverà che le due ultime delle tre equazioni (1) si ridurranno ancora, come nella prima approssimazione, ad

$$(5) \qquad y = \frac{1}{v_0 \overset{(1)}{Q}_{2n-1}} \frac{y_0}{\Delta_0} \qquad\qquad z = \frac{1}{v_0 \overset{(1)}{Q}_{2n-1}} \frac{z_0}{\Delta_0},$$

purchè si prenda

$$(6) \left\{ \begin{aligned} & \delta \overset{(1)}{P}_{2n-2} + v_n\Delta\delta\overset{(1)}{P}_{2n-1} + \overset{(1)}{P}_{2n-1}\delta(v_n\Delta) = 0 , \\ & \frac{1}{v_0\Delta_0}\left\{ \delta\overset{(2)}{P}_{2n-2} + v_n\Delta\delta\overset{(2)}{P}_{2n-1} + \overset{(2)}{P}_{2n-1}\delta(v_n\Delta) - \left(\overset{(2)}{P}_{2n-2} + v_n\Delta\overset{(2)}{P}_{2n-1}\right)\frac{\delta(v_0\Delta_0)}{v_0\Delta_0}\right\} = \end{aligned} \right.$$

e si noti che, sostituendo nella variazione

$$(7) \qquad \delta\overset{(1)}{Q}_{2n-2} + v_n\Delta\delta\overset{(1)}{Q}_{2n-1} + \overset{(1)}{Q}_{2n-1}\,\delta(v_n\Delta)$$

le espressioni delle Q, forniteci dalle (11) del Capitolo III, Parte I, essa si riduce al primo membro della prima delle precedenti equazioni (6), in virtù della seconda delle medesime.

Al proposito di queste equazioni vi è un' importante osservazione a fare. Se si suppòne che la seconda delle (6) non sia verificata, per non essere nullo il suo fattore racchiuso fra parentesi, la riduzione, testè fatta, della variazione (7) al primo membro della prima delle (6) sussisterebbe tuttavia pei telescopj; perchè questi essendo destinati ad osservare oggetti lontani, si potrebbe considerare per approssimazione $\Delta_0 = \infty$, e la parte di detta variazione soppressa precedentemente, svanirebbe ancora in questo secondo caso, in virtù del divisore Δ_0. Ciò ci prova che, pei telescopj, la verificazione della prima delle (6) basta a rendere costante il coefficiente delle coordinate y_1 e z_1 nelle equazioni (1), e quindi ad assicurare l'esistenza dei fuochi conjugati forniteci di posizione dalle (3) e (5). Non così avverrebbe pei microscopj destinati ad osservare oggetti vicini; per questi, la piccolezza del divisore Δ_0 farebbe anzi aumentare l'influenza della quantità variabile compresa fra le parentesi nella seconda delle equazioni (6), per rendere sempre più tale anche il coefficiente delle coordinate y_1 e z_1 nelle equazioni (1), di modo che i raggi partiti da un punto dell'oggetto e caduti sui varii punti dell'obbiettivo, non concorrendo più in uno stesso luogo, i fuochi conjugati verrebbero a mancare, e con essi la distinzione dell'immagine.

La seconda delle equazioni (6), presa isolatamente, è richiesta dalla similitudine dell'immagine coll'oggetto, ed acciò questa sussista, deve essere verificata tanto pei telescopj, quanto pei microscopj. Se il fattore compreso fra le parentesi avesse un valore, questo essendo variabile produrrebbe su quelli delle coordinate y e z del fuoco conjugato date dalle (5), una variazione, che sarebbe crescente coi rapporti $\frac{y_0}{\Delta_0}$ e $\frac{z_0}{\Delta_0}$. vale a dire, colle projezioni della distanza angolare a cui starebbe il punto radiante dall'asse centrale dello stromento.

Ritornando alle riduzioni delle (6), osserviamo che si ha

$$\delta(v_n \Delta) = v_n \delta \Delta + \Delta \delta v_n,$$

quindi eliminando dalle dette equazioni il valore di Δ colla (2), e riducendo l'ultimo termine della seconda, col mezzo della (2) del Capitolo I, Parte II, diamo alle medesime la forma

$$
(8)\begin{cases}
\overset{(1)}{Q}_{2n-1}\,\delta\overset{(1)}{P}_{2n-2}-\overset{(1)}{Q}_{2n-2}\,\delta\overset{(1)}{P}_{2n-1}+\overset{(1)}{P}_{2n-1}\left(v_n\overset{(1)}{Q}_{2n-1}\,\delta\Delta-\overset{(1)}{Q}_{2n-2}\dfrac{\delta v_n}{v_n}\right)=0\\[2ex]
\overset{(1)}{Q}_{2n-1}\,\delta\overset{(2)}{P}_{2n-2}-\overset{(1)}{Q}_{2n-2}\,\delta\overset{(2)}{P}_{2n-1}+\overset{(2)}{P}_{2n-1}\left(v_n\overset{(1)}{Q}_{2n-1}\,\delta\Delta-\overset{(1)}{Q}_{2n-2}\dfrac{\delta v_n}{v_n}\right)+\dfrac{\delta(v_0\Delta_0}{v_0\Delta_0}
\end{cases}
$$

Se potremo soddisfare a queste due equazioni, qualunque sia il punto raggiante dell'oggetto, qualunque sia il punto dell'obbiettivo su cui incida il raggio del pennello luminoso, e qualunque siano le lunghezze delle ondulazioni del raggio medesimo, anche le equazioni (2) e (5) saranno verificate: e siccome dalla sussistenza di queste dipende l'esistenza dei fuochi coniugati, elemento fondamentale di tutte le proprietà degli stromenti ottici, notate nella Parte precedente, così tali proprietà saranno pure conservate a quegli stromenti, che saranno costrutti nelle condizioni volute dalla verificazione delle precedenti (8).

3.

Distinzione delle variabili indipendenti, rispetto a ciascuna delle quali le premesse equazioni devono essere soddisfatte.

Già abbiamo notato che le supposizioni fatte per conseguire le equazioni fondamentali, rappresentanti gli effetti degli stromenti ottici nella prima approssimazione, consistono nell'aver ridotto all'unità i valori di $\cos X_n$ e dei coefficienti α_ν, $\beta_{\nu-1}$, γ_ν, e dall'aver considerato le velocità v_ν di propagazione della luce indipendenti dalle lunghezze d'ondulazione dei raggi di diverso colore da cui è composta. Se, per introdurre i valori completi delle dette quantità, portiamo lo sguardo sulle loro espressioni segnate (2), (6), (8) ed (11) nel Capitolo I Parte I, si vede che i termini trascurati contengono tutti per fattore una delle due somme

$$y^2_\nu+z^2_\nu \quad , \quad \cos^2 Y_\nu+\cos^2 Z_\nu ,$$

l'indice ν corrispondendo a quello d'una superficie qualunque

Ora è chiaro che queste somme, essendo del second'ordine di grandezza, potranno essere calcolate facendo uso dei valori di y_ν, z_ν, $\cos Y_\nu$, $\cos Z_\nu$, che ci sono dati dalle formole (12) del Capitolo III, Parte I, nelle quali P_1, Q_1, v_ν e Δ_0 sieno considerate costanti come nella prima approssimazione che non si verranno a trascurare in esse se non delle quantità del quart'ordine. Se s'immagina soltanto d'aver fatto la sostituzione dei detti valori nei termini omessi nelle espressioni di $\cos X_\nu$, α_ν, $\beta_{\nu-1}$, γ_ν, si rileva facilmente, anche senza eseguire il calcolo, che i resultati saranno formati di termini, che conterranno tutti una delle tre quantità

$$y_1^2 + z_1^2 \quad , \quad y_1 y_0 + z_1 z_0 \quad , \quad y_0^2 + z_0^2 ,$$

moltiplicate per coefficienti, che si potranno risguardare come costanti.

Per omogeneità e semplicità di formole poniamo

$$(9) \quad \xi = \frac{y_1^2 + z_1^2}{\rho_1^2} \quad , \quad \varepsilon = \frac{y_1 y_0 + z_1 z_0}{\rho_1 H_0} \quad , \quad \zeta = \frac{y_0^2 + z_0^2}{H_0^2} :$$

dove H_0 denota la distanza del punto raggiante dal centro di figura della superficie obbiettiva. I valori di queste tre variabili saranno dipendenti dalla direzione del punto raggiante dell'oggetto, e dalla situazione del punto d'incidenza del raggio luminoso sulla superficie obbiettiva, ed, essendo di second'ordine, potremo trascurare le loro potenze ed i loro prodotti nel calcolare le variazioni delle funzioni P, Q, Δ_0, e Δ.

Rispetto alle variazioni delle velocità v_ν rammenteremo, che i valori inversi di queste velocità sono proporzionali a quelli, che gli ottici chiamano gli indici di rifrazione, i quali, essendo variabili colle varie lunghezze delle ondulazioni dei raggi luminosi, si connettono, come è noto, al fenomeno della dispersione. In una comunicazione fatta al Congresso scientifico di Firenze, nell'anno 1841, partendo dalle idee sulla costituzione dei corpi, che aveva pubblicato cinqu'anni prima, giusta le quali è duopo ammettere che i corpi formano un tutto composto d'etere e di molecole ponderabili, in cui queste sono circondate da atmosfere eteree d'una densità grandissima in confronto di quella dell'etere dello spazio, ma così rapidamente decrescente che, a distanze affatto insensibili dalle molecole, torna a confondersi con questa, ho esposto una spiegazione semplice e naturale della dispersione (*). Questa spiegazione si fonda sulle rapide alternative di densità dell'etere nei corpi ponderabili, provenienti dall'esistenza delle dette atmosfere, le quali fanno sì che le velocità di propagazione delle onde luminose non solo sono tutte ritardate, ma lo sono tanto più quanto le onde sono più corte. La formola che somministra la meccanica razionale pel calcolo di questa diminuzione è data, per una prima approssimazione, da

$$\frac{1}{v} = a + b\left(\frac{\lambda_0}{\lambda}\right)^2,$$

e spingendo più oltre le approssimazioni, da una serie della forma

$$\frac{1}{v} = a + b\left(\frac{\lambda_0}{\lambda}\right)^2 + c\left(\frac{\lambda_0}{\lambda}\right)^4 + \text{ec.}, \quad (^{**}) \cdot$$

nella quale λ_0 denota la lunghezza media delle ondulazioni dei varii raggi luminosi dello spettro, λ quella del raggio che si considera, ed a, b, c sono dei coefficienti costanti, i cui valori numerici non possono determinarsi, nello stato attuale del-

(*) *Giornale Toscano di Scienze Mediche, Fisiche e Naturali*. Tom. 1, num. 4, pag. 337, Pisa 1843. In quest'estratto ho fatto menzione dell'inerzia delle molecole materiali, che devono necessariamente risentirsi del disturbo d'equilibrio generale al passaggio delle onde. Se però si riflette che le vibrazioni luminose dell'etere sono tanto rapide, che se ne fanno per lo meno 480,000,000,000,000 per secondo, e che le masse degli atomi d'etere sono estremamente piccole comparativamente a quelle delle molecole ponderabili, ben s'intende, che queste parteciperanno scarsamente al movimento generale, ma non impediranno che esso si trasmetta, pel mezzo delle loro pressioni e velocità presso che virtuali, alle parti contigue.

(**) Vedasi la Memoria *Sulle proprietà delli spettri formati dai reticoli ed analisi della luce che somministrano*. Tom. 1 degli Annali Universitarj, Pisa 1846.

le nostre cognizioni, che sperimentalmente per ciascuna sostanza, osservando gli indici di rifrazione corrispondenti alle varie parti dello spettro formato dalla medesima. L'esperienza prova, giusta l'assunto della teoria, che i valori di b, c ec. sono piccoli e vanno diminuendo di grandezza, talchè, nella pluralità de' casi, basta tener conto del solo secondo termine, il quale contiene il quadrato del rapporto $\frac{\lambda_0}{\lambda}$, variabile a seconda delle diverse lunghezze λ delle ondulazioni dei varii raggi di cui si compone la luce.

Pel calcolo delle aberrazioni, giova di trasformare la formola precedente, ponendo

$$(10)\quad \begin{cases} \theta = \dfrac{\lambda_0^2 - \lambda^2}{\lambda^2}, \\ \mathrm{a} = a + b + c + \text{ec.}\,, \quad \mathrm{b} = b + 2c + \text{ec.}\,, \quad \mathrm{c} = c + \text{ec.}\,, \end{cases}$$

e prendendo

$$(11)\qquad \frac{1}{v} = \mathrm{a} + \mathrm{b}\theta + \mathrm{c}\,\theta^2 + \text{ec.}$$

considerare θ come la variabile indipendente. Basterà tener conto soltanto del primo e secondo termine di quest'espressione, quando non si aspiri a distruggere anche gli spettri detti secondarii.

Da quanto abbiamo ora esposto risulta, che passando a questa seconda approssimazione, potremo calcolare i valori di $\cos X_n$ e dei coefficienti $\alpha_\nu, \beta_{\nu-1}, \gamma_\nu$ e quindi quelli degli elementi p, dati dalle (6) e (6)' del Capitolo III, Parte I, sviluppando le loro espressioni per le potenze di ξ, ε, ζ e θ, e fermandoci alle prime potenze di queste variabili. Ottenuti tali valori, sarà facile d'avere le variazioni delle funzioni P, in cui gli elementi p entrano soltanto alla prima potenza, e di formare così le due equazioni generali (8), ognuna delle quali si spezzerà in quattro equazioni parziali, quante appunto sono le variabili indipendenti ch'esse racchiudono.

4.

Forma comune delle equazioni parziali in cui si spezzano le equazioni generali (8).

Senza particolarizzare quale delle dette quattro variabili vogliamo prendere in considerazione, possiamo determinare la forma che deve avere l'equazione parziale relativa ad una qualunque di esse, risultante dallo spezzamento delle (8). Per quest'oggetto denotiamo con ϕ una qualunque delle variabili ξ, ε, ζ e θ, e quindi con $\frac{dp_i}{d\phi}$ il coefficiente differenziale della variazione dell'elemento p_i. Il termine che introdurrà la variazione di quest'elemento in quelle delle funzioni $\overset{(1)}{P}_{2n-2}$, $\overset{(1)}{P}_{2n-1}$, $\overset{(2)}{P}_{2n-2}$, $\overset{(2)}{P}_{2n-1}$ sarà respettivamente espresso da

$$\frac{d\overset{(1)}{P}_{2n-2}}{dp_i}\frac{dp_i}{d\phi}\phi \ , \quad \frac{d\overset{(1)}{P}_{2n-1}}{dp_i}\frac{dp_i}{d\phi}\phi \ , \quad \frac{d\overset{(2)}{P}_{2n-2}}{dp_i}\frac{dp_i}{d\phi}\phi \ , \quad \frac{d\overset{(2)}{P}_{2n-1}}{dp_i}\frac{dp_i}{d\phi}\phi \ ;$$

e dando ad i tutti i valori da $i=1$ sino ad $i=2n-1$, le variazioni δP saranno respettivamente rappresentate da

$$\delta\overset{(1)}{P}_{2n-2} = \phi \overset{2n-1}{\underset{1}{S}} \frac{d\overset{(1)}{P}_{2n-2}}{dp_i}\frac{dp_i}{d\phi} \ , \quad \delta\overset{(1)}{P}_{2n-1} = \phi \overset{2n-1}{\underset{1}{S}} \frac{d\overset{(1)}{P}_{2n-1}}{dp_i}\frac{dp_i}{d\phi},$$

$$\delta\overset{(2)}{P}_{2n-2} = \phi \overset{2n-1}{\underset{1}{S}} \frac{d\overset{(2)}{P}_{2n-2}}{dp_i}\frac{dp_i}{d\phi} \ , \quad \delta\overset{(2)}{P}_{2n-1} = \phi \overset{2n-1}{\underset{1}{S}} \frac{d\overset{(2)}{P}_{2n-1}}{dp_i}\frac{dp_i}{d\phi}.$$

Sostituiamo questi valori nei due primi termini di ciascuna delle due equazioni (8), impieghiamo per le derivate delle P le loro espressioni, date dalle formole (8) del Capitolo IV, Parte I e riduciamo colle formole (3), dello stesso Capitolo; avremo.

Fig. 2.

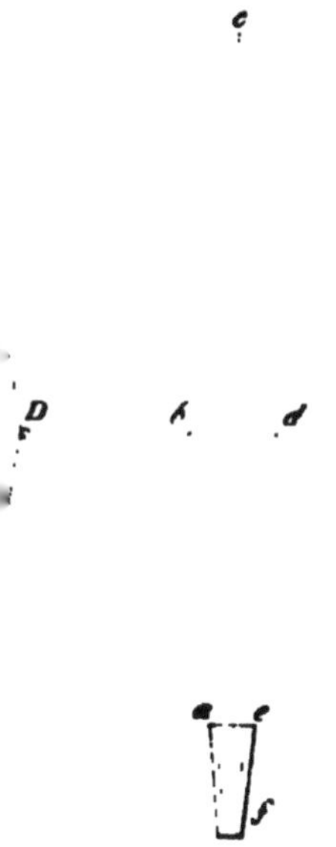

Fig. 3

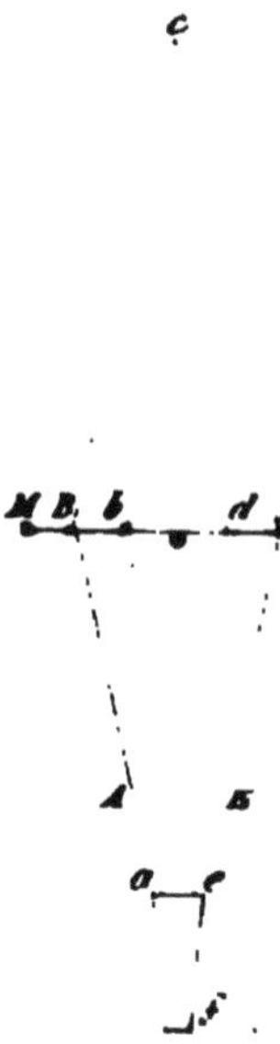

Fig. 4.

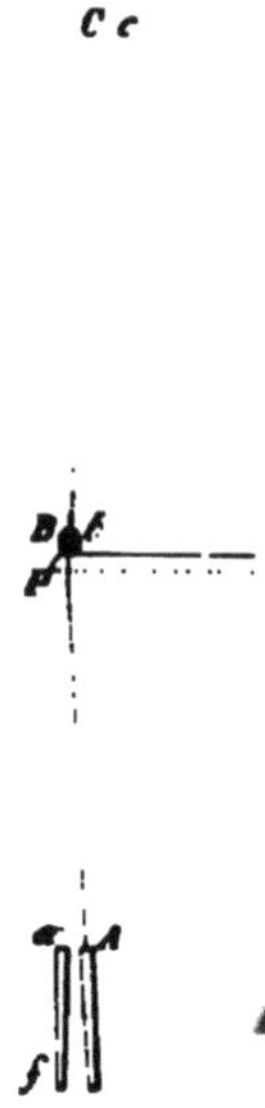

Fig. 5.

Fig. 6.

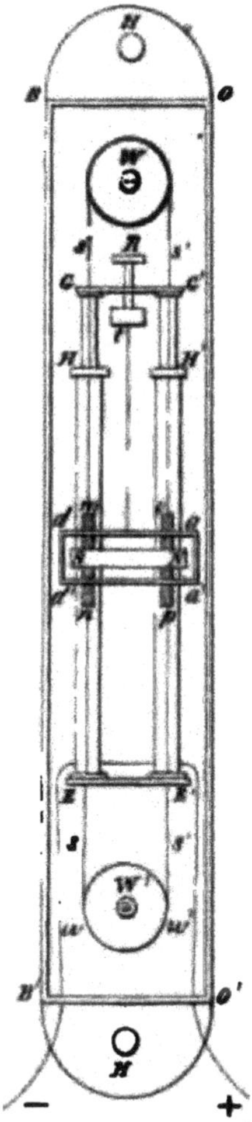

Fig. 8.

Fig. 7.

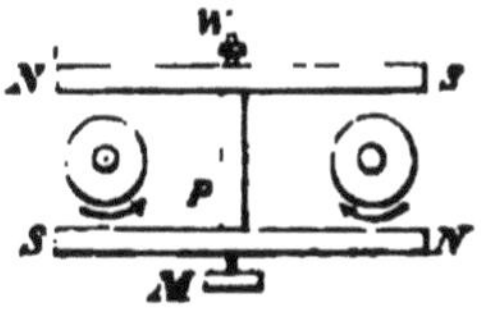

Fig. 10

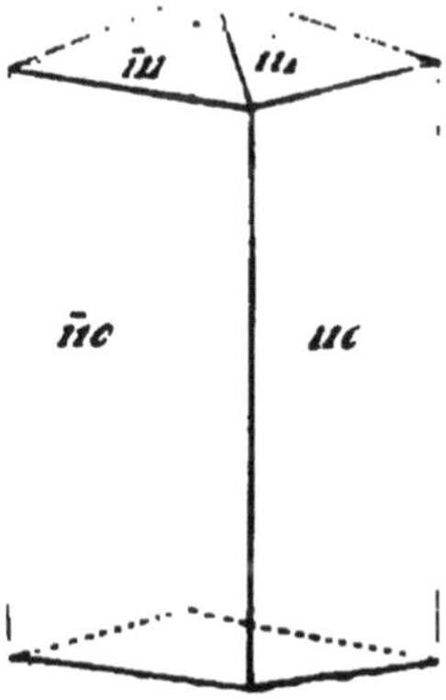

PATTI D'ASSOCIAZIONE

1° Del Nuovo Cimento si pubblica ogni mese un fascicolo di cinque fogli di stampa.

2° Sei fascicoli formeranno un volume, sicchè alla fine dell'anno si avranno due volumi, ciascuno de' quali di 30 fogli di stampa, sarà corredato di un' indice.

3° Le associazioni sono obbligatorie per un anno, e gli Associati che per la fine di Novembre non avranno disdetta l'associazione, s'intendono obbligati per l'anno successivo.

4° Il prezzo d'associazione per l'intiero anno è fissato come segue:

Per la Toscana franco fino al destino . . . . Lire toscane 20

Per il Regno delle due Sicilie Ducati 4, pari a . . . Lire toscane 23

Per il Piemonte, il Regno Lombardo-Veneto, lo Stato Pontificio ed i Ducati di Parma e di Modena, franco fino al destino, Franchi 20 effettivi pari a . . . . Lire toscane 24

Per gli altri stati fuori d'Italia, franco fino al destino, Franchi 25, pari a . . . . Lire toscane 30

5° Le Associazioni sono obbligatorie per un anno, ma il pagamento dovrà farsi per semestri anticipati, cioè una metà a tutto Gennajo, ed un'altra a tutto Luglio di ciascun anno.

6° Gli Associati che pagheranno anticipatamente l'intiera annata, godranno d'un ribasso del 5 per 100 sul prezzo precedentemente stabilito.

7° Un egual ribasso sarà accordato a quelli che faranno pervenire direttamente ed a proprie spese, il prezzo d'associazione alla Direzione del Giornale.

8° Finalmente gli Associati che adempiranno tanto all'una, quanto all'altra condizione, rimettendo alla Direzione del Giornale, franco di spese, il prezzo anticipato d'una intiera annata, godranno de' due vantaggi riuniti, e sono autorizzati a prelevare il 10 per 100 sul prezzo di associazione.

La compilazione del Nuovo Cimento si fa a Torino ed a Pisa nel tempo stesso, dal Prof. R. Piria per la Chimica e le Scienze affini alla Chimica; dal Prof. C. Matteucci per la Fisica e per le Scienze affini alla Fisica. L'amministrazione, la stampa e la spedizione sono affidate alla Tipografia Pieraccini a Pisa. *Giuseppe Frediani* è il Gerente.

Per conseguenza le lettere relative a dimande di associazioni, a pagamenti, ed a tutto ciò che riguarda l'amministrazione del Giornale dovranno essere dirette, *franche di Posta*, a Pisa — *Al Gerente G. Frediani — Tipografia Pieraccini*.

Le corrispondenze, le memorie, i giornali scientifici ed altri stampati riguardanti la Chimica dovranno dirigersi, *franchi di Posta*, a Torino — *Al Prof. R. Piria*.

Finalmente le corrispondenze, le memorie, i giornali scientifici o gli altri stampati di argomento spettante alla Fisica dovranno essere diretti, *franchi di Posta*, a Pisa — *Al Prof.* C. Matteucci.

IL NUOVO CIMENTO

GIORNALE DI FISICA, DI CHIMICA E SCIENZE AFFINI

COMPILATO DAI PROFESSORI

C. MATTEUCCI E R. PIRIA

COLLABORATORI

DONATI G. B. a Firenze	CANNIZZARO S. a Genova
FELICI R. a Pisa	DE LUCA S. a Pisa
GOVI G. a Firenze	SELLA Q. a Torino

Tomo VII.

GIUGNO

(Pubblicato il 19 Luglio)

1858

TORINO	PISA
PRESSO I TIPOGRAFI-LIBRAI	PRESSO IL TIPOGRAFO-LIBRAIO
G. B. PARAVIA E C.o	F. PIERACCINI

SULLE PROPRIETÀ GEOMETRICHE DI ALCUNI SISTEMI CRISTALLINI; MEMORIA DI Q. SELLA.

Il favore con cui alcuni Cristallografi, e basti citar fra essi l'illustre Prof. di Cambridge (1) accolsero il saggio di Geometria applicata alla cristallografia dato nel mio lavoro sul boro adamantino, ci induce ad esporre collo stesso metodo alcune proposizioni, che non crediamo date finora in tutta la loro generalità, e che sono utili allo studio dei cristalli descritti in questa Memoria. E tanto più volentieri il facciamo, che crediamo si potrebbe esporre quasi tutta la cristallografia colla sola geometria elementare. Tale scienza si farebbe quindi assai più facile per chi versato in studii puramente naturali, o chimici, non avesse agio a famigliarizzarsi prima colla geometria analitica e colla trigonometria sferica.

È nostro assunto l'esporre alcune proprietà geometriche, di cui godono i *sistemi cristallini, nei quali il prodotto di ciascun parametro per sè stesso, o per la proiezione sovra di esso di ogni altro parametro, sia un numero razionale.*

1. *Ogni piano perpendicolare ad uno spigolo possibile è faccia possibile, ed ogni retta perpendicolare ad una faccia possibile è spigolo possibile.*

Siano OX, OY, OZ (*Tav. III, fig.* 1) gli assi del cristallo, ed OP uno spigolo possibile.

Siano *a b c* i tre parametri sovra i predetti assi, che caratterizzano la sostanza considerata, e siano *a'* la proiezione del parametro *a* sovra l'asse OY, *b'* quella del parametro *b* sovra OZ e *c'* quella del parametro *c* sovra OX. Si darà a tali proiezioni il segno positivo, o negativo secondo che cadono sugli assi, ovvero sul loro prolungamento.

Sia [*mnp*] il simbolo dello spigolo OP sarà

$$\mathrm{OM} = ma; \quad \mathrm{MN} = nb; \quad \mathrm{NP} = pc.$$

(1) Miller, *On the application of elementary Geometry to Cristallography. Philosophical Magazine. May.* 1857.

Si conduca PS perpendicolare ad OP, sia $OR = PN$ ed RU perpendicolare ad OP sarà

$$OS = \frac{OP.OR}{OU} = \frac{2.PN.\overline{PO}^2}{\overline{PO}^2 + \overline{P^2N^2} - \overline{ON}^2}.$$

Si sa dalla geometria elementare (ed è evidente ove si rifletta, che la proiezione di ON sovra NP non è altro che la somma delle proiezioni di OM e MN sovra PN), che

$$\overline{ON}^2 = m^2a^2 + n^2b^2 + 2mna'b,$$

$$\overline{OP}^2 = m^2a^2 + p^2c^2 + 2mna'b + 2npb'c + 2pmc'a:$$

onde

$$\frac{c}{OS} = \frac{pc^2 + mc'a + nb'c}{m^2a^2 + n^2b^2 + p^2c^2 + 2mna'b + 2npb'c + 2pmc'a}.$$

Espressione, che sarà razionale, se tali saranno $a^2\, b^2\, c^2\;\; a'b\;\; b'c\;\; c'a$ come appunto si suppone essere.

Analoghe espressioni si ottengono per i rapporti fra i parametri a e b ed i segmenti intercetti dalle perpendicolari ad OP, che vengono a tagliare gli assi OX ed OY. Ora tali rapporti sono appunto gli indici del piano perpendicolare allo spigolo OP, e perciò esso piano sarà faccia possibile.

2. *Trovare il simbolo della faccia perpendicolare allo spigolo* [mnp] *e quello dello spigolo perpendicolare alla faccia* mnp.

Da quanto precede risulta, che il simbolo della faccia perpendicolare allo spigolo [mnp] è

$$ma^2+na'b+pc'a,\; nb^2+pb'c+ma'b,\; pc^2+mc'a+nb'c \qquad (1).$$

Il simbolo dello spigolo perpendicolare alla faccia mnp si otterrà cercando per mezzo dei valori (1) quali debbano essere gli indici di uno spigolo, onde il simbolo della faccia perpendicolare ad esso sia mnp. È evidente, che il simbolo dello spigolo cercato sarà

$$\left[\begin{vmatrix} m & a'b & c'a \\ n & b^2 & b'c \\ p & b'c & c^2 \end{vmatrix} \begin{vmatrix} a^2 & m & c'a \\ a'b & n & b'c \\ c'a & p & c^2 \end{vmatrix} \begin{vmatrix} a^2 & a'b & m \\ a'b & b^2 & n \\ c'a & b'c & p \end{vmatrix}\right] \qquad (2).$$

Simbolo, che sarà razionale ove la nostra ipotesi sui parametri sia soddisfatta.

Se gli assi sono ortogonali sarà simbolo della faccia perpendicolare a [mnp]

$$ma^2 \quad nb^2 \quad pc^2 \qquad (1)'$$

simbolo dello spigolo perpendicolare a mnp.

$$\left[\frac{m}{a^2} \quad \frac{n}{b^2} \quad \frac{p}{c^2}\right] \qquad (2)'.$$

3. Nei sistemi cristallini, di cui sopra,

Il rapporto delle tangenti degli angoli fatti da faccie tautozonali è razionale.

Vale a dire, che se si considerano parecchie faccie tutte collocate nella stessa zona, il rapporto delle tangenti degli angoli fra dette faccie sarà razionale.

La proposizione è conseguenza evidente della precedente e della legge generale di connessione delle forme cristalline di una stessa sostanza.

Infatti la retta perpendicolare ad una faccia qualsiasi F è spigolo possibile, e può quindi assumersi per asse. Ora se si considerano parecchie altre faccie, le quali passino tutte per la stessa retta parallela alla zona comune colla faccia F, i rapporti delle lunghezze, che intercetteranno sovra il nuovo asse perpendicolare ad F saranno razionali. Ma i rapporti di tali lunghezze sono appunto eguali ai rapporti delle tangenti degli angoli fatti da ciascuna faccia con F, sono adunque razionali i rapporti delle tangenti degli angoli fatti da ciascuna faccia con F; e sono quindi anche razionali i rapporti delle tangenti degli angoli fatti da faccie qualsiansi, purchè poste con F in una stessa zona.

4. *Trovare il rapporto delle tangenti degli angoli fatti da faccie tautozonali.*

Siano *mnp, hkl, efg* tre faccie tautozonali; sarà

$$\begin{vmatrix} m\,n\,p \\ h\,k\,l \\ e\,f\,g \end{vmatrix} = 0\,.$$

Sia $[m'n'p']$ lo spigolo perpendicolare alla faccia *mnp*, essendo $m'n'p'$ gli indici dati dalla formola (2).

Assumiamo quindi per nuovi assi

$$[m'n'p'],\quad [010],\quad [001].$$

I nuovi simboli delle faccie *mnp*, *hkl*, *efg* saranno (vedi formole ($A'_{,}$) della mia Memoria, p. 252 *Nuovo Cimento*, Aprile 1858)

$$\begin{matrix} m'm+n'n+p'p & n & p \\ m'h+n'k+p'l & k & l \\ m'e+n'f+p'g & f & g \end{matrix}$$

e se si fanno passare tali faccie per esempio per lo stesso punto dell'asse OY, i segmenti che intercetteranno sovra il nuovo asse $[m'n'p']$ staranno fra loro nel rapporto dei numeri

$$\frac{n}{m'm+n'n+p'p}\,,\quad \frac{k}{m'h+n'k+p'l}\,,\quad \frac{f}{m'e+n'f+p'g}\,,$$

onde evidentemente

$$\frac{\text{tang}\; mnp,\, hkl}{\text{tang}\; mnp,\, efg} = \frac{\dfrac{k}{m'h+n'k+p'l} - \dfrac{n}{m'm+n'n+p'p}}{\dfrac{f}{m'e+n'f+p'g} - \dfrac{n}{m'm+n'n+p'p}}$$

$$= \frac{m'e+n'f+p'g}{m'h+n'k+p'l} \cdot \frac{m'\begin{vmatrix} m\,n \\ h\,k \end{vmatrix} - p'\begin{vmatrix} n\,p \\ k\,l \end{vmatrix}}{m'\begin{vmatrix} m\,n \\ e\,f \end{vmatrix} - p'\begin{vmatrix} n\,p \\ f\,g \end{vmatrix}}\,.$$

Ma siccome *efg*, *hkl*, *mnp* sono in zona si potrà scrivere

$$\frac{\text{tang}\, mnp,\, hkl}{\text{tang}\, mnp,\, efg} = \frac{m'e + n'f + p'g}{m'h + n'k + p'l} \cdot \frac{\begin{vmatrix} mn \\ hk \end{vmatrix}}{\begin{vmatrix} mn \\ ef \end{vmatrix}} \quad (3).$$

Indi si ricaveranno poi le tangenti degli angoli fatti da faccie qualsiansi poste nella stessa zona.

Sarebbe agevole il dare alla proposizione, formola e dimostrazione che precede una semplice e non inelegante veste puramente geometrica.

5. Ritenuta sempre l'ipotesi, di cui al principio,

In ogni geminato nel quale sia asse di geminazione uno spigolo possibile, ovvero la perpendicolare ad una faccia possibile, una faccia qualsiasi dell'un gemello sarà faccia possibile dell'altro gemello.

Sia CD l'asse di geminazione, e CAB il piano perpendicolare a tale asse, che (art. 1) sarà faccia possibile.

Sia quindi (*fig.* 2) DAB una faccia qualunque, che taglia il piano CAB secondo AB. Essendo CD spigolo possibile, potrà passare per esso un piano CAD, che sia faccia possibile. Se ora si assumono per assi CD, e CE parallela ad AB, pigliando CF sul prolungamento ed eguale a CA, e tirando FG parallela a CE, sarà DFG una faccia possibile.

Ora DFG è precisamente la posizione, che occuperebbe DAB, se girasse di 180° attorno a CD, così una faccia d'un sistema cristallino, in cui la fatta ipotesi sui parametri è soddisfatta, non cessa di essere faccia possibile se gira di 180° attorno ad uno spigolo possibile.

6. *Trovare il simbolo degli assi* OX', OY', OZ', *con cui coincidono gli assi* OX, OY, OZ, *se girano di* 180° *attorno allo spigolo* [*mnp*].

Sia nella figura annessa all'art. 1°. OP l'asse di geminazione, e si supponga, che l'asse OZ giri di 180° attorno ad OP, sicchè venga a collocarsi in OZ'. OZ' dovrà essere spigolo possibile del sistema cristallino, e dovrà perciò $\frac{\text{NK}}{c}$ essere razionale.

I triangoli OR'P, ONP sono eguali, e perciò il punto K sarà sovra TK perpendicolare alla metà di OP: sarà quindi

$$\frac{NK}{c} = \frac{NP - OK}{c} = p - \frac{1}{2}\frac{OS}{c},$$

e desumendo il valore di OS dall'art. 1°.

$$\frac{NK}{c} = \frac{p^2c^2 - m^2a^2 - n^2b^2 - 2mna'b}{2(pc^2 + mc'a + nb'c)}.$$

Simili espressioni si otterrebbero pure per OX' ed OY' con cui coinciderebbero gli assi OX ed OY dopo aver girato di 180° attorno ad OP, ed i simboli dei nuovi assi saranno

$$\left.\begin{array}{l}
\left[\dfrac{m^2a^2 - n^2b^2 - p^2c^2 - 2npb'c}{2(ma^2 + na'b + pc'a} \quad n \quad p\right] \\[2ex]
\left[m \quad \dfrac{n^2b^2 - p^2c^2 - m^2a^2 - 2pmc'a}{2(nb^2 + pb'c + ma'b} \quad p\right] \\[2ex]
\left[m \quad u \quad \dfrac{p^2c^2 - m^2a^2 - n^2b^2 - 2mna'b}{2(pc^2 + mc'a + nb'c)}\right]
\end{array}\right\} \quad (4).$$

Ove siano $m'n'p'$ gli indici della faccia perpendicolare allo spigolo [mnp] quali essi sono dati dalle formole (1) e sia D=OP diagonale del parallelepipedo costrutto sovra ma, nb, pc, si potranno scrivere le formole (4) come segue

$$\left.\begin{array}{l}
\left[m - \dfrac{D^2}{2m'} \quad n \quad p\right] \\[2ex]
\left[m \quad n - \dfrac{D^2}{2n'} \quad p\right] \\[2ex]
\left[m \quad n \quad p - \dfrac{D^2}{2p'}\right]
\end{array}\right\} \quad (4).$$

Se gli assi sono ortogonali, i simboli degli assi nella nuova posizione saranno, come potrebbesi agevolmente dimostrare direttamente

$$\left.\begin{array}{l}\left[\dfrac{m^2a^2-n^2b^2-p^2c^2}{2ma^2}\quad n\quad p\right]\\[2ex]\left[m\quad\dfrac{n^2b^2-p^2c^2-m^2a^2}{2nb^2}\quad p\right]\\[2ex]\left[m\quad n\quad\dfrac{p^2c^2-m^2a^2-n^2b^2}{2pc^2}\right]\end{array}\right\}\quad(4)'.$$

7. ***Dato l'asse di geminazione*** [mnp] ***ed il simbolo*** uvw ***di una faccia di un gemello, trovare*** u'v'w' ***simbolo della medesima, rispetto agli assi dell'altro gemello.***

Per risolvere il problema basta sostituire nelle formole (A_4) della Memoria citata ai numeri *efg hkl mnp* quelli somministrati dalle formole (4) disponendo *qrs* in modo che la faccia di geminazione perpendicolare a [*mnp*] abbia lo stesso simbolo sia rispetto ai nuovi, che agli antichi assi.

Si trova perciò

$$\left.\begin{array}{l}\dfrac{u'}{2m'(mu+nv+pw)-uD^2}\\[2ex]=\dfrac{v'}{2n'(mu+nv+pw)-vD^2}\\[2ex]=\dfrac{w'}{2p'(mu+nv+pw)-wD^2}\end{array}\right\}\quad(5),$$

e se gli assi sono ortogonali sarà

$$\left.\begin{array}{l}\dfrac{u'}{2ma^2(mu+nv+pw)-u(m^2a^2+n^2b^2+p^2c^2)}\\[2ex]=\dfrac{v'}{2nb^2(mu+nv+pw)-v(m^2a^2+n^2b^2+p^2c^2)}\\[2ex]=\dfrac{w'}{2pc^2(mu+nv+pw)-w(m^2a^2+n^2b^2+p^2c^2)}\end{array}\right\}(5)',$$

e ad esempio nel boro dimetrico ove

$$[mnp] = [10\bar{1}]; \qquad a:b:c::\sqrt{3}:\sqrt{3}:1$$

sarà

$$\frac{u'}{u-3w} = \frac{v'}{-2v} = \frac{w'}{-u-w}.$$

Se, come spesso succede, l'asse di geminazione è contenuto in un piano di simmetria del sistema cristallino, si possono allora assumere più assi o faccie di geminazione.

Così nel boro dimetrico se [101] è asse di geminazione, sarà anche 301 faccia di geminazione in virtù della formola (1)'. Ma parimenti 101 è anche faccia di geminazione, quindi potrà anche essere [103] asse di geminazione, in virtù delle formola (2)'.

8. Ammessa l'ipotesi, di cui in principio,

Ogni sistema cristallino ad assi inclinati potrà derivarsi da assi ortogonali.

Infatti ritenuto uno degli antichi piani coordinati proprii agli assi obbliqui, si può assumere per asse la perpendicolare a tale piano, che in virtù della proposizione stabilita nell'art. 1°. è spigolo possibile.

Assunto quindi per secondo piano coordinato quello, che passa per tale perpendicolare, e per uno degli assi compresi nell'antico piano coordinato ritenuto, si potrà assumere per terzo asse la perpendicolare al secondo piano così determinato.

In questo od in altri infiniti modi potrebbersi sostituire assi ortogonali agli obbliqui, ma non per ogni metodo scelto coinciderebbero le linee di simmetria del sistema cristallino cogli assi ortogonali risultanti.

9. Ritenuta l'ipotesi sui parametri di cui in principio,

Potrà sotto un certo punto di vista assumersi per elissoide geometrico caratteristico della sostanza (1) *una sfera.*

Presa infatti una sfera e segnati sopra di essa i punti di contatto colla superficie sua di tre faccie qualsiansi del sistema cristallino considerato, saranno spigoli possibili i raggi della sfe-

(1) *Sulla legge di connessione ecc.* Nuovo Cimento, vol. IV, pag. 93.

ra, che arrivano a tali punti. I piani paralleli a due di questi spigoli saranno faccie possibili, e somministreranno nuovi punti sulla sfera, sicchè si potranno derivare in tal modo tutte le faccie e spigoli del sistema cristallino.

Correrà tuttavia un divario fra questa sfera e l'elissoide geometrico, quale l'avevamo definito nel citato lavoro, giacchè il raggio arrivante al punto della superficie della sfera non sarà lo spigolo coniugato della faccia rappresentata dal punto della sfera.

10. Importa assai il ricercare quali siano i tipi cristallini soddisfacienti alla fatta ipotesi sui parametri, che possono derivarsi dal sistema monometrico.

Suppongasi il tipo cristallino, che si ha in esame ridotto già ad assi ortogonali, a cui siano parametri $\sqrt{a}$, $\sqrt{b}$, $\sqrt{c}$: vorrebbesi trovar verso di determinare tre spigoli possibili nel sistema monometrico, i quali siano perpendicolari fra loro, e che tagliati da una faccia possibile somministrino tre lunghezze possibili stanti fra loro nel rapporto $\sqrt{a} : \sqrt{b} : \sqrt{c}$.

Siano $[xyz]$, $[x'y'z']$, $[x''y''z'']$ i tre spigoli e mnp la faccia cercata. Dovrebbe essere

$$\sqrt{a}:\sqrt{b}:\sqrt{c}::\frac{\sqrt{x^2+y^2+z^2}}{mx+ny+pz}:\frac{\sqrt{x'^2+y'^2+z'^2}}{mx'+ny'+pz'}:\frac{\sqrt{x''^2+y''^2+z''^2}}{mx''+ny''+pz''}.$$

Osserviamo ora come pel significato stesso dei numeri a, b, c.

1°. Possa moltiplicarsi o dividersi isolatamente ciascuno di essi per il quadrato di un numero qualunque.

2°. Possano contemporaneamente moltiplicarsi o dividersi tutti e tre per un fattore qualsiasi.

Sarà quindi inutile tener conto dei denominatori contenuti nella seconda parte delle sovrascritte proporzioni, e tornerà inutile, come era del resto agevole il vedere direttamente, il considerare mnp. Non si nuocerà perciò alla generalità della questione, enunciandola come segue:

Risolvere con numeri intieri le seguenti equazioni, nelle quali a,b,c sono numeri intieri moltiplicabili o divisibili isolatamente per ogni quadrato, e tutti assieme per qualunque fattore:

$$\frac{x^2+y^2+z^2}{a}=\frac{x'^2+y'^2+z'^2}{b}=\frac{x''^2+y''^2+z''^2}{c} \qquad (a)$$

$$\left.\begin{array}{l} x x' + y y' + z z' = 0 \\ x'x'' + y'y'' + z'z'' = 0 \\ x''x + y''y + z''z = 0 \end{array}\right\} \qquad (b).$$

Siamo debitori della soluzione di questo interessante problema di analisi ad un nostro valente geometra, all'Avv. Genocchi. Egli trova, che onde x, y, z, x', y', z', x'', y'', z'' siano intieri, è necessario, e basta, che si possano trovare tre numeri intieri u, v, t, che rendano intieri i quozienti

$$\frac{u^2+ab}{c}, \quad \frac{v^2+bc}{a}, \quad \frac{t^2+ca}{b},$$

ovvero in altre parole, che tornano allo stesso (1). Il prodotto negativo di due qualunque dei numeri a, b, c deve essere residuo quadratico del terzo.

Indi si trae la proposizione seguente:

Si possono derivare dal sistema monometrico quei tipi cristallini, che soddisfacendo alla fatta ipotesi sopra i parametri, e ridotti poscia ad assi ortogonali, vengono allora ad avere per parametri le radici di tre numeri intieri, tali che il prodotto negativo di due qualunque di essi sia residuo quadratico del terzo.

11. La soluzione del Genocchi si può compendiare come segue:

Si premetta che non solo possano intendersi, come realmente si suppongono, i numeri a, b, c liberati da ogni fattore o quadrato, o comune a tutti e tre, ma ben anco scevri da ogni fattore comune a due di essi. Infatti moltiplicandoli tutti e tre per un fattore comune, per esempio ad a e b, e togliendo poscia i fattori quadrati risultanti, si caccia nel solo c il fattore comune ad a e b.

(1) Un numero dicesi residuo quadratico di un altro, quando la differenza fra un quadrato ed il primo numero è divisibile per il secondo.

Si ponga

$$\frac{x^2+y^2+z^2}{a}=\frac{x'^2+y'^2+z'^2}{b}=\frac{x''^2+y''^2+z''^2}{c}=k \quad (a)'.$$

Sarà k non solo razionale, ma ben anche intiero; poichè per la prima equazione non potrebbe avere altri fattori al denominatore che quelli di a, per la seconda che quelli di b, e per la terza che quelli di c. Ora siccome a, b, c sono primi fra loro, k non potrà avere altro denominatore che l'unità.

Dalle equazioni (a) e (b), come pure dalla questione cristallografica, che intendiamo risolvere nasce, che

$$\frac{x^2}{ka}, \frac{y^2}{ka}, \frac{z^2}{ka}; \quad \frac{x'^2}{kb}, \frac{y'^2}{kb}, \frac{z'^2}{kb}; \quad \frac{x''^2}{kc}, \frac{y''^2}{kc}, \frac{z''^2}{kc}$$

sono i coseni quadrati degli angoli fatti dalle rette [xyz], [$x'y'z'$], [$x''y''z''$] con i tre assi delle coordinate. Considerando successivamente i coseni degli angoli fatti da uno degli assi colle tre rette predette, sarà:

$$\frac{x^2}{a}+\frac{x'^2}{b}+\frac{x''^2}{c}=\frac{y^2}{a}+\frac{y'^2}{b}+\frac{y''^2}{c}=\frac{z^2}{a}+\frac{z'^2}{b}+\frac{z''^2}{c}=k \quad (c).$$

Ora siccome a, b, c sono primi fra loro, k è intiero, ed i numeri a, b, c non contengono fattore quadrato, dovranno essere intieri i quozienti

$$\frac{x}{a}, \frac{y}{a}, \frac{z}{a}; \quad \frac{x'}{b}, \frac{y'}{b}, \frac{z'}{b}; \quad \frac{x''}{c}, \frac{y''}{c}, \frac{z''}{c}.$$

Da ciò e dalle equazioni (a)' nasce che k è divisibile per $a.b.c$, e si potrà perciò sostituire con $k'abc$ ove k' è numero intiero.

Consideriamo una delle equazioni (c) sotto la forma

$$a\left(\frac{x}{a}\right)^2+b\left(\frac{x'}{b}\right)^2+c\left(\frac{x''}{c}\right)^2=ka'bc \quad (c)'.$$

Il secondo membro ed il terzo termine del primo sono divisibili per c: dovrà dunque essere divisibile per tale numero il binomio

$$a\left(\frac{x}{a}\right)^2+b\left(\frac{x'}{b}\right)^2 .$$

Sia θ un fattore primo qualsiasi contenuto in c: esso non sarà comune alle nove incognite $x, y, \ldots . z''$, le quali si ponno intendere scevre da ogni fattore comune. Supponiamo che θ non divida per esempio x, esso non dividerà neppure x' perchè deve dividere il binomio sovrascritto.

Si potrà quindi risolvere con numeri intieri rispetto a α e β l'equazione

$$\left(\frac{x}{a}\right)=\left(\frac{x'}{b}\right)\alpha+\theta\beta ,$$

onde

$$a\left(\frac{x}{a}\right)^2+b\left(\frac{x'}{b}\right)^2=\left(\frac{x'}{b}\right)^2(a\,\alpha^2+b)+2a\left(\frac{x'}{b}\right)\alpha\beta.\theta+a\beta^2.\theta^2 .$$

Il primo membro è divisibile per θ, dovrà dunque essere intiero. $\frac{a\alpha^2+b}{\theta}$

Ripetendo il ragionamento per ogni altro fattore primo contenuto in c, e quindi per ciascuno dei numeri a e b, se ne conchiude, che, onde la soluzione sia possibile, debbono potersi trovare tre numeri intieri $u'v't'$ tali da rendere intieri i quozienti

$$\frac{au'^2+b}{c}, \quad \frac{bv'^2+c}{a}, \quad \frac{ct'^2+a}{b},$$

che moltiplicati per a, b, c si ridurranno ai tre sopra indicati.

È così dimostrato che le enunciate condizioni sono necessarie: resta a dimostrarsi, che esse sono sufficienti onde il problema ammetta sempre una soluzione.

Supponiamo trovati tali numeri $u'v't'$, ovvero gli altri uv da cui si passa facilmente ai primi, poichè se per esempio intiero $\frac{u^2+ab}{c}$, risolvendo con due numeri intieri r ed s l'equazione

$$u = ar + cs,$$

si avrà intiero anche $\frac{a^2r^2 + ab}{c}$, e quindi anche $\frac{ar^2 + b}{c}$, onde il valore $u' = r$ renderà $\frac{au'^2 + b}{c}$ intiero.

Il metodo di Lagrangia (1) per la risoluzione dell'equazione

$$x^2 - By^2 = Az^2$$

ci servirà a risolvere le equazioni (a) e (b), che si possono rappresentare con l'unica seguente, dove α, β, γ sono tre quantità del tutto indeterminate

$$k(a\alpha^2 + b\beta^2 + c\gamma^2) =$$

$$(\alpha x+\beta x'+\gamma x'')^2+(\alpha y+\beta y'+\gamma y'')^2+\alpha z+\beta z'+\gamma z'')^2 \qquad \text{(d)}.$$

Infatti onde l'equazione sia soddisfatta per qualunque valore di α, β, γ conviene, che il secondo membro risulti identico al primo, e quindi, che siano soddisfatte le equazioni (a'), ossia (a) e (b).

Ammesso $a<b<c$, sia

$$\frac{au' + b}{c} = \rho^2\delta \qquad \text{(e)};$$

ove ρ^2 è il massimo quadrato contenuto nel quoziente dato dal primo membro. Sia a' il massimo divisore comune ai due numeri ab e δ, e poniamo $ab = a'b'$, $\delta = a'c'$. Facendo

$$\alpha = u'\beta + \beta_1 \qquad \text{(f)}$$

(1) Legendre, *Théorie des nombres*. Paris, 1808, pag. 35-43. Possono usarsi pel medesimo fine anche i metodi esposti da Gauss negli articoli 294 e 295 delle *Disquisitiones Arithmeticae*.

otterremo

$$cc'\rho^2(a\alpha^2+b\beta^2+c\gamma^2)=a'\left(cc'\rho^2\beta+\frac{au'}{a'}\beta_{,}\right)^2+b'\beta_{,}^2+c^2c'\rho^2\gamma^2;$$

e posto

$$\alpha_{,}=cc'\rho^2\beta+\frac{au'}{a'}\beta_{,}\ ;\quad \gamma_{,}=c\rho\gamma \tag{g}$$

ne trarremo

$$cc'\rho^2(a\alpha^2+b\beta^2+c\gamma^2)=a'\alpha_{,}+b'\beta_{,}^2+c'\gamma_{,}^2 \tag{h}$$

Dalle (f), (g), (e) si ha

$$\alpha_{,}=\frac{au'}{a'}\alpha+\frac{b}{a'}\beta\ ;\quad \beta_{,}=\alpha-u'\beta\ ;\quad \gamma_{,}=c\rho\gamma \tag{i}$$

L'equazione (e) ossia

$$au'^2+b=a'cc'\rho^2 \tag{e'}$$

mostra, che a' non può avere alcun fattore comune con a, perchè se lo avesse, sarebbe, contro la fatta ipotesi, anche comune ab. Quindi essendo $ab=a'b'$ sarà a' divisore di b ed allora per la (e') sarà eziandio un divisore di u'^2, ed anzi di u' perchè a' non ha fattori quadrati. Adunque nelle (i) che esprimono le nuove indeterminate $\alpha_{,}, \beta_{,}, \gamma_{,}$ per mezzo delle primitive, tutti i coefficienti saranno intieri.

La stessa equazione (e') dà intiero il quoziente

$$\frac{au'^2+b}{c} \text{ ed anche } \frac{(au')^2+a'b'}{c'}.$$

Di più essendo intiero $\frac{t^2+ca}{b}$ saranno pur tali $\frac{t^2+ca}{a'}$ ed anche per la (e')

$$\frac{t^2+ca}{a'}.\,c'\rho^2=\frac{c'\rho^2t^2+b'}{a'}+a^2\left(\frac{u'}{a'}\right)^2.$$

Sarà dunque intiero il quoziente $\frac{(c'\rho t)^2+b'c}{a'}$.

Si chiami θ un divisor primo di b'. Se θ è fattore di a, sarà intiero $\frac{v^2+bc}{\theta}$, poichè è tale $\frac{v^2+bc}{a}$: ma per la (e')

$$v^2+bc=v^2+a'c'c^2\rho^2-acu'^2,$$

lunque anche $\frac{v^2+a'c'c^2\rho^2}{\theta}$ sarà intiero. Ora c e ρ sono primi a), poichè a è primo con c ed anche con ρ, come risulta dalla (e'): si potranno quindi trovare due numeri intieri r ed s che oddisfacciano alla equazione

$$v=c\rho s+\theta r,$$

nde si dedurrà $\frac{s^2+a'c'}{\theta}$ intiero.

Se θ è invece fattore di b sarà intiero $\frac{t^2+ca}{\theta}$ e quindi anche

$$\frac{t^2+ca}{\theta}\,a'c'\rho^2=\frac{a'c'\rho^2t^2+a^2u'^2+ab}{\theta}.$$

Sarà perciò intiero $\frac{a'c'\rho^2t^2+a^2u'^2}{\theta}$. Ora t è primo a θ, perchè ca è primo ab, e quindi a θ: ρ è parimenti primo a θ, perchè se nol fosse, in virtù della (e') sarebbe u' divisibile per θ, e sarebbe perciò b divisibile per θ^2 contro l'ipotesi da cui si parte. Si potrà quindi fare

$$au'=\rho ts+\theta r,$$

e ne nascerà $\frac{s^2+a'c'}{\theta}$ intiero. Ripetendo il ragionamento per tutti i divisori primi di b', si conchiuderà, che si può rendere intiero il quoziente $\frac{s^2+a'c'}{b'}$ ed essendosi dimostrato, che si possono rendere intieri i quozienti $\frac{(au')^2+a'b'}{c'}$ e $\frac{(c'\rho t)^2+b'c'}{a'}$, se ne conchiuderà che sono adempiti per i nuovi coefficienti a', b', c', della equazione (h) condizioni analoghe a quelle, che si suppongono soddisfatte dai primitivi a, b, c.

Nella equazione (e) si può supporre u' non $> \frac{1}{2} c$, perchè se non fosse tale gli si potrebbe sostituire $u' - cm$, ovvero $cm - u'$, determinando l'intiero m in modo che questa differenza non superi $\frac{1}{2} c$. Avremo quindi $\delta < \frac{1}{4} ac + 1$, e così $a'c' < ac$, mentre $a'b' = ab$.

Operando sul trinomio $a'\alpha_{,}^2 + b'\beta_{,}^2 + c'\gamma_{,}^2$ come si è operato sovra $a\alpha^2 + b\beta^2 + c\gamma^2$, otterremo una ulteriore semplificazione, ed equazioni analoghe alle (h) ed (i), cosicchè le nuove indeterminate $\alpha_{,,}$, $\beta_{,,}$, $\gamma_{,,}$ si potranno anche esprimere per mezzo delle primitive α, β, γ con funzioni omogenee di primo grado a coefficienti intieri. E passando successivamente in simil modo ad altre trasformate, si giungerà a ridurre i coefficienti dei quadrati delle indeterminate all'unità, onde si avrà una equazione della forma

$$k(a\alpha^2 + b\beta^2 + c\gamma^2) = \alpha_m^2 + \beta_m^2 + \gamma_m^2;$$

ove $\alpha_m, \beta_m, \gamma_m$ saranno espressioni composte con α, β, γ come lo sono le espressioni contenute nel secondo membro della (d): i coefficienti di tali espressioni saranno numeri intieri, che si potranno prendere per valori di $xx' \ldots . z''$ ed il problema sarà risolto.

I conoscitori della teorica delle forme quadradiche, leggendo attentamente l'art. 295 delle *Disquisitiones Arithmeticae* riconosceranno senza difficoltà che quando le condizioni sovra enunciate sono adempite, è possibile di ridurre due de' prodotti ab, ac, bc a due somme di tre quadrati interi

$$f^2 + f'^2 + f''^2, \qquad g^2 + g'^2 + g''^2,$$

in modo che si abbia $\quad fg + f'g' + f''g'' = 0$.

Quindi se ciò non può farsi coi valori dati di a, b, c si dirà che il problema non è solubile; se può farsi, supposto per esempio

$$ac = f^2 + f'^2 + f''^2, \qquad bc = g^2 + g'^2 + g''^2,$$

si avrà la soluzione seguente:

$$x = ag\,, \qquad y = ag'\,, \qquad z = ag''\,,$$
$$x' = bf\,, \qquad y' = bf'\,, \qquad z' = bf''\,,$$

$$x'' = f'g'' - g'f''\,, \qquad y'' = f''g - fg''\,, \qquad z'' = fg' - gf'\,.$$

12. Riassumendo conchiudiamo:

Se il prodotto di ciascun parametro per sè stesso e per la proiezione sovra di esso di ogni altro parametro è in un dato sistema cristallino numero razionale:

Ogni piano perpendicolare ad uno spigolo è faccia possibile, ed ogni retta perpendicolare ad una faccia è spigolo possibile.

Il rapporto delle tangenti degli angoli fatti da faccie tautozonali è razionale.

In ogni geminato, nel quale sia asse di geminazione uno spigolo, o la perpendicolare ad una faccia, ogni faccia dell'un gemello sarà faccia possibile dell'altro gemello.

Ogni sistema cristallino ad assi inclinati potrà derivarsi da assi ortogonali.

Può assumersi per elissoide geometrico caratteristico della sostanza una sfera.

Se ridotto il tipo cristallino ad assi ortogonali, esso acquista allora parametri, che siano radici di tre numeri intieri tali, che il prodotto negativo di due qualunque di essi sia residuo quadratico del terzo, il tipo cristallino si potrà derivare dal sistema monometrico.

13. La proposizione dell'art. 3 data dal Naumann per i sistemi ortogonali e romboedrico, dal Kuppfer pel sistema monoclino e per alcuni casi del triclino, venne esposta in tutta la sua generalità dal Naumann (1).

(1) Naumann, *Über die Rationalität der Tangenten-verhältnisse tautozonaler Krystallflächen* — Abhandlungen der K. Sächsischen Gesellschaften der Wissenschaften, IV. 507.

Ivi sono citati per le proposizioni da loro stabilite: Naumann *Beiträge zur Krystallonomie* e Kuppfer *Handbuch der rechnenden Kristallonomie*; noi fummo dolentissimi di non poterci finora procacciare tali autori.

Questi mostrò anzi sovra parecchi cristalli naturali monoclini e triclini, come le ipotesi geometriche sui parametri, da cui dipende la proposizione dell'art. 3, si trovino realmente soddisfatte.

La via seguita dal Naumann nella sua importantissima Memoria è affatto diversa da quella che proponiamo, e crediamo, che il paragone dei due metodi possa mostrare come la geometria elementare debba considerarsi in cristallografia non solo come atta a dar belle e semplici dimostrazioni, ma anche come potente mezzo di investigazione.

L'enunciato della condizione, da cui dipende la razionalità del rapporto delle tangenti degli angoli tra faccie tautozonali, che dà il Naumann, è diverso dall'enunciato stabilito in questa nota, ma è facile dimostrare, che quello è racchiuso in questo.

La parte della proposizione dell'art. 5, che si riferisce a sistemi cristallini ad assi ortogonali risultava già dalle formole stabilite dal Naumann nel suo primo trattato di Cristallografia (1). Essa fu poscia oggetto di alcune applicazioni a cristalli naturali monometrici per parte del Senarmont (2); venne quindi più ampiamente sviluppata per i sistemi ortogonali e romboedrico, come pure per alcuni casi speciali del sistema monoclino e triclino in un recente trattato del valente ed indefesso cristallografo di Lipsia (3).

Fu sempre pensiero del Weiss, che la proposizione dell'art. 8 si applicasse ad ogni sistema cristallino ad assi inclinati, che la natura ci presenta.

14. La ipotesi geometrica sui parametri, a cui si legano tante importanti proprietà dei sistemi cristallini, che le obbediscono, è prossimamente avverata anche coi numeri semplici da molte sostanze. Essa non si può tuttavia ritenere per pienamente conforme al vero, che in casi particolari, perchè siccome gli angoli variano in modo continuo colla temperie, non si

(1) Naumann, *Lehrbuch der Krystallographie*. 1830, tom. II, pag. 240.

(2) De Senarmont, *Observations sur quelques groupements de cristaux du système régulier*. Annales des Mines, 1848, 4e serie, tom. XIII, pag. 225.

(3) Naumann, *Elemente der theoretischen Krystallographie*. Leipzig 1856.

può ammettere, che i parametri varino in modo discontinuo, come le radici quadrate dei numeri intieri.

Noteremo tuttavia, come i sistemi cristallini delle varie sostanze si riuniscano quasi tutti sotto un numero *limitato* di gruppi di parametri, i quali oscillano attorno radici quadrate di numeri piuttosto semplici. Se ora noi osserviamo ancora come le molecole di un cristallo compresse o stirate per l'azione di una temperie diversa da quella, a cui esso si formò, debbano essere in una posizione relativa diversa da quella, in cui erano al momento della formazione del cristallo stesso, possiamo conchiudere:

Non essere impossibile, che le azioni molecolari, per cui i cristalli si formano, siano tali da dar origine a parametri soddisfacienti alla ipotesi stabilita nel principio di questa Nota.

RICERCHE SULLA PREPARAZIONE DE' DIVERSI STATI DEL SOLFO, E SULL'AZIONE CHE IL CALORE ED IL TEMPO ESERCITANO SOPRA DI ESSI; DI BERTHELOT.

(*Corrispondenza particolare del Nuovo Cimento*).

1. *Solfo insolubile estratto dal fiore di solfo.* — Di tutte le varietà di solfo insolubile, è la più facile ad ottenersi; essa può riguardarsi come tipo per le sue proprietà e reazioni, perchè si trova in uno stato di equilibrio quasi definito.

300 grammi di fiori di solfo sono triturati in un mortaio con 5 a 600 grammi di solfuro di carbonio, il tutto è introdotto in un pallone di un litro e posto a bagno maria finochè il solfuro entra in ebullizione. Si lascia in riposo il pallone fuori del bagno maria per due o tre minuti, e si decanta sopra un filtro il solfuro di carbonio con la porzione di solfo che tiene in sospensione. Si ripete per tre o quattro volte questa serie di

operazioni nella medesima giornata, e si termina col gettare tutto il solfo col liquido di cui va impregnato sopra un filtro senza pieghe. Il giorno successivo, si raccoglie il solfo restato sul filtro, lo si riduce in polvere, e s'introduce di nuovo nel pallone, e si comincia la medesima serie di trattamenti come nel primo giorno. Dopo 6 giorni, il solfo non cede alcuna materia solubile al solfuro di carbonio; lo si getta sopra carta sugante, e lo si lascia disseccare per un giorno o due, poi lo si ripone nel pallone, si bagna con 100 grammi di alcole assoluto e si fa bollire il tutto per un quarto d'ora a bagno maria. Questa operazione ha per iscopo di trasformare in solfo ottaedrico per un'azione di contatto, una porzione del solfo insolubile, meno stabile che il resto, ed analogo al solfo insolubile estratto dal solfo temperato. A capo di un quarto d'ora di ebullizione, si decanta l'alcool, e si mette sopra un filtro senza pieghe per lasciarlo isgocciolare. Si compie di disseccarlo rapidamente fra due fogli di carta sugante, poi lo si introduce in un pallone e si torna ad esaurirlo col solfuro di carbonio, seguendo le medesime norme di sopra indicate. Questo esaurimento è terminato alla fine di 3, o 4 giorni; si secca il solfo ponendolo sopra carta sugante, e si lascia all'aria libera per due settimane, affine di liberarlo da' liquidi volatili di cui è impregnato. Infine lo si dissecca nel vuoto con l'acido solforico e si conserva in una boccia smerigliata.

300 grammi di fiori di solfo forniscono con questo processo 75 a 80 grammi di solfo insolubile.

Ecco alcune precauzioni che fa duopo osservare. Il solfuro di carbonio del commercio, comunque rettificato non è sufficientemente puro per questi trattamenti, dacchè io non ne ho trovato nessuna qualità di cui presi 10 grammi, ed evaporati non lasciassero nessun residuo; vi resta sempre un poco di solfo molle e viscoso che contiene materie estranee; così è indispensabile di distillare il solfuro di carbonio. Bisogna evitare di adoperare del solfuro che contenga idrogeno solforato, il quale esercita un'azione nociva. Infine il solfuro di carbonio deve essere anidro e conservato in recipiente bene disseccato, altrimenti si altera e prende una tinta gialla. Il solfo insolubile dev' essere esattamente privo di alcole, mentre se ne ritiene, si modifica lentamente per azione di contatto e passa allo stato di solfo cristallizzato. In una operazione in cui i trattamenti definitivi col solfuro di carbonio non erano stati sufficientemente prolungati, e malgrado l'esposizione all'aria libera per più giorni, il solfo riteneva ancora traccie di alcole quasi imponderabili; nulladimeno la loro azione fu tale che i $\frac{4}{5}$ del solfo furono ripristinati al termine di un mese allo stato di solfo cristallizzabile.

Questo fatto prova come tali fenomeni siano modificati sotto l'influenza di circostanze che possono passare inosservate per difetto di attenzione sufficiente.

Ho cercato di determinare quale poteva essere l'influenza del tempo sopra la conservazione del solfo insolubile estratto dal fiore di solfo. Un campione preparato or sono due anni racchiude ora 33 centesimi di solfo cristallizzabile. Sarebbe necessario fare questo esame sopra campioni più antichi, ma la scoperta del solfo insolubile è troppo recente per permettere di effettuarlo; però si può arrivare al medesimo fine facendo de' saggi su' fiori di solfo antichi. I resultati sono meno netti di quelli che si otterrebbero dal solfo insolubile puro, mentre esso si trova mischiato nel fiore di solfo con solfo cristallizzabile; di più la data de' fiori di solfo riposa sopra testimonianze spesso infedeli, e s'ignora a quali influenze essi sono stati sottomessi. Tuttavia la sua conservazione nelle soluzioni presenta guarentigie da non disprezzarsi. I sigg. Berard (di Montpellier), Stas, Deville, Guibourt, Bechamp, Brame, Jacquelain, Riche, De Luca, Pean de Saint-Gilles, Deschamp, Barruel hanno avuto la compiacenza di inviarmi diversi saggi di solfo di origine e di data diverse; io li prego di accettare l'espressione della mia riconoscenza.

Ecco i resultati:

Fiori di solfo recenti sopra 100 parti, solfo insolubile .	28
Idem . . . . . (Berard) (1857)	25
Idem . . . . » »	24
Idem . . . . » »	26
Idem . . . . » »	30
Fiori di solfo antichi più di 7 anni (Riche)	23
Idem 10 anni (Peau de St. Gilles)	27
Idem . . . . id. 10 anni	24

Idem	id.	12 anni (Brame)	16
Idem		15 anni (Barruel)	23
Idem	id.	20, a 25 anni (Jacquelain)	22
Idem		18 anni (Deschamps)	17
Idem		16 anni (Stas)	12
Idem		30 anni (De Luca)	12,5
Idem		38 anni (Stas)	17
Idem		30 a 50 anni (Bechamps)	15

Si vede da questi resultati una diminuzione progressiva della proporzione di solfo insolubile contenuta nel fiore di solfo, sotto la influenza del tempo: ma questa diminuzione è lenta.

II. *Solfo insolubile estratto dal solfo temperato*. Questo solfo si distingue dal precedente per la sua resistenza minore all'azione del calore ed a quella degli agenti modificatori. Così basta di farlo bollire con alcole qualche minuto per trasformarlo in solfo cristallizzato.

Per prepararlo si scalda in un crogiuolo del solfo in cannelli finchè sia fuso ed abbia passato il primo periodo della fluidità, poi si cola in filetti sottilissimi in una terrina piena di acqua; si raccolgono i filamenti, si disseccano con carta sugante, si triturano in mortaio con solfuro di carbonio; quale operazione si eseguisce con difficoltà a causa della elasticità del solfo; s'introduce il tutto in un pallone e si fa bollire a bagno maria per pochi minuti, allora il solfo può triturarsi; si fa bollire di nuovo con solfuro di carbonio, e si getta la massa sopra un filtro senza pieghe; il giorno seguente si riprende il solfo e si mescola con cura al solfuro di carbonio, si fa bollire con questo liquido, si decanta sopra un filtro e si ripete questa operazione 3, o 4 volte al giorno; ciascuna sera si getta la massa sopra un filtro senza pieghe, il giorno dipoi si stacca, si tritura con cura mescolandolo al solfuro di carbonio e così di seguito. L'esaurimento è lentissimo e dura più di un mese perchè il solfo stà mischiato a solfo molle insolubile, il quale indurisce progressivamente formando una piccola parte di solfo cristallizzabile.

Questa circostanza comunica al solfo insolubile estratto dal solfo temperato una certa *plasticità* che non possiede il solfo insolubile del fiore di solfo. Ciascuna mattina, la massa del primo che si trova sopra il filtro, è agglomerata a guisa di una massa di argilla disseccata, ed è necessario di triturarla di nuovo. Staccandola dal filtro, bisogna prendere delle precauzioni per la sua aderenza alla carta e rigettare le porzioni che non si possono staccare senza portare via qualche parte di filtro.

Quando l'esaurimento è terminato, si secca il solfo sopra carta sugante, si lascia all'aria libera per qualche giorno, e poi si conserva: non è quasi possibile di ottenere questo solfo in uno stato di purezza completa, poichè esso è in uno stato di trasformazione continua, ed al termine di qualche giorno, contiene già del solfo cristallizzabile. Esso racchiude d'altronde una piccola quantità di solfo, appartenente alla varietà estratta dal fiore di solfo suscettibile di resistere all'azione modificatrice dell'alcole.

500 grammi di solfo temperato hanno fornito 80 grammi di questo solfo insolubile.

Ecco due esperienze relative all'influenza del tempo; un campione puro preparato or sono due anni contiene ora 38 centesimi di solfo cristallizzabile; un campione di solfo temperato preparato da un anno conteneva in origine 20 centesimi di solfo insolubile; esso non ne contiene ora che 10 centesimi solamente.

III. *Solfo ottaedrico*. La preparazione del solfo ottaedrico per mezzo del solfuro di carbonio è bene conosciuta; ma io credo utile di fissare l'attenzione sopra la circostanza seguente: estratto dal solfo in cannelli ritiene tracce di solfo molle suscettibile di diventare insolubile; 3, o 4 distillazioni, almeno, sono necessarie per ottenerlo puro.

IV. *Solfo amorfo degli iposolfiti*. Questo solfo può trovarsi in 4 stati differenti successivi; lo stato liquido e solubile nel solfuro di carbonio; lo stato liquido ed insolubile nel medesimo dissolvente; lo stato pastoso ed insolubile; infine lo stato solido ed insolubile. Qualunque sia il suo stato, è il meno stabile di tutte le varietà, dacchè una temperatura di 100° lo trasforma quasi immediatamente, come pure cambia le azioni che si possono esercitare sopra di esso. Si distingue dal solfo de' cloruri, il quale affetta gli stessi stati con una stabilità assai più grande.

L'esperienza seguente serve per caratterizzare la preparazione del solfo degli iposolfiti.

700 grammi d'iposolfito di soda furono disciolti in due litri e mezzo di acqua, e fu versato il liquido freddo in un litro di acido cloridrico puro e fumante. Quattro ore dopo si agglomerarono i fiocchi di solfo agitando con una bacchetta, e si è decantato il liquido acquoso ancora torbido. Si è lavata leggiermente la massa molle del solfo precipitato e si è trattata col solfuro di carbonio. Una porzione rimase insolubile, essa pesava 43^{gr},5; un'altra porzione si è disciolta, si evaporò immediatamente la soluzione solfo-carbonica, e si ottenne del solfo oleoso; dopo il raffreddamento, si è agitato questo ultimo a più riprese con solfuro di carbonio, la maggior parte è restata oleosa ed insolubile, e pesava 34^{gr},7. Una porzione si era disciolta; si è evaporata la sua soluzione, lasciata raffreddare e ripresa col solfuro di carbonio; una porzione è rimasta insolubile allo stato viscoso ed opaco; pesava 2^{gr},3. Si sono continuate ancora due volte queste evaporazioni, trattamenti ec. ec: si è ottenuto 0^{gr},9 di solfo insolubile, e 3^{gr},7 di solfo in parte molle, in parte cristallizzabile.

Tutta questa serie di operazioni eseguite rapidamente durò un'ora e mezza, e si è ottenuto sotto forma insolubile la maggior parte del solfo degli iposolfiti, come lo provano i numeri citati di sopra, e ciò malgrado l'intervento del calore necessario per eliminare il dissolvente. Ma questo solfo è lungi dal trovarsi in uno stato definito. In effetto ecco ciò che sono diventati i varj solfi dell'operazione precedente: La porzione primitiva insolubile non è del solfo puro: ma un miscuglio di solfo, di acqua, e di materia fissa che si eleva a 7 centesimi e che è formata sopratutto dal cloruro di sodio. — Il giorno seguente, il solfo che contiene trattato col solfuro di carbonio, gli ha ceduto i 26 centesimi del suo peso, di cui 19 sono diventati insolubili col raffreddamento, ciò che ha ridotto a 7 centesimi il solfo cristallizzabile rigenerato in questo intervallo di tempo. Fu trattata la massa con acqua fredda per asportare le materie saline, poi la si esaurì con solfuro di carbonio. — Il giorno appresso, una porzione notabile ritornò allo stato solubile, ed al termine di 5 giorni la totalità di questo solfo si è trovata trasformata in solfo cristallizzabile, e nel medesimo tempo tutta la massa diventò bianca.

Il solfo oleoso insolubile, al termine di 24 ore, è diventato solido; esso ha ceduto al solfuro di carbonio 43 centesimi di solfo solubile, di cui 3 centesimi tornarono insolubili per l'atto della evaporazione; gli altri 40 centesimi erano trasformati in solfo cristallizzabile. Si è esaurito il solfo insolubile col solfuro di carbonio; ma il giorno appresso una porzione era di già diventata solubile. Al termine di una settimana, questo solfo, malgrado la formazione di un poco d'idrogeno solforato dovuta alla presenza di una traccia di materia estranea, è giallo e contiene ancora un terzo di solfo insolubile. Infine $13^{gr},9$ restati il primo giorno solubili, hanno fornito il secondo giorno 0,7 di solfo insolubile, e 3,0 di solfo ottaedrico.

Questo fatto, unito a quelli che io ho pubblicato or sono un anno sopra la formazione del solfo molle degli iposolfiti in solfo cristallizzabile in seno della sua soluzione solfo-carbonica, definiscono le condizioni della formazione del solfo insolubile degli iposolfiti. Essi mostrano che questo solfo deve essere isolato e studiato immediatamente.

Del resto la sua trasformazione sotto l'influenza del tempo, benchè dimostrato da' fatti precedenti, non è così completo come si potrebbe credere; in fatti de' campioni di questo solfo, conservato allo stato impuro e tutti impregnati di cloruro di sodio, racchiudevano ancora al termine di un anno, l'uno 6 centesimi, un altro 25, e l'ultimo fino a 64 centesimi di solfo insolubile.

v. *Solfo amorfo estratto dal cloruro di solfo.* Questo solfo può assumere 3 stati successivi: lo stato liquido e solubile nel solfuro di carbonio; lo stato molle ed insolubile e lo stato solido ed insolubile. Sotto questi 3 stati è molto più stabile che il solfo temperato, il quale è più stabile del solfo degl'iposolfiti, questi diversi solfi essendo confrontati negli stati corrispondenti. Le condizioni della preparazione del solfo insolubile estratto dal cloruro di solfo sono desunte dalla seguente esperienza:

1590 grammi di cloruro di solfo del commercio, di una composizione intermedia fra il protocloruro ed il percloruro, sono stati distribuiti in 8 recipienti di due litri e mezzo ciascuno, ad apertura larga. Furono riempiti i recipienti medesimi di acqua ordinaria e si agitò vivamente; la temperatura ambiente era prossima a 0°. Due volte al giorno si rinnuovò l'acqua e si agitò frequentemente. Al termine di 12 giorni, i recipienti racchiudono del solfo in parte duro, in parte molle e viscoso, contenendo un poco di cloruro non decomposto e dell' acido solforoso. Le ultime acque del lavaggio offrono un odore eccessivamente debole d' idrogeno solforato. Si distacca il solfo, si secca sopra carta sugante e si pesa; il suo peso corrisponde a 440 grammi. Poi lo si mescola con solfuro di carbonio, in un mortaio, e poi si fa bollire in un pallone scaldato a bagno maria; così si forma un mescuglio emulsivo fra il solfuro di carbonio ed il solfo ancora umido: si pone il tutto sopra un filtro senza pieghe. La filtrazione è lenta e fornisce un liquido ranciato. Il giorno dipoi, il solfo è sgocciolato; si distacca il filtro e si ripete la medesima serie di operazioni nel giorno seguente. Ben tosto il solfo diventa completamente duro, e si separa qualche goccioletta di acqua che si asporta con cura. Ogni volta che si distacca il solfo dal filtro, bisogna evitare di staccare insieme la carta aderente e di preferenza se ne perde una porzione rigettandola. Alla fine di 6 giorni, il solfo è diventato più coerente, e più solido, cessa di formare una emulsione col solfuro di carbonio. Non contiene più che due o tre centesimi di solfo solubile, come si può verificare esperimentando sopra un campione pesato e corrispondente ad alcuni decigrammi.

Avanti di continuare il trattamento, si riunisce a questo solfo la porzione insolubile fornita dalla trasformazione del solfo a principio disciolto nelle acque madri. In effetto, la prima acqua madre abbandonata durante 24 ore in una boccia, ha deposto spontaneamente 12 grammi di solfo insolubile; la seconda e la terza acqua madre ne hanno fornito una piccola quantità; infine le sei prime acque madri evaporate a bagno maria hanno fornito 155 grammi di solfo liquido, suscettibile di ridisciogliersi nel solfuro di carbonio nel momento in cui viene isolato. Questo solfo ritiene un poco di cloruro di solfo. Abbandonato per due o tre giorni sotto uno strato di acqua, esso indurisce e si trasforma in parte in solfo insolubile, senza che il suo peso cambi più di un centesimo. Fu trattato col solfuro di carbonio, nel medesimo modo che la massa primitiva. Alla fine di tre trattamenti, era quasi esaurito, ed aveva fornito 110 grammi di solfo insolubile e 43 grammi di solfo liquido solubile. Si è riunito il solfo insolubile alla massa primitiva e si continuò a trattare col solfuro di carbonio, operando nel modo che appresso. Si mescola del solfo con solfuro di carbonio, si introduce il tutto in un pallone, si fa bollire a bagno maria, si lascia depositare e si decanta il solfuro galleggiante. Alla fine della giornata, si getta tutta la massa sopra un filtro senza pieghe per sgocciolarlo completamente. Il giorno susseguente si trova agglomerata, in ragione della elasticità che gli comunica la presenza del solfo molle insolubile. Questo solfo molle ritarda molto i trattamenti, in ragione della lentezza colla quale arriva allo stato suo definitivo di coesione, fornendo del solfo solido insolubile e del solfo molto solubile. Al termine di tre mesi, l'esaurimento non è ancora terminato, e sopra tutto il solfo non ha preso in tutta la massa la coesione definitiva: frattanto non racchiude più che delle tracce di solfo solubile o suscettibile di diventarlo, e delle tracce quasi imponderabili di cloruro di solfo ritenuto. Si stempera allora in 8, o 10 volte il suo peso di solfuro di carbonio e si lascia digerire durante 8 giorni; si pone sopra un filtro, ed il solfo asciugato, poi esposto all'aria libera durante una settimana può essere conservato.

Nulladimeno non bisogna dimenticare che il solfo insolubile del cloruro non acquista le sue proprietà normali se non che quando è stato conservato per qualche mese ed esaurito di nuovo dopo questo lasso di tempo.

Nella esperienza precedente, si è cercato di determinare la proporzione di solfo ottaedrico formato durante i trattamenti. Per ottenere questo fine, basta di evaporare le acque madri successive dopo la sesta, e di riunire i residui ch' esse lasciano dei 43 grammi di solfo solubile estratto dal solfo delle prime acque madri. Si abbandona il tutto per qualche giorno sotto uno strato di acqua, poi si tratta col solfuro di carbonio; si ottiene così una nuova proporzione di solfo insolubile e 30 gr. di solfo cristallizzabile in grossi ottaedri. Questi ottaedri sono di color ranciato impregnato di solfo molle, la cui presenza si manifesta di una maniera curiosa assai. In effetto, gli ottaedri posti sotto l'acqua non tardono a diventare opachi: il solfo molle che gli impregna si trasforma in solfo insolubile producendo un fenomeno di pseudomorfismo assai curioso; si crederebbe vedere dei cristalli di solfo cangiato in solfo insolubile; ma la quantità divenuta insolubile è assai piccola. Se si tratta il tutto col solfuro di carbonio, questo evaporato fornisce dei cristalli ottaedrici giallo-cedrini, i quali non tardano a diventare opach icome i primi in seguito della trasformazione in solfo insolubile delle tracce di solfo molle che essi ritengono ancora. Quindi, si vede che i 440 gr. di solfo impuro prodotti dal cloruro di solfo hanno fornito solamente 30 gr. di solfo cristallizzabile; il resto essendo o da principio insolubile oppure essendolo divenuto; questi 30 gr. rappresentano 7 centesimi solamente del peso totale del solfo; si può controllare questo resultato determinando la proporzione del solfo fornita: 1° dal solfo primitivo impuro, e da' depositi duri forniti; 2° dalle acque madri successive, dopo la prima fino all'ultima; 3° dalle acque madri ottenute trattando i primi depositi col solfuro di carbonio; 4° per le acque madri ottenute trattando i depositi duri delle acque madri precedenti. Si calcola così la proporzione del solfo definitivamente cristallizzabile per un processo indipendente da ogni perdita di materia durante le esperienze: il peso calcolato con questo mezzo è di 9 centesimi. Per dirla in breve, il solfo fornito dal cloruro di solfo è quasi intieramente insolubile o suscettibile di diventare tale, purchè lo si isoli in uno spazio di tempo assai corto. Riguardo alla proporzione cristallizzabile, si può ammettere che essa sia formata in virtù della stabilità preponderante del solfo ottaedrico, in parte durante l'evaporazione del dissolvente, la quale non è completa che sotto l'influenza continuata di una temperatura prossima a 100°, ed in parte sotto l'influenza prolungata della distensione nel seno di un dissolvente. Questa ultima influenza può essere stabilita di una maniera diretta. A quest'effetto si è presa una soluzione solfo-carbonica, contenente 54 gr. di solfo molle estratto dal cloruro, e si è divisa in due parti eguali, l'una contenente 27 gr. è stata evaporata immediatamente; il prodotto, abbandonato sotto uno strato di acqua durante 24 ore è indurito; si è ripreso col solfuro di carbonio, e la porzione solubile è stata isolata per evaporazione e trattata come la prima. Questa operazione reiterata ha fornito finalmente al termine di qualche giorno 3 gr. di solfo ottaedrico. L'altra porzione contenente 27 gr. è stata abbandonata a sè medesima 3 mesi. Se n'è separato 4 gr. di solfo insolubile, spontaneamente; al termine di 3 mesi si sottopose il liquido alle medesime operazioni di già indicate, e si ottennero 2 gr. di solfo ottaedrico. Così il solfo molle del cloruro si trasforma spontaneamente in solfo ottaedrico in seno alla soluzione sua solfo-carbonica. Io ho stabilito altrove che avviene lo stesso del solfo molle degli iposolfiti; ma il solfo molle del cloruro si cangia assai più lentamente ed assai meno completamente che il solfo molle degli iposolfiti. Questa stabilità superiore del solfo proveniente dal cloruro si manifesta anche nella condizione della formazione lenta; in effetto, io provai che la scomposizione lenta degli iposolfiti produce sopratutto e quasi esclusivamente del solfo ottaedrico, cioè del solfo proveniente dalla decomposizione spontanea del cloruro sotto le influenze igrometriche conteneva ancora, al termine di 7 anni, 50 centesimi di solfo insolubile, ed un'altra quantità 27 centesimi.

VI. *Azione del calore sopra le diverse varietà di solfo insolubile*. Ho studiato questa azione in due condizioni differentissime.

1°. Ho mantenuto a 100° le diverse varietà di solfo insolubile e determinato la proporzione di solfo insolubile non trasformato, al termine di diversi intervalli di tempo. 2°. Ho mantenuto queste medesime varietà a 111°, cioè a dire in approssimazione della temperatura di fusione del solfo ottaedrico ed esaminato lo sviluppo di calore a cui può dar luogo la trasformazione del solfo insolubile in solfo cristallizzabile.

1ª. *Esperienza a* 100°. Il solfo degli iposolfiti è cangiato completamente al termine di un quarto d'ora, è il meno stabile; il solfo estratto dal solfo temperato non resiste che un'ora; il solfo estratto dal fiore non è ancora completamente cangiato al termine di 5 ore, e presenta una stabilita sensibilmente differente secondo i campioni; il primo era stato preparato secondo il metodo descritto più sopra, il secondo aveva provato inoltre l'azione dei vapori di alcool durante un mese, circostanza che aveva trasformato in solfo cristallizzabile i $\frac{4}{5}$ della massa.

Infine il solfo estratto dal cloruro, così stabile come quello del fiore, presenta una circostanza curiosa; la sua trasformazione comincia molto più presto, il che mi sembrerebbe dovuto alla presenza del solfo molle insolubile e non arrivato alla sua coesione definitiva nel campione impiegato, di cui la preparazione era recente. Se si confronta la trasformazione del solfo del cloruro alla trasformazione del solfo del fiore, partendo dalla fine del primo quarto d'ora solamente, si rimarcherà che la trasformazione del primo solfo è in vero più lenta di quella del secondo, il solfo insolubile estratto dal solfo oleoso indurito degli iposolfiti portato a 100° si trasforma assai rapidamente, sicchè si possono constatare i fenomeni calorifici che esso prova nello stesso tempo: in una esperienza, la temperatura di un termometro immerso nella massa di questo solfo, s'è elevato fino a 107°, il solfo si era agglomerato ma senza entrare in fusione.

2ª. *Esperienza a* 111°. In un tubo di vetro sottile, si introduce qualche grammo di solfo ed un termometro sensibile. Si pone il tubo in un bagno di olio mantenuto fra 111 e 112 gradi. Il solfo insolubile estratto dal solfo temperato fonde bentosto, e la temperatura si eleva di alcuni gradi al disopra della temperatura del bagno. Al termine di un quarto d'ora, i due termometri marcano la medesima temperatura; il solfo racchiude ancora 6 centesimi di solfo insolubile.

Il solfo insolubile, estratto dal fiore di solfo si comporta nella medesima maniera: solamente, lo sviluppo di calore è molto più intenso, e dura più di una mezz'ora. Al termine di un'ora, il solfo racchiude ancora 9 centesimi di solfo insolubile.

Il solfo insolubile, estratto recentemente dal cloruro, si comporta come il precedente, lo sviluppo di calore è ancora più prolungato. Al termine di un'ora tutto è cangiato in solfo cristallizzabile. Due cause possono concorrere allo sviluppo di calore, osservato nelle esperienze precedenti: la trasformazione del solfo insolubile in solfo cristallizzabile, ed ancora lo sviluppo di calore ritenuto dal solfo molle che non ha preso la sua coesione definitiva. Per eliminare quanto è possibile l'ultimo fenomeno, io ho operato con del solfo insolubile estratto da un fiore di solfo che data da circa 30 anni; questo solfo sviluppa egualmente del calore; ma lo sviluppo è più lento e sembra meno considerevole di quello che corrisponde al fior di solfo recente: la temperatura di 110° sostenuto per 10 minuti, l'agglomera senza fonderlo, e contiene ancora 83 centesimi di solfo insolubile. Al termine di una mezz'ora, a 111°, non è ancora completamente fuso e contiene 10 centesimi di solfo insolubile non trasformato.

Parigi, 1°. Aprile 1858.

SAGGI PER SERVIRE ALLA STORIA DEL *JATROPHA CURCAS*;

DI G. ARNAUDON E G. UBALDINI.

Questo frutto, porta il nome di *Ricinus Americana* ed i nomi volgari di grosso ricino, di fagiuolo del Perù, fico infernale, noci delle barbade, noci americane, pignolo d'india, ed è prodotto da un arboscello che appartiene alla famiglia delle euforbiacee, la quale comprende diverse piante che figurano tra le più drastiche e velenose.

L'*jatropha curcas* è assai comune nei paesi meridionali; si trova nelle Antille, ed abbonda nell'America del sud, ove s'incontra di frequente tra le siepi che circondano i giardini. S'impiega come purgante; un solo pignolo basta a produrre un notevole effetto. Dapprima manifesta sapor dolcigno, poscia acrezza alla gola; dopo un'ora nausee, dolori viscerali, seguiti da vomiti, e da evacuazioni alvine, prostrazione e capogiro. Dopo qualche ora non rimane più che una gran debolezza, e per rimettersi da simile perturbazione fa duopo di circa tre giorni.

Dagli effetti indicati si può arguire che 4 o 5 di queste mandorle potrebbero cagionare anche la morte, checchè dicano in contrario molti libri di botanica applicata.

Questo frutto è stato qualche volta descritto dagli antichi botanici confusamente col frutto del ricino ed in seguito col *croton tiglium*. Pelletier e Caventou studiarono i prodotti di questo, credendo di operare sull'*jatropha curcas* ed è sotto quest'ultima denominazione che pubblicarono il loro lavoro. Quest'errore venne rilevato di poi dal Soubeiran, dal Guibourt e riconosciuto dagli Autori succennati. Il loro studio tuttavolta si limitò a determinare le quantità d'olio ritirate per la pressione ed indicare alcune delle sue proprietà fisiche.

I pignoli da noi esaminati provengono dalla collezione dei prodotti naturali inviati dal Paraguay all'Esposizione universale del 1855 e ci vennero favoriti dal sig. Laplace Console generale di quella Repubblica.

1°. *Caratteri fisici*.

Questi pignoli trovansi associati a 3 in un involucro comune diviso in tre compartimenti. Il loro peso varia da 0gr,500 a 0gr,710, in media è 0gr,608. La loro forma è varia, generalmente ovoide, e compressa in tre luoghi differenti.

Ogni pignolo è costituito di due parti principali: il guscio e la mandorla. Il guscio è formato esso stesso da una parte esterna o epidermide nera leggiermente punteggiata o screziata di bianco spesso rugosa senza lucentezza od aspetto resinoide, e da una parte interna bruna compatta, fragile e rivestita da una membrana sottile bianca papiriforme che le aderisce leggiermente e serve d'involucro alla mandorla ed all'embrione in essa racchiuso.

Secondo alcune determinazioni fatte sui pignoli del Paraguay abbiamo, che sopra 100 parti

41,54 rappresentano il guscio, e
58,46 la mandorla.

2.° *Estrazione delle materie grasse*.

Si è operato su 30 grammi di pignoli riducendoli in polpa, poi trattandoli coll'etere a freddo e terminando coll'etere a caldo.

Il trattamento etereo ha fornito 37gr,5 del peso della mandorla o 29 per cento del pignolo col guscio, di un olio siropposo quasi incoloro che ingiallisce leggiermente per esposizione all'aria e lascia deporre qualche globulo di un corpo grasso meno fusibile. Il suo odore è nauseabondo e un po' piccante. Quest' odore persiste anche dopo un soggiorno di parecchie ore in una stufa alla temperatura di + 100°. Trattato coll'acqua non diede indizio di tannino coi sali di ferro.

Quest' olio estratto di fresco dai pignoli ben conservati è sensibilmente neutro ai reagenti. In certe altre esperienze si sono però trovate traccie di acido libero.

Quest' olio è solubile nell'alcool freddo meno però dell' olio di ricino, una goccia si scioglie in meno di 2cc di alcool assoluto; la qual conclusione è poco d'accordo con quella annunziata dai primi sperimentatori.

È però da osservare che allorquando si tratta a più riprese con piccole quantità di alcool, l'olio di jatropha essendo in eccesso si finisce per avere un residuo indisciolto dall'alcool freddo, e consiste in globuli di un corpo grasso solido alla temperatura ordinaria. Questi globuli sono però solubili a freddo in una più grande quantità di alcool.

Il liquido alcoolico da cui questi globuli furono separati lasciò per evaporazione un olio più fluido di prima e solubilissimo nell'alcool. Questo carattere unitamente a quello dei prodotti della sua decomposizione cogli alcali, c'inducono a pensare che l'olio di jatropha non differisce da quello di ricino se non se per le proporzioni dei corpi grassi che lo costituiscono. La media di varie determinazioni dell'acqua contenuta nella mandorla ci ha dato 7,2 per cento; abbiamo adunque che 100 parti di mandorla di pignolo del Paraguay contengono

Acqua		07,2
Materie grasse		37,5
Residuo	Glucosa Materie amilacee Albumina Caseina Materie minerali	55,3
		100,0

La quantità di cenere è stata trovata

Per la mandorla. . . . . 4,8 per %
Per la mandorla col guscio . . . . 6 per %

Queste ultime sono ricche in silice e contengono pure assai fosfati, della potassa, calce e ossidi di ferro.

La determinazione dell'azoto ci ha dato

Per la mandorla. . . . . 4,2 per %
Per la mandorla col guscio. . . . . 2,9 per %

3°. *Saponificazione dell'olio di jatropha curcas.*

La saponificazione venne operata mediante la barite a 100° nelle proporzioni seguenti

10 gr. d'olio.
12 gr. di barite idrata.
20 gr. d'acqua.

Si è versato il latte di barite nell'olio: la saponificazione già comincia alla temperatura ordinaria. Si è esposto il tutto per 24 ore alla stufa avendo cura di rimestare di quando in quando la massa, aggiungendovi dell'acqua a misura che ne perdeva coll'evaporazione.

Compiuta la saponificazione si è evaporata l'acqua a bagno maria ed il residuo venne ripreso coll'etere, il quale poi evaporato a siccità non lasciò traccia di corpo grasso insaponificabile.

Il sapone baritico dopo il trattamento etereo è stato sottoposto a un trattamento all'acqua bollente per esportare la glicerina ed altre sostanze analoghe, come eziandio i saponi di barite ad acidi grassi volatili che sono tutti più o meno solubili in questo veicolo. Il trattamento venne protratto fino a che il liquido non lasciava più residuo per evaporazione.

Il liquido filtrato è stato sottoposto ad una corrente di gas acido carbonico per precipitare la barite in eccesso. Si è fatto bollire e si è rifiltrato. Condotto a siccità a bagno maria ha lasciato un residuo siropposo, che dopo trattamento all'alcool assoluto ha fornito 0^{gr},837 di glicerina. Si è verificata la natura di questo corpo col metodo indicato dai sigg. Berthelot e De Luca, cioè per la sua trasformazione in propilene jodato, mediante l'joduro di fosforo PhI^3, propilene jodato, che trattato a sua volta con acido cloridrico fumante e mercurio ha fornito del propilene.

La parte indisciolta nell'alcool assoluto venne trattata coll'acqua, la quale per evaporazione lasciò un residuo che calcinato dà della barite. Questo residuo del trattamento acquoso scaldato con acido solforico diluito, fornisce alquanto di un prodotto volatile odorante; la quantità raccolta non ci permise di constatare la natura di quest'acido volatile.

Il sapone insolubile nell'etere e nell'acqua bollente diseccato a 100° ha fornito un residuo pesante 16^{gr},5 di sapone ad acidi grassi fissi: quest'ultimo trattato con alcool bollente le cedette 0^{gr},423 di un sapone ad acido grasso fluido alla temperatura ordinaria.

Il residuo insolubile nell'alcool bollente e del peso di 16,077 è stato decomposto a caldo con acido cloridrico. Col raffreddamento venne a rappigliarsi in una massa bianco-giallognola formante crosta alla superficie del liquido che era incoloro; si lavò a più riprese con acqua e dopo la massa venne compressa fra carta bibula: il residuo che non macchiava più la carta è stato ripreso all'alcool a 66° bollente, il quale lasciò deporre per raffreddamento un acido perfettamente bianco e cristallino che fondeva tra 49° e 50°.

La carta bibula tra la quale l'acido era stato compresso venne lavata con etere bollente e quest'etere diede per evaporazione un acido fluido leggiermente giallognolo, il quale però teneva in sospensione dopo raffreddamento dell'acido grasso meno fusibile (fondeva a 15°).

Una porzione dell'acido grasso fluido venne trattata colla potassa in una storta e coadiuvata dall'azione di lieve temperatura. La massa si tumefece, divenne spumosa e nerastra, mentre lasciava distillare un prodotto liquido presentante i caratteri dell'alcool caprilico.

Cotesto prodotto è fornito pure dal corpo grasso oleoso prima della sua saponificazione allorchè lo si scalda colla potassa in soluzione concentrata.

4.° *Trattamento della parte delle mandorle di jatropha curcas (insolubile nell' etere)*.

Venne trattata con acqua entro mortajo quindi gettata su filtro: da cui passò un liquido torbido che ripetute filtrazioni non riuscirono a dargli limpidità; questo liquido, che evaporato lasciava un residuo deliquescente, scaldato verso 70° diede un coagulo assai abbondante che dopo qualche minuto di ebollizione venne separato per filtrazione. Siffatta sostanza presentava i caratteri seguenti. Allo stato umido aspetto di bianco d'uovo coagulato, allo stato di siccità aspetto corneo d'una frattura analoga a quella del glutine od albumine disseccati. Si scioglie nell' acido cloridrico e si colora di bruno violaceo, l'acido nitrico la colora in giallo così pure il sodio. Sottoposta alla distillazione secca diede dell'ammoniaca e del solfo sensibile a reagenti ordinarii: era dell' albumina.

Il liquido da cui l'albumina è stata separata per ebollizione venne trattato con acido acetico che precipitò lentamente una sostanza in fiocchi, solubile in un eccesso di acido.

Una porzione di questo liquido abbandonato a sè stesso con della creta ha prodotto del lattato di calce.

Dall' altro lato ci siamo assicurati della presenza della glucosa coagulando la caseina per mezzo dell' acido acetico ed evaporando il liquido filtrato, il residuo siropposo aveva un sapore dolce, riduceva i sali di rame e forniva alcool ed acido carbonico col lievito di birra.

Una parte di questo residuo siropposo ripresa coll' alcool debole ha lasciato un residuo gommoso.

Il residuo o polpa bianca che venne lasciato dopo i trattamenti successivi della polpa di *jatropha curcas*, e coll' etere e coll' acqua, non presentava i caratteri chimici dell' amido, avvegnachè ne avesse l'aspetto, anzi non dava neppure indizio coll'jodio, come non ne aveva fornito prima di aver subìto i trattamenti indicati.

5.° *Saggio sul guscio dei pignoli del Paraguay.*

La decozione dei gusci dei pignoli produce sulla seta un colore grigio perla molto solido anche senza associazione di nessun mordente.

Colla stoffa preparata al sale di ferro, si ottiene un color marrone bruno, questa tinta volge al color di terra d'ombra col sale di rame.

Pare che la sola parte sottocuticolare sia quella che fornisce qui la materia colorante, poichè la parte esteriore nera o cuticola non perde della sua intensità: anche dopo diversi trattamenti all'acqua non aveva perduto sensibilmente il suo colore.

CONSIDERAZIONI SULLA COSTITUZIONE DELLE COMBINAZIONI DELLA GLICERINA CON GLI IDRACIDI; DI M. BERTHELOT E S. DE LUCA.

In una memoria pubblicata in questo giornale (1) abbiamo esposte le proprietà delle nuove combinazioni da noi ottenute accoppiando la glicerina agli idracidi, e crediamo ora utile di dare il quadro completo delle combinazioni fin'oggi conosciute fra la glicerina e gl'idracidi, e nello stesso tempo sviluppare talune conseguenze teoriche che possono dedursi dall'esistenza e dal paragone di questi diversi composti.

(1) 1857 Agosto e Settembre, t. VI. pag. 182.

I	Monocloridrina.	$C^6H^7ClO^4$	$= C^6H^8O^6 + HCl - 2HO$
	Monobromidrina.	$C^6H^7BrO^4$	$= C^6H^8O^6 + HBr - 2HO$
	Dicloridrina.	$C^6H^6Cl^2O^2$	$= C^6H^8O^6 + 2HCl - 4HO$
	Dibromidrina.	$C^6H^6Br^2O^2$	$= C^6H^8O^6 + 2HBr - 4HO$
	Tricloridrina.	$C^6H^5Cl^3$	$= C^6H^8O^6 + 3HCl - 6HO$
	Tribromidrina	$C^6H^5Br^3$	$= C^6H^8O^6 + 3HBr - 6HO$
	Isotribromidrina.	$C^6H^5Br^3$	$= C^6H^8O^6 + 3HBr - 6HO$
	Bromidrodicloridrina . .	$C^6H^5Cl^2Br$	$= C^6H^8O^6 + 2HCl + HBr - 6HO$
	Cloridrodibromidrina . .	$C^6H^5Br^2Cl$	$= C^6H^8O^6 + 2HBr + HCl - 6HO$
II	Epicloridrina	$C^6H^5ClO^2$	$= C^6H^8O^6 + HCl - 4HO$
	Epibromidrina	$C^6H^5BrO^2$	$= C^6H^8O^6 + HBr - 4HO$
	Epidicloridrina.	$C^6H^4Cl^2$	$= C^6H^8O^6 + 2HCl - 6HO$
III	Emibromidrina.	$C^{12}H^9BrO^4$	$= 2C^6H^8O^6 + HBr - 8HO$
	Jodidrina	$C^{12}H^{11}IO^6$	$= 2C^6H^8O^6 + HI - 6HO$
	Bromidrina esaglicerica	$C^{36}H^{27}BrO^{14}$	$= 6C^6H^8O^6 + HBr - 22HO$
	Bromidrine diverse		
	Acido gliceric1oridrico		

Le combinazioni indicate in questo quadro sono state divise in tre gruppi, da ciascuno de' quali si deducono talune osservazioni.

1.° Il primo gruppo comprende le combinazioni formate secondo i rapporti più generali e secondo le reazioni più semplici tra la glicerina e gli acidi cloridrico e bromidrico. Tali combinazioni sono al numero di nove. Se ad esse se ne aggiungesse una decima, facile certamente a preparare, la bromidrocloridrina, $C^6H^6ClBrO^2$, si avrebbe il quadro più completo delle combinazioni formate, secondo la legge più semplice, tra la glicerina e due acidi diversi. Per meglio apprezzare tutta la varietà di simili combinazioni, basta ricordarsi che l' alcole ordinario non forma con due acidi che due sole combinazioni; quindi è che a' dieci composti precedenti non corrispondono che due soli composti alcolici, rappresentati dall' etere cloridrico e dall' etere bromidrico.

L' esistenza e la formola delle menzionate combinazioni possono dedursi dal carattere triatomico della glicerina e da una legge comune di formazione, in virtù della quale per ogni equivalente d' acido fissato si eliminano due equivalenti di acqua:

$$1\ (\text{alcole poliatomico}) + n\ (\text{acido}) - 2n\ HO$$

Ma le combinazioni di cui questa formola rappresenta e prevede l' esistenza, non sono le sole, ve n'ha delle altre, la cui formazione, comunque meno regolare, è anch'essa piena d' interesse.

2.° Ed invero, i composti che formano il secondo gruppo (epicloridrina, epibromidrina, epidicloridrina) presentano fra' loro elementi un rapporto tale, che per ogni equivalente di acido fissato, la proporzione di acqua eliminata è sempre superiore a 2 equivalenti.

Noi abbiamo già detto nella memoria indicata che si possono ravvicinare queste ultime combinazioni a' termini loro corrispondenti nelle serie principali, che ne differiscono per una proporzione maggiore di acido. Quindi, l'epicloridrina si può avvicinare alla dicloridrina:

$$C^6H^6Cl^2O^2 = C^6H^5ClO^2 + HCl,$$

e l' epidicloridrina alla tricloridrina:

$$C^6H^5Cl^3 = C^6H^4Cl^2 + HCl.$$

Tali rapporti sono, fino ad un certo punto, simili a quelli che avvicinano l' etilene monoclorato (cloruro d' aldeidene od etere acetilecloridrico), C^4H^3Cl al cloruro d'etilene (liquore degli olandesi, o glicole dicloridrico):

$$C^4H^4Cl^2 = C^4H^3Cl + HCl.$$

Analoghi rapporti esistono fra l'ioduro ed il bromuro di propilene (propileglicole diodidrico e dibromidrico) da una parte, e gli eteri allileiodidrico ed allilebromidrico dall'altra:

$$C^6H^6I^2 - HI = C^6H^5I,$$
$$C^6H^6Br^2 - HBr = C^6H^5Br,$$
$$C^6H^6Br^2O^2 + HBr = C^6H^5BrO^2\ (\text{epibromidrina}).$$

Così si spiega il perchè l'ioduro di etilene (glicole diodidrico) può fornire a volontà, sia del glicole diatomico:

$$C^4H^6O^4 = C^4H^4I^2 + 4HO - 2HI$$

sia dell'etilene iodato:

$$C^4H^3I = C^4H^4I^2 - HI.$$

Si troverebbe la legge di simmetria ordinaria se si potesse considerare l'epicloridrina ed i composti analoghi come prodotti derivati da una sostanza particolare, $C^6H^6O^4$

$$C^6H^6O^4 = C^6H^8O^6 - 2HO,$$

la quale non differirebbe dalla glicerina triatomica che per 2 soli equivalenti di acqua, e potrebbe funzionare come un alcole diatomico:

$$C^6H^6O^4 + HCl - 2HO = C^6H^5ClO^2 \quad \text{(epicloridrina)}$$
$$C^6H^6O^4 + HBr - 2HO = C^6H^5BrO^2 \quad \text{(epibromidrina)}$$
$$C^6H^6O^4 + 2HCl - 4HO = C^6H^4Cl^2 \quad \text{(epidicloridrina).}$$

È a questo stesso titolo, che abbiamo ravvicinato, nella memoria da noi pubblicata sull'allile e sugli eteri allilici l'alcole allilico, $C^6H^6O^2$, ed i suoi eteri monoatomici, al propileglicole $C^6H^8O^4$ ed a' suoi eteri biatomici:

$$C^6H^8O^4 = C^6H^6O^2 + 2HO.$$

Ma un tal ravvicinamento non si verifica che in un modo incompleto, ed infatti l'epicloridrina ed i due composti analoghi, sotto l'influenza degli alcali o dell'ossido di argento, rigenerano non il composto $C^6H^6O^4$, ma la stessa glicerina, $C^6H^8O^6$, vale a dire che essi composti fissano di nuovo gli equivalenti di acqua eliminati nel momento della loro formazione: relazione importante e caratteristica che ci forza ad ammettere fra questi composti e la glicerina le stesse relazioni di preesistenza che caratterizzano i corpi grassi propriamente detti rispetto alla stessa glicerina.

3.° Simili osservazioni si applicano a' tre composti definiti compresi nel terzo gruppo del quadro precedente. Infatti questi tre composti (emibromidrina, iodidrina, bromidrina esaglicerica) prodotti dall' unione di molti equivalenti della sostanza alcolica con un solo equivalente d' idracido, non hanno verun composto analogo conosciuto fra le combinazioni che formano gli alcoli monoatomici. D' altronde non sono queste le sole combinazioni gliceriche contenenti più di 1 equivalente di glicerina nella loro formola; ed infatti oltre i due composti formati da 2 equivalenti di glicerina, cioè:

l' emibromidrina . . . . . $C^{12}H^{9}BrO^{4}$,
e l' iodidrina . . . . $C^{12}H^{11}IO^{6}$,

vi sono l' emibromidramide,

$$C^{12}H^{12}AzBrO^{4} = 2C^{6}H^{8}O^{6} + HBr + AzH^{3} - 8HO,$$

la diepibromidrofosforile,

$$C^{12}H^{8}Br^{2}P = 2C^{6}H^{8}O^{6} + 2HBr + PH3 - 12HO,$$

delle quali sostanze abbiamo definito altrove l' esistenza e la formazione, ed un sale di platino contenuto nelle acque madri del cloroplatinato di gliceramina, e contenente 12 equivalenti di carbonio per 1 equivalente di platino.

La varietà di tali combinazioni è analoga, sino ad un certo punto, a quella de' composti formati dagli ossidi deboli cogli acidi, e sembra possedere una funzione essenziale nella spiegazione de' rapporti sì diversi coi quali le sostanze zuccherine intervengono nella formazione di un gran numero di composti naturali complessi, dello stess' ordine delle combinazioni gliceriche.

Finalmente l' esistenza delle combinazioni comprese nel secondo e nel terzo gruppo del quadro precedente, mostra quanto sarebbe inesatta ed incompleta ogni teoria che si appoggiasse esclusivamente suì composti formati secondo i rapporti più generali che esistono nel primo gruppo, mentre essa rigetterebbe tutte le altre in modo sistematico, lungi dal prevederne l' esistenza e le condizioni di formazione. La sola spiegazione generale e compatibile con tutti i fenomeni è d' una estrema semplicità, e riposa sul fatto seguente, cioè che tutti i composti glicerici sono formati dall' unione della glicerina e degli acidi con separazione di acqua: fissando di nuovo l' acqua eliminata nel momento della loro formazione, essi riproducono la glicerina e gli acidi generatori.

4.° Per completare lo sviluppo delle induzioni di natura diversa, alle quali dà origine lo studio delle combinazioni della glicerina cogli idracidi, ci resta a parlare di un sistema simbolico particolare proposto in questi ultimi tempi. Noi abbiamo costantemente dedotto le formole dei composti glicerici da quella della glicerina considerata come un alcole triatomico, per mezzo di equazioni semplici, che bastano ad esprimere tutte le circostanze della loro formazione e della loro decomposizione, mentre questo nuovo sistema le riattacca ad un gruppo, C^6H^5, considerato come il radicale triatomico di tali combinazioni. Un tal gruppo presenta la stessa composizione dell' allile, carburo d' idrogeno che noi abbiamo scoperto e studiato son già due anni.

In quest' ordine di formole inventate espressamente e destinate a rappresentare sotto un' altra forma le reazioni e le idee generali che noi avevamo sviluppate in modo più diretto, la glicerina, $C^6H^8O^6$, diviene un triidrato di tritossido di allile rappresentato da' simboli seguenti:

$$\left.\begin{matrix} H \\ H \\ H \end{matrix}\right\} C^6H^5 \left\{\begin{matrix} O^2 \\ O^2 \\ O^2 \end{matrix}\right. .$$

L' etere glicerico, $C^6H^5O^3$, diviene un composto in cui i tre equivalenti d' idrogeno basico che contiene la glicerina sono rimpiazzati dal gruppo C^6H^5, che è esso stesso tribasico.

$$\begin{matrix} C^6H^5 \\ C^6H^5 \end{matrix} \left\{ \begin{matrix} O^2 \\ O^2 \\ O^2 \end{matrix} \right.$$

La' tricloridrina, $C^6H^5Cl^3 = C^6H^8O^6 + 3HCl - 6HO$, diviene un tricloruro di allile; la tribromidrina, $C^6H^5Br^3$, un tribromuro d'allile:

$$\text{Tricloridrina} = C^6H^5 \left\{ \begin{matrix} Cl \\ Cl \\ Cl \end{matrix} \right. \quad \text{Tribromidrina} = C^6H^5 \left\{ \begin{matrix} Br \\ Br \\ Br \end{matrix} \right.$$

La tristearina, $C^{114}H^{110}O^{12} = 3(C^{36}H^{36}O^4) + C^6H^8O^6 - 6HO$, si rappresenta colla formola complessa:

$$\left. \begin{matrix} C^{36}H^{35}O^2 \\ C^{36}H^{35}O^2 \\ C^{36}H^{35}O^2 \end{matrix} \right\} C^6H^5 \left\{ \begin{matrix} O^2 \\ O^2 \\ O^2 \end{matrix} \right.$$

Un simile linguaggio, evidentemente non è altra cosa che una traduzione pura e semplice della teoria degli alcoli triatomici, dedotta dalle stesse analogie generali senza aggiungervi veruna idea essenziale. Esso rappresenta nella maggior parte dei casi gli stessi fatti e le stesse previsioni; ma ci sembra che all'espressione semplice e diretta de' fenomeni si voglia sostituire una rappresentazione confusa ed indiretta, piena d'ipotesi inutili, contradittoria colle reazioni dell' allile, ed insufficiente d'altronde per rappresentare le relazioni d'isomeria come pure l'invariabilità dei rapporti numerici tra' pesi degli elementi semplici che costituiscono le combinazioni gliceriche.

Le contradizioni che esistono tra il linguaggio precedente e le reazioni reali dei composti glicerici si manifestano, pria di tutto, paragonando le proprietà del gruppo C^6H^5, preteso radicale delle combinazioni gliceriche, colle vere proprietà dell' allile che noi abbiamo determinato coll' esperienza. Infatti se l' allile funziona come corpo semplice di un radicale triatomico nelle combinazioni clorate, iodate, bromate, dalla cui decomposizione può prendere origine, esso deve necessariamente rigenerare le stesse combinazioni e soprattutto le combinazioni derivate dalla glicerina, allorchè si unisce direttamente col cloro, coll' iodo e col bromo.

Ora noi abbiamo dimostrato che l' allile, C^6H^5, si ottiene da composti diversissimi. Così p. e. quando si toglie per mezzo del sodio, il cloro della tricloridrina, $C^6H^5Cl^3$, il bromo dell' isotribromidrina, $C^6H^5Br^3$ e del bromuro di allile, $C^6H^5Br^2$, od infine l'iodo dell' etere allileiodidrico, C^6H^5I, si ottiene l' allile, C^6H^5. Ma fra le tre categorie delle combinazioni, di cui questi corpi rappresentano i tipi, una sola può essere rigenerata dall' azione diretta dell' allile sui corpi aloidi: l' iodo ed il bromo messi in contatto dell' allile in proporzioni diverse, non riproducono nè gli eteri allilebromidrico, C^6H^5Br, ed allileiodidrico, C^6H^5I (protobromuro e protoioduro di allile ipotetici), nè la tribromidrina, $C^6H^5Br^3$ od uno dei suoi isomeri (tribromuri di allile ipotetici) ma delle sostanze differenti, cioè i composti $C^6H^5Br^2$, $C^6H^5I^2$. Son queste dunque le sole combinazioni che è permesso di designare col nome di bromuro di allile e di ioduro di allile, le sole per le quali la sintesi coincide coll' analisi e ne dimostra i risultati, le sole infine nelle quali è legittimo di ammettere la preesistenza dell' allile. Queste sostanze poi non appartengono alla serie delle combinazioni gliceriche.

Per togliere tali difficoltà, si può considerare il preteso radicale, C^6H^5, come destinato ad esprimere, non già la costituzione reale delle combinazioni gliceriche, ma la loro costituzione simbolica, vale a dire un semplice rapporto numerico tra il carbone e l' idrogeno che entrano nella loro composizione. Ma tutto questo presenta gl' inconvenienti di un linguaggio figurato e mal definito, e confonde l' interpretazione simbolica ed incompleta de' fenomeni, con l' interpretazione vera ed esperimentale. Inoltre è facile mostrare che in tal modo s' introduce nella spiegazione de' fatti un giro inutile di parole, e lungi di rendere semplice l' espressione, la si rende invece complicata ed oscura.

Tutto questo diviene evidente mettendo a confronto i

simboli per mezzo de' quali noi abbiamo rappresentato il fenomeno elementare della saponificazione, con quelli che sono stati recentemente proposti per lo stesso oggetto.

Conformemente alle relazioni da noi stabilite tra la tristearina, l' acido stearico e la glicerina, la saponificazione per mezzo di un ossido basico può rappresentarsi dall'equazione:

$$C^{114}H^{110}O^{12} + 3MO + 3HO = 3(C^{36}H^{35}O^{3}MO) + C^{6}H^{8}O^{6},$$

vale a dire che 1 equivalente di tristearina si unisce a 3 equivalenti di base ed a 3 equivalenti di acqua per formare 3 equivalenti di stearato ed un equivalente di glicerina.

Ecco poi che cosa sono divenute queste relazioni così semplici, in questi ultimi tempi:

$$\left.\begin{array}{l} C^{36}H^{35}O^{2} \\ C^{36}H^{35}O^{2} \\ C^{36}H^{35}O^{2} \end{array}\right\} (C^{6}H^{5}) \left|\begin{array}{l} O^{2} \\ O^{2} \\ O^{2} \end{array}\right\} + \begin{array}{r} HM \\ HM \\ HM \end{array} \left|\begin{array}{l} O^{2} \\ O^{2} \\ O^{2} \end{array}\right\} = \left\{\begin{array}{l} C^{36}H^{35}O^{2}M \\ C^{36}H^{35}O^{2}M \\ C^{36}H^{35}O^{2}M \end{array}\right| \left.\begin{array}{l} O^{2} \\ O^{2} \\ O^{2} \end{array}\right\} + \left\{\begin{array}{c} C^{6}H^{5} \\ H^{3} \end{array}\right\} O^{6}$$

Tutto questo significa che 3 equivalenti di $C^{36}H^{35}O^{2}$ (radicale ipotetico monoatomico dell' acido stearico) uniti simultaneamente ad un equivalente di $C^{6}H^{5}$ (radicale ipotetico triatomico della glicerina), il tutto essendo combinato a 3 volte 2 equivalenti di ossigeno per costituire la tristearina.

Reagiscono sopra tre volte la combinazione di 2 equivalenti di ossigeno con un idruro metallico (e ciò significa una base idrata), e formano tre volte la combinazione di $C^{36}H^{35}O^{2}$ col metallo impiegato, unita a 2 equivalenti di ossigeno per costituire uno stearato, e di più la combinazione di 1 equivalente di $C^{6}H^{5}$ e di 3 equivalenti d' idrogeno, unita a 6 equivalenti d' ossigeno (ciò che rappresenta la glicerina).

Aggiungiamo che questi due sistemi di scrittura e di linguaggio rappresentano esattamente lo stesso fenomeno.

Tutti i fatti relativi alla storia de' corpi grassi e della glicerina possono esprimersi, sia con la stessa nettezza nel linguaggio, che noi abbiamo sempre usato per esporre i risultamenti delle nostre ricerche, sia colla stessa confusione di simboli e d' ipotesi, nel linguaggio preparato posteriormente, e del quale ora ricordiamo le applicazioni poco felici.

Senza insistere maggiormente sopra tali nuove complicazioni nate da convenzioni superflue, è ancora utile di mostrare che simili convenzioni, lungi dal condurre ad una espressione più completa de' fenomeni, non bastano per rappresentarli tutti ed obbligano a confondere sotto denominazioni identiche i diversi composti isomeri da noi già menzionati.

Infatti, noi abbiamo mostrato che tali convenzioni conducono a designare la tricloridrina col nome di tricloruro di allile e la tribromidrina col nome di tribromuro di allile. L' isotribromidrina è stata egualmente designata, conformemente alla logica di questo linguaggio, col nome di tribromuro di allile; quindi questo nuovo composto non può distinguersi dalla tribromidrina, nè pel suo nome, nè per la sua formola, nè per la costituzione teorica che un tal nome ed una tale formola hanno la pretensione di rappresentare; le relazioni d' isomeria che esistono tra questi due corpi restano senza spiegazione. Una tal confusione si estende egualmente al terzo isomero, il bromuro di propilene bromato; ed infatti si sa che questo composto si ottiene combinando il bromo col propilene bromato; ora le relazioni numeriche che esistono tra il carbone e l'idrogeno del propilene bromato, C^6H^5Br, han condotto a considerare questo corpo come una combinazione di bromo e di allile ad equivalenti eguali, $C^6H^5 + Br$, ed a designarlo col nome di bromuro di allile. Ma questo protobromuro di allile C^6H^5Br si combina con due nuovi equivalenti di bromo, Br^2, e si ottiene necessariamente un tribromuro di allile, $C^6H^5Br^3$, nello stesso modo che il bibromuro di rame risulta dall' unione del bromo col protobromuro di rame.

Quindi secondo le regole di questo linguaggio, preteso razionale, i tre composti isomeri, la tribromidrina, l'isotribromidrina ed il bromuro di propilene bromato, saranno necessariamente designati per mezzo di una stessa e sola denominazione; questà confusione risulta dal numero insufficiente di dati che un tal sistema simbolico fa concorrere all'interpretazione ed alla previsione de' fenomeni, ed una tale insufficienza risulta più nettamente ancora dalle considerazioni seguenti: Per essere autorizzato a rappresentare i composti glicerici per mezzo di un radicale, C^6H^5, bisogna che questo radicale possa esprimere tutte le combinazioni formate dall'unione di un acido e dalla glicerina con eliminazione di acqua, e suscettibili di riprodurre l'acido e la glicerina generatori fissando gli elementi dell'acqua.

Ora, esistono quattro combinazioni tra la glicerina ed altre sostanze, nelle quali la proporzione d'idrogeno è troppo debole per permettere di rappresentarle per mezzo del radicale C^6H^5. Queste combinazioni sono le seguenti:

			Rapporto C : H
Epidicloridrina......	$C^6H^4Cl^2$	$= C^6H^8O^6 + 2HCl - 6HO$	6 : 4
Emibromidrina......	$C^{12}H^9BrO^4$	$= 2C^6H^8O^6 + HBr - 8HO$	6 : 4,5
Bromidrina esaglicerica	$C^{36}H^{27}BrO^{14}$	$= 6C^6H^8O^6 + HBr - 22HO$	6 : 4,5
Fosforile	$C^{12}H^9Br^2P$	$= 2C^6H^8O^6 + 2HBr + PH^3 - 12HO$	6 : 4,5

La rigenerazione della glicerina per mezzo delle due prime combinazioni è stata stabilita dall'esperienza. D'altronde veruna proprietà e veruna relazione autorizza ad isolare queste due combinazioni dalle altre cloridrine, ebromidrine ed attribuir loro una costituzione distinta. Dalla loro esistenza sembra quindi risultare una contradizione decisiva contro l'uso del radicale C^6H^5 nelle formole destinate a rappresentare le combinazioni gliceriche.

Se ci è paruto necessario di discutere con qualche particolare il nuovo simbolismo proposto per rappresentare i fatti che noi abbiamo scoperti, e di mostrare che lungi dal rendere semplice l'esposizione de' fenomeni, esso la fa divenire meno corretta e più complicata, non lo abbiamo fatto certamente per dare dell'importanza a tali discussioni, le quali non toccano minimamente le idee fondamentali della scienza. Sono stati frequentemente designati in chimica organica col nome di nuovi sistemi, nuove teorie, talune variazioni individuali e poco importanti ne' simboli destinati a rappresentare gli stessi fatti, le stesse analogie, le medesime generalizzazioni che fino allora erano state espresse con forme di linguaggio appena differenti ed accettate da tutti. Le conseguenze logiche di una idea non cangiano affatto qualunque sia la lingua nella quale la si traduce. Quello che bisogna soprattutto cercare nella rappresentazione di una idea, non è certamente a particolarizzarla con simboli individuali, ma bisogna al contrario darle l'espressione la più generale, la più astratta possibile e la più libera d'ipotesi, affinchè le sue conseguenze ed i suoi rapporti di analogìa con l'insieme de' fenomeni conosciuti appariscano in tutta la loro semplicità.

SOPRA UN MINERALE DEL MONTE SOMMA; MEMORIA DI GUGLIELMO GUISCARDI.

I minerali vesuviani, allo studio dei quali intesero Breislak, Brooke, de Bournon, Covelli, Monticelli, Scacchi ed altri ancora, non potrebbe asserirsi che fossero già tutti noti. La condizione della loro giacitura, per la più parte nei massi rigettati nelle eruzioni antistoriche, è chiaro argomento del potersene incontrare ancora dei nuovi; ma senza questo, solo l'accurato ricercare fra quelli già conosciuti è talora bastevole a chi è abituato a studiarli per farne trovare di non ancora descritti.

Lo sfeno (Séméline *Fl. de Bellevue*) da gran tempo annoverato fra i minerali del vesuvio, trovasi abitualmente nei massi testè menzionati, bianchi, granitoidi, composti principalmente di feldispato vitreo e di nefelina. Sempre cristallizzato, il suo costante colore è il giallo di miele, ed i suoi cristalli si riconoscono piuttosto agevolmente a due estremi opposti acuti come punta di lancia.

Con lo sfeno erasi confusa un' altra specie, sol per essere anche essa di color giallo, e per trovarsi nella stessa matrice. È questa che io chiamo *guarinite* (1).

Eminentemente cristallina, la guarinite è dimetrica, e li angoli fra le diverse faccie dei suoi cristalli sono i seguenti (2):

	Osservati		Calcolati
$M:M$ =	90°		90°
$M:e$ =	45° 7′		45°
$M:e'$ =	26° 42′		26° 33′ 55″
$M:e'$ =	63° 30′	(di sopra e)	63° 26′ 5″
$M:e''$ =			18° 26′ 55″
$M:e''$ =	71° 24′	(di sopra e)	71° 33′ 5″
$e:e$ =			90°
$e':e'$ =			36° 50′ 10″
$e'':e''$ =			53° 6′ 10″
$P:M$ =			90°
$M:o$ =	69° 38′		69° 38′
$M:o'$ =	53° 33′		53° 24′ 36″
$o:o$ =		(opposta)	40° 44′
$o':o'$ =		(opposta)	73° 10′ 48″
$o:o'$ =			16° 13′ 24″

$a:a:b::1:1:0,3712.$

M, $a \infty a \infty b$

e, $a \; a \infty b$

e', $a \; 2a \infty b$

e'', $a \; 3a \infty b$

P, $\infty a \infty a \; b$

o, $a \infty a \; b$

o', $a \infty a \; 2b$

Ha clivaggio non troppo facile nè molto nitido parallelamente alle faccie M, le quali talvolta sono striate nella di-

(1) Dal Prof. G. Guarini di Napoli.

(2) Gli angoli riportati sono quelli che le normali alle faccie comprendono.

rezione dell' asse *b*, ed alquanto incurve. Spesso per queste stesse facce più cristalli si aggruppano.

Il colore della guarinite è giallo di solfo, spesso più chiaro, di rado meno. Ha splendore subadamantino, adamantino nelle superficie di clivaggio. È traslucida o trasparente; la segnatura è matta, e la polvere di color bianco sudicio. La frattura è irregolare. In durezza uguaglia l' adularia, e la densità, presa su cristalli, è 3,487.

I suoi cristalli presentano due notevoli varietà. Alcuni somigliano a sottili tavolette per avere estesissime due facce *M* *Tav. IV. fig.* 6 opposte, e pel mancare affatto le altre due; delle altre facce laterali poi esistono solo le *e* in alcuni, in altri solo le *e'*. In questi cristalli tabulari soltanto ho trovato le *o* ed *o'*, ed in una zona sola, forse per esser minime le altre, attesa la forma compressa di essi, o perchè *emiedriche*; in queste condizioni le loro projezioni orizzontali sono quali le rappresentano le *figure* 7 *e* 8, per modo che chi non avesse altri cristalli li reputerebbe trimetrici; e per tali io li ritenni innanzi che conoscessi l' altra varietà di forma. In questa, che è tipica, le facce *M* sono quasi ugualmente sviluppate, *fig.* 6, e la faccia *P*, che manca nell' altra varietà, guardata in una certa direzione è destituita di splendore, in altra ha splendore sericeo, per essere sottilmente striata, come d' ordinario si osserva nella thomsonite, e con l' aiuto della lente vi si veggono dei punti splendenti. Talvolta ancora, in luogo della faccia *P* ve ne esistono due, matte anche esse, le quali sembra che sieno ugualmente inclinate su le *M* e che comprendano tale angolo da doversi riferire alle *o*. Questo mi conferma nella idea di emiedria accennata parlando dei cristalli tabulari. Finalmente in qualche cristallo ho notato delle faccie piccolissime manifestamente inclinate a tutti e tre gli assi, ma non mi è stato possibile misurarne le inclinazioni.

Fra i cristalli che posseggo, quelli più adatti ad esser misurati non eccedono un millimetro nella massima dimensione. Uno che ha tutte le facce della zona dell' asse *b* non ha più che $0{,}7^{mill}$; ed il solo tabulare avente le faccie *o* ed *o'* misurabili, ha le seguenti dimensioni 3, 5 — 1 , 6 — 0, 6 millimetri. Fra i cristalli tabulari ve ne ha di più grandetti ancora, ma come d' ordinario imperfetti.

Esaurita così la parte morfologica della guarinite passo ai suoi caratteri chimici.

Nelle pinzette esposta al dardo della fiamma del cannello (lampada a spirito) si fonde senza troppo mutar di colore. I piccoli frammenti nuotano nella perla fusa di sal di fosforo o di borace senza alterarsi. Nell' acido cloroidrico concentrato si scioglie in parte e la soluzione è colorata in giallo.

Le sostanze che in essa si appalesano, la parte insolubile essendo silice, sono l' acido titanico, la calce e gli ossidi manganico e ferrico.

Raccolto quanto potei del minerale, non più che grammi 0,288, lo polverizzai sottilmente nè lo sottoposi alla levigazione per non scemarne la ben scarsa quantità. Tenni la polvere in digestione per un sei ore nel clorido idrico concentrato, riscaldando a bagno maria senza oltrepassare i 50° C. Dopo di che la sostanza si decompose totalmente lasciando la silice in forma di fiocchi. Allungata la soluzione e raccolta la silice, dal liquore feltrato precipitai con l' ammoniaca l' acido titanico. Questo fu alquanto colorato in bruno, ed era ben naturale, precipitandosi con esso ancora gli ossidi manganico e ferrico. Io non procurai di separar questi, e per i lunghi ed intrigati metodi di separazione, e soprattutto per essere il primo in tale quantità da dare alla fiamma del cannello la sua reazione caratteristica col carbonato sodico, solo con l' aggiunta del nitro; e l' altro in quantità non maggiore, sebbene variabile. Nè è facile riconoscere l' ossido ferrico per essere la sua reazione col ferro-cianuro di potassio mascherata da quella dello stesso reagente con l' acido titanico. Dopo aver raccolto questo feltrando, dal liquore precipitai la calce in forma di ossalato.

Le quantità risultate dall' analisi sono:

SiO^3	TiO^2	CaO	$Fe^2O^3Mn^2O^3$
33,638	33,923	28,011	tracce = 95,572

$$= 2SiO^3,\ 2TiO^2\ CaO$$

E lasciando le vane speculazioni di combinare in una maniera più o meno probabile questi risultamenti — di indagare qual parte prenda la calce nella composizione del minerale — se esistano silico-titanati o no; farò solo notare che essi non diversificano troppo da quelli che danno le analisi dello sfeno, soprattutto del Piemonte, per Marignac, (1) (Greenovite *Duf.*)

Dello sfeno vesuviano non si hanno analisi, nè io ho voluto farne non avendone ancora tanto raccolto da avere risultamenti non equivoci; ma ritenendo per esso la composizione che generalmente danno le analisi, io non dubito di conchiudere che la combinazione della calce e degli acidi silicico e titanico, negli indicati rapporti, dia un altro esempio di dimorfismo — *sfeno* monoclinoedrico, *guarinite* dimetrica. Questo sembrami trovar sostegno nelle due modificazioni isomeriche dell' acido titanico e nel trimorfismo di che esso offre un notevole esempio.

Noterò intanto che la perdita dell' analisi debba attribuirsi parte alla silice che in piccola quantità si discioglie nell' acido cloridrico concentrato, e più ancora all' acido titanico alquanto solubile nell' ammoniaca, di che mi avvenne aggiungere un leggiero eccesso.

Oltre la roccia nella quale ho già detto trovarsi la guarinite, la s' incontra ancora in una trachite d' un bigio-violetto carica di cristalli di feldispato vitreo e con anfibolo e melanite, nelle picciole cavità della quale trovasi insieme a cristalli di feldispato vitreo e di nefelina su cui i suoi cristalli stanno sovente impiantati, e di rado vi si aggiungono cristalli di fluorina e di circone. In questa trachite non la ho mai rinvenuta accompagnata dallo sfeno; ed un solo esempio conosco del trovarsi in quel comunissimo impasto di pirossene e mica nel quale incontrasi anche lo sfeno, e con la solita compagnia di feldispato e della nefelina.

(1) Ann. de Ch. et de Phys. (3) xiv. 47.

RICERCHE CHIMICHE SULL' ARRAGONITE DI GERFALCO (MOSSOTTITE [1]), FATTE DA S. DE LUCA.

Noi abbiamo avuto occasione di vedere nelle belle collezioni geologiche e mineralogiche del Prof. Meneghini, diversi saggi di un minerale, la cui composizione si credeva rispondere a quella del fluoruro di calcio e del carbonato di calce insieme presi, e s' indicava col nome di arragonite fluorifera. Noi abbiamo manifestato il desiderio di fare qualche ricerca analitica sopra questo minerale, e grazie all' estrema cortesia del detto Prof. Meneghini, che ha messo a nostra disposizione le quantità del minerale da noi richieste, abbiamo potuto determinare con precisione ed esattezza gli elementi che lo compongono.

D' altronde il P. Meneghini ci ha comunicato relativamente a questo minerale la seguente nota che trascriviamo:

« Il Prof. Giorgio Santi nel suo viaggio terzo per le due Provincie Senesi, che forma il seguito del viaggio al Montamiata (Pisa 1806) al cap. XX. dedicato a Gerfalco e Travale, parla (p. 274) di « un bellissimo pezzo di spato cal-
« careo ... internamente radiato ad aghetti convergenti, pri-
« smi cioè sottili, lunghi, indeterminabili, ha un color d' ac-
« qua marina assai vago, e prende un superbo polimento.
« L' analisi chimica mi ha dimostrato che questo bel minerale
« altro non è, se non un carbonato di calce purissimo, se si
« toglie una tenuissima dose di carbonato di ferro con man-
« ganese appena sensibile ».

« Essa arragonite trovasi nell' indicata *Cornata* di Gerfalco in connessione con una grande dica di calcare cavernoso (Raukalk) insieme a grossi cristalli di spato fluore, evidentemente in connessione essi pure col medesimo calcare cavernoso. Belli saggi poi di quella arragonite furono

(1) Abbiamo dato a questa varietà di arragonite il nome di *Mossottite*, in onor del Professor Mossotti, in cui ammiriamo congiunti alle alte idee della mente, i più nobili sentimenti del cuore.

staccati dalle pareti di una caverna di difficile accesso, e scavati ne' calcari liassici, de' quali quel monte è in massima parte costituito, ma dipendente essa pure dagli stessi fenomeni idroplutonici che originarono il calcare cavernoso ».

Il minerale di cui ci occupiamo ha struttura fibrosa nella massima parte, con fibre alquanto splendenti e disposte a forma raggiata; la punta di un acciaio lo intacca: si presenta con una tinta verdiccia chiara, ma pronunziata; le parti estreme sono ordinariamente di color bianco e senza splendore, come pure di una durezza minore delle parti centrali e colorate; col calore di una lampada ad alcole o colla calcinazione perde la detta tinta verdiccia, e si disgrega in modo che può ridursi in polvere colla massima facilità; ridotto in polvere e messo in sospensione nell' acqua è disciolto quasi senza residuo da una corrente di acido carbonico; gli acidi nitrico ed idroclorico diluiti nell' acqua lo disciolgono completamente con isviluppo di acido carbonico; l' acido solforico lo attacca producendo uno sviluppo di acido carbonico ed un deposito solubile in parte in un grandissimo eccesso di acqua: una tal soluzione acquosa precipita coll' alcole; il gas poi che si sviluppa dal trattamento del minerale cogli acidi intorbida le soluzioni acquose di calce di strontiana e di barite, ma il precipitato che si forma in questo caso è ridisciolto da un eccesso dello stesso gas, il quale è d' altronde assorbito completamente dalla potassa.

Le soluzioni del minerale fatte coll' acido nitrico e coll' acido idroclorico prendono una tinta azzurra coll' ammoniaca, e lasciano depositare un leggiero precipitato in cui si costata la presenza del sesquiossido di ferro e qualche volta una traccia di fluoruro calcare.

Una corrente elettrica fatta passare nella soluzione acida del minerale deposita sul platino uno strato uniforme di color rosso avente tutte le proprietà del rame. Lo stesso metallo si deposita sopra una lamina di ferro o sopra un filo di ferro immersi per qualche tempo nella soluzione acida dello stesso minerale.

La calce è stata costatata in diversi modi, cioè: la soluzione del minerale fatta sia coll' acido nitrico sia coll'acido idroclorico precipita abbondantemente coll'aggiunta dell'acido solforico; il precipitato che si forma in questo caso è solubile in un grand' eccesso d'acqua, e tale soluzione acquosa, di solfato di calce, precipita anch' essa non solo coll' alcole, ma pure con un carbonato alcalino o coll'ossalato di ammoniaca.

Questo minerale contiene anche della strontiana allo stato di carbonato, ed una tale base si è costatata co' caratteri che le appartengono, cioè: colorazione rossa caratteristica della fiamma dell' alcole in presenza dei composti solubili di essa base (nitrato di strontiana, cloruro di stronzio) ed insolubilità del nitrato di strontiana nell' alcole assoluto.

Il ferro si è costatato nel precipitato ottenuto dalle soluzioni acide di esso minerale per mezzo di un eccesso di ammoniaca nel seguente modo: si è disciolto il detto precipitato nell' acido idroclorico, si è eliminato l' eccesso di acido col calore, si è ripreso il residuo coll' acqua, e questa soluzione acquosa ha dato un precipitato azzurro col prussiato giallo di potassa, una colorazione rossa intensa col solfocianuro di potassio, un precipitato nero coll' idrogeno solforato nella soluzione neutra, ed un precipitato nero col solfidrato di ammoniaca nella soluzione acida. — Il ferro è stato anche isolato dalla soluzione acida per mezzo di una corrente elettrica.

Il minerale non contiene solfati, ma però la sua soluzione nitrica dà qualche volta col nitrato di argento una leggiera tinta opalina che scomparisce coll' aggiunta dell' ammoniaca, ciò che indica nel minerale una traccia picciolissima di cloruri.

Al principio le nostre ricerche sono state tutte dirette, ed in modo speciale, per costatare nel minerale la presenza del fluoro; questo metalloide che si diceva esistervi in abbondanza, non si è a noi presentato che come impurità, e la cui costatazione non si è fatta che superando gravissime difficoltà. Infatti, la silice ch' è uno dei reattivi per ottenere il fluoro allo stato di fluoruro di silicio volatile e capace di dare in presenza dell'acqua della silice gelatinosa, spesso contiene dei fluoruri decomponibili dall' acido solforico: da ciò la necessità di purificare la silice trattandola a varie riprese coll' acido idroclorico, lavandola poscia coll' acqua distillata acidulata dallo stesso acido, ed infine completando di lavarla coll' acqua pura e poi calcinandola.

L' acido solforico del commercio frequentemente anch' esso contiene del fluoro, ed è uopo purificarlo allungandolo coll' acqua distillata e quindi facendolo bollire per qualche tempo.

La silice e l' acido solforico de' quali ci siamo serviti nelle prime ricerche contenevano del fluoro, e siamo stati obbligati di purificarli con ogni cura.

Trattando direttamente il minerale ridotto in polvere sottile coll' acido solforico e riscaldando il miscuglio non ci è riuscito di costatare la minima traccia di fluoro, sia ricevendo i vapori sopra lamine di vetro coverte da uno strato di vernice, sulla quale si erano tracciati de' segni per mettere allo scoperto il vetro, sia, e meglio, facendo arrivare il gas che si sviluppa, dall' azione dell' acido solforico sul minerale mischiato alla silice, nell' acqua distillata in un apparecchio a mercurio: nè il vetro era intaccato, nè l' acqua era intorbidata. Si è quindi operato sopra quantità un poco grandi del minerale per costatare la presenza del fluoro, e nel modo che segue: 50 grammi del minerale sono stati disciolti nell'acido idroclorico allungato; la soluzione acida si è filtrata per separare qualche traccia di sostanza indisciolta, e nel liquido filtrato si è aggiunto un eccesso di ammoniaca: si ottiene in tal modo un precipitato il quale rappresenta nella massima parte il sesquiossido di ferro e probabilmente i fluoruri. La quantità di detto precipitato varia dal 0,2 al 0,9 per cento.

Due saggi di detto minerale ridotti in polvere sottilissima e poi trattati coll' acido idroclorico allungato, han fornito una sostanza particolare, leggiera in modo che restava alla superficie del liquido allo stato solido sotto forma di pagliette lucide, e poteva facilmente raccogliersi sopra un piccolo filtro.

Questa sostanza separata per filtrazione, lavata e poi

seccata tra carte suganti, aveva un aspetto grasso, perlaceo, di color bianchiccio ed untuosa al tatto; coll' azione del calore sopra una lamina di platino fondeva con facilità producendo un liquido mobile e trasparente; aumentando alquanto la temperatura questo liquido s' infiammava bruciando con fiamma molto luminosa e senza lasciar residuo. La piccola quantità di sostanza ottenuta non ci ha permesso di farne uno studio completo, ma abbiamo potuto sopra un primo saggio di 12 milligrammi, determinare esattamente in un bagno d' olio, il suo punto di fusione corrispondente a 60° ed il suo punto di solidificazione che corrisponde a 53°, vale a dire che la sostanza fusa può restare in questo stato abbassando la temperatura fino a 53 centigradi, alla quale si solidifica e prende un aspetto cristallino. Sopra un altro saggio di $0^{gr},013$ abbiamo verificato le stesse proprietà menzionate di sopra, cioè: stato solido alla temperatura ordinaria, insolubilità nell' acqua e negli acidi allungati, solubilità nell' alcole e nell' etere, fusibilità a 60 gradi, solidificazione a 53 gradi, aspetto cristallino, perlaceo ec.

I nostri sforzi sono stati diretti ad isolare una certa quantità di detta sostanza grassa per farne uno studio accurato, ma dobbiamo dire che due soli campioni ci han fornito questa sostanza, e tutte le altre sperienze fatte sopra quantità considerevoli di minerale non ci han fornito la minima traccia della sostanza menzionata, la quale dobbiamo considerarla, almeno per ora, come accidentale e non facente parte della costituzione del minerale. Ciò non pertanto i due campioni indicati la contenevano nella proporzione media di 1,25 per 100.

Riscaldando il minerale polverizzato in un tubo di vetro chiuso da una parte, si condensa nelle pareti interne e fredde dello stesso tubo una certa quantità di vapore acquoso visibile ad occhio nudo. Si è quindi determinata la quantità di acqua contenuta nel minerale co' processi che saranno descritti più oltre.

La densità di questo minerale determinata alla temperatura di 20° è eguale a 2,884, quella dell' acqua presa per unità: questa densità corrisponde a quella dell' arragonite;

la determinazione è stata fatta con pezzi uniformi pel colore e per la struttura. La densità poi delle parti esterne è stata trovata eguale a 2,753, e la determinazione è stata fatta alla temperatura di 19°,5: essa corrisponde a quella dello spato calcareo.

Si sa che l' arragonite si trasforma in spato calcare colla massima facilità e particolarmente coll' azione del calore, ed in questo minerale pare che le parti esterne si sieno trasformate in spato calcareo sotto l' influenza degli agenti esterni.

Il presente lavoro comprende:

1°. L' analisi qualitativa del minerale di cui abbiamo fatto menzione nella parte che precede.

2°. La determinazione dell' acido carbonico e dell' acqua.

3°. La determinazione della calce e della strontiana.

4°. La determinazione del rame, del ferro, e del fluoro.

Determinazione dell' acido carbonico e dell' acqua.

1°. Colla calcinazione al rosso-bianco il minerale perde tutto l' acido carbonico e tutta l' acqua in esso contenuti: una tale perdita è rappresentata da 43 a 44 per 100; ripristinando i carbonati decomposti per mezzo del carbonato di ammoniaca e riscaldando al rosso scuro, la perdita definitiva indicherebbe la quantità di acqua eliminata, e la differenza tra la perdita totale e l' acqua indicherebbe l' acido carbonico contenuto nel minerale. Però una tale ripristinazione è estremamente difficile e delicata, perchè il prodotto della calcinazione si agglomera ed in questo stato le parti interne son tolte all' azione del carbonato di ammoniaca, e di più i carbonati di calce e di strontiana formati, costituiscono uno strato solido che impedisce, in un certo modo, l' azione ulteriore dello stesso carbonato sulle parti centrali del minerale calcinato.

Basta dare un colpo d' occhio a' risultamenti delle sperienze seguenti, per assicurarsi che le perdite subìte dal minerale ad una temperatura elevata sono quasi costanti, ma i pesi che si ottengono cercando di ripristinare, a varie riprese per mezzo del carbonato ammoniacale, i carbonati decomposti dal calore, sono estremamente variabili.

MINERALE IMPIEGATO	PERDITA ottenuta colla calcinazione	PERDITA sopra 100 parti	PERDITA dopo la ripristinazione col carb. di AzH^4
1 . . 0gr,300	0,131	43,6	19,2
2 . . 0,300	0,130	43,3	18,2
3 . . 0,2455	0,107	43,6	12,4
4 . . 0,300	0,129	43,3	11,5
5 . . 0,300	0,129	43,3	8,3
6 . . 2,000	0,872	43,6	15,9
7 . . 0,500	0,224	44,1	16,3

Da queste sperienze si osserva chiaramente che la determinazione dell' acido carbonico non può eseguirsi con precisione seguendo un tal metodo, il quale indica al contrario esattamente le sostanze votatili e particolarmente l' acido carbonico e l' acqua rappresentati nel minerale anzidetto da 43 a 44 per 100. In conseguenza è necessario determinare separatamente tanto l' acqua che l' acido carbonico la somma de' quali dev' essere rappresentata dai numeri trovati colle sperienze precedenti.

2°. Si è cercato di determinare l' acqua riscaldando al rosso scuro il minerale polverizzato, ma i risultamenti ottenuti non si accordano tra loro come si rileva dal quadro che segue:

MINERALE IMPIEGATO	PERDITA OTTENUTA AL ROSSO SCURO	PERDITA SOPRA 100 PARTI
1. . . . . 0gr,200	0,0055	2,7
2. 0,250	0,0115	4,6
3. 0,300	0,016	5,1
4. 0,500	0,011	2,0
5. 0,650	0,008	1,3
6. 1,000	0,064	6,4

Le perdite che subisce il minerale mantenendolo, per quanto è possibile, alla temperatura del rosso scuro sono variabili, esse non rappresentano in conseguenza con esattezza l'acqua contenuta nella sostanza, anzi è a supporsi la decomposizione parziale de' carbonati, facilitata dallo sviluppo e dalla presenza del vapore acquoso.

Ammettendo uno sviluppo parziale dell'acido carbonico contenuto nel minerale, si è cercato di ripristinare i carbonati decomposti per mezzo del carbonato di ammoniaca, ma anche in questo caso, per le ragioni indicate di sopra, non si sono ottenuti risultamenti concordanti.

3. Si è pensato quindi di determinare l'acqua col processo seguente:

Il minerale polverizzato e pesato, contenuto in una navicella di porcellana, è introdotto in un tubo di vetro verde poco fusibile, ed a questo è avvolta una lamina di rame, come si opera per le analisi delle sostanze organiche. Il tubo è effilato e chiuso da una parte, e dall'altra comunica con un tubo pesato e pieno di pomice impregnata di acido solforico, nello scopo di ritener l'acqua; questo tubo è seguito da un altro contenente della potassa caustica ed in comunicazione con un aspiratore. Si riscalda a principio moderatamente il tubo contenente il minerale, poscia si eleva al rosso la temperatura e la si mantiene per qualche tempo: operando in tal modo l'acqua è interamente eliminata in unione di una parte dell'acido carbonico del minerale; infine rompendo l'estremità effilata del tubo riscaldato, e facendo passare attraverso l'apparecchio una corrente di aria secca per mezzo di un aspiratore, tutta l'acqua si troverà condensata nel tubo a pomice solforica, il cui aumento di peso indica esattamente l'acqua ch'era contenuta nella quantità di minerale riscaldata.

Ecco i resultamenti forniti dall'esperienza:

MINERALE IMPIEGATO	AUMENTO DI PESO DEL TUBO A POMICE SOLFORICA	ACQUA SOPRA 100 PARTI
1 . . . . 2gr,020	0,0295	1,31
2 2,000	0,025	1,25
3 1,500	0,023	1,48
4 2,200	0,031	1,40

Da questi dati numerici, forniti direttamente dall'esperienza, risulta che in 100 parti del minerale, l'acqua è rappresentata in media da 1,36.

Vediamo ora quali risultamenti fornirà l'esperienza diretta relativamente alla determinazione dell'acido carbonico.

4°. La determinazione dell'acido carbonico si è fatta con molta esattezza e precisione per mezzo dell'apparecchio indicato dalla *fig.* 3, e facendo uso del seguente processo: Questo consiste a mettere in libertà l'acido carbonico del minerale per mezzo dell'acido solforico e ricevere il gas in un apparecchio di Liebig contenente della potassa in soluzione, ed in un tubo pieno di potassa caustica in piccoli pezzetti; l'aumento di peso di questi due tubi indica la quantità di acido carbonico contenuta nel minerale impiegato.

È necessario però descrivere i particolari di questo processo per meglio comprenderlo: Il minerale ridotto in polvere sottilissima s'introduce dopo di averlo pesato nel fondo del tubo A (*fig.* 3) in cui s'intromette pure un altro piccolo tubo *o* chiuso da una parte e quasi pieno di acido solforico concentrato; il tubo A è chiuso per mezzo di un tappo di sughero portante due fori, per uno de' quali passa un tubo che comunica da una parte coll'acido solforico contenuto nel tubo *o*, e dall'altra col tubo E pieno di pezzetti di potassa ed in comunicazione coll'aria nel punto *b*; l'altro foro è traversato da un tubo ricurvo che stabilisce la comunicazione del tubo A coll'apparecchio di Liebig B contenente della potassa in soluzione, col tubo C pieno di potassa caustica in piccoli pezzetti, coll'altro tubo D contenente della pomice solforica ed infine coll'aspiratore F, il quale si mette in comunicazione col tubo D solamente quando si deve far passare la corrente d'aria secca, attraverso a tutto l'apparecchio.

Si comincia a versare una porzione dell'acido solforico contenuto nel piccolo tubo *o*, inclinando il tubo A in modo da farne cadere sul carbonato che si trova in fondo dello stesso tubo A. In tal guisa il carbonato si decompone, e l'acido carbonico messo in libertà è ritenuto dalla soluzione di potassa e dalla potassa solida allo stato di carbonato. Per facilitare la decomposizione del minerale si può riscaldare il miscuglio contenuto nel tubo A per mezzo di una lampada ad alcole, nello scopo di aumentare i punti di contatto tra l'acido solforico ed il minerale, e di eliminare completamente l'acido carbonico proveniente da tale reazione. Per togliere le ultime porzioni di acido carbonico rimaste nell'apparecchio, si mette questo in comunicazione coll'aria, ritirando dal tubo di gomma elastica il piccolo cilindro solido *b* e quindi facendo funzionare l'aspiratore: in tal modo una corrente di aria traversa tutte le parti dell'apparecchio e fa passare le ultime porzioni di acido carbonico nella soluzione di potassa e nella potassa solida. Dopo aver fatto passare un litro di aria, o più, attraverso l'apparecchio, si determina esattamente il peso de' tubi B e C, e l'aumento di peso di entrambi, paragonato al loro peso prima dell'esperienza, rappresenta l'acido carbonico ch'era contenuto nella quantità di minerale decomposto

Diverse determinazioni fatte con questo apparecchio han

dato i risultamenti seguenti relativamente all'acido carbonico contenuto nel minerale:

	CO^2 sopra 100 parti
1°	41,5
2°	41,7
3°	40,9
4°	41,4
5°	41,8
6°	41,8

Simili risultamenti che danno in media 41,5 per l'acido carbonico, sono stati confermati dalle esperienze che seguono:

5°. Il processo che ora descriviamo è fondato sulla proprietà che ha l'acido solforico normale, cioè di un titolo determinato e conosciuto, di cambiare di titolo dopo di avere agito sopra una quantità determinata di un carbonato qualunque. L'acido totale impiegato, diminuito dalla quantità di acido rimasto libero, rappresenta l'acido solforico che ha reagito sulle basi, mettendo in libertà una quantità proporzionata di acido carbonico, rappresentata dal rapporto esistente tra gli equivalenti dell'acido solforico e dell'acido carbonico; rapporto ch'è come 40 : 22 : : SO^3 : CO^2.

Per una simile determinazione si procede nel modo seguente: Si pesa esattamente una certa quantità del minerale ridotto in polvere estremamente fina, e s'introduce in un piccolo pallone aggiungendovi un poco di acqua distillata; poi, con una buretta graduata o con una pipetta anche graduata, si versa nel miscuglio, ed a piccole riprese, un volume determinato di acido solforico normale in modo da saturare le basi completamente e da rimanerne libera una certa quantità. Quest'acido residuale libero si determina con una soluzione normale di saccarato di calce colla quale si è precedentemente determinato il titolo dell'acido solforico: l'acido carbonico che rimane disciolto nel liquido, può essere da questo eliminato facendolo bollire con precauzione.

Ad ogni 49 parti di acido solforico della formola SO^3,HO

ovvero ad ogni 40 parti di acido solforico della formola SO^3; serviti per neutralizzare le basi contenute in una quantità determinata del minerale, corrispondono 22 parti di acido carbonico della formola CO^2, quindi è facile calcolare con questi dati la quantità di acido carbonico contenuta in 100 parti del minerale impiegato.

Le sperienze fatte con questo processo han dato i risultamenti seguenti:

	CO^2 sopra 100 p.
1°	41,6
2°	41,2
3°	40,8
4°	41,9

La media di queste quattro esperienze corrisponde a 41,4 per 100.

6°. L'acido carbonico del minerale si è pure determinato per mezzo dell'apparecchio che descriveremo, e ch'è rappresentato dalla *fig.* 4. Esso si compone: 1° di un tubo A nel quale si opera la decomposizione del carbonato; 2° di un tubo D a forma di U destinato a sbarazzare l'aria dell'umidità e del suo acido carbonico; 3° di due altri tubi B, C, il cui scopo è di ritenere tutto l'acido carbonico proveniente dal carbonato decomposto.

L'apparecchio A *fig.* 4, ingrandito nella *fig.* 5, contiene un piccolo tubo *a* chiuso nella parte inferiore e nel quale s'introduce il carbonato che devesi analizzare; il tubo *a* comunica coll'aria esterna per mezzo del tubo *c*, il quale rimane chiuso durante la decomposizione del carbonato per mezzo di un piccolo cilindro di vetro; lo stesso tubo *a* è munito di un altro piccolo tubo *b*, che curvandosi nella parte superiore discende fino al fondo del tubo A in cui s'introduce dell'acido solforico concentrato in tale quantità da portarne l'altezza fino alla metà del tubo *a*. L'acido solforico è destinato a reagire sul carbonato contenuto nel tubo *a*: quest'operazione determina uno sviluppo di gas che si opera pe' tubi *b* e *d*. L'apparecchio B contiene della potassa in soluzione ed il tubo C della potassa solida in piccoli pezzetti. L'apparecchio D contiene da una parte un tubo con pomice solforica, ed è poi pieno in tutte le altre parti con pezzetti di potassa: esso serve per disseccare l'aria e per privarla dell'acido carbonico. L'aspiratore E pieno d'acqua serve per far passare una corrente di aria attraverso l'intero apparecchio ed eliminare le ultime porzioni di acido carbonico rimaste nel tubo A (*fig.* 4).

La descrizione che precede basterebbe per far comprendere la maniera di servirsi di questo apparecchio: ecco nondimeno taluni altri ragguagli che completeranno la descrizione.

La sostanza che devesi analizzare è pesata direttamente nel tubo *a* e poscia umettata coll'acqua distillata; in appresso si chiude il tubo *a* col tappo che porta i due tubi *b* e *c*; si versa nel tubo A l'acido solforico necessario, vi s'introduce il tubo *a* munito di *b* e *c* e si chiude esattamente il gran tubo A col tappo corrispondente ch'è fornito di due fori destinati a dar passaggio a' due tubi *c* e *d*.

Un filo di platino è adattato ad ogni apparecchio, col doppio scopo di facilitarne cioè il maneggio allorchè se ne voglia determinare il peso, e di poterlo fissare sospendendolo ad un sostegno di legno o metallico.

Dopo aver pesato i tre apparecchi A,B,C (*fig.* 4) si chiude il piccolo tubo *c* (*fig.* 5) con un piccolo cilindro di vetro, ed i tre suddetti tubi (*fig.* 4) si mettono in comunicazione tra loro per mezzo di tubi di gomma elastica; allora aspirando dall'estremità libera del tubo C una porzione dell'aria contenuta nell'intero apparecchio, e cessando quindi di aspirare, l'aria esterna rientra negli apparecchi per ristabilire l'equilibrio di pressione, ma com'essa non può arrivare nel tubo *a*, ch'è chiuso dall'acido solforico, agisce per pressione sopra quest'acido e lo forza a penetrare nel tubo *a* ove trova il carbonato, la cui decomposizione comincia all'istante, e l'acido carbonico proveniente dalla reazione si sviluppa dal tubo *b*, traversa l'acido solforico nel quale si deposita l'umidità, e poscia arriva ne' tubi B e C ove si condensa.

Allorchè la reazione è terminata si apre il tubo *c* (*fig.* 5) per metterlo in comunicazione coll'apparecchio D, si adatta e si fa funzionare l'aspiratore E, e si realizza in tal modo una corrente di aria secca che traversando i tubi *a* ed A ne toglie tutto l'acido carbonico rimastovi e lo trasporta ne' tubi B e C ove si condensa egualmente nella potassa.

Infine si procede a ripesare gli apparecchi: la perdita di peso dell'apparecchio A indica la quantità di acido carbonico contenuta nella sostanza decomposta e questa perdita dev'essere eguale all'aumento di peso de' due tubi B e C.

Ordinariamente però per la determinazione dell'acido carbonico de' carbonati si fa uso del solo apparecchio A (*fig.* 5) facendo perdere nell'atmosfera il gas che si sviluppa dalla reazione dell'acido solforico su' carbonati, e procedendo per tutt'altro come si è detto precedentemente.

Le determinazioni eseguite con questi apparecchi sul minerale ridotto in polvere estremamente fina sono indicati dalle cifre che seguono:

	CO^2 sopra 100 p.
1°	41,4
2°	41,6
3°	40,8
4°	41,8

Simili determinazioni danno in media 41,4 sopra 100 parti di minerale.

7°. Due determinazioni di acido carbonico sono state fatte misurando il volume del gas prodotto da una quantità determinata di minerale decomposto dall'acido solforico in un piccolo palloncino comunicante con un tubo graduato sul mercurio. Quest'apparecchio somiglia in un certo modo a quello impiegato da Lavoisier per l'analisi dell'aria; l'aria del palloncino è in comunicazione con l'aria del tubo graduato, in conseguenza l'aumento di volume ad eguale temperatura rappresenta l'acido carbonico. Questo stesso acido poi è stato determinato trattando tutto il gas dell'apparecchio con una soluzione di potassa; il gas assorbito dalla potassa rappresenta l'acido carbonico.

Con questo processo si è ottenuto in una sperienza la cifra 40,6 per 100 ed in un'altra 40,9.

Da quanto precede risulta che l'acido carbonico e l'acqua contenuti nel minerale di cui ci occupiamo, sono rappresentati in media sopra 100 parti dal numero 43,6, e che le determinazioni parziali e dirette indicano per l'acido carbonico la cifra 41,43 e per l'acqua l'altra di 1,36, numeri che insieme presi eguagliano sensibilmente l'altro di 43,6 fornito anche dall'esperienza con una differenza trascurabile di 0,8.

Determinazione della calce e della strontiana.

Il minerale ridotto in polvere sottilissima è stato disciolto nell'acido nitrico; la soluzione nitrica evaporata a secchezza in un piccolo palloncino ha fornito un residuo di nitrato di calce e di strontiana, il quale è stato trattato con piccole quantità di alcole assoluto; la parte indisciolta, raccolta sopra un piccolo filtro e lavata con cura, è stata disseccata e trasformata in solfato; la soluzione alcolica contenente il nitrato di calce allungata coll'acqua distillata e fatta bollire per eliminare l'alcole, è stata evaporata a secchezza in presenza dell'acido solforico puro, ed il solfato calcinato e pesato. Altre volte il nitrato di calce disciolto nell'acqua è stato trasformato in ossalato di calce, questo in carbonato, il carbonato in calce, e quest'ultima in solfato.

I risultamenti ottenuti da varie determinazioni, relativamente alla calce ed alla strontiana, si accordano sufficientemente, e sono espressi dalle cifre che seguono:

		Calce	Strontiana
1°	sopra 100 parti di minerale	50,11	5,02
2°	»	49,97	4,85
3°		50,55	4,54
4°		49,68	4,37
	Media	50,08	4,69

La determinazione della calce e della strontiana si è pure eseguita in modo indiretto trasformando le due basi in cloruri, pesando il doppio cloruro e determinando il cloro totale allo stato di cloruro di argento. La calce e la strontiana sono state quindi calcolate per mezzo delle due seguenti equazioni;

$$x + y = a$$

$$\frac{35,5}{79,5} x + \frac{35,5}{55,5} y = C; \text{ ovvero } 0,446\, x + 0,639\, y = C.$$

a indica il peso totale de' due cloruri di calcio e di strontio, e C indica il cloro totale di detti due cloruri: x poi rappresenta il cloruro di strontio ed y il cloruro di calcio.

Con queste due equazioni si trova il peso del cloruro di strontio e del cloruro di calcio, da' quali si può dedurre facilmente la calce e la strontiana, tenendo conto del rapporto 55,5 : 28 per la calce e del rapporto 79,5 : 52 per la strontiana.

Determinazione del rame, del ferro, e del fluoro.

Il rame si è determinato allo stato di rame metallico facendolo depositare per mezzo di una corrente elettrica sopra una lamina di platino, il cui aumento di peso dà direttamente la quantità di rame contenuta nel minerale allo stato di ossido e questo combinato probabilmente all'acido carbonico. Questo rame si è quindi trasformato in ossido nero di rame riscaldando in contatto dell'aria la lamina di platino; il rame trattato in questo modo ha aumentato presso a poco di $\frac{1}{4}$ del proprio peso; quest' ossido di rame riscaldato in una corrente d'idrogeno, ha ripristinato il rame col peso e colle proprietà primitive.

Due determinazioni fatte con 100 grammi di minerale han fornito:

	I	II
Rame metallico	0gr,744 .	0gr,768
Ossido di rame (riscaldando all'aria libera)	0,933 .	0,962
Quindi rame metallico (riscaldando l'ossido in una corrente d'idrogeno) . .	0,744 .	0,768

La media dell'ossido di rame corrisponde a 0gr,947 e quindi si avrà sopra 100 parti la cifra 0,95 che rappresenta la quantità di ossido di rame contenuta nel minerale.

Il rame si è pure determinato allo stato di solfuro precipitandolo da una soluzione acida per mezzo dell'idrogeno solforato. Il precipitato raccolto sopra un picciol filtro, lavato, seccato e pesato, è stato poscia trasformato in solfato, ossidandolo, del quale se n'è determinato il peso, ed il quale disciolto nell'acqua è stato trattato a caldo colla potassa, che ha precipitato l'ossido di rame. Quest'ossido raccolto sopra un filtro, e lavato, è stato pesato dopo averlo calcinato; ed infine quest'ossido è stato ridotto in rame metallico riscaldandolo in una corrente d'idrogeno, ed in questo stato pesato.

I numeri ottenuti determinando il peso del solfuro di rame, del solfato di rame, dell'ossido di rame e del rame metallico si accordano sufficientemente tra loro, e si accordano pure con quelli ottenuti depositando il rame sopra una lamina di platino per mezzo di una corrente elettrica.

Infine il rame è stato determinato insieme al ferro precipitando questi metalli allo stato di solfuri per mezzo del solfidrato di ammoniaca; tenendo in digestione il precipitato nell'acido idroclorico allungato, che discioglie il solfuro di ferro, raccogliendo il solfuro di rame sopra un filtro, e determinandone quindi il peso. La soluzione acida del ferro fatta bollire con un poco d'acido nitrico e poi precipitata coll'ammoniaca, dà il sesquiossido di ferro, che si raccoglie sopra un filtro, si lava, si calcina e si pesa. Il ferro è stato pure determinato precipitando direttamente coll'ammoniaca in eccesso la soluzione acida del minerale, raccogliendo il precipitato sopra un filtro e lavandolo con acqua ammoniacale. Questo precipitato è costituito ordinariamente dal sesquiossido di ferro, e qualche volta contiene del fluoruro di calcio.

La determinazione del fluoro si è fatta qualitativamente costatando nel deposito ottenuto per mezzo dell'ammoniaca la presenza della calce, e lo sviluppo di acido idrofluorico facendo reagire sul detto deposito l'acido solforico.

La quantità di sesquiossido di ferro contenuta nel minerale è variabile: una determinazione ha fornito sopra 100 parti la cifra 0,833; un'altra determinazione il numero 0,614; ed una terza ha dato 0,960 per $\frac{0}{0}$. La media di questi numeri corrisponde a 0,816. È d'avvertire che il fluoro non si è trovato costantemente in tutt'i saggi del minerale analizzati.

Riassumendo quindi tutto quel che si è detto precedentemente, si può stabilire con qualche esattezza la composizione della mossottite (arragonite di Gerfalco) nel modo che segue:

Acqua	1,36
Calce.	50,08
Strontiana	4,69
Acido carbonico.	41,43
Ossido di rame	0,95
Sesquiossido di ferro	0,82
Fluoro . . (traccie)	» »
	99,33

Pria di terminare questo lavoro diremo che il sig. G. Ubaldini, giovine pieno d'intelligenza e di zelo, ci ha prestato un'assistenza degna di lode, nelle moltiplici determinazioni, fatte per istabilire la composizione della mossottite.

DELLE STRATIFICAZIONI E DELLE STRISCIE OSCURE CHE OFFRONO LE SCARICHE ELETTRICHE NEL VUOTO BAROMETRICO; DI J. P. GASSIOT.

(*Bakerian lecture*, 25 Febbr. 1858).

L'Autore ha preso a studiare l'apparenza stratificata della scarica elettrica ottenuta col noto apparecchio di Ruhmkorff e fatta passare nel vapore di fosforo e nei gas molto rarefatti. Dopo aver verificato le esperienze di Grove, l'Autore esaminava fin dal 1852 la scarica nel vuoto del barometro in cui il mercurio era stato con molta cura bollito, e non aveva potuto scorgere alcun segno di stratificazione. Queste esperienze erano state ripetute collo stesso risultato da diversi altri fisici. Dopo avere modificata la costruzione dell'apparato d'induzione, il sig. Gassiot è riescito ad ottenere la luce stratificata nel vuoto.

L'esperienza era fatta con tubi di vetro lunghi da 40 a 44 pollici in cui l'altezza della colonna di mercurio poteva essere più o meno grande e che erano stati privati di ogni traccia di umidità. La forma e le dimensioni del tubo con cui si ottennero i migliori risultati furono le seguenti: il tubo era di vetro ordinario di un pollice di diametro internamente e lungo circa 38 pollici. I fili di platino saldati nel tubo erano alla distanza di 32 pollici. Con un tubo così preparato e ben asciugato internamente col metodo di Wells, un apparecchio ordinario di Ruhmkorff messo in attività da un elemento solo di Grove, presentava la scarica luminosa stratificata senza dover usare la macchina pneumatica e i vapori di fosforo o d'etere.

Se la scarica avviene sempre in una direzione si produce un deposito nero sulle pareti del tubo, presso l'estremità negativa, e questo deposito consiste in platino nello stato di grande divisione che emana dal filo, il quale diviene nerastro e come corroso. Le particelle tenuissime di platino sono deposte in una direzione laterale e quindi in un modo diverso da quello che si ottiene coll'arco luminoso voltaico.

L'Autore descrive una serie d'esperienze fatte nel suddetto tubo in cui il mercurio può essere alzato o abbassato e si trattiene a descrivere le apparenze singolari che si ottengono secondo che il mercurio è positivo o negativo. In qualche caso e specialmente usando in vece di fili, globetti di platino per le estremità delle spirali, si vede la stratificazione cessare immediatamente allorquando il mercurio formava l'estremità negativa; ma quando l'estremità positiva era formata col globetto di platino, allora la stratificazione luminosa si produceva distintamente per la lunghezza di 2 o 3 pollici.

L'Autore si è assicurato che anche la scarica della macchina elettrica o della bottiglia di Leida, produce la luce stratificata quando si fa passare nei tubi sopra descritti.

L'Autore mostra che anche con una sola scarica, ottenuta con una interruzione sola della corrente primitiva, si ottiene il fenomeno della stratificazione in tutto il tubo fin presso l'estremità negativa: dal qual fatto l'Autore deduce che questi fenomeni non possono dipendere dalle vibrazioni dell'interruttore. Le stratificazioni sono sempre concave verso l'estremità positiva e siccome le scariche chiudendo ed aprendo il circuito emanano alternativamente dalle due estremità, le concavità si presentano successivamente verso l'uno o verso l'altro polo. Queste stratificazioni sembrano succedersi rapidamente, ma possono sempre essere separate in una parte del tubo per mezzo di una calamita.

L'Autore nota le particolari differenze riscontrate fra la scarica positiva e la negativa e descrive un apparecchio nel quale le estremità della spirale possono essere ora due superficie di mercurio, ora una superficie di mercurio e un filo di platino. Quando il mercurio è negativo, la sua superficie si cuopre di un fiocco luminoso; quando in vece il mercurio è positivo, solo l'estremità della colonna di mercurio diviene fortemente luminosa.

L'Autore ha disposto in uno stesso tubo quattro appendici metalliche onde avere due scariche nello stesso tubo, l'una prossima all'altra e di eguale intensità. Non fu scorto alcun segno d'interferenza: le due scariche o nella stessa direzione o in direzione opposta si sovrapposero senza alterarsi. Le stratificazioni avendo una tendenza a ruotare intorno ai poli di una calamita, potevano essere separate quelle di un polo da quelle di un altro polo.

Usando invece di fili di platino saldati al tubo delle armature metalliche di stagno, alle quali erano uniti i capi della spirale indotta, si otteneva nell'interno del tubo la luce stratificata ma senza le striscie oscure.

Basta di posare il tubo vuoto sulla spirale o sul conduttore della macchina elettrica per ottenere la luce stratificata. L'Autore distingue due forme di questa scarica. La scarica diretta è quella che è visibile in un tubo vuoto fra due fili metallici e che ha tendenza a ruotare intorno ai due poli di una calamita. La scarica indotta è quella che è visibile nello stesso tubo, ma che si ottiene colle due armature esterne: anche in questo caso la calamita divide la scarica, ma le parti divise hanno tendenza a ruotare in direzioni opposte.

L'Autore termina la sua Memoria colle seguenti parole:
« Io non mi fermo nel momento a fare osservazioni sul-
« le azioni della calamita sulla scarica. La relazione intima
« fra le azioni elettriche e le magnetiche è ben conosciuta:
« ma gli effetti curiosi sviluppati da una calamita sulla luce
« stratificata presso il polo positivo sono degni di ulteriori
« ricerche. Io inclino a credere che le stratificazioni presso
« il polo positivo, il fiocco luminoso e le striscie oscure in-
« torno al polo negativo, sieno effetti di cause distinte: il
« primo fenomeno procederebbe da pulsazioni o impulsi di
« una forza che agisce in un mezzo molto rarefatto ma pu-
« re resistente, e il secondo fenomeno sarebbe un caso d'in-
« terferenza ».

SOPRA UN NUOVO FENOMENO DI POLARITÀ NELLA DECOMPOSIZIONE DEI GAS COLLA SCINTILLA ELETTRICA; M. QUET.

(*Cosmos* 21 *Maggio* 1858, *pag.* 535).

Traduzione.

L'eudiometro impiegato è uno di questi tubi di vetro che servono a far passare la elettricità nel vuoto, e che portano nel loro asse due appendici metalliche terminate da due sfere di rame. Il tubo essendo ripieno di idrogeno bicarbonato puro e disposto orizzontalmente, le sfere di rame sono collocate ad una distanza conveniente per il passaggio delle scintille, e le appendici anzidette sono messe in comunicazione coi poli dell'apparecchio d'induzione del sig. Ruhmkorff.

Si osserva dapprima una macchia circolare nera, svilupparsi sopra ciascuna delle parti opposte delle sfere di rame; poco appresso degli ammassi di carbone pulverulento e aderenti si formano sopra queste macchie come base, e si allungano orizzontalmente fino ad incontrarsi uno coll'altro; questi ammassi finiscono per congiungersi ed è allora che la corrente indotta passa senza scintilla sensibile.

Nel mentre che questi ammassi crescono in lunghezza, non si scorge veruna traccia di carbone depositato sulla parete inferiore del tubo al disotto dell'intervallo orizzontale che traversano le scintille, e non se ne vede neppure di più sulle agglomerazioni coniche di cui si è parlato.

Risulta da questo fatto che il gas non è visibilmente decomposto che alla superficie stessa degli elettrodi di rame e dei coni di carbone. Si tratta dunque di un fenomeno di polarità, che nella decomposizione dei gas sembra nuovo, e che è analogo a quello che si ottiene allorchè per mezzo degli elettrodi di Wolaston, si decompone l'acqua colla corrente elettrica della macchina induttiva.

Egli è necessario di notare che in queste esperienze, la corrente indotta non conserva una direzione costante, ma si compone di úna successione rapidissima di correnti alternativamente inverse le une alle altre.

Si potrebbe facilmente non fare agire che delle correnti istantanee procedenti nel medesimo verso, facendo passare la elettricità in un gas sufficientemente rarefatto; imperciocchè allora, come io l'ho constatato da gran tempo, la corrente devía in una maniera permanente l'ago di un galvanometro, e lo devía, come deve farlo, la corrente indotta che si produce dalla rottura della corrente induttrice.

Se si facesse passare la corrente della macchina induttiva in una serie di eudiometri a fili di platino contenenti diversi gas come per es. l'ammoniaca, l'acido solfidrico, l'idrogeno bicarbonato ec. si decomporrebbero in alcuni minuti 5 in 6 centimetri cubici di questi gas. Questa esperienza non manca d'interesse nei corsi. L'alcool liquido decomposto dalla scintilla della macchina induttiva, diviene prontamente acido; deposita dei fiocchi neri, e produce una sostanza resinosa. Aggiungendo all'alcool una piccola quantità di potassa, si aumenta di molto la facilità della sua decomposizione; imperocchè allora con sei elementi di Bunsen, si può ricavare dall'alcool più di un litro di gas per ora.

Il miscuglio gassoso ottenuto in questa decomposizione, ha molta simiglianza a quello che produce l'alcool decomposto dal calore; soltanto esso indica una decomposizione più inoltrata. Se lo si agiti con una dissoluzione ammoniacale di protocloruro di rame, si osserva, indipendentemente dall'assorbimento di ossido di carbone prodotto, una materia solida colorata di rosso di rame greggio, depositarsi sulle pareti della provina. Per preparare questa sostanza rossa in maggiore quantità non v'è altro a fare che produrre una corrente continua di questo miscuglio gassoso e d'introdurla nella dissoluzione ammoniacale. Il precipitato lavato, poi disseccato, sia nel vuoto in vicinanza dell'acido solforico concentrato, sia in una stufa, prende un colore bruno, ed acquista la proprietà di detonare con emissione di luce allorquando lo si riscaldi un poco al disopra di 100 gradi o che lo si percuota col martello. Riscaldato leggiermente coll'acido cloridrico, sviluppa un gas che brucia con fiamma lucente e che produce nel bruciare dell'acido carbonico. Io ho constatata questa proprietà insieme al sig. Loir. È naturale di pensare che questa sostanza deve pure trovarsi nel miscuglio gassoso che si ricava dalla decomposizione dell'alcool per effetto del calore.

È questo precisamente ciò che ha luogo e che io ho constatato col sig. Loir; soltanto è necessario in questo caso innalzare fortemente la temperatura del tubo di porcellana. Decomponendo l'alcool col calore e introducendo il gas nelle dissoluzioni ammoniacali di protocloruro di rame, o di cloruro di argento, si ottiene in poco tempo quantità abbastanza grandi di sostanze detonanti delle quali ho parlato.

FINE DEL VII. VOLUME.

INDICE

MEMORIE ORIGINALI

TRADUZIONI ED ESTRATTI

PATTI D' ASSOCIAZIONE

1° Del Nuovo Cimento si pubblica ogni mese un fascicolo di cinque fogli di stampa.

2° Sei fascicoli formeranno un volume, sicchè alla fine dell'anno si avranno due volumi, ciascuno de' quali di 30 fogli di stampa, sarà corredato di un'indice.

3° Le associazioni sono obbligatorie per un anno, e gli Associati che per la fine di Novembre non avranno disdetta l'associazione, s'intendono obbligati per l'anno successivo.

4° Il prezzo d'associazione per l'intiero anno è fissato come segue:

Per la Toscana franco fino al destino . . . . . . Lire toscane 20
Per il Regno delle due Sicilie Ducati 4, pari a . . . Lire toscane 25
Per il Piemonte, il Regno Lombardo-Veneto, lo Stato Pontificio ed i Ducati di Parma e di Modena, franco fino al destino; Franchi 20 effettivi pari a . . . . Lire toscane 24
Per gli altri Stati fuori d'Italia, franco fino al destino, Franchi 25; pari a . . . . Lire toscane 30

5° Le Associazioni sono obbligatorie per un anno, ma il pagamento dovrà farsi per semestri anticipati, cioè una metà a tutto Gennajo, ed un'altra a tutto Luglio di ciascun anno.

6° Gli Associati che pagheranno anticipatamente l'intiera annata, godranno d'un ribasso del 5 per 100 sul prezzo precedentemente stabilito.

7° Un egual ribasso sarà accordato a quelli che faranno pervenire direttamente ed a proprie spese, il prezzo d'associazione alla Direzione del Giornale.

8° Finalmente gli Associati che adempiranno tanto all'una, quanto all'altra condizione, rimettendo alla Direzione del Giornale, franco di spese, il prezzo anticipato d'una intiera annata, godranno de' due vantaggi riuniti, e sono autorizzati a prelevare il 10 per 100 sul prezzo di associazione.

La compilazione del Nuovo Cimento si fa a Torino ed a Pisa nel tempo stesso, dal Prof. R. Piria per la Chimica e le Scienze affini alla Chimica; dal Prof. C. Matteucci per la Fisica e per le Scienze affini alla Fisica. L'amministrazione, la stampa e la spedizione sono affidate alla Tipografia Pieraccini a Pisa. *Giuseppe Frediani* è il Gerente.

Per conseguenza le lettere relative a dimande di associazioni, a pagamenti, ed a tutto ciò che riguarda l'amministrazione del Giornale dovranno essere dirette, *franche di Posta*, a Pisa — Al Gerente G. *Frediani — Tipografia Pieraccini*.

Le corrispondenze, le memorie, i giornali scientifici ed altri stampati riguardanti la Chimica dovranno dirigersi, *franchi di Posta*, a Torino — *Al Prof.* R. Piria.

Finalmente le corrispondenze, le memorie, i giornali scientifici e gli altri stampati di argomento spettante alla Fisica dovranno essere diretti, *franchi di Posta*, a Pisa — *Al Prof.* C. Matteucci.

IL NUOVO CIMENTO

ANNO IV.

IL NUOVO CIMENTO

GIORNALE DI FISICA, DI CHIMICA E SCIENZE AFFINI

COMPILATO DA

C. MATTEUCCI E R. PIRIA

COLLABORATORI

DONATI G. B. a Firenze
FELICI R. a Pisa
GOVI G. a Firenze
CANNIZZARO S. a Genova
DE LUCA S. a Pisa
SELLA Q. a Torino

Tomo VIII.

1858

TORINO
PRESSO I TIPOGRAFI-LIBRAI
G. B. PARAVIA E C.ia

PISA
PRESSO IL TIPOGRAFO-LIBRAIO
F. PIERACCINI

ESPERIENZE SOPRA RIPRODUZIONI DI DISEGNI ESEGUITE NEL GABINETTO DI FISICA TECNOLOGICA DELL'UNIVERSITA' TOSCANA.

I fenomeni che il Sig. Niepce di S. Victor rammentava all'Accademia delle Scienze di Parigi nel fine della sua importante comunicazione del Marzo 1858 (1), e che consistono nella riproduzione di stampe e disegni per mezzo dei vapori di fosforo e di zolfo, identici per natura agli altri pur noti prodotti dai vapori di jodo, destarono in noi la curiosità di studiare se l'arte potesse arricchirsi di cotesto trovato. Mentre ci persuademmo facilmente che tali processi di riproduzione non sono *artistici*, come avremo occasione di mostrare nel seguito, ci parve peraltro che fossero degni di studio dal lato scientifico, e quindi ci ponemmo a studiarli sotto questo punto di vista: il resultato di tali ricerche forma il soggetto di questo articolo. Pubblicandolo, dobbiamo avvertire che non abbiamo davvero in animo di enunciare fatti nè nuovi, nè interessanti: è intenzione nostra soltanto, raccogliere in un fascio varii fenomeni quà e là staccati, mostrare quali punti essi hanno a comune, come forse rientrano tutti in un sol gruppo che aspetta la sua teoria dalle leggi finora ignote delle azioni molecolari. Esporremo mano a mano i fatti osservati nell'ordine stesso in che li abbiamo studiati.

(1) Vedi *Comptes Rendus* T. XLVI, ed il Marzo 1858 di questo Giornale.

Un disegno esposto per un certo tempo ai vapori del fosforo si riproduce quando è messo in contatto di una carta, preparata col cloruro d'argento; i vapori condensati sui tratti del disegno invece che sul fondo decompongono il sale d'argento producendo in corrispondenza di quei tratti delle linee colorate in scuro. Per ottenere una buona riproduzione conviene che il disegno stia all'azione del fosforo per tre quarti d'ora all'incirca, e in contatto con la carta sensibile per venti minuti. Il cloruro d'argento indecomposto si discioglie ponendo la carta nell'iposolfito di soda, e lavandola poi con acqua distillata. In queste riproduzioni non si ottengono quella regolarità e finezza di linee, quelle vivacità di colorito, quelle gradazioni di tinte che pur sono elementi necessarii per l'effetto artistico: oltre a questo l'originale si guasta, se non fosse altro per il contatto colla carta preparata al cloruro d'argento, che vuol essere umida onde ottenere un effetto migliore, e che quando anche si adoperi secca, produce pur sempre delle macchie.

Si ottiene una esatta riproduzione di un disegno anche esponendolo per pochi istanti ai vapori d'jodo e premendolo poi contro una carta lustrata con l'amido come suole essere l'ordinaria carta da lettere. In questo modo possono tirarsi parecchie copie del disegno per una sola sua esposizione ai vapori. Le riproduzioni ottenute svaniscono col tempo: l'originale soffre sempre qualche guasto.

Possono aversi resultati analoghi esponendo il disegno ai vapori di solfo, d'idrogeno solforato e di cloro. Nei primi due casi vanno adoperate le solite carte al cloruro d'argento; nell'ultimo si usa di bagnare con una soluzione di ioduro di potassio una carta lustrata con l'amido, l'iodo posto in libertà in presenza dell'amido produce la solita colorazione in azzurro nei punti ove la condensazione del cloro era maggiore, cioè sui tratti del disegno. È facile il credere che molti altri gas e vapori producano azioni simili, adoperando delle carte preparate con reattivi adattati.

Costatato il fenomeno, era naturale l'investigare quali sieno li elementi essenziali alla sua produzione, quali le azioni estranee che possono modificarne le apparenze, a fine di ridurre il fenomeno stesso all'aspetto più semplice Fra le ultime principalissime sono le azioni chimiche. Abbiamo riscontrato sempre, ed era facile il prevederlo, che è massima condensazione di vapori colà ove è maggiore l'affinità fra il vapore e la sostanza con la quale son formati i tratti del disegno. Potremmo riportare molte esperienze a convalidare questa legge di per sè manifesta; bastino fra le altre le seguenti:

1.° Esponendo al fosforo dei disegni fatti con varie sostanze abbiamo sempre ottenuto maggior vivacità d'azione in quelli fatti con olio, o con sostanze grasse, in cui il fosforo è solubile. Per questa ragione meglio si riproducono le stampe tirate di fresco che le vecchie; imperocchè in quelle i tratti contengono tuttora dell'olio di cui è formato l'inchiostro da stampa. Per questa stessa ragione i disegni eseguiti con inchiostro da stampa si riproducono meglio che quelli fatti con inchiostro comune, e questi meglio che quelli eseguiti a lapis.

2°. Alcuni segni fatti sopra una carta con dell'alcool, lasciati asciugare in guisa che non fossero più visibili si sono riprodotti perfettamente sulla carta inamidata, dopo l'esposizione ai vapori di iodo. Adoperando acqua invece di alcool si ha pure la riproduzione del disegno, ma con minore intensità che nel primo caso: e l'iodo, sappiamo esser solubilissimo nell'alcool, poco solubile nell'acqua.

L'azione chimica può avere spesso molta parte nella produzione dei fenomeni che studiamo, può intervenire molte volte a renderli più complicati, ma non è la causa essenziale che li produce. Un' altra causa che influisce sui resultati è lo stato di maggiore o minore levigatezza della superficie esposta al vapore. Riportiamo i fatti seguenti:

1°. Esposte al fosforo due carte, una lustra e l'altra no, nella stessa esperienza, sulla seconda si è prodotta una condensazione maggiore che sulla prima.

2°. Una carta ad imitazione della pelle, quale adoprano i legatori di libri, ha dato la riproduzione delle sue scabrosità in tinta molto più scura del fondo.

3°. I lembi delle carte esposte a qualunque vapore, specialmente se stracciati, si riproducono con colori più vivi del resto, mostrando che su di essi è avvenuta una maggior condensazione di vapori.

Questi ultimi fatti ci fecero supporre che qualunque azione meccanica esercitata sulla superficie di una carta potesse produrre una diseguale condensazione dei vapori ai quali venisse esposta; ed ecco quello che abbiamo osservato:

1°. Un disegno eseguito sopra una carta fregandola con una punta così leggiermente che i tratti non sieno percettibili all'occhio, comparisce distintissimo appena si esponga la carta ai vapori di jodo. Basta, per ottenere il fenomeno, fregare con la massima leggierezza la carta semplicemente col bordo di un'altra carta ripiegata. Per rendere il fenomeno molto più distinto, giova adoperare una carta lustrata con l'amido, fare il disegno, esporla all'jodo e poi bagnarla, allora il disegno apparisce in un bel colore azzurro cupo sopra un fondo molto più chiaro.

2°. Premendo sopra una carta un sigillo, una lastra di rame incisa ec. si vedono comparire i tratti esponendo la carta ai vapori d'jodo.

3°. Il disegno fatto nel modo indicato comparisce anche lavando la carta e poi facendola asciugare prima di esporla all'jodo.

4°. Una lastra di vetro ben pulita presenta gli stessi fenomeni fuorchè in grado molto più debole. S'intende bene che adoprando il vetro la pressione che si fa nell'eseguire il disegno deve esser molto maggiore che nella carta.

Da queste e da altre esperienze che omettiamo di registrare per amore di brevità, siamo condotti a concludere che la causa del fatto annunziato dal Niepce sia l'alterazione meccanica che ha subito in certi punti la superficie della carta, e che questa causa sia in molti casi modificata da azioni chimiche fra i vapori e le sostanze con cui è eseguito il disegno. Riteniamo poi in generale che quando una superficie ha subito in alcuni punti un'azione meccanica qualunque, acquisti in quei punti la proprietà di condensare tutti i vapori che vi aderiscono, o vi si combinano in una maniera differente che negli altri punti. Siamo così condotti per un altro ordine di fatti ad un teorema quasi identico a quello stabilito dal Moser, e illustrato dai lavori di molti abili Fisici, e particolarmente fra noi dai Signori Pacinotti, Ruschi e Ridolfi (1).

(1) Vedi Miscellanee di Chimica, Fisica ec. Pisa — Anno 1. 1845.

I fenomeni esposti da Moser circa alle produzioni delle immagini che portano il suo nome, e quelli di cui parliamo, costituiscono una serie di fatti, che se non sono precisamente tutti della stessa natura, pure hanno tanti punti a comune che ci sembra possano essere casi particolari di una legge più generale. Forse qualunque azione, sia meccanica, sia fisica capace di alterare lo stato molecolare di alcuni punti della superficie di un corpo ha per risultato di produrre una disuguale condensazione dei vapori cui quella superficie venga esposta. Le immagini ottenute dal Karsten sulle lastre di vetro e di metallo per mezzo delle scariche elettriche, e che sono rese visibili esponendo le lastre stesse ad un vapore qualunque, mostrano che anche l'elettricità è capace di indurre tale alterazione molecolare in un corpo da produrre una diseguale condensazione di vapori; quando non si voglia supporre che l'elettricità alteri il velo di vapor d'acqua che naturalmente ricopre la superficie (1).

Il calore e la luce potranno produrre effetti analoghi? Abbiamo tentato molte esperienze dirette a rispondere a questa domanda, ma non siamo potuti giungere ad alcun resultato concludente; il solo fatto che abbiamo avvertito è il seguente. Una carta bianca messa al fuoco di una lente esposta ai raggi solari, lasciata quindi un certo tempo a sè stessa perchè si ristabilisse l'equilibrio di temperatura, ed esposta poi ai vapori d'jodo, ha presentato una macchia bianca nel punto corrispondente al fuoco: ciò mostra che in quel punto la condensazione dei vapori era stata minore che nel resto. Ci sembra pur altro probabile che possa trovarsi la via per ora a noi sfuggita di ottenere su questi punti resultati più concludenti.

Siam quindi inclinati a credere che i fenomeni indicati dal Niepce, quelli osservati da noi, quelli di Moser, e quelli di Karsten, abbiano tutti una origine comune nella alterazione molecolare prodotta in alcuni punti della superficie di un corpo, nel cambiamento di posizione che vengono a subire alcune molecole di quella superficie, e che questo spostamento, questo nuovo stato di equilibrio possa esser poi, alla sua volta, causa

(1) Vedi Memoria citata.

di quelle differenti condensazioni di vapori. Le leggi che regolano esattamente queste diverse azioni attrattive rimangono ancora nascoste nell' oscurità che avvolge la meccanica molecolare.

Luglio 1858.

A. B.

SUL MODO D'AGIRE DELLE RADICI DELLE PIANTE A CONTATTO DEI MATERIALI INORGANICI DEL SUOLO; DI EGIDIO POLLACCI.

Oggi che dalle ultime ricerche di Liebig sembra provato che l' acqua passando attraverso alla terra vegetabile non discioglie i materiali inorganici che si riscontrano nelle piante, rimane più che mai oscuro il meccanismo fisico o chimico, con cui per le radici delle piante stesse questi materiali penetrano nel vegetabile.

Ho pensato che qualche lume potesse spargere sopra questo soggetto lo studio di un fenomeno proprio delle radici ed avvertito pure da Liebig, quello cioè della esalazione dell' acido carbonico. Ho cominciato dallo studiare di nuovo questo fenomeno con maggiore accuratezza ed ecco i risultati a cui sono giunto.

Noi abbiamo preso tre cavoli (*brassica oriense*) estratti di recente dal terreno, e dopo aver diligentemente lavato loro le radici, sonosi collocati in altrettante campanelle di cristallo: quindi si è gettato nella prima campanella della soluzione azzurra di laccamuffa; nella seconda dell' acqua stillata, più del marmo puro in frammenti sino a cuoprire le radici della pianta; nella terza della sola acqua stillata, spogliata d' aria e di acido carbonico con l' ebullizione. In capo a 18 ore, il liquido della prima campanella erasi già compiutamente arrossato, e tornava blù con l' ebullizione, sviluppando contemporaneamente un gas avente la proprietà di estinguere i corpi in combustione; quello della seconda dava abbondante precipitato con l'ossalato di ammoniaca, e s' intorbidava col riscaldamento; quello della terza inalbava con l' acqua di calce affusavi in eccesso, e dava con acetato basico di piombo abbondante precipitato, solubilissimo in acido acetico. Immergendo poi una pianta qualunque in una campanella d' acqua limpida, sulle sue radici, dopo un poco di tempo, quando cioè l' acqua si è già saturata d' acido carbonido, scorgesi benissimo la formazione d' un gran numero di bollicine gassose che, dopo essersi più o meno ingrandite, si staccano slanciandosi fuori del liquido.

Questi sperimenti ripetuti anche ultimamente sopra un numero piuttosto grande di piante erbacee ed arboree, tanto selvatiche che coltivate, risposero sempre nel modo medesimo. Perciò puossi concludere, che le radici delle piante espirano indubitatamente dell' acido carbonico.

La proporzione dell' acido espirato in un dato tempo varia per moltissime circostanze, fra le quali è da ricordare principalmente la specie del vegetabile, l' età, la stagione. È per di più difficile a determinare; nonostante desumendola dalla proporzione di potassa caustica che è necessaria a ridonare il color blù ad un peso noto di soluzione di laccamuffa già arrossata dall' acido suddetto, debbono aversi dei dati sufficientemente esatti, e probabilmente più esatti che con qualunque altro metodo.

Un ulivetto (*olea europæa*), per esempio, dell' altezza di circa metri 1,50, per arrossare un determinato peso di soluzione di laccamuffa, ha avuto bisogno di ore 10, un violacciocco (*cheiranthus cheiri*) in fiore, di mediocre grandezza, ha arrossato lo stesso peso di soluzione in ore 6; una fava (*faba vulgaris*) in fiore, piuttosto rigogliosa, in ore 7; un cavolo (*brassica ortense*) ben fogliuto in ore 4; un pesco (*amygdalus persica*), alto circa metri 1, l' ha arrossata in ore 6; un cipresso (*cupressus sempervirens*) assai stentato, dell' altezza di circa metri 1,20, non produsse l' arrossamento che a capo di ore 24.

Si avverta però che l' arrossamento del liquido azzurro, comunque siasi verificato in ciascuna delle sei esperienze, non si ha già per tutte allo stesso grado; e da ciò ne è venuto, che per ridonare il color blù alla soluzione arrossata dall' ulivo è stata necessaria potassa caustica grammi 0,05, per quella arrossata dal violo grammi 0,10, per quella arrossata dalla fava 0,08, per quella arrossata dal cavolo 0,10, per quella arrossata dal pesco 0,10, e per quella arrossata dal cipresso 0,05. Dunque le radici dell' ulivo avrebbero emesso, in 10 ore, acido carbonico grammi 0,02; quelle del violo, in 6 ore, grammi 0,04; quelle della fava, in ore 7, 0,03; quelle del cavolo, in ore 4, 0,04; quelle del pesco, in 6 ore, 0,04; e quelle del cipresso, in ore 24, 0,02. Dimodochè nelle 24 ore ne emetterebbero:

l' ulivo	grammi	0,04	il cavolo	grammi	0,24
il violo	»	0,16	il pesco	»	0,16
la fava	»	0,10	il cipresso . . .	»	0,02

Provato così che le radici dei vegetabili espirano acido carbonico, noi procurammo di mettere questa nozione in rapporto con le cose mostrateci dalla natura e credemmo:

Che la vegetazione di migliaia e migliaia di piante erbacee ed arboree sui cornicioni degli edifizi, non menochè sopra le più solide muraglie, nelle cui commettiture a preferenza insinnandosi con le radici, si impadroniscono (tanto è in loro grande il bisogno di principj minerali) del cemento, sconnettendo e disseparando il materiale per modo, da portare talvolta dei guasti non indifferenti nel punto in che i vegetabili stessi presero soggiorno.

Che le corrosioni prodotte sulla superficie interna dei vasi di giardino dalle radici delle piante in essi coltivate, in modo che di sovente s'infossano e aderiscono sopra la detta superficie, da doverle strappare o tagliare quando si voglia cavar dal vaso la pianta cui appartengono.

Che le solcature ed erosioni operate sulle pietre calcaree dalle radici dei vegetabili, osservate anche dal Marchese Ridolfi, e da lui pur ricordate all' Accademia dei Georgofili, non che i resultati delle esperienze fatte dal Prof. Emilio Bechi con l' ossalato di calce, credemmo dico, che tutti questi fatti fossero cagionati dalla emissione dell' acido carbonico per le radici delle piante.

Una volta che la pianta ha fatto tanto di nascere nella cavità d'un muramento, o sopra una qualche parete, le sue radici subito vi si fissano, consumando e penetrando continuamente il cemento per modo da sciogliere e traversare sovente le più solide muraglie. In questo caso le radici delle piante potrebbero assomigliarsi agli animali litofagi (*mangia-pietre*), o meglio al tarlo del legno, con questa differenza però, che il tarlo fora il legno ed il serpeggia per un'azione affatto meccanica, mentre le radici delle piante agiscono chimicamente, e l'agente loro è l'acido carbonico.

Le radici adunque penetrano e consumano il cemento e le pietre, perchè mediante l'acido carbonico che emettono, disciolgono ed assorbono, nel luogo di contatto, l'alimento minerale, indispensabile alla vita di ogni essere vegetabile. Ma l'acido carbonico è debolissimo; i carbonati sono decomposti da quasi tutti gli acidi conosciuti; quindi parrebbe non dovesse attaccare nè disciogliere quelle sostanze inorganiche, da cui le piante traggono il nutrimento minerale. Ma ciò realmente non è. Difatti sappiamo già per migliaia di esperimenti di dotti chimici, che il silicato di potassa, di soda, di calce, di ferro e di manganese, tenuti per del tempo nell'acqua contenente acido carbonico, danno luogo ad altrettanti carbonati e a dell'acido silicico, capaci, tanto questo che quelli, di passare in soluzione nel liquido adoprato; che il carbonato neutro di calce, quello di magnesia, i protossidi di ferro e di manganese producono parimente dei bicarbonati solubili con acqua acidulata per acido carbonico; e che il fosfato di calce, di magnesia, e quello ammonico-magnesiano, in ugual modo disciolgonsi nell'acqua in cui abbia gorgogliato l'acido medesimo.

Noi abbiamo osservato di più, che all'azione dell'acqua carica d'acido carbonico non resistano nemmeno il fosfato di ferro, e l'ossalato di calce; entrambi passano in soluzione nel liquido acidulato. Ed ecco perchè il prelodato Prof. Bechi ha veduto diminuire l'ossalato di calce, nel quale avevano vegetato delle piante innaffiate semplicemente con acqua stillata.

Al seguito delle cose dette, non può più aversi alcun dubbio circa alla maniera d'agire delle radici delle piante in contatto di quei materiali del suolo, che sono insolubili in acqua.

Le radici, per soddisfare ai bisogni del vegetabile, diffondonsi in ogni senso per il terreno, e di mano a mano che si trovano a contatto dei materiali predetti, questi, per l'azione dell'acido carbonico, coadiuvato dalla presenza dell'umidità, rimangono disciolti, e così preparati, vengono lentamente e continuamente dalle piante assorbiti ed assimilati. Di guisa che, l'ufficio dell'acido carbonico emesso dalle radici potrebbe paragonarsi a quello del succo gastrico dello stomaco; inquantochè l'alimento, tanto dai vegetabili che dagli animali non può essere assorbito, messo in circolo ed assimilato, se prima non è stato disciolto: per le piante, il dissolvente sarebbe l'acido carbonico, per gli animali, il succo gastrico.

È noto poi che le radici dei vegetabili depongono nel terreno delle materie organiche, che si considerano come loro escrementi; ed è pur probabile che queste materie possano anche agevolare e rafforzare l'azione dissolvente dell'acido carbonico espirato dalle radici medesime.

L'assorbimento infine delle materie solubili del terreno non abbiamo difficoltà a comprendere come possa effettuarsi. Le radici del vegetabile, con l'intervento dell'acqua, che non manca mai nel punto di contatto fra le radici e la terra, attrae i principj solubili, ritenendo di questi quelli che sono idonei all'assimilazione. È vero, come abbiam veduto nel principio di questo scritto, che la forza assorbente della terra per le sostanze solubili, è molta, ma non mai però in grado tanto eminente da uguagliar quella delle radici per le sostanze medesime; sicchè la terra non può non cedere alle radici delle piante i principj solubili, di cui esse vanno continuamente in cerca.

SUGLI EQUIVALENTI DEI CORPI SEMPLICI; DUMAS.

Comptes Rendus, 24 Maggio 1858.

Il sig. Dumas continua ad eseguire il piano delle ricerche sugli equivalenti dei corpi semplici annunziato nella prima Memoria, della quale noi abbiamo dato un sunto (V. *Nuovo Cimento* tomo VI, p. 392). Non ostante che egli non abbia potuto compire il riesame dei numeri equivalenti di tutti i corpi semplici, pure ha ottenuto risultati che egli giudica essere abbastanza importanti da farli conoscere isolatamente. Ecco questi risultati riassunti insieme ad altri già noti.

Degli equivalenti da lui studiati, 22 sono multipli interi dell'equivalente dell'idrogeno, 7 sono multipli interi di mezzo equivalente dell'idrogeno, 3 di un quarto dell'equivalente dell'idrogeno, come può osservarsi nelle seguenti liste:

Multipli interi dell' equivalente dell' idrogeno.

Ossigeno	8	Jodo	127
Solfo	16	Carbonio	6
Selenio	40	Silicio.	14
Tellurio	64	Molibdene	48
Azoto.	14	Tunstene	92
Fosforo	31	Litio.	7
Arsenico	75	Sodio	23
Antimonio	122	Calcio.	20
Bismuto	214	Ferro	28
Fluoro	19	Cadmio	56
Bromo	80	Stagno	59

Multipli interi di mezzo equivalente d' idrogeno.

Cloro	35,5	Bario.	68,5
Magnesio. . . .	12,5	Nichelio	29,5
Manganese. . .	27,5	Cobalto	29,5
Piombo.	103,5		

Multipli interi di un quarto dell' equivalente dell' idrogeno.

Alluminio. . 13,75 , Stronzio. . 43,75 , Zinco. . 32,75

Dumas fa notare alcune altre relazioni che esistono tra alcumi numeri equivalenti. Disponendo i seguenti equivalenti in due linee parallele così:

Azoto .	14	Fosforo	31	Arsenico .	75	Antimonio .	122
Fluore.	19	Cloro .	35,5	Bromo . .	80	Jodo.	127;

si osserva che ciascun termine della seconda linea orizzontale differisce da quello corrispondente della prima di + 5; salvo il cloro che differisce dal fosforo di + 4,5.

OSSERVAZIONI SULLA NOTA PRECEDENTE; DI S. CANNIZZARO

Il sig. Dumas si è proposto di risolvere una delle più importanti e generali quistioni della filosofia naturale; ma per tale scopo a me pare che si dovrebbero comparare non le quantità dei corpi che si sostituiscono, ma i pesi di quelle ultime loro particelle che entrano sempre intere nelle molecole loro, e dei loro composti, cioè i pesi atomici. Ciò pare più conforme al concetto fondamentale che dirige le ricerche del sig. Dumas. Difatto nella prima Memoria egli annunciava l'idea di voler ricercare se trai varii corpi semplici vi fossero relazioni simili a quelle che esistono trai radicali composti; or quelle che corrispondono ai radicali composti sono le quantità dei corpi semplici che entrano intere in tutte le molecole che ne contengono, non le quantità che si sostituiscono. Così chi cercasse relazioni numeriche semplici, comparerebbe i pesi dell'etile, del metile (radicali monoatomici) con quelli dell'eterene, del propilene (radicali biatomici), e con quello del glicerile (radicale triatomico) ma non le quantità di loro che si sostituiscono nelle doppie decomposizioni. Per la medesima ragione parmi che bisognerebbe comparare i pesi atomici dell'idrogeno e del potassio con quelli del mercurio, del piombo e dell'alluminio e non i pesi di essi che si sostituiscono nei sali. Che se si volessero comparare le quantità equivalenti, allora bisognerebbe essere più conseguenti e non comparare 13,75 di alluminio ad 1 d'idrogeno, poichè stando alle formule usate, la prima quantità si combina con 12 di ossigeno e la seconda con 8. E chi volesse convincersi del valore e dei così detti numeri equivalenti, non ha che a leggere le lezioni di filosofia chimica del medesimo Dumas, il quale dimostrò come essi sieno dedotti dagli equivalenti composti *senza alcuna regola determinata* (V. lez. 5 di Filosofia chimica).

Parmi avere abbastanza dimostrato nel sunto del corso di Filosofia chimica pubblicato nel fascicolo precedente che il sistema dei pesi atomici dedotto da Regnault dai calorici specifici dei corpi, *in istati fisici simili*, è perfettamente d'accordo con ciò che si deduce comparando la composizione delle molecole i cui pesi sieno stati dedotti dalle densità gassose. Per il fine propostosi da Dumas, bisognerebbe dunque comparare i pesi atomici di questo sistema, non i numeri così detti equivalenti. Per mutare questi nei pesi atomici basta farvi le modificazioni seguenti: lasciando intatti i numeri dell'idrogeno, dei corpi alogeni, dell'azoto, fosforo, arsenico, antimonio, boro, del potassio, sodio, litio ed argento, moltiplicare per due quelli dei corpi amfigeni, del carbonio, del silicio e di tutti gli altri metalli. Fatta questa modificazione nei numeri della tavola di Dumas, risulta che i pesi atomici scritti nella 3a. lista son multipli interi di mezzo atomo di idrogeno, e perciò passano tutti nella seconda lista; di quelli scritti in questa ultima rimane solo cloro, gli altri passando nella prima lista; il che si osserva nelle tavole seguenti:

Pesi atomici multipli interi di quello dell' idrogeno.

O= 16, So=32, Se= 80, Te=128
Az= 14, Ph=31, As= 75, Sb=122, Fl=19, Br=80, T=127
C= 12, Sr=28, W=134; Mo= 96, L= 7; Na=23
Ca= 40, Fe=56, Cd=112, Sn=118, Mg=25, Mn=55
Ba=137, Ni=59, Co= 59, Pb=207

Pesi atomici multipli interi di mezzo atomo di idrogeno.

Cb=35,5, Al=37,5, Sr=87,5, Zn=65,5.

DELLE REGOLARI DIFFERENZE DEI NUMERI EQUIVALENTI DEI COSÌ DETTI RADICALI SEMPLICI, O SIA RECLAMO SULLA MEMORIA DEL SIG. *DUMAS* INTORNO AI PESI ATOMICI DEI CORPI SEMPLICI, DEL Dr. MAX. PETTENKOFER.

(*Annalen der Chemie und Pharmacie. Febbrajo* 1858, *pag.* 187).

Il sig. Pettenkofer pubblica una Memoria, già letta il 12 Gennajo 1850 all'Accademia Reale Bavarese, per provare che egli avea già esposto le medesime idee esposte da Dumas nella prima Memoria sugli equivalenti dei corpi semplici. Rammenta prima come appena determinati gli equivalenti di alcuni corpi semplici, si cercò tosto collegarli colla legge di Prout; ed essendosi scoverta questa inesatta, si cercarono invece relazioni semplici trai numeri equivalenti dei corpi semplici appartenenti al medesimo gruppo; così si trovò che l'equivalente del bromo è la media aritmetica di quelli del cloro e dell'jodo, l'equivalente del sodio la media aritmetica tra quelli del litio e del potassio ec. ec. ec.; spessissimo i numeri dati dall'esperienza sono vicini ma non esattamente eguali a quelli dati dal calcolo fondato in queste regolari relazioni, ma l'Autore ammette alcuni errori nelle determinazioni. La relazione che Pettenkofer crede avere il primo annunciata tra gli equivalenti dei corpi appartenenti al medesimo gruppo è che le differenze tra loro sono eguali o multipli intere; cioè trai varii radicali semplici vi sono relazioni simili a quelle che esistono trai radicali alcolici omologhi, che come si sa differiscono tra loro di 14 (CH^2) o di $n \times 14$, (essendo *n* intero). Ecco alcuni degli esempii da lui dati:

DIFFERENZE

L= 6,51		Mg=12,07		Hg=100		Mg=12	
	16,46		7,93		8		8
Na=22,67		Ca=20,00		Ag=108		Ca=20	
	16,14		23,92				8
K=39,11		Sr=43,92		C= 6		Fe=28	
			24,62		8		
		Ba=68,54		Az= 14			

Osservando le differenze, pare che siano tutte o 8 o multipli interi di 8, ammettendo però una certa correzione da farsi ai numeri dati dalla esperienza. Tra altri numeri equivalenti pare che le differenze siano multiple di 5. Basandosi sulla differenza costante 8 o $n \times 8$ Pettenkofer ha calcolato la seguente tavola di numeri equivalenti che differiscono poco da quelli dati dallo esperimento.

NOME DEI CORPI	EQUIVALENTE CALCOLATO	EQUIVALENTE DATO DALLA ESPERIENZA	DIFFERENZE TRA L'UNO E L'ALTRO NUMERO
Litio	7	6,51	0,49
Sodio	23	22,97	0,03
Potassio	39	39,11	0,11
Magnesio	12	12,07	0,07
Calcio	20	20,00	——
Stronzio	44	43,92	0,08
Bario	68	68,54	0,54
Cromo	26	26,00	——
Molibdene	46	46,00	——
Vanadio	66	?	?
Ossigeno	8	8	——
Solfo	16	16	——
Selenio	40	39,62	0,38
Tellurio	64	64,14	0,14

Alcuni dei numeri dati dall'esperienza, essendo stati dopo la prima Memoria di Pettenkofer (12 Gennajo 1850) corretti, si son trovati più vicini a quelli calcolati. Checchè di ciò ne sia, questo breve cenno basta a provare che realmente il Chimico alemanno avea cercato tra gli equivalenti relazioni simili a quelle che Dumas si propose di ricercare. Ma il primo non ha tentato di rivedere con esperimenti rigorosi gli equivalenti dei corpi semplici, mentre che il secondo si propose un riesame generale dei numeri equivalenti per porre in chiaro quali tra le varie relazioni numeriche cercate sieno quelle sufficientemente provate dalla esperienza.

DELL' AZIONE DEL NITRATO DI SODA, DEL SAL COMUNE E DEL SOLFATO D'AMMONIACA SUL TERRENO VEGETALE; DI GIUSTO LIEBIG.

(*Annalen der Chemie und Pharmacie, Vol.* CVI. *pag.* 185).

Traduzione dal Tedesco, del Prof. T. Brugnatelli.

La scienza dell' agricoltura insegnava anche pochi anni or sono, e tutti gli uomini pratici ritenevano come cosa dimostrata, che la fertilità e la rendita di un terreno dipendessero dalla quantità di umo o dei residui di antecedenti vegetazioni ricchi in carbonio contenutivi; ed ora invece, senza negare l'efficacia delle sostanze organiche contenute nei concimi di stalla, in alcuni casi, nessuno che possegga qualche cognizione, ammette quella relazione fra l' umo contenuto in un terreno e la sua fertilità, nè che quindi questa possa esser misurata da quello.

Ora abbiamo cognizioni precise intorno alla parte che l'umo esercita nella vegetazione e possiamo prevedere i casi, nei quali sia per esser utile o nocivo. È utile quando il terreno contiene anche le sostanze fisse atte alla nutrizione delle piante, quando no, è per lo meno senza azione. Nel primo caso l'umo è la sorgente dell' acido carbonico che, disciolto nell' acqua, comunica a questa la facoltà di disciogliere e diffondere nel terreno le sostanze fisse nutritive.

Lawes fece interessanti esperienze pel corso di 12 anni sull' azione dei sali ammoniacali sopra un terreno, ed impiegando le sostanze costituenti il terreno vegetale e sali ammoniacali, ottenne una rendita in paglia e grano una volta di 51995 pfund (1) ed un' altra di 53182 pfund, e la maggior rendita ottenuta coll' uso di puri concimi minerali in confronto d' un egual pezzo di terreno non concimato fu nel primo caso di 18525 pfund nel secondo di 19713 pfund. È certo che il concime di stalla avrebbe prodotti uguali e forse superiori risultati, ma anche non vi può esser dubbio che i sali ammoniacali possano sostituire ed equivalere all' azione delle sostanze organiche in scomposizione di questo concime, e che quindi in amendue i casi la causa dell' aumento della rendita abbia per fondamento uno stesso fatto.

Venne più volte dimostrato che l' azione dei sali ammoniacali non è proporzionale alla quantità d' azoto che contengono, e quindi devesi ammettere che una parte dell' influsso che esercitano devesi attribuire o alla loro qualità di sali, od all' acido che questi contengono.

In simil modo si comportano i nitrati, e quello di soda qualche volta è causa di considerevole rendita di paglia e grano, ed invece altre volte è inattivo; e Kuhlmann ha dimostrato colle sue esperienze, che anche le basi dei nitrati contribuiscono ai risultati che danno. Così p. e. di due pezzi di prato l' uno venne concimato con 250 K^{i}. di nitrato di soda, e diede un soprapiù di rendita di K^{i}. 2953 per ettare, e l' alt concimato con ugual quantità di nitrato di calce, soli K^{i}. 6 per ettare, sebbene in questo caso vi fosse $1 \frac{1}{5}$ per $\frac{2}{5}$ d' aci nitrico di più che nel primo caso. È evidente che questi risultati sarebbero inesplicabili se si volesse attribuire l' aumento di rendita all' acido nitrico.

Ed ugualmente enigmatica sembra in taluni casi l' azione del sal comune. Nel 1846 Kuhlmann ottenne un soprapiù di K^{i}. 2532 di fieno coll' uso di K^{i}. 200 di solfato d' ammoniaca. Ma aggiungendo a questa dose di solfato K^{i}. 133 di sale comune, la maggior rendita in fieno crebbe a K^{i}. 3172, quindi K^{i}. 640 di più che nel primo caso.

(1) Pfund, = 560 gramme.

Si potrebbe attribuire alla quantità di cloruri che le piante dei prati contengono la causa della maggior rendita; ma altre esperienze eseguite negl' anni 1845 e 1846 con sale ammonico solo od addiziqnato di sal comune danno diversi risultati. Il prato concimato con K¹. 200 di cloruro ammonico fornì nei due anni K¹. 3700 di fieno di più per ettare che un prato non concimato, ed un altro con K¹. 200 di sal ammonico, e K¹. 200 di sal comune diede K¹. 5687 di fieno di più per ettare, e quindi K¹. 1987 di fieno o la metà di più che impiegando il solo sale ammonico. E K¹. 200 di sal comune produssero un aumento di rendita di K¹. 1606 di fieno. La differenza fra i due numeri (K¹. 1987 e K¹. 1606) non è sufficientemente grande che permetta la conclusione, che amendue i sali, l' ammonico ed il comune, abbiano agito ciascuno da sè, ovvero anche, come se non vi fosse stato che un sale, o ciò che è lo stesso, l' attribuire a ciascun sale una speciale azione.

Il Comitato generale delle società d' agricoltura in Baviera fece eseguire nell' estate dell' anno 1857 nelle vicinanze di Monaco esperienze di concimazione coi sali ammoniacali e nell' istesso tempo col sal comune sull' orzo estivo.

Per queste esperienze si scelse un terreno, il quale tre anni prima era stato coltivato a segala; e nei due ultimi ad avena, e venne diviso in 18 parti, ciascuna di 1914 piedi quadrati, e quattro di queste furono concimate con sali ammoniacali, una inta rimase senza concimo; quattro altre ricevettero la medesima quantità di sali ammoniacali, più 3080 gramme di sal mune. Dovunque poi i varii sali ammoniacali erano in dose tale che *la quantità d' azoto fosse costante.*

Come confronto della quantita dei concimi da provarsi, si stabilì che 336 pfund di guano rappresentano in una giornata di terreno una buona concimatura con concime da stalla, quindi per l' estensione di terreno nel quale si faceva la prova bastavano 20 pfund. Si scelse un buon guano, e l' analisi dimostrollo composto di 14,53 d' acqua, 52,10 di sostanze organiche, delle quali 15,38 erano ammoniaca, ed infine di 33,37 di ceneri. Venti pfund di questo guano contenevano 3,07 pfund di ammoniaca. Nei sali ammoniacali provati l'analisi dimostrò contenervisi: nel

Carbonato d' ammoniaca	29,84	per cento d' ammoniaca		
Fosfato	»	21,96	»	»
Nitrato		19,11	»	

Quindi affinchè in ogni campo di prova vi fosse la medesima quantità d'ammoniaca due, il I. e V. vennero concimati con 10 ½ pfund di carbonato d'ammoniaca, altri due, il II. e VI. con 7 ½ pfund di nitrato, un terzo pajo, il III. e VII. con 12 pfund di fosfato d' ammoniaca, e gli ultimi, il IV. ed VIII. con 12 pfund di solfato d' ammoniaca cristallizzato. Un ugual tratto di terreno con 20 pfund di guano. In fine i numeri V. VI. VII. VIII, ricevettero anche gramme 3080 di sale comune. E poichè i risultati non sono soltanto importanti per ciò che riguarda l'azione del sal comune, eccoli tutti:

Messe dei quattro pezzi concimati con sali ammoniacali.

Il terreno non concimato diede gr.		6825	di grano e	18375	di paglia.
Il numero	I.	»	6335	»	16205	»
»	II.	»	8470	»	16730	»
»	III.	»	7280	»	17920	»
»	IV.	»	6912	»	18287	»

Messe dei quattro pezzi di terreno concimati con sali ammoniacali e sal comune.

Il numero	V.	diede gramme	14550	di grano e	27020	di pagli
	VI.		16510	»	36645	»
»	VII.	»	9887	»	24832	»
«	VIII.	»	11130	»	27969	»

Maggior rendita dei tratti di terreno concimati con sal comune in confronto con quelli che ebbero soltanto i sali ammoniacali.

Il numero	V.	gramme	8255	di grano e	10815	di paglia
»	VI.	»	7770	»	19915	»
»	VII.	»	2607	»	6912	
»	VIII.	»	4218	»	9782	

Nell' agricoltura pratica e nelle esperienze sui concimi generalmente non si bada che al risultato delle prove che si tentano, all' aumento cioè della rendita, e quando questo si ottiene l' esperienza si dichiara soddisfacente. In questo caso le descritte esperienze non si possono dire ben riuscite, perocchè il raccolto è stato appena quello che in media si ottiene; ma invece furono eseguite per constatare l' effetto dei sali ammoniacali soli od accompagnati dal sal comune, ed a questo riguardo la loro concordanza è sufficientemente grande per constatare l' importanza fisiologica del sal comune; in ogni caso il sal comune aumentò la rendita, il carbonato d' ammoniaca col sal comune fornì doppia quantità di grano che solo; il nitrato il 90 per cento di più ed un aumento del 120 per cento in paglia.

Il nitrato d' ammoniaca ed il cloruro sodico contengono gli elementi del nitrato di soda, e quindi un' esperienza fatta sopra un altro ugual tratto di terreno al quale si aggiunse il nitrato di soda presenta uno speciale interesse. La quantità di questo sale impiegata fu di 16 pfund, e si ottennero gramme 12320 di grano e 32480 di paglia, e quando al nitrato si aggiunsero 5 ¼ pfund di sale comune, si ebbero 17720 gramme di grano, e 35780 di paglia. Il sal comune adunque aumentò l' azione del nitrato, ed una miscela dei due sali, diede migliori risultati che una di sal comune e nitrato ammonico; sebbene contenessero uguali quantità d' azoto. La prova coi 20 pfund di guano rese gramme 17200 di grano e 33320 di paglia.

È certo che l' ammoniaca del guano ebbe una parte speciale nell' effetto prodotto da questo concime, però notasi in contrario alla sua azione, che usando del carbonato o nitrato di ammoniaca in quantità tali che contengano tanta ammoniaca e quindi azoto come 20 pfund di guano ed in uguali circostanze, non si ebbero risultati comprovanti la sua attività.

Non voglio continuare a dedurre le conseguenze dei tentativi di concimazione coi sali ammoniacali, per non diminuire l' attenzione al fatto principale, all' azione cioè buonissima che il sal comune esercitò sullo sviluppo del tronco delle piante ed all' aumento della loro sostanza vegetale.

Questi fatti per l' agricoltore non sono nuovi, ma furonvi

alcuni casi, nei quali il sal comune venne riguardato come un concime nocivo, e quindi la sua azione non è ancora ben chiaramente spiegata, ed è una regola nella scienza naturale, che quanto più certi fatti debbono essere stabiliti come indubitati, tanto più bisogna cercare e provare la loro spiegazione.

L'azione del sal comune è probabilmente molto simile a quella dei sali ammoniacali e del nitrato di soda; ma se si attribuisce quella di questi sali al loro azoto, perocchè ammoniaca ed acido nitrico sono certamente alimenti, allora una simile spiegazione non può valere pel sal comune, perocchè nè il cloro nè il sale costituiscono punti elementari delle piante, nè si può affermare che queste sostanze sieno necessarie, sebbene si riscontrino spesse volte nelle ceneri.

Le osservazioni fatte in questi ultimi tempi intorno all'azione del terreno vegetale sulle sostanze nutritive delle piante, mostrano come possediamo ben limitate cognizioni intorno ai modi di nutrizione ed alla parte che vi prende il terreno per le sue fisiche proprietà, e l'azione dei sali ammoniacali e del cloruro e nitrato sodico sui fosfati terrosi nel terreno dovrebbe fornire le cognizioni necessarie per gettare un po' di luce sulla loro attività nell'accrescimento delle piante.

Il solfato ed i sali d'ammoniaca solubili posseggono la proprietà di render solubili nell'acqua i fosfati terrosi, come l'acido carbonico disciolto nell'acqua.

Non altrimenti si spiega il diffondersi dei fosfati ter nel terreno vegetale che per l'azione dell'acqua carica d' do carbonico. Da ciò l'importanza dell'umo e delle so organiche in scomposizione nel terreno, perchè sono ver genti d'acido carbonico, cosicchè l'acqua e l'aria nel terreno vegetale ne vengono arricchite.

I sali ammoniacali ponno evidentemente in ciò sostituire le sostanze organiche, perocchè in molti casi aumentano la solubilità nell'acqua di questi alimenti delle piante.

Ho trovato che il nitrato di soda ed il sal comune anche in soluzioni allungatissime posseggono la facoltà di disciogliere i fosfati terrosi in modo rimarchevolissimo, e che quindi a questi sali puossi attribuire nel fenomeno di nutrizione delle piante la medesima funzione che esercitano l'acqua carbonata ed i sali ammoniacali.

Finora non si conosce la solubilità dei fosfati terrosi nelle soluzioni di queste diverse materie, ed io credo che sia cosa sufficientemente importante, il fare una serie di esperienze, intorno al loro potere solvente per giudicare della loro azione sui terreni.

Le esperienze vennero eseguite sul fosfato di calce, PhO^5, $2CaO$, aq. come si ottiene dalle ossa trattate con acido solforico, sulla polvere d'ossa, $PhO^5,3CaO$, e sul solfato di magnesia, $PhO^5,3MgO$, ed infine sul fosfato ammonico-magnesico, $PhO^5,2MgO,NH^4O$. Le soluzioni saline contenevano 0,002 a 0,003 di sale ovvero eranvi due o tre gramme di solfato ammonico, o nitrato di soda per ogni litro d'acqua.

I fosfati terrosi, ridotti in fina polvere, venivano mescolati alle soluzioni saline, e lasciativi alla ordinaria temperatura, agitando di tempo in tempo, per 12 o 18 ore, qualche volta in vasi chiusi tal altra in aperti. Dopo questo tempo si filtrava il liquido, e si determinava la calce e l'acido fosforico. Questo, precipitato con un sale di piombo, ed il fosfato ottenuto scomposto con acido solforico, ed il fosforico dosato sotto forma di fosfato ammonico-magnesico.

Solubilità dei fosfati terrosi in una soluzione di solfato ammonico.

Solfato ammonico (1).

cm. cb. contenenti 0,0022 chilogrammi di sale, sciolgono 0,0792 gramme di fosfato calcare. ($PhO^5,2CaO$)

m. cb. sciolgono 0,0767 di fosforo delle ossa.

m. cb. contenenti 0,003 chilogr. di sale, sciolgono 0,1028 gramme di fosfato ammonico-magnesico.

Sal comune.

1000 cm. cb. contenenti 0,002 di sal comune sciolgono 0,0665 $PhO^5,2CaO$.

» » » 0,0457 polvere d'ossa $PhO^5,3CaO$.

0,0758 $PhO^5,3MgO$.

0,1254 $PhO^5,2MgO$ NH^4O.

(1) I sali ammonici si comportano col fosfato di magnesia, in un modo speciale; si cangiano prima in sali magnesiaci, ed in fosfato ammo-

Queste determinazioni danno, che cento chilogrammi di solfato ammonico sciolti in 45000 litri d'acqua e messi in contatto con fosfato calcare bibasico, (come si ottiene dalle ossa trattate con acido solforico), ponno sciogliere 3600 gramme di questo fosfato calcare. In simil modo 100 chilogrammi di sal comune sciolti in 80000 litri d'acqua ne sciolgono 3300 gramme, e 100 chilogrammi di nitrato di soda in 33400 litri d'acqua 2630 gramme.

La solubilità del fosfato calcare $PhO^5,3CaO$ in questi liquidi è molto minore.

	100 *chilogrammi* di solfato ammonico ,	sal comune	e nitrato sodico
sciolti in	45000	50000	33500 litri d'acqua
disciolgono di fosfato calcare tribasico . .	3400	1500	1200 gramme

Nei semi dei grani, e specialmente del fromento evvi contenuto, il fosfato calcare ed in maggior dose il fosfato di magnesia. In alcune specie di fromento, la quantità del fosfato di magnesia è quattro volte ed anche dieci volte quella del fosfato di calce; e una simile proporzione fra i fosfàti di calce e magnesia si trova anche nei semi della segala, della biada e dell'orzo. Questi rapporti nella coltura delle suaccennate piante non devono esser trasandati, e quindi l'azione dei sali, sal f sfato magnesico o magnesico-ammonico, presenta uno spec interesse.

nico-magnesico, e di quest'ultimo se ne scioglie appena un po quello che comporta la sua solubilità nell'acqua: 1000 cm. cb. d'acq con 3 gramme di solfato ammonico, sciolsero gramme 0,358 di magnesia, e 0,0224 di acido fosforico, ovvero kil. 1 di solfato ammonico 119 gramme di magnesia, mentre la soluzione contiene gr 7,4 d'acido fosforico.

Nitrato di soda.

1000 cm. cb. di soluzione contenenti 0,005 di sale sciolgono 0,0789 $PhO^5,2CaO$
» » » 0,055 $PhO^5,3CaO$
0,0619 $PhO^5,3MgO$
0,0051 $PhO^5,2MgO$
. . SiO^3.

	100 *chilogrammi* di nitrato di soda	sal comune
sciolti in	33300	50000 litri d' acqua
disciolgono di fosfato magnesiaco . . .	2160 gramme	3790 gramme

La solubilità del fosfato magnesico-ammonico nelle soluzioni saline suaccennate è la seguente:

	100 *chilogrammi* di solfato ammonico	sal comune	nitrato di soda
sciolti in	33300	50000	33300 litri d'acqua
disciolgono di fosfato magnesico-ammonico . .	4115	6170	4655 gramme

La quantità di fosfati terrosi che disciogliesi nelle soluzioni saline impiegate, non aumenta proporzionalmente nelle quantità al sale disciolto; al contrario sembra che in proporzione disciolgonsi in maggior proporzione nei liquidi più allungati.

100 cm. cb. contenenti	— sciolgono di $PhO^5,2MgO,NH^4O$	— e per 1 gram. di sale
2,2 gram. di NH^4O,SO^3	76,7 milligrammi	34,9 milligr.
3 »	113,0 »	37,6 »
10 »	147,0 »	14,7 »

temperatura 14°.

Questi fatti dimostrano che l' acqua contenente in solu-
ne piccole quantità di solfato ammonico o sal comune o ni-
di soda, acquista la proprietà di disciogliere i fosfati ter-
roprietà che per sè non possiede, e che quindi queste soluzioni saline si comportano coi fosfati terrosi, come soluzioni d' acido carbonico nell' acqua, e per esempio 100 chilogrammi di solfato ammonico rappresentano il potere solvente sul fosfato calcare che hanno 4720 litri d' acido carbonico sciolti nell' acqua (1), e 100 chilogrammi di sal comune sciolgono tanto fosforo ammonico-magnesico quanto 3456 litri d' acido carbonico disciolti nell' acqua (2).

(1) Un litro d' acqua, contenente 800 cm. cb. d' acido carbonico, scioglie gr. di 0,610 di fosfato calcare.

(2) Un litro d' acqua, contenente 800 cm. cb. d' acido carbonico scioglie gr. 1,425 di fosfato magnesico-ammonico.

Le comuni terre dei campi tolgono, come si conosce, i fosfati terrosi dalla loro soluzione nell'acqua con acido carbonico; e se si aggiunge la terra alla soluzione a poco a poco, il liquido perde infine la sua proprietà, e la terra ritiene una certa porzione dei fosfati terrosi e se ne satura; se però a questa miscela si aggiunge una piccola porzione o di soluzione di solfato ammonico, o di sal comune o di nitrato di soda, soluzione contenente $\frac{3}{10}$ per $^{0}/_{0}$ di sale, (sopra 5000 cm. cb. di terra da 60 ad 80 cm. cb. di soluzione), immediatamente una certa porzione d'acido fosforico si discioglie, e si riconosce la sua presenza nel liquido cogli ordinarii reagenti.

Quando però questa miscela venga lasciata in riposo per alcune ore, allora l'acido fosforico scompare definitivamente dalla soluzione, nè di nuovo può esser disciolto anche coll'aggiunta di una doppia o tripla quantità di soluzioni saline.

Sembra adunque che le suddette soluzioni saline non possano disciogliere dei fosfati terrosi contenuti in un terreno saturato nel modo sopra descritto, da quella porzione non intieramente combinata colla terra stessa, come sarebbe quella che si depone dalla soluzione per la perdita inevitabile che subisce questa d'acido carbonico.

Se infatti si mescola una soluzione di fosfati terrosi nel sal comune, nitrato di soda o solfato ammonico con una ter di campo, il fosfato scompare dalla soluzione, e rimane n terra. Se a questa si mescolano fosfati terrosi finamente verizzati le soluzioni dopo l'esperienza contengono ance certa porzione di fosfati.

Quando noi sottoponiamo l'azione dei sali amm del nitrato sodico e del sal comune sul suolo ad u esame, troviamo che niuno di questi sali agisce n orma, sotto la quale venne sparso nel terreno.

I sali ammoniacali vengono scomposti dal terreno vegetale, l'ammoniaca ritenuta dalla terra e gli acidi si combinano colla calce, magnesia o cogli alcali, insomma con una sostanza basica che si trova vicina, e che abbia la facoltà di contrarre con essi una combinazione.

Agiscono dunque in due modi, e primamente arricchiscono il suolo d'ammoniaca, e quindi colla nuova combinazione formata sugli acidi dell'ammoniaca. Gli alcali e le terre alcaline combinatesi in tal modo cogli acidi, acquistano una maggiore solubilità e ponno facilmente diffondersi nel terreno. Nel quale se era ricco in calce o magnesia si saranno formati sali di quelle basi, l'effetto delle quali però, ad eccezione del gesso, per certe piante, può essere nocivo; col cloruro d'ammoniaca si formerebbe cloruro di calcio o di magnesio che hanno un'azione piuttosto cattiva sulla vegetazione. Che poi in questa circostanza si formino sali di base calcare o magnesiaca, e che l'azione di questi sali sulla rendita non sia favorevole, sono cose indubitate.

Quando per altro porzioni del terreno vegetale, poste in contatto colle soluzioni di sali ammoniacali contengano in qualche parte fosfato calcare o magnesiaco in istato di frantumi o di polvere, allora si forma la soluzione di questi sali, che in tal modo vengono diffusi nel terreno.

I sali potassici si comportano nel terreno vegetale, per la facilità con cui si scompongono, come i sali ammonici; quelli di soda invece agiscono diversamente.

In una soluzione di nitrato di soda (contenente $\frac{1}{8}$ per % di sale) trattata con un volume di terra uguale al suo, la metà del sale rimane non assorbita, e l'altra metà si trasforma in trato di calce e di magnesia. E nelle medesime circostanze il comune rimane per $\frac{3}{4}$ inalterato.

Quando adunque un terreno viene concimato con nitrato a o con sal comune, per l'azione dell'acqua di pioggia a una soluzione allungata di questi sali, che penetra nel e vi rimane in gran parte inalterata, e ponno quindi lo terreno esercitare un'azione debole sì, ma che per la sua durata produce notevoli effetti.

E come i sali ammoniacali, o quelli che per l'alterazione delle sostanze organiche del concime si formano e come l'acido carbonico che si scioglie nell'acqua, ponno queste soluzioni saturarsi di fosfati terrosi in quei luoghi, dove si trovano accumulati nel terreno vegetale, e questi fosfati ponno esser ridotti a quella condizione, nella quale unicamente è possibile che sieno distribuiti e diffusi nel terreno. E quando i fosfati disciolti vengono portati in contatto con parte del terreno ancora di essi privo, questo si toglie combinandosi con essi, alla soluzione, la quale riacquista con ciò il potere di sciogliere una nuova quantità, sino a che tutto il nitrato od il sal comune sieno trasformati in sali calcari o magnesiaci.

Quando si calcolano ai benefici effetti prodotti dalla maggior solubilità e diffusione della polvere d'ossa trattata coll'acido solforico, si acquista anche la certezza che non ponno abbastanza valutarsi le menzionate proprietà dei sali ammonici e del comune e del nitrato di soda.

La più abbondante concimazione con fosfati terrosi in polvere grossolana appena può paragonarsi ne'suoi effetti a quella eseguita colle medesime sostanze in ben minore quantità, ma ridotte in istato di infinita divisione, poichè così in ogni parte del terreno se ne trova qualche particella. Ciascuna radice ha bisogno nel luogo dove si trova nel terreno ben poco per la sua nutrizione, ma per la sua funzione e pel suo mantenimento occorre che questo poco si trovi nel medesimo luogo; perocchè quando anche in altri luoghi vi fosse un'eccedenza di queste sostanze nutritive, se non si disciolgono, restano inattive. I suddetti sali hanno la proprietà di trasportare dal luogo dove queste sostanze nutritive si trovano in eccedenza in altre parti, e quindi, quando anche coi loro elementi non possano prender parte attiva alla nutrizione, ponno ciò non ostante produrre un rimarchevole vantaggio nell'aumentare la rendita.

Da ciò si comprende come queste sostanze non produ effetto in taluni terreni e perchè non abbia durata. Quan fatti il solfato ammonico, il nitrato di soda ed il sal si sieno trasformati completamente in sali calcari e ci, cessa la loro azione, e divien necessaria una se giunta di quei sali, per rinnovarne i benefici effetti.

Se l'efficacia dei sali ammonici dovesse attribuir... ammoniaca, non si potrebbe intendere, come dopo una forte concimazione con questi sali, la parte che nel primo anno non agì, non debba farlo nel secondo anno, perocchè rimane nel terreno in quella forma della porzione che avrebbe prodotto effetto.

Il solfato d'ammoniaca agisce sui silicati alcalini come sui fosfati terrosi. Ed infatti se in una terra saturata di silicato di potassa, ma che non abbandona all'acqua pura nessuna traccia d' alcali, si aggiunga una soluzione allungata di solfato, immediatamente una certa quantità di alcali si discioglie, e si può riconoscerne la presenza nel liquido cogli ordinarii reagenti.

È chiaro adunque che l' agricoltore coll' azione chimica dei sali suddetti può sostituire e rimpiazzare il meccanico lavoro dell' aratro e l' azione dell' atmosfera.

Cadrebbe poi in grave errore quegli che volesse concludere che per le simili proprietà descritte, una certa quantità di sal comune potesse rappresentare un' altra proporzionale di nitrato di soda; perocchè convertendosi a poco a poco amendue i sali in combinazioni calcari o magnesiache, dalle esperienze di Kuhlmann sappiamo, che il cloruro di calcio od è senza azione od è dannoso all' accrescimento delle diverse specie di piante, mentre invece il nitrato calcare aumenta considerevolmente la rendita del fieno; quindi il nitrato di soda produce due vantaggi, il sal comune invece un solo; e mentre molte piante comportano nel terreno ragguardevoli quantità di nitrati, i cloruri invece anche in piccola dose producono perniciosi effetti.

Noi chiamiamo concimi tutte quelle sostanze che messe nel terreno ne aumentano la rendita, senza sapere se agiscano semplicemente rendendo atte ad esser assorbite le sostanze nutritive, ovvero se servano alla nutrizione. Il semplice fatto del o benefico influsso sulla vegetazione non è una prova che o sostanze nutritive, o che abbiano agito come tali. Noi asliamo il lavoro che fa l' aratro, alla masticazione del cibo nimali ai quali la natura diede questo lavoro da esegui- tribuiamo ad alcune sostanze, come al sal comune, nida ed ai sali ammoniacali un' azione analoga a quella aco negli animali, e che quindi nel terreno rendono assimilabili ed assorbibili ed atti alla nutrizione le sostanze nutritive, e che in questo senso ponno contribuire all' accrescimento ed allo sviluppo delle piante.

Quando queste vedute si confermino, è chiaro che queste sostanze acquistano nella pratica un' importanza diversa da quella che finora erasi loro assegnata.

REAZIONE DEL PERCLORURO DI FOSFORO SU' DIVERSI ACIDI; SCHIFF.

(*Annalen der Chemie und Pharmacie*, T. CII, p. 111. — T. CVI, p. 116).

SULL'ACIDO SOLFO-BENZOICO; LIMPRICHT ED USLAR.

(*Annalen der Chemie und Pharmacie*, T. CII, p. 239. — T. CVI. p. 27).

SULL'ACIDO SALICILICO; COUPER.

(*Comptes rendus de l' Académie* 7 Giugno 1858).

Estratto.

I nostri lettori sanno che i chimici ammettono negli acidi l'esistenza di alcuni radicali che sostituiscono uno o più atomi di idrogeno in una o più molecole d'acqua. Il miglior modo di dimostrare l'esistenza di questi radicali e la genesi degli acidi col loro mezzo è certamente l'estrarre questi radicali allo stato di cloruri, e quindi coll'azione di essi convertire l'acqua n gli acidi corrispondenti. Si riconosce così a quanti atomi idrogeno equivale il radicale dell'acido dal numero di ator cloro col quale esce combinato. I nostri lettori conosco che come questi cloruri corrispondenti agli acidi si o per l'azione del percloruro di fosforo sugli acid idrati, o per quella dell'ossicloruro di fosforo sui calini.

Ad estendere e confermare questa teoria deg giovano i risultati ottenuti da Schiff, da Limpricht ed Uslar ed anche quelli di Couper.

Schiff esaminando il liquido proveniente dall'azione del gas acido solforoso sul percloruro di fosforo, lo trovò formato da un miscuglio di ossicloruro di fosforo e del cloruro corrispondente all'acido solforoso. Li separò colla distillazione frazionata bollendo l'ultimo a 82° C, ed il primo a 110°.

La reazione del percloruro di fosforo sull'acido solforoso si esprime così:.

$$PhCl^5 + SO^2 = PhOCl^3 + SOCl^2.$$

Schiff chiama il radicale dell'acido solforoso SO, equivalente a 2 atomi di idrogeno, *tionile*.

Il cloruro di tionile trasforma l'acqua in acido solforoso, e l'ammoniaca nella diamide corrispondente, per le reazioni seguenti

$$1^{o}.\ SOCl^2 + \begin{matrix} HHO \\ HHO \end{matrix} = 2HCl + SO\begin{matrix} HO \\ HO \end{matrix}$$

Cloruro di tionile — Acido solforoso idrato

$$2^{o}.\ SOH^2O^2 = SOO + H^2O$$

Acido solforoso idrato — Acido solforoso anidro — Acqua

$$SOCl^2 + \begin{matrix} AzH^3 \\ AzH^3 \end{matrix} = 2HCl + \begin{matrix} AzH^2 \\ AzH^2 \end{matrix} SO$$

Tionilamide

Quest'ultimo prodotto si ottiene facendo arrivare lentamen- una corrente di gas ammoniaco sul cloruro di tionile. Il pro- to si scompone con grande facilità; l'acqua lo trasforma in o d'ammoniaca, gli alcali ne sviluppano l'ammoniaca, gli 'acido solforoso.

osì detto bisolfito anidro d'ammoniaca di Rose sarebbe

$$\text{lammico} = \begin{matrix} AzH^2SO \\ H \end{matrix} \Big\} O.$$

.tomise all'azione del percloruro di fosforo altri acidi. ..itrico, il tunstico, il moliddico gli diedero alcuni composti che probabilmente sono i cloruri corrispondenti. L'acido fosforico anidro diede l'ossicloruro di fosforo che è, come si sa, il cloruro corrispondente; la reazione è indicata dalla seguente equazione

$$3PhCl^2Cl^3 + (PhO)^2O^5 = 3PhOCl^3 + 2PhOCl^3$$

Percloruro di fosforo — Acido fosforico anidro — Ossicloruro di fosforo — Ossicloruro di fosforo

L'acido solforico ed il cromico anidri diedero i cloruri corrispondenti SO^2Cl^2, CrO^2Cl^2, già preparati con altri metodi. Il solfocianato di potassa a moderata temperatura diede il cloruro di cianogeno gassoso, solfocloruro di fosforo e cloruro di potassio per la reazione seguente:

$$\left.\begin{matrix}CAz\\K\end{matrix}\right\} S + PhCl^2Cl^3 = CAzCl + KCl + PhSCl^3 .$$

Solfocianato di potassa	Percloruro di fosforo	Cloruro di cianogeno	Cloruro di potassio	Solfocloruro di fosforo

I solfacidi dunque danno gli stessi cloruri che gli ossiacidi, sottomessi all'azione del percloruro di fosforo; soltanto quest'ultimo in luogo di mutarsi in ossicloruro, mutasi nel composto solforato corrispondente.

Se la reazione del percloruro di fosforo sul solfocianato di potassa si fa ad una temperatura elevata, allora per reazioni secondarie si ottengono, oltre il solfo-cloruro di fosforo, anche tricloruro di fosforo, cloruro di solfo e cloruro di cianogeno solido.

Limpricht ed Uslar si proposero di dimostrare che anche negli acidi detti capulati esistono radicali che escono allo st[...]to di cloruri. Perciò sottoposero l'acido solfobenzoico all'a[...]ne del percloruro di fosforo (1 eq. di acido e 2 eq. di cl[...]ro), ed ottennero ossicloruro di fosforo ed il cloruro di benzoile:

$$C^7H^4SO^2\left\{\begin{matrix}HO\\HO\end{matrix}\right. + 2PhCl^2Cl^3 = C^7H^4SO^2Cl^2 + 2PhO($$

Acido solfobenzoico	Cloruro di solfo benzoile

Il cloruro di solfo-benzoile non è volatile nè puossi ottenere allo stato di assoluta purezza. L'acqua fredda non la scom-

(1) In questo sunto si usano i pesi atomici e le formule di Gerardt, cioè si fa H = 1, C = 12, O = 16 S = 32, Cl = 35,5. Per tradurre le formule qui usate in quelle ordinarie basta moltiplicare per 2 i coefficienti di C, di O, di S, lasciando inalterati quelli di Cl, di Ph, e di H.

pone che lentamente; quella scaldata a 100° in poco tempo rigenera l'acido, come dalla reazione seguente:

$$C^7H^4SO^3Cl^2 + \frac{HHO}{HHO} = C^7H^4SO^3 \left\{ \begin{matrix} HO \\ HO \end{matrix} \right. + 2HCl$$

L'alcool lo discioglie riscaldandosi fortemente e produce etere solfobenzoico come dalla equazione seguente:

$$C^7H^4SO^3Cl^2 + \frac{HC^2H^5O}{HC^2H^5O}\ 2HCl + C^7H^4SO^3 \left\{ \begin{matrix} C^2H^5O \\ C^2H^5O \end{matrix} \right.$$

Etere solfobenzoico

Gli alcali fissi mutano il cloruro di solfobenzoile in cloruri alcalini ed in solfobenzoati. L'ammoniaca gassosa vi agisce appena; la soluzione acquosa di essa si riscalda producendo cloruro ammonico e solfobenzamide; la soluzione alcoolica di ammoniaca dà solfobenzoato di etile e di ammonio. L'anilina produce composti corrispondenti a quelli dell'ammoniaca.

Il cloruro di solfobenzoile scaldato a 300° in luogo di volatilizzarsi si scompone in acido solforoso ed in cloruro di clobenzoile per la reazione espressa così:

$$C^7H^4SO^3,Cl^2 = C^7H^4ClO,\ Cl + SO^2 \qquad (1)$$

Cloruro di cloro benzoile

cloruro di cloro-benzoile bollito con acqua si scompone in aci- ed acido clorobenzoico come dalla equazione seguente:

$$C^7H^4ClO, Cl + HHO = C^7H^4ClOHO + HCl;$$

Acido clorobenzoico

l' entrata trasforma questo cloruro nell'amide corrispondente. ...robenzoico si ottiene bianco e cristallizzato in aghi, precipitandolo con un acido da un suo sale solubile; e ridisciogliendolo nell'acqua bollente dalla quale separasi col raffreddamento. È poco solubile nell'acqua fredda, più solubile nell'acqua calda, nell'alcool e nell'etere. Dalla soluzione alcoolica cristallizza in piccoli prismi. Si fonde a circa 140°, e già prima comincia a sublimarsi. I sali di potassa e soda di questo acido non cristallizzano; quello di ammonio si scompone in acido ed ammoniaca col riscaldamento; quelli di barite e calce si sciolgono e cristallizzano facilmente. L'acido clorobenzoico trattato con acido nitrico fuman-

È da notarsi il risultato curioso ottenuto dall'azione dell'acqua fredda sul cloruro di solfobenzoile, il quale (anche per il prolungato contatto di più settimane), invece di reagire sopra 2 molecole come quando si scalda a 100°, agisce sopra una sola; e perciò soltanto metà di cloro si elimina dal cloruro formandosi il composto $C^7H^5SO^4,Cl$ per la reazione indicata così:

$$C^7H^4SO^3,Cl^2 + HHO = C^7H^4SO^3,ClHO + HCl.$$

Questo composto ottenuto per l'azione dell'acqua fredda sul cloruro di solfobenzoile agisce sopra un'altra molecola d'acqua scaldandovelo a 100° in contatto; si produce l'acido solfobenzoico come è indicato dalla reazione seguente:

$$C^7H^4SO^3,ClHO + HHO = \underset{\text{Acido solfobenzoico}}{C^7H^4SO^3, HOHO} + HCl\ .$$

L'azione dell'acqua sul cloruro di solfobenzoile è successiva; ad ogni molecola di acqua H^2O che agisce, esce dal cloruro un atomo di cloro allo stato di HCl e vi sottentra invece HO residuo della molecola dell'acqua. Potrà dunque aversi una reazione inversa, cioè sostituire successivamente in un acido polibasico HO con Cl; il che è stato verificato da Limpricl ed Uslar. Difatto questi chimici facendo agire un solo equi lente di percloruro di fosforo (in luogo di due) sopra un e valente di acido solfobenzoico ottennero il composto inter sopra indicato in luogo del cloruro di solfobenzoile. Lr ne indica così:

$$\underset{\text{Acido solfobenzoico}}{C^7H^4SO^3 \left\{ \begin{matrix} HO \\ HO \end{matrix} \right.} + PhCl^2Cl^3 = \underset{\text{Composto interm}}{C^7H^4SO^3 \left\{ \begin{matrix} HO \\ Cl \end{matrix} \right.} +$$

te vi si scioglie; dopo alcune ore allungando con acq... ...ne si formano lentamente tavole trasparenti di acido nitroclorobenzoico rappresentato dalla formula $C^7H^4(AzO^2)ClO^2$. Quest'acido si scioglie nell'alcool e nell'etere, dai quali si depone in prismi; si scioglie pure nell'acqua bollente ma non cristallizza. Fonde a 118°. L'acido clorobenzoico così ottenuto è differente da quello che Chiozza ebbe per l'azione del percloruro di fosforo sull'acido salicilico. In fatti quello ottenuto con quest'ultimo mezzo fonde a 130°; quello ottenuto da Limpricht fonde a 140°. Il sale di barite del primo è anidro; il secondo contiene acqua di cristallizzazione.

È da prevedersi che facendo agire un'altra molecola di percloruro di fosforo sul composto intermedio sopra indicato, si otterrà il cloruro di solfobenzoile, come indica l'equazione seguente:

$$C^7H^4SO^3 \left\{ \begin{matrix} HO \\ Cl \end{matrix} \right. + PhCl^2Cl^3 = C^7H^4SO^3 \left\{ \begin{matrix} Cl \\ Cl \end{matrix} \right. + PhOCl^3 + HCl$$

Composto intermedio — Cloruro di solfo benzoile

Dunque l'azione del percloruro di fosforo sugli acidi polibasici può essere successiva; ogni molecola di percloruro che agisce si elimina dall'acido HO, a cui sottentra Cl, e si forma una molecola di ossicloruro di fosforo ed una d'acido cloridrico. Viceversa l'azione dell'acqua sui cloruri corrispondenti agli acidi polibasici può esser successiva: per ogni molecola d'acqua H^2O che agisce, esce dal cloruro un atomo di etere, al quale sottentra il residuo HO della molecola dell'acqua.

Limpricht ed Uslar ottennero anche il cloruro corrispondente, all'acido solfobenzamico, che è un liquido oleoso di co- 'ore giallo d'ambra, e non distillabile senza scomposizione. Tratto con acqua si scompone in acido cloridrico ed acido solfozamico; l'ammoniaca produce cloruro di ammonio e la ami- orrispondente, cioè solfobenzamide, già preparata con altri

sti risultati confermano che qualunque sia l'origine di e per quanta elevata ne sia la formula, contiene sem- ›o di atomi che esce combinato col cloro e che può lo sostituendo uno o più atomi d'idrogeno in una di acqua.

:lle sue ricerche sull'acido salicilico, si è proposu la reazione del percloruro di fosforo sull'acido salicilico o sul salicilato di metile, tentando di ottenere il cloruro corrispondente a quest'acido e così provar meglio la bibasicità di quest'acido, già dimostrata dagli esperimenti del Professore Piria. Il percloruro di fosforo tendendo a mutarsi in ossicloruro agisce sugli acidi bibasici idrati in modi diversi; or sostituisce uno o due residui HO della molecola dell'acqua con cloro formando successivamente i cloruri corrispondenti all'acido; or si limita ad eliminare dall'acido gli elementi di una molecola di acqua lasciando l'anidride dell'acido. Gli esperimenti di Gerhard pareano aver dimostrato che il percloruro di fosforo agisce sull'acido salicilico sostituendo HO con Cl. Ma Couper ottenne risultati diversi; par che il percloruro di fosforo formi, agendo sull'acido salicilico o sul salicilato di metile, acido salicilico anidro, ossi-cloruro di fosforo e cloruri di idrogeno e di metile; ma in luogo di ottenere l'ossicloruro di fosforo e l'anidride salicilica, si ottiene un composto di essi che è il cloruro corrispondente ad un acido tribasico. La reazione si esprime così:

$$C^7H^4O^2,H^2O + PhCl^2Cl^3 = 2HCl + PhOC^7H^4O^2,Cl^3$$

Acido salicilico — Cloruro corrispondente all'acido fosfosalicilico

$$C^7H^4O^2,CH^3HO + PhCl^2Cl^3 = HCl + CH^3Cl + PhOC^7H^4O^2,Cl^3$$

Salicilato acido di metile — Cloruro corrispondente all'acido fosfosalicilico

Quest'ultimo cloruro contiene gli elementi dell'ossicloruro di fosforo e dell'anidride salicilica; esso può considerarsi come il cloruro di un radicale triatomico formatosi colla riunione degli elementi del fosforile con quelli dell'anidride salicilica. (questo cloruro corrisponda ad un acido tribasico si dimo facendovi agire l'umidità; si muta così in acido fosfosa per la reazione espressa nell'equazione seguente:

$$PhOC^7H^4O^2,Cl^3 + \begin{matrix} HHO \\ HHO \\ HHO \end{matrix} = 3HCl + PhOC^7H^4O^2$$

Acido fosf

L'acido fosfosalicilico così ottenuto si pot nere per l'azione dell'acido fosforico sul salicilico, eliminandosi gli elementi di una molecola d'acqua, come si ottengono gli altri acidi cupolati. La reazione in tal caso sarebbe espressa dalla seguente equazione

$$PhOH^3O^3 + C^7H^4OH^2O^2 = PhOC^7H^4O^2H^3O^3 + H^2O$$

Acido fosforico — Acido salicilico — Acido fosfosalicilico — Acqua

Anche in questo caso si può dire che il fosforile PhO radicale dell'acido fosforico, riunendosi agli elementi dell'anidride salicilica, forma un radicale dotato della medesima capacità di saturazione del fosforile.

S'intende come l'acido fosfosalicilico, appropriandosi gli elementi di una molecola d'acqua, si scinda in acido fosforico ed in acido salicilico. Perciò il cloruro corrispondente a questo acido sciolto in molta acqua anche fredda si converte prima in acido fosfosalicilico ed immediatamente dopo si scompone nell'acido fosforico e nel salicilico. Per fermare l'azione dell'acqua sul cloruro al primo grado, cioè per ottenere l'acido fosfosalicilico bisogna limitarsi a far lentamente agire sul cloruro l'umidità atmosferica.

Aggiungeremo ora qualche particolarità sulla preparazione e sulle proprietà dei composti sopra indicati.

Si ottiene il cloruro corrispondente all'acido fosfosalicilico aggiungendo poco per volta il salicilato di metile al percloruro di fosforo nel rapporto di una molecola del primo a due del secondo. Si viene sviluppando acido cloridrico e cloruro di metile.

Il prodotto è sottomesso alla distillazione frazionata; pas- prima appena una traccia di ossicloruro di fosforo, quindi lla una notevole quantità di percloruro di fosforo inaltera- o a 170°. Il residuo nero distilla a circa 290° dando un appena colorato in giallo. Esso è il cloruro corrispon- acido salicilico. Si può impiegare a prepararlo l'acido vece di salicilato di metile, ma la reazione è più

esposto all'umidità il cloruro liquido ottenuto, si te acido cloridrico e dopo qualche tempo si o sto solido il quale è l'acido fosfosalicilico. Dicemmo che a 290° il cloruro corrispondente all'acido fosfosalicilico distilla senza notevole alterazione, ma se si distilla rapidamente, la temperatura s'innalza al di sopra di 300° ed il cloruro si scompone in gran parte: si ottiene acido cloridrico ed un corpo solido che cristallizza dentro il liquido passato alla distillazione. La composizione di questo corpo conduce alla formula $C^7H^4O^4ClPh$. Questo corpo esposto alla umidità si muta anch'esso in acido fosfosalicilico. Si spiega la sua composizione e le sue reazioni ammettendo che sia l'anidride di un acido bibasico, il quale sarebbe l'acido fosfosalicilico in cui HO fosse sostituito da Cl cioè un composto intermedio tra l'acido fosfosalicilico ed il cloruro corrispondente, analogo a quello scoverto da Limpricht ed Uslar tra l'acido solfobenzoico e il suo corrispondente cloruro.

Difatto

$$PhOC^7H^4O^3\left\{\begin{matrix}HO\\HO\\HO\end{matrix}\right. \ldots\ldots PhOC^7H^4O^3\left\{\begin{matrix}HO\\HO\\Cl\end{matrix}\right. \ldots\ldots PhOC^7H^4O^3\left\{\begin{matrix}Cl\\Cl\\Cl\end{matrix}\right.$$

Acido fosfosalicilico — Composto intermedio — Cloruro corrispondente

Il composto intermedio è un acido bibasico; può dunque perdere gli elementi di una molecola d'acqua e dare una anidride. Difatto

$$PhOC^7H^4O^3ClHOHO - H^2O = PhOC^7H^4O^3ClO = PhC^7H^4ClO^4$$

che è la formula del prodotto di decomposizione del cloruro co rispondente. Questa anidride del composto intermedio in c tatto dell'acqua ripristinerà il composto intermedio, il qua agendo sull'acqua, muta Cl in HO e diviene l'acido fo lico.

Non si vede però chiaramente come l'anidride sto intermedio possa essere prodotto dalla decomp del cloruro corrispondente al fosfosalicilico.

I risultati ottenuti da Couper, mentre po l'esistenza del cloruro di salicile annunziat un atomo di cloro, dimostrano poi sempre que sia l'origine di un acido per quanto comp... a la composizione, contiene sempre un gruppo di atomi, un radicale, che può escire combinato ai corpi alogeni e quindi rigenerare l'acido sostituendo uno o più atomi d'idrogeno in una o più molecole di acqua; ossia che si può sempre mutare Cl col residuo dell'acqua HO, e viceversa.

PREPARAZIONE DEL CROMATO DI PIOMBO PER LE ANALISI ELEMENTARI ORGANICHE, DEL Dr. H. VOHL.

(*Annalen der Chemie und Pharmacie*, B. 106 S. 127.)

Il cromato di piombo presenta talvolta nell' analisi elementare organica alcuni vantaggi in confronto dell' ossido di rame. È per altro poco usato tanto per l' elevato suo prezzo, quanto, e specialmente, perchè impiegato due o tre volte non può più servire successivamente. L' Autore osservò che fondendo insieme ossido di cromo e nitrato di piombo otteneva del cromato di piombo puro. E siccome questo sale nelle analisi organiche si riduce in parte ad ossido di cromo e di piombo, così propone di bagnare il cromato di piombo, che ha già servito, con acido nitrico, e quindi di fonderlo. In tal modo si riforma il primitivo cromato, cosicchè una sola quantità di questo sale può servire indefinitamente nelle analisi elementari organiche.

HE SULLA SCINTILLA ELETTRICA; B. W. FEDDERSEN.

Estratto.

dello specchio ruotante del sig. Wheatstone, il a fatto varie osservazioni sui fenomeni che si ha luogo una scintilla elettrica. Per rallenta- re questa scintilla, egli ha introdotto nel circuito ... di vetro ripieni di acqua.

Si assume uguale all' unità la resistenza di un filo di acqua di un millimetro di grossezza e di un millimetro di lunghezza. Esperimentando su diverse resistenze (da 100 fino a 1000) nel circuito conduttore, il sig. Feddersen ha osservato ad un tempo due specie di scariche, differentissime l' una dall' altra, delle quali ora l' una, ora l' altra prevaleva.

Queste specie di scariche erano:

1.ª *Scarica continua.*

Al principio della scarica si vedeva nello specchio una scintilla seguita da due nastri luminosi, che si stendevano ai due lati della scintilla nella direzione della ruotazione dello specchio. Questi due nastri aumentavano tanto più in grandezza, quanto maggiore era la resistenza introdotta nel filo del circuito.

2.ª *Scarica intermittente.*

In questa specie di scarica, si osservava nello specchio una serie di scintille parziali, separate al principiare della scarica da intervalli equidistanti. Aumentando la resistenza introdotta, la scarica intermittente prevaleva.

Allorquando le due sfere, tra le quali la elettricità passava, non erano difese dal movimento dell'aria prodotto dalla ruotazione dello specchio, si osservava sempre una flessione delle scintille parziali nella direzione del movimento dell'aria.

L'Autore ravvisa in questo fatto una prova sufficiente ciascuna scarica parziale cerchi in ogni caso di seguire il mino della scarica che l'ha preceduta.

Dipendenza del tempo che passa tra l'apparizion scintille parziali, dalla distanza esplosi

Le distanze delle scintille intermittenti non che soltanto all'incominciare della scarica, non le prime scintille. Si notava il numero delle che si erano distribuite sopra una lunghezza surata con apparato conveniente posto di fac io. Si osservava per esempio in questo modo che il tempo minimo che passava tra due scintille era uguale a 0,00002 di secondo. Da tutte queste sperienze risultava che l'intervallo di tempo tra due scariche parziali, diminuiva colla distanza esplosiva.

Il tempo che scorreva tra due scariche parziali, si accresceva colla resistenza introdotta nel circuito.

Durata di una scarica totale.

Il fenomeno della scarica intermittente non presentandosi esattamente definito che al principiare ed al finire, si poteva misurare la durata totale della scarica per mezzo della distanza dalla prima all'ultima scintilla. Dopo avere evitato tutte le cause di errore, per esempio l'influenza del residuo ec., il sig. Feddersen ha trovato che la durata di una scarica totale si accresce colla resistenza del circuito, colla superficie della batteria e colla distanza esplosiva, bensì in un rapporto assai minore di quest' ultimo.

Finalmente l' Autore ha istituite delle sperienze per misurare la quantità di elettricità che si scaricava per una scarica totale.

Egli ha scoperto che anche con scariche variatissime della batteria, la quantità di elettricità scaricata, è sempre una certa porzione della scarica totale, semprechè però la resistenza introdotta nel circuito sia piccola.

'A LA TEORIA GENERALE DEI VENTI; DEL SIG. DOVE.

('es de Chimie et de Physique, Tom. LI. pag. 242).

Traduzione.

n secolo che Hadley, in una sua Memoria, sazioni filosofiche dell'anno 1735, sotto il tit ause of the general trade-wind, ha sviluppato principii sopra i quali può essere fondata una teoria generale dei venti. Questi principii sono: 1°. la dilatazione dell'aria a causa del calore, il quale fa che nelle regioni dove l'azione del sole produce la più alta temperatura, l'aria riscaldata, aumentando d'elasticità, e trovando al disopra di sè il minimo di resistenza, s' inalza nell'atmosfera; 2°. la rotazione diurna della terra, per la quale resulta che l'aria, la quale affluisce verso i punti dove si produce la corrente ascendente, prova una deviazione tutte le volte che la latitudine del punto di partenza è differente da quella del punto d'arrivo. Hadley si è contentato di spiegare coll'ajuto di questi principii il fenomeno degli alizei. L'applicazione dei medesimi principii alla teoria dei monsoni è evidente: l'aria che venendo dal sud, oltrepassa l'equatore, dà origine al monsone sud-ovest, e il monsone nord-est si spiega come l'alizeo della medesima direzione.

Parlando rigorosamente, il monsone nord-est non è altra cosa che un alizeo; esso diviene monsone solamente allorchè penetrando nell'emisfero australe prende la direzione nord-ovest. Quanto alla causa che fa penetrare nell'emisfero boreale fino all'Imalaja, ed eziandio fino al Giappone, l'alizeo proprio all'emisfero australe, deve essere cercata nella diminuzione di pressione che prova durante l'estate l'atmosfera del continente Asiatico, e che io ho segnalata per la prima volta in una Memoria comunicata all'Accademia nel 1842. La considerazione dell'iso-terme mensili basterebbe a far concepire perchè l'alize sud-est penetra assai più oltre al nord dell'equatore nel m dell'Indie che in America; ma essa non spiega come quest' zeo s'inoltri al di là della regione del massimo di temper Senza la conoscenza della diminuzione di pressione che in estate l'atmosfera del continente asiatico fino in Si fenomeno dei monsoni sarebbe in contradizione colla Hadley. D'altronde, se in Asia il luogo del minim ratura non coincide con il luogo del massimo d primo trovandosi sotto la latitudine di Bomba to la latitudine di Chusan e di Nankin, ciò d quantità di vapor d'acqua che esiste nell'a tudini meridionali che ne aumenta la pressi della densità resultante dall'accrescimento (r trova così bilanciata, mentreche una simile compensazione non potrebbe effettuarsi più al nord nell'interno del continente. Un ordinamento tutto differente della terra ferma e del mare non permette al monsone della costa di Guinea di penetrare molto lungi nell'interno dell'Affrica. Il Mediterraneo somministra realmente durante l'estate una proporzione di vapor d'acqua sufficiente per compensare nel nord dell' Affrica l'effetto della rarefazione dell'aria prodotto dal calore del sole. Frattanto è possibile che una certa diminuzione di pressione abbia luogo in estate nell'interno dell' Affrica. Io ne porgo un'indicazione molto evidente nell'osservazioni barometriche d'Algeri. Le differenze delle medie barometriche mensili e della media annua sono infatti le seguenti:

Gennajo	+ 0mm,61	Luglio	— 0mm,63
Febbrajo	+ 0,43	Agosto	— 0,18
Marzo	— 0,07	Settembre . . .	+ 0,13
Aprile	— 0,25	Ottobre	+ 1,86
Maggio	— 0,29	Novembre . . .	— 0,41
Giugno.	— 1,17	Dicembre	+ 1,69

Così la pressione barometrica presenta un minimo marcatissimo in estate, che non si verifica in Europa. Inoltre nel mare Mediterraneo il vento è diretto durante l'estate dal nord verso d; i venti etesi sono dei venti di nord.

Le ragioni esposte, spiegano completamente, se non m'ia-
10, i caratteri particolari che distinguono i monsoni dagli
e la limitazione geografica del loro dominio. La gran li-
le montagne e degli alti piani che traversa l'Asia dal-
ovest non rappresenta che una parte secondaria nel
quella d'impedire che l'equilibrio si stabilisca tra
cchezza e l'estrema umidità delle due atmosfere
a separa. Da ciò le grandi pioggie che cadono
al declivio meridionale di queste montagne;
babilmente l'abbassamento si rimarcabile che
perpetue prova sopra questo medesimo de-
le osservazioni più recenti sembrano pro-
vi iduta della pioggia e della neve sopra il declivio settentrionale dell'Imalaja è la causa principale del fenomeno.

Non si può pensare ad applicare il principio di Hadley ai fenomeni complessi della zona temperata fino a che non si ammetta che l'arbitrario apparente di questi fenomeni nasconde qualche legge generale. Per rapporto a questa zona, il problema è dunque doppio: fa duopo primieramente stabilire una legge generale, ed in seguito ricondurla a dipendere dal principio di Hadley. Io ho annunziato fino dal 1827 la legge, della quale si tratta, sotto il nome di *legge della rotazione del vento*, e dopo trent'anni mi sono sforzato primieramente a dare di questa legge delle prove più rigorose di quelle che somministra l'osservazione diretta, e in secondo luogo a dimostrare che l'osservazione diretta s'estende a tutte le regioni della zona temperata e della zona fredda dei due emisferi, che i resultati che essa somministra erano conosciuti dagli antichi, ed erano stati ritrovati a diverse epoche, ma giammai avevano sufficientemente attirato l'attenzione.

Allo scopo di riunire in un riassunto generale dei fatti dispersi in un gran numero di Memorie, ho pubblicato nel 1837 le mie *Ricerche metereologiche*, dove si trova sviluppata la serie dei fenomeni che dipendono dalla legge di rotazione, e dove questa legge si trova spiegata secondo i principii di Hadley, nell'ipotesi d'una corrente atmosferica polare e d'una corrente equatoriale, che lottano incessantemente l'una contro l'altra i turbini che accompagnano gli uragani si trovano nello stes lavoro ricondotti al medesimo principio. Dopo quest'epoca l' so degli anemometri registratori ha somministrato dei mezzi di porre alla prova l'esattezza della legge, e più vatori hanno intrapreso delle ricerche speciali collo s questa prova. D'altronde, lo studio più esatto degl' t la scoperta della variazione diurna dell'intensità e zione del vento, alla quale hanno condotto l' glesi, hanno fatto conoscere un gran numero si rattaccano per diversi lati alla legge della senza dipendere dalle medesime cause fisicl

Una rivista generale della teoria e dei venuta necessaria, sopratutto per impedire realmente identici dei fenomeni provenienti da cause essenzialmente differenti che nelle diverse contrade, si presentano come identici all'osservazione immediata.

Si sa che l'aria atmosferica presenta due modi di movimento principali: qualche volta si sposta in linea retta ed in massa, qualche volta si ravvolge attorno d'un centro, il quale

può essere immobile, od in movimento. Nel caso d'uno spostamento rettilineo, la causa del movimento risiede d'ordinario d'avanti al vento; l'aria è attirata verso un punto determinato, e non è respinta. Nei turbini, almeno nei turbini uragani, le cose si passano diversamente: vi ha impulsione progressiva esercitata sull'aria. Se la terra fosse immobile, un vento continuo e progressivo darebbe alla banderuola una direzione invariabile; un turbine progressivo le farebbe descrivere un arco che si eleverebbe tutto al più fino a 180 gradi. Un turbine stazionario darebbe alla banderuola una direzione invariabile, perpendicolare al raggio del turbine. Per conseguenza allorchè si volesse tirare una conclusione dalle indicazioni della banderuola, non ci sarebbe che una sola specie di incertezza: la banderuola restando immobile non si saprebbe se si trattasse d'un vento progressivo o d'un vortice stazionario. Ma in forza della rotazione della terra, un vento continuo fa percorrere alla banderuola un arco più o meno considerevole, e la direzione della banderuola non è assolutamente fissa se non nel caso che la direzione del vento coincida con quella della rotazione della ter-
o sia opposta a questa. Ma la rotazione della banderuola
lotta da un turbine, si distingue essenzialmente da quella
dovuta all'influenza del movimento della terra sopra la
ie d'un vento continuo; quest'ultima, qualunque sia la
del vento si fa costantemente nel medesimo senso, cioè:
st, mezzogiorno, est, nell'emisfero nord; e nell'emi-
'n senso opposto. Al contrario, la rotazione della
uta ad un turbine si fa indifferentemente in un
), in un medesimo luogo, secondochè questo
un lato o dall'altro della linea che percorre
).

possibile, come l'hanno pensato Brandes per
Espy, Hare ed altri, che in un punto dato la pressione dell'aria provasse un'istantanea diminuzione, e che l'aria affluisse da tutti i lati verso questo punto; la causa della diminuzione di pressione potrebbe essere d'altronde una condensazione del vapore d'acqua (Brandes), una corrente ascendente (Espy), o una attrazione elettrica (Hare). L'uragano sarebbe in questo caso un uragano centripeto. Se il luogo del minimo di pres-

sione è invariabile, quest'uragano darà alla banderuola una direzione costante; se esso si sposta la banderuola girerà in questo senso o nell'altro, secondo la posizione del luogo dell'osservazione per rapporto al centro dell'uragano.

Ciò posto, possono presentarsi tre casi:

1.° O tutte le rotazioni un poco grandi della banderuola sono dovute a dei turbini o a degli uragani centripeti, e ciò può aver luogo in due modi differenti:

(*a*) I turbini e gli uragani centripeti si sviluppano ora in un punto ora in un altro, e non vi è alcun senso dominante di rotazione della banderuola.

(*b*) Questi turbini e questi uragani hanno la loro origine in luoghi determinati, e si spostano secondo direzioni determinate, di maniera che in un luogo dato la rotazione della banderuola si fa più abitualmente in un certo senso, ma questo senso non è lo stesso in tutta l'estensione dell'emisfero terrestre.

2°. O le rotazioni della banderuola resultano unicament dall'alternanza e dalla lotta delle correnti polari e delle co renti equatoriali. In questo caso, il senso della rotazione è stantemente quello del movimento apparente del sole. Nell sfero nord, la rotazione si fa dal nord all'est, al sud, all nell'emisfero sud, in senso contrario. L'ampiezza delle ni contrarie a quelle non oltrepassa giammai un qua conferenza.

3°. O le rotazioni del vento sono di due s sultano dai turbini e dagli uragani centripeti, origine la lotta delle correnti polari e delle c li. In questo caso, si debbono avere in cia rotazioni in senso opposto, ma le più nun tuarsi nel senso del movimento diurno ap

Per riconoscere qual è di questi tre c lizza nella natura, è necessaria una discussion le condizioni del fenomeno.

Allorchè ho pubblicato, nel 1827, le mie prime ricerche sopra la legge della rotazione dei venti, ho indicato le ragioni che mi facevano preferire le prove indirette, fondate sopra le variazioni del barometro, del termometro e dell'igrometro, alle

prove dirette dedotte immediatamente dall'osservazione. Allorchè si cerca, mediante l'osservazione diretta, se la rotazione del vento ha luogo in un senso piuttosto che in un altro, si è esposti a commettere un primo errore, il quale consiste nel considerare tutte le rotazioni più grandi di 180 gradi come delle rotazioni più piccole di 180 gradi e contrarie, per conseguenza, alle rotazioni reali; se l'intervallo delle due osservazioni consecutive è uguale o superiore alla durata media d'una rotazione di 180 gradi, le osservazioni sembreranno contradire la legge di rotazione, precisamente allorchè esse saranno a lei favorevoli. Vi ha ancora un'altra causa d'errore. Dampier ha inserito nella sua Opera sopra i venti, pubblicata circa un secolo e mezzo fa, un capitolo *On the winds that shift*. Se la direzione primitiva d'un vento è parallela a quella d'una costa, il vento tende a divenire perpendicolare alla costa durante il giorno, a causa del riscaldamento temporario della terra ferma. Il fenomeno si produce altresì sotto le nostre latitudini, come il sig. Wenckebach l'ha dimostrato per l'Olanda. Ora non si osserva la banderuola d'ordinario che durante il giorno, e, per conseguenza, in circostanze tali, le quali tendono a produrre la ro-
ne accidentale, della quale si tratta. L'uso degli anemo
registratori evita queste diverse cause di errore, e l'ap
ne di questi strumenti alla soluzione della questione ce
un vero progresso. Il processo più conveniente di cal
licazioni è quello che ha indicato il sig. Buys-Bal
Memoria intitolata: *Quelques mots sur la loi de*
e.

una terza causa perturbatrice nei fenomeni
llorchè le due correnti opposte soffiano di
tro l'altra e producono una specie di vo
genera allora nella corrente polare fredda
issimo di pressione barometrica, che si tro
ente in contatto al minimo barometrico della corrente equatoriale. Io ho studiato qualche caso di questo genere nei miei lavori sopra le temperature medie dei periodi di cinque giorni e in una Memoria speciale inserita nelle pubblicazioni dell'uffizio di statistica (*Mittheilungen des statistischen Bureaus*).

Evidentemente ne consegue, da tutto ciò che precede, che non si possono dilucidare dei fenomeni così complessi che coll'ajuto d'osservazioni prolungate durante un gran numero d'anni.

Le ricerche le più recenti sopra gli uragani della costa occidentale d'Europa conducono a pensare che la maggior parte di questi uragani seguono l'andamento generale di quello del 24 Dicembre 1821, che ho descritto nel 1828 negli Annali di Poggendorff, e costatato per un turbine. Essi si propagano da sud-ovest a nord-est, ad una parte dell'Inghilterra si trova sovente all'ovest della trajettoria del centro dell'uragano. I fenomeni dell'urto diretto dei due venti opposti si riscontrano più spesso alle regioni della parte media e orientale dell'Europa; gli uragani del Mediterraneo e del mar Nero sembrano, in generale, dovuti a questa causa.

Da tutto ciò resulta che nell'Europa orientale l'urto diretto dei venti opposti tende a dissimulare la legge di rotazione dei venti; nell'Europa occidentale sono i turbini che la dissimulano.

Siccome la pressione barometrica è minima per i venti (sud o di sud-ovest e massima per i venti di nord-est e cl essa varia in modo continuo dentro questi due estremi, n segue dalla legge di rotazione dei venti che per i ver dentali la pressione barometrica tende ad aumentare essa tende a diminuire per i venti orientali. Questo ho dimostrato un tempo fa col mezzo dell'osserv rigi pubblicate negli *Annali di Chimica e di F* li del signor Galle rispetto a Danzica e quelli rispetto a Halle, hanno confermato questi pri gnor Kämtz ha effettuato una verificazione Pietroburgo che mi ha comunicata mano come a Danzica il vento ha una tendenz ra durante il giorno, e che, in seguito sig. Wesselowski, si manifesta qualche cos Pietroburgo, mi è sembrato interessante d'esaminare l osservazioni di due stazioni metereologiche un poco lontane dalle coste e situate l'una nell'Europa occidentale, l'altra nell'Europa orientale. Ho calcolato, a questo scopo, quindici anni d'osservazioni fatte a Chiswick, presso Londra, e il sig. Vogt ha voluto incaricarsi di calcolare undici anni d'osservazioni fatte da lui stesso ad Arys in Masovia. I quadri seguenti contengono i resultati del calcolo.

Nel quadro relativo a Chiswick, i numeri rappresentano le variazioni totali del barometro dal mattino alla sera corrispondenti a ciascuna direzione del vento e corrette della variazione oraria. Nel quadro relativo ad Arys, le variazioni barometriche che corrispondono a dei periodi di otto ore soltanto.

CHISWICK (*misure espresse in pollici inglesi*).

	O.	N-O.	N.	N-E.	E.	S-E.	S	S-O.
Inverno .	+0,049	+0,056	+0,085	+0,056	+0,001	−0,032	−0,038	−0,028
Primavera	+0,018	−0,005	+0,037	+0,001	−0,001	−0,011	−0,074	−0,012
Estate. . .	+0,025	+0,079	+0,056	+0,009	−0,005	−0,050	−0,059	+0,005
Autunno .	+0,044	+0,063	+0,075	+0,019	+0,022	−0,075	−0,053	−0,015
Medie .	+0,054	+0,049	+0,058	+0,016	+0,004	−0,041	−0,056	0,014

ARYS.

N-O.	N.	N-E.	E.	S-E.	S.	S-O.
-2,34	+1,85	+1,56	+0,15	−0,65	−1,19	−0,79
92	+0,95	+0,45	0,25	−0,54	−0,77	−0,90
2	+0,34	−0,11	−0,45	−0,95	−0,86	−0,45
4	+1,31	+0,47	−0,25	−0,65	−0,72	−0,40
,34	+0,88	+0,56	−0,18	−0,65	−0,90	−0,61

La legge si manifesta in un modo tutt'affatto rimarcabile ad Arys. Essa è altresi evidente nel quadro delle medie mensili.

Il sig. Follet Osler ha, pubblicato nell'ultimo rapporto dell'Associazione brittannica per l'avanzamento delle scienze i resultati che sono stati ottenuti dal 1852 al 1855 all'Osservatorio di Liverpool, sotto la direzione del sig. Hartnrup e col mezzo d'un anemometro registratore. Il quadro seguente contiene il numero delle rotazioni d'una intiera circonferenza osservata durante ciascun anno.

ANNI	ROTAZIONI		ECCESSO DELLE ROTAZIONI *Dirette sulle Retrograde*
	Dirette (1)	*Retrograde*	
1852	28	12	16
1853	24	12	12
1854	26	2	24
1855	25	10	14
Medie	25,5	9	16,5

(1) L'espressione di *Rotazioni dirette* designa le rotazioni conformi alla legge di Dove, e quella di *Rotazioni retrograde* denota le rotazioni di senso contrario.

A Greenwich, l'eccesso medio delle rotazioni complete dirette sopra le rotazioni retrograde, tal quale resulta da 13 anni d'osservazioni, è di 13,5. Nel corso degli anni dal 1842 al 1854, esso è stato successivamente di 13,0; 20,7; 21,6; 7,5; 18,1; 10,7; 12,1; 23,3; 15,9; 19,1; 8,8; — 1,8; 6,8. In questo periodo, l'anno 1853 presenta un'anomalia completa. Una corrispondente anomalia si ritrova nel corso delle temperature di quest'anno: nella Germania orientale, il mese di Marzo è stato più freddo nel 1853 che il mese di Febbrajo, e il mese di Febbrajo più freddo che il mese di Gennajo, mentrechè nella Germania occidentale il mese di Febbrajo era meno freddo che il mese di Gennajo e che a Berlino la loro temperatura era la stessa.

È interessante di trovare, a lato di queste enormi irregolarità nell'andamento della temperatura, delle anomalie nel movimento della banderuola tali che non se ne conosce delle simili dal tempo che si fanno l'osservazioni col mezzo degli strumenti registratori. In ogni calcolo relativo ad un piccol numero d'anni, si dovrà dunque completamente escludere l'anno 1853.

Il sig. Quételet ha calcolato l'osservazioni fatte a Bruxelles dal 1842 al 1846. Egli ha trovato per l'eccesso delle rotazioni complete dirette sopra le retrograde, i numeri seguenti:

ANNI	INVERNO	PRIMAVERA	ESTATE	AUTUNNO	TOTALE
1842	2	5	12	2	21
1843	1	0	8	1	10
1844	0	7	2	1	10
1845	0	4	5	1	10
1846	1	8	8	— 1	16
Medio . .	0,8	4,8	7,0	1	14

La più corta durata d'una rotazione completa è stata di trentanove ore, la più lunga di ottantotto giorni. Il rapporto delle rotazioni dirette alle retrograde ha avuto, durante i dodici mesi dell'anno, i valori medii seguenti:

Gennajo	Febbrajo	Marzo	Aprile	Maggio	Giugno
0,97	1,00	1,06	2,89	1,47	2,00

Luglio	Agosto	Settembre	Ottobre	Novembre	Dicembre
2,55	2,18	1,59	1,30	0,75	1,58

Gennajo e Novembre son dunque dei mesi anormali, soprattutto Novembre.

Il sig. Lepshine, in una Memoria speciale sopra i venti che spirano a Kharkov, ha trovato che dal 1845 al 1849 l'eccesso medio annuale delle rotazioni complete dirette sopra le retrograde è stato a Kharkov di quindici rotazioni. L'anno 1846 si è presentato come completamente anormale.

Si vede che gli eccessi medii relativi a Liverpool, Greenwich, Brusselles e Kharkov sono respettivamente di 16,5; 13,5; 14 e 15, e se ne può concludere che l'eccesso medio delle rotazioni dirette sopra le retrograde ha un valore presso a poco costante in tutta l'estensione dell'Europa. D'altronde non potrebbe essere altrimenti se i fenomeni dovuti all'alternanza dei venti polari e dei venti equatoriali hanno una grande estensione nel senso dei paralleli terrestri; e quest'estensione resulta con evidenza dai miei primi lavori sopra le variazioni non periodiche della temperatura. Io ho fatto vedere che dell'elevazioni anormali della temperatura sono costantemente compensate sotto la stessa latitudine, da delle depressioni anormali simultanee, ma che sovente vi ha moltissima distanza tra il luogo dell'elevazione ed il luogo della depressione.

Aggiungo in fine il resultato dell'osservazioni fatte a Bombay coll'anemometro d'Osler. Il quadro seguente contiene la somma algebrica delle rotazioni dirette o retrograde espresse in gradi per ciascuno dei mesi dell'anno.

	1848	1849	1850	1851	MEDIE
Gennajo .	709	0	720	720	537
Febbrajo .	1080	720	1080	337	643
Marzo . .	1766	1440	720	1103	1257
Aprile . .	1091	1080	— 45	1035	790
Maggio . .	315	382	— 68	23	163
Giugno . .	372	270	697	—450	222
Luglio . .	709	1080	360	765	729
Agosto . .	382	180	1080	360	500
Settembre	383	1238	472	1125	805
Ottobre . .	2160	1462	3228	1463	2093
Novembre	1800	945	720	360	706
Dicembre.	1080	923	720	45	692

La conformità dei fenomeni con la legge generale di rotazione dei venti è perfettamente evidente, soprattutto all'epoca che si effettua il passaggio da un monsone al monsone opposto, in Marzo e Ottobre.

Dall'insieme delle ricerche che abbiamo riepilogate, resulta che la legge di rotazione si manifesta chiaramente nell'osservazioni dirette della banderuola, nonostante tutte le cause perturbatrici, al tempo stesso che essa è la chiave di spiegazione di tutte le variazioni non periodiche della pressione, della temperatura, dell'umidità e delle meteore acquee.

DISTINZIONE E SEPARAZIONE DELL'ARSENICO DALL'ANTIMONIO E STAGNO; DI R. BUNSEN.

(*Annalen der Chemie und Pharmacie, Vol. cvi. pag. 1*).

1°. *Determinazione qualitativa.*

I tre gradi d'ossidazione dell'antimonio si distinguono facilmente fra loro alle seguenti reazioni: l'acido antimonico e l'antimoniato d'ossido d'antimonio si sciolgono facilmente a leggier calore in un liquido contenente acido cloridrico e joduro di potassio. Formasi joduro antimonico ed una porzione di jodio vien reso libero, perocchè non esistono joduri d'antimonio corrispondenti a questi due gradi d'ossidazione del metallo, ma solo quello corrispondente all'ossido antimonico. Il quale col medesimo reattivo sciogliesi bensì, ma non rende libero l'jodio, che nel primo caso si rende sensibile al colore de' suoi vapori, ovvero aggiungendo solfuro di carbonio al liquido reattivo che si colora in violetto per la presenza anche di minima quantità di jodio libero. Da queste reazioni l'acido cloridrico deve esser privo di cloro e l'joduro di jodato.

L' acido antimonico e l'antimoniato d' ossido d' antimonio si differenziano fra loro benissimo per mezzo del nitrato d' argento ammoniacale. L' ossido dell' antimoniato riduce l' argento allo stato d' ossidulo, che si appalesa al color nero suo proprio. L' acido non produce questa reazione.

In simil maniera si distinguono le macchie d' arsenico da quelle d' antimonio provenienti da un apparecchio di Marsh. Si bagna la macchia con acido nitrico del peso specifico di 1,42, e si scalda soffiando sull' acido, cosicchè si evapori senza bollire. Rimane una sostanza bianca che bagnata con nitrato di argento ammoniacale diventa nera, se era formata d' ossido d' antimonio; cangiasi invece in giallo o rosso se eravi arsenico, e prende o l' uno o l' altro di questi colori, a norma che l' arsenico erasi trasformato in acido arsenioso od arsenico. Lo stagno separasi come dirassi in seguito, e si cimenta nitrato d' argento ammoniacale.

2°. *Determinazione quantitativa.*

L' antimonio si determina generalmente allo stato d' antimoniato d' ossido d' antimonio, precipitandolo prima allo di solfuro, quindi ossidando convenientemente questo. A questo scopo usasi l' acido nitrico fumante, perocchè quello ordinario non produce un' ossidazione compiuta, e, bollendo alla temperatura di 123°, lo zolfo che separasi dal solfuro fonde, e quindi trasformasi in acido solforico difficilmente. L' acido fumante invece, bollendo ad 86°, non permette allo zolfo di agglomerarsi, ma lo precipita in polvere e facilmente lo ossida, come anche trasforma l' antimonio in acido antimonico sicuramente, solo occorre usar l' avvertenza di bagnare prima di tutto il solfuro con qualche goccia d' acido nitrico ordinario, affine d' evitare la troppo viva reazione che quello fumante solo produrrebbe. Scacciato poi a bagno maria l' acido nitrico, si scalda la miscela d' acido solforico ed antimonico, e quello si volatilizza, questo riducesi ad antimoniato d' ossido d' antimonio puro, che si pesa.

L' ossido mercurico fornisce un altro mezzo d' ossidazione. Bisogna però impiegarne da 30 a 50 volte la quantità che sarebbe strettamente necessaria, perchè altrimenti si avrebbe una detonazione. Usando di quell' avvertenza la combustione procede tranquilla, e può dirsi terminata, quando dal crogiuolo scaldato contenente la miscela cominciano ad uscire dei vapori bianchi di mercurio. Elevando poi la temperatura si scaccia tutto l' ossido mercurico, e rimane solo l' antimoniato d' ossido antimonico. Per questa reazione conviene preparare l' ossido di mercurio precipitandolo dal sublimato corrosivo colla potassa, sebbene l' ossido così preparato lasci costantemente un piccolo residuo dopo la volatilizzazione, residuo che deve esser dosato e calcolato nei risultati dell' analisi.

Siccome poi quest' operazione procede lentissima in un crogiuolo di porcellana, conviene adoperarne uno di platino, e per difenderlo dall' azione del solfuro d' antimonio, o s' intonaca internamente con ossido mercurico puro, o si soffia pure nell' interno una bolla di vetro, che aderendo alla parete del crogiuolo serve alla difesa soddetta. Allora l' ossidazione e la susseguente volatilizzazione si compiono in brevissimo tempo.

Conviene infine notare che quando il solfuro d' antimonio contiene zolfo libero è necessario lavarlo con solfuro di carbonio, e liberarlo dallo zolfo prima di cominciare l' ossidazione, perocchè altrimenti sarebbe inevitabile l' esplosione.

Per separare l' antimonio e lo stagno dall' arsenico si impiega il seguente metodo: il solfuro d' arsenico è attaccato e sciogliesi nel bisolfito di potassa, i solfuri d' antimonio e stagno no. Il bisolfito reagisce sul solfuro d' arsenico producendo arsenito di potassa, iposolfito, zolfo ed acido solforoso, come dalla seguente formula:

$$2AsS^3 + 8KO,2SO^2 = 2KO,AsO^3 + 6KO,S^2O^2 + S^3 + 7SO^2$$

Si fanno adunque bollire i solfuri metallici a lungo nella soluzione di bisolfito, e sino a tanto che non svolgesi più acido solforoso; allora si filtra e dal liquido filtrato coll' idrogeno solforato si precipita l' arsenico allo stato di solfuro, che quindi si ossida nuovamente, raccoltolo, coll' acido nitrico fumante, e si dosa allo stato di arseniato magnesico-ammonico. — Sul filtro poi hassi l' antimonio allo stato di solfuro, che si ossida, e si determina, come si disse antecedentemente, e se occorre separasi dagli altri metalli coi mezzi conosciuti.

La medesima reazione serve a separare l'arsenico dallo stagno. Solo conviene osservare che il bisolfuro di stagno non si può lavare sui filtri con acqua pura, chè passerebbe torbida, ed il solfuro ostruirebbe i pori della carta. Si evita quest'inconveniente lavando prima il precipitato con acqua carica di sal comune, e quindi togliendo questo con una soluzione d'acetato d'ammoniaca un po' acido. Ben inteso che il liquido che passa dal momento che si impiega l'acetato dev'essere gettato, e quindi il precipitato sul filtro deve essere stato già prima intieramente privato d'arseniato. Senza di quest'avvertenza l'idrogeno solforato che quindi si impiega a precipitare l'arsenico, produrrebbe anche solfidrato d'ammoniaca, che disciogliendo porzione del solfuro d'arsenico prodotto, renderebbe falsa l'analisi.

INTORNO ALLA COMETA SCOPERTA IL 2 GIUGNO

NOTA DEL DOTT. G. B. DONATI.

La sera del 2 Giugno scuoprii, nella costellazione del Leone, una piccolissima Cometa che non potei osservare che il 7 dello stesso mese, e che in seguito ho regolarmente osservata ogniqualvolta i nuvoli, o il chiaro della luna non me lo hanno impedito. Ecco le posizioni che ne ho ottenute:

1858	Tempo med. di Firenze	AR. Appar. di Cometa	Decl. appar. di Cometa
Giugno 7.	10h 27m 5s	9h 24m 59s,33	+24° 21' 58",6
» 8.	9 37 57	9 25 2,49	24 27 50,7
» 9.	10 52 1	9 25 5,31	24 34 44,5
» 10.	9 57 54	9 25 9,63	24 41 6,3
» 11.	10 25 41	9 25 15,84	24 47 38,4
» 12.	10 35 2	9 25 21,06	24 53 59,9
» 13.	10 19 41	9 25 28,70	25 0 18,1
» 15.	9 57 22	9 25 53,16	25 11 19,7
» 17.	10 1 1	9 26 17,92	25 23 22,2
» 19.	9 34 49	9 26 46,63	25 35 29,4
» 28.	9 47 5	9 29 57,47	26 26 9,5
» 29.	9 46 6	9 30 23,56	26 31 44,6
» 30.	9 37 6	9 30 50,85	26 37 39,5
Luglio 2.	9 40 13	9 31 47,64	26 48 15,2
» 8.	9 45 10	9 35 7,53	27 20 54,4
» 10.	9 33 16	9 36 19,87	27 32 1,2
» 12.	9 30 33	9 37 35,88	27 43 11,5
» 13.	9 30 45	9 38 17,45	27 48 44,8
» 14.	9 26 44	9 38 58,16	27 54 16,4
» 19.	9 21 13	9 42 40,57	28 22 33,1
20.	9 11 59	9 43 25,72	28 28 44,9
4.	9 2 22	9 57 16,18	30 5 7,2
5.	8 57 11	9 58 21,70	30 12 54,6
6.	8 45 58	9 59 25,68	+30 19 45,4

Prendendo per base le mie osservazioni del 7 e del 28 Giugno, e quella del 14 Luglio ho calcolato la seguente orbita parabolica:

Passaggio al perielio. . . 1858, Sett. 29,20697 T.m. di Greenwich
Distanza perielia 0,5759017

Longitud. del nodo ascendente	165° 24' 21",4	dall' equinozio
Longitudine del perielio . . .	294 23 59, 6	med°. del 1° Gennajo 1858.
Inclinazione	116 56 11, 7	

Volendo fare la distinzione di moto *retrogrado* dovrà prendersi:

Longitudine del perielio = 36°24′43″,2
Inclinazione . . . . = 63 3 48,3

Quest'orbita soddisfa alle osservazioni di partenza nel modo seguente:

	Osservata-calcolata	
	Longitud.	*Latitud.*
Giugno 7.	— 1′ 45″	+ 1′ 2″
» 28.	0 0	0 0
Luglio 14.	+ 0 52	— 0 42

Siccome gli elementi riportati di sopra sono il resultamento di una *seconda approssimazione*, potevasi attendere che dovessero soddisfare alle osservazioni di partenza in un modo più soddisfaciente di quello che fanno. Ciò starebbe a indicare che una parabola non basti a rappresentare il corso dell'attuale Cometa, e che possa esser piuttosto un'ellisse l'orbita da lei percorsa. E questa supposizione acquista tanto maggior fondamento, in quanto che i precedenti elementi hanno una qualche rassomiglianza con quelli della Cometa prima del 1827, e perchè il sig. Yvon Villarceau ha calcolato, per l'orbita descritta da questa Cometa, un'ellisse che sarebbe percorsa in 15 anni, e che soddisfa assai bene alle osservazioni.

Queste ricerche però sono ancora premature, non avendo la Cometa fino al presente percorso che un piccolissimo arco; e solo allorchè sarà stata osservata in tutta la sua apparizione potranno gli astronomi con tutta sicurezza dire se essa è identica ad altre comete già osservate, e predirne il ritorno.

Intanto per facilitare le osservazioni dedotto dai precedenti elementi la seguente

EFFEMERIDE DELLA COMETA

per 0ʰ tempo medio di Greenwich.

	AR. di Cometa	Decl. di Cometa	Dist. di Cometa dalla terra	Splendore il 7 Giugno = 1
Agosto 4.	9ʰ 56ᵐ 46ˢ	+30° 5′, 4	2,203	3,6
» 9.	10 2 20	30 42, 8	2,125	4,4
» 14.	10 8 29	31 24, 3	2,036	5,4
» 19.	10 15 25	32 7, 6	1,937	7,0
» 24.	10 23 16	32 55, 7	1,826	9,3
» 29.	10 32 21	33 47, 3	1,703	12,5
Settem. 3.	10 43 8	34 40, 3	1,568	17,6
» 8.	10 56 24	35 32, 4	1,420	25,7
» 13.	11 13 20	36 14, 2	1,260	38,9
» 18.	11 35 52	36 26, 5	1,091	60,7
» 23.	12 6 42	35 30, 0	0,918	96,5
» 28.	12 49 4	32 5, 7	0,752	152,1
Ottobr. 3.	13 43 56	23 55, 3	0,615	222,0
» 8.	14 46 3	+ 9 21, 4	0,539	284,5
» 13.	15 25 14	− 8 16, 3	0,551	248,4

L'ultima colonna di questa effemeride in cui è registrato lo splendore della Cometa riferito a quello che aveva il 7 Giugno, non contiene altro che il prodotto dei quadrati delle distanze alle quali trovavasi la Cometa dalla terra e dal sole nella sera del 7 Giugno, diviso per il prodotto dei quadrati delle medesime distanze corrispondenti ai giorni per i quali l'effemeride è calcolata. Questa colonna fa vedere che lo splendore aumenterà grandemente fino all'8 Ottobre, e che quindi è probabilissimo che la Cometa sia visibile ad occhio nudo alla fine di Settembre e ai primi di Ottobre; alla quale epoca essa tramonterà (per le nostre latitudini) circa due ore dopo il sole.

Firenze, dall'Osservatorio dell'I. e R. Museo
il 10 Agosto 1858.

RICERCHE SUI DIVERSI EFFETTI LUMINOSI RESULTANTI DALL'AZIONE DELLA LUCE SOPRA I CORPI; M. EDMOND BECQUEREL.

(*Cosmos* 28 *Maggio* 1858, *pag*. 573).

Estratto.

I fenomeni luminosi, che presentano certi corpi per effetto di un' azione anteriore della luce, e che hanno ricevuto il nome di fenomeni di fosforescenza, sono stati il soggetto di numerosi studii, soprattutto nel secolo decorso; ma se si conosceva un numero sufficientemente grande di sostanze dotate di questa proprietà in un grado più o meno sensibile, s' ignora però quali erano le circostanze, le quali influivano sulla refrangibilità, intensità e durata della luce emessa. Il lavoro che ho avuto l' onore di presentare all' Accademia il 16 Novembre prossimo passato, mi ha permesso di stabilire precisamente che la disposizione molecolare dei corpi, e non già la loro composizione chimica soltanto, è atta a far variare le proprietà luminose delle materie impressionabili, e che impiegando i solfuri terrosi, si può, con uno stesso corpo, ottenere a piacere una emissione di luce di una tinta piuttosto che di un'altra, e tutto ciò per effetto della temperatura, alla quale i corpi erano stati precedentemente sottoposti, e dello stato molecolare delle combinazioni, le quali per la loro reciproca reazione, danno luogo a sostanze di cui si studia la fosforescenza.

Posso aggiungere un nuovo esempio a quelli che ho di già dati, e che mostra come gli effetti di cui si tratta dipendono da una disposizione molecolare diversa da quella da cui dipende la cristallizzazione.

Lo spato d' Islanda, e l' arragonite, abbenchè abbiano la stessa composizione, non offrono i medesimi effetti. Il primo non è luminoso nelle condizioni ordinarie; soltanto servendosi del processo, che indicherò fra poco, si trova ch' esso emette dei raggi rosso-aranciati. L' arragonite invece, diviene vivamente luminosa dopo di avere subìto l' azione solare, dando luogo ad un'emissione di raggi verdi. Pertanto se si eleva la temperatura dell'arragonite, si osserva che, quantunque essa s'infranga e che si trasformi (secondo l'opinione che corre) in piccoli cristalli spatici, la materia conserva la proprietà di essere fosforescente presso a poco della stessa tinta, come avanti la elevazione di temperatura, e non dà alcuna luce aranciata come la dà lo spato d'Islanda. Oltre a ciò lo stato molecolare presentato da queste sostanze, si ritrova nelle combinazioni che si ottengono direttamente con esse, e specialmente nei solfuri; questi ultimi poi emettono in certe circostanze dei raggi di cui la gradazione di colore è analoga a quella che danno i carbonati citati qui sopra.

I calcari concrezionati, le stalattiti si dipartano come l'arragonite; lo spato calcare produce invece i medesimi effetti dello spato d'Islanda. I precipitati di carbonato di calce presentano delle gradazioni diversissime, dopo la loro trasformazione in solfuri, e ciò dipendentemente dallo stato molecolare delle sostanze saline e sopratutto dalla combinazione di calce che serve a ottenere la precipitazione del carbonato. Io mi limito a citare in questo estratto i risultati ottenuti col carbonato di calce, imperocchè essi stanno a convalidare quelli che io ho segnalati nella prima Memoria relativamente ad altre sostanze, specialmente i carbonati di barite e di stronziana, essi mostrano che in certe circostanze l'ordinamento molecolare dei corpi, da cui dipende la fosforescenza, non è distrutto in qualcuna delle loro combinazioni. Qui dunque si producono gli effetti del medesimo ordine di quelli, i quali si manifestano nei fenomeni di polarizzazione circolare presentati da qualche sostanza, come pure dalla saturazione di certi acidi colle basi. Infatti risulta dai lavori del sig. Chevreul, che l'acido picrico, per esempio, perde la sua acidità quando lo si saturi colla potassa, ma bensì conserva il suo sapore amaro.

Nella prima Memoria io ho detto che il fenomeno di fosforescenza era probabilmente più generale che non si crede, e che se si potessero esaminare i corpi pochissimi istanti dopo l'azione luminosa, si troverebbe forse che in un gran numero di essi questa azione cessa nell'istante che essi cessano di essere sottoposti alla influenza della luce.

Io ho potuto dimostrare questa proposizione, non già esaminando i corpi che sono stati esposti alla luce e poi rientrati nella oscurità, ma sibbene facendo uso di un apparecchio che si può chiamare fosforoscopio, e sul quale i corpi sono veduti dall' osservatore dopo l' azione della luce, di maniera che il tempo che separa il momento della osservazione dal momento dell' azione luminosa sia reso così piccolo quanto si voglia, e possa essere misurato. Infatti immaginiamo nel mezzo di una camera oscura un disco collocato verticalmente, e mobile intorno ad un asse passante per il suo centro, e perpendicolare alla sua superficie; se verso la circonferenza di questo circolo è fatta un' apertura e che si projetti sulla sua superficie un fascio di raggi luminosi, questo fascio non penetrerà dall' altra parte del disco che allorquando il movimento rotatorio avrà portato l' apertura del disco nella direzione del fascio luminoso. Allora i corpi collocati al di là del disco, non riceveranno la luce che a ciascun passaggio dell' apertura di faccia al fascio luminoso. Supponiamo ora che un osservatore (collocato similmente davanti l' apparecchio, ma dalla parte del centro del disco opposta a quella che è percossa dalla luce) non possa vedere i corpi che attraverso la medesima apertura, è evidente che egli non potrà ricevere una sensazione luminosa che allorquando il disco avrà girato di una mezza circonferenza; per tal modo il fascio luminoso incidente non potrà giammai impressionare l' osservatore, e questi non riceverà che la luce emessa direttamente dal corpo impressionabile, in virtù di una azione propria e dopo l' influenza luminosa. D' altronde il tempo che separa l' istante in cui la luce cessa di agire, dall' istante in cui l' osservatore vede il corpo impressionabile sarà il tempo della durata di una mezza rivoluzione del disco. Se questo disco fosse munito di varie aperture, e ch' esso effettuasse tre o quattrocento giri per minuto secondo, si vede che si potrebbe valutare l' effetto prodotto sui corpi di $\frac{1}{[illegible]}$ a $\frac{1}{[illegible]}$ di secondo dopo l' azione luminosa.

È preferibile per le osservazioni di collocare il disco orizzontalmente di modo che ne resti metà al di fuori della imposta di una camera oscura, e l' altra metà al di dentro e d' impressionare i corpi colla luce solare diretta, o colla luce diffusa. Io ho ancora disposto un altro apparato del medesimo genere e che permette di esaminare per trasparenza le sostanze collocate tra due dischi mobili fissati insieme nel loro asse e le cui aperture non si corrispondono.

Ecco quali sono i principali fenomeni che io ho osservato con questi apparecchi, e soprattutto col secondo, il cui disco era orizzontale.

Se si colloca nel fosforoscopio un corpo fosforescente qualunque, come un solfuro terroso, un carbonato, o una materia organica, come la carta, lo zucchero ec. lo si vede continuamente luminoso, e ciò per una minima velocità di rotazione del disco; l'effetto non aumenta d'intensità, facendo girare questo disco più rapidamente. Ma con certi corpi che pei processi ordinarii, dopo la insolazione, essendo rientrati rapidamente nella oscurità non appariscono, in generale, luminosi, si può nondimeno avere una emissione di luce: così lo spato di Islanda, la leucofane, la dolomite granulosa (del S. Gottardo) danno una emissione di luce rosso-ranciato la cui intensità non aumenta al di là di una certa rapidità di rotazione del disco, la quale è relativamente assai piccola. Il tungstato di calce dà una emissione di luce bluastra. S'intende che allorquando i corpi perdono, mentre cessano di essere sottoposti all'azione dell'irraggiamento, la quantità di luce corrispondente all'impressione ch'essi ricevono a ciascun passaggio dell'apertura davanti al fascio incidente, il massimo luminoso è attinto. Nelle condizioni precedenti i corpi, di cui abbiamo parlato, offrono una fosforescenza, o se si vuole, una persistenza nella impressione esercitata su di loro dalla luce, che non è apprezzabile al di là di un quarto di secondo.

Parecchi campioni delle sostanze citate qui sopra, lo spato calcare traslucido e la dolomite granulosa, danno luogo ad effetti tutti particolari, essendo esposti alla luce, poi rientrati nella oscurità, essi sono fosforescenti ed emettono una luce verdastra debole nell'intervallo di parecchi secondi; ma nel fosforoscopio essi prendono una tinta ranciata, di cui si è parlato, tinta che è molto più viva della tinta verde, ma che non è dovuta che ad una persistenza di impressione prodotta dalla luce e che non dura al di là di un quarto di secondo.

Questi effetti distinti non sembrano provenire da un miscuglio di sostanze, ma sibbene da due azioni differenti esercitate su di una medesima materia; essi mostrano che le vibrazioni luminose, le cui velocità sono disuguali, si conservano durante tempi differenti nel medesimo corpo.

Se nell'apparecchio, si sostituiscano alle sostanze precedenti, diverse specie di vetri, è rimarcabilissimo il vedere che per una certa velocità di rotazione, questi silicati s'illuminano e si diportano come corpi luminosi da sè stessi; il flint, il cristallo a base di piombo, offrono belle tinte verdastre; altrettanto avviene nella porcellana verniciata. L'effetto comincia a divenire visibilissimo allorquando l'osservatore può vedere i frammenti di vetro $\frac{1}{15}$ di secondo dopo l'azione luminosa; sembra che l'effetto sia massimo allorchè questo tempo non è ridotto a $\frac{8}{1000}$ di secondo.

Ma i corpi che offrono effetti più brillanti sono i composti di uranio, come il vetro di uranio e i cristalli di nitrati di uranio. Questi ultimi cominciano a divenire visibili nel fosforoscopio con una tinta verde vivissima, quando l' osservatore può vederli 3 o 4 centesimi di secondo dopo l'azione luminosa: essi manifestano il massimo di luce quando questo tempo non è che di 3 o 4 millesimi di secondo. Il vetro di uranio esige una velocità di rotazione del disco un poco maggiore del nitrato onde l'effetto cominci ad essere apprezzabile. In quanto poi alla dissoluzione acquosa del nitrato di uranio, essa non offre alcun effetto sensibile.

Lo spato fluore del Derbyshire diviene luminoso nell'apparecchio, ma debolmente; esso offre il massimo effetto nelle medesime condizioni del vetro di uranio.

È notevolissimo l'osservare che parecchie delle materie chiamate sostanze fluorescenti, e sopratutto i vetri, il flint, i composti di uranio, presentano nel fosforoscopio le medesime apparenze come nei raggi dell'estremo violetto dello spettro. Questo risultato sta in conferma della spiegazione che io aveva data sino dal 1842 di certi fenomeni di fluorescenza, ri deli ad una fosforescenza immediata. Oggi io indico il durante il quale l'impressione della luce si conserva in apprezzabile.

Affinchè questa spiegazione fosse completa, bisognerebbe che con tutti i corpi fluorescenti, sopratutto coi composti organici come per esempio il bisolfato di chinina, la dissoluzione di clorofillo ec., si avessero i medesimi effetti; ma cogli apparecchi precedenti io non ho potuto ottenere una emissione luminosa simile a quella che si osserva nei raggi ultra-violetti. Una superficie impregnata di bisolfato di chinina disseccato, è luminosissima per fosforescenza, ma con una luce giallastra differente dalla luce blù ottenuta nei raggi più refrangibili; quando poi questa superficie è umida, ogni effetto cessa. Parecchi campioni di diamanti che io ho potuto studiare, hanno offerto i medesimi effetti del solfato di chinina: quelli che erano fluorescenti emettevano nei raggi ultra-violetti una luce bluastra, ma presentavano una fosforescenza giallastra poco intensa ed efficace. Questa differenza forse deriva dal manifestarsi una doppia azione come col calcare spatico, e la dolomite; ed è da notarsi che nell'un caso e nell'altro, i due generi di azione danno luogo a questa emissione di raggi di colore complementario.

Nella ipotesi precedente la durata della persistenza dell'azione luminosa che dà luogo al fenomeno di fluorescenza sulle ultime sostanze di cui ho parlato, deve essere inferiore a quella che possono dare gli apparecchi impiegati sin qui; per risolvere questa quistione, io mi studierò a ottenere una velocità di rotazione del disco del fosforoscopio molto più ragguardevole, facendo costruire nuovi strumenti per mezzo dei quali tenterò, se, trattandosi di queste materie e sopratutto delle dissoluzioni, si possa misurare il tempo che dura l'impressione prodotta dalla luce, dopo che questa ha cessato di agire.

In queste ricerche io ho fatto uso per istudiare i fenomeni di fosforescenza di una disposizione particolare, la quale conduce ad effetti luminosi dei più curiosi (questi effetti sono stati resi pubblici nei Corsi del Conservatorio imperiale di Arti e Mestieri, e della Facoltà delle Scienze); essa consiste a fare il vuoto nei tubi di vetro di circa 2 a 3 centimetri di diametro, e di 40 a 50 centimetri di lunghezza, e nei quali s'introduce qualche frammento di sostanze fosforescenti. Alle estremità di questi tubi sono stati saldati preventivamente dei fili di platino, i quali permettono di far traversare questi tubi da scariche elettriche provenienti tanto da batterie, quanto(meglio ancora) da un apparecchio d'induzione.

Operando nella oscurità si trova allora che gli archi-elettrici che traversano l'aria rarefatta, e che, emettendo raggi luminosi assai rifrangibili, hanno una tinta violacea ben conosciuta, passando vicinissimi alla superficie dei corpi, eccitano la fosforescenza di questi ultimi al più alto grado; parimente dopo il loro passaggio; le sostanze conservano durante un certo tempo la proprietà di risplendere come se esse fossero state esposte alla luce solare; la elettricità agisce dunque in questo caso come una sorgente luminosa. L'effetto è molto più energico nelle vicinanze del polo negativo che altrove. Impiegando differenti materie fosforescenti, di cui ho descritto la preparazione nella mia prima Memoria, si può ottenere una qualunque delle differenti gradazioni dei colori prismatici.

Questo metodo di esperimentare è rimarcabile in questo, che non solamente dopo il passaggio della elettricità, ma ancora, quando s'impieghi un apparecchio d'induzione, durante il passaggio la materia apparisce luminosa, e la luce emessa reagisce talmente sulla gradazione dei raggi elettrici traversanti il tubo, che la loro tinta si cangia, e non differisce in generale da quella che è emessa dal corpo stesso, dopo l'azione dei raggi solari: d'altronde il vetro divenendo fosforescente durante il passaggio della elettricità, modifica la tinta emessa dalla materia; ma dopo questo passaggio l'effetto luminoso risulta dal corpo fosforescente solo. È questo uno dei mezzi più sorprendenti che si possa impiegare per mostrare gli effetti luminosi dei corpi che hanno la facoltà di conservare, durante un tempo più o meno lungo, l'azione esercitata per parte della luce.

I risultati racchiusi in questa seconda Memoria, permettono di dedurre le conseguenze seguenti:

1°. Allorquando la luce, e principalmente i raggi più refrangibili, impressiona certi corpi, questi emettono in seguito dei raggi luminosi, la lunghezza delle cui onde è in generale più grande di quella dei raggi attivi. Vi si nota un decrescimento rapidissimo d'intensità durante i primi istanti, poi si fa più lento e dura un tempo che varia secondo i corpi, da una piccolissima frazione di secondo, sino a parecchie ore. Si può esprimere ancora questo fatto dicendo: che queste materie offrono durante un certo tempo una persistenza nell'impressione che la luce esercita sopra di loro, la quale dipende dalla natura e dallo stato fisico del corpo; questa emissione di luce corrisponde ad una certa somma di azioni ricevute dal corpo ed ha luogo nella oscurità, racchiuso o no che esso sia.

2°. L'ordinamento molecolare speciale che dà luogo al fenomeno per insolazione è diverso da quello da cui dipende lo stato cristallino, ed in alcune circostanze esso si conserva inalterato nelle combinazioni che si possono ottenere con questa sostanza.

3°. Non esiste verun rapporto tra la *durata* della luce emessa dai corpi impressionati, la intensità di questa luce e la sua refrangibilità. Può accadere che il medesimo corpo emetta dei raggi di gradazioni differentissime a seconda del tempo che separa il momento in cui la luce agisce da quello nel quale si osserva l'effetto prodotto.

4°. Il tempo necessario perchè il raggiamento luminoso impressioni i corpi è estremamente corto, poichè una scintilla elettrica la cui durata è inferiore a $\frac{1}{1000000}$ di secondo basta per dar luogo al fenomeno di fosforescenza; frattanto per ottenere il massimo effetto, il tempo dell'insolazione dipende dalla intensità dei raggi attivi, e dalla sensibilità della materia.

5°. I raggi emanati da un corpo fosforescente, precedentemente sottoposto ad una semplice insolazione, non hanno una intensità sufficiente per rendere sensibili gli apparati termometrici; parimente non si è potuto sinora produrre mediante la loro influenza nessuna azione chimica.

6°. Parecchi corpi che sono stati nominati corpi fluorescenti, sopratutto i vetri e certi composti di uranio, non devono probabilmente questa loro facoltà che alla persistenza nell'impressione della luce durante un tempo cortissimo, il quale non sorpassa qualche centesimo di secondo; la intensità della luce emessa è allora vivissima. È possibile che gli altri corpi fluorescenti, e sopratutto le materie organiche presentino effetti analoghi; ma se questa congettura è fondata, la durata della persistenza della influenza luminosa, deve essere molto più corta, poichè cogli apparati di cui ho fatto uso sin qui, io non ho potuto renderla sensibile. È dunque probabile che la fosforescenza e la fluorescenza non differiscano tra loro che nel tempo, durante il quale la impressione della luce può conservarsi.

7°. Le proprietà che presenta il vetro e sopratutto il flint, mostrano che negli apparati di ottica questa materia può agire come fuoco luminoso; i raggi emessi in virtù di questa azione, quantunque ben poco intensi, devono mescolarsi con quelli che sono trasmessi attraverso di questa sostanza.

8°. Facendo passare delle scariche elettriche in tubi vuoti d'aria nell'interno dei quali sieno state introdotte delle sostanze fosforescenti, si producono effetti luminosi notevolissimi durante il passaggio della elettricità, ed anche dopo questo passaggio; ed essi permettono di manifestare con una grande intensità i varj fenomeni di fosforescenza, che si osservano ordinariamente colla luce solare.

SPIEGAZIONE INTORNO LA NOTA DEL SIG. *H. Kopp*. ACCENNATA NEL FASCICOLO DI MAGGIO; DI S. CANNIZZARO.

Nella nota inserita nel fascicolo di Maggio p. p. spiegazione delle anomale condensazioni di alcuni vapori io dissi che *i medesimi fatti aveano suggerito a me ed a Kopp le medesime idee, e che quest' ultimo non avea avuto occasione di leggere il Giornale italiano, ove erano state da me prima pubblicate*.

Nessuno certamente trai lettori del nostro Giornale in dubbio che il sig. Kopp, uno dei più illustri chimici ti e dei più fedeli storici della scienza, abbia ignorato stenza della mia nota; qualcuno però sarà curioso di conoscere la cagione per cui quella nota fu ignorata dal sig. Kopp.

al quale non isfugge mai alcuna cosa pubblicata riguardante quella parte di scienza che egli coltiva ardentemente. Sono lieto di poter dare la spiegazione di questo fatto. Il sig. Prof. Piria, che si incarica di spedire al sig. Kopp i fascicoli del *Nuovo Cimento*, aspettava una economica occasione per farlo, in guisa che, *sino al cominciare di questo mese il sig. Kopp non aveva ricevuto il fascicolo di Dicembre del nostro Giornale, ed ignorava sin anche che si fosse già pubblicato.*

Genova, 29 Agosto 1858.

(*In continuazione dell'articolo* — Nuova Teoria degli Stromenti Ottici — *del Prof. O. F. Mossotti*).

Prima Equazione.

$$
\begin{aligned}
& Q_0^{(1)} P_0^{(1)} \left\{ \frac{1}{a_1\rho_1}\left(Q_1^{(1)}\right)^2 - \frac{a_1-a_0}{\rho_1^3}\left(Q_0^{(1)}\right)^2 \right\} , \\
& + Q_2^{(1)} P_2^{(1)} \left\{ \frac{1}{a_2\rho_2}\left(Q_3^{(1)}\right)^2 - \frac{a_2-a_1}{\rho_2^3}\left(Q_2^{(1)}\right)^2 - \frac{1}{a_1\rho_2}\left(Q_1^{(1)}\right)^2 \right\} \\
& + Q_4^{(1)} P_4^{(1)} \left\{ \frac{1}{a_3\rho_3}\left(Q_5^{(1)}\right)^2 - \frac{a_3-a_2}{\rho_3^3}\left(Q_4^{(1)}\right)^2 - \frac{1}{a_2\rho_3}\left(Q_3^{(1)}\right)^2 \right\} \\
& \vdots \\
& + Q_{2n-2}^{(1)} P_{2n-2}^{(1)} \left\{ \frac{1}{a_n\rho_n}\left(Q_{2n-1}^{(1)}\right)^2 - \frac{a_n-a_{n-1}}{\rho_n^3}\left(Q_{2n-2}^{(1)}\right)^2 - \frac{1}{a_{n-1}\rho_n}\left(Q_{2n-3}^{(1)}\right)^2 \right\} \\
& - Q_1^{(1)} P_1^{(1)} \left\{ \frac{1}{a_1\rho_2}\left(Q_2^{(1)}\right)^2 - \frac{h_1}{a_1^3}\left(Q_1^{(1)}\right)^2 - \frac{1}{a_1\rho_1}\left(Q_0^{(1)}\right)^2 \right\} \\
& - Q_3^{(1)} P_3^{(1)} \left\{ \frac{1}{a_2\rho_3}\left(Q_4^{(1)}\right)^2 - \frac{h_2}{a_2^3}\left(Q_3^{(1)}\right)^2 - \frac{1}{a_2\rho_2}\left(Q_2^{(1)}\right)^2 \right\} \\
& \vdots \\
& - Q_{2n-3}^{(1)} P_{2n-3}^{(1)} \left\{ \frac{1}{a_{n-1}\rho_n}\left(Q_{2n-2}^{(1)}\right)^2 - \frac{h_{n-1}}{a^3_{n-1}}\left(Q_{2n-3}^{(1)}\right)^2 - \frac{1}{a_{n-1}\rho_{n-1}}\left(Q_{2n-4}^{(1)}\right)^2 \right\} \\
& + Q_{2n-1}^{(1)} P_{2n-1}^{(1)} \left\{ \frac{1}{a_n\rho_n}\left(Q_{2n-2}^{(1)}\right)^2 - \frac{1}{a_n^2} Q_{2n-1}^{(1)} Q_{2n-2}^{(1)} \right\} = 0
\end{aligned}
$$

Seconda Equazione.

$$
\begin{aligned}
& Q_2^{(1)} P_2^{(2)} \left\{ \frac{1}{a_2\rho_2}\left(Q_3^{(1)}\right)^2 - \frac{a_2-a_1}{\rho_2^3}\left(Q_2^{(1)}\right)^2 - \frac{1}{a_1\rho_2}\left(Q_1^{(1)}\right)^2 \right\} \\
+ \; & Q_4^{(1)} P_4^{(2)} \left\{ \frac{1}{a_3\rho_3}\left(Q_5^{(1)}\right)^2 - \frac{a_3-a_2}{\rho_3^3}\left(Q_4^{(1)}\right)^2 - \frac{1}{a_2\rho_3}\left(Q_3^{(1)}\right)^2 \right\} \\
& \vdots \\
+ \; & Q_{2n-2}^{(1)} P_{2n-2}^{(2)} \left\{ \frac{1}{a_n\rho_n}\left(Q_{2n-1}^{(1)}\right)^2 - \frac{a_n-a_{n-1}}{\rho_n^3}\left(Q_{2n-2}^{(1)}\right)^2 - \frac{1}{a_{n-1}\rho_n}\left(Q_{2n-3}^{(1)}\right)^2 \right\} \\
- \; & Q_1^{(1)} P_1^{(2)} \left\{ \frac{1}{a_1\rho_2}\left(Q_2^{(1)}\right)^2 - \frac{h_1}{a_1^3}\left(Q_1^{(1)}\right)^2 - \frac{1}{a_1\rho_1}\left(Q_0^{(1)}\right)^2 \right\} \\
- \; & Q_3^{(1)} P_3^{(2)} \left\{ \frac{1}{a_2\rho_3}\left(Q_4^{(1)}\right)^2 - \frac{h_2}{a_2^3}\left(Q_3^{(1)}\right)^2 - \frac{1}{a_2\rho_2}\left(Q_2^{(1)}\right)^2 \right\} \\
& \vdots \\
- \; & Q_{2n-3}^{(1)} P_{2n-3}^{(2)} \left\{ \frac{1}{a_{n-1}\rho_n}\left(Q_{2n-2}^{(1)}\right)^2 - \frac{h_{n-1}}{a^3_{n-1}}\left(Q_{2n-3}^{(1)}\right)^2 - \frac{1}{a_{n-1}\rho_{n-1}}\left(Q_{2n-4}^{(1)}\right)^2 \right\} \\
+ \; & Q_{2n-1}^{(1)} P_{2n-1}^{(2)} \left\{ \frac{1}{a_n\rho_n}\left(Q_{2n-2}^{(1)}\right)^2 - \frac{1}{a_n^2} Q_{2n-1}^{(1)} Q_{2n-2}^{(1)} \right\} - \frac{1}{\rho_1 H_0}\left(1 + \frac{\rho_1}{H_0}\right) = 0 :
\end{aligned}
$$

nelle quali equazioni abbiamo tolto il fattore $\frac{1}{2}\rho_1{}^2$ comune a tutti i termini, e nella seconda di esse abbiamo omesso il primo termine, perchè, giusta la formola (II) del Capitolo III, Parte I, si ha $P^{(2)}_{0} = 0$. Si osserverà che la seconda equazione risulta dalla prima cambiando alle P, poste fuori delle parentesi, l'indice superiore (¹) nell'indice (²), ed aggiungendovi un ultimo termine.

2.

Equazioni per correggere l'aberrazione diedra.

Se per l'asse centrale si conducono due piani, l'uno passante pel punto raggiante e l'altro pel punto d'incidenza del raggio luminoso sull'obbiettivo, e si denotano con L ed l gli angoli che questi due piani fanno con quello delle x, y, si vede che la variabile ϵ, la quale ci vien data dalla seconda delle formole (9) del Capitolo I, può mettersi sotto la forma

$$\epsilon = \text{tang } O \sin o \cos (L - l),$$

tando con O ed o gli angoli che la retta, condotta dal centro di figura della superficie obbiettiva al punto raggiante, condotta dal centro della stessa superficie al punto d'incidenza, fanno respettivamente coll'asse centrale.

Quando la somma dei coefficienti, pei quali questa variabile trovasi moltiplicata nelle equazioni (8), non fosse nulla, l'errore proveniente in esso corrisponderebbe ad un'aberrazione una specie propria, che, pei raggi partiti da uno stesso luminoso posto fuori dell'asse centrale, ed incidenti ad distanza da esso sull'obbiettivo, sarebbe massima nel azzimutale l, che soddisfacesse alle relazioni $L - l = 0$, ovvero $L - l = \pi$, e sarebbe nulla in quello soddisfacente alle relazioni $L - l = \frac{1}{2}\pi$ ovvero $L - l = \frac{3}{2}\pi$, e pei valori intermedii dell'angolo $L - l$ diminuirebbe o crescerebbe proporzionalmenle al coseno di quest'angolo diedro, motivo per cui abbiamo qualificato tale aberrazione coll'epiteto di *diedra*. È poi facile di riconoscere che, eccettuando fra i detti raggi quelli pei quali l'aberrazione è massima, tutti gli altri si propagano in direzioni comprese in piani che non potrebbero mai passare per l'asse centrale (°).

Per esprimere le condizioni d'annullamento di quest'aberrazione, pongasi ϵ invece della variabile ϕ, nelle equazioni (12), e sostituiscansi per le derivate delle p prese rispetto ad ϵ i loro valori già dati, indi posto $i=2\nu-1$ e poi $i=2\nu-2$, si estendano le sommazioni da $\nu=1$ a $\nu=n$, con che si perverrà alle due equazioni.

(°) Aggiungeremo qui un'osservazione che servirà a schiarire quanto abbiamo detto nel Preliminare circa all'essersi fin qui limitata la Teoria degli stromenti ottici alla considerazione dei soli raggi che si propagano in piani passanti per l'asse centrale, omettendo quella di tutti i raggi diretti in piani secanti l'asse medesimo.

Fin a tanto che si trascurano le quantità di second'ordine in confronto dell'unità, la distinzione di queste due classi di raggi risulta superflua: perchè le projezioni sì degli uni che degli altri sull'asse centrale differendo dalle loro obbliettive di quantità di second'ordine, i fuochi conjugati dei varii raggi componenti un pennello luminoso si possono considerare, entro questi limiti d'approssimazione, come coincidenti in un sol punto; ma non è più lo stesso quando si debba tener conto delle quantità di terz'ordine in confronto di quelle di primo, come è d'uopo di fare pel calcolo delle aberrazioni. Questo è il motivo per cui le formole, fondate sopra un'equazione generale nella quale l'influenza dei raggi situati in piani secanti l'asse centrale è stata preterita, come in quella assunta dal Lagrange, o sopra equazioni dalle quali la detta influenza è stata esclusa dal bel principio, come in quelle del Gauss, non possono applicarsi ad una valutazione completa degli effetti degli stromenti ottici.

I due soli Autori venuti a mia cognizione, che, trattando la Teoria degli stromenti ottici, hanno rappresentato il corso d'un raggio luminoso con due equazioni, vale a dire non in un piano, ma nello spazio, sono il sig. Biot nell'opera già citata, ed il celebre Gauss in una Memoria fra quelle del Tom. I (*nuova serie*) della R. Società di Gottinga, e della quale il dotto Prof. Bravais ha pubblicato recentemente una traduzione francese; ma nè l'uno, nè l'altro di questi Autori hanno condotto abbastanza avanti l'approssimazione delle loro formole da far emergere la necessità d'aver riguardo ad ambedue le dette classi di raggi.

Prima Equazione.

$$Q_0^{(1)} P_0^{(1)} \frac{1}{a_1\rho_1} Q_1^{(1)} P_1^{(2)}$$

$$+\ Q_2^{(1)} P_2^{(1)} \left\{ \frac{1}{a_2\rho_2} Q_3^{(1)} P_3^{(2)} - \frac{a_2-a_1}{\rho_2^3} Q_2^{(1)} P_2^{(2)} - \frac{1}{a_1\rho_2} Q_1^{(1)} P_1^{(2)} \right\}$$

$$+\ Q_4^{(1)} P_4^{(1)} \left\{ \frac{1}{a_3\rho_3} Q_5^{(1)} P_5^{(2)} - \frac{a_3-a_2}{\rho_3^3} Q_4^{(1)} P_4^{(2)} - \frac{1}{a_2\rho_3} Q_3^{(1)} P_3^{(2)} \right\}$$

$$\vdots$$

$$+\ Q_{2n-2}^{(1)} P_{2n-2}^{(1)} \left\{ \frac{1}{a_n\rho_n} Q_{2n-1}^{(1)} P_{2n-1}^{(2)} - \frac{a_n-a_{n-1}}{\rho_n^3} Q_{2n-2}^{(1)} P_{2n-2}^{(2)} - \frac{1}{a_{n-1}\rho_n} Q_{2n-3}^{(1)} P_{2n-3}^{(2)} \right\}$$

$$-\ Q_1^{(1)} P_1^{(1)} \left\{ \frac{1}{a_1\rho_2} Q_2^{(1)} P_2^{(2)} - \frac{h_1}{a_1^3} Q_1^{(1)} P_1^{(2)} \right\}$$

$$-\ Q_3^{(1)} P_3^{(1)} \left\{ \frac{1}{a_2\rho_3} Q_4^{(1)} P_4^{(2)} - \frac{h_2}{a_2^3} Q_3^{(1)} P_3^{(2)} - \frac{1}{a_1\rho_2} Q_2^{(1)} P_2^{(2)} \right\}$$

$$\vdots$$

$$-\ Q_{2n-3}^{(1)} P_{2n-3}^{(1)} \left\{ \frac{1}{a_{n-1}\rho_n} Q_{2n-2}^{(1)} P_{2n-2}^{(2)} - \frac{h_{n-1}}{a_{n-1}^3} Q_{2n-3}^{(1)} P_{2n-3}^{(2)} - \frac{1}{a_{n-1}\rho_{n-1}} Q_{2n-4}^{(1)} P_{2n-4}^{(2)} \right\}$$

$$+\ Q_{2n-1}^{(1)} P_{2n-1}^{(1)} \left\{ \frac{1}{a_n\rho_n} Q_{2n-2}^{(1)} P_{2n-2}^{(2)} - \frac{1}{a_n^3} Q_{2n-1}^{(1)} P_{2n-1}^{(2)} \right\} = 0\,.$$

Seconda Equazione.

$$\left\{ \frac{1}{a_2\rho_2} Q_3^{(1)} P_3^{(2)} - \frac{a_2-a_1}{\rho_2^3} Q_2^{(1)} P_2^{(2)} - \frac{1}{a_1\rho_2} Q_1^{(1)} P_1^{(2)} \right\}$$

$$\frac{1}{a_3\rho_3} Q_5^{(1)} P_5^{(2)} - \frac{a_3-a_2}{\rho_3^3} Q_4^{(1)} P_4^{(2)} - \frac{1}{a_2\rho_3} Q_3^{(1)} P_3^{(2)} \right\}$$

$${}_2 P_{2n-2}^{(2)} \left\{ \frac{1}{a_n\rho_n} Q_{2n-1}^{(1)} P_{2n-1}^{(2)} - \frac{a_n-a_{n-1}}{\rho_n^3} Q_{2n-2}^{(1)} P_{2n-2}^{(2)} - \frac{1}{a_{n-1}\rho_n} Q_{2n-3}^{(1)} P_{2n-3}^{(2)} \right\}$$

$$\frac{1}{a_1\rho_2} Q_2^{(1)} P_2^{(2)} - \frac{h_1}{a_1^3} Q_1^{(1)} P_1^{(2)} \right\}$$

$$\frac{1}{a_2\rho_3} Q_4^{(1)} P_4^{(2)} - \frac{h_2}{a_2^3} Q_3^{(1)} P_3^{(2)} - \frac{1}{a_1\rho_2} Q_2^{(1)} P_2^{(2)} \right\}$$

$$P_{2n-3}^{(2)} \left\{ \frac{1}{a_{n-1}\rho_n} Q_{2n-2}^{(1)} P_{2n-2}^{(2)} - \frac{h_{n-1}}{a_{n-1}^3} Q_{2n-3}^{(1)} P_{2n-3}^{(2)} - \frac{1}{a_{n-1}\rho_{n-1}} Q_{2n-4}^{(1)} P_{2n-4}^{(2)} \right\}$$

$$Q_{2n-1} P_{2n-1}^{(2)} \left\{ \frac{1}{a_n\rho_n} Q_{2n-2}^{(1)} P_{2n-2}^{(2)} - \frac{1}{a_n^3} Q_{2n-1}^{(1)} P_{2n-1}^{(2)} \right\} + \frac{1}{a_0 H_0} = 0\,.$$

Per semplicità si è tolto il fattore $a_0 \rho_1$ a tutti i termini di queste equazioni e si sono cambiati i loro segni.

3.

Equazioni per la distruzione d'aberrazione di campo.

La terza variabile ζ, la quale, secondo le denominazioni introdotte colle formole (9) del Capitolo I, ci è data da

$$\zeta = \frac{y_0^2 + z_0^2}{H_0^2},$$

rappresenta evidentemente il quadrato della tangente dell'angolo che il raggio visuale, condotto dal centro di figura della superficie obbiettiva al punto raggiante, fa coll'asse centrale. Se il coefficiente di questa variabile nelle equazioni (8) non fosse nullo ne risulterebbe in esse un errore corrispondente ad un'aberrazione, che sarebbe nulla se il detto punto fosse situato sull'asse centrale, e quindi veduto nel centro del campo dello stromento; ma comincerebbe ad esistere ed anderebbe aumentando di mano in mano che il punto medesimo si scostasse dall'asse centrale, e fosse veduto più lontano dal detto centro. Chiameremo quindi quest'aberrazione, dipendente dal luogo che occupa nel campo dello stromento l'immagine del punto radiante, *aberrazione di campo*.

Per ottenere le equazioni esprimenti che il coefficiente delle ζ è nullo nelle equazioni (8), bisogna porre $\varphi = \zeta$ nelle (12), e dopo aver estese le sommazioni nei limiti sopra stituire per le derivate relative a questa variabile abbiamo riferiti nel Capitolo precedente. Si conseguiranno questo modo le due seguenti equazioni

Prima Equazione.

$$Q_0^{(1)}P_0^{(1)}\frac{1}{a_1\rho_1}\left(P_1^{(2)}\right)^2$$

$$+\,Q_2^{(1)}P_2^{(1)}\left\{\frac{1}{a_2\rho_2}\left(P_3^{(2)}\right)^2-\frac{a_2-a_1}{\rho_2^3}\left(P_2^{(2)}\right)^2-\frac{1}{a_1\rho_1}\left(P_1^{(2)}\right)^2\right\}$$

$$+\,Q_4^{(1)}P_4^{(1)}\left\{\frac{1}{a_3\rho_3}\left(P_5^{(2)}\right)^2-\frac{a_3-a_2}{\rho_3^3}\left(P_4^{(2)}\right)^2-\frac{1}{a_2\rho_2}\left(P_3^{(2)}\right)^2\right\}$$

$$\vdots$$

$$+\,Q_{2n-2}^{(1)}P_{2n-2}^{(1)}\left\{\frac{1}{a_n\rho_n}\left(P_{2n-1}^{(2)}\right)^2-\frac{a_n-a_{n-1}}{\rho_n^3}\left(P_{2n-2}^{(2)}\right)^2-\frac{1}{a_{n-1}\rho_{n-1}}\left(P_{2n-3}^{(2)}\right)^2\right\}$$

$$-\,Q_1^{(1)}P_1^{(1)}\left\{\frac{1}{a_1\rho_1}\left(P_2^{(2)}\right)^2-\frac{h_1}{a_1^3}\left(P_1^{(2)}\right)^2\right\}$$

$$-\,Q_3^{(1)}P_3^{(1)}\left\{\frac{1}{a_2\rho_2}\left(P_4^{(2)}\right)^2-\frac{h_2}{a_2^3}\left(P_3^{(2)}\right)^2-\frac{1}{a_1\rho_1}\left(P_2^{(2)}\right)^2\right\}$$

$$\vdots$$

$$-\,Q_{2n-3}^{(1)}P_{2n-3}^{(1)}\left\{\frac{1}{a_{n-1}\rho_{n-1}}\left(P_{2n-2}^{(2)}\right)^2-\frac{h_{n-1}}{a_{n-1}^3}\left(P_{2n-3}^{(2)}\right)^2-\frac{1}{a_{n-2}\rho_{n-2}}\left(P_{2n-4}^{(2)}\right)^2\right\}$$

$$+\,P_{2n-1}^{(1)}\left\{\frac{1}{a_n\rho_n}Q_{2n-1}^{(1)}\left(P_{2n-2}^{(2)}\right)^2-\frac{1}{a_n^3}Q_{2n-2}^{(1)}\left(P_{2n-1}^{(2)}\right)^2\right\}=0$$

Seconda Equazione.

$$Q_2^{(1)}P_2^{(2)}\left\{\frac{1}{a_2\rho_2}\left(P_3^{(2)}\right)^2-\frac{a_2-a_1}{\rho_2^3}\left(P_2^{(2)}\right)^2-\frac{1}{a_1\rho_1}\left(P_1^{(2)}\right)^2\right\}$$

$$Q_4^{(1)}P_4^{(2)}\left\{\frac{1}{a_3\rho_3}\left(P_5^{(2)}\right)^2-\frac{a_3-a_2}{\rho_3^3}\left(P_4^{(2)}\right)^2-\frac{1}{a_2\rho_2}\left(P_3^{(2)}\right)^2\right\}$$

$$\vdots$$

$$Q_{2n-2}^{(1)}P_{2n-2}^{(2)}\left\{\frac{1}{a_n\rho_n}\left(P_{2n-1}^{(2)}\right)^2-\frac{a_n-a_{n-1}}{\rho_n^3}\left(P_{2n-2}^{(2)}\right)^2-\frac{1}{a_{n-1}\rho_{n-1}}\left(P_{2n-3}^{(2)}\right)^2\right\}$$

$$Q_1^{(1)}P_1^{(2)}\left\{\frac{1}{a_1\rho_1}\left(P_2^{(2)}\right)^2-\frac{h_1}{a_1^3}\left(P_1^{(2)}\right)^2\right\}$$

$$Q_3^{(1)}P_3^{(2)}\left\{\frac{1}{a_2\rho_2}\left(P_4^{(2)}\right)^2-\frac{h_2}{a_2^3}\left(P_3^{(2)}\right)^2-\frac{1}{a_1\rho_1}\left(P_2^{(2)}\right)^2\right\}$$

$$\vdots$$

$$-\,Q_{2n-3}^{(1)}P_{2n-3}^{(2)}\left\{\frac{1}{a_{n-1}\rho_{n-1}}\left(P_{2n-2}^{(2)}\right)^2-\frac{h_{n-1}}{a_{n-1}^3}\left(P_{2n-3}^{(2)}\right)^2-\frac{1}{a_{n-2}\rho_{n-2}}\left(P_{2n-4}^{(2)}\right)^2\right\}$$

$$+\,P_{2n-1}^{(1)}\left\{\frac{1}{a_n\rho_n}Q_{2n-1}^{(1)}\left(P_{2n-2}^{(2)}\right)^2-\frac{1}{a_n^3}Q_{2n-2}^{(1)}\left(P_{2n-1}^{(2)}\right)^2\right\}+\frac{1}{a_0^2}=0.$$

In queste due equazioni è stato tolto il fattore $\frac{1}{2}a^2_0$.

4.

Equazioni per le correzioni d'aberrazione cromatica.

L'aberrazione cromatica dipende dai termini delle equazioni (8), che contengono la variabile θ. Acciò quest'aberrazione manchi, la somma di questi termini deve essere nulla. Bisognerà pertanto che, cambiando ϕ in θ nelle equazioni (12), indi sostituendo per le derivate rispetto a quest'ultima variabile i loro valori precedentemente dati, ed estendendo le sommazioni, come si è fatto rispetto alle altre variabili, sussistano le equazioni:

Prima Equazione.

$$Q^{(1)}_0 P^{(1)}_0 \frac{b_1-b_0}{\rho_1} + Q^{(1)}_2 P^{(1)}_2 \frac{b_2-b_1}{\rho_2} \ldots\ldots\ldots + Q^{(1)}_{2n-2} P^{(1)}_{2n-2} \frac{b_n-b_{n-1}}{\rho_n}$$

$$Q^{(1)}_1 P^{(1)}_1 h_1 \frac{b_1}{a_1^2} + Q^{(1)}_3 P^{(1)}_3 h_3 \frac{b_2}{a_2^2} \ldots + Q^{(1)}_{2n-3} P^{(1)}_{2n-3} h_{n-1} \frac{b_{n-1}}{a^2_{n-1}} - Q^{(1)}_{2n-1} P^{(1)}_{2n-1} \frac{b_n}{}$$

Seconda Equazione

$$Q^{(1)}_2 P^{(2)}_2 \frac{b_2-b_1}{\rho_2} + Q^{(1)}_4 P^{(2)}_4 \frac{b_3-b_2}{\rho_3} \ldots\ldots\ldots + Q^{(1)}_{2n-2} P^{(2)}_{2n} \frac{b_n-b_{n-1}}{}$$

plici .

PATTI D'ASSOCIAZIONE

[illegible]

1° Del Nuovo Cimento si pubblica ogni mese un fascicolo di cinque fogli di stampa.

2° Sei fascicoli formeranno un volume, e così alla fine dell'anno si avranno due Volumi, ciascuno de' quali di 30 fogli di stampa, sarà corredato di un' indice.

3° Le associazioni sono obbligatorie per un anno, e gli Associati che per la fine di Novembre non avranno disdetta l'associazione, s'intendono obbligati per l'anno successivo.

4° Il prezzo d'associazione per l'intiera annata è fissato come segue:

Per la Toscana franco fino al destino . . . . . . Lire toscane 20

Per il Regno delle due Sicilie Ducati [illegible] . . . . Lire toscane 25

Per il Piemonte, il Regno Lombardo-Veneto, lo Stato Pontificio ed i Ducati di Parma e di Modena, franco fino al destino, Franchi 20 effettivi pari a . . . . Lire toscane 24

Per gli altri Stati fuori d'Italia, franco fino al destino, Franchi [illegible] pari a . . . . Lire toscane [illegible]

5° Le Associazioni sono obbligatorie per un anno, ma il pagamento dovrà farsi per semestri anticipati, cioè una metà a tutto Gennajo, ed un'altra a tutto Luglio di ciascun anno.

6° Gli Associati che pagheranno anticipatamente l'intiera annata, godranno d'un ribasso del 5 per 100 sul prezzo precedentemente stabilito.

7° Un egual ribasso sarà accordato a quelli che faranno pervenire direttamente ed a proprie spese, il prezzo d'associazione alla Direzione del Giornale.

8° Finalmente gli Associati che adempiranno tanto all'una, quanto all'altra condizione, rimettendo alla Direzione del Giornale, franco di spese, il prezzo anticipato d'una intiera annata, godranno dei due vantaggi riuniti, e sono autorizzati a ritenere il 10 per 100 sul prezzo di associazione.

La compilazione del Nuovo Cimento si fa a Torino ed a Pisa nel tempo stesso, dal Prof. R. Piria per la Chimica e le Scienze affini alla Chimica; dal Prof. C. Matteucci per la Fisica e per le Scienze affini alla Fisica. L'amministrazione, la stampa e la spedizione sono affidate alla Tipografia Pie-

Le associazioni si ricevono dai

TORINO — G. B. Paravia e Comp.
FIRENZE — G. P. Vieusseux.
PIETRASANTA — Fratelli Bartolini.
ROMA — Francesco Biaggi, Via del Piè di Marmo N. 36.
BOLOGNA — Marsigli e Rocchi.
MODENA — Carlo Vincenzi.
REGGIO DI MODENA — Stefano Calderini.
PARMA — Giovanni Adorni.
MILANO — Gaetano Brigola.
VENEZIA — Gaetano Brigola.
TRIESTE — Colombo Coen.
NAPOLI — Giuseppe Dura, Strada di Chiaja N. 10.
MESSINA — Antonio di Stefano.
PARIGI — Mallet-Bachelier, Quai des Augustins, 55.
VIENNA — Braumüller.

Presso il Tipografo Pieraccini

TROVANSI I SEGUENTI LIBRI

INDICE

MEMORIE ORIGINALI

TRADUZIONI ED ESTRATTI

SULLE MACCHIE SOLARI, E DEL MODO DI DETERMINARE LA PROFONDITÀ; MEMORIA DEL R. P. ANGELO SECCHI.

L'attenzione degli astronomi e dei fisici pare che siasi in modo speciale rivolta adesso allo studio del maggior luminare del nostro sistema, mentre qualche tempo fa, quasi temessero di venire oppressi dal potere di tanto lume, pareva abbandonato: l'instancabile attenzione degli scienziati molto vi ha potuto scoprire, e molto si spera di saperne ancora, ed è con piacere che vediamo questo soggetto proseguito con ardore generale specialmente dopo il successo delle recenti esperienze sulla temperatura solare.

La più interessante questione è su la natura delle macchie, intorno alle quali benchè un gran numero di fisici siano d'accordo in ammetterle squarci dell'atmosfera solare, pure di tanto in tanto risorgono le antiche ipotesi che le vogliono nubi o altro che d'indefinibile, ed è perciò che stimo utile l'insistere su alcune mie recenti osservazioni che tendono a distruggere per sempre tutte queste antiche ipotesi nate solo o dalla mediocrità degli strumenti con cui si è osservato il sole, o dalla poca pratica avuta nelle osservazioni stesse.

L'inviluppo luminoso solare che chiamasi fotosfera è certamente in istato fluido, come lo mostra l'immensa sua variabilità, e le macchie non sono altro, come dissi, che squarci fatti in questo inviluppo che lasciano vedere il corpo del sole sensibilmente oscuro. In un'altra mia Memoria ho gia insistito su questo punto, e l'idea fondamentale di ciò non è mia, ma di Wilson. Per stabilire tale teoria egli si fondò su le fasi che presentava una macchia quando compariva all'orlo del Sole e ne svaniva, poichè allora appariva colla penombra ristretta e perduta affatto dalla parte del centro del disco. Secondo il Wilson la penombra sarebbe formata dalla pendenza o scarpa degli orli della cavità stessa. Il caso osservato dal Wilson fu creduto eccezionale, ma al contrario esso anzi è assai frequente e io l'ho trovato spessissimo, sopratutto nelle macchie di forma circolare e che non sono pros-

vero. Non che io pretenda che su questa sola osservazione si possa fondare una opinione sicura di ciò, essendo certamente necessario moltiplicare le osservazioni molte volte, giacchè è indubitato che non in tutti i siti la fotosfera ha la medesima profondità, ma mi persuado che non deve esser molto alto tale strato, perchè le macchie non si mostrano mai prive di penombra nella parte interna, se non quando esse sono giunte vicinissime all'orlo.

L'inclinazione della pendenza l'abbiamo trovata 14° appena, ma nelle macchie prossime a sparire questo elemento deve molto variare e diminuire, e ne fa fede il fatto che in tal momento la penombra trovasi di poco distinguibile dal resto, e ha un limite molto indeciso, il quale coi forti ingrandimenti si può appena riconoscere. È questo un fatto curioso ma certo, che l'ineguaglianza di luce fra il fondo generale del sole e le penombre molto diminuisce colla forza dell'oculare, e che il contrasto è assai più vivo coi minori ingrandimenti: cosa che si verifica pure nelle fasce di Giove e Saturno. Ad ogni modo il diminuire di tale contrasto quando la macchia sta per sparire è un altra prova che la teoria di Wilson è la più probabile, che cioè la penombra dipenda dalla diminuzione di luce proveniente dalla inclinazione diversa della superficie da cui emanano, rapporto all'occhio dell'osservatore.

Molti hanno obiettato alla teoria di Wilson che tanta diminuzione non poteva aversi per questa sola causa: però se la causa assegnata da lui non è soddisfacente in tutto, credo che mercè dalle recenti osservazioni nostre ed altrui non può restar dubbio sul punto fondamentale, qualora si abbia riguardo a qualche altra considerazione che passo ad esporre. Abbiamo più volte inculcato che le penombre sono listate e divise a finissimi filamenti, ciascuno de' quali è realmente in sè quasi altrettanto lucido quanto la fotosfera generale, ma che veduti in confuso frammisti di intervalli e linee scure con mediocri ingrandimenti fanno l'illusione di mezza tinta come le incisioni in rame. Ciò è vero, e le posteriori osservazioni hanno confermato quanto fu detto da noi alcuni anni sono. Ma vi è ancora di più un'altra causa allora non abbastanza inculcata nè conosciuta, ed è la seguente.

Le osservazioni delle macchie con forti strumenti hanno

indubitatamente dimostrato che sul nero de' nuclei si stendono talora de' veli semilucidi come a forma di cirri, ordinarii forieri di qualche invasione che stà per fare nel nucleo stesso la materia fotosferica: queste che per brevità e per intenderci io ho distinto col titolo di *cirri* o *nubi*, le ho vedute nettissime molte volte, anzi quasi sempre, ma singolarmente in una bella macchia vorticosa osservata nel 6 Maggio 1857, e anche nella bellissima macchia visibile ad occhio nudo il dì dell' ecclisse p. p. 15 Marzo, nella quale era una specie di promontorio semilucido e di colore rossastro deciso. Ed era curioso anche il vedere come in certo sito i filamenti si riunivano in massa aggruppata formando come un gorgoglio o bollore agitatissimo. Questi dettagli esigono per esser veduti due circostanze indispensabili: cioè l' aria quieta, e forte ingrandimento di almeno 300 volte. L' apertura usata da me comunemente è stata o tutti i 9 pollici o almeno 6 $\frac{3}{4}$ del grande equatoriale secondo lo stato dell' aria. I disegni fatti in quella circostanza sono tali che riescono grandemente istruttivi e saranno pubblicati in altra occasione.

Ora questi cirri o veli semitrasparenti spesso confondono l' aspetto filamentoso delle macchie e proiettandosi a quanto pare su la parte più bassa della atmosfera solare, coprono in parte la loro struttura come farebbe gli oggetti terrestri una nebbia nella nostra atmosfera per chi la guardasse dall' alto. L' atmosfera solare inoltre nelle sue basse regioni deve esser moltissimo densa ed assorbente, onde la profondità anche di $\frac{1}{8}$ solo del semidiametro terrestre deve assorbire una gran porzione di raggi e perciò le cavità delle penombre anche per ciò solo devono apparire più oscure.

Unendo adunque l' inclinazione diversa della superficie raggiante indicata da Wilson colle due cagioni suddette, cioè di frequenti cirri indecisi e rossastri, e di un basso fondo di densa atmosfera, si intenderà più facilmente che l'interno delle cavità formanti le macchie deve essere assai meno lucido del resto.

Ho già dimostrato altrove quanto sia sul calore l' effetto assorbente dell' atmosfera solare, più recentemente facendo uso della divisione della luce in due parti eguali mediante prisma birefrigente col quale si guarda la proiezione del disco solare su carta bianca, sono arrivato ai risultati seguenti:

1°. Le facole presso l'orlo non sono punto più lucide del centro del disco, ma appaiono tali solo relativamente alla minor luce che ha il disco presso al suo contorno per il sovrastare che esse fanno colle loro cime alla parte più bassa dell'atmosfera assorbente. Di tali facole ne ho vedute pochi giorni prima dell'ecclisse una enorme che occupava in lunghezza presso l'orlo un arco di almeno 60° con larghezza di circa 30".

2°. La penombra di una macchia vicina al centro, veduta con piccolo ingrandimento, non è punto più nera che le parti vicine all'orlo stesso del disco solare, ed ha circa metà della luce delle parti lucide centrali.

Da ciò apparisce chiaro che l'influenza de' strati inferiori dell'atmosfera trasparente del sole deve esercitare una forza enorme assorbente e produrre una grande diminuzione di luce nell'interno delle cavità della fotosfera.

SULLA POLARITÀ ELETTROSTATICA; NOTA DEL PROF. P. VOLPICELLI.

(*Atti dell' Accademia dei Nuovi Lincei*, *Febbrajo* 1858).

Alle due comunicazioni che sulla polarità elettrostatica ebbi l'onore comunicare all'Accademia (1), mi sia permesso agginugere la seguente:

1°. Sperimentando con un elettroscopio a pile a secco, verificai quanto già il sig. R. Dott. Fabri di Ravenna aveva annunziato (2), cioè che: sia nelle verghe tutte di coibente, sia nelle

(1) *Atti dell' Accad. Pontif. de' Nuovi Lincei*, T. v, sessione vii del 26 Settembre 1852, p. 751.

(2) *Nuovo Cimento*. Pisa 1855, Tom. 2°. pag. 250 — *Archives des sciences phy. et nat.* Genéve 1855, T. 30 Novem. pag. 244 — *Comptes Rendus*, T. xxxviii, an. 1854, p. 351, e 877.

verghe metalliche ricoperte solo negli estremi loro di coibente, si vede conservata in esse, ma per un assai breve tempo, la polarità elettrostatica, se in una giornata la più favorevole, queste verghe, bastantemente lunghe, prima si facciano scorrere per un breve loro tratto più e più volte dentro un anello, o sopra un sostegno semicircolare ben saldo; e poi, tolte dal sostegno medesimo, si avvicinino subito cogli estremi loro all'indicato elettroscopio. Non mancano adunque sperienze, dalle quali risulti che la polarità elettrostatica, prodotta dalle vibrazioni, direttamente o indirettamente comunicate ad un'asta, o tutta di coibente, o di metallo coperta solo negli estremi del coibente stesso, possa continuare per qualche istante negli estremi dell'asta medesima, eziandio dopo cessata la causa delle vibrazioni.

2°. Se il bottone di un elettroscopio sensibilissimo a pile a secco, rimanga sempre vicino ad un estremo dell'asta, sia questa di coibente, sia di metallo coperta solo negli estremi da un coibente, si vedrà che mentre l'asta eseguisce le sue orizzontali escursioni, strisciando sopra il sostegno, la foglia d'oro mostra la polarità di quell'estremo. Cioè, se il bottone dell'elettroscopio accompagni l'estremo stesso, la foglia d'oro si avvicinerà in una escursione al polo di una pila, e nella contraria escursione seguente, al polo dell'altra.

3°. Quando il sostegno sul quale scorre l'asta sia della stessa materia di questa, il fenomeno della polarità è più manifesto, a pari circostanze: ora, come su ciò riflette il sig. Fabri (1), non v'ha dubbio che l'attrito fra le medesime sostanze produca sempre scuotimenti molecolari, secondo la energia dell'attrito medesimo; esso però produce sempre una elettricità minore di quella si otterrebbe, se l'attrito stesso fosse praticato fra sostanze di natura diverse. Questa circostanza perciò favorisce molto il riguardare come causa del fenomeno in discorso lo scuotimento molecolare, e non è compatibile con qualunque altra contraria opinione.

4°. Fu osservato e pubblicato (non da me) che, facendo scorrere avanti e in dietro delle verghe coibenti, molto cor-

(1) Luogo citato.

te, su di un piattello metallico, unito all'elettroscopio di Bennet a foglie d'oro, quando il piattello si trovava nel mezzo della verga, la divergenza delle foglie riesciva sempre minore, di quando si trovava vicino ad una dell'estremità di essa. Ora è facile prima d'ogni altra cosa vedere, che sperimentando in così fatta guisa, la divergenza delle foglie devesi principalmente alla elettricità, che per attrito si svolge nel piattello isolato, pel passaggio della verga, più e più volte ripetuto sul medesimo. Inoltre il fatto singolare della indicata minore divergenza, non può spiegarsi coll'ammettere una distribuzione dell'elettrico sulla verga coibente, simile a quella che avrebbe luogo sopra una verga conduttrice; poichè tutti sanno che le molecole delle sostanze coibenti, con grandissima difficoltà comunicano l'elettrico svolto in esse per attrito, non pure alle molecole prossime della stessa natura, ma eziandio alle molecole dei conduttori, che sono in contatto con quelle. Perciò il fatto medesimo deve spiegarsi per mezzo delle due induzioni eguali e contrarie, procedenti dai due estremi della verga coibente, per la elettro statica polarità svoltasi nei medesimi, a cagione dello scorrere di essa verga sopra il piattello dell'elettrometro. Queste contrarie induzioni, quando il piattello trovasi nel mezzo della verga neutralizzano a vicenda i loro effetti sulle foglie d'oro, per cui nasce la diminuzione osservata nella divergenza delle medesime; la quale diminuzione perciò è una conferma della polarità stessa.

5°. Ho sperimentato con verghe metalliche, aventi gli estremi ricoperti di zolfo, ed ho avuto le stesse manifestazioni di polarità elettrostatica, già ottenute similmente colle resine.

6°. Ho eziandio sperimentato con verghe metalliche, ricoperte convenientemente negli estremi da tubi di vetro, e la polarità si è manifestata come nelle aste tutte di vetro, cioè oppostamente alle manifestazioni ottenute mediante i coibenti di resina, e di zolfo.

7°. Quando l'asta di resina, o di zolfo molto lunga, scorrendo sul sostegno, sebbene non isolato depositi sul medesimo un poco della sua sostanza, e ciò si verifica facilmente in estate, la polarità si rovescia, cioe l'estremo precedente dell'asta diviene positivo, e quello seguente negativo: ma cangiando sostegno, subito la polarità torna quella di prima. È poi molto interessante vedere come in questo caso la polarità, prima si affievolisce, poi si annulla, quindi si rovescia; le quali fasi non si verificano mai colle aste di vetro.

8°. Facendo che uno degli estremi dell'asta metallica, ricoperto di coibente, scorra dentro una campana, in cui siasi fatto il vuoto, si verificano anche nell'estremo stesso i fenomeni della polarità elettrostatica, in quel modo, che già fu indicato nelle due mie comunicazioni precedenti a questa, sull'argomento in proposito. Mi è sembrato inoltre che questi fenomeni sieno più intensi, quando l'estremo ricoperto di coibente scorra nel vuoto, di quello sia quando il medesimo scorra nella stessa campana piena di aria.

9° Facendo scorrere sopra un sostegno una verga di gutta perca, non ho potuto avere da essa manifestazioni di polarità elettrostatica.

10°. Le verghe di vetro manifestano una polarità più intensa delle verghe di resina, o di zolfo: le prime in fatti vibrano assai meglio delle seconde, perchè più elastiche, e più dure di queste.

11°. Pare che variando la natura delle sostanze, da cui viene formato il sostegno, sul quale scorre l'asta sufficientemente lunga e tutta di coibente, non sempre si rovesci la polarità dell'asta medesima, sebbene sia rovesciata la natura della elettricità svolta per attrito fra l'asta ed il nuovo sostegno. Così p. e. avendo ricuoperto con pelle di volpe il sostegno, la polarità dell'asta di vetro non si è rovesciata negli estremi di essa: vale a dire continuava l'estremo suo precedente ad essere positivo, ed il seguente negativo, come quando il sostegno era di ottone, vetro, lana, sebbene il pelo di volpe o di lepre, stropicciato sul vetro, renda questo negativo. Similmente col sostegno di ottone, o di stagnuola neppure si rovescia la polarità dell'asta tutta di cera di Spagna, cioè continua l'estremo suo precedente a manifestare il negativo, mentre il seguente non cessa dall'essere positivo, e ciò come quando l'asta si faceva scorrere sopra un sostegno di carta, seta, o lana, sebbene l'ottone, o la stagnuola, stropicciata sulla cera stessa renda questa positiva.

12°. Si lascino più bastoncelli di cera di Spagna, quanto fa d'uopo sopra un conveniente sostegno non isolato, affinchè mostrino all'elettroscopio una tensione *perfettamente* nulla. Questo sostegno potrà formarsi con due prismi triangolari conduttori, comunicanti col suolo, e posti l'uno parallellamente all'altro: i bastoni saranno collocati sui due spigoli orizzontali dei prismi stessi, e così potranno prendersi per un loro estremo, senza cagionare fra essi e gli spigoli su cui poggiano, attrito sensibile. Passando quindi con un dito sopra un estremo di qualunque bastone, assai leggermente, e nel medesimo senso, vedrà svilupparsi una debole tensione *positiva* nell'estremo stesso. Questa, continuando l'attrito, raggiungerà un *massimo*, poscia diminuirà, e finalmente col crescere dello stesso attrito diverrà *negativa*. Quanto più la cera di Spagna rimarrà in quiete alla tensione neutra, tanto più il fenomeno riescirà sensibile. Per ottenere con sicurezza questo cangiamento nella natura della elettrica tensione, ho prima immerso parecchi bastoni di cera di Spagna nell'acqua, e poscia li ho fatti giacere sopra il sostegno indicato, e non isolato, finchè fossero bene asciutti, quindi scegliendo una giornata secca, ho in tutti verificato il fenomeno riferito; il quale colla stessa cera, ma senza colore, riesce meglio, ed ancor più colla pura cera lacca. Lo zolfo, ed il vetro non offrono il fenomeno di cui parliamo, il quale perciò sembra essere proprio delle sole resine.

Se il bastone di cera di Spagna mostrasse in un estremo, prima dello strofinío, qualche debole tensione positiva, questa crescerà e poi diminuirà, per divenire finalmente negativa, mediante l'attrito delle dita sempre crescente sull'estremo stesso.

È molto raro il caso, ma non senza esempio, in cui la cera di Spagna, mostrandosi prima dello strofinío debolmente negativa, si cangi per l'attrito leggerissimo delle dita in positiva; e quindi l'attrito crescendo, torni ad essere negativa permanentemente. Però in generale, se la cera medesima si mostri negativa prima dell'attrito, essa pel medesimo lo diverrà sempre più. Se invece di servirsi delle dita, per produrre l'indicato attrito sulla cera di Spagna, voglia usarsi a questo fine la lana, il fenomeno stesso riescirà in egual modo.

Questi risultamenti sperimentali furono confermati anche

coll'elettroscopio a pile a secco; per conseguenza il passaggio indicato dell'elettricità da positiva in negativa nel medesimo estremo, dimostra in esso una polarità elettrostatica *successiva*. Inoltre se dopo aver ottenuto in un estremo della cera di Spagna la tensione positiva, passando leggiermente colle dita sul medesimo, si produca tosto nell'altro estremo la tensione negativa, mediante lo stesso attrito, ma più energico, avremo nella medesima sostanza una polarità elettrostatica *permanente*. Queste due specie di polarità sono prodotte da uno scuotimento molecolare, maggiore o minore, negli estremi della sostanza resinosa, e con uno stesso mezzo meccanico; lo che si accorda cogli altri fatti relativi alla polarità medesima, già da me pubblicati (1).

SUL BELLETTO TROVATO NELLE TOMBE ETRUSCHE DELL' ANTICO VULSINIO; NOTA DEL PROF. B. VIALE (2).

(*Atti dei Nuovi Lincei*. *Gennajo* 1858).

Avendo dato una corsa nell'entrare del mese di Dicembre infino ad Orvieto, ebbi agio di osservare colà gli oggetti, che il sig. Conte Ravizza avea per avventura rinvenuti testè negli scavamenti da esso aperti in quelle vicinanze.

La poca distanza del luogo dall'attuale Bolsena inverso tramontana dà certezza che gl'ipogei scoverti appartengano alla Necropoli della Lucumonia Vulsinense.

(1) *Comptes Rendus*, T. XXXVIII, ann. 1854, p. 851, e 877. — *Atti dell'Accad. Pont. de' Nuovi Lincei*, T. V. sessione VII del 26 Settembre 1852, pag. 751.

(2) Riproduciamo questo Articolo, benchè per molta parte estraneo alle Scienze del Giornale, volendo far raccolta di qualunque osservazione scientifica fatta fra noi. R.

Che la fosse stata una volta *civitas Etruscorum potentissima*, come la chiama il Cluverio, ben lo addimostrano i molti vasi ivi rinvenuti con figure e con fregi, e di più gli ori, i tripodi, i vassoi di metallo dorato, gli orci pur di metallo a bocca stretta, a ventre rigonfio e a due prese, ed infine i molti orciolini fregiati all'intorno di figurine con bel modo svelto disegnate.

Si hanno monumenti di tutte le altre undici Lucumonie degli antichi Etruschi; solo mancavan quelli di Vulsinio, che pur non meno delle altre città era fiorente per arti, per potenza e per civiltà.

Gli oggetti finora rinvenuti in quegl'ipogei possono ridursi a tre differenti categorie. A vasi, vassoi, e tripodi di metallo per uso di sacrifizii; ad oggetti di oro che accompagnavano il cadavere degli uomini ivi allogati; infine ad oggetti di oro che adornavano il corpo delle femmine, con di più quello che formava la suppellettile del loro specchio, ossia di quanto con vocabolo francese le nostre gentildonne chiamano *toilette* e che gli antichi romani dicevano *mundus muliebri* per indicare l'assiduo studio, che mettean le donne loro ad infardarsi il viso, ad abbellirsi, ed a far la loro acconciatura.

Io credo molto probabile l'opinione dell'illustre P. Tarquini sulla lingua, sulle arti, e sui popoli che abitavano l'antica Etruria marittima, i quali dalla Liguria o da Luni estendevansi fino alla bocca del Tevere di contro ad Ostia. E di vero in un di cotesti orci di bronzo eravi incisa la seguente iscrizione in carattere etrusco, che leggeasi da destra a sinistra – *Larisal Hairenies Sutina* –. La quale secondo la chiave datane dal P. Tarquini prelodato verrebbe a significare: Erenio figlio di Larzia nel tempio di Serapide. Ciò quadrerebbe con quanto affermano gli storici, cioè che quella regione venisse popolata da colonie di Fenici, che si unirono agli Aborigeni o come li chiama il Micali *Autoctones* (1), ed approdarono a quella spiaggia d'Italia molto innanzi che fosse visitata da navigatori greci. Noi non osiamo entrare in siffatta quistione perchè lontana troppo dagli studii nostri, e lasciamo che il P. Tarquini, si ap-

(1) ἄυτοχθονες; ἀυθιγενεις.

plichi ad interpretare quanto rinverrassi in codesta Necropoli vulsinense, e di più quello che già da molto tempo fa bella mostra di sè ne' musei nostri, e della vicina Toscana.

Tra gli oggetti che mi venner mostrati eranvi due serti di oro, uno composto di due ramoscelli di alloro, l'altro di due ramoscelli di olivo. La lamina di oro, che compone le fronde è sottilissima, ed è stata formata sul tasso collocandola sopra piastra di piombo, ed incavandola, e tagliandola col pirello, ossia con istampo a colpi di martello. Il fusto, ed il picciuolo cui eran saldate le foglie sono di un cannello di rame rivestito di guaina sottilissima di oro. Vi avea due maniglie, ossia cerchietti di oro, in forma di due bisce, che cingean le braccia e i polsi di donna, e codesti monili erano stati lavorati parimenti alla medesima maniera con istampo, cioè col pirello. Di più cerchielli, che portansi da donne appiccati al lobo delle orecchie, da' quali ciondolavano, a quel che ne sembrava due fortune alate, cesellate in rilievo che teneano un piè posato sopra una ruota. Finalmente un grosso anello lavorato a sgusci, e a fiorami con un onice incastonato, e inoltre molte striscioline di oro avvolte a tortiglione lungo il loro asse, delle quali servivansi le matrone etrusche per ornamento da collo.

Tutto questo dimostra come que' popoli fossero valenti per tirar oro alla filiera ed al laminatojo, e come altresì conoscessero l'arte del saldare e rammarginare a lucerna e a calore, e quella del cesellare, dello stampare, dell'imbrunire, del forbire, del condurre la piastra a sottile; dell'arrenare, ossia cuocere con renella di vetro l'oro per levargli i fumi cattivi, del camosciare, e di quanto si appartiene all'arte dell'orafo, e del cesellatore.

Richiamarono specialmente la mia attenzione diversi specchi di metallo, i quali avean la superficie concava, per la qual cosa dovean rappresentare l'imagine più piccola, e con tratti più gentili. Finalmente osservai che in alcuni orcioliui trovavansi brandelli di belletto.

Antichissimo è l'uso nelle donne di abbellirsi con liscio le gote. Nelle sacre carte al lib°. 4° de' Re si legge, che Jezabele avendo saputo l'entrata di Jehu in Jezrael si desse il belletto agli occhi; *dipinxit oculos suos stibio.*

Gli antichi romani parlando delle donne, che si davano il belletto solean dire *habent genas purpurissatas*. Plinio racconta come elle adoperavano per quest' oggetto lo stibio (solfuro di antimonio nativo o chermes naturale), ch' egli chiama *platyophthalmon, quoniam in calliblepharis mulierum dilatet oculos*.

Questo però è quanto al color rosso; quanto al bianco sappiamo da Plauto, che valean della cerusa, *Postulas cerussam, ut malas oblines*; ed Ovidio, *de Remediis faciei*, consigliava ancor egli la cerusa

Nec cerussa tibi, nec vitri spuma rubentis
Desit,

e qui è d' avvertire come venisse unita la cerusa al solfuro di antimonio per fare con essa il color bianco incarnato.

Questo belletto etrusco fu da me polverizzato, e sui carboni accesi diminuì di volume, e in parte si fè di color nero. Ciò dava indizio di una sostanza organica, forse gomma di adragante, o altra gomma per impastar le polveri.

Nell' acido nitrico allungato con acqua si divise in due parti, una solubile, l'altra no, questa ultima era di color rosso.

Feltrata la soluzione, alcune gocciole del liquido chiaro fur fatte cadere in un bicchier d'acqua e non vi produssero intorbidamento. Con ammoniaca non si alterò punto la sua trasparenza. Con solfuro di ammoniaca il liquido prese un colore che volgeva al verde ed affondò un sedimento di color bianco cilestro, che dopo varie ore di esposizione alla luce si converse in una polvere nerastra, la qual cosa dimostrava l'esistenza di un solfuro, ch'erasi disciolto in parte nell'acido nitrico. Una parte della soluzione con ossalato di ammoniaca diede copioso precipitato e lo diè parimenti con carbonato di soda. Di quì si arguiva patentemente la calce. Finalmente cimentato il liquore con nitrato di barite ebbesi una posatura, che accennava alla presenza dell'acido solforico, ed alla combinazione di quest'acido con calce. Per la qual cosa venìa disvelata la presenza del gesso.

Una piccola porzione della polvere posta sulle carte di curcuma bagnate, punto non le arrossò.

La materia colorante ch'era mescolata al solfato di calce posta a bollire nell'acqua stillata non vi si disciolse, che in picciola quantità.

Il residuo ch'erasi avuto dopo l'azione dell'acido nitrico, serbava ancora dopo il disseccamento un color rosaceo. Scaldato su d'una lampada in un cucchiajo di platino perdè presto il colore lasciando una polvere grigia (sostanza organica). Ripetuta l'operazione coll'avvertenza di sovraporvi una lamina di rame ben tersa, questa si coprì di un polviglio cinereo, che fregato con carta imbianchì il rame stesso; fu d'uopo adunque conchiudere essere codesta sostanza solfuro di mercurio, cinabro, o vermiglione.

Ne conseguita, che codesto belletto trovato nella Necropoli della Lucumonia Vulsinense era composto di solfato di calce finissimo e di cinabro o vermiglione impastati con acqua gommata.

Gli antichi Etruschi non potean conoscere la polvere bianca per belletto, che ritraesi dalla calcinazione e polverizzazione del talco, il qual'è composto di magnesia, allumina, silice e ferro, e che non si altera punto alle esalazioni dell idrogeno solforato. Ma pure col solfato di calce conseguivano il medesimo effetto; e difatti lo abbiamo trovato dopo tanti anni ancora atto a imbellettare le gote delle gentildonne.

SOPRA UN FENOMENO METEOROLOGICO; NOTA DEL DOTT. ANTONIO BERTI.

(*Atti dell' Istituto Veneto*. 1858.)

Nella città di Chioggia sulle 7 antimeridiane del 5 Gennaio 1858 un fulmine colpiva la torre del Duomo, il di cui comignolo era fornito di grossa asta di ferro formante un tempo una croce. L'asta fatta incandescente destava l'incendio nel corpo sferoidale della cupola cui serviva di asse; il piombo onde questa era coperta liquefacevasi e il fuoco comunicatosi al castello delle campane le faceva precipitare.

Il terribile fenomeno appariva inaspettato di mezzo ad una violentissima burrasca di greco, che durava dal dì innanzi con una temperatura di 3°,2 sotto lo zero e mentre cadeva fitta e turbinosa la neve.

Dicono che lo precedessero, qualche ora prima, due forti tuoni, che però pochi udirono, perchè di notte, e perchè straordinario il muggito del mare sconvolto dalla procella. Lo strepito, che accompagnava la folgore, non fu grande, tanto che non si pensò nè meno che fosse in città, e solo se ne avvidero i cittadini quando scòrsero i primi segni dell'incendio sulla torre percossa. Dopo lo scoppio si squarciarono alquanto le nubi, ma per brevissimo tempo, chè il cielo si fece più fosco che prima, e continuò a fioccare la neve tutto il restante del giorno senza intervallo.

Il fenomeno non è nuovo da noi: fu osservato anzi, e il Kaemtz lo ricorda, essere sulle coste orientali dell'Adriatico i temporali d'inverno più frequenti che altrove. Anche qui a Venezia, a tacere di altri esempii meno recenti, il 25 Gennaio 1853, sulle quattro antimeridiane con vento di N. N. E. s'ebbe un forte temporale con lampi e tuoni. Ciò nulla meno le circostanze che accompagnarono quello di Chioggia mi paiono abbastanza rare per meritarsi un breve cenno negli Atti di questo Istitut.

DI ALCUNI RISULTATI OTTENUTI DALLA CORRISPONDENZA METEOROLOGICA TELEGRAFICA; DEL PADRE SECCHI.

Volge oramai un anno dacchè si vengono trasmettendo a Parigi da Roma e da molte altre città principali d'Europa le osservazioni meteorologiche per via telegrafica, le quali poi litografate all'Osservatorio Imperiale vengono comunicate in uno speciale bullettino ai vari osservatori collaboratori. Questa corrispondenza si estende nella Francia alle città di Dunkerque, Mézières, Strasbourg, Tonnerre, Paris, le Hâvre, Brest, Napoléon-Vandée, Limoges, Montauban, Bayonne, Avignon, Lyon, e Besançon; e fuori della Francia a Madrid, Roma, Torino, Ginevra, Brusselles, Vienna, Lisbona, Pietroburgo, Algeri, e Costantinopoli. Al nostro Osservatorio poi vengono anche le osservazioni di Atene per bullettino speciale ogni 10 giorni. I risultati che possono sperarsi da tale corrispondenza sostenuta per alcuni anni non sono dubbiosi, e riuscirà a fissare sull'Europa la regola che tengono nel loro propagarsi le vicende meteorologiche donde ne verrà anche la possibilità di giovare praticamente all'agricoltura e al commercio, frutti che sono stati già sì ampiamente raccolti nella discussione delle osservazioni del medesimo genere fatte a bordo de' bastimenti, il cui risultato è stato di salvar tante vite colla scoperta della legge del moto circolare delle tempeste, e di dare un nuovo impulso alla navigazione stessa, abbreviando i viaggi di oltre ad un terzo dell'antica durata, mostrando nuovi corsi da tenere ec. ec.

Benchè sia sì breve il tempo scorso dacchè la corrispondenza parigina procede regolarmente, ho voluto procedere ad un saggio di discussione dei risultati, il quale è stato presentato da me all'Accademia de' Nuovi Lincei nella sessione del 13 di questo stesso mese di Giugno. L'osservazioni da me discusse sono le barometriche e le ragioni di preferire queste a tutte altre furono che oltre l'esser esse lo strumento fondamentale e in più stretta relazione generale collo stato dell'atmosfera, esso è anche quello che si risente meno degli altri delle circostanze locali di sua collocazione. Il termometro e la direzione del vento sono troppo soggetti ad influenze locali, a sceverare le quali è duopo conoscere bene la loro esposizione e mille altre particolarità che facilmente possono perturbarne l'andamento. Ho anche preferito al resto dell'anno l'ultimo trimestre di Marzo, Aprile e Maggio che costituiscono una stagione nè troppo tempestosa come l'inverno, nè troppo calma come la state, onde si è potuto distintamente tracciare il corso di molte singolari vicende bene distinte tra di loro ed assai istruttive.

Le osservazioni registrate nei bullettini facendosi solo una volta al giorno, cioè alle 7 del mattino, lasciano una grande lacuna nelle 24 ore. Vedremo come si possa supplire, e quanto sia desiderabile l'averne delle più frequenti.

Il metodo usato in tale discussione è stato il grafico, che è il solo utile in tale materia. Ho fatto dunque tracciare le curve barometriche delle principali stazioni disperse su vari punti dell'Europa raccolte ne' suddetti bullettini o pervenutemi per altre vie, usando perciò carta rigata a piccoli quadrati che facilita immensamente l'operazione. Ciascuna curva tracciata su lista di carta eguale alle altre ed isolata può facilmente confrontarsi con tutte le altre, e distribuendo questi pezzi nelle respettive posizioni geografiche di longitudine e latitudine de' vari paesi possono a colpo d'occhio rilevarsi le principali conseguenze.

Il risultato fondamentale dedotto da questa operazione, e che si rileva dal semplice andamento delle curve è questo: « Le grandi vicende atmosferiche si estendono a tutta l'Europa, si propagano successivamente in guisa da attraversarla in poco più di un giorno dal Nord-Ovest al Sud-Est, diminuendo in forza e crescendo in numero coll'avanzarsi verso il Sud, come pure diminuendo in numero ed in escursione coll'accostarsi della stagione estiva, talchè un avanzamento di stagione equivale ad un avanzamento geografico verso l'Equatore ».

Per isvolgere alquanto questo risultato complesso, veniamo ad alcune particolarità. In questo trimestre sono accadute quattro grandi scosse atmosferiche, cioè ai primi di Marzo, ai primi di Aprile, al principio ed al fine di Maggio: Ora queste si trovano ben decise e pronunziate in tutte le stazioni per un forte minimo barometrico, se non che i giorni di tal minimo sono differenti: così a Brest, Parigi, Bruselle, que' minimi ebber luogo nei giorni 8 Marzo, 1 Aprile, 1 Maggio, e 25 Maggio: a Roma invece si ebbero rispettivamente ai 7 Marzo, 2 Aprile, 2 Maggio, 26 Maggio onde si vede esservi il ritardo di un giorno tra le regioni prossime alla Manica e al mezzo della nostra Italia.

Per stabilire con maggior precisione la velocità dell'ondata atmosferica, le osservazioni dei listini sono insufficienti perchè essi comprendono troppo ampio intervallo, e sarebbero necessarie più frequenti osservazioni o meglio istrumenti grafici. Di ciò ne abbiamo una prova nell'ultima onda del 25 e 26 Maggio la cui velocità si può stabilire con grande precisione, grazie alle osservazioni grafiche fatte a Greenwich, Oxford e Roma. A Oxford le fasi furono le stesse che a Greenwich, ma accaddero un'ora prima che a Greenwich. In questa città si ebbe il barometro stazionario nel minimo della ondata dalle 11 antem. alle 2 pom. del 24, la qual calma fu preceduta da una forte oscillazione tra le 6 e le 9. Il barometrografo romano ha dato il minimo stazionario dalle 4 alle 7 ant. del 25, preceduto alle ore 2 e alle 5 pom. del dì 24 da due forti e rapide oscillazioni in cui in 20 minuti di tempo il barometro si abbassò di 2 millim. repentinamente e come per salto. La successione delle fasi dell'onda è dunque fuori di dubbio la stessa, essendosi ripetute in Roma collo stesso ordine che in Inghilterra riguardo alla discesa, e la differenza di tempo ne' due luoghi avuto riguardo alla longitudine è quasi 18 ore. Dopo il minimo della grande onda successe una onda secondaria minore all'atto del salire, che si osservò a Greenwich il 25, dalle 7 alle 9, e a Roma si ebbe la stessa nel 26 verso le 6 pom. Questo conferma che la velocità dell'onda atmosferica dall'Inghilterra a Roma ha impiegato meno di un giorno. Chi avesse sott'occhio le curve grafiche dei vari siti intermedi per le varie ore non tarderebbe a riconoscere in esse la precisa successione continuata, mentre essa non può che imperfettamente tracciarsi col sistema di osservazioni discontinue come si usa nella massima parte degli Osservatori meglio forniti. Il barometrografo inglese è a fotografia il che porta una spesa permanente; il nostro rende come si vede il medesimo servizio con più economia di spesa primitiva, mentre quella del mantenimento è nulla.

La grandezza dell'escursione di questa onda a Greenwich è stata in 36 ore di $12^{mm},7$; a Roma è stata quasi eguale cioè di $13^{mm},2$; ma in genere le escursioni sono maggiori pei paesi settentrionali come vedesi sulle nostre curve. In generale però dobbiamo confessare che col sistema di osservazioni discontinue riesce difficilissimo il seguire simili onde per gran tratto di via, 1° perchè spesso s'imbattono in cause locali che grandemente le modificano, come sono le montagne, e i temporali locali, e bene spesso anche s'incrociano altre onde simili derivate da altri luoghi. Tale è per esempio il caso del minimo che ha avuto luogo ai primi di Marzo, ove si vede evidentemente una doppia onda che s'incrociò quasi affatto su Parigi mentre era entrata divisa a Brest e fu perfettamente sovrapposta a Torino e a Roma, e di nuovo separata ad Atene e Costantinopoli. In questa ultima città prevaleva l'onda del giorno 7, mentre invece a Bajona, Madrid e Brest prevaleva quella del giorno 4 che passava sopra Dunkerque con piccola differenza di fase. Vienna e Pietroburgo l'ebbero sovrapposte con un'ampia e forte depressione. Ma in generale Pietroburgo presenta grandi variazioni ed è spesso più che altra stazione in opposizione di fase col resto dei paesi più occidentali e meridionali. Tale opposizione può nascere semplicemente dal ritardo di propagazione attraverso il continente.

I pochi casi che abbiamo qui accennato di volo potrebbero moltiplicarsi indefinitamente, se non che un'occhiata alle curve grafiche mostrano ciò in un modo tanto palpabile che l'usare parole è superfluo.

Le onde però non sembra che abbiano tutte la stessa velocità, e tale ineguaglianza progressiva ora riafforza ora spiana le onde maggiori. In generale è canone infallibile che una grande ondata ne' paesi settentrionali si risolve in piccole e numerose onde minori nei meridionali; le curve di Atene, Costantinopoli e Madrid confrontate con quelle di Pietroburgo, Parigi, Brusselles, e Vienna lo mostrano a colpo d'occhio; Ciò che qui succede nello spazio, rapporto ai luoghi diversi, si verifica nel tempo per uno stesso luogo in diverse stagioni; così alle grandi e poche ondate solite ad accadere nel Marzo, dappertutto nel Maggio si sostituiscono molte e minori ma più frequenti ondicelle.

Così per esempio a Brusselles nel Marzo furono 2 grandi ondate con 36 millim. di escursione; nel Maggio 3 con escursione estrema di 25^{mm}.

Ad Atene nel Marzo invece ve ne ebbero 4 con escursioni di 22^{mm}, e nel Maggio 6 con escursione di 12^{mm}.

Lasciando per esser brevi molte altre cose che si potrebbero dire, non possiamo a meno di non far riflettere che la discussione presente benchè limitata al solo barometro, tuttavia è tale che ci mostra anche l'andamento generale dello stato del cielo che strettamente dipende dalla pressione atmosferica indicata appunto dal barometro. Potrà esser che per qualche caso eccezionale e di breve durata si abbia opposizione fra i segni del barometro e lo stato dell'aria o del tempo, ma ciò non sarà che per breve tempo e solo come eccezionale. E a ciò suffraga la ragione fisica, perchè si sà che ogni dilatazione di una massa aerea produce freddo e che se questa è mista a vapore (come sempre lo è l'aria atmosfertca), si produce una precipitazione di esso vapore, come è notissimo ad accadere nella campana pneumatica ai primi colpi dello stantuffo della tromba; ogni dilatazione adunque e diminuzione di pressione che avvenga nell'aria produrrà un abbassamento nel barometro, e nel tempo stesso una precipitazione di vapore, quindi annuvolamento, e anche pioggia se la depressione sarà forte e la quantità di esso vapore abbondante. Se questo fosse pochissimo ovvero per vento caldo e secco che l'accompagna si compensasse l'abbassamento di temperatura prodotto dalla dilatazione, il cielo potrebbe restar sereno, ma non mai molto a lungo, ed ecco come nelle *grandi* variazioni il barometro è *profeta verace* del tempo mentre nelle minori è spesso fallace, potendosi in tali casi neutralizzare le cause che tendono a produrre la pioggia. A chi chiedesse poi donde vengono tali dilatazioni si potrebbe rispondere che a tal fine appunto si studia il corso delle meteore per accertarne le cagioni: tuttavia non manca qualche sicura risposta: tali cause posson esser molte ma la principale è l'influenza del calor solare. I molti studi sulle tempeste più caratteristiche dette cicloni, turbini o uragani, hanno condotto alla conseguenza che generalmente sono vortici aerei prodotti dalle azioni locali del sole, ma che questi vortici piccoli e rapidi da principio si dilatano propagandosi con moto insieme rotatorio e progressivo: i loro corsi sono molto regolari in mare, ma pervenuti in terra si rompono, e si frangono per dir così in vortici minori dilatandosi insiem bene spesso in modo enorme da coprire colle loro ruote delle vaste estensioni del globo grandi quattro o cinque volte più che l'Europa intera.

Ciò in sostanza è in grande quello che vediamo in piccolo

sulle nostre stesse campagne, ove la sferza del sole battendo al meriggio sopra aride terre vi solleva grandi colonne d'aria, donde spesso per l'afflusso laterale dell'aria vicina esse acquistano un moto progressivo e vorticoso, e raffreddandosi l'aria per la dilatazione prodotta dalla forza centrifuga del vortice, arriva fino a gelarsi la pioggia e a generarsi la grandine.

Il barometro accusa infallibilmente ogni volta al passare di un piccol vortice o temporale le stesse fasi in piccola scala che si manifestano in grande nelle grandi tempeste e noi possiamo asserire che non passa temporale a vista dell'orizzonte dell'Osservatorio senza che ne lasci traccia grafica nella carta del nostro strumento. In mare è spesso facile vedere la formazione di un uragano o tifone su di un'isola sferzata dal sole, come spesso in terra si ha la formazione di un temporale per più giorni consecutivi in uno stesso sito. Ma le grandi vicende avendo l'origine spesso assai lontana dal luogo ove producono i loro più terribili effetti, solo dopo lungo studio comparativo di osservazioni continue e contemporanee fatte in molti luoghi si potrà arrivare a scoprire la legge, la quale per il già detto dipenderà anche dallo stato termometrico e dal giro de' venti. Egli è perciò che con tanto ardore si coltiva oggidì la corrispondenza meteorologica che solo può mantenersi viva ed efficace col presente aiuto del telegrafo elettrico.

INFLUENZA DELLA CALAMITA SULLE SCARICHE ELETTRICHE NEI GAS RAREFATTI; M. PLÜCKER.

(*Ann. de Pogg. T.* 103, *p.* 88, 1858, *N.* 1).

Estratto

Scaricando una corrente indotta prodotta dall' apparato del sig. Ruhmkorff attraverso un tubo pieno di un gas rarefatto, si ravvisa una differenza di luce al polo positivo e al polo negativo.

Il sig. Plücker si è servito di tubi di forme differentissime. Egli li ha collocati tra i poli della sua elettro-calamita fortissima nella posizione assiale e equatoriale, e in ogni modo egli ha osservato una influenza del magnetismo sulla luce elettrica, simile a quella di una calamita sopra un filo, che è percorso da una corrente vóltaica.

Collocando codesto filo nella posizione equatoriale, esso è attratto o respinto secondo la direzione della corrente.

Nella posizione assiale, i due lati del filo vicini ai poli della calamita, si trovano sotto una influenza contraria, di modo che se il filo non fosse sufficientemente grosso, si romperebbe nel mezzo per l'influenza del magnetismo. Si osservava sempre questa rottura nella luce elettrica allorquando il tubo si trovava nella posizione equatoriale. L'attrazione o la ripulsione si stabiliva alla posizione assiale, e tutti questi fenomeni soddisfacevano alle leggi di Ampère.

In un caso si osservava anche la rotazione della luce elettrica nella direzione prescritta da queste leggi.

Si osservava una differenza notabile tra la luce che circonda i due elettrodi nei tubi collocati nella posizione assiale tra i poli della elettro-calamita. Quando si chiude la corrente della elettro-calamita, la luce del polo negativo si dispone in superficie luminose, formate dalle traccie che escono da qualche punto dell'elettrode positivo, e coincidono colle curve magnetiche.

I risultati si mantengono gli stessi, sostituendo una macchina elettrica all'apparato di Ruhmkorff. Il colore della luce al polo negativo non dipende dal metallo degli elettrodi, poiche questo colore non ha cambiato di apparenza abbenchè gli elettrodi sieno stati coperti d'oro, d'argento, di rame, ed anche sostituiti da sfere di platino.

Se la corrente dell'apparecchio di Ruhmkorff si scarica attraverso ad un tubo ripieno di gas rarefatto, si vede ordinariamente rossastro l'elettrode negativo nel mentre che l'elettrode positivo è coperto soltanto di punti luminosi.

Il sig. Plücker ha ripetuto in questa circostanza le esperienze del sig. Neef, le quali sono in opposizione con questa osservazione.

Egli ha veduto che il fenomeno del sig. Neef è oltremodo complicato e che lo sviluppo di calore si trova all'elettrode négativo nel mentre ché il massimo di luce si mostra all'elettrode positivo; di maniera che tutto ciò che è stato in questo fatto supposto fin qui, *sembra* essere confutato.

COMPOSIZIONE DELL'ARIA CONTENUTA NEI LEGUMI DELLA *COLUTEA ARBORESCENS* LIN; NOTA DEL PROF. G. CAMPANI.

Il legume di questo frutice delle nostre selve, come è noto a tutti i botanici, nello stato di giovinezza è membranaceo e vessicoloso per trovarsi ripieno d'una materia gassosa, che vi occupa un volume molte volte maggiore di quello dei semi che sono in via di maturazione. Venuto in curiosità di conoscere la composizione del gas contenuto in siffatti legumi ne feci opportuna analisi chimica, dalla quale avendo ottenuto dei resultati alquanto inattesi, ho creduto bene di farli conoscere col mezzo di questa brevissima nota; innanzi però di scendere ai medesimi stimo opportuno di notare, oltre le rammentate, alcune altre circostanze di organizzazione del precitato legume, poiche come ognuno sà, è dall'insieme delle medesime che dipende il modo di funzionare dell'organo.

Il tessuto cellulare che compone per la massima parte le pareti di detto legume è privo di clorofilla e invece quelle cellule sono ripiene quà e là di un liquido rosso violaceo. Gli stomi appariscono soltanto nella superficie esterna del legume, e nemmeno i granuli che si trovano entro le cellule stomatiche sono verdi.

L'aria contenuta in uno di detti legumi, pervenuto alla

maggior grandezza a cui può giungere prima che si inaridisca, è in termine medio di circa cinque centimetri cubici.

Ho analizzato dapprima l'aria di varii legumi isolatamente, poi quella derivante da più legumi, per esempio da 14 raccolti alle ore due pomeridiane di un bel giorno del mese di Luglio, e altra da 12 raccolti la mattina prima del levare del sole in uno dei giorni successivi. In tutti i casi l'aria in essi contenuta si è mostrata composta di ossigeno, di azoto e di acido carbonico; quest'ultimo vi si è trovato sempre molto abbondante relativamente agli altri, dato che si considerino come costituenti l'aria atmosferica. In fatti la quantità dell'acido carbonico ha oscillato, su 100 in volume, fra 5,57 e 9,29 nei legumi raccolti dopo varie ore di giorno; mentre in quelli raccolti dopo varie ore di notte l'acido carbonico si è mostrato da 5,88 a 11,28 per 100.

La media di cinque analisi eseguite, in tutte, sull'aria avuta da 18 legumi raccolti di giorno offre i seguenti resultati

Ossigeno	18,50
Azoto.	76,25
Acido carbonico.	6,25
	100,00 volumi.

Mentre la media di cinque analisi eseguite, in tutte, sull'aria di 16 legumi raccolti dopo una notte serena e prima del levare del sole è la seguente

Ossigeno.	16,97
Azoto	76,76
Acido carbonico.	6,27
	100,00 volumi.

Questi resultati numerici dicono chiaramente che qui non si tratta di una semplice sostituzione di un certo numero di volumi d'aria atmosferica con altrettanti volumi d'acido carbonico, poichè il rapporto dell'ossigeno e dell'azoto superstiti non è più quello normale dell'aria suddetta; invece sembra razionale il riguardare la materia gassosa contenuta nei legumi in esame come un prodotto derivante dalla nutrizione della pianta stessa avvenuta col concorso dell'aria atmosferica. Ed in questo caso avremmo in siffatti resultati una prova che la nostra pianta, e si noti che appartiene alla famiglia delle leguminose, ha la proprietà di fissare per poi assimilare l'azoto libero dall'aria atmosferica,

L'acido carbonico trovato in eccesso relativamente all'ossigeno scomparso può derivare da quello che le radici hanno assorbito del suolo. La inattesa composizione dell'aria che riempie i più volte rammentati legumi mi pare che debba invogliare a moltiplicare ed estendere ricerche consimili sulle materie gassose contenute nei ricettacoli naturali di piante diverse, dalle quali probabilmente si potrebbero ricavare nuovi dati per meglio definire i rapporti fra l'aria atmosferica e le piante nell'atto della lor nutrizione.

RICERCHE ELETTRO-FISIOLOGICHE; JULES REGNAULT.

Traduzione.

I fenomeni dovuti al passaggio della elettricità attraverso gli organi degli animali sono stati dopo la scoperta di Galvani e di Volta, l'oggetto di studii che incessantemente si sono completati ed estesi. In questa nota, in cui mi propongo di descrivere un nuovo mezzo di ricerche, e le prime applicazioni che ha avuto, mi è impossibile di tracciare la lunga storia dei fatti numerosissimi dei quali la elettricità si è arricchita in seguito dei lavori già antichi di Aldini e di Humboldt, sino a quelli di Nobili, di Matteucci e di Dubois Reymond. Io mi limiterò a richiamare alcune nozioni indispensabili alla intelligenza dei termini speciali che sono costretto d'impiegare.

L'influenza della elettricità si esercita su quasi tutte le parti dell'organismo, ma è principalmente interessante sui sistemi nervosi e muscolari in cui le sue manifestazioni hanno una tale chiarezza che imprime al suo studio un carattere scientifico. Allorchè si fa circolare una corrente energica nei nervi di un animale vivente, essa eccita o mette in azione una forza particolare, la quale reagendo sulle fibre muscolari, determina la loro contrazione.

Durante il passaggio continuo della elettricità, cioè sino a tanto che i due reofori della pila, restano in contatto mediato o immediato colle medesime parti, le contrazioni osservate al momento dello stabilimento della corrente ossia della *chiusura* del circuito cessano di manifestarsi. Sembra che allora la elettricità non produca verun effetto, ma questo fatto è soltanto una semplice apparenza; Volta, Marianini e tutti gli osservatori dopo di loro, hanno constatate le modificazioni impresse al nervo dall'azione di questa trasmissione prolungata. Se s'interrompa la corrente, al momento dell'*apertura*, ossia della *rottura*, l'animale prova delle contrazioni analoghe a quelle che si manifestano alla chiusura del circuito.

Questi fenomeni possono essere osservati nella estremita periferica di un nervo, la cui continuità coll'osso cerebro-spinale, sia stata rotta da una sezione trasversale. Essi derivano dalla influenza esercitata sulle fibre motrici, le quali, durante la vita e allo stato fisiologico, trasmettono dal cervello al muscolo gli ordini della volontà. Le medesime proprietà esistono ancora per qualche tempo nelle parti staccate di un animale, ma la loro persistenza dipende dal posto ch'esso occupa nella scala degli esseri; scompariscono rapidamente negli animali superiori (mammiferi, uccelli); dopo un tempo più lungo nei vertebrati inferiori (rettili, batraci, pesci).

Noi dobbiamo, per completare questi preliminarj, fare osservare che la direzione secondo cui si propaga la corrente elettrica ha una importantissima azione sul modo con cui l'agente nervoso reagisce sui muscoli. Queste differenze, travedute dai primi osservatori, sono state messe in perfetta evidenza ed analizzate da Marianini (1) Ma la Memoria più rimarcabile che sia stata pubblicata su questo soggetto è quella del Nobili (2); la precisione dei risultati descritti dall'illustre fisico, sembra che dipenda dall' avere egli agito direttamente sui nervi, invece di introdurre ad un tratto i nervi e i muscoli nell'arco voltaico, siccome avevano fatto i suoi predecessori. Nobili per abbreviare il linguaggio ed evitare ogni sorta di confusione, ha nominato *corrente diretta* quella che si fa passare in un nervo dal centro alla periferia dell'albero nervoso, e *corrente inversa* quella che procede dalla periferia al centro; queste denominazioni sono state in seguito universalmente adottate.

Io mi propongo di lasciare da parte ciò che è relativo alle fibre sensitive, e desiderando arrestarmi ai risultati sperimentali indipendenti da ogni teoria, non fo alcuna menzione dello stato elettrico preesistente nei nervi secondo Du Bois Reymond, e nè tampoco della sua legge della irritabilità nervosa, legge affatto analoga a quella formulata dal Nobili, ma che si appoggia di più nell'ammissione dello stato precitato.

Restringendo la quistione della elettrizzazione dei nervi per quanto più è possibile, essa offre nondimeno una grande complicazione. Si hanno infatti tre elementi variabili di cui è necessario tener conto; questi sono: da un lato, il nervo la cui irritabilità è più o meno grande; il muscolo nel quale le ramificazioni nervose si espandono, e che può alla sua volta contrarsi con energia differentissima; infine, il reomotore che s'impiega come agente eccitante e i cui effetti devono variare a seconda della sua intensità.

Lo studio delle condizioni particolari offerte dagli organi è del dominio della fisiologia propriamente detta, e forma soggetto delle sue investigazioni, ma l'intervento della fisica diviene necessario quando si tratta di fare agire forze paragonabili. I fenomeni acquisteranno una precisione più grande, dando alla forza degli accrescimenti quasi insensibili, i cui rapporti con un termine scelto convenientemente, possano essere immediatamente conosciuti. Il bisogno che vi ha di operare in

(1) Ann. Chim. et Phys., 2. serie T. LX, et T. LXIII.
(2) Même recueil, T. LXIV. p. 60.

siffatte condizioni è stato sentito dai fisiologi; parimente Marianini, Nobili ed i sigg. Matteucci e Longet hanno benissimo notato qualche effetto generale dipendente dalla energia più o meno grande dell'elettro-motore di cui essi facevano uso. Sicchè si vede che la quistione è ben lungi dall'essere nuova. Nondimeno io ho creduto di poter dare la descrizione del processo che io propongo, in quanto che esso mi sembra preferibile a quelli impiegati precedentemente, ed anche poichè sino dai miei primi saggi, ho potuto per esso constatare alcuni risultati nuovi e riprodurre con certezza effetti difficili ad osservarsi regolarmente servendoci, come in addietro, di apparati a forti tensioni o d'intensità variabile.

L'elettro-motore è una pila termo-elettrica (bismuto e rame) che mi è stata già utile in altre ricerche: ho dato (1) la sua descrizione dettagliata, ed ho indicato le precauzioni necessarie ad assicurare la costanza de' suoi effetti. La differenza di temperatura tra le saldature è mantenuta invariabilmente di cento gradi per tutta la durata delle esperienze, e una disposizione semplicissima permette di fare agire una serie di coppie, la quale aumenta o diminuisce a piacere da una sino a cento.

La forza elettro-motrice di ciascuna coppia, e per conseguenza la loro tensione è costante e molto debole; essa corrisponde a circa $\frac{1}{100}$ della pila di Daniell e a $\frac{1}{51}$ di quella di Grove. Poteva temersi che la trasmissione di questa corrente non potesse effettuarsi attraverso i nervi a cagione della loro cattiva conducibilità e della polarizzazione sviluppata a contatto dei reofori della pila. Per ovviare a questa difficoltà, in luogo di servirmi, come è stato fatto, di fili o di lamine di platino collocati su due punti del nervo, io ho fissato sopra una panchina ricoperta di sostanza isolante due piccoli sostegni metallici a vite. Essi comunicano da un lato, coi due reofori della pila, e dall'altro coi conduttori particolari sui quali si applica il nervo. Questi conduttori sono due fili di zinco purificato, aventi $0^{mm},5$ di diametro e che si ravvicinano o si allontanano l'uno dall'altro secondo la lunghezza del pezzo nervoso sul quale si vuole agire. Essi portano alla loro estremità un piccolo ci-

(1) Bibliothèque Universelle de Génève, 1855.

lindro vuoto di carta Berzélius applicato su di una lunghezza di 2 centimetri; si ha la precauzione d'imbeverlo di una soluzione allungatissima ($\frac{1}{100}$) di solfato di zinco ben neutro nell'acqua distillata; il nervo non deve essere posto sul metallo, ma bensì sulla carta inzuppata.

Questa disposizione evita ogni polarizzazione, come io l'ho dimostrato (1), e come l'ha poi riconosciuto il sig. Matteucci nelle sue ricerche elettro-fisiologiche relative alla corrente muscolare (2). Io mi sono convinto dell'efficacia di questo mezzo per lo scopo particolare che io mi proponeva interponendo nel circuito un galvanometro a filo corto e facendo passare la corrente di una sola coppia attraverso un centimetro del nervo sciatico della rana. L'ago era deviato di oltre 6° a destra o a sinistra dello zero, secondo la direzione della corrente.

Nelle esperienze in cui si confrontano i fenomeni prodotti sopra un nervo da correnti diverse, importa moltissimo di evitare, per quanto è possibile, che i punti di contatto del nervo e dei conduttori sieno cangiati. Ho fatto uso a quest'uopo del commutatore di Ruhmkorff, che permette di variare la direzione della corrente senza imprimere al nervo il menomo spostamento. Questo processo offre un mezzo di studiare l'azione prodotta sul sistema nervoso da correnti poco intense e costanti: inoltre esso abilita di graduarle facendo concorrere l'effetto di un numero più o meno grande di coppie. L'energia del reomotore cresce anche sensibilmente in modo proporzionale: a convincersene, basta osservare che la resistenza dei filetti nervosi è quasi infinita relativamente a quella della pila termoelettrica intiera e dei corti circuiti metallici necessarj per le applicazioni; si può in questo caso trascurare le resistenze del reomotore, e considerare solamente le tensioni che crescono come il numero delle coppie.

Per sapere se questa nuova disposizione è di natura tale da gettare un poco di luce in qualche punto della elettro-fisiologia, io ho esperimentato dopo tanti altri (3) sui nervi della

(1) Comptes rendus de l'Académie des sciences, 1854.

(2) Comptes rendus de l'Académie des sciences, T. LXIII, Année 18.6.

(3) Nobili, nel 1829, comincia la sua Memoria con queste parole: « Sono già più di trenta anni che si tormentano le rane colla elettricità » I

rana. I fatti osservati hanno una chiarezza, che, secondo il mio modo di vedere, costituiscono un progresso in una materia così complicata.

Azione della corrente sui nervi misti. I saggi sono stati eseguiti su parecchi nervi misti della rana, e in particolare sul nervo sciatico separato dai tessuti vicini nella preparazione designata col nome di *branca galvanoscopica*. Allorchè ho operato sul nervo sezionato di un animale intatto, ho tenuto gran conto delle osservazioni dei sigg. Martin Magron ed Em. Rousseau (1), relative alla influenza delle correnti derivate. Questi dotti hanno fatto un' applicazione importante delle loro idee, riducendo al medesimo tipo le fibre motrici dei nervi misti e quelle delle radici anteriori.

Il sig. Nobili nella sua Memoria classica (2) è giunto a dividere in cinque periodi il grado d'irritabilità del nervo misto sotto la influenza voltaica.

Si ha pel primo periodo:

Corrente diretta	Chiusura Apertura	Contrazioni eguali.
Corrente inversa	Chiusura Apertura	

Dopo un certo tempo apparisce il secondo periodo caratterizzato come segue:

Corrente diretta	Chiusura Apertura	Contrazioni.
Corrente inversa	Chiusura — 0 Apertura. — Contrazioni.	

Poi viene il terzo periodo, nel quale si ha:

Corrente diretta	Chiusura — Contrazioni Apertura. — 0
Corrente inversa	Chiusura. — 0 Apertura. — Contrazioni.

titoli che questi disgraziati animali hanno alla riconoscenza dei fisiologi si sono aumentati molto da dopo quell'epoca.

(1) Tesi del sig. Lesure. Parigi 1857.

(2) Loco citato.

Nel quarto periodo, non vi ha contrazioni che nel momento della chiusura della corrente diretta; e nel quinto periodo ogni contrazione cessa.

Il primo periodo è quello sul quale io desidero richiamare l'attenzione; tutti gli Autori l'hanno ammesso dopo di Nobili e, ad esempio suo, essi pensano che l'eccitabilità del nervo essendo al *maximum*, il muscolo di esso animale si contrae colla medesima energia nel momento delle quattro variazioni brusche, prodotte dalla corrente. I fenomeni non accadono così col mezzo di una corrente, la cui forza può essere graduata. Operando sopra un nervo misto, collocato al contatto dei due reofori umidi, la corrente di un solo elemento non produce effetto veruno; ma se si aumenti successivamente di un'unità il numero delle coppie attive, si ottiene una contrazione alla chiusura della corrente diretta. Aprendo il circuito per mezzo del commutatore di Ruhmkorff, senza imprimere alcun movimento al nervo, nulla ha luogo all'apertura della corrente diretta. L'inversione immediata della corrente per mezzo dello stesso commutatore, mostra che non si produce effetto veruno nè alla chiusura, nè all'apertura della corrente inversa.

Sicchè, *il primo ed unico fenomeno* osservato al momento del passaggio dell'elettricità dinamica in un nervo misto dotato di tutta la sua eccitabilità, consiste nella contrazione dei muscoli di esso animale allo stabilire della corrente diretta.

Questo fatto è indipendente dalla energia dell'animale; le differenze che si verificano sotto questo rapporto mostrano solamente che per produrre questa prima contrazione, è necessario un numero di coppie più o meno grande. Esso ha variato da due sino a sette nelle sperienze fatte nel mese di Novembre sopra la gamba galvanoscopica di animali diversissimi così per la loro grandezza come per la loro vivacità.

Se al momento in cui è stato preparato l'animale, si applichi immediatamente la corrente inversa, si vede che per ottenere un effetto, la più piccola forza necessaria sorpassa sempre quella che eccitava la contrazione al cominciare della corrente diretta. Di più la reazione del nervo eccitato sul muscolo, si produce, in questo caso, all'apertura del circuito. Il numero delle coppie ha variato, secondo gli animali, da cinque sino a quattordici. In conclusione, ecco il prospetto di qualche sperienza che riassume i limiti di numerosi risultati.

Numero minimum delle coppie per ottenere contrazioni.

	Corrente diretta		Corrente inversa
Contrazioni . . .	3—2—6—7	Chiusura	. . . . — 0 .
—0—	idem . .	Apertura	. . . . — 0 .

	Corrente inversa	
Contrazioni . . .	6—5—12—14	Apertura
—0—	idem	Chiusura

Se si fa crescere il numero delle coppie, la contrazione si ottiene alla chiusura della corrente inversa, e si ritorna nelle condizioni dei precedenti osservatori; imperocchè allora, come durante il primo periodo del Nobili, le contrazioni hanno luogo ai due tempi tanto per la corrente diretta quanto per la corrente inversa.

Poichè nelle esperienze eseguite anteriormente, i fisici si sono serviti di pile o d'archi, la cui tensione era equivalente a quella di cinquanta delle mie coppie almeno, è naturale che siasi considerato come normale un fatto perfettamente esatto, il quale si spiega non già per uno stato particolare del nervo, ma per la forza eccessiva che si spiega sino dall'origine per eccitarlo.

Allorquando si esperimenti sopra un nervo dopo un tempo variabile, consecutivo alla sezione, si riscontrano ancora i fenomeni che ho descritto; soltanto le forze che bisogna mettere in opera per seguire la loro evoluzione, vanno crescendo a misura che il tempo aumenta, e che la eccitabilità diminuisce. I periodi del Nobili sono dunque veri come risultato sperimentale; ma bisogna notar bene ch'essi non hanno alcun significato fisiologico.

Gli effetti che ho descritto sembrano rientrare alle condizioni normali dell'eccitabilità nella estremità periferica delle fibre motrici, e pare che conducano all'analisi della influenza degli agenti esterni (temperatura, regime, veleni, medicamenti ec.) nelle loro proprietà. Basterà, in parità di condizioni, di constatare il rallentamento di questi modificatori sulla forza necessaria per eccitare i diversi ordini di contrazioni in un animale sottoposto alla loro azione. È questo un punto che io ho l'intenzione di trattare, e che è piuttosto abbozzato che risoluto nei lavori precedenti.

Il medesimo sistema di graduazione mi ha permesso di ripetere con facilità le esperienze del sig. Professor Bernard sui nervi misti, dei quali non è stata rotta la continuità colla midolla spinale. Io ho operato talora sopra il nervo sciatico, separato con cura da tutti i tessuti che lo circondano di una rana intiera; tal altra sopra il plesso lombare, facendo una sezione della parte superiore del corpo, con la precauzione di conservare intatta la porzione inferiore della midolla.

In questi due casi i fenomeni sono identici; e come appunto il sig. Bernard ha veduto, le contrazioni si verificano per la corrente diretta e per la inversa alla chiusura del circuito. Nondimeno io aggiungerò che per ottènere il secondo effetto, la tensione di un maggior numero di coppie è necessaria; la media di parecchie esperienze mi ha fornito il rapporto di cinque a undici. Il fenomeno unico e primitivo osservato sotto la influenza della più debole tensione, è dunque ancora la contrazione alla chiusura della corrente diretta.

Io mi sono accorto inoltre che accrescendo successivamente la tensione, si ricade nelle manifestazioni multiple caratteristiche del primo periodo del Nobili; sicchè si rende indispensabile l'uso del graduatore per constatare con sicurezza le reazioni esposte dell'agente elettrico.

Resta a spiegarsi perchè, nello stato di integrità dei nervi, le fibre motrici sieno più facilmente eccitate dalla chiusura della corrente inversa che dalla sua apertura; il fatto è incontestabile ed è un soggetto che resta a dilucidarsi sotto il punto di vista teoretico. Il fenomeno è indipendente dalla integrità delle radici posteriori, imperocchè io ho potuto tagliarle senza che esso cessi di verificarsi; questo risultato mi era stato annunziato dal sig. Bernard. Ma quando sia stata distrutta la midolla nell'interno dello spinale, o fatta una legatura del plesso lombare o del nervo sciatico, si ricade nelle condizioni della rana galvanoscopica.

Io ho veduto egualmente, servendomi del graduatore, che il passaggio della corrente a forte tensione di una coppia di Grove o di una macchina d'induzione, getta un disordine persistente in queste manifestazioni, le quali d'altronde sono notevoli per la loro regolarità, sintantochè non si fa agire che dosi convenienti dell'eccitante voltaico.

INTORNO AD ALCUNE RICERCHE DI ELETTROSTATICA; LETTERA DEL SIG. PROF. G. THOMSON DI GLASGOW, AL SIG. PROF. P. VOLPICELLI.

(Atti dell' Accademia dei Nuovi Lincei, [illegible].)

§ 1.

Elettrometro idiostatico a ripulsione.

La forma dell'elettrometro elettroscopico, alla quale ho dato la preferenza dopo molti tentativi, è una modificazione dell'elettrometro di Dellmann, descritto negli annali di Poggendorff. Come nell'elettrometro di Dellmann e nella bilancia di Coulomb perfezionata da Faraday, un filo di vetro si usa per sostenere l'indice mobile, e la forza elettrica è indicata dalla sua elasticità di torsione. Imitando l'istrumento di Dellmann (ch'io ebbi il piacere di vedere con gran soddisfazione in opera a Creeiznach nel 1856, per gentilezza del suo inventore) uso un conduttore fisso, che porta due strisce metalliche convenientemente aggiustate a respingere un conduttore lungo, leggiero, e mobile; l'una e l'altra delle quali deve essere elettrizzata dalla sorgente da sperimentare. Ma, modificando in ciò quello di Dellmann, il mio strumento è disposto in modo, da tenere il conduttore mobile in comunicazione costante col conduttore fisso, mediante un sottile filo di platino, congiunto al centro del primo, e che porta un piccolo peso di vetro o di piombo, pendente sommerso nell'acido solforico, contenuto in una coppa di piombo, la quale costituisce la parte centrale dell'ultimo pezzo fisso. Questo conduttore fisso è isolato alla cima di un lungo sostegno di cristallo (3 o 4 pollici sono sufficienti) nel centro di una cassa di cristallo. Il conduttore mobile, è sospeso da un filo di vetro assai fino, lungo 4 o 5 pollici, e pende da una testa graduata, come nella bilancia di Coulomb: la forma del conduttore mobile, che forse potrà risponder meglio per uno strumento di ricerche esatte, è come in quello di Dellmann, un pezzo di filo fino metallico torto in mezzo per dargli un punto conveniente di sospensione, e schiacciato un poco col martello verso le estremità, il quale forma un ago circa 2 pollici lungo (*v. fig.* 1). Non ho ancora provato questo ago nel mio elettrometro, ma per servirmene nelle dimostrazioni delle lezioni, ho usato di una doppia striscia di carta dorata. L'ultima di questa sorta da me provata, ha la forma della (*fig.* 2), ed è fatta semplicemente incollando insieme due pezzi di carta dorata, e tagliata nella forma suddetta: esso ago è circa 4 pollici e mezzo lungo. Essendosi trovato che si storceva (e che così uscivano dal piano le sue estremità) esso fu irrigidito con un'assai sottil verga di vetro gommatagli addosso; ma ora, dopo essere stato 3 o 4 giorni dentro un'atmosfera ben secca, si è deformato. Esso agisce però come un elettroscopio a foglia d'oro che io abbia. Lo adopero a preferenza dell'elettroscopio a foglia d'oro, per mostrare la teorica elementare degli esperimenti Voltaici e Galvanici, coll'aiuto del condensatore. Quando il conduttore di carta si mette in posizione conveniente, usando attenzione mediante un assoluto elettrometro, che descriverò qui appresso, e valendosi della testa graduata di torsione, io posso ridurre le sue indicazioni a mi-

fig. 1.

fig. 2.

sura assoluta di potenza elettrostatica. L'operazione collo strumento è affatto soddisfacente e comoda, e più assai che non possa esser con quello di Dellmann, almeno nelle lezioni, per quanto io stimo. L'isolamento è così buono, che nell'umidissimo inverno di Scozia occidentale, nell'ultimo Dicembre e Gennaio, esso ritenne molto della sua carica durante 2 o 3 giorni. In questo e negli altri apparati elettrici, nei quali mi occorre un buono isolamento, tengo un vasetto aperto di acido solforico attorno ai sostegni isolatori, che fo sempre di vetro non verniciato. Alcune specie di vetro isolano meglio, altre peggio, ma io sempre scelgo le buone da un gran numero, per ogni strumento che devo fare.

Elettrometro e elettroscopio eterostatico.

Ho pure costruito 2 o 3 forme di elettroscopi, estremamente delicati, coi quali posso mostrare la tensione diretta elettrostatica, di una semplice coppia galvanica, rame-zinco, senza l'aiuto di condensatore. Non sono ancora contento sulla forma migliore di questo strumento, per istituire accurate ricerche; ma descriverò brevemente una forma di sufficiente sensibilità, per mostrare nelle pubbliche lezioni l'effetto immediato di tensione, da un semplice paio rame-zinco, e quello della rapida separazione di un disco di rame da uno di zinco, ciascuno soltanto di 2 o 3 pollici in diametro. Ho trovato comodo nelle lezioni un elettroscopio che distingua il positivo, e il negativo con moti opposti.

La parte fissa del sistema conduttore in questo congegno, consiste principalmente in due metà d'un anello largo, fatto di lastra d'ottone (diam. ester. poll. $4\frac{1}{2}$, interno $3\frac{1}{4}$) (*fig.* 3) rinforzato da una striscia cilindrica.

fig. 3.

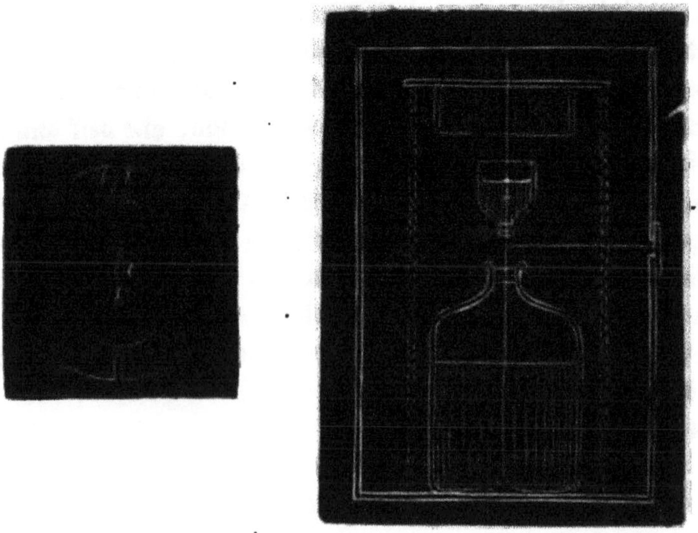

saldata all'orlo interno dell'anello (di questa striscia se ne può far senza purchè si faccia l'anello di lastra d'ottone più grossa, e delle proporzioni come si vede nella figura. Ho intenzione di fare un nuovo strumento costruito così, invece di quello che ora ho descritto, e spero trovarlo più sensibile). Quest'anello fu dapprima preparato e tornito nell'intero, e dopo fu tagliato diametralmente in due, con una sega fina. I due pezzi sono sostenuti da bacchette di vetro sopra un supporto, aggiustabili con viti in guisa, che possono esser portati ad un medesimo piano orizzontale, e separati l'uno dall'altro per uno spazio d'aria tanto stretto, quanto è possibile, senza metallico contatto (nel mio attuale strumento, che è molto rozzo, la distanza tra essi pezzi a traverso la superficie del taglio di sega, è circa un trentesimo di pollice). Due fili attaccati a questi pezzi d'ottone escono per due aperture, fatte nella cassa di vetro, e costituiscono gli elettrodi di prova dello strumento; una striscia di carta dorata, larga circa tre ottavi di pollice, curvata nella forma C, I, I, mostrata nella figura, e contrappesata in B da un peso di vetro o di metallo, si trova sospesa da un sottile filo di vetro in C, ove porta un filo sottile di platino attaccato con buona metallica comunicazione. Questo filo di platino pende con un peso di vetro sotto la superficie dell'acido solforico, contenuto in una coppa di piombo, sostenuta dalla verga dell'armatura interna di una bottiglia di Leida, collocata nel fondo della cassa di vetro (1). Questa bottiglia è all'esterno elettrizzata, per mezzo di un elettrode orizzontale attaccato ad essa, e che sporge fuori della parete della cassa da un lato, ove trovasi un'apertura, che può chiudersi ed aprire a piacere, la quale si lascia chiusa, quando la bottiglia è elettrizzata, finchè apparisce necessario rinnovare la carica.

Quando il vetro della bottiglia è bene scelto, possono passare 2 o 3 giorni senza bisogno di rinnovare la carica per ogni spècie di sperimenti. Nel mio attuale strumento stimo necessario (giacchè manca di molta sensibilità) rinnovare la carica dopo poche ore di uso.

Se ho bene spiegato con chiarezza le parti diverse di tale strumento e la disposizione loro, voi vedrete facilmente, che se una metà del circolo è in comunicazione colla terra, e l'altra colla sorgente di elettricità da esplorare, l'indice I, I si moverà da un lato o dall'altro, secondo che la sua elettricità è simile, od opposta a quella dell'indice. La sensibilità di questo strumento è tale, che se io tocco alternativamente uno degli elettrodi principali (cioè dei fili sostenuti da uno dei mezzi anelli) con una mano, e l'altro con un pezzo di rame, o con un pezzo di zinco, l'indice si muove alternativamente con una oscillazione sensibile. Se i pezzi di rame e di zinco siano attaccati a ciascuno degli elettrodi principali, e se io tocco il rame dell'uno e lo zinco dell'altro con le mani, e quindi alterno toccando il rame del primo e lo zinco del secondo, l'indice mostra una notabile influenza. Siccome l'indice è permanentemente elettrizzato in +, così esso cammina verso il mezzo anello che è toccato colla mano, e mostra la tensione di un semplice elemento galvanico zinco-rame.

Anche l'elettricità di contatto del Volta, può esser mostrata molto bene con sì fatto strumento: per far ciò, tutto quello che necessita è di connettere i dischi di rame e zinco (come sono comunemente usati per mostrar l'esperienza me-

(1) Il filo di platino che porta il peso di piombo immerso, è due o tre volte tanto lungo, quanto nella figura in proporzione del resto.

diante il condensatore) per mezzo di fili sottili, coi due principali elettrodi; quindi, tenendoli con manichi di vetro premuti insieme, separarli poscia rapidamente, con un moto perpendicolare alla superficie loro di contatto. Istantaneamente l'indice si muove verso il mezzo anello connesso col rame, mostrando il carattere dello zinco positivo, e del rame negativo, scoperto da Volta, e che son sicuro non esser altro, fuorchè il carattere di questi metalli in una tavola di corpi, disposti secondo ciò, che è comunemente chiamato qualità elettrica di stropicciamento. Per mezzo di questo congegno, di recente ho rettificato una lista, che diedi alcuni anni sono come risultamento di esperienze, relative alla elettricità di frizione, usando il condensatore di Volta, per provare le qualità relative dei metalli e degli isolanti comuni, riguardo alla elettricità destata dallo stropicciamento. Essa è in tutto, non ne dubito, corretta, quantunque, come ben si conosce, variazioni notabili possono accidentalmente occorrere, e spesso tali occorrono, da mostrare apparenti differenze, od irregolarità, che non sono di facile spiegazione.

Mentre scriveva quanto sopra, mi venne in mente che l'alluminio poteva esser la miglior sostanza utile, per l'indice di qualunque specie d' elettroscopio od elettrometro, nel quale l'indice deve esser conduttore; quindi volli procurarmene uno di forma conveniente. Siccome poi desideravo potervene far sapere i risultamenti, ho differito ancor più a scrivervi, ed ora vi accludo un pezzo di foglia d'alluminio, tagliato della grandezza e figura di quello, che ho introdotto nel mio grande elettrometro-elettroscopico, destinato alle lezioni. Insieme con esso troverete un piccolo pezzo di foglia dello stesso metallo, dal quale l'altro fu tagliato, e da cui possono ricavarsi aghi utili per minori elettrometri. Se l'uno o l'altro pezzo vi arriva in buone condizioni, voi potrete, piegandolo e scaldandolo diligentemente, metterlo in buon ordine (stando però attento a non fonderlo) e quindi lo potrete ultimare, martellandolo tra due pezzi di carta: trovo il mio elettrometro molto migliorato così, ed è molto soddisfacente per le lezioni. Dopo che ho cominciato a scrivervi, ho continuamente usato l'elettrometro elerostatico, come un galvanometro elettrostatico, per mostrare i principii del galvanismo, e le leggi della conducibilità elettrica.

Ho così trovato che un pezzo di legno d'abete, asciutto, e bagnato, conduce meglio l'elettricità lungo le fibre, che non attraverso le medesime. Provai ciò prendendo un sottil pezzo di tavola, tagliato di recente, perfettamente quadro, ed attaccando stabilmente ai suoi angoli opposti, due striscie di metallo, per unirle ai poli di una batteria di Daniel di 20 elementi (*fig.* 4). Le relative condizioni elettriche dei punti diversi della sua superficie, venivano da me provate, toccandoli cogli elettrodi dei due semianelli dell'elettroscopio, isolati tanto perfettamente, quanto era possibile, tranne agli estremi applicati alla tavola. Per evitare gli effetti accidentali (come sono l'attrito nello stropicciare degli elettrodi lungo la tavola, e di particelle metalliche lasciate sulla superficie) io ponevo due pezzi di foglia di platino su i punti della tavola, sui quali dovevano applicarsi gli elettrodi; quindi semplicemente toccavo questi pezzi di platino, coi fili isolati dell'elettroscopio. Altre irregolarità sono evitate, usando un commutatore nel circuito degli elettrodi della batteria, e provando con uniformità gli effetti, rovesciando il commutatore, e notando l'indicazione dell'indice dell'elettroscopio. Ho così riconosciuto, che quando gli elettrodi di prova, sono applicati in A e in B, l'elettroscopio indica la medesima direzione di effetto, seguendo il rovesciamento del commutatore, come allorquando dal punto B è trasportato in D. Quando si scelgono punti situati come in E ed F, provando gli elettrodi, le indicazioni dell'elettroscopio sono ridotte a zero o pressochè tali, non essendovi che una piccola instabilità; ma la conclusione, che la tavola da me usata conduce meglio lungo le fibre che attraverso, è concordemente dimostrata da tutte le prove che ho fatto fin' ora.

A

fig. 4

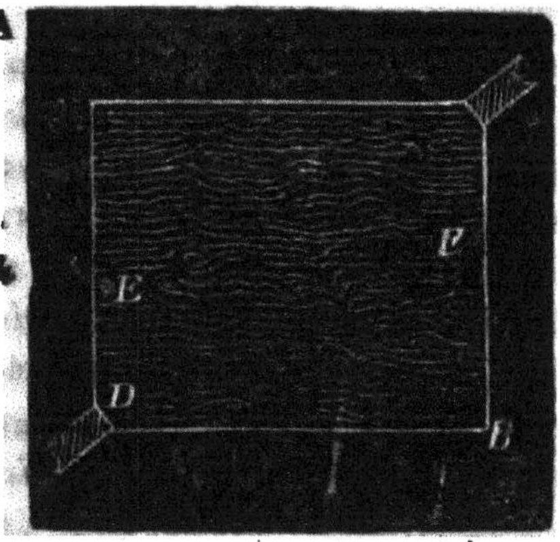

Cotale strumento, usato invece di un elettrometro a foglia d'oro congiunto al condensatore, si trova estremamente comodo, mostrando all'istante il carattere delle elettricità + o —, ed ha circa una sensibilità 50 volte maggiore. L'ho provato per saggiare la relativa facoltà galvanica di vari metalli, mentre erano toccati solamente colla mano o da un filo bagnato; così trovo il rame, l'alluminio, lo zinco, il magnesio, disposti nell'ordine stesso di forza elettro-motrice, come qui li ho indicati. (Del magnesio tengo un bel pezzo, per gentilezza del Prof. Heinz di Strasburgo: egli l'ottenne per via elettrolitica dal cloruro di magnesio, fuso insieme col sal comune).

Avendovi già incomodato molto con questa troppo lunga discussione, non vi dirò più altro intorno agli strumenti elettrici; spero tuttavia di scrivervi presto di nuovo, per esporvi un sistema di osservazioni sull'elettricità atmosferica, intorno alla quale ho alcuni apparecchi in istato di costruzione e nel tempo stesso io vi descriverò gli esperimenti fatti con un *elettrometro assoluto*, acciò ridurre le indicazioni dell'elettrometro idiostatico a repulsione, ad una misura assoluta; ma bisogna che prima vi dica due parole, per giustificare i termini *idiostatico*, ed *eterostatico*, che ho rischiato introdurre. Un elettrometro, o una disposizione elettrica di qualunque specie, può dirsi idiostatica, se la forza elettrica che è equilibrata, pesata, o misurata in qualunque modo, dipende interamente dalla elettrizzazione di un corpo, vale a dire di quello da provarsi, quando si tratti di un elettrometro. L'elettroscopio a foglie d'oro, o qualunque forma di elettrometro a repulsione, per esempio, è idiostatico. Il mio elettrometro assoluto è pure idiostatico, perchè quantunque vi siano due conduttori, isolati l'uno dall'altro (questi sono due dischi, l'attrazion fra i quali è pesata); tuttavia uno di questi (quello connesso colla terra) riceve la sua carica per induzione, in virtù dell'elettrizzamento dell'altro. In ciascuno strumento idiostatico, le forze messe in giuoco sono essenzialmente proporzionali al quadrato del potenziale, o differenza di potenziali provati.

D'altra parte un elettrometro o elettroscopio, può esser chiamato eterostatico, se l'indicazione usata, cioè la forza messa in giuoco per l'elettrizzamento del corpo esaminato, dipende altresì da una indipendente elettrizzazione di un altro corpo. Il comune elettroscopio a foglia d'oro, quando la sua indicazione sia cimentata con un bastoncello di cera lacca, per conoscere la sua qualità elettrica, diventa in quel momento un sistema eterostatico: nel fatto un elemento eterostatico è necessario, per dare la facoltà di distinguere l'elettricità positiva, e negativa. L'elettroscopio di Bohnenberger è eterostatico, e tale è il molto sensibile elettroscopio inventato da Dellmann. Gli elettroscopi, e gli elettrometri elettrostatici, sono soggetti ad avere la loro indicazione disturbata da influenze idiostatiche; (effetti che hanno luogo per l'elettrizzazione del corpo esaminato, a cagione dell'induzione; o effetti prodotti dalla elettrizzazione stabilitasi indipendentemente, e che agiscono per induzione). L'elettroscopio eterostatico che ho descritto, è notabilmente libero dalle irregolarità idiostatiche, e lo sarebbe del tutto, se l'asse verticale del movimento, passasse giusto pel centro dell'anello, se il piano di quest'ultimo, fosse con ogni esattezza orizzontale, e se la distanza tra le due metà degli anelli fosse infinitamente piccola. In un sistèma puramente eterostatico, la forza messa in giuoco, è *semplicemente proporzionale* al potenziale, o alla differenza dei potenziali esaminati.

CIRCA L'ATTITUDINE O NO DEI MOLLUSCHI ACEFALI D'INCONTRARE, COME LE ÓSTRICHE, LA FERMENTAZIONE LATTICA; PROF. B. BIZIO.

(*Atti dell'Istituto Veneto*. 1858).

Quando io stabiliva il fatto singolare, che i corpi delle ostriche, toltevi esattamente le branchie e messi nell'acconcio di subire la putrefazione, in luogo di rendersi al procedimento ordinario di tutte le materie animali morte, si misero in istato di resistere agli agenti esterni e di rimanere intatti per effetto di una copia notevole di un acido ingeneratosi, era dagli ulteriori studii condotto a posare, che la sostanza di quel mollusco soggiace realmente alla fermentazione lattica.

Comechè l'acido lattico sia grandemente diffuso in tutti gli esseri organizzati, pur nondimeno, se prescindiamo dal latte rispetto alla *caseina*, nessun esempio ci era posto innanzi di una materia animale preservata dalla corruzione pel prefato movimento intestino in essa spontaneamente suscitato. Egli era perciò che, fidato in quel primo successo, nel presentare alla scienza il fatto e nel dare a conoscere il principio immediato onde quella *metamorfosi* si origina, diceva di ritenere per cosa certa doversi la stessa sostanza organica rinvenire in altri generi parecchi di molluschi acefali come ne' *pettini*, ne' *mitili*, nelle *pinne* ecc. (1), e comecchè non m'ingannassi del tutto, il presagio non si avverava che per pochissima parte.

In fatti, come ogni presupposizione di ragionevole fondamento additava, io rivolgeva le prime mie ricerche sopra la cappa santa (*Pecten jacobaeus*), come quella che per la sua grande vicinanza alle ostriche, fu ascritta dall'immortale Linneo al genere *ostrea*: sicchè io non metteva dubbio, che l'*ostreina* non si contenesse altresì in quel mollusco, e quindi non fosse per darmi lo stesso fenomeno di fermentazione lattica che le ostriche. Procacciatomi adunque un numero bastevole di queste conchiglie, e trasceltovi diligentemente quel corpo carnoso bianco, ch'è il muscolo adduttore, lo divideva prestamente, e empitone un vaso cilindrico fino a due dita sotto il labbro, v'infondeva tanta acqua distillata, che bastasse a levarsi di poco sopra la materia animale; finalmente difendeva la bocca del vaso con un velo assai rado. Messa la materia in questo stato, la esponeva ad una temperatura che si teneva fra i 22° e 25° del R.; ma con mia grande sorpresa passò tutte le fasi della fermentazione putrida senza niente offerirmi di quello che mi venne trovato nelle ostriche; cosa non abbastanza ammirata, quando si consideri la stretta affinità di questo mollusco colle ostriche.

A ricordare il fatto singolare delle ostriche, che cimentate ad una temperie di 100° C. nel contrarsi rendettero un liquido di una forte acidità, perchè la molecola dell'*ostreina*, ogni

(1) Vegg. *Memorie dell' I. e R. Istituto Veneto di scienze, lettere ed arti.* Tomo VI, parte I, pag. 53.

volta che si cimenta alla predetta temperatura coll'intervento dell'acqua, è sdoppiata in una materia gialla particolare e in acido lattico, suggeriva al pensiero di tentare la stessa prova colla sostanza muscolare dei *pettini*, ma l'esperienza non diede quel risultato; sicchè è forza concludere, che quegli animali non ne contengano punto.

Posciachè la natura dell'argomento mi traesse qui a ricordare l'*ostreina*, che è certo una materia neutra singolarissima, tenendoci anche solo alla specialissima proprietà di sdoppiarsi, coll'intervento dell'acqua ad una temperie di 100° C., in una materia gialla particolare e in acido lattico, mi piace dichiarare, che quale io l'ho ottenuta la prima volta, e data a conoscere a questo illustre Corpo Accademico, dubito forte che sia proprio tale quale esiste nell'animale; talchè avrei in animo, ove la presente mia condizione il consenta, di tentare un'altra via per condurmi ad ottenere quel principio, evitando che altra materia vi si possa immischiare.

Il primo risultato negativo conseguito dalla cappa santa non mi sfiduciava così, che non procedessi a instituire qualche ricerca ne' *mitili*, e in quella specie, ch'è detta volgarmente pidocchio dell'arsenale, cioè il *mytilus edulis* L. Trasceglieva in questo mollusco la materia gialla spettante al mantello, ed altresì aderente alle valve della conchiglia. La cimentava in tutto, come dianzi, e quivi, avvegnachè scarsamente, mi venne prodotto tanto acido lattico, che non solo reagiva fortemente alle carte azzurre, ma fu in quantità sufficiente da preservare la materia animale dalla putrefazione. Laonde sappiamo ora, che l'*ostreina* non è soltanto particolare alle ostriche, ma che altresì esiste nei *mitili*, e forsechè qualche altro genere di molluschi acefali non dia risultati analoghi; tuttavia credo anche al presente di potere affermare, che in nessuno ci verrà trovato quello che ci fornisce la più nobile e prelibata delle conchiglie.

SPERIENZE DELLA MISURA DEI LIMITI DELLA SENSIBILITÀ ELETTRO-MAGNETICA STUDIATA COMPARATIVAMENTE ALLA FORZA MECCANICA NERVEO-MUSCOLARE NELL'UOMO; DEL PROF. ZANTEDESCHI.

(*Atti dell' Istituto Veneto*. 1857.)

Il Prof. Zantedeschi fece allestire la slitta di Dubois-Reymond (1) con un elemento ordinario alla Bunsen montato con acido nitrico di 40° B., e con acqua acidulata con acido solforico di 10° B. e zinco bene amalgamato. La spirale inducente era di filo di rame con queste dimensioni:

Lunghezza della spirale	0,0800
Diametro interno della spirale. . .	0,0250
Diametro del filo di rame	0,0010
Lunghezza del filo di rame . .	26m,0000

Dimensioni della spirale indotta

Lunghezza della spirale	0,0700
Diametro interno della spirale. . .	0,0600
Diametro del filo di rame	0,8033
Lunghezza del filo di rame. .	1187m,4400

Il diametro interno della spirale inducente portava in suo seno fili di ferro dolce del diametro di 0,0015, della lunghezza 0,10 e in numero di 190.

Sottoposte all'esperimento 12 persone, non fu trovata alcuna diminuzione negli effetti proporzionata all'età o alla forza esplorata col dinamometro. I limiti riscontrati nelle dodici esperienze furono della distanza di 0m,04 e di 0m,30 della spirale indotta dall'inducente. Questi estremi darebbero il rapporto della

(1) È un apparecchio d'induzione nel quale la spirale indotta è mobile e può collocarsi più o meno sopra l'inducente.

squisitezza nerveo-muscolare di 1: 56,25 calcolati secondo la legge della ragione inversa dei quadrati delle distanze (1). Una tensione elettrica adunque 56,25 volte maggiore produrrebbe per differenza individuale lo stesso effetto della tensione uguale ad uno, ed è quanto dire che la squisitezza nerveo-muscolare elettrica in una persona era 56,25 volte maggiore che nell'altra. Questo individuo alla distanza di 25 centimetri della spirale indotta dall'inducente provò tale sensazione molesta da non poter reggere alla scossa elettrica; ebbe dolori al ventre e scariche come per l'azione di una purga. A questa stessa distanza tutti gli altri individui non provarono effetto veruno. Da questo fatto il Prof. Zantedeschi deduce la necessità di applicare agli umani corpi con molta circospezione l'elettricità. La rara squisitezza individuale nerveo-muscolare da lui riferita gli porse campo di osservare il seguente fenomeno risguardante il passaggio di due o più correnti nel medesimo filo. « L'apparato, del quale mi valsi, ei dice, fu il mio induziometro dinamico differenziale, che è formato di tre spirali piane. È « ben noto che allorquando la corrente elettrica cammina nelle « due spirali inducenti nel medesimo senso, si ha una corrente « elettrica nella spirale indotta che è compresa o collocata « nello spazio interposto alle due spirali inducenti. Effetto in- « dotto che è tanto maggiore quanto è maggiore la tensione « della scarica elettrica, e minore la distanza che separa la « spirale indotta dalle inducenti. È ugualmente noto che, allor- « quando nelle due spirali inducenti la corrente elettrica è di- « retta in senso opposto, e che sieno ambedue le spirali equi- « distanti perfettamente dalla spirale indotta, la persona che « chiude il circolo con questa spirale non si risente di effetto « veruno. La spiegazione di questo fatto fu data col ritenere « che nella spirale indotta, o non circoli la più minima elet- « tricità, o che circolino due correnti uguali e contrarie da non « produrre effetto percettibile sull'umano organismo, analoga- « mente a quanto accade sull'ago magnetico sottoposto a due « correnti uguali e contrarie di rimanere in perfetto equilibrio.

(1) Questa legge avrebbe bisogno di essere dimostrata dall'esperienza.
R.

« L'individuo della squisitezza nerveo-muscolare speciale, ebbe « ad accusare una sensazione distinta al carpo e metacarpo di « ambe le mani. Lo esperimento fu ripetuto per assicurarsi « della costanza dell'effetto ». Sembra al Zantedeschi che due correnti sovrapposte in direzione contraria non si distruggano come nell'acustica, che l'onda riflessa non venga annichilata dalla diretta, ma che tale sensazione richiegga un organismo straordinario. Chiede poi se correnti elettriche indotte, all'atto che incomincia la scarica della bottiglia di Leida, e all'atto che interamente cessa, potrebbero cagionare la sensazione avvertita nel sopra indicato caso speciale, e osserva « che l'in- « tervallo fra le opposte correnti sarebbe di 3 diecimillesimi di « minuto secondo, calcolata la media velocità dell'elettrico di « 100,000 metri per un minuto secondo ».

Finisce col riferire che dalla slitta di Dubois-Reymond si ottenne sino il *fa diesis* della tonica 524, che dà 728 vibrazioni composte, ossia 1456 vibrazioni in un minuto secondo.

SULL' ASSORBIMENTO DEI GAS DAL SANGUE E DAI SUOI ELEMENTI; DI M. FERNET.

(*Cosmos* 20 *Agosto* 1858).

Riproduciamo qui le conclusioni a cui è giunto l'A. e che per l'importanza loro meritano di essere conosciute, e fors'anche variate e confermate con più ampie ricerche.

1°. Lo siero del sangue fissa un certo volume d'acido carbonico per una vera affinità chimica e ne discioglie una porzione che varia colla pressione secondo la legge di Dalton: questi due effetti del siero sull'acido carbonico superano quelli che nelle stesse condizioni sarebbero prodotti dall'acqua pura. L'azione del siero sull'ossigene è la stessa che sull'acido carbonico: per l'azoto però l'effetto è totalmente regolato dalla legge di

Dalton. Gli elementi inorganici del siero, carbonati, fosfati, cloruri ec. aumentano di metà il potere assorbente del siero per l'acido carbonico ed esercitano su queste gas una vera azione chimica. Gli elementi organici e particolarmente l'albumina fanno per l'ossigene ciò che gli elementi minerali fanno per l'acido carbonico, cioè fanno che una parte dell'assorbimento sia dovuta all'affinità: in generale può dirsi che l'ossigene entra nel siero per assorbimento e l'acido carbonico per affinità.

2°. È ai globuli del sangue che spetta l'azione principale sull'ossigene: la loro presenza determina una combinazione chimica che fissa un volume d'ossigene quintuplo di quello disciolto dal siero. I globuli sono i veri regolatori dell'assorbimento dell'ossigene dal sangue e rendono questa funzione indipendente dalla pressione. Il sangue arterioso sviluppa nel vuoto alla temperatura del calore animale una quantità d'ossigene superiore a quello che il siero può assorbire: era dunque gas fissato, ma debolmente, dai globuli. Questa azione dei globuli spiega la dipendenza fra la loro quantità nel sangue e l'attività varia della respirazione.

3°. Tutte quelle azioni che conservano l'integrità ai globuli e gli impediscono di agglomerarsi, servono a far loro assorbire una nuova quantità d'ossigene, a perdere una porzione d'acido carbonico e quindi ad accrescere e mantenere il color rosso.

ROTAZIONE DELL'ARCO LUMINOSO DELL'APPARECCHIO DI *RUHMKORFF* INTORNO AD UNA CALAMITA; DE LA RIVE.

(Comunicazione alla Società elvetica delle Scienze Naturali a Berna, 3 Agosto 1858).

Descriviamo volentieri questa esperienza di cui fummo più volte testimonii perchè ci sembra una delle più eleganti e nette, onde mostrare l'azione del magnetismo sull'arco elettrico luminoso.

Si prende il così detto *ovo filosofico* che ha due tubulature; nella inferiore si passa un cilindro di ferro dolce di 4 centimetri di diametro e lungo 12, il quale è inviluppato in tutta la sua superficie, meno che alle basi, di uno strato isolante ricoperto da un tubo di vetro. Questo cilindro così preparato è fissato nella tubulatura per mezzo della ghiera solita di ottone metà fuori e metà dentro l'ovo. L'altra tubulatura porta il solito *robinet* per fare il vuoto su cui si invita il *robinet* a goccia di Gay-Lussac. Fatto ripetutamente il vuoto, s'introduce nell'ovo una certa quantità di vapore di etere solforico e indi, posato il cilindro di ferro sopra il polo di una forte elettro-calamita, si uniscono i capi della spirale indotta dell'apparecchio di Ruhmkorff, uno alla ghiera d'ottone dell'ovo e l'altro al cilindro di ferro dolce. Chiuso il circuito voltaico, si manifesta subito la solita pioggia luminosa dentro l'ovo fra la ghiera e la base del cilindro di ferro che è nell'ovo: perchè l'esperienza riesca sicuramente deve la luce elettrica esser ristretta ad un fascio di luce, che è allora più intensa e che resta ferma e presenta le note strie. Facendo allora agire l'elettro-calamita, si vedrà tosto il fascio luminoso prendere un moto di rotazione intorno al cilindro di ferro che si accelera da prima e poi resta uniforme. Aprendo il circuito dell'elettro-calamita, il fascio di luce elettrica si ferma in secco, per mettersi a ruotare in senso opposto se l'investono i poli dell'una o dell'altra pila.

L'esperienza riesce egualmente bene ma con effetti diversi di colore, cangiando vapore: col vapore di solfuro di carbonio è di un violetto chiaro, di un color rosso colla trementina. Questa esperienza che potrà esser con vantaggio sostituita a quella che si fa nelle lezioni per provare il moto rotatorio del conduttore elettro-dinamico intorno alla calamita scoperto da Faraday, dimostra bene che l'arco luminoso è formato da materia che s'illumina pel passaggio dell'elettricità. Si deve notare che essendo quest'arco formato dalle correnti indotte alternativamente in senso opposto, perchè l'esperienza di De La Rive possa spiegarsi, bisogna ammettere che una sola delle correnti obbedisca all'azione elettro-dinamica o prevalga sull'altra. Questo soggetto merita quindi un nuovo studio e potrà più utilmente dopo di ciò essere applicato alla spiegazione di alcune proprietà dell'aurora boreale, come fa il De La Rive.

R.

OSSERVAZIONI D'ELETTRICITA' ATMOSFERICA; DI DELLMANN.

(*Philos. Mag. Giugno* 1858.).

L'apparecchio che l'Autore adopera si fonda sopra le esperienze ben note di Saussure e di Ermann variate e perfezionate da Peltier. È noto che partendo da queste esperienze, Quetelet a Bruxelles e Palmieri a Napoli hanno imaginato dei metodi per osservare l'elettricità atmosferica ed ottenuto i risultati più importanti che si possedono sopra questo oscuro argomento. L'Autore adopera una sfera di metallo ben isolata la quale per mezzo di una corda e di una carrucola è sollevata sopra il tetto dell'Osservatorio e viene in contatto per un momento colla parte superiore di un'asta metallica fissa. La sfera così caricata di un'elettricità che, come facilmente s'intende, è contraria a quella inducente dell'atmosfera, è portata poi in contatto dell'elettrometro.

L'elettrometro di Dellmann che è analogo a quello di Peltier consiste in un ago orizzontale di rame sostenuto da un filo finissimo di vetro per cui le forze elettriche sono misurate dalla torsione. Di faccia all'aghetto sospeso è fissato un filo metallico che passa ben isolato per il fondo della cassa dell'elettrometro. L'ago mobile essendo piegato in maniera che una metà guarda una faccia dell'ago fisso e l'altra metà la faccia opposta, ne viene che quando l'ago fisso è elettrizzato ed ha comunicato l'elettricità all'ago mobile, quest'ultimo è respinto e si fissa respinto. L'angolo fatto coll'ago fisso dà la misura della forza elettrica. La tensione di un elemento zinco e rame è presa per unità. Noi riferiamo le medie mensili ottenute in due anni di osservazione. I numeri successivi sono i valori delle medie mensili cominciando dal Gennajo. Per il primo anno questi numeri furono:

191; 187; 150; 133; 114; 122; 124; 130; 142; 190; 172; 233.

Per il secondo anno:

169; 140; 150; 128; 114; 119; 118; 149; 154; 163; 226; 229.

Da questi numeri, che sembrano ottenuti con molta esattezza, si deduce la conferma di un fatto già ammesso che, cioè i segni dell'elettricità atmosferica a cielo sereno sono molto maggiori nell'inverno che nell'estate.

TELESCOPJ DI VETRO ARGENTATO. - SPECCHI A SUPERFICIE D'ELISSOIDE E DI PARABOLOIDE DI RIVOLUZIONE. - VALUTAZIONE NUMERICA DEI POTERI OTTICI; M. LÉON FOUCAULT.

(*Cosmos T.* 13, *p.* 162).

Traduzione.

L'applicazione dell'argentatura sul vetro agli specchi di telescopio ha suscitato da prima alcune obbiezioni, alle quali la esperienza ha risposto colla buona conservazione dello strato metallico di argentatura sopra il vetro. Tra i tanti specchi preparati per lo studio, o dati al commercio, non ve n'è uno che sia stato dichiarato inservibile per la sola azione del tempo.

Difficoltà più serie si sono incontrate allorchè si trattava di lavorare dei vetri di una certa dimensione; ma gli ostacoli che hanno ritardato il successo sono divenuti la origine di progressi notabili nel modo di costruire le superfici ottiche. Al principio di queste ricerche, il miglior modo che io credeva di fare era quello di applicare le più grandi cure ad ottenere delle superfici sferiche, che sono le sole le quali si generano regolarmente coi processi meccanici. Si vedrà nei dettagli che seguono, come cercando di correggere i difetti che sussistono in simili superfici, io sia giunto ad ottenere con mia soddisfazione tutte le superfici elissoidali, le quali stabiliscono il passaggio tra la sfera e la paraboloide di rivoluzione.

Prima di tentare alcuna innovazione nel lavoro dei vetri, la prima condizione a soddisfare era quella di prendere una conoscenza esatta dei processi attuali. Il sig. Secrétan, al quale io aveva esposto il mio desiderio, mi ha liberalmente aperte le sue fabbriche, di modo che nello spazio di qualche mese, in seguito delle mie relazioni giornaliere col padrone e i suoi operaj, ho potuto rendermi ragione del modo con cui si trattano le cose dal principio fino alla fine del lavoro.

Dal momento che il pezzo sottoposto alla esperienza comincia a riflettere specularmente la luce, esso veniva sottoposto a delle prove ottiche capaci di rivelare le affezioni della sua superficie, sicchè mi venne fatto di acquistare ben presto la certezza che le superfici generate dal lavoro degli ottici non si costituiscono nel loro stato definitivo che nell'ultimo periodo del loro pulimento.

Questi studj preliminarj hanno d'altronde messo in evidenza un risultato che importava di bene constatare, cioè che i processi meccanici impiegati attualmente nelle arti, non realizzano la superficie della sfera che con un certo grado di approssimazione, il quale non potrebbe subire il controllo di prove ottiche: le alterazioni di curvatura che ho veduto comparire esplorando in questo modo le superfici, mi hanno suggerito il pensiero di ritoccarle ne' punti difettosi e di modificarle a mano con correzioni locali sintantochè la luce le mostrasse perfette.

Questa operazione che ripugnava ai pratici, riusciva meglio che non si sarebbe creduto; tentata per la prima volta sopra uno specchio di 36 centimetri il quale aveva una prominenza centrale che nuoceva immensamente alle immagini; essa ha ridotto in alcune ore la superficie ad una figura sensibilmente sferica. Colle prove a cui questo specchio fu allora sottoposto, il restauro di una superficie sferica mediante alcuni ritocchi locali è divenuta per me un fatto acquistato, e da quel momento io ho concepita la speranza di realizzare la superficie parabolica con un grado di approssimazione desiderabile per l'applicazione che io aveva in vista.

Il metodo che io ho messo in pratica per trasformare le superfici sferiche è fondato nell'andamento che seguono le aberrazioni nelle differenti posizioni dei fuochi conjugati di uno specchio concavo. Se lo specchio è esattamente sferico, un punto luminoso posto al centro di curvatura produce nel medesimo centro un'immagine immune da ogni aberrazione; ma quando il punto luminoso si avvicina al fuoco principale, l'immagine se ne allontana e si circonda di una nube di aberrazione che va crescendo colla distanza. Concepíamo dapprima che questo punto luminoso si sposti assai poco tanto che la immagine formata in un luogo vicino non presenti all'osservazione che un'aberrazione che comincia allora.

Possiamo quindi proporci di correggere lo specchio con un ritocco locale, mediante un lisciatojo di forma opportuna, di maniera che quest'aberrazione sparisca; e da sferico che era, lo specchio diviene elittico mediante lo sviluppo del centro primitivo in due fuochi corrispondenti ai luoghi occupati dal punto luminoso e dalla sua immagine. Una volta questa correzione effettuata per una prima distanza dei due fuochi, si accresce questa distanza avvicinando il punto luminoso allo specchio, locchè fa comparire altre aberrazioni da correggere; procedendo come nel primo caso si fanno esse pure svanire, e per conseguenza si aumenta l'asse maggiore dell'elissoide a cui appartiene la superficie dello specchio. Proseguendo così di vicinanza in vicinanza e di stazione in stazione, si allunga successivamente l'elissoide variabile sino a trasformarla sensibilmente in paraboloide di rivoluzione, cioè sino a rendere lo specchio capace di funzionare senz'aberrazione per una distanza infinita.

Questo metodo messo in pratica sopra un primo specchio di 25 centimetri di diametro, non è stato proseguito sino alla fine, di modo che l'istrumento non riunì in un fuoco esatto che i raggi emanati dalla distanza di dieci metri; nondimeno è stato giudicato utile di conservarlo in questo stato, affine di poterlo applicare ad esperienze, le quali ripetute in uno spazio chiuso, dimostrino in modo decisivo il concorso efficace dei raggi convergenti riflessi dalla superficie intiera.

Un altro specchio del medesimo diametro di quello descritto è stato corretto della sua figura primitiva sino a divenire parabolico, di modo che in un tubo di telescopio esso produce a un metro di distanza focale, una immagine senza aberrazione di oggetti situati all'infinito.

Un terzo specchio di 33 centimetri di diametro, e di 2 metri e 25 centimetri di lunghezza focale, preparato come i precedenti, con molta cura nei laboratorj del sig. Secrétan, presentava al sortire dalle mani dell'operajo, una figura di rivoluzione ben centrata nel suo asse, ma che differiva notabilmente dalla superficie della sfera. Un primo ritocco ha avuto per effetto la elisione delle parti più sporgenti; dopo di che, e in pochissimo tempo, un secondo ritocco, ha impresso allo specchio la forma parabolica, e lo ha reso adatto a funzionare nel miglior modo possibile sui corpi celesti.

Quantunque la sostanza del vetro non rifletta che circa $\frac{1}{15}^{me}$ della luce incidente, non è necessario di inargentare uno specchio per prendere cognizione dello stato della superficie. La luce di un lume ripercossa verso l'osservatore per riflessione parziale sul vetro, possiede tuttavia abbastanza intensità per mettere in evidenza tutte le particolarità che si ha interesse di scuoprire nella formazione del fuoco. In quanto poi alle quantità di materia, la cui grossezza modifica le proprietà geometriche delle curvature, esse sono talmente minime che la semplice confricazione del lisciatojo basta a levarle, senza che sia necessario di proseguirla per un tempo smisuratamente lungo. Colle dimensioni da me studiate fino ad ora, non si è richiesto più di sei ore di lavoro per modificare una superficie in tutta la sua estensione. Bastano poi alcuni minuti di azione per produrre un cangiamento apprezzabile. Questo modo di attaccare la sostanza del vetro permette di sospendere a ogni momento e di arrestare il lavoro tostochè si crede di avere attinta la figura migliore; l'argentatura dello specchio viene ad accrescere il suo potere riflettente, senza che però si abbia a temere di alterare minimamente la curvatura.

Lo specchio elittico che è risultato dalla prima applicazione del metodo, ha i suoi fuochi abbastanza vicini, per essere ambedue contenuti nell'interno della mia abitazione; ciò costituisce una circostanza favorevole a qualche esperienza di dimostrazione che non si può estendere agli specchi parabolici che nei casi rarissimi in cui l'atmosfera esterna sia perfettamente pura. Un oggetto essendo collocato a uno dei fuochi dell'elisse, l'immagine che si forma all'altro fuoco è totalmente scevra di aberrazione; ma per un'altra distanza qualunque, l'aberrazione riappare e con caratteri opposti secondo che l'oggetto e l'immagine sono compresi al di dentro o al di fuori dei limiti dei fuochi dell'elissoide. Era questo un risultato facile a prevedersi e ad applicarsi nelle posizioni inverse che prende nei due casi la caustica formata dagl'incrociamenti successivi dei raggi che non convergono esattamente ad un punto. Nel caso speciale in cui questa convergenza ha luogo, lo strumento manifesta tutto il suo potere ottico, e la sostituzione del microscopio composto all'oculare ordinario diviene necessaria per trarre dalla immagine il miglior partito possibile senza introdurvi nuove aberrazioni. A misura che l'ingrandimento aumenta, si scuoprono nuovi dettagli, sintanto che la comparsa dei fenomeni di diffrazione indichi che la immagine sia, per dir così, esaurita. Indarno allora si progredirebbero gl'ingrandimenti; gli oggetti, abbenchè più dilatati, non sarebbero più veduti in uno stato più distinto. In uno strumento perfetto, è dunque la diffrazione che pone un limite alla precisione delle immagini.

Allorquando uno specchio ha acquistato questo grado di perfezione, la sua intiera superficie concorre in modo efficace alla formazione del fuoco, ed ogni sottrazione operata sul fascio convergente nuoce alla immagine, aggravando i fenomeni di diffrazione; ne risulta un contrasto sorprendente negli effetti che si producono dall'applicazione dei diaframmi, secondo che l'apparato convergente realizza o no un grado di perfezione che stia in relazione colla costituzione fisica della luce.

Avendo voluto sottoporre lo specchio elittico a questa prova decisiva, ho pregato il sig. Froment di tracciare sul vetro inargentato delle divisioni equidistanti e di una larghezza uguale allo spazio che le separa. Questa specie di micrometro forma un oggetto di prova, che veduto sopra un fondo illuminato, presenta un insieme di striscie alternativamente luminose ed oscure. Collocato ad uno dei fuochi dell'elissoide e perpendicolarmente all'asse maggiore, il piano del micrometro lascia vedere le divisioni secondo il loro reale allontanamento, ma inclinandolo progressivamente, si riduce l'immagine, che all'altro fuoco si forma, a dimensioni trasversali così piccole quanto si vuole, e in questo modo si può ridurre questa specie di obbietto effettivo (*test-objet*) al limite di visibilità.

Se ora si tenta di restringere per mezzo di un diaframma l'estensione della superficie riflettente dello specchio, si ravvisa che in luogo di migliorare, come accade ordinariamente, la qualità dell'immagine, si diminuisce in realtà la forza dello strumento. Le divisioni, le quali dapprima erano visibili a specchio scoperto, scompariscono più o meno completamente dal momento che si applica il diaframma, non già per mancanza d'intensità, poichè di questa si può disporre a piacere, ma soltanto perchè diminuendo l'estensione della superficie dell'onda, si sono cangiate le condizioni, le quali circoscrivono il luogo in cui concorrono i raggi in modo efficace.

Questo sistema di divisione che si ristringe o si allontana in modo di porle nella immagine al limite di visibilità, fornisce il mezzo di valutare con numeri la forza degli strumenti ottici, e di evitare i modi incerti di apprezzarla desunti dal linguaggio ordinario. Allorquando queste divisioni, vedute nel campo del telescopio, sono sul punto di divenire indistinte, non già per mancanza di luce, nè per insufficienza d'ingrandimento, ma sibbene per la confusione dei fasci sovrapposti, il potere ottico dello strumento, ovvero la proprietà ch'esso possiede d'isolare i dettagli, si esprime evidentemente colla cotangente dell'angolo sotteso al centro dello specchio dall'intervallo medio di due divisioni consecutive.

La sola condizione che si deve soddisfare per ricavare dei risultati paragonabili, è quella di adottare un rapporto costante tra le dimensioni degli spazj luminosi ed oscuri, e siccome l'eguaglianza è tra i rapporti il più semplice, io ho scelto come tipo un sistema di divisioni eguali in larghezza agli spazj che le separano. Secondo questi dati è stato trovato per il telescopio elittico funzionante a specchio scoperto un potere ottico uguale a 300,000. Ma dal momento che mediante i diaframmi è stato ridotto il diametro della superficie libera dello specchio, il suo potere ottico scema nel medesimo rapporto di quella riduzione.

Partendo da questa cifra di 300,000, che esprime il potere reale dello strumento, si trova che le immagini contigue delle parti micrometriche che vanno a formarsi a 6 metri e 10 di distanza focale, hanno un'estensione, la quale non eccede $\frac{1}{175}^{mo}$ di millimetro; di qui si vede perchè il micrometro composto adempia vantaggiosamente l'officio di oculare.

In seguito a queste prime verificazioni, è stato costruito il micrometro parabolico di 25 centimetri, la sua distanza focale principale ridotta a un metro, lo rende uno strumento che presenta proporzioni inusitate e che sono incompatibili facendo uso di superfici sferiche. Impiegato sopra oggetti lontani, il suo potere ottico si esprime col numero 250,000; non è dunque così perfetto come il precedente; ma per perfezionarlo basterebbe un semplice ritocco.

Lo specchio di 33 centimetri costruito in ultimo e che formava il fuoco principale alla distanza di 2 metri e 25, possiede relativamente alle sue dimensioni, un più alto grado di perfezione. Essendo stato diretto in un giorno di bel tempo sopra una scala divisa in quinti di millimetro e che era ad una distanza di 80 metri, esso ha reso isolatamente visibili le linee, il cui intervallo sottendevano allora un angolo di mezzo secondo, locchè fa ammontare a 400,000 l'espressione del potere ottico. Ciò posto potevamo naturalmente attenderci risultati interessanti voltando questo strumento verso il cielo. Ed infatti nella notte del 21 al 22 di Luglio favoriti da aria abbastanza pura, ci siamo accinti ad esaminare attentamente γ di Andromeda. Quest'astro che coi cannocchiali di 33 centimetri ed anche al disotto, si separa in due stelle, l'una di colore ranciato, l'altra di un bleu verdastro, è realmente triplo, siccome l'ha dimostrato il sig. Struve facendo uso del gran cannocchiale di Pulkowa, con cui vide sdoppiarsi la stella bleu.

Durante tutta la notte, questa costituzione della stella bleu, è rimasta dubbia; ma alle tre ore antimeridiane, allo spuntare dei primi raggi del sole, l'aria essendo divenuta più calma, l'astro, ingrandito 600 volte, si è manifestamente diviso in due punti piccolissimi, estremamente vicini l'uno all'altro. L'indomani con un cielo meno favorevole e alla medesima ora, questa osservazione è stata confermata; di più per non cadere in una illusione la quale avrebbe potuto dipendere da un difetto dello strumento, ci siamo assicurati che dirigendolo su di un altra stella, l'immagine sua non aveva veruna doppiezza.

Un osservatore esercitato prendeva parte di questa esplorazione; ciascuno di noi ha disegnate le stesse impressioni, ed allorchè si sono in seguito consultati i cataloghi, abbiamo riconosciuto che le posizioni erano esatte. Mi sembrava dunque stabilito che la stella bleu di γ dell' Andromeda sia stata sdoppiata da un telescopio parabolico di vetro argentato avente 33 centimetri di diametro e 2 metri e 25 di lunghezza focale.

I resultati esposti, che già per sè stessi sono soddisfacenti offrono pure qualche interesse in ragione delle spese modiche che sono occorse per poterle ottenere. Mercè il disinteresse dell' onorevole e dotto costruttore, sig. Secrétan, il quale nel corso di ben due anni non ha mai cessato di tenere a mia disposizione le risorse di un grande stabilimento, queste spese si sono ridotte ad un limite tale che un semplice particolare avrebbe potuto supplirvi.

Io non dubito che potendo disporre di somme che stessero in relazione con quelle che ordinariamente si consacrano alla fabbricazione di apparati astronomici, potremo giungere a costruire uno strumento, il quale anche con minor mole, ci faccia scuoprire nel cielo nuovi orizzonti.

OSSERVAZIONI PER SERVIRE ALLA STORIA DEL SEME D'OVALA E SULL'OLIO IN ESSO CONTENUTO; DI G. ARNAUDON.

Questo seme che trovavasi all' esposizione universale del 1855 proviene dal Gabon nella Senegambia, possessioni francesi dell' Affrica occidentale, e faceva parte della collezione dei prodotti di quel paese.

Non ho potuto avere altro ragguaglio locale se non che esso si trova in un guscio bivalve della larghezza di 2 decimetri circa che ne contiene parecchi; il suo volume è quello di una grossa fava; la sua lunghezza è all'incirca doppia della larghezza; il peso di ciascun seme varia tra 10 a 18 gramme; la densità è più grande di quella dell'acqua; esso è costituito da due parti principali un inviluppo cioè ed una mandorla.

L'inviluppo somiglia pel colore bruno a quello della castagna, ma ha un po più di spessore, e la sua struttura più compatta, meno cedevole, testacea. La superficie esteriore, è di aspetto grasso lucente liscia, ma ineguale, presentante delle sinuosità che partendo dal vertice dell'angolo più acuto del seme si diramano in vario verso all'estremità opposta. L'inviluppo aderisce assai fortemente alla mandorla, la quale tuttavia può essere separato assai nettamente e mostrare allora alla sua superficie l'impronta delle nervature che scorgevansi sul perisperma; la mandorla è molle d'un colore bianco olivastro che si fa più intenso per la esposizione all'aria.

La media di varie esperienze mi ha dato un rapporto di 1 a 6 tra il peso dell'inviluppo ed il peso totale del seme, ovvero:

Inviluppo	16,66
Mandorla	83,34

La quantità d'acqua pel seme intiero è di . .	5,30	per 100
La quantità di cenere pel seme intiero . . .	2,60	per 100
La quantità di cenere per l'inviluppo . . .	5,50	per 100
La quantità di cenere per la mandorla . . .	2,30	per 100.

Le ceneri dell'inviluppo sono semifuse e più ricche in silice di quelle della mandorla.

Le ceneri della mandorla sono bianche pulverulente e contengono maggior copia di fosfati che quelle dell'inviluppo.

La mandorla avvegnachè contenga olio in abbondanza lo cede difficilmente per compressione.

Per via di trattamento etereo ottenni:

Olio 62 per 100 parti di mandorle
» 54,47 per 100 parti di seme col suo inviluppo.

L' olio venne quindi sottoposto a lavature ripetute con acqua pura e dopo essiccazione le proporzioni d' olio erano:

56 per 100 parti di mandola
50,55 per 100 parti di seme.

L' olio di ovala è liquido alla temperatura ordinaria e d' un colore giallo chiaro, non imbrunisce sensibilmente quando è purificato. Alla temperatura di 15°. la sua limpidità comincia a diminuire ed a qualche grado al disotto s' intorbida, s' ispessisce ed a 0° si rappiglia in massa pastosa; la sua densità è pressochè eguale a quella dell' olio d' oliva, assorbe pochissimo d' ossigeno e dopo molti giorni d' esposizione all' aria in istrati applicati sovra superficie di varia natura, conservava ancora la sua fluidità, ma tal proprietà potrà indurre a collocare l' olio d' ovala vicino all' olio di beben (*moringa apteca*) ed altri di simil fatta preziosi per diminuire l' attrito negli organi meccanici.

L' olio da me ottenuto è alquanto acre, ma cotale difetto può essere attribuito alla vetustà dei semi od alle avarie patite nel viaggio; l' odore è abbastanza pronunziato, ma non è disgustoso e somiglia di molto a quello di taluno dei nostri semi leguminosi. Quest' olio ha sapore assai aggradevole e ci lascia pensare che esso potrà venire ad accrescere il numero de' nostri olii commestibili, e dirò, senza pretendere che ci debba servir d' esempio, che i Bushman tribù indigena del Senegal fanno uso di quest' olio nella preparazione de' loro alimenti.

L' olio d' ovala è pressochè insolubile nell' alcool a freddo, il quale però le toglie una materia particolare, non che una parte del suo aroma. Una delle proprietà più notevoli della mandorla di questo seme si è quella della colorazione che sviluppa sotto l' influenza dell' acido solforico. Allorquando si stempera un po' della mandorla ridotta in farina entro acido solforico concentrato si osserva la massa colorarsi in oliva, poi in violetto, finalmente in bel rosso cremisi, la combinazione però si disfà e la tinta scompare coll' aggiunta d' una certa quantità d' acqua.

L' apparizione di questo fenomeno della colorazione mi eccità ad indagare le cause che la producono, e però mi parve interessante il ricercare dapprima in qual parte delle materie costituenti il seme la proprietà su' enunciata si presenta al massimo grado d' intensità; a tale scopo ho cominciato a trattare una parte di mandorla coll' acqua, ne feci evaporare la soluzione a siccità ad una temperatura al disotto di 70 gradi, poi sul residuo versai dell' acido solforico concentrato, il quale non mi diede che una colorazione bruna senza traccia di color rosso; per cui concludo che la materia (colorabile) ingenerante il color rosso non si era disciolta nell' acqua. Un' altra porzione della mandorla è trattata con alcool caldo, l' estratto evaporato a siccità produsse coll' acido una colorazione d' un magnifico rosso cremisi, d'onde la conseguenza che la materia colorabile era solubile nell' alcool. D' altra parte l' estratto ottenuto coll' etere per evaporazione a secco, fornì il residuo oleoso, il quale si colorò mediante l' acido solforico ma non più in rosso, ma in violetto abiadito e la colorazione divenne ancora meno intensa dopo lavatura all' acqua ed all' alcool dell' olio stesso, e da ciò indussi che la materia colorabile dell' olio estratto coll'etere si trovava in una condizione differente da quella in cui si trova nella mandorla, ovvero che la colorazione in rosso cremisi non può svilupparsi che mediante la presenza d' un altra materia che l' etere non aveva disciolto, e che doveva esser rimasta nel residuo del trattamento etereo, ed è quest' ultima conclusione che accettai dietro la seguente esperienza.

Dopo avere esaurito coll' etere una certa quantità di mandorle e seccatone il residuo, lo ripresi con alcool bollente (a 84 c^{di}. all' alcoolimetro), ho fatto evaporare l' estratto alcoolico che lasciò un residuo di consistenza vischiosa, come zucchero ridotto a sciroppo, esso riduceva il sale di rame e s'imbruniva coll' acido solforico concentrato. Mescolai un po' di questo sciroppo all' olio ottenuto coll' etere (il quale come già dissi da per sè solo non si colora che in violetto sbiadito) e sul miscuglio versai dell' acido solforico concentrato; la massa non tardò a volgere successivamente al verde olivo, al cremisi, di una tinta che per vivacità ed intensità non la cedeva a quella che aveva fornito la mandorla. Siccome mi ero accorto che la mancanza della materia sciropposa zuccherina era la cagione che l' olio estratto coll' etere non si colorava in rosso coll' acido, mi provai a sostituire la materia zuccherina naturale del seme con zucchero di canna e l' esperienza comprovò la mia previsione, gli stessi fenomeni di colorazione cremisi si produssero. Dunque il fenomeno della colorazione rosso-cremisi non si produce tra la materia colorabile in violetto sbiadito e l' acido solforico concentrato, che allorquando è in presenza di una materia zuccherina (1).

(1) L' osservazione curiosa che ho qui riportata a proposito della mandorla di ovala, è applicabile a ben altre circostanze in cui una data proprietà non si rivela più per dato reagente se in vece di agire sull' insieme d' una sostanza si opera su d' uno dei suoi componenti, in nessuno dei quali presi partitamente è più possibile produrre il fenomeno che serviva a caratterizzare la sostanza, risultato che indusse già e può condurre di frequente il chimico in errore facendo credere all' alterazione del principio immediato nel quale si supponeva detta proprietà nel massimo grado.

Questo caso era troppo importante perchè non venisse preveduto dall' illustre Autore delle considerazioni sull' analisi organica che l' accennava or son più di trent' anni (*). Quest' osservazione mi conduce a riflettere sulla differenza dei risultati che si ottengono tingendo le stoffe con una materia colorante quale esiste allo stato naturale, comparativamente a ciò che si ha tingendo col principio immediato al quale si attribuisce la proprietà tintoriale pel solo fatto che tutti gli altri principii che vi si trovano associati esaminati separatamente non producono colorazioni coi mordenti e colle stoffe. Siffatta considerazione estendesi pur anche all' azione che differenti materie esercitano sugli esseri organizzati, sia che s' impieghino come sostanze alimentari, o che se ne faccia uso come rimedio; in tutti questi casi diversi bisogna andar guardingo dall' esser troppo assoluti e di assegnare ad un corpo tutta la virtù dell' azione ad esclusione di altri che di sovente vi concorrono ancora realmente. Egli è necessario di non limitarsi ad esaminare le proprietà di cadauno dei principii separati, ma fa duopo eziandio d' indagare quali sono le differenze delle proprietà speciali di essi a fronte di quelle che presentava la materia complessa e se per via di quest' esame comparativo si trova che un fenomeno, il quale si mostrava colla materia complessa non ha più luogo operando coi diversi principii separati che la costituiscono, allora si dovrà cercare di associarli, a due a tre ec. in diverse guise fino a che si ritrovi la proprietà che ci offriva la materia prima di essere scissa ne' suoi componenti: mi faccio a citare, a cagion d' esempio, la tintura che ottenni colla robbia e la cocciniglia comparativamente a quelli forniti dall' alizarina e dalla carmina, l' esperienza mi ha dimostrato che la quantità di questi principii im-

(*) *Chevreul 1824. Considération sur l' analogie organique.*

SUI GAS DEL SANGUE; DI LOTARIO MEYER.

(*Phil. Mag. N.* 95, *Ottobre* 1857).

Il signor Dott. Meyer proponendosi di confermare ed intendere le esperienze di Magnus, ha istituite nel laboratorio di Bunsen numerose e diligenti ricerche sulla composizione dei gas del sangue. Si è prima occupato di determinare le quantità di ossigeno, di azoto e di acido carbonico contenute nel sangue, specialmente in quello arterioso; ed in secondo luogo di osservare se l' assorbimento di questi gas nel sangue si fa secondo la legge di Henry e Dalton. Le sue esperienze trovansi registrate con dettaglio nel Giornale di Medicina di Henlé e Pfeufer (1).

I resultati della prima parte del suo lavoro, ottenuti facendo bollire a bassa temperatura il sangue in uno spazio vuoto di aria, sono registrati nella tavola seguente. L'acido carbonico che è nel sangue allo stato di combinazione, veniva posto in libertà aggiungendo al liquido dei cristalli di acido tartarico dopo che erano stati espulsi gli altri gas allo stato libero. I volumi dei gas qui notati sono stati ottenuti da 100 volumi di sangue, e ridotti a 0° C. e dalla pressione di $0^m,76$:

Data 1856	DESCRIZIONE DEL SANGUE	GAS liberi	O.	Az	CO^2 libero	CO^2 combinato	CO^2 totale	VOLUME totale di peso
Gen. 17	Carotide, Cane . . . . . N. 2	. . .	. . .	. . .	. . .	23,75	. . . .	. . . .
Feb. 12	» » 1	20,88	12,43	2,83	5,62	28,61	34,23	49,49
» 19	» » 2	. . .	(3,79)	(2,94)	. . .	. . . .	(27,10)	(33,84)
» 19	» » »	28,24	18,42	4,55	5,28	20,97	26,25	49,21
» 28	» » 1	25,50	14,29	5,04	6,17	48,58	34,75	54,08
Sangue pieno di fibrina agitato con aria a 21°,5 C. e alla press.e di 0^m,7465		17,04	11,55	4,40	1,09	18,12	19,21	35,16
		. . .	(5,81)	(4.12)	. . .	. , . .	(21,56)	(31,49)

(1) V. *Henlé und Pfeufer's Journal für rationelle Medecine*, Vol. VIII, parte 2.

Il cane N. 1 era giunto a perfetto sviluppo e pesava 7,5 chilogrammi; non così il N. 2 il cui peso era 9k,5. Si nota una differenza nella composizione dei gas del sangue in questi due animali: quello del cane più giovine conteneva meno acido carbonico in istato di combinazione e molto più ossigeno allo stato libero. I gas del sangue di uno stesso animale sembra che abbiano una composizione presso a poco costante. I numeri chiusi fra parentesi si riferiscono ad esperienze, nelle quali i cristalli di acido tartarico venivano posti nel sangue prima di averne espulso i gas liberi. In questi casi trovansi le medesime quantità di acido carbonico e di azoto che nelle altre esperienze; minore è la quantità dell'ossigeno; ciò mostra che l'acido ha prodotto l'ossidazione di qualcuno degli elementi del sangue senza formare peraltro acido carbonico.

Per istabilire le leggi dell'assorbimento dei gas, l'A. ha usato un apparecchio composto di un tubo cilindrico contenente il sangue, unito ad un tubo ricurvo nel quale veniva posto il gas; la pressione del mercurio su questo era indicata da una scala divisa in millimetri.

Le quantità di ossigeno e di acido carbonico assorbite dal sangue variano colla diversa pressione, ma non proporzionalmente ad essa: queste quantità si compongono di due parti, una indipendente dalla pressione e l'altra che obbedisce alla legge di Henry e Dalton. Il volume di gas disciolto da un volume h di sangue sotto una pressione P ed alla temperatura t, misurato alla pressione normale e a 0° C. è

$$A = kh + \alpha h P,$$

ove α rappresenta il coefficiente di assorbimento e k un'altra costante che dipende pure dalla pressione.

Per l'azoto, la quantità assorbita è proporzionale alla pressione, cosicchè il suo disciogliersi nel liquido sembra un semplice fenomeno di assorbimento. La quantità di questo gas assorbita è fra il 3 e il 4 per cento del volume del sangue; gli errori dell'osservazione possono avere avuto influenza sul calcolo di quantità così piccole.

Il valore del coefficiente α per l'ossigeno alla temperatura di 18° C. è 0,04; essendo questo numero assai piccolo ricorre l'osservazione fatta per l'azoto.

Per l'acido carbonico si è trovato

$$\alpha = 1,15 \text{ a } 0° \text{ C.}$$
$$\alpha = 1,20 \text{ a } 12° \text{ C.}$$

Questo valore differisce pochissimo da quello trovato da Bunsen per l'acido carbonico nell'acqua, cioè 1,10.

Determinando l'altro coefficiente *k*, che si riferisce a quella parte di ossigeno e di acido carbonico ritenuta dal sangue non per semplice soluzione ma apparentemente per azione chimica, l'A. ha trovato che, quanto all'ossigeno, il valore di *k* varia secondo alcune circostanze: come, per esempio, diluendo il sangue all'acqua e tenendolo per un certo tempo in contatto coll'aria atmosferica prima di far l'esperienza. Del sangue di vitella, spogliato dalla fibrina, e sottoposto all'esperienza tuttora caldo, ha dato a 18° C.

$$k = 0,166$$

fatta la riduzione a 0° C. ed alla pressione di 0m,76. Altre esperienze hanno dato per *k* un valore più piccolo

$$k = 0,09.$$

La quantità di ossigeno assorbita in tal guisa rimane la stessa tanto se il sangue è posto in contatto coll'ossigeno puro, quanto coll'aria atmosferica.

L'importanza di questa proprietà del sangue per l'organismo vivente è palese; senza di essa, non sarebbe possibile lo stare in atmosfere di diversa composizione, a varie altezze sul livello del mare, per esempio, senza un'alterazione naturale delle funzioni animali. Questa proprietà spiega altresì il fatto osservato da Reiset e Regnault che le azioni vitali degli animali che respirano in un'atmosfera molto ricca di ossigeno non si osservano accelerate in modo percettibile.

La reazione del sangue coll'acido carbonico differisce essenzialmente da quella coll' ossigeno; imperocchè, indipendentemente dalla pressione, il sangue assorbisce una quantità molto maggiore di acido carbonico quando è in presenza di un'atmosfera di questo gas, di quello che quando è in contatto dell' aria dei polmoni. Del sangue di vitella, privo di fibrina, che conteneva 33,8 volumi per cento di acido carbonico allo stato di combinazione, a 0° e alla pressione di $0^m,76$, posto in un'atmosfera di acido carbonico puro, assorbì 63 volumi di questo gas (a 12° C.) oltre la quantità che conteneva precedentemente, cosicchè alla fine dell'esperienza aveva assorbito in totalità un volume pari al suo di acido carbonico, indipendentemente dalla pressione.

Le esperienze fatte nella prima parte del lavoro dell' A. mostrano che il sangue della circolazione non contiene una quantità così grande di acido carbonico: quindi non si può spiegare quell'assorbimento se non supponendo, che quando il sangue è in un' atmosfera di acido carbonico puro si trasformino in bicarbonati i carbonati neutri e i sesquicarbonati alcalini, ed in parte anche i fosfati contenuti nel sangue.

D' altra parte risulta dalle esperienze dell' A. che nel sangue in circolazione i bicarbonati si trovano in piccolissima quantità se pure vi sono; poichè la quantità di acido carbonico che il sangue abbandona nel vuoto senza aggiunta di acido, corrisponde con grande approssimazione a quella che deve essere assorbita, nello stretto senso della parola, alla temperatura ed alla pressione dell'acido carbonico contenuto nell'aria dei polmoni. In secondo luogo si trova che facendo bollire il sangue, dopo aver prima tolto questa porzione di gas semplicemente assorbito, non si ottiene quantità apprezzabile di acido carbonico, mentre il bicarbonato di soda, in circostanze simili, abbandona un quarto del suo acido carbonico.

Convien dunque concludere che è un errore il credere che i bicarbonati del sangue esercitino una funzione essenziale nel fenomeno della respirazione, e che lo scambio di acido carbonico è molto probabilmente un semplice fenomeno di assorbimento; mentre nel caso dell' ossigeno entrano in azione anche le forze chimiche.

INTORNO IL MAGNETISMO DEL GLOBO; Mr HANSTEEN.

(*Lettera al sig.* QUETELET. *Bullettin de l'Académie de Bruxelles, Août* 1858)

È stata fin qui rappresentata la intensità della resultante magnetica della terra in ciascun punto della sua superficie, con una *unità arbitraria*, cioè colla più piccola intensità magnetica osservata dal sig. de Humboldt alla fine del secolo decorso sotto l'equatore magnetico al Pérou (7° di latitudine meridionale). Ma siccome questa risultante cambia tanto di *grandezza* quanto di *direzione*, anche questa unità ha dovuto essere necessariamente variabile. Se dopo un mezzo secolo, si continua a prendere per intensità totale a Parigi, il valore di 1,3482, e se relativamente a questa città si determina la intensità su d'altri punti, si commette naturalmente un errore; imperocchè la intensità a Parigi, per il corso di varii anni consecutivi ha sempre avuto valori differenti ed ha sempre diminuito progressivamente. Ciò dunque che si ottiene col metodo in uso è semplicemente *il rapporto della intensità pel punto di osservazione all' intensità a Parigi, nel tempo dell' osservazione.*

Quando il rapporto tra l' intensità per Parigi e Bruxelles, dietro le vostre stesse osservazioni e quelle di altri dotti (signori Sabine, Langberg, Rudberg ec.) è constatato nei differenti anni, e che voi ne deducete che la *intensità a Bruxelles resta inalterabile*, ciò significa semplicemente che il rapporto tra i due punti, nell' intervallo di questi anni non *si è cangiato in modo sensibile*, lochè poteva essere previsto a cagione della poca distanza che passa tra i due punti di osservazione.

Per ricercare le *variazioni* d' intensità sui differenti punti ho creduto dovere esprimere l' intensità in unità assolute di Gauss.

Come base di questa ricerca, io mi sono servito delle determinazioni assolute che ho fatto io stesso nel mio viaggio attraverso gli Stati della Russia ed altri paesi dell' Europa, e di quelle ottenute da amici che facevano uso de' miei apparecchi. In questo modo io conosco la intensità assoluta a Parigi, Londra, Christiania, Stockolm, Göttingue ed in pari tempo la sua variazione annuale.

Tosto che un nuovo punto è paragonato a uno di questi, io posso ridurre la intensità fondamentale per l'anno di osservazione, e determinare così la intensità assoluta per la nuova stagione. Io conosco così la intensità assoluta per una serie di punti tra Dresda, Göttingue ed Altona, ma solamente per un certo anno.

Ora io desidererei pure comprendere Bruxelles nelle mie serie di osservazioni, come pure i punti in cui vostro figlio, sig. Ernesto Quetelet, ha raccolti i suoi risultati. Voi stesso avete, molti anni fa, in un viaggio che faceste da Bruxelles a Napoli, fatte delle osservazioni comparative...

Per Parigi io ho la componente orizzontale di tre epoche differenti, 1823,28; 1831,88 (due osservazioni di Arago) e 1853,55 (di Lamont); e con queste io ho rappresentato il valore della componente orizzontale colla formula seguente:

$$H = 1,7711 + 33,250\,(t - 1823,0) - 0,24753\,(t - 1823,0)^2,$$

in cui le costanti dei due ultimi termini, sono unità della quarta decimale; il tutto in unità assolute di Gauss.

Se io prendo le vostre osservazioni per Bruxelles in $t = 1830,5$ ciò che suppone, a quell'epoca per Parigi $H = 1,7946$; dietro la valutazione che voi avete fatta per la intensità orizzontale a Bruxelles, si ha $h' = 0,9697$; quanto a Parigi si ha $h = 1,0000$; e così si ha per Bruxelles, in unità assolute, $H' = 1,7403$...

Prendendo i risultati di vostro figlio, (*Bullettins pour l'année* 1856 *p.* 442), il risultato delle intensità orizzontali per Altona e Göttingue $= 1,000 : 1,033 = 0,96805 : 1,0000$.

A Göttingue il sig. Prof. Goldschmidt, dietro undici determinazioni assolute prese nell'intervallo del 1834 al 1843, ha trovato per componente orizzontale:

$$H = 1,7735 + 14,8\,(t - 1834,55),$$

per conseguenza si ha

per $t = 1856{,}66$ il valore di $H = 1{,}8060$

per Altona nel 1856,56 $H = 1{,}7483$

Io ho trovato per Altona, in media, dietro osservazioni fatte nei giardini di Schumacher e di Kessel, dal 21 Luglio 1839 sino al 17 Settembre del medesimo anno:

	1839,63.	H = 1,7115
Ernesto Quetelet	1856,66.	H = 1,7483
Differenza. . .	17,03 anni	0,0368

quindi:

$$H = 1{,}7115 + 21{,}6\,(t - 1839{,}63)$$
$$= 1{,}7122 + 21{,}6\,(t - 1840{,}00).$$

A Bruxelles, il sig. Ernesto Quetelet ha trovato nel 1856,67,

Bruxelles : Altona = 1,034 : 1,000.

A Altona, si aveva, dietro i precedenti per $t = 1856{,}67$, il valore $H = 1{,}7483$, dunque si aveva:

A Bruxelles.		H = 1,8078
E nel	1830,5.	H = 1,7403
Differenza in . .	26,17 anni	0,0675.

Così per Bruxelles,

$$H = 1{,}7403 + 25{,}8\,(t - 1830{,}5).$$

Se si prende ora per base Altona-Göttingue, segue dalle osservazioni del sig. Ernesto Quetelet, che si ha in unità di Gauss:

CITTA'	t	m
Brusselles	1856,67	1,8078
Cologna	1856,62	1,8181
Bonn, Kreutzberg	1856,62	1,8496
Bonn, Popesdorf	1856,63	1,8190
Gotha	1856,64	1,8373
Berlino	1856,69	1,7991
Altona	1856,70	1,7483
Amsterdam	1856,73	1,7737
Rotterdam	1856,75	1,7625

Io trovo a Gotha, dietro queste osservazioni e le mie:

Per $t = 1839,64 \ldots\ldots\ldots H = 1,8071$
$1856,64 \ldots\ldots\ldots H = 1,8373$
Differenza . . 17,00   0,0302

$$H = 1,8373 + 17,8 \, (t - 1839,64).$$

Le variazioni annuali per Bruxelles, Altona e Gotha si accordano così abbastanza bene tra loro.

Potete voi comunicarmi i dati che mi mancano sui due viaggi che voi avete fatto nel 1829 e 1830 e tutte le relazioni tra Bruxelles, Parigi e Londra, come pure le diverse osservazioni (Sabine, Langberg, Rudberg ec.) insieme alle date delle osservazioni?

Io potrò trarne molto profitto per le mie ricerche....

SULL'EFFETTO ELETTRO-MAGNETICO PRODOTTO DALLE CORRENTI VOLTAICHE DI ORIGINE DIFFERENTE; DI G. BEETZ.

(*Ann. de Pogg.* T. CII, p. 557. 1857, n. 12).

Allorquando un martello elettro-magnetico è sollecitato da una corrente di un solo elemento, il numero delle oscillazioni è minore di quando è sollecitato da una corrente di parecchi elementi, purchè però questa corrente abbia la medesima intensità di quella precedente di un solo elemento. Questa osservazione è stata pubblicata dal sig. Hipp a Berna (*Rapporti della Società dei Fisici di Berna* 1855 *p.* 90) ed è dovuto ad essa il seguente lavoro che ha intrapreso il sig. Beetz.

Per constatare il fenomeno descritto, egli ha introdotto nel filo del circuito composto di un solo elemento un martello elettro-magnetico in guisa ch' egli poteva determinare il numero delle oscillazioni per mezzo del suono che si produceva dal movimento dell'àncora.

In seguito egli adoperando sei elementi, introduceva nel circuito una tale lunghezza di fil di rame, che la deviazione di un galvanometro, collocato nel circuito stesso, si mantenesse sempre la medesima. Mediante opportune posizioni della molla dell'àncora, si potevano moltiplicare a piacere le oscillazioni del martello.

In tal modo si è ottenuta la serie seguente, in cui i suoni musicali sono scritti al disopra dei numeri delle oscillazioni corrispondenti:

1 Elemento	Suono.	La bemolle,	La,	Si,	Ut,	Ut diesis,	Re,	Re diesis
	Numero	100	106.	120.	128.	136.	144.	153.

6 Elementi	Suono.	La bemolle,	Si bemolle,	Ut diesis,	Re,	Re diesis,	Fa
	Numero	104.	114.	132.	144.	155.	170.

Nell' ultima posizione della molla, il martello cessava di battere allorchè s' impiegavano sei elementi.

La serie precedente dimostra ad evidenza la differenza che esiste nella velocità delle oscillazioni, ed anche come questa differenza si accresca corrispondentemente alla resistenza presentata all'attrazione magnetica dell'àncora.

Per indebolire la forza della corrente di sei elementi, erasi impiegata fin qui una spirale; ma anche impiegandovi un filo rettilineo, l'effetto rimane il medesimo. Il sig. Beetz spiega il fenomeno descritto per l'azione delle correnti straordinarie indotte nel filo del circuito.

La forza totale magnetica di una corrente al momento della sua chiusura è uguale alla differenza della forza magnetica della corrente primaria su quella della corrente indotta dalla chiusura. Ora poichè *la forza elettro-motrice* della corrente straordinaria prodotta da uno o *n* elementi è la stessa allorchè l'intensità della corrente primaria è uguale nei due casi (ciò che si ottiene introducendo nel circuito della pila a *n* elementi un filo più lungo) ne segue che nell'ultimo caso la forza della corrente straordinaria deve risultare diminuita in proporzione della resistenza totale. Di qui si può trarre la conseguenza che la intensità totale al momento della chiusura della corrente è tanto più grande, quanto più grande è la resistenza del filo conduttore. Questa è precisamente la causa per cui la velocità delle oscillazioni dell'àncora è maggiore allorchè s'impiegano sei elementi, di quella che risulta impiegandone uno soltanto.

Variando e semplificando le condizioni, il sig. Beetz ha istituite varie esperienze abbastanza esatte per constatare questa spiegazione. Con questi stessi principj ci diamo spiegazione di un altro fatto che si riscontra nelle osservazioni descritte, cioè che la differenza del numero delle oscillazioni si accresce al crescere della velocità delle oscillazioni, vale a dire, al crescere della tensione della molla che mantiene l'àncora ad una certa distanza dai poli dell'elettro-calamita.

I risultati di questa Memoria sono specialmente utili dal lato della loro applicazione ai cronometri elettrici.

Allorchè si impiega questo strumento, è necessario di scegliere sempre un circuito che presenti la maggiore resistenza possibile se si vogliono ottenere dei risultati esatti.

Secondo l'Autore il sig. Hipp avrebbe evitato tutte queste difficoltà in un modo diverso e ciò mediante uno stromento che non è ancora pubblicato, quantunque sia stato messo in mostra nell'esposizione industriale di Berna dell'anno decorso.

NUOVE OSSERVAZIONI SULLE MODIFICAZIONI ALLOTROPICHE DELL'OSSIGENE, E SULLA NATURA COMPOSTA DEL CLORO, BROMO; DEL PROF. SCHONBEIN.

(*Philos. Mag. Vol.* 16 *p.* 178).

L'Autore si propone di meglio dimostrare la sua antica idea che cioè l'ossigene comune o inattivo è formato di ossigene + o ozone e di ossigene — o antiozone e quindi si può rappresentare dall'equazione $\underset{+}{\dot{O}} + \underset{-}{\dot{O}} = O$.

L'ossigene ozone prodotto dall'azione della scintilla elettrica o del fosforo sull'ossigene comune è identico a quello che è contenuto negl'ossidi dei metalli così detti preziosi, nel perossido di manganese, piombo, cobalto, nickel, bismuto e negli acidi permanganico, cromico, vanadico.

Tutto l'ossigene degli ossidi dei metalli preziosi è allo stato di ozone, mentre negli altri composti sopra nominati una parte sola dell'ossigene è in questo stato. Schonbéin propone di chiamare *ozonidi* i composti in cui entra l'ossigene elettro-negativo o ozone. Vi è un' altra classe meno numerosa di composti in cui entra l'ossigene nello stato opposto o elettro-positivo; sono gli ossidi dei metalli alcalini che chiamerebbe *antiozonidi*.

Mettendo assieme in certe date condizioni, un ozonide e un antiozonide, ne resulta un azione reciproca catalitica, e i due ossigeni + e — si neutralizzano.

Ecco degli esempii:

1.° L'ozone e il perossido d'idrogene $= HO + \overset{\bullet}{\underset{+}{O}}$ o il perossido di bario $BaO + \overset{\bullet}{\underset{+}{O}}$ mescolati insieme si distruggono e si ottiene HO o BO e $\overset{\bullet}{\underset{+}{O}}$ con $\overset{\bullet}{\underset{-}{O}}$ si trasformano in O.

2.° Il permanganato di potassa o l'acido permanganico, sciolti nell'acqua si scolorano subito in contatto del perossido d'idrogene; questo avviene perchè $\overset{\bullet}{\underset{-}{O}}$ dell'acido permanganico e $\overset{\bullet}{\underset{+}{O}}$ dell'acqua ossigenata si neutralizzano e si convertono in O. Lo stesso avviene fra l'acido cromico e l'acqua ossigenata; c'è sviluppi d'ossigene O. Anche il perossido di piombo in soluzione nell'acido acetico in contatto dell'acqua ossigenata, dà luogo allo sviluppo dell'ossigene O.

Così è pure del perossido d'argento e dell'acqua ossigenata; si trasformano in argento, acqua e ossigene.

In conclusione, in tutte queste reazioni catalitiche l'ossigene svolto è inattivo o ossigene comune.

Vi è un'altra classe di fenomeni chimici collegati con questa. Molti composti di ossigene e metalli, p. e. perossidi di piombo, manganese, argento ec. e acidi permanganico, cromico ec. in contatto dell'acido muriatico, danno del cloro mentre coi perossidi di bario, stronzio, ec. questo non avviene.

Considero il cloro, bromo ec. non come corpi semplici, ma come composti analoghi agli ozonidi. Il cloro sarebbe il perossido di murio $= MuO + \overset{\bullet}{\underset{-}{O}}$ e l'acido muriatico $= MuO + HO$. L'Autore crede di aver già dimostrato che HO non può unirsi che con $\overset{\bullet}{\underset{-}{O}}$ per formare il perossido d'idrogene: egualmente MuO, l'ipotetico acido muriatico anidro, è capace di unirsi solamente con O per fare il cloro. Da queste supposizioni viene la spiegazione dei fatti suddetti, dell'esserci cioè ora sì, ora nò sviluppo del cloro nel contatto di certi perossidi coll'acido muriatico. L'Autore si ferma sopra un altro fatto che dice non potersi spiegare colla teoria oggi abbracciata. Mescolando una soluzione acquosa concentrata di bromo col perossido d'idrogene, vi è sviluppo d'ossigene e il bromo scompare per la formazione dell'acido idrobromico. Il bromo sarebbe un ozonide analogo al perossido di piombo, cioè un perossido di bromio $= BrO + \underset{-}{\overset{\circ}{O}}$. Ne viene che $HO + \underset{+}{\overset{\circ}{O}}$ e $BrO + \underset{-}{\overset{\circ}{O}}$ agiscono l'uno sull'altro formando acido idrobromico e ossigene.

Benchè dubitiamo assai che questi piccoli fatti possano bastare a scuotere nella mente dei Chimici le idee che ora hanno sul cloro, volemmo far conoscere queste supposizioni di Schonbein la cui tenacità sopra questo soggetto ha arricchita la scienza di una delle più belle conquiste teoriche.

SULLA QUANTITA' DI OSSIGENE CHE CONTIENE IL SANGUE VENOSO DEGLI ORGANI GLANDULARI NELLO STATO DI ATTIVITA' E NELLO STATO DI RIPOSO, E SULL' USO DELL' OSSIDO DI CARBONIO PER DETERMINARE LE PROPORZIONI DELL' OSSIGENE DEL SANGUE; DI C. BERNARD.

(*Comptes rendus de l' Académie*, 6 *Settembre* 1858).

Abbiamo già (1) reso conto di una ricerca fatta dallo stesso Fisiologo e per la quale è dimostrato che il sangue venoso delle glandole è rosso, allorchè questi organi agiscono ed espellono in quantità il prodotto della loro secrezione e che invece il sangue è nero allorchè le glandole sono inattive. Ci eravamo permessi allora di notare che questo fatto poteva spiegarsi considerando; 1.° che la secrezione è un fenomeno distinto dalla contrazione muscolare, che si sa oggi essere accompagnata dalla scomparsa di una certa quantita di ossigene e

(1) *Nuovo Cimento*; T. VII. Marzo 1858, pag. 185.

da un abbondante sviluppo di acido carbonico assorbito dal sangue, per cui avviene il cangiamento di colore di questo liquido da rosso in nero; 2.° che l'eccitazione di un nervo secretore essendo accompagnata dall' accelerazione del circolo sanguigno, poteva accadere che il sangue arterioso accorso più abbondantemente nella glandola, la traversasse in gran parte senza alterazione. D' accordo con questa nostra opinione era l' osservazione dello stesso Bernard che cioè, il fenomeno riesciva ben distinto allorchè era piccolo il volume della glandola su cui si operava. Le esperienze contenute in questa comunicazione confermano l' interpretazione che abbiamo dato dal fatto scoperto da Bernard. Questo illustre Fisiologo impiega per determinare la composizione e la quantità dei gas del sangue il gas ossido di carbonio messo in contatto alla temperatura di + 30° a 40° agitato col sangue estratto dall' animale vivo. Senza fermarci ad esaminare l' interpretazione data dall'Autore della maniera d' agire dell' ossido di carbonio sul sangue e che non ci sembra d' accordo colle leggi fisiche e colle opinioni dei chimici sulla respirazione, ci limiteremo a riferire che Bernard avrebbe trovato che l' ossigene del sangue è facilmente e interamente discacciato dall' ossido di carbonio, volume per volume. Non s' intende come l' ossido di carbonio non debba discacciare anche l' azoto e l' acido carbonico che sono nel sangue. L' Autore afferma che 25 centimetri cubici di ossido di carbonio discacciano tutto intero l' ossigene di 15 centimetri cubici di sangue. Basta dunque di mettere questa quantità di ossido di carbonio in un tubo rovesciato sul mercurio: per mezzo di una siringa graduata si aspira il sangue dalla vena renale di un cane e si fa passare con un tubo curvo di ferro nel tubo di vetro ove è l' ossido di carbonio, senza che il sangue sia messo in contatto dell' aria. Il gas e il sangue sono agitati diverse volte e dopo due ore di esperienza, essendo la temperatura della stufa in cui l' esperienza è disposta, di 30 o 40 gradi, si procede all' analisi del gas, assorbendo colla potassa l' acido carbonico e poi l' ossigene coll' acido piro-gallico. Il risultato delle esperienze, fu che il volume dell' ossigene trovato in 100 volumi di sangue venoso renale di un cane, rosso per l' eccitazione del nervo della glandola, differiva pochissimo dal volume del sangue arterioso dell' aorta, mentre nel sangue venoso e nero della vena cava, la quantità dell' ossigene era molto minore e circa un terzo.

Questi risultati confermano l' opinione da noi emessa che cioè, il sangue di una glandola è rosso allorchè il nervo della glandola è eccitato e la secrezione accresciuta, perchè vi accorre una maggior quantità di sangue arterioso che passa inalterato. Ciò però non vuol dire, come ci pare deduca con poco rigore Bernard, che il sangue delle glandole è nero perchè è privo d' ossigene e carico d' acido carbonico allorchè le glandole non *funzionano*. Infatti non crediamo che in un animale vivo una glandola cessi mai di agire e può ammettersi che il liquido della secrezione imbeva prima e per una certa quantità il tessuto della glandola e non subito venga al di fuori per il canale escretore.

PATTI D'ASSOCIAZIONE

1° Del Nuovo Cimento si pubblica ogni mese un fascicolo di cinque fogli di stampa.

2° Sei fascicoli formeranno un volume, sicchè alla fine dell'anno si avranno due volumi, ciascuno de' quali di 30 fogli di stampa, sarà corredato di un' indice.

3° Le associazioni sono obbligatorie per un anno, e gli Associati che per la fine di Novembre non avranno disdetta l'associazione, s'intendono obbligati per l'anno successivo.

4° Il prezzo d'associazione per l'intiero anno è fissato come segue:

Per la Toscana franco fino al destino . . . . . . Lire toscane 20

Per il Regno delle due Sicilie Ducati 4, pari a . . . Lire toscane 25

Per il Piemonte, il Regno Lombardo-Veneto, lo Stato Pontificio ed i Ducati di Parma e di Modena, franco fino al destino, Franchi 20 effettivi pari a . . . . Lire toscane 24

Per gli altri stati fuori d'Italia, franco fino al destino, Franchi 25, pari a . . . . Lire toscane 30

5° Le Associazioni sono obbligatorie per un anno, ma il pagamento dovrà farsi per semestri anticipati, cioè una metà a tutto Gennajo, ed un'altra a tutto Luglio di ciascun anno.

6° Gli Associati che pagheranno anticipatamente l'intiera annata, godranno d'un ribasso del 5 per 100 sul prezzo precedentemente stabilito.

7° Un egual ribasso sarà accordato a quelli che faranno pervenire direttamente ed a proprie spese, il prezzo d'associazione alla Direzione del Giornale.

8° Finalmente gli Associati che adempiranno tanto all'una, quanto all'altra condizione, rimettendo alla Direzione del Giornale, franco di spese, il prezzo anticipato d'una intiera annata, godranno de' due vantaggi riuniti, e sono autorizzati a prelevare il 10 per 100 sul prezzo di associazione.

La compilazione del Nuovo Cimento si fa a Torino ed a Pisa nel tempo stesso, dal Prof. R. Piria per la Chimica e le Scienze affini alla Chimica; dal Prof. C. Matteucci per la Fisica e per le Scienze affini alla Fisica. L'amministrazione, la stampa e la spedizione sono affidate alla Tipografia Pieraccini a Pisa. *Giuseppe Frediani* è il Gerente.

Per conseguenza le lettere relative a dimande di associazioni, a pagamenti, ed a tutto ciò che riguarda l'amministrazione del Giornale dovranno essere dirette, *franche di Posta*, a Pisa — Al Gerente *G. Frediani* — *Tipografia Pieraccini*.

Le corrispondenze, le memorie, i giornali scientifici ed altri stampati riguardanti la Chimica dovranno dirigersi, *franchi di Posta*, a Torino — *Al Prof.* R. Piria.

Finalmente le corrispondenze, le memorie, i giornali scientifici e gli altri stampati di argomento spettante alla Fisica dovranno essere diretti, *franchi di Posta*, a Pisa — *Al Prof.* C. Matteucci.

INDICE

MEMORIE ORIGINALI

TRADUZIONI ED ESTRATTI

RICERCHE SPERIMENTALI SUL DIAMAGNETISMO;
DI CARLO MATTEUCCI.

Queste ricerche, cominciate sin dal 1850 e interrottamente continuate fino ad ora, non mi hanno condotto a scoprire una legge elementare nè a formare una ipotesi che spieghi il diamagnetismo; esse formano semplicemente una raccolta di diversi risultati, rigorosamente stabiliti e che spargono una qualche luce sulla natura sempre tanto oscura dei fenomeni diamagnetici.

§. 1°.

Metodo sperimentale.

Dovendo studiare i movimenti eccitati in un corpo diamagnetico dall' azione di due o più centri di forza magnetica o elettro-dinamica, era importante di soddisfare ad alcune condizioni senza le quali gli effetti osservati sarebbero stati necessariamente complessi. Descriverò brevemente e una volta per sempre, queste condizioni e il metodo che ho più comunemente seguito.

È noto, che in tutte le esperienze sul diamagnetismo si devono usare elettro-calamite molto forti, le quali agiscono sul corpo diamagnetico colle loro estremità polari, che sono o dello stesso nome o di nome contrario, poste in prossimità e qualche volta anche in contatto fra loro: è impossibile di ammettere che in questi casi la posizione dei poli e la intensità delle forze, restino inalterate, per cui i risultati ottenuti devono in parte dipendere da certe modificazioni che non sappiamo determinare con esattezza. Volendo aumentare la forza magnetica si accresce il numero delle pile e la corrente dell' elettro-calamita; anche in questo caso sappiamo che la forza magnetica non cresce proporzionalmente alla corrente. Ho quindi sostituito in queste ricerche alle elettro-calamite, spirali elettro-dinamiche, diverse di forma e di forza secondo il bisogno.

Sono riescito ad evitare il riscaldamento delle spirali prodotto dal passaggio prolungato della corrente, tenendo le spirali inviluppate con scatole di lamina sottile di rame ripiene di ghiaccio pesto o di acqua fredda. In questo modo solamente il circuito può rimanere chiuso per un tempo anche lungo senza l'indebolimento grande della corrente, che avviene necessariamente quando il filo della spirale si riscalda.

Il corpo diamagnetico messo in esperienza non deve essere una massa continua di bismuto, ma invece bisogna adoperare un miscuglio omogeneo di polvere di bismuto puro e di resina ottenuto mescolando questa polvere colla resina fusa; così si evitano gli effetti delle correnti indotte nelle masse metalliche continue e quelli dovuti alle proprietà magneto-cristalline del bismuto.

Finalmente, onde determinare la posizione fissa che prende il corpo diamagnetico in presenza della calamita e le forze che lo sollecitano, uso di fissare il corpo all'estremità di una sottile leva orizzontale di legno bianco sospesa ad un filo sottile di argento. Questa leva deve rimanere indifferente allorchè sola è soggetta all'azione dell'elettro-calamita. La posizione del corpo è determinata col filo micrometrico di un cannocchiale e la forza ripulsiva è misurata dalla torsione del filo d'argento.

§. 2°.

Induzione diamagnetica.

È nota l'esperienza sul diamagnetismo che Reich fece colla celebre bilancia di torsione da lui stabilita per la determinazione della densità della terra. All'estremità della leva orizzontale era sospesa una sfera di bismuto sulla quale si fecero agire diverse calamite di acciajo riunite in modo da formare un fascio. Il primo risultato che ottenne Reich, fu che la repulsione sussisteva formando un fascio di due o quattro o sei calamite coi poli dello stesso nome in contatto, mentre invece non vi era più alcuna azione, se i poli riuniti erano metà di un nome e metà di nome contrario. In seguito lo stesso Fisico prestandosi ad un mio invito, misurò le forze delle calamite impiegate coi poli dello stesso nome e le forze ripulsive sviluppate nel bismuto, e dedusse da questa ricerca che le forze repulsive variano approssimativamente come i quadrati delle forze magnetiche. Anche Edmondo Becquerel e Tyndall eseguivano esperienze simili, usando le elettro-calamite ed ottennero gli stessi risultati.

Per le ragioni esposte nella sezione precedente, conveniva stabilire rigorosamente questi risultati col metodo che abbiamo descritto. A questo fine feci costruire con un doppio filo di rame ben coperto di seta e verniciato, una spirale cilindrica di molti giri e collocai orizzontalmente questa spirale o piuttosto le due spirali riunite, dentro la bilancia di torsione facendo in modo che l'asse della spirale incontri il centro di un cubo di bismuto cristallizzato sospeso alla leva di legno della bilancia di torsione. Per ottenere un'azione più forte i piani di clivaggio del cubo erano verticali e paralleli all'asse della spirale. La corrente di una pila, che ora fu di 10, ora di 18 elementi di Grove, passava nel filo delle due spirali, una volta le correnti essendo in senso contrario nelle due spirali e un'altra volta nello stesso senso. Prima di fare le esperienze, mi sono assicurato che le due spirali erano ben isolate fra loro, che avevano sensibilmente la stessa azione elettro-dinamica, ed in ogni esperienza per mezzo della bussola dei seni e di un reostata era mantenuta costante la forza della corrente. Allorchè le due spirali agivano in senso contrario, il cubo di bismuto rimaneva immobile e questo risultato non fu diverso allorchè resi molto più delicato il movimento usando per sospendere la leva, un filo formato di diversi fili semplici di bozzolo invece del filo metallico. Facendo agire le due spirali nello stesso senso, il cubo di bismuto era respinto e in quattro esperienze conformi ottenni *una forza repulsiva quadrupla di quella ottenuta facendo passare la stessa corrente in una spirale sola.*

Forse potendo impiegare forze elettro-dinamiche molto più forti, questa relazione non si verificherebbe più, essendo probabile che nei corpi diamagnetici avvenga qualche cosa di simile allo stato di saturazione che ha luogo nel ferro.

§. 3°.

Azioni reciproche dei corpi diamagnetici — Proprietà del bismuto compresso.

Avrei volentieri soppressa la descrizione di queste esperienze che mi hanno condotto a risultati per la maggior parte negativi, se non fosse interessante per la teoria del diamagnetismo di conoscere le condizioni e i limiti in cui ho operato per giungere ai risultati stessi.

In una prima esperienza era fissato all' estremità della leva della bilancia di torsione un cubo di bismuto coi clivaggi perpendicolari alla leva stessa. Il cubo essendo in riposo, l' estremità polare di forma conica di una forte elettro-calamita orizzontale si trovava alla distanza di 10 o 12 millimetri del centro del cubo. Fra il polo e il cubo mobile potevo far discendere e sollevare un altro cubo di bismuto cristallizzato coi clivaggi paralleli all' asse magnetico e ai clivaggi del primo cubo. Perchè il cubo interposto potesse scendere in faccia al polo o essere sollevato da questa posizione senza agitare l' aria, usavo una scatola di carta in cui questo cubo si muoveva. Messa in attività l' elettro-calamita con una pila di 20 o 25 elementi di Grove, e obbligato il cubo mobile colla torsione a rimanere nella prima posizione, cioè vicino quanto più è possibile al polo, non ho potuto scorgere alcuna differenza secondo che il cubo interposto era presente o allontanato. Onde dare un' idea della sensibilità dell' esperienza noterò, che sostituendo al cubo di bismuto interposto, un cubo di materia magnetica molto debole, per esempio di un miscuglio di colcothar e cera o di un sale di ferro, si vede distintamente la repulsione del cubo di bismuto accresciuta quando la materia magnetica è interposta.

Descriverò ancora un' altra disposizione più delicata per ripetere la stessa ricerca. Il corpo diamagnetico è un cilindro di polvere di bismuto e di resina fissato in un' asticella di legno, la quale è unita ad angolo retto colla leva della bilancia di torsione. Si concepisce facilmente come si possa questa leva tenere orizzontale per mezzo di pesi convenientemente collocati e formati di una materia diamagnetica, come sarebbe l'acido stearico.

Nella posizione di equilibrio il cilindro di bismuto e di resina stà nell' interno di una grossa spirale orizzontale. Allorchè si chiude il circuito il cilindro diamagnetico tende sempre ad escire dall' una o dall' altra estremità delle spirali. Pure si riesce qualche volta ad avere il cilindro diamagnetico così ben centrato rispetto alla spirale, da rimanere immobile quando la spirale è messa in attività. Per una disposizione facile ad intendersi introduco allora nella spirale un cilindro di bismuto che fo arrivare il più vicino possibile al cilindro mobile. Allorchè l' esperienza è fatta bene, cioè senza agitar l' aria e scuotere l' apparecchio, l' avvicinamento dei due cilindri dentro la spirale ha luogo senza che vi sia nessun movimento eccitato nel cilindro mobile. Anche in questo caso si riesce ad ottenere la repulsione del cilindro mobile, accostandogli un tubo di vetro pieno di colcothar o di un sale di ferro.

Concluderemo dunque, che colle esperienze più delicate che oggi possiamo fare, non si giunge a rendere palese l' esistenza di un' azione reciproca fra i corpi diamagnetici.

In questa occasione riferirò alcuni nuovi risultati ottenuti studiando le proprietà diamagnetiche del bismuto compresso.

Io aveva già trovato (1), che facendo oscillare fra i poli di un' elettro-calamita cilindri di carta egualmente lunghi ma di diametro molto diverso e pieni di polvere di bismuto più o meno grossa e più o meno calcata, che il numero delle oscillazioni era lo stesso per tutti i cilindri in un dato tempo. Ho determinato recentemente colla torsione il poter diamagnetico del bismuto messo allo stato di polvere in una pallina di vetro all' estremità della solita leva in faccia ai poli riuniti di una fortissima elettro-calamita. Onde avere la pallina di vetro sempre piena egualmente ma con pesi diversi di bismuto, usai delle polveri più o meno grosse e mi procurai il peso più piccolo confricando con una lastra di vetro un pezzo di bismuto, ciò che mi dava dei ricci finissimi di questo metallo. I pesi delle polveri di bismuto su cui ho esperimentato furono: 1 grammo;

(1) *Cours sur l'induction*, p. 189.

$1^{gr},500$; 3^{gr}; 5^{gr}; 6^{gr}; $6^{gr},500$. Finalmente ho empita la pallina col bismuto fuso, che pesava $11^{gr},135$. Il poter diamagnetico fu trovato costante, cioè *le ripulsioni crescevano esattamente in proporzione del peso del metallo.* Non fu che col bismuto fuso e cristallizzato che si presentarono differenze o piuttosto anomalie, che devono attribuirsi alle proprietà magneto-cristalline del bismuto.

Questo risultato non è favorevole all' idea di Tyndall, che vorrebbe dedurre l' esistenza dell' azione reciproca delle particelle diamagnetiche dalle proprietà del bismuto compresso. Infatti è già stato notato, credo da Faraday, che non è dimostrato, nè si concepisce, come un corpo solido acquisti per la compressione una maggior densità in un senso piuttosto che in un altro e tanto più difficile è a concepirsi questo effetto supposto della compressione in un corpo cristallizzato. Partendo dalle analogie, cioè dalle proprietà meccaniche e ottiche sviluppate dalla compressione, si può supporre che l' effetto della compressione sia di creare degli assi o delle direzioni di elasticità diversa e ciò modificando l'orientazione delle molecole e delle loro atmosfere di etere. Lasciando però da parte le ipotesi, ci contenteremo di riferire alcuni nuovi risultati ottenuti sul bismuto compresso.

Il primo fatto conosciuto di questo genere fu quello che io trovai facendo oscillare fra i poli di un' elettro-calamita un cilindro di bismuto che era stato compresso nel senso del suo asse: questo cilindro oscillava più rapidamente di un cilindro simile non compresso. Ho resa in seguito più completa quest' esperienza operando nel modo seguente. Prendo tre cilindri di bismuto che riduco esattamente della stessa lunghezza di $15^{mm},40$. Ognuno di questi cilindri, sospeso ad un filo di bozzolo fra le ancore terminate in cono di un' elettro-calamita e distanti 30^{mm} fra loro, fece dieci oscillazioni nello stesso tempo. Poscia uno dei cilindri fu fortemente compresso nel senso della sua lunghezza; un altro compresso trasversalmente, e un altro lasciato come era. Questi tre cilindri ridotti di nuovo delle stesse dimensioni, lunghi cioè $12^{mm},08$, furono fatti oscillare fra i poli dell' elettro-calamita e per ognuno l' esperienza fu ripetuta tre volte. I tempi di dieci oscillazioni del cilindro compresso nel senso della lunghezza furono; $30''$; $30''\frac{1}{3}$; $30''\frac{1}{4}$. Per il cilindro compresso trasversalmente, questi tempi furono $39''$; $40''$; $39''\frac{1}{3}$. Finalmente per il cilindro non compresso le dieci oscillazioni si fecero nelle tre esperienze in $36''\frac{1}{4}$.

Oltre queste differenze nella forza ripulsiva del bismuto sviluppate dalla compressione e che furono verificate da Tyndall, tenendo un cubo di bismuto compresso all' estremità della leva della bilancia di torsione e facendo che l' asse magnetico fosse ora parallelamente ora normalmente alla linea di compressione, si sà che Tyndall ha aggiunto la scoperta importante del diverso potere direttivo del bismuto compresso. Usando invece di ancore coniche, ancore a superficie piana e molto estesa, si vedrebbe il cilindro compresso longitudinalmentè fissarsi nella linea equatoriale e in vece mettersi in un piano perpendicolare o obbliquo a questa linea il cilindro compresso trasversalmente.

Queste diverse proprietà sviluppate nel bismuto dalla compressione possono avere una causa meccanica comune; ma perchè siano rigorosamente interpretate si deve aspettare che la scienza possieda una teoria sufficientemente fondata del diamagnetismo.

§. 4°.

Polarità diamagnetica.

Fondandosi sull' analogia presentata dal ferro e dai corpi magnetici, un corpo di forma cilindrica o prismatica, sarebbe diamagnetico allorchè in presenza di un polo di una calamita acquista alle estremità delle forze magnetiche, l'una attrattiva, l' altra ripulsiva per lo stesso polo, essendo ripulsiva la forza nelle estremità più prossime della calamita e del corpo diamagnetico. L' esperienza fondamentale del diamagnetismo non mettendo in evidenza che la repulsione svegliata fra la calamita ed il bismuto, rimaneva da dimostrare che in ogni corpo diamagnetico esistono due stati magnetici opposti, i quali vi sono distribuiti come nel ferro, ma solamente in direzione opposta rispetto al magnetismo inducente. Questo concetto del diamagnetismo repugna talmente alla ipotesi dei due fluidi di Coulomb, che trovò fin da principio molta opposizione, tanto più che le esperienze sopra cui si voleva appoggiare, riescivano o incerte o facilmente interpretabili in altro modo. Il solo risultato che noi descriveremo sopra questo soggetto, perchè è quello che ha risoluta la questione, è quello che si ottiene con un apparecchio molto ingegnoso immaginato da Weber. È nota ai Fisici la descrizione di questo apparecchio, perchè pubblicata dall'Autore e perchè Tyndall più tardi ne ha riprodotta minutamente la descrizione nelle *Philos. Trans.* dell'anno 1856.

Si sa pure dai Fisici che Weber avendo fatto le sue esperienze con un solo corpo, che fu un cilindro di bismuto, non era giunto ad una conclusione rigorosa. Infatti gli effetti ottenuti da Weber potevano spiegarsi colle correnti indotte e conveniva escludere questa obiezione sostituendo al bismuto un corpo diamagnetico isolante. Tyndall ha fatto coll'apparecchio di Weber una serie d'esperienze estese e variate, appunto nell'intendimento di distruggere le obiezioni fatte alle conclusioni di Weber. Benchè, esaminando scrupolosamente la maniera di operare e i numeri ottenuti nell'esperienze di Tyndall, qualche incertezza possa rimanere sui risultati parziali, si deve però considerare come dimostrato nella Memoria di Tyndall, che un cilindro diamagnetico non conduttore posto nell'interno di una spirale elettro-dinamica esercita colle sue estremità delle azioni magnetiche, che sono di segno contrario, sopra un polo di una calamita e che un cilindro di ferro sostituito nella spirale stessa a quello di bismuto acquista alle sue estremità degli stati magnetici di segno contrario a quelli che prende il bismuto nelle stesse condizioni.

Essendo in possesso di un apparecchio di Weber costruito sotto gli occhi stessi dell'Autore, abbiamo creduto che non fosse senza qualche interesse di ripetere con tutta l'esattezza che ci è stata possibile, le esperienze di Weber e di Tyndall, mettendoci nelle condizioni volute per giungere a risultati ineccezionabili. Descriveremo brevissimamente le poche particolarità introdotte onde ottenere risultati rigorosi.

Nel circuito della pila in cui sono comprese le spirali abbiamo un reostata ed una bussola dei seni, ond'essere certi della costanza della corrente. Il cannocchiale del teodolite, che è col suo obiettivo a circa $2^m,50$ dallo specchio, è rigorosamente centrato rispetto allo specchio. Il sistema astatico sospeso ad un filo sottile d'ottone, è equilibrato col mezzo di una corrente orizzontale che è la stessa delle spirali, la quale può agire a diverse altezze e distanze dall'apparecchio. Le divisioni della scala sono larghe 3^{mm} e si può distintamente leggere il $\frac{1}{10}$ della divisione: queste divisioni però non sono eseguite con tale esattezza da tener conto del loro numero nella misura precisa delle forze. Il movimento dei cilindri diamagnetici è eseguito dall'osservatore, che stà coll'occhio al cannocchiale, per mezzo di una lunga asta di legno. L'apparecchio è solidamente fissato al muro interno di una stanza terrena, in cui la temperatura era quasi costante e non soggetta alle vibrazioni e alle correnti d'aria. Per essere brevi nella descrizione delle esperienze, chiameremo *posizione* A quella in cui i due cilindri sono alla stessa altezza e quindi col loro mezzo nel piano del sistema astatico; *posizione* B, quella in cui uno dei cilindri s'innalza e l'altro s'abbassa, essendo così le estremità opposte dei due cilindri nel piano delle calamite del sistema astatico, e *posizione* C, quella in cui il cilindro che prima era abbassato si trova innalzato e viceversa abbassato quello che era innalzato. I cilindri di bismuto e di altri corpi adoperati in queste esperienze avevano tutti le stesse dimensioni, cioè 16^{mm} di diametro e 107^{mm} di lunghezza e ognuno di essi pesava 207 grammi. Per ogni corpo furono fatte tre esperienze variando col reostata l'intensità della corrente che era costantemente ottenuta con una pila di 8 elementi di Grove. Nei quadri in cui sono referiti i risultati s'intenderà che la 1^a esperienza è fatta colla corrente più intensa = 0,7437676, la 2^a esperienza colla corrente intermedia = 0,6159459 e la 3^a colla corrente più debole = 0,3796137. Riferiamo qui i risultati di cinque serie d'esperienze ripetute due volte per ogni corpo, cioè invertendo il senso della corrente e quindi il senso in cui si muove e si fissa il sistema astatico. La prima serie fu eseguita sopra un corpo magnetico che era un miscuglio omogeneo di cera e di $\frac{1}{500}$ del peso della cera di colcothar: com'è naturale, il senso del movimento col corpo magneticó e opposto a quello prodotto dai cilindri diamagnetici.

1ª Serie. *Miscuglio di cera e di colcothar.*

1ª Esperienza	Posizione	A	130	Differenza
	"	B	134,2	
	"	C	125,8	+ 8,4
2ª Esperienza	"	A	130	
	"	B	132,1	
	"	C	127,9	+ 4,2
3ª Esperienza	"	A	130	
	"	B	131,1	
	"	C	128,9	+ 2,2

2ª Serie. *Bismuto.*

1ª Esperienza	Posizione	A	130	Differenza
	"	B	118	
	"	C	142	— 24
2ª Esperienza	"	A	130	
	"	B	125,5	
	"	C	134,5	— 9
3ª Esperienza	"	A	130	
	"	B	128	
	"	C	132	

3ª Serie. *Miscuglio di resina e di polvere di bismuto (56 grammi per cilindro).*

1ª Esperienza	Posizione	A	130	Differenza
	"	B	126	
	"	C	134	— 18
2ª Esperienza	"	A	130	
	"	B	128,5	
	"	C	131,5	— 3

3ª Esperienza	Posizione.. . A . . . 130		Differenza
	„ . . B . . . 129,3		
	„ . . C . . . 130,7		— 1,4

4ª Serie. *Argento di Coppella.*

1ª Esperienza	Posizione . . A . . . 130	Differenza
	„ . . B . . . 129,4	
	„ . . C . . . 130,6	— 1,2
2ª Esperienza	„ . . A . . . 130	
	„ . . B . . . 129,8	
	„ . . C . . . 130,2	— 0,4
3ª Esperienza	„ . . A . . . 130	
	„ . . B . . . 129,9	
	„ . . C . . . 130,1	— 0,2

5ª Serie. *Acido stearico.*

1ª Esperienza	Posizione . . A . . . 130	Differenza
	„ . . B . . . 129,2	
	„ . . C . . . 130,8	— 1,6
2ª Esperienza	„ . . A . . . 130	
	„ . . B . . . 129,7	
	„ . . C . . . 130,3	— 0,6
3ª Esperienza	„ . . A . . . 130	
	„ . . B . . . 129,9	
	„ . . C . . . 130,1	— 0,2

In ognuna di queste serie d'esperienze provai a tenere i cilindri nelle posizioni intermedie e fu trovato costantemente che la deviazione era nulla solamente per il mezzo del cilindro.

Dalle esperienze riferite si può dunque considerare come rigorosamente stabilito: *che un cilindro diamagnetico, collocato in una spirale elettro-dinamica, acquista delle forze magne-*

tiche che emanano dalle sue estremità, le quali sono di segno opposto fra loro e rispetto a quelle che acquisterebbe nelle stesse condizioni un cilindro magnetico: questo stato, che chiameremo di *polarità diamagnetica*, varia d'intensità proporzionalmente al potere diamagnetico o ripulsivo di cui gode il corpo che compone il cilindro e ciò indipendentemente dalla sua conducibilità elettrica. Stando alle forze di torsione a cui è soggetto il sistema astatico allorchè si fissa in equilibrio, le forze repulsive crescerebbero più rapidamente delle forze elettro-dinamiche.

§. 5°.

Dei movimenti di un corpo diamagnetico sospeso in presenza di due o più centri di forza magnetica.

Dopo di aver dimostrato coll'apparecchio di Weber lo stato di polarità che prende un cilindro di materia diamagnetica allorchè è contenuto dentro una spirale elettro-dinamica, non è più necessario di trattenerci ad esaminare distesamente quegli esperimenti con cui in Inghilterra e principalmente in Germania si era cercato di dimostrare l'esistenza della *polarità diamagnetica* e che consistono nell'assoggettare un pezzo mobile di bismuto a due o più centri di forza magnetica. Onde essere certi che le due o più elettro-calamite avvicinate al corpo diamagnetico non si alterano reciprocamente, ho, come già fu detto, impiegato sempre spirali elettro-dinamiche, e invece di un cilindro o di una sfera di bismuto uso pezzi formati col solito miscuglio di resina e di polvere di bismuto, sospesi ad un filo di torsione.

Una prima esperienza era fatta posando sopra un piano due grosse spirali simili, in modo che i loro assi s'incontrino facendo un angolo di 65 a 70 gradi. Le due spirali che si toccano con un punto delle loro basi sono contenute in una gran cassa di cristallo in cui è sospesa ad un filo d'argento un'asta di legno portante ad una estremità un cilindro diamagnetico verticalmente fissato in basso. Al principio dell'esperienza il cilindro diamagnetico stà in equilibrio allorchè si trova sulla linea che divide a metà l'angolo formato dagli assi delle due spirali. Facendo agire separatamente or l'una or l'altra delle spirali con una pila di 20 elementi di Grove, il cilindro è fortemente respinto e si fissa in una posizione più lontana dalle spirali. Se si mettono in azione le due spirali nello stesso tempo, in modo che le estremità prossime volte verso il cilindro diamagnetico rappresentino poli dello stesso nome, si vede allora il cilindro avvicinarsi alle spirali come se fosse attratto e fissarsi più vicino, se inizialmente era collocato dentro l'angolo che fanno gli assi delle spirali: in vece si allontanerà, debolmente respinto, se era collocato fuori di quest'angolo. Avendo fatta passare la corrente in maniera che i poli prossimi si formino di nome contrario, il cilindro diamagnetico sarà fortemente respinto all'infuori in tutte le posizioni.

Ho provato a sostituire al cilindro diamagnetico un tubo di vetro pieno di una soluzione satura di percloruro di ferro: i movimenti osservati in questo tubo furono sempre opposti a quelli del cilindro diamagnetico; cioè, coi poli dello stesso nome il cilindro magnetico s'allontanava dalle spirali se era nell'interno dell'angolo formato dai loro assi, e si avvicinava invece alle spirali quando era al di là del vertice di quest'angolo; coi poli di nome contrario il cilindro magnetico correva e si fissava addosso alle spirali.

Evidentemente i movimenti del cilindro diamagnetico s'interpretano colla semplice esperienza di Reich che abbiamo già riferita, cioè ricordando semplicemente, che coi poli dello stesso nome le azioni riunite dalle porzioni delle due spirali che si toccano, s'indeboliscono rimanendo attive le porzioni esterne; e che ogni corpo diamagnetico tende sempre ad allontanarsi dai punti ove l'azione magnetica è la più forte e che il contrario ha luogo per ogni corpo magnetico.

Un altro dei casi di cui in questo capitolo ci occupiamo e che è stato minutamente studiato da Tyndall, consiste nell'avere un cilindro di bismuto sospeso per il suo mezzo nell'asse di una spirale posta orizzontalmente; le estremità di questo cilindro escono fuori dall'una parte e dall'altra della spirale e normalmente a queste estremità agiscono due o più elettro-calamite. Facendo passare una corrente nella spirale in cui è sospeso il cilindro di bismuto, ne verrebbe che questo cilindro acquista dei poli di nome contrario a quelli della spirale, cioè all'opposto di ciò che avviene per un corpo magnetico: facendo allora agire sulle estremità del cilindro di bismuto le elettro-calamite laterali, il cilindro in certe condizioni si muoverà e si fisserà al rovescio di quello che fà un cilindro magnetico. Per dimostrare la polarità diamagnetica, Tyndall ha specialmente insistito sul caso in cui il polo dell'elettro-calamita laterale era dello stesso nome del polo prossimo della spirale in cui è sospeso il cilindro diamagnetico: siccome il polo che prende il cilindro in quel punto è contrario a quello della spirale in cui è sospeso, s'intende che per l'azione dell'altra spirale, il cilindro deve apparire attratto dalla spirale stessa. Quando invece i poli prossimi dei due poli sono di nome contrario, allora l'effetto sarà opposto, perchè il polo diamagnetico è dello stesso nome del polo laterale. Queste esperienze, che Tyndall ha avuto cura di variare e di ripetere in tutte le possibili disposizioni, hanno dimostrato, che allorquando la forza dell'elettro-calamita esterna è molto più debole di quella della spirale in cui è sospeso il cilindro diamagnetico, i movimenti e le posizioni d'equilibrio che prende questo cilindro, sono in tutti i casi e costantemente, in *antitesi* di ciò che presenta un cilindro magnetico, e perciò conformi al principio oggi messo fuori di dubbio dall'apparecchio di Weber, della polarità diamagnetica.

Prima che l'apparecchio di Weber fosse conosciuto e che fosse stata eseguita con questo apparecchio la serie d esperienze che abbiamo descritte nel capitolo precedente, non era senza interesse di ripetere l'esperienza principale di Tyndall, sostituendo alle elettro-calamite le sole spirali e adoperando per corpo diamagnetico il cilindro di polvere di bismuto e di resina sospeso a un filo sottile d'argento. Infatti, siccome due elettro-calamite riunite ad angolo s'indeboliscono se i poli prossimi sono dello stesso nome, il ravvicinarsi del bismuto al vertice dell'angolo, poteva essere attribuito, come lo ammise Faraday, alla tendenza del bismuto di trasportarsi sempre nei punti di minore azione magnetica.

Fu dunque ripetuta, sono già molti anni, l'esperienza di Tyndall nelle condizioni suddette, cioè colle sole spirali, e adoperando una pila di 20 elementi di Grove per la spirale in cui è sospeso il cilindro diamagnetico e una corrente di 10 elementi per la spirale più piccola che agisce normalmente su quel cilindro. In queste condizioni, allorchè le estremità prossime delle due spirali rappresentano due poli dello stesso nome, si vede in fatti il cilindro diamagnetico, sottoposto da primo all'azione della sola spirale in cui è sospeso, allorchè si fa agire l'altra spirale, accostarsi ad essa e rimanere inclinato come se ne fosse attratto.

Evidentemente questo risultato può essere considerato come una prova della polarità diamagnetica. Avvertendo però che siccome la spirale esterna agisce sopra un'estremità del cilindro diamagnetico molto lontana dell'estremità della spirale in cui è sospeso il cilindro; che per poco che si accresca la forza della spirale esterna i movimenti del cilindro diamagnetico divengono gli stessi in tutti i casi cioè sempre di ripulsione, al contrario di ciò che presenta un cilindro magnetico; e finalmente che il moto d'attrazione si ottiene egualmente senza che la spirale esterna, agisca normalmente al cilindro, ma anche applicata quasi parallelamente all'altra spirale, non è improbabile che il risultato dell'esperienza di Tyndall possa ricevere un'altra spiegazione indipendente da quella che si fonda sulla polarità diamagnetica. Un cilindro di bismuto sospeso nell'asse di una spirale, rimane in questa posizione allorchè passa la corrente, ma nello stato di equilibrio instabile: in fatti se il cilindro è corto e non esce fuori dalla spirale ed è sospeso ad un filo senza torsione, non resterà mai fermo, allorchè questa spirale è messa in attività e tenderà sempre a fissarsi normalmente all'asse della spirale. Nell'esperienza di Tyndall si hanno due spirali poste ad angolo, e come già lo abbiamo visto, nelle parti prossime delle due spirali, l'azione è indebolita quando i poli sono dello stesso nome; per cui la metà della spirale che resta più attiva obbliga il cilindro diamagnetico a trasportarsi nei punti dove l'azione magnetica è minore.

Descriverò ancora brevemente due altre esperienze in cui ho studiato i movimenti del bismuto assoggettato temporariamente a due forze magnetiche.

S'immagini un'asta sottile di legno, lunga circa $0^m,350$ e ad una estremità di quest'asta sia fissata normalmente per il suo mezzo un'altra sottile asta, pure di legno, lunga circa $0^m,200$. Questa seconda asta porta ad un'estremità fissato col suo asse nel senso stesso dell'asta, un cilindro diamagnetico (resina e polvere di bismuto) di 4 a 5 millimetri di diametro e lungo 50 a 60 millimetri, e all'altra una rotella di acido stearico che fa equilibrio al cilindro. L'asta principale è sospesa in una cassa di cristallo ad un filo d'argento ed è equilibrata orizzontalmente con masse d'acido stearico. Quando l'asta è bene in equilibrio, il cilindro diamagnetico si deve trovare nell'asse di una spirale, dentro la quale si può muovere per un certo tratto. Allorchè si fa passare una corrente nella spirale è raro e quasi impossibile che il cilindro diamagnetico resti fermo; invece tenderà questo cilindro ad escire ora da una estremità ora dall'altra della spirale secondo la sua posizione iniziale.

Non è senza interesse di notare qui la grande differenza di forza ripulsiva dall'interno della spirale che soffrono due prismi eguali di bismuto cristallizzato, l'uno avendo i clivaggi longitudinali e l'altro i clivaggi trasversali. Questi prismi a base quadrata di 5^{mm} di lato, erano lunghi 20^{mm}. Per ricondurre al punto d'equilibrio il prisma coi clivaggi longitudinali era necessario torcere il filo di 380° e per il prisma coi clivaggi trasversali era sufficiente la torsione di 123°.

Per completare la descrizione dell'apparecchio immaginato per scoprire la polarità diamagnetica, dobbiamo aggiungere che una seconda spirale era posta sotto la cassa orizzontalmente e col suo asse nel prolungamento dell'asse della prima spirale. S'intende, che tenendo molto prossime le due spirali, allorchè per l'azione della spirale in cui è sospeso il cilindro diamagnetico, questo cilindro esce fuori, si può, facendo agire l'altra spirale, tentare l'azione contemporanea de' due poli presi ora dello stesso nome, ora di nome contrario.

Nelle esperienze, di cui passiamo a riferire i risultati, le due spirali erano eguali e le estremità prossime erano alla distanza ora di 12 ora di 20 millimetri. Ogni esperienza era condotta nel modo seguente. Chiuso il circuito della spirale in cui è sospeso il cilindro con una pila di 4 elementi di Grove, misuro la forza di torsione necessaria per rimettere il cilindro che era spinto fuori verso l'altra spirale, nella posizione d'equilibrio; la posizione del cilindro è determinata col micrometro del cannocchiale di un catetometro. Aperto questo circuito, chiudo con una pila di 20 elementi il circuito della spirale esterna; il cilindro essendo respinto nell'interno della sua spirale, torco questa volta in senso contrario per ricondurre il cilindro nella sua posizione. Aperti i due circuiti, dopo aver così misurate le forze di repulsione di ognuna delle spirali separatamente e lasciato il sistema per un certo tempo in riposo, fo agire contemporaneamente le due spirali e misuro al solito la forza necessaria per rimettere il cilindro nella posizione d'equilibrio. Per giungere a risultati costanti e rigorosi conviene prolungare per un certo tempo le esperienze, tenendo perciò inviluppate, come già si disse, le spirali col ghiaccio, ed avendo in ognuno dei circuiti una bussola dei seni e un reostata per aver la corrente costante.

Il risultato ottenuto in diverse esperienze che ritengo esatte, fu: *che la repulsione provata dal cilindro diamagnetico, allorchè le due spirali agivano nello stesso tempo, era nel senso della forza maggiore, eguale alla differenza delle forze e indipendente dal nome dei poli*.

Riporteremo qui i numeri ottenuti in due esperienze perchè questa conclusione resti più chiara. Essendo in azione la sola spirale esterna, la forza di torsione era di 37°; messa in attività la sola spirale in cui è sospeso il cilindro, la forza di repulsione era di 70°. Facendo agire le due spirali nello stesso tempo, il cilindro era respinto fuori della sua spirale ed era necessaria una forza di 42° per ricondurlo nella sua primitiva posizione. Con un commutatore in uno dei circuiti potevo avere in presenza ora poli dello stesso nome ora poli contrarii: lasciato fissare il cilindro, la sua posizione rimaneva la stessa cangiando i poli. In un'altra esperienza, usando altre pile, la spirale in cui è sospeso il cilindro diamagnetico respingeva con una forza di 101°; la spirale esterna sola respingeva con una forza di 46°; l'azione riunita delle due spirali, qualunque fossero i poli prossimi, era misurata da una forza di 54°.

Per mostrare come in questa disposizione il corpo diamagnetico si comporta diversamente da un corpo magnetico, riferirò il risultato ottenuto con un cilindro formato di cera e di $\frac{1}{100}$ di colcothar, oppure con un tubo di vetro pieno di una soluzione satura di percloruro di ferro. Quando agiva la spirale esterna attraeva a sè il cilindro magnetico e quando agiva l' altra spirale, il cilindro stesso era sempre più tirato verso il mezzo della spirale. Facendo agire le due spirali nello stesso tempo, se i poli sono dello stesso nome, il cilindro è tirato nell' interno della spirale con una forza molto più grande di quella che agisce quando i poli sono di nome contrario: ed infatti nel primo caso per la polarità acquistata dal cilindro, la spirale esterna agisce per ripulsione e la sua azione s' aggiunge a quella della spirale magnetizzante, mentre nel secondo caso, la spirale esterna attira il cilindro e distrugge una porzione della forza dell' altra spirale. Basterebbe di rendere le forze delle due spirali press' a poco eguali, per vedere in un caso il cilindro magnetico fissarsi fuori della spirale e nell' altro essere respinto nell' interno della spirale stessa.

Per interpretare i risultati ottenuti dal cilindro diamagnetico nel modo il più semplice, si può ritenere che le due spirali non agiscono sopra gli stessi punti del cilindro per cui i loro effetti sono indipendenti.

Ho modificata la forma della spirale in cui è sospeso il bismuto facendola molto grossa e corta e di un gran numero di giri; il cilindro diamagnetico era lungo 65^{mm} e grosso 16^{mm}. Allorchè facevo agire la grossa spirale, il cilindro era spinto fuori; allora l' altra spirale era avvicinata in modo che la sua estremità venisse quasi in contatto del cilindro. Dando alla spirale magnetizzante quella forma, doveva la sua azione sul cilindro diamagnetico estendersi anche sui punti del cilindro che rimanevano fuori della spirale per un certo tratto. Ho cercato in tal modo di mettermi nelle condizioni le più opportune, perchè le due spirali agissero contemporaneamente sugli stessi punti del cilindro diamagnetico. Ripetute con questa nuova disposizione le esperienze precedenti, il risultato fu infatti diverso di quello ottenuto prima, e tale da non poter essere spiegato senza ricorrere alla polarità diamagnetica. La spirale grossa era messa in attività da una pila di 12 elementi di Grove, e la spirale esterna da una pila di 22 elementi. Dopo essermi assicurato dell'azione repulsiva delle due spirali fatte agire separatamente, lascio chiusa la spirale grande. Il cilindro diamagnetico respinto fuori si fisserebbe in contatto della spirale esterna: torco il filo di alcuni gradi per distaccare il cilindro di una piccolissima quantità dalla spirale esterna, e poi chiudo il circuito di questa spirale: si vede allora, se i poli prossimi sono dello stesso nome, il cilindro diamagnetico accostarsi e fissarsi addosso alla spirale esterna, come se ne fosse attratto ed in vece esserne respinto se i poli sono di nome contrario. Accrescendo la forza della spirale esterna o allontanando di più le due spirali l'una dall'altra, si ha nei due casi la repulsione del cilindro, ma però più debole allorchè i poli sono dello stesso nome.

Abbiamo già detto che questi ultimi risultati sono facilmente interpretati, ammettendo che il cilindro diamagnetico acquista per l'azione della spirale in cui è sospeso, poli che sono di nome contrario a quelli che prenderebbe un cilindro magnetico nelle stesse circostanze rispetto ai poli delle spirali.

Noteremo però, che allorchè due spirali sono molto prossime colle loro basi, come nelle esperienze precedenti, deve avvenire che per la loro azione s'indeboliscono nei punti vicini, se i poli sono dello stesso nome; formandosi così una zona di azione nulla o più debòle nel punto di contatto delle spire percorse da correnti contrarie, s'intende che il cilindro diamagnetico deve essere nuovamente spinto fuori dalla spirale più energica, simulando in questo modo l'attrazione della spirale esterna.

Descriveremo finalmente un'ultima disposizione sperimentale, immaginata nell'intendimento d'indagare lo stato di un cilindro diamagnetico in presenza di una spirale per mezzo di un'altra spirale messa contro ai diversi punti di quel cilindro. Le spirali adoperate in quest'esperienza erano di forma conica onde i loro assi potessero avvicinarsi il più possibile. Un inviluppo di rame adattato alle due spirali riunite ad angolo, l'una verticale e l'altra orizzontale, era stato preparato per tenere il ghiaccio intorno ad esse. Il corpo diamagnetico era il solito cilindro di polvere di bismuto e di resina fissato ad angolo retto e inferiormente ad un'asta di legno sospesa al filo di torsione. Nella posizione d'equilibrio l' asse del cilindro diamagnetico cade sull' asse della spirale verticale che chiameremo B e l' asse della spirale orizzontale A, che può essere fissata a diverse altezze, incontra normalmente i diversi punti del cilindro. Onde rendere gli effetti più distinti ho adoperato in qualche caso un cubo di bismuto coi clivaggi verticali di 12 millimetri di lato. S' intende facilmente da questa descrizione che nella posizione più bassa della spirale A, quando col suo asse incontra il centro del cubo, le due spirali si toccano e che a misura che la spirale A agisce sopra punti del corpo diamagnetico via via più lontani dalla spirale B, le due spirali anche si allontanano fra loro. Si chiude prima il circuito di A per assicurarsi che vi è una certa repulsione, e poi aperto A si chiude B, nel qual caso il corpo diamagnetico, o sta fermo o è respinto all' esterno, o contro la spirale A. Non è difficile di disporre le spirali in modo che chiudendo B, il corpo diamagnetico si fissi leggiermente respinto verso A. L' esperienza era eseguita avendo una pila di 30 elementi di Grove per ognuna delle spirali e facendo prima agire la spirale verticale e poi l' orizzontale. Il risultato costante di quest' esperienza è stato, che se le due spirali agivano coi poli di nome contrario, vi era costantemente ripulsione dalla spirale orizzontale e che questa era maggiore che con una sola delle spirali e tanto più grande quanto più le due spirali erano vicine. Coi poli dello stesso nome l' azione è sempre debole e non può scorgersi distintamente, se non nella posizione di maggiore prossimità delle spirali e consiste nell' avvicinarsi del cilindro diamagnetico alla spirale A o nel veder diminuita la ripulsione di questa spirale: la ripulsione di questa spirale non torna sensibile che allorchè essa agisce a una certa altezza sopra la spirale B.

Questa disposizione poco differisce da quella delle due spirali orizzontali poste ad angolo, che abbiamo descritto da principio. La differenza era stata immaginata affine di poter scoprire lo stato del cilindro diamagnetico nei suoi diversi punti.

Ammessa infatti la polarità diamagnetica e l' analogia colla polarità dei corpi magnetici, dovrebbe il cilindro diamagnetico acquistare nella parte più vicina all' estremità della spirale un polo dello stesso nome di quello della spirale ed avere negli altri punti più lontani uno stato magnetico contrario.

Sostituendo nell' esperienza al cilindro diamagnetico un filo di ferro, si prova facilmente l' esistenza dei due stati opposti avvicinando ai diversi punti del filo la spirale orizzontale. Ricordiamoci però che questo non avviene coi corpi debolmente magnetici e che hanno un debole potere coercitivo. Sappiamo già (1) che un cilindro di un miscuglio di cera e di colcothar, o un tubo pieno di cloruro di ferro, in presenza di una calamita, mostrano di avere in tutti i loro punti un magnetismo dello stesso nome simile a quello del polo inducente: infatti se il polo della calamita o della spirale orizzontale che si fà agire sui diversi punti del cilindro magnetico, è dello stesso nome del polo inducente, si avrà sempre repulsione e vi sarà invece attrazione a tutte le altezze se quei poli sono di nome contrario. E non per questo si deve credere che non si siano formati e separati nel cilindro magnetico, gli stati magnetici contrarii: infatti nel miscuglio di cera e di colcothar rimangono questi stati anche dopo tolta la calamita inducente e si possono riscontrare sui pezzi ottenuti rompendo il cilindro. Sappiamo che nel cilindro magnetico si può riscontrare la presenza dello stato magnetico opposto a quello inducente, avvicinando molto il polo della spirale orizzontale all' estremità del cilindro e un poco al di sotto, per lo chè si è dedotto che questo stato magnetico si concentra nei punti più prossimi al polo inducente e che al di là di questi punti si diffonde per il cilindro lo stato magnetico dello stesso nome del magnetismo inducente.

Si possono dunque spiegare i risultati ottenuti col cilindro diamagnetico, immaginando che questo cilindro si comporti come i corpi debolmente magnetici, che cioè, lo stato magnetico dello stesso nome di quello del polo inducente, si raccoglie nei punti più prossimi e che nel resto del cilindro si diffonde lo stato magnetico contrario. In questo modo solo si concepiscono gli effetti ottenuti agendo colla spirale orizzontale sui diversi punti del cilindro diamagnetico, secondo che i poli delle due spirali sono dello stesso nome o di nome contrario.

(1) Matteucci, *Cours sur l'induction etc.*, p. 201.

È pur vero che, indipendentemente dalla polarità diamagnetica, quei movimenti possono anche spiegarsi ricorrendo agli effetti composti delle due spirali poste ad angolo, ora coi poli dello stesso nome, ora coi poli di nome contrario.

(continua).

RICERCHE CHIMICHE SUL CICLAMINO (SECONDA PARTE. MANNITE, NUOVE PROPRIETA' DELLA CICLAMINA, *HYGROCROCIS CYCLAMINAE*); DI S. DE LUCA.

Il presente lavoro fa seguito all'altro pubblicato in questo stesso giornale (1) e comprende lo studio della mannite estratta da' tuberi del ciclamino, l'indicazione di talune nuove proprietà della ciclamina, e la determinazione precisa delle condizioni favorevoli allo sviluppo di una nuova alga, della tribù delle micoficée, alla quale il Dott. Montagne ha dato il nome d'*hygrocrocis cyclaminae*.

I. *Mannite estratta da' tuberi del ciclamino.* Io indicherò esattamente in quali condizioni ho potuto estrarre da' tuberi del ciclamino una sostanza zuccherina che ha tutte le proprietà della mannite: dopo aver ridotto in pasta i tuberi del ciclamino, ed averne estratto il succo per espressione e per mezzo di piccole quantità di acqua fredda, si fa questo bollire e si filtra a caldo, nello scopo di coagulare e di separare la ciclamina dalle acque madri che la tengono in sospensione. Il succo così filtrato si fa fermentare col lievito di birra per distruggere una sostanza zuccherina fermentescibile in esso contenuta. Il liquido fermentato si filtra, e poi si distilla per condensare l'alcole, ed infine si evapora a secchezza per mezzo di un bagno maria. Il residuo che si ottiene in tal modo si tratta a varie riprese coll'alcole freddo, e si filtrano le diverse soluzioni alcoliche, le quali riunite, lasciano depositare, sulle pareti inter-

(1) *Nuovo Cimento*, Vol. v, p. 225. 1857,

ne de' vasi che le contengono, una certa quantità di piccoli cristalli incolori e trasparenti.

Il residuo precedente dopo averlo trattato coll' alcole a freddo è ripreso con l' alcole bollente; ed in tali condizioni si ottiene anche un' altra quantità della stessa sostanza zuccherina col semplice raffreddamento delle soluzioni alcoliche.

Una tale sostanza è purificata trattandola a varie riprese coll' alcole bollente, ed in tal modo si ottiene perfettamente incolore e pura. Le sue principali proprietà sono le seguenti: ha sapore debolmente zuccherino; cristallizza sotto forma di prismi romboidali distinti e definiti quando la cristallizzazione si opera lentamente, ma ordinariamente allorchè la sostanza si deposita dalle sue soluzioni alcoliche fatte a caldo, essa si presenta in cristalli, molto sottili, con aspetto setoso, ed aggruppati intorno ad un centro comune; non si altera all' aria umida, si scioglie facilmente nell' acqua nella proporzione di 15 a 20 per cento alla temperatura ordinaria (16 a 20 gradi). Il suo punto di fusione trovasi tra' 164 e 165 gradi; ma col raffreddamento la materia fusa, ch' è un liquido incolore e trasparente, si prende in massa cristallina compatta, avente de' centri in forma di raggi. Verso 200 gradi essa si colora un poco ed entra in ebollizione con isviluppo di un odore gradevole, ma alla temperatura superiore a 250 gradi, essa si scompone lasciando per residuo una quantità notevole di carbone rigonfiato e leggiero. Nelle circostanze ordinarie non fermenta in contatto del lievito di birra, non è alterato dall' azione degli alcali a 100 gradi, non riduce il tartrato cuprico potassico, e non si colora col contatto prolungato dell' ammoniaca. Le sue soluzioni acquose disciolgono la barite, la strontiana e la calce e producono liquidi che s'intorbidano con l'ebollizione e che riprendono la loro trasparenza col raffreddamento. Essa si cangia in un composto nitrato per l' azione a freddo di un miscuglio formato di acido azotico fumante e d' acido solforico concentrato; a caldo l'acido nitrico la trasforma in acido ossalico. Essa è poco solubile nell' alcole a freddo, ma a caldo vi si discioglie in grandissima proporzione. L' etere ed i liquidi analoghi non la disciolgono. In fine, la composizione di questa sostanza corrisponde esattamente alla formola $C^6H^7O^6$.

Tutte queste proprietà fisiche e chimiche mostrano chiaramente che la sostanza ottenuta da' tuberi del ciclamino, nelle condizioni indicate di sopra, è identica con la mannite. D'altronde tutti i saggi sono stati fatti in doppio, cioè con la sostanza zuccherina del ciclamino e con la mannite estratta dalla manna, ed i risultamenti sono stati messi a confronto nello stesso tempo.

La mannite che si ottiene dal ciclamino può spiegare l'azione, spesso purgativa, di talune preparazioni fatte con questo tubero, e della quale si fa menzione in taluni libri antichi. Io debbo aggiungere però che la mannite si ottiene sempre dopo la fermentazione del succo de' tuberi di ciclamino, mentre coi processi diretti m'è stato impossibile di ritirarne la minima traccia.

II. *Azione della luce sulla ciclamina.* La saturazione acquosa di ciclamina sotto l'influenza della luce e del tempo, deposita progressivamente una sostanza amorfa e bianca, insolubile nello stesso liquido alla temperatura ordinaria, ma capace di disciogliervisi coll'aiuto di un leggiero calore. Se si rinchiude in un tubo di vetro una soluzione acquosa di ciclamina, vi si forma un deposito sotto l'influenza della luce e del tempo; questo deposito, per mezzo di un calore moderato, si discioglie in prima nel liquido primitivo, il quale diviene trasparente, ma elevando quindi la temperatura, il liquido s'intorbida di nuovo, perchè la ciclamina si coagula. Col raffreddamento e col tempo, la ciclamina coagulata si ridiscioglie nel dissolvente, e la sostanza, insolubile a freddo, si deposita con tutte le sue proprietà primitive. È probabile che questa sostanza, insolubile a freddo, sia isomera con la ciclamina, e che per mezzo di un'azione bastantemente prolungata della luce, si possa trasformare interamente una quantità data di ciclamina in quest'altra sostanza, in modo che la soluzione non possa più intorbidarsi con l'ebollizione. Tali sperienze sono in via di esecuzione.

III. *Hygrocrocis cyclaminae*. Se si espone all'aria libera in vasi forniti di piccola apertura, una soluzione acquosa di ciclamina, essa dopo qualche tempo si copre di diverse crittogame, fra le quali si osserva una produzione di color rosso porpora, e nella soluzione, la quale acquista una tinta rosea, si osservano taluni punti di un rosso più intenso, che costituiscono tanti centri di vegetazione.

Se la ciclamina secca, contenuta in una capsula di porcellana si pone in una campana al di sopra di uno strato di acqua, ed in conseguenza in un'atmosfera tenuta costantemente umida, essa assorbe una quantità di acqua che può superare il 50 per 100, aumenta considerevolmente di volume ed infine si copre di diverse produzioni crittogamiche, fra le quali si osserva quella menzionata di sopra di color rosso porpora.

Se ad un dolce calore, si espongono in una stufa i tuberi del ciclamino tagliati in pezzi, si osserva dopo qualche tempo che le superficie interne, messe allo scoperto, si colorano fortemente in rosso su diversi punti dei quali si sviluppano de' centri di vegetazione.

Infine, se la ciclamina, depositata in massa dalla sua soluzione alcoolica fatta a caldo, si lascia seccare spontaneamente all'aria libera, essa perde pria di tutto il suo alcole, e poi assorbe l'umidità dell'aria, e si copre d'uno strato compatto delle produzioni crittogamiche di già indicate. Allorchè tali crittogame si sviluppano sulla ciclamina pura, come nell'ultimo caso è facile di separarle da quest'ultima, per mezzo dell'alcole, il quale discioglie solamente la ciclamina inalterata e lascia intatte le sostanze organizzate.

Con tutti questi diversi mezzi ho ottenuto lo sviluppo di diverse specie vegetali, ed ho potuto fornire al Dott. Montagne un gran numero di saggi, i quali gli han permesso di studiare una nuova alga, cui ha dato il nome d'*hygrocrocis cyclaminae*. La nota seguente del sig. Montagne dà una idea di quest'alga curiosa.

Nota sopra una rimarchevole micoficea sviluppata sulla ciclamina.

« Nella state del 1857, il sig. De Luca, che scopriva questa nuova sostanza, mi fece rimettere un tubo in cui galleggiavano, alla superficie di una soluzione acquosa di ciclamina, taluni globuli di un bel color rosso. Nella persuasione che tali globuli dovessero costituire una delle alghe inferiori ed ambigue, formanti la tribù delle micoficée, lo steso sig. De Luca mi apportò nuovi saggi di quest'alga, pregandomi di esaminarli al microscopio.

« Per timore di lasciare alterare questa produzione, e sopratutto volendo, s'era necessario, seguire tutte le fasi del suo sviluppo, ne ho cominciato senza ritardo l'esame. Il microscopio mi fece prontamente riconoscere che questa pianta era un vero *hygrocrocis*, cui ho dato il nome d'*hygrocrocis cyclaminae*, dal nome del mezzo in cui aveva preso origine. Questa specie è certamente la più curiosa del genere, mentre i suoi filamenti moniliformi irraggiano in tutte le direzioni, traversando uno strato mucilaginoso centrale di color roseo, e poi un altro strato color cremisi che gl'inviluppa. Un ultimo strato mucilaginoso perfettamente incolore, circonda il tutto e forma una piccola massa sferica, il cui diametro acquista fino a 5 millimetri, mentre la parte colorata misura circa 2 millimetri.

« Debbo aggiungere che ho potuto vedere i filamenti fruttificati, ed allora l'alga è di color nerastro con articolazioni e parti terminali. Io mi propongo di dare la storia e la descrizione completa dell'*hygrocrocis cyclaminae* in uno de' prossimi numeri degli *Annales des Sciences naturelles* ».

Dirò in oltre che il sig. Montagne mi ha fatto vedere al microscopio la nuova alga in tutte le sue fasi, ed in tale occasione gli ho fatto osservare la coincidenza ch'esiste tra la forma dell'*hygrocrocis cyclaminae* e quella della stessa ciclamina che si deposita dalle sue soluzioni alcoliche fatte a caldo. Ne' due casi si osservano de' globuli gli uni al seguito degli altri. Una tale relazione fra il corpo organico, la ciclamina, e la sostanza organizzata, l'*hygrocrocis*, merita di essere notata.

I germi di diversi esseri organizzati esistono probabilmente nella natura, e nell'assenza delle circostanze favorevoli al loro sviluppo, noi non possiamo conoscerli e studiarli, come probabilmente non avremmo potuto conoscere l'*hygrocrocis cyclaminae*, se non fosse stata precedentemente isolata e studiata la ciclamina, sulla quale si sviluppa.

Per le medesime cause noi vediamo per un certo periodo talune piante crittogame nascere e completare tutte le fasi di lor vita, quindi per un altro periodo di tempo questi vegetali spariscono completamente: nel primo caso i detti vegetali trovano tutte le circostanze favorevoli al loro sviluppo; e nel secondo periodo, che può essere più lungo, le medesime circostanze non sussistono più.

Tutto ciò spiega forse la storia de' fenomeni della malattia della vite, la quale non trova certamente le circostanze favorevoli al suo sviluppo in contatto della polvere di solfo, e la storia de' miasmi in generale, i quali si mostrano in tempi ed in luoghi determinati, cioè nelle condizioni atmosferiche favorevoli al loro sviluppo.

MACCHINA MAGNETO-ELETTRICA; DI NOLLET DEL BELGIO.

Fra le curiosità scientifiche che attirano oggi l'attenzione dei dotti e degli industriali di Parigi vi è una macchina magneto-elettrica immaginata alcuni anni sono e costruita nel Belgio e che per le cure di una Società è stata perfezionata e stabilita nel celebre edifizio dei militari invalidi. Questa macchina fu adoperata dal sig. Leroux in un bel lavoro sulla trasformazione e correlazione delle forze fisiche di cui già rendemmo conto in questo giornale (1).

Questa macchina consiste in un gran tamburo messo in rotazione da una macchina a vapore della forza di due cavalli. Sopra la superficie del tamburo sono fissate come tante razze, delle spirali formate di un grosso filo di rame, nelle quali invece di un cilindro pieno di ferro dolce è posto un cilindro vuoto di lamina di ferro che ha diversi tagli longitudinali per impedire lo sviluppo della corrente indotta. Le spirali distribuite in otto ranghi circolari sono 96. Questo tamburo mobile è concentrico ad un altro tamburo fisso, sul quale sono stabili-

(1) *Nuovo Cimento*; T IV, p. 422.

te calamite d'acciajo che giungono coi loro poli alla più piccola distanza possibile dai poli dell'elettro-calamite. S'intende facilmente come le estremità delle spirali di rame essendo portate sull'asse del tamburo mobile, si possono per mezzo dei soliti commutatori ottenere in un circuito esterno le correnti sviluppate nelle spirali per il loro movimento in faccia alle calamite. Secondo le diverse applicazioni che si vogliono fare della forza meccanica trasformata in correnti indotte, si possono usare dei commutatori che facciano circolare nello stesso senso nel circuito esterno le correnti indotte nelle spirali alternativamente in senso contrario: ma si possono anche, come lo diremo fra un momento, usare le correnti come vengono senza complicare i commutatori. I lettori di questo giornale si ricordano che il sig. Leroux obbligando le correnti indotte a riscaldare un filo di platino avvolto a spirale e posto in un calorimetro, ha potuto ottenere tutto il calore svolto dalle correnti e paragonarlo al lavoro meccanico della macchina a vapore che mette in moto il tamburo. Da questo confronto deduceva Leroux per l'equivalente meccanico del calore un numero poco diverso da quello ottenuto da altri Fisici con esperienze condotte con altri metodi.

Intanto l'applicazione più utile che sembra potersi fare della macchina elettro-magnetica degli invalidi è per la produzione della luce. Noi abbiamo visto agire questa macchina di cui il prezzo si dice essere di 6000 franchi. Mentre il tamburo faceva 200 giri per minuto, si otteneva dalle correnti indotte riunite una corrente elettrica capace di produrre fra due punte di carbone un arco luminoso non inferiore a quello di 100 pile di Grove. Siccome le correnti sono alternativamente di senso contrario, si ottiene che le due punte di carbone fra cui salta la scintilla si consumino egualmente; per cui non dubitiamo che con un semplice movimento di orologeria, di cui la costruzione è stata affidata alla nota perizia del sig. Breguet, si riescirà ad ottenere un arco luminoso costante. È possibile che con un migliore isolamento delle spirali e coll'aggiunta del condensatore di Fizeau, si riesca a rendere più forte e più regolare l'arco luminoso.

Ho visto facendo passare le correnti indotte in un filo di ferro di circa $\frac{1}{2}$ millimetro di diametro, invece di avere l'arco luminoso, divenire questo filo incandescente per una lunghezza di 6 metri: accorciando questo tratto, il filo finisce per fondersi presentando allora il bel fenomeno analogo a quello studiato da Plateau nelle vene liquide, cioè la trasformazione del filo in fusione in tante goccioline come una coroncina. Usando un filo di ferro un poco più grosso, senza cambiar nulla alla macchina a vapore e quindi alla forza motrice, si vedeva il tamburo delle spirali ruotare meno rapidamente, per le note reazioni delle correnti indotte sulle forze magnetiche.

I capitalisti, possessori di questa macchina si lusingano, e crediamo con qualche fondamento, che vi possa essere vantaggio utilizzando un eccesso della forza prodotta dalle macchine dei battelli a vapore, a generare un arco elettrico luminoso che servirebbe per l'illuminazione dei vascelli stessi nella notte. Per esser certi del vantaggio dell'applicazione, converrebbe determinare prima il prezzo di questa luce elettrica, di confronto alle altre luci artificiali.

ROTAZIONE DI TUBI O SFERE DI METALLO PER MEZZO DELL'ELETTRICITA'; DI G. GORE.

(*Philos. Mag. Luglio* 1858, *p.* 519).

Non è forse inutile di registrare un fatto che non è anche ben spiegato e che potrebbe condurre ad ulteriori scoperte.

Ecco l'esperienza principale e la più semplice. Si collochi un tubo di ottone di $\frac{1}{2}$ pollice di diametro e lungo quattro piedi, in traverso sopra due altri tubi pur di ottone di un pollice di diametro e lunghi nove piedi, i quali devono essere orizzontali e paralleli fra loro: sono due specie di guide su cui può rotolare il tubo messo in traverso. Congiungendo le estremità dei tubi lunghi coi poli di una pila di 2 a 20 elementi di Grove, in modo che la corrente passi da un tubo all'altro per mezzo del tubo trasverso, si vedrà quest'ultimo mettersi in vibrazione e finalmente rotolare e muoversi sui due altri tubi. Era facile di modificare questa disposizione nell'altra immaginata da Gore per rendere continuo il movimento, cioè di sostituire ai tubi paralleli, due tubi concentrici e al tubo trasverso una palla metallica.

Siccome il verso in cui si muove la palla è indifferente e indipendente dal senso della corrente, è probabile che le azioni elettro-magnetiche non intervengano nelle produzioni del moto, che piuttosto sembra doversi attribuire a un giuoco di calore e di dilatazioni e contrazioni successive simili a quelle che avvengono nell'esperienza nota di Trevelyan.

SULLE STRIE OSSERVATE NELLA SCARICA ELETTRICA NEL VUOTO; DI W. GROVE.

(*Philos. Mag. Luglio* 1858, *p.* 18).

Grove fu il primo ad annunziare nel 1852 che nella scarica elettrica luminosa ottenuta coll'apparecchio di Ruhmkorff tenendo le estremità della spirale indotta in uno spazio vuoto d'aria in cui è collocato un pezzo di fosforo, si vedevano delle bande o strie trasverse che davano alla luce una singolare apparenza. Questo fenomeno fu in seguito studiato da molti altri Fisici, avendo però piuttosto di mira le sue particolarità, di quello che la ricerca della spiegazione del fenomeno stesso. Grove solo aveva fatto intravedere che la causa di queste strie pareva collegata colle interruzioni della spirale inducente, ed infatti facendo agire diversamente il noto martello interruttore, le strie divengono più o meno strette. Onde verificare questa idea di Grove bisognava poter ripetere l'esperienza con una sola scarica indotta. Il modo adoperato dall'Autore per riescire in questa esperienza consiste nell'avere nel circuito indotto una interruzione oltre quella che è nel vuoto: questa seconda interruzione essendo nell'aria, per cui è richiesta una grande tensione onde la scarica si effettui, le scariche della spirale indotta tanto nel vuoto che nell'aria diventeranno più rade e distinte fra loro. Dapprima l'interruzione nell'aria non vi era e la scarica appariva nel vuoto colle solite strie: allora facendo nascere l'interruzione nell'aria, il fenomeno cessava e allorchè di tanto in tanto appariva una scintilla nell'aria, si vedeva nello spazio vuoto una nube di luce uniforme. Questa esperienza è stata ripetuta con eguale esito nei tubi vuoti di Gassiot coi quali le scariche colle strie si ottengono più distintamente: se esisteva una seconda interruzione nell'aria nella spirale indotta, ogni volta che vi era una scintilla si vedeva il tubo ripieno di una luce uniforme senza strie. Da queste osservazioni conclude Grove che la cagione del fenomeno singolare delle strie, risiede probabilmente negli impulsi reciproci di due o più scariche successive o piuttosto negli effetti meccanici corrispondenti provati dal mezzo interposto.

RICERCHE SUL CALORICO RAGGIANTE; DEL PROF. ZANTEDESCHI.

(*Accad. delle Scienze di Vienna.* 12 *Marzo* 1857).

Nel 1847 e nel 1853 io mi sono occupato delle irradiazioni calorifiche oscure e luminose, e le mie investigazioni vennero pubblicate in Venezia ed in Padova, e per estratto in Berlino ed in Parigi; ma io conobbi che altre esperienze dovevano essere istituite per chiarire viemaggiormente l'argomento, sul quale erano incerti ancora alcuni de' fisici, che hanno celebrità in Europa. Avendo avuto dalla cortesia dell' esimio geologo e fisico sig. Cav. Haidinger un magnifico pezzo di sal gemma il più omogeneo nella sua massa e il più trasparente, lo feci lavorare in quattro pezzi di forma parallelepipeda e delle seguenti dimensioni:

del	primo	pezzo	le dimensioni	maggiori	0,0785
»	»	»	»	minori	0,0410
»	secondo	»	»	maggiori	0,0350
»	»	»		minori	0,0222
»	terzo	»		maggiori	0,0730
»	»	»	»	minori	0,0215
»	quarto	»	»	maggiori	0,0860
»	»	»	»	minori	0,0385

Le superficie furono così bene ridotte da sembrare quasi di puro e terso cristallo.

Le sorgenti calorifiche, delle quali io feci uso, furono:

1°. La fiamma ad alcool col platino arroventato;

2°. La fiamma ad alcool coperta di una lamina di rame annerita di nero di fumo;

3°. La fiamma ad olio della lampada di Locatelli munita di riflettore.

L'apparato termo-moltiplicatore fu quello di Gourjon e di Rumkorff, ossia di Nobili e Melloni. In ogni esperimento la distanza della sorgente calorifica dalla fenditura, alla quale si applicava il corpo trascalescente, era di $0^{m}094$; e la distanza di questo foro dalla testa della pila termoelettrica era di $0^{m}23$. La pila era munita dell'ordinario collettore.

Serie 1ª.

Le esperienze furono incominciate colla fiamma ad alcool e spirale di platino, che veniva portata al calor bianco e corrispondente al centro del foro. La deviazione dell'ago del moltiplicatore senza l'interposizione del sal gemma fu di . . . . 13°30'.

Interposto sul cammino delle irradiazioni calorifiche il primo pezzo di sal gemma colle dimensioni minori, la deviazione dell'ago si ridusse a . . . 9°,30'.

E collocato lo stesso pezzo nella direzione delle sue maggiori dimensioni, la deviazione dell' ago si portò a . . . . 7°,30'.

Sostituito al primo pezzo di sal gemma il secondo, collocato nella direzione delle dimensioni minori, la deviazione dell' ago fu di. . . . . 6°,30'.

Questo stesso pezzo disposto sulla direzione delle irradiazioni calorifiche colle dimensioni maggiori, la deviazione si portò a . . . . 5°,00'.

Ripetuto l'esperimento col terzo pezzo di sal gemma disposte dapprima, come i precedenti, colle dimensioni minori, la deviazione dell' ago si ridusse a. 10°,00'.

E lo stesso pezzo collocato sul cammino anzidetto colle sue dimensioni maggiori, diede la deviazione di 7°,30'.

Finalmente sostituito all' esperimento il quarto pezzo disposto colle dimensioni minori, la deviazione dell' ago si fissò a . . . . 9°,00'.

Collocato il medesimo pezzo sullo stesso cammino dell' efflusso calorifico colle dimensioni maggiori, l' ago si fissò ad . . . . 8°,00'.

Il lato in quadrato del foro era di 0m,02, e l' angolo di obbliquità dei raggi incidenti ai bordi del sal di gemma era di 6°,5', come ci siamo convinti dai dati trigonometrici. In ogni esperimento abbiamo sempre ripetuta la costanza della deviazione iniziale dell' ago, cioè dei gradi 13°,30'; da cui io raccolsi che tutte le manifestate differenze erano dovute all' interposizione successiva dei quattro pezzi di sal gemma disposti ora colle dimensioni minori, ed ora colle dimensioni maggiori sulla direzione delle irradiazioni calorifiche.

Serie 2a.

Le seconde esperienze furono istituite col calorico oscuro irraggiante da una lamina di rame annerita con nero fumo, che copriva la fiamma ad alcool.

Eccone brevemente i risultamenti ottenuti:

Senza interposizione del sal gemma la deviazione fu di . . . . 10°,30'.

Coll' interposizione del primo pezzo e colle dimensioni minori, di . . . . 9°,00'.

Coll' interposizione dello stesso pezzo e colle dimensioni maggiori, di . . . . 7°,00'.

Coll' interposizione del secondo pezzo e colle dimensioni minori, di . . . . 5°,00'.

Coll' interposizione dello stesso pezzo e colle dimensioni maggiori, di . . . . 2°,45'.

Coll' interposizione del terzo pezzo e colle dimensioni minori, di . . . . 8°,00'.

Coll' interposizione dello stesso pezzo e colle dimensioni maggiori, di . . . . 7°,00'.

Coll' interposizione del quarto pezzo e colle dimensioni minori, di . . . . 7°,45'.

Coll' interposizione dello stesso pezzo e colle dimensioni maggiori, di . . . . 7°,15'.

Serie 3ª.

Queste esperienze furono eseguite colla fiamma ad olio della lampada di Locatelli, ritenute le distanze, come nelle due precedenti serie.

Senza interposizione del corpo trascalescente, la declinazione dell' ago fu di. . . . . 11°,30'.

Interposto il primo pezzo di sal gemma nella direzione delle dimensioni minori, la declinazione si portò a . . . . 9°,30'.

Disposto lo stesso pezzo colle dimensioni maggiori, l' ago deviò di . . . . 6°,30'.

Frapposto il pezzo secondo colle minori dimensioni, l' ago deviò di . . . . 5°,30'.

E questo stesso pezzo collocato colle dimensioni maggiori, declinò l' ago di . . . . 4°,00'.

Frapposto il terzo pezzo colle minori dimensioni la declinazione si fissò a . . . . 9°,00'.

E questo stesso pezzo collocato colla direzione delle maggiori dimensioni la declinazione dell' ago si ridusse a . . . . 7°,30'.

Disposto colle minori dimensioni il quarto pezzo di sal gemma, la deviazione si fermò a. . . . . 9°,00'.
Disposto il medesimo pezzo nella direzione delle maggiori dimensioni, la deviazione si ridusse ad. . 8°,30'.
In tutti questi esperimenti la declinazione dell' ago fu sempre ad indice fisso. Fu quindi necessario in ogni esperienza di lasciar passare tutto il tempo richiesto perchè l'ago magnetico si avesse a ridurre fisso od immobile.

Dal confronto degli esposti numeri esprimenti le declinazioni dell'ago magnetico, appare evidente l' influenza della massa del sal gemma. Io posso affermare che tutte le altre circostanze erano costanti, e che perciò le differenze registrate erano dovute al diverso spessore o grossezza dei pezzi di sal gemma. Non si può dunque ritenere che indifferente sia la massa, posto anche che identica sia l' interna struttura dei varii pezzi di sal gemma impiegati. Ma ove tuttavia si volesse affermare che i singoli pezzi non fossero al tutto omogenei nelle varie direzioni, si dovrebbe per lo meno affermare che vi concorre in questi fenomeni di transcalescenza la disposizione molecolare del clòruro di sodio. Sarà dunque la differenza, o fenomeno delle varie dimensioni, o fenomeno dei varii aggruppamenti molecolari tuttavia all' occhio invisibili, o fenomeni in parte dovuti alle differenze delle dimensioni, ed in parte alle differenze degli aggregamenti molecolari: fenomeni in somma di massa e di forma. Non si riscontra però nei registrati risultamenti proporzionalità veruna fra la quantità di calorico trattenuto e le dimensioni dei pezzi di sal gemma esplorati. Pare per certa guisa che il calorico, francheggiati i primi ostacoli, superi appresso con minore difficoltà i susseguenti. È ciò un effetto di movimento impresso ai sistemi molecolari, che tengono dietro ai primi scossi dall' impulso calorifico? o è il calorico che si modifichi? Io non lo saprei dire. Registro il fatto, che rientra nella classe di tanti altri, senza poter penetrare nell' essenza o nella natura del medesimo. Dall' analisi comparativa emerge che la perdita dell' azione termomagnetica è maggiore nei casi, ne' quali la declinazione dell' ago o l' impulso termo-elettrico si manifestò superiore senza l' interposizione del corpo transcalescente.

Serie 4ª.

Queste esperienze furono eseguite colla fiamma ad alcool e colla spirale di platino riscaldata a temperatura variabile, cioè col filo di platino isolato portato al calor bianco, e collo stesso filo di platino riscaldato ad un calor rosso oscuro costante. In questo caso l'estremità inferiore della spirale di platino toccava in un punto il sottoposto lucignolo.

Nel primo di questi due casi l'ago deviò ad indice fisso a. 13°,00'.

E nel secondo non si portò che a . . . . . . 10°,30'.

Frapposto sul cammino dei raggi calorifici, che facevano deviare l'ago di 13°, un pezzo di sal gemma dello spessore di 0m,011, si ebbe la deviazione di 9°,00'.

E colla interposizione dello stesso pezzo di sal gemma alle irradiazioni calorifiche rappresentate da 10°,30', si ottenne la declinazione di . . . . . . 7°,30'.

Ancor qui si è verificato che la perdita dell'azione termo-elettrica fu minore nel secondo caso che nel primo, cioè ad impulso termo-elettrico minore, che ad impulso termo-elettrico maggiore. Non mancherò di avvertire che le distanze furono ritenute sempre le stesse, come ho superiormente indicato; che sempre mi sono convinto che senza la sorgente calorifica l'ago si riduceva a zero, e che con ciascuna delle due sorgenti calorifiche la deviazione dell'ago ascendeva sempre a 13°, ed ai 10°,30'.

Serie 5ª.

Le precedenti esperienze della serie 4ª. furono rinnovate col medesimo pezzo di sal gemma annerito col nero di fumo prodotto dal canfino in combustione. Allorchè l'ago deviava 13°, coll'interposizione del sal gemma affumicato si ridusse a. . . . . 2°,30'.

E allorchè l'ago devia di 10°,30', coll'interposizione dello stesso pezzo di sal gemma affumicato, si portò a . . . . 2°,30'.

Da questo esperimento io raccolgo evidentemente che non tutto il calorico, che viene assorbito dal nero di fumo alla prima superficie, non è emesso liberamente raggiante alla seconda superficie. Una quantità ben sensibile rimane ospitante, o diviene calorico delle temperature. Trovo ancor qui confermato il risultamento ottenuto nei precedenti esperimenti, che le perdite termo-magnetiche sono minori nel caso dell' impulso termo-magnetico minore, ossia nel caso che la deviazione dell' ago magnetico è minore.

Io non entrerò in alcun sistema ipotetico, perchè potrebbe da susseguenti fatti essere rovesciato; ma registrerò solo il fatto positivo, che il sal gèmma terso e pulito come cristallo si lascia più facilmente attraversare dalle irradiazioni delle basse temperature, che dalle irradiazioni delle alte temperature prodotte dalla combustione dell' alcool colla incandescenza del platino o riscaldamento del rame affumicato, come pure dalla combustione dell'olio. I fisici coscienziosi e diligenti, che si vorranno mettere nelle stesse mie identiche circostanze, credo che verranno a risultamenti al tutto consimili ai miei.

Serie 6ª.

Questa serie di esperienze fu eseguita nelle stesse condizioni delle precedenti, coll' unica differenza, che il corpo diatermano era un cubo di flint purissimo, che aveva il lato di tre centimetri. Colla lucerna ad alcool e spirale incandescente di platino la deviazione dell' ago galvanometrico fu di . . . . 13°,00'.
e colla interposizione del cubo di flint si portò a . 2°,00',

Rinnovato l' esperimento coll' abbassare la spirale di platino riducendo minore l' incandescenza della medesima per il contatto col lucignolo sottoposto, la deviazione fu di. . . . . 10°,30'.

Frapposto sul cammino delle irradiazioni calorifiche il pezzo di flint, la deviazione si ridusse ad 1°,30'.

Questo stesso esperimento fu eseguito colla sola fiamma ad alcool senza la spirale incandescente, e la deviazione non fu in questo caso che di . . . 4°,45'.

Collocato il pezzo di flint sulla direzione delle irradiazioni calorifiche, l'ago si portò a . . . . 0°,

In un quarto esperimento eseguito colla fiamma ad alcool e spirale incandescente, la deviazione dell'ago fu di . . . . 12°,30'.

E colla interposizione del pezzo di flint, la deviazione dell'ago si portò ad . . . . 1°,

Le esperienze furono ancora ripetute colla fiamma ad olio della lampada di Locatelli, nelle quali la deviazione dell'ago galvanometrico fu di . . . . . 11°,

Colla interposizione del pezzo di flint la deviazione si ridusse ad . . . . 1°,

È rimarchevole in questi due ultimi esperimenti il fatto, che nelle stesse circostanze il calorico emesso dal flint fu rappresentato da 1° di deviazione, sebbene l'uno per sè avesse dato la deviazione di 12°,30', e l'altro quella di 11°. L'effetto adunque di 12°,30', e di 11° è stato lo stesso. È a notarsi però che la natura della sorgente calorifica fu diversa, cioè l'alcool ed il platino incandescente nell'un caso, e l'olio di oliva nell'altro. Parrebbe adunque che in questi fenomeni esercitasse un'influenza la natura chimica del corpo in combustione o del corpo incandescente. La proprietà manifestata dal sal gemma di lasciarsi attraversare con minor perdita dalle irradiazioni calorifiche meno intense, che dalle più intense, non si verifica negli esperimenti eseguiti coll'interposizione del flint. Basta confrontare le frazioni $\frac{11}{63}$ e $\frac{18}{21}$ per rimanerne pienamente convinti. Il flint adunque è più diatermano per le irradiazioni delle alte, che delle basse temperature. Questo risultamento è in perfetta armonia con quanto noi conosciamo di più positivo sul calorico raggiante.

Le conclusioni impertanto, alle quali ci conducono i nostri esperimenti, sono tre:

1°. Il sal gemma è più diatermano delle irradiazioni calorifiche delle basse, che delle alte temperature;

2°. Il sal gemma conserva la stessa proprietà anche annerito di uno strato di nero di fumo;

3°. Il flint è più diatermano delle irradiazioni delle alte temperature, che delle basse.

Se impertanto si vogliano ravvicinare questi risultamenti a quelli, che si hanno dai vetri colorati, si potrebbe dire che il flint è termocroico delle irradiazioni delle alte temperature a preferenza; e che il sal gemma è termocroico a preferenza delle irradiazioni delle basse temperature; ossia il primo delle irradiazioni calorifiche meno rifrangibili, ed il secondo delle irradiazioni calorifiche più rifrangibili.

Queste mie esperienze furono eseguite nel gabinetto di Fisica dell' Università di Padova, nei mesi di Novembre e Dicembre del 1856, colla collaborazione del sig. assistente alla mia Cattedra di Fisica Dott. Luigi Borlinetto e dei Candidati, nelle ore destinate agli esercizi teorico-pratici degli istrumenti di Fisica.

SULLA PROCELLA CHE COLPÌ LA CITTA' E I CONTORNI DI MILANO IL 30 LUGLIO 1858; DEL PROF. MAGRINI.

(Atti dell' I. e R. Istituto di Milano, Luglio 1858).

Da alcuni anni lo studio della meteorologia è coltivato con amore per tutta Europa; e ben a ragione, chè molte questioni, importanti nella fisica del globo, domandano, per essere definite, l' esatta conoscenza delle varie condizioni atmosferiche.

In particolare la condizione che produce uno dei flagelli più terribili per le proprietà agrarie, la grandine, essendo tuttora la più incerta, la meno esplorata, crediamo possano eccitare interesse le osservazioni e le indagini che abbiamo avuto l' opportunità d' istituire in occasione dell' ultima procella che ha colpito questa città e i contorni.

Verso le tre ore pomeridiane del 30 Luglio si formavano al nord nubi lunghe ed assai oscure, ad orli stracciati. La temperatura dell' aria esterna era di 24°,4 del termometro centigrado, situato a tramontana del gabinetto di fisica annesso al ginnasio liceale di Porta Nuova: il barometro segnava l'altezza di millimetri 741,8: alle ore tre e mezzo udivasi un continuo e sordo rumoreggiamento.

Dopo circa quindici minuti quelle nubi si erano avvicinate a Milano, pigliando una tinta bigia, e stendendo inferiormente enormi prominenze sfilacciate.

Le manifestazioni elettriche non erano, a dir vero, molto considerabili; ma tratto tratto balenavano lampi (giammai vivissimi), cui (ad intervalli, alcuni giudicati più brevi di mezzo secondo, altri alquanto minori di due minuti secondi) succedevano tuoni più o meno rumorosi e prolungati. Quando un lampo appariva meno fulgido, il tuono giungeva più tardi, il che faceva supporre esistessero più nembi, notabilmente distanti l'uno dall' altro. Valutando anzi la distanza colla legge della velocità del suono, cioè in ragione di 340 metri per ogni minuto secondo impiegato dal tuono a colpire l'orecchio dopo la percezione del lampo, il nembo più prossimo sarebbesi trovato alla distanza di circa 150 metri, e il più lontano, per conseguenza, ad una non minore di 600 metri.

Pochi minuti prima delle quattr' ore, la procella, sotto l'influsso di un forte vento di nord-est, rompeva in uno scroscio di pioggia a gocce molto larghe, mista con grandine copiosa.

Al soffio immediato di altro vento più forte e turbinoso procedente da sud-est, diminuiva la pioggia, e la grandine rendevasi più fitta e più grossa, diffondendo un odore disgustoso, che alcuni assomigliarono a quello dell' aglio, e che noi trovammo analogo all' odore dell' ozone.

Durante il temporale la pressione atmosferica variava pochissimo, il barometro essendosi mantenuto all' altezza di 741 millimetri: ma la temperatura si abbassava di circa 8 gradi, il termometro segnando poco più di 16 gradi, appena cessata la procella.

Si è udito lo strepito particolare, che precede sempre la tempesta, e che non è prodotto dal vento nè dal tuono; ma è un mormorio simile a quello che risulta dalle emissioni crepitanti della elettricità in forma di fiocchi.

I pezzi di grandine offrivano varia forma e grandezza. Il disegno (*Tav. I.*) ne rappresenta diciotto tipi in grandezza naturale, i quali possono ridursi a otto forme principali: la *rotonda* o *sferica,* la *ovale*, od *elissoidica*, la *depressa,* la *conica* o *piramidale,* l' *angolata,* la *mista*, la *radiata*, e quella *a strati concentrici.*

La forma più comune di questa gragnuola era la mista, somigliante a una pera, che consiste in un cono smussato, opaco, avente per base una calotta sferica, più o meno rigonfiata, di ghiaccio trasparente. E siccome le osservazioni sull'interna struttura della grandine furono sempre giudicate sommamente importanti, perchè possono guidarci alla investigazione delle cause che generano il progresso della congelazione, così abbiamo creduto opportuno di esaminarla attentamente col microscopio.

I pezzi, nel disegno segnati coi numeri 1, 2, 3, 4, 6, sembrano varietà di una stessa formazione: contengono un nucleo opaco, nevoso, quà sferico, là elissoidico, altrove depresso a mo' di lenticchia, involto di uno strato più o meno grosso di ghiaccio trasparente, che assume a un dipresso la forma del nucleo che racchiude: e il nucleo è ora periferico (n. 1), ora centrale (nn. 3, 4, 6), ora eccentrico (n. 2).

I pezzi nn. 5, 16, comprendono tre o quattro piccoli nuclei o bioccoli nevosi, nei quali predomina la forma ovale.

Appartengono a una medesima formazione, diversa però dalla precedente, i pezzi nn. 7, 8, 12, 18: sono essi costituiti da una massa opaca nevosa, quasi sempre perfettamente sferica, e qualche volta un po' schiacciata (n. 7), coi diametri di 5, 7, 12 o 14 millimetri, chiusa da un involucro di ghiaccio trasparente che ha uno spessore variabile da uno a tre millimetri.

Il pezzo n. 11 è notevole per contenere, verso la periferia, due nuclei conici colle basi poste di rincontro l' una all'altra, e separate da una sottile falda di ghiaccio trasparente.

Avvi una terza formazione, la più comune, di cui i pezzi nn. 9, 10 e 14 offrono esemplari: risulta questa da un cono smussato opaco, e talvolta di una piramide (n. 10) di apparenza alabastrina, alla cui base si congiunge una calotta sferica, più o meno allargata, di ghiaccio trasparente: in alcuni pezzi, come nel n. 9, il cono è coperto di una falda diacciata: in altri il cono sembra affatto scoperto: i lati hanno una inclinazione che non varia da un pezzo all'altro in maniera sensibile, inclinazione misurata da un arco di circa 45 gradi.

Quale varietà di questa formazione devono considerarsi i pezzi che hanno il cono costituito da strati alternativamente opachi e trasparenti, come al n. 13.

La gragnuola angolata che si raffigura al n. 15 si compone di due pezzi conici, disposti in modo da toccarsi colle basi, ed avere gli assi inclinati sotto un angolo di circa 60 gradi: la calotta formatasi al di sotto, risulta dalla sovrapposizione di varie calotte alternativamente opache e trasparenti, come apparisce anche nel pezzo n. 14.

Finalmente, il n. 17 è un esemplare di grandine con un nucleo avente la forma di lenticchia, composto di strati concentrici, alternativamente oscuri e trasparenti.

Un termometro posto in un vaso ripieno di gragnuola appena caduta, segnò la minima di circa un grado sotto lo zero; laonde si può affermare che la grandine si forma ad una temperatura assai poco inferiore a quella del ghiaccio che si fonde.

Merita di essere notato che la gragnuola era scevra da quegli angoli acuti e da quelle scabrosità superficiali che in molti casi presenta, ed appariva coi contorni netti e colla superficie levigatissima.

I filamenti, che attraversavano gli involucri trasparenti e davano ad essi l'apparenza di una struttura radiata, esaminati col microscopio si vedevano risultare da una serie di minutissime bolle, che in generale sembravano dipartirsi dal nucleo opaco.

Avendo coll'occhio armato osservato attentamente il fondersi di molti pezzi di gragnuola, si sono vedute in que' punti del ghiaccio trasparente, ove la luce subiva una diversa rifrazione, manifestarsi bolle gasose (relativamente grandi), le quali grado a grado che procedeva la fusione, si aprivano come le gallozzole d'aria alla superficie dell'acqua.

Ed è notabile che la gragnuola mista, immersa nell'acqua

ottenuta dalla fusione di altra gragnuola, si sciogliesse più presto dalla parte opaca che dalla trasparente. Bello era poi a vedersi il progresso della fusione attorno le parti opache: miriadi di vescichette, invisibili ad occhio nudo, si staccavano impetuosamente in tutte le direzioni dal nucleo, e si lanciavano a considarabile distanza, galleggiando sulla superficie del liquido. Alcune di tali vescichette aprivansi appena respinte; altre venivano alternativamente attratte e respinte una o due volte prima di scoppiare. Frattanto il pezzo subiva moti di oscillazione, dovuti, secondo ogni apparenza, alla reazione dell' aria contenuta nelle vescichette, ossia all' atto con cui, al rompersi delle medesime, il gas doveva espandersi per l' aumento di temperatura procedente dal calorico dell' acqua: il pezzo, invero, rinculava ora da un lato ora dall' altro, e sempre in direzione opposta a quella secondo cui le vescichette parevano uscire in maggior copia. Com' era stupendo il lavoro di queste gallozzoline! Frattanto il pezzo opaco rapidamente dileguava mentre il diafano sciogliievasi con molta lentezza, e senza projettare alcuna vescichetta. Egli è per questo che i pezzi trasparenti staccati dal nucleo subivano la fusione, oltrechè in un tempo, come si disse, assai lungo, con una perfetta immobilità, sebbene fossero galleggianti sull' acqua.

Siffatti fenomeni non devono aversi come un' accidentalità: si manifestavano essi fedelmente, e sempre cospicui in tutti i pezzi di gragnuola; anzi, dacchè ne potemmo raccogliere e conservare a centinaja per molte ore, avemmo agio di riprodurli più e più volte, col collega Curioni.

E poichè avevamo già raccolta l' acqua di fusione, ottenuta dai pezzi che rattenevano alcuni corpuscoli stranieri, parte bruni, parte rossastri e parte con frange o striscie giallognole, si prese altra gragnuola, ormai per metà fusa ben lavata nella propria acqua; e che ad occhio nudo si presentava nitidissima. Anche da questa raccogliemmo dei corpuscoli, ma in troppa piccola quantità per poterli analizzare. Alcuni di essi hanno l' aspetto di granellini di silice, altri di quarzo ferrugginoso, altri galleggiavano in sembianza di sostanze organiche. I quali corpi stranieri non si trovavano già semplicemente aderenti alla superficie dei pezzi; ma vedevansi incastonati e nella massa del ghiaccio trasparente, e sotto i primi strati delle parti nevose. Dobbiamo anzi ammettere esistessero anche nel centro dei nuclei, perchè se n'ottennerò dalla fusione completa dei pezzi già per metà liquefatti, e che non ne presentavano esternamente alcun indizio.

Dall' esposto si deducono le seguenti considerazioni. L' opacità dei nuclei e delle parti nevose sembra dovuta all' aggruppamento e alla repentina consolidazione dei vapori vescicolari, prima ch' essi potessero formarsi in gocce; La presenza di sì sterminato numero di bollicine d' aria deve naturalmente togliere la trasparenza alla massa congelata. Viceversa, la trasparenza degli involucri doveva procedere dalla eliminazione dell' aria, cioè dall' avere potuto i vapori vescicolari ridursi prima in gocce.

I nuclei composti di strati alternativamente opachi e trasparenti accennano ad una formazione successiva; le pareti trasparenti invece, che mancano di queste alternative, dovrebbero essersi formate di un solo getto.

Il trovarsi alcuni nuclei mezzo incassati nella parte trasparente della gragnuola, lo schiacciamento di alcuni altri nevosi centrali, e la riunione intima di parecchi pezzi in un solo, indicano essersi le parti trasparenti per alcun tempo mantenute in istato di liquidità, ed i nuclei in istato di mollezza.

I filamenti che attraversano il ghiaccio trasparente, e che gli danno l' aspetto di una formazione radiata, accusano anch' essi una permanenza dell' involucro allo stato di liquidità; giacchè quei filamenti, risultando da una infinità di vescichette l' una di seguito all' altra, danno l' idea che il nucleo in mezzo a quella goccia tendesse a liquefarsi, e quindi a projettare le sue parti costituenti in tutte le direzioni, come si è veduto operarsi nell' acqua de' nostri bicchieri. Quelle vescichette restarono dunque imprigionate all' atto in cui la goccia ha dovuto istantaneamente consolidarsi.

L' essere le vescichette componenti un nucleo alternativamente respinte e attratte, si spiega ammettendo, colla maggioranza dei fisici, che l' acqua dei temporali e la gragnuola si conservino elettrizzate. Di fatto le vescichette, perdendo la loro coerenza col nucleo per il calore ricevuto dall' acqua, vengono respinte perchè cariche della stessa elettricità; e siccome esse la perdono collo scostarvisi, possono essere attratte e di nuovo respinte finchè si rompono.

La presenza nella gragnuola dei corpuscoli stranieri, che sembrano di origine terrestre, dà a divedere essersi la gragnuola, formata ad altezze limitate, cioè a quelle alle quali il vento turbinoso ha potuto innalzare i corpuscoli dalla terra. Tale circostanza dovrebbe incoraggiare i naturalisti a ripetere ed ampliare gli antichi esperimenti di sottrazione della elettricità dalle nubi grandinose, risultando dalle nostre osservazioni non esser le loro altezze così sterminate, da non poterle raggiungere coi mezzi che la scienza può somministrare; sicchè non è affatto senza ragione lo sperare che possiamo un giorno difenderci da questo terribile flagello, dato ch'esso proceda da uno squilibrio della elettricità atmosferica.

SULLE APPARENZE FISICHE DELLA GRAN COMETA DEL 1858; NOTA DEL DOTTOR G. B. DONATI.

Mentre sto riducendo un gran numero di posizioni, da me determinate, della gran Cometa del corrente anno per poi passare al calcolo esatto della sua orbita (il qual lavoro richiederà un tempo assai lungo) credo conveniente di pubblicare intanto una succinta descrizione delle varie apparenze fisiche presentate dalla Cometa, quali sono state da me osservate col rifrattore di questo I. e R. Osservatorio, avente l'apertura libera di $0^m,28$ ed una distanza focale di $5^m,2$; adoprando degli ingrandimenti da 100 a 600 volte. Le apparenze che vado a descrivere, sono state, presso a poco nella stessa guisa, notate ancora dal Prof. Amici che osservava dalla sua Villa con un refrattore dell' apertura di $0^m,24$, munito di un micrometro oculare a doppia immagine, col quale egli ha determinato le varie misure che io riporterò qui sotto.

La Cometa, allorchè io la scuoprii il 2 di Giugno, si presentava come una piccola macchia nebulosa del diametro di circa 3', avente una luce uniforme su tutta la sua estensione. Con tale apparenza si mantenne fino al mese di Agosto, durante il quale la Cometa presentò nel suo centro una assai forte condensazione di luce, che non potevasi però dichiarare per un nucleo.

Il 3 di Settembre la Cometa fu veduta a occhio nudo; e allora, adoprando i deboli ingrandimenti, scorgevasi nel mezzo della nebulosità della testa della Cometa una specie di nucleo bastantemente definito, il quale aveva una luce quieta ed una forma ellittica coll'asse maggiore in direzione perpendicolare alla direzione della coda, la quale aveva allora una lunghezza di circa 2°. Mettendo al cannocchiale l'ingrandimento forte il nucleo, per così dire, spariva; poichè non scorgevasi più nessun limite abbastanza determinato. Nelle sere susseguenti questo supposto nucleo andava sempre a diminuire di diametro e a perdere la sua forma apparentemente ellittica; esso mostravasi sempre più definito, acquistava una luce sempre più viva e la nebulosità che lo circondava dilatavasi successivamente.

Il 23 Settembre il nucleo della Cometa appariva affatto rotondo, assai ben definito anche coi forti ingrandimenti e di una luce paragonabile a quella di Marte.

Dal 23 al 30 Settembre il nucleo appariva circondato (dalla parte opposta alla coda) da un mezzo circolo nebuloso molto lucido, al quale succedeva un altro semicircolo oscuro concentrico al primo, e quindi un altro semicircolo lucido, parimente concentrico; ma di una luce molto più debole di quella del primo semicircolo lucido: poi susseguiva una nebulosità indefinita alla quale univasi la coda che prolungavasi per l'estensione di circa 25°. — Diametro del nucleo il 30 Settembre 3",0.

Il primo Ottobre era quasi sparito il semicircolo opaco sopra descritto: l'aureola più luminosa accanto al nucleo si era dilatata fino a quasi raggiungere l'altra aureola meno luminosa: fra queste due aureole non rimaneva che una debole sfumatura. Queste due aureole formavano quasi due circoli interi, non mancando alla riunione delle loro estremità che un arco di circa 60° dalla parte della coda. — Lunghezza della coda 27°.

Il 2 Ottobre vidi il nucleo circondato da una piccola aureola splendentissima della lunghezza di un 1". Coi piccoli ingrandimenti questa aureola confondevasi col nucleo.

La sera del 3 Ottobre la piccola aureola lucida del 2 si era molto dilatata: la sua larghezza risultò di 4",8. L'aureola susseguente aveva il suo raggio trasversale (cioè quello nel senso perpendicolare alla coda) di 34",0 ed il suo raggio longitudinale (cioè quello nel senso della lunghezza della coda) di 30",4. — Il diametro del nucleo era di 2",9.

Il 4 e il 5 di Ottobre l'aureola che principiò a vedersi sviluppare, il dì 2, aumentò successivamente di diametro e mostrò una piccola macchia oscura nella sua parte Nord (immagine diretta). — Le nuvole impedirono di prendere delle misure. — Un' altra aureola cominciò il 4 a vedersi distaccare dal nucleo. — Lunghezza della coda 40°.

Anche il Prof. Amici vide il dì 4 la medesima macchia oscura, la quale il 6 si portò verso la parte anteriore dell'aureola: e allora gli sembrò che quella macchia divenisse il punto di partenza di una debole linea oscura che si estese circolarmente tutto all' intorno del nucleo, e divise la sua prima aureola.

Il 6 Ottobre. Io vidi sempre la macchia oscura nel centro della quale scorsi una piccola macchia lucida che aveva l'aspetto, se non di un secondo nucleo, almeno di una agglomerazione informe di materia intorno a cui si era formata un'aureola semicircolare che interrompeva l'altra aureola che circondava il nucleo principale.

L'aureola che principiai a veder nascere il dì 2 aveva il suo raggio trasversale di 27",7, ed il suo raggio longitudinale di 24",9. — Il diametro del nucleo era di 3",0.

Io sono certissimo di aver veduto il successivo sviluppo ed aumento dell'aureola che il 2 Ottobre cominciai a vedere staccarsi dal nucleo.

Il 7, l' aureola che principiò a notarsi il 4 aveva un raggio trasversale di 15",7. Il diametro del nucleo era di 3",3. — Continuo a vedere la macchia oscura; ma a causa dell' aria poco buona non vi vedo nel centro la piccola macchia luminosa.

Il dì 8. Raggio trasversale dell' aureola 18",9. Diametro del nucleo 3",3. — Vedo la macchia oscura e la piccola macchia lucida nel suo centro.

Il 9. Cielo annebbiato. Diametro del nucleo 4",5.

Fino alla sera del 10 Ottobre non potè più vedersi la Cometa a causa dei nuvoli. In questa sera il nucleo cominciò a vedersi mal definito: il suo diametro era di 5",5. Si vede un'aureola il cui raggio trasversale è di 11",8. — Quantunque vi sia il chiaro della Luna vedo la coda estendersi per una lunghezza di 38°.

Il 15. L' aureola del 13 non si vedeva più. Si scorgeva intorno al nucleo come una specie di Alone. Il nucleo diviene sempre meno definito, e coi forti ingrandimenti sparisce quasi affatto ogni limite ben determinato: il suo diametro risulta di 4",4.

Il 16 Ottobre. Il nucleo, mal definito, apparisce circondato da una atmosfera che termina nella sua parte Ovest con una specie di virgola. —Vi è un' alta altra aureola la quale è assai lucida dalla parte Ovest e quasi invisibile dalla parte Est. — Raggio longitudinale di questa aureola 10",4, raggio trasversale dalla parte Ovest 18",2. Il raggio trasversale dalla parte Est non può misurarsi per mancanza di limite ben deciso.

Fino al 22 di Ottobre non potei rivedere la Cometa a causa del cattivo tempo. Il 22 potei riosservarla e vidi che il suo nucleo aveva acquistato una forma ovale come ai primi di Settembre. Questa specie di nucleo però spariva adoprando dei forti ingrandimenti coi quali non scorgevasi più nessun limite ben determinato.

Dopo la metà di Settembre la coda cominciò a essere bipartita nel senso della sua lunghezza, in due bande diseguali da una striscia opaca che era quasi del tutto mancante di luce nelle parti immediatamente posteriori al nucleo, e che poi confondevasi insensibilmente colla porzione meno lucida della coda stessa. Questa bipartizione della coda non era più visibile il 19 Ottobre.

Il 22 di Ottobre non vi era quasi più traccia di coda.

Dall' insieme di tutte le apparenze da me attentamente osservate sembrami di non poter dubitare che l' azione del sole abbia successivamente distaccato dalla testa della Cometa della materia la quale si è poi dispersa per formare la chioma e la coda.

Firenze, dall' Osservatorio dell' I. e R. Museo, il 23 Ottobre 1858.

SULLE CONDIZIONI MECCANICHE DELL' AFFONDAMENTO DI UNA CORDA SOTTOMARINA; MEMORIA DI G. B. AIRY.

(*Philos. Mag. Luglio* 1858).

Estratto.

Determinare la curva secondo la quale si dispone una corda pesante lasciata cadere da una nave in movimento, e le tensioni cui van soggetti i varii suoi punti, costituisce il problema di maggiore importanza per la sicura collocazione dei telegrafi sottomarini. Voglionsi perciò considerare come di molto interesse i passi fatti dall' illustre Astronomo Airy verso la soluzione di un tal problema; che se per difficoltà analitiche pressochè insuperabili non ha potuto l' A. condurre a termine la soluzione in tutta la sua generalità, sono tuttavia notevoli i risultati cui è giunto per alcuni cási particolari che più o meno si avvicinano alla pratica.

Si supponga che il fondo del mare sia orizzontale e che il bastimento si muova con velocità uniforme, e lasci svolgere la corda con velocità pure uniforme. La curva secondo la quale la corda si dispone è in un piano verticale che passa per la direzione della nave, pel punto in cui la corda abbandona il fondo del mare, e per quello in cui si stacca dal bastimento: si prenda per origine delle coordinate il primo di questi punti, per asse delle x l'intersezione del piano della curva col fondo del mare, essendo l'asse delle y verticale. Sia x' la distanza orizzontale di un punto qualunque della curva contata da un'origine fissa, y l'ordinata verticale dello stesso punto $\frac{d^2x'}{dt^2}$ e $\frac{d^2y}{dt^2}$ rappresenteranno le forze acceleratrici di quel punto nella direzione degli assi. Indicando con T la tensione della corda in quel punto, misurata da una lunghezza T di corda pesata nell'acqua, osservando che la tensione T è diretta secondo la tangente all'arco s della curva nel punto di coordinate x,y e fa cogli assi gli angoli i cui coseni sono $\frac{dx}{ds}$ e $\frac{dy}{ds}$, chiamando g' la forza acceleratrice di gravità diminuita nel rapporto del peso reale della corda al suo peso apparente nell'acqua, si ha facilmente che le equazioni differenziali del movimento sono

$$\frac{d^2x'}{dt^2}=g'\frac{d\left(\mathrm{T}\frac{dx}{ds}\right)}{ds}+\text{(resistenza dell'acqua nella direzione in cui } x \text{ decresce)}.$$

$$\frac{d^2y}{dt^2}=g'\frac{d\left(\mathrm{T}\frac{dy}{ds}\right)}{ds}-g'+\text{(resistenza dell'acqua nella direzione in cui } y \text{ decresce)}.$$

Cerchiamo di esprimere analiticamente li ultimi termini di queste equazioni. A tale effetto osserviamo che la corda nell'affondarsi incontra per parte dell'acqua due specie di resistenza: una per dovere scacciare il liquido dinanzi a sè, l'altra per lo sfregare che fa contro le particelle liquide: la prima agisce nella direzione della normale alla curva, la seconda in quella della tangente. Queste due resistenze son supposte proporzionali al quadrato delle velocità componenti del punto mobile nelle loro respettive direzioni. Ora

$$+\frac{dx'}{dt}\cdot\frac{dy}{ds}-\frac{dy}{dt}\cdot\frac{dx}{ds},\ \text{e}\ -\frac{dx'}{dt}\frac{dx}{ds}-\frac{dy}{dt}\frac{dy}{ds}$$

esprimono respettivamente le velocità componenti di un punto della curva secondo la normale e secondo la tangente, dirette dall'alto in basso; chiamando quindi A e B i coefficienti di proporzionalità delle resistenze opposte dall'acqua ai movimenti in quelle direzioni

$$A\left(\frac{dx'}{dt}\cdot\frac{dy}{ds}-\frac{dy}{dt}\cdot\frac{dx}{ds}\right)^2, \text{ e } B\left(-\frac{dx'}{dt}\cdot\frac{dx}{ds}-\frac{dy}{dt}\cdot\frac{dy}{ds}\right)^2$$

esprimeranno i valori di quelle resistenze nelle direzioni stesse, volte di basso in alto. Quindi li ultimi termini delle equazioni superiori sono, per la prima

$$-A\left(\frac{dx'}{dt}\cdot\frac{dy}{ds}-\frac{dy}{dt}\cdot\frac{dx}{ds}\right)^2\frac{dy}{ds}+B\left(-\frac{dx'}{dt}\cdot\frac{dx}{ds}-\frac{dy}{dt}\,\frac{dy}{ds}\right)^2\frac{dx}{ds},$$

per la seconda

$$A\left(\frac{dx'}{dt}\cdot\frac{dy}{ds}-\frac{dy}{dt}\cdot\frac{dx}{ds}\right)^2\frac{dx}{ds}+B\left(-\frac{dx'}{dt}\cdot\frac{dx}{ds}-\frac{dy}{dt}\,\frac{dy}{ds}\right)^2\frac{dy}{ds}:$$

e le equazioni stesse divengono

$$\left\{\begin{aligned}\frac{d^2x'}{dt^2}&=g'\frac{d\left(T\frac{dx}{ds}\right)}{ds}+B\left(\frac{dx'}{dt}\cdot\frac{dx}{ds}+\frac{dy}{dt}\cdot\frac{dy}{ds}\right)^2\frac{dx}{ds}-A\left(\frac{dx'}{dt}\cdot\frac{dy}{ds}-\frac{dy}{dt}\cdot\frac{dx}{ds}\right)^2\frac{dy}{ds},\\ \frac{d^2y}{dt^2}&=g'\frac{d\left(T\frac{dy}{ds}\right)}{ds}-g'+B\left(\frac{dx'}{dt}\cdot\frac{dx}{ds}+\frac{dy}{dt}\cdot\frac{dy}{ds}\right)^2\frac{dy}{ds}+A\left(\frac{dx'}{dt}\cdot\frac{dy}{ds}-\frac{dy}{dt}\cdot\frac{dx}{ds}\right)^2\frac{dx}{ds}.\end{aligned}\right.$$

Supponendo, come si è detto, uniforme tanto il movimento della nave quanto quello con cui viene svolta la corda, elimineremo da queste equazioni generali il tempo t. Chiamando m la velocità con la quale viene svolta la corda, n quella della nave, s l'arco della curva compreso fra il punto in cui tocca il fondo e il punto x, y, s' la lunghezza della corda da un'origine fissa al punto stesso, si ha

$$x' = x + nt + k\ ,\ s' = s + mt + l:$$

quindi

$$\frac{dx'}{dt}=\frac{dx}{dt}+n=\frac{dx}{ds}\cdot\frac{ds}{dt}+n\,,$$

$$o=\frac{ds}{dt}+m\,;$$

e per conseguenza

$$\frac{dx'}{dt}=n-m\frac{dx}{ds}\,,\quad \frac{dy}{dt}=-\,m\frac{dy}{ds}\,,$$

$$\frac{d^2x'}{dt^2}=m^2\frac{d^2x}{ds^2}\,,\quad \frac{d^2y}{dt^2}=m^2\frac{d^2y}{ds^2}\,;$$

onde le (1) divengono

$$(2)\begin{cases} m^2\dfrac{d^2x}{ds^2}=g'\dfrac{d\left(\mathrm{T}\dfrac{dx}{ds}\right)}{ds}+\mathrm{B}\left(m-n\dfrac{dx}{ds}\right)^2\dfrac{dx}{ds}-\mathrm{A}\,n^2\left(\dfrac{dy}{ds}\right)^3, \\ m^2\dfrac{d^2y}{ds^2}=g'\dfrac{d\left(\mathrm{T}\dfrac{dy}{ds}\right)}{ds}-g'+\mathrm{B}\left(m-n\dfrac{dx}{ds}\right)^2\dfrac{dy}{ds}+\mathrm{A}\,n^2\left(\dfrac{dy}{ds}\right)^2\dfrac{dx}{ds}\,. \end{cases}$$

Converrebbe integrare queste equazioni per ottenere la forma della curva e le tensioni che sopportano i suoi punti. L'A. si limita a trattare il problema in alcune ipotesi particolari che rendendo le formule molto più semplici, ne facilitano l'integrazione.

In primo luogo l'A. non tien conto della resistenza opposta dall'acqua al moto della corda, e suppone la velocità del bastimento eguale a quella con cui vien lasciata libera la corda. Le formule per questo caso si deducono dalle (2) facendo $\mathrm{A}=\mathrm{B}=o$, $m=n$, e sono

$$n^2\frac{d^2x}{ds^2}=g'\frac{d\left(\mathrm{T}\dfrac{dx}{ds}\right)}{ds}\,,$$

$$n^2\frac{d^2y}{ds^2}=g'\frac{d\left(\mathrm{T}\dfrac{dy}{ds}\right)}{ds}-g'\,.$$

Integrando, ed osservando che all'origine $\frac{dy}{ds} = o$ e $s = o$ si ha, posto $\frac{n^2}{g'} = a$,

$$(T - a)\frac{dx}{ds} = c,$$

$$(T - a)\frac{dy}{ds} = s;$$

da cui

$$\frac{dy}{dx} = \frac{s}{c},$$

equazione differenziale della *catenaria*. Inoltre $T - a$ è dato dall'equazione stessa che dà il valore della tensione nella catenaria. Quindi si ha il risultato notevole che la forma di una curva mobile in un mezzo di cui possa trascurarsi la resistenza, e nelle circostanze suindicate, è quella di una catenaria, e le tensioni dei suoi punti sono quelle stesse di una simile catenaria fissa, aumentate di una quantità costante a che dipende soltanto dalla velocità con cui si muove la curva. Questo risultato è ottenuto con ipotesi che moltissimo si discostano dalle circostanze del problema dell'affondamento delle corde sottomarine.

In secondo luogo l'A. ritenendo sempre $m = n$, suppone che le resistenze opposte dall'acqua sieno proporzionali semplicemente alla prima potenza della velocità e che i coefficienti A e B sieno eguali fra loro. Dal modo con cui abbiamo stabilito le (2) è facile vedere che le formule pel caso attuale sono

$$n^2\frac{d^2x}{ds^2} = g'\frac{d\left(T\frac{dx}{ds}\right)}{ds} + Bn\frac{dx}{ds} - Bn$$

$$n^2\frac{d^2y}{ds^2} = g'\frac{d\left(T\frac{dy}{ds}\right)}{ds} - g' + Bn\frac{dy}{ds}.$$

Integrando, colla solita avvertenza quanto alle costanti, e ponendo $\frac{n^2}{g'} = a$, $\frac{Bn}{g'} = e$, si ha

$$(3) \quad \begin{cases} (T - a)\frac{dx}{ds} = c - ex + es, \\ (T - a)\frac{dy}{ds} = s - ey; \end{cases}$$

(4) da cui
$$\frac{dy}{dx} = \frac{s - ey}{c - ex + es},$$

che è l'equazione differenziale della curva. Per integrarla, si risolva rapporto a s, e derivando poi rapporto a x si elimini $\frac{ds}{dx}$ colla formula $\frac{ds}{dx} = \sqrt{1 + \left(\frac{dy}{dx}\right)^2}$ si avrà

$$\sqrt{1 + \left(\frac{dy}{dx}\right)^2} = \frac{\frac{d^2y}{dx^2}\left(c - ex + e^2y\right)}{\left(1 - e\frac{dy}{dx}\right)^2}$$

Ponendo $\frac{dy}{dx} = p$, e $c - ex + e^2y = v$, questa equazione diviene

$$\frac{1}{v} \cdot \frac{dv}{dx} = \frac{-e\,\frac{dp}{dx}}{(1 - ep)\sqrt{1 + p^2}}$$

che integrata, e posti per p e v i loro valori, dà,

$$\frac{e^2+1}{e}\left(\frac{c-ex+e^2y}{\vartheta}\right)^{-\sqrt{1+\frac{1}{e^2}}} - \frac{e}{e^2+1}\left(\frac{c-ex+e^2y}{\vartheta}\right)^{\sqrt{1+\frac{1}{e^2}}} = 2\,\frac{e+\frac{dy}{dx}}{1-e\frac{dy}{dx}}$$

Determinando la costante ϑ, coll'osservazione che per $x=o$ e $y = o$, $\frac{dy}{dx} = o$, si ha

$$\sqrt{e^2+1})+e\Big\}\Big(1-e\frac{x}{c}+e^2\frac{y}{c}\Big)^{-\sqrt{1+\frac{1}{e^2}}}-\Big\{\sqrt{(e^2+1)}-e\Big\}\Big(1-e\frac{x}{c}+e^2\frac{y}{c}\Big)^{\sqrt{1+\frac{1}{e^2}}}\Big]$$

$$\left(1-e\frac{dy}{dx}\right)=2\left(e+\frac{dy}{dx}\right).$$

Integrando di nuovo, determinando la costante col fare $x=o$, $y=o$, e ponendo

$$(5)\ldots\ldots\quad z=1-e\frac{x}{c}+e^2\frac{y}{c},\ \zeta=2e\frac{x}{c}+2\frac{y}{c}+2+4e^2$$

si ottiene

$$(6)\ldots\frac{\sqrt{(e^2+1)}-e}{\sqrt{(e^2+1)}+e}z^{\sqrt{\left(1+\frac{1}{e^2}\right)}+1}+\frac{\sqrt{(e^2+1)}+e}{\sqrt{(e^2+1)}-e}z^{-\sqrt{\left(1+\frac{1}{e^2}\right)}+1}=\zeta$$

che è l'equázione della curva.

Per mezzo di questa equazione si può tracciare la curva; imperocchè dando a z dei valori arbitrarii si ricaveranno i corrispondenti di ζ e quindi quelli di x e y dalle relazioni

$$(7)\ldots\ldots\begin{cases}\dfrac{x}{c}=\dfrac{e}{2(e^2+1)}\zeta-\dfrac{1}{e(e^2+1)}z-\dfrac{2e^2-1}{e}\\[2ex]\dfrac{y}{c}=\dfrac{\zeta}{2(e^2+1)}+\dfrac{z}{e^2+1}-2.\end{cases}$$

Chiamando λ l'angolo che ha per cotangente e, le (5) divengono,

$$z=\frac{e\sqrt{e^2+1}}{c}\left\{\frac{c}{e\sqrt{e^2+1}}-x\sin\lambda+y\cos\lambda\right\},$$

$$\zeta=\frac{2\sqrt{e^2+1}}{c}\left\{\frac{c\,(2e^2+1)}{\sqrt{e^2+1}}+x\cos\lambda+y\sin\lambda\right\}:$$

d'onde si rileva che z e ζ sono multipli di coordinate rettangolari in un sistema d'assi in cui l'asse corrispondente a ζ è inclinato dell'angolo λ al disopra dell'asse delle x.

Facendo convergere z verso zero nelle (6), ζ cresce indefinitamente e per $z = o$, $\zeta = \infty$: ciò mostra che la curva ha un asintoto, che è l'asse delle ζ inclinato all'orizzonte dell'angolo λ. Questo asintoto passa per un punto collocato al di sotto di quello in cui la corda tocca il fondo, ad una distanza da esso data da $\frac{c}{e\sqrt{e^2+1}}$.

Essendo $e = \frac{Bn}{g'}$ si vede che quanto maggiore sarà la velocità n con la quale si muove il bastimento, tanto minore sarà λ, la cui cotangente è e, e quindi tanto meno la corda nella sua parte superiore sarà inclinata all'orizzonte.

Derivando rapporto a z le (7), quadrando, sommando e estraendo la radice ed eliminando $\frac{d\zeta}{dz}$ per mezzo della (6) si ha

$$(8) \,.\,. \frac{ds}{dz} = \frac{-c}{2e\sqrt{e^2+1}} \left\{ \left(\sqrt{(e^2+1)}+e\right) z^{-\sqrt{1+\frac{1}{e^2}}} + \left(\sqrt{(e^2+1)}-e\right) z^{\sqrt{1+\frac{1}{e^2}}} \right.$$

da cui, integrando,

$$2\sqrt{e^2+1}\left(\frac{s}{c}+2e\right) = \frac{\sqrt{(e^2+1)}+e}{\sqrt{(e^2+1)}-e} z^{-\sqrt{1+\frac{1}{e^2}}+1} + \frac{\sqrt{e^2+1}-e}{\sqrt{e^2-1}+e} z^{\sqrt{1+\frac{1}{e^2}}+}$$

che dà una relazione fra l'arco s della curva e l'ordinata z.

Per completare la soluzione del problema rimane a determinare la tensione T: questa si calcolerà mediante la prima delle (3) quando si conosca $\frac{dx}{ds}$; ora si ha $\frac{ds}{dx} = \frac{ds}{dz} \cdot \frac{dz}{dx}$ onde per la (8) e la prima delle (7),

$$\frac{ds}{dx} = \sqrt{e^2+1} \frac{q+\frac{1}{q}}{e\left(q-\frac{1}{q}\right)-2},$$

avendo posto per comodo

$$q=\left(\sqrt{(e^2+1)}+e\right)z^{-\sqrt{1+\frac{1}{e^2}}}\,;$$

quindi per la prima delle (3)

$$\frac{\mathrm{T}-a}{c}=\sqrt{e^2+1}\left(\frac{q+\frac{1}{q}}{e\left(q-\frac{1}{q}\right)-2}\right)\left\{1+\frac{es}{c}-\frac{ex}{c}\right\}.$$

Le formule precedenti servono, nell'ipotesi attuale, al calcolo di tutti gli elementi necessarii alla soluzione del problema in ogni caso, eccetto quello in cui si abbia $c=o$, perchè allora esse si presentano sotto forma indeterminata. Rammentiamo che c per la prima delle (3) rappresenta la tensione della corda nel punto in cui tocca il fondo, diminuita della quantità a.

In questo caso particolare conviene riprendere la (4), fare in essa $c=o$, lo che dà

$$\frac{dy}{dx}=\frac{s-ey}{es-ex},$$

e operando su questa in modo analogo a quello usato per la (4) si ottiene per l'equazione della curva in questo caso,

$$\frac{1}{}\cdot\frac{e}{\sqrt{(e^2+1)}-e}\left(\frac{x-ey}{\mathrm{D}'}\right)^{-\sqrt{1+\frac{1}{e^2}}+1}-\frac{e}{e^2+1}\,\frac{e}{\sqrt{(e^2+1)}+e}\left(\frac{x-ey}{\mathrm{D}'}\right)^{\sqrt{1+\frac{1}{e^2}}+}$$
$$=\frac{2}{\mathrm{D}'}\,(ex+y)+\mathrm{E}',$$

ove D' ed E' sono le costanti introdotte dalle integrazioni. Supponendo che queste costanti non sieno infinite si vede che acciocchè l'equazione sia soddisfatta pel punto della curva in cui $x=o$ e $y=o$ deve essere $\mathrm{D}'=o$ altrimenti il primo termine diverrebbe infinito. Dovendo essere $\mathrm{D}'=o$ ne segue che, onde il secondo termine dell'equazione non divenga infinito, dovrà per ogni altro punto della curva essere costantemente $x - ey = o$, cioè la corda dovrà in questo caso esser rettilinea.

È facile riscontrare che l'equazione $x = ey$ soddisfa alle equazioni differenziali dalle quali è stata dedotta.

In questo caso dunque (quando la corda si svolge colla stessa velocità con che si muove il bastimento e la tensione al fondo è nulla) la forma della corda è una linea retta, inclinata all'orizzonte di un angolo che ha per tangente $\frac{1}{e}$, cioè dell'angolo λ. La sua tensione sarà data dalla formula

$$T - a = e\,(s - x)\,\frac{ds}{dx} = e\sqrt{1 + \frac{1}{e^2}}\left\{\sqrt{1 + \frac{1}{e^2}} - 1\right\}.\,x.$$

Il vedere come nel caso particolare che abbiamo esaminato la corda si dispone in linea retta, ha indotto l'A. a ricercare se sia possibile che essa assuma questa forma anche nelle condizioni le più generali del problema, quali sono rappresentate dalle equazioni (2), ed a determinare quindi le relazioni che devono passare fra i dati della questione perchè abbia luogo questa particolare disposizione della corda. Prendendo pertanto per equazione della corda

$$(9) \ldots\ldots\ldots\ldots \quad y = f.\,x$$

essendo f una costante e quindi

$$S = \sqrt{(1 + f^2)}\;x,$$

calcolando le derivate $\frac{dx}{ds}$, $\frac{dy}{ds}$, etc. si ha che le (2) divengono, fatte le sostituzioni

$$(10)\left\{\begin{aligned} o &= \frac{1}{1+f^2}\frac{dT}{dx} + \frac{B}{A}e^2\left(\frac{m}{n} - \frac{1}{\sqrt{1+f^2}}\right)^2\frac{1}{\sqrt{1+f^2}} - e^2\frac{f^2}{(1+f^2)^{\frac{3}{2}}} \\ o &= \frac{f}{1+f^2}\frac{dT}{dx} - 1 + \frac{B}{A}e^2\left(\frac{m}{n} - \frac{1}{\sqrt{1+f^2}}\right)^2\frac{f}{\sqrt{1+f^2}} + e^2\frac{f^2}{(1+f^2)^{\frac{3}{2}}} \end{aligned}\right.$$

avendo posto $c^2 = \frac{n^2 A}{g'}$: donde eliminando $\frac{dT}{dx}$ e riducendo

$$(11) \ldots\ldots\ldots \frac{1}{f^2} = \sqrt{\left(c^4 + \frac{1}{4}\right)} - \frac{1}{2}$$

e con questo valore di f le equazioni (2) sono soddisfatte; f essendo la tangente trigonometrica dell'angolo che la corda fa coll'orizzonte, e quindi $\frac{1}{f}$ la tangente dell'inclinazione della corda colla verticale. Questa formula ci mostra che la linea retta è una delle forme che può assumere la corda e ci dà modo di determinarne la posizione quando sia nota la costante e.

Quanto alla tensione T si potrà determinare per mezzo di una delle (10) e si avrà, supponendo che al fondo per $x = o$ si abbia $T = o$,

$$T = -\frac{B}{A} e^2 \left(\frac{m}{n} - \frac{1}{\sqrt{1+f^2}}\right)^2 \sqrt{1+f^2} \cdot x + e^2 \frac{f^2}{\sqrt{1+f^2}} x,$$

ed anche per le (9) e (11)

$$T = y - \frac{B}{A} e^2 \left(\frac{m}{n} - \frac{1}{\sqrt{1+f^2}}\right)^2 \frac{\sqrt{1+f^2}}{f} \cdot y$$

Di qui si vede che la maggior tensione si ha quando la corda è lasciata cadere dal bastimento colla minima velocità possibile, cioè quando $\frac{m}{n} = 1$, e che la tensione va diminuendo a misura che aumenta la velocità con cui viene svolta la corda in proporzione di quella del bastimento; la tensione diverrebbe nulla determinando $\frac{m}{n}$ in modo che si avesse

$$\frac{B}{A} e^2 \left(\frac{m}{n} - \frac{1}{\sqrt{1+f^2}}\right)^2 \frac{\sqrt{1+f^2}}{f} = 1 .$$

I risultati ottenuti possono essere applicabili alla pratica ed al calcolo numerico quando per mezzo di esperienze sieno noti i rapporti $e = \frac{n^2 A}{g'}$ e $\frac{B}{A}$.

ESPOSIZIONE DEI PROCESSI PER MEZZO DEI QUALI SI PUÒ OTTENERE LA PRODUZIONE DEI COLORI; DEL SIG. PROFESSORE EDMOND BECQUEREL, FATTA ALLA SOCIETA' FRANCESE DI FOTOGRAFIA LI 18 DICEMBRE 1857.

(*Bulletin de la Societé française di Photographie*, t. III).

Traduzione.

Mi è stato chiesto in parecchie circostanze l'insieme delle mie ricerche sulla riproduzione dei colori sotto l'azione chimica della luce. Io vi aderisco ora con piacere, abbenchè queste ricerche rimontino a varii anni, e non sieno immediamente applicabili alla fotografia; ma siccome la materia che gode della proprietà notevole di subire impressioni colorate per parte della luce è suscettibile di modificazioni fisiche oltremodo curiose, mi sono proposto di entrare in qualche dettaglio, onde le persone che s'interessano dello studio dell'azione chimica della luce, possano riprodurre facilissimamente i varii effetti da me ottenuti.

Moltissime sono le sostanze sensibili all'azione chimica della luce, le une subiscono una decomposizione parziale o totale: tali sono certi composti di argento, di piombo, di mercurio, d'oro, di platino ec; altre esigono la presenza di sostanze, le quali possono reagire su di esse: tale è il cloro in presenza dell'idrogene, l'acido cromico in presenza delle materie organiche, il guaiaco in presenza dell'ossigeno ec.: ma in generale, allorchè una decomposizione ha luogo in parte o in totalità, o allorquando una reazione chimica si manifesta, la tinta della materia impressionabile varia, ma non presenta, il più sovente, che una gradazione monocroma, la quale dipende dalla natura del nuovo composto formato.

Se si prende, per esempio, l'joduro di argento che perde il suo colore giallastro per farsi più cupo sotto l'azione della luce, la nuova tinta ch'esso presenta è indipendente dalla refrangibilità dei raggi attivi. Per meglio studiare l'effetto che si produce, bisogna servirsi di uno spettro solare, vale a dire dell'immagine che si forma per la dispersione dei raggi solari col mezzo di un prisma; se dunque si riceve questa immagine sopra una superficie intonacata di joduro di argento, questo joduro comincia a colorarsi nella parte violetta dello spettro ed anche al di là del violetto; poi nel bleu, vale a dire nella parte più refrangibile dello spettro visibile; ma la tinta di questa materia impressionata sempre più a misura che agisce la luce, non sta in relazione con la tinta delle parti attive dello spettro.

Operando con altri corpi, si trova che l'azione chimica si manifesta nelle parti differenti dello spettro, e si scorge che siamo condotti ad una conclusione analoga. Per altro si può riassumere ciò che precede dicendo: che ciascuna sostanza è sensibile tra i limiti differenti di refrangibilità, e che una volta che la reazione si è effettuata, non vi è in generale che una sola tinta prodotta, la quale non corrisponde colla tinta dei raggi attivi.

Pertanto tra tutte le sostanze sottoposte all'esperienza, se ne distingue una, la quale sembra presentare parecchie gradazioni (*nuances*) sotto l'azione dello spettro, e questo è il cloruro di argento. Quando lo si prepari nelle condizioni ordinarie, esso prende una tinta violacea sotto l'azione della luce diffusa, ed in seguito si colora in bruno. Esposto all'azione dello spettro luminoso, comincia a colorarsi nella parte ultra-violetto e violetto, poi se l'azione è di qualche durata, e che vi sia nella camera oscura un poco di luce diffusa, esso prende nella parte rossa dello spettro una tinta rosso-mattone precisamente come l'ha osservato per la prima volta Seebeck. —

Heschell (1) ed il sig. Hunt (2), che hanno studiato l'azione della luce sulle diverse qualità di carta impressionabile, hanno veduto egualmente che il cloruro di argento presentava questa tinta rossastra nella parte rossa dello spettro. Si sa d'altronde che il cloruro di argento colorito in violetto, se lo si riscaldi, acquista una tinta rossastra affatto simile a quella che si osserva nella parte rossa dello spettro. Si può dimandare se quest'ultimo effetto non sia piuttosto dovuto all'azione del calore; in ogni caso ed analogamente al cloruro di argento, si osserva che la sostanza comincia a colorarsi nella parte più refrangibile dello spettro, e che poi prende una tinta rosso mattone nella parte meno refrangibile; ed è una coincidenza curiosissima di vedere le due estremità delle impressioni fotogeniche dello spettro tendere l'una al violetto nella parte violetta, e l'altra al rosso nella parte rossa dello spettro.

Io ho cominciato nel 1838 e 1839 ad occuparmi di questo soggetto, ed aveva dapprima pensato che l'effetto della colorazione prodotta nella parte visibile dello spettro, fosse dovuto ad un'azione calorifica; ma dopo io stesso ho riconosciuto che non era altrimenti così.

Primieramente io ho esaminato in quali condizioni bisognava porsi per ottenere con esattezza questi effetti. Se il cloruro di argento non è stato ottenuto con una doppia precipitazione alla superficie della carta, ma bensì in un bicchiere da reattivi e depositato su di una superficie, come sarebbe il vetro, la porcellana ec., se questo cloruro non sia stato esposto preventivamente alla luce, tosto che si projetti lo spettro solare sopra la sua superficie, esso non comincia ad impressionarsi che nella parte ultra violetta, e non si ottiene che una tinta leggiermente violacea che s'incupisce sempre più, e dall'altro lato della parte visibile dell'immagine prismatica, nessun prodotto si vede formarsi. Ma se ci serviamo del cloruro perfettamente puro e senza eccesso di nitrato, e che inoltre il cloruro sia stato primitivamente impressionato, l'effetto è chiarissimo: nel violetto la tinta si fa sempre più cupa ed è simile a quella

(1) *Bibliothéque universelle de Génève* 1839, tomo XXIII. p. 185.
(2) *Idem*, tomo XXVI. p. 407.

che si sarebbe prodotta alla luce diffusa, ma nella parte rossa si ottiene una leggiera tinta rosea, e non vi ha alcun effetto ben manifesto nella parte gialla e verde, ove nondimeno si osserva una debole decolorazione.

Se il cloruro è ottenuto alla superficie di una carta immersa successivamente nell' acqua salata, poi in un bagno di nitrato di argento con un eccesso di nitrato, l' effetto non è lo stesso; in questo caso o il foglio di carta non è stato preventivamente esposto alla luce, e non si ha alcuna azione chimica manifesta nella parte ultra violetta; oppure il foglio è stato esposto ai raggi solari, ed esso diviene sensibile anche nella parte visibile dello spettro dal bleu sino al rosso; si nota allora un' azione di continuazione, e gli effetti di coloramento sono deboli se mai sono osservabili.

Io ho pensato sin d' allora di preparare il cloruro di argento direttamente, attaccando una lamina di argento col cloro sia allo stato gassoso, sia proveniente dalla decomposizione dei cloruri. Dapprima ho provato esponendo una lamina di argento all' azione del cloro gassoso: la lamina è divenuta bianco-grigia, e projettando lo spettro solare sopra la sua superficie, non è stato osservato alcun fenomeno ben netto; soltanto si è manifestata una tinta grigia nella parte violetta indicando così una reazione chimica. Dopo ciò ho fatto attaccare la lamina d' argento dal cloro che si emana dall' acqua clorata, o anche meglio immergendola nella stessa acqua clorata. La lamina essendo rimasta immersa nel liquido per qualche istante, si è ricoperta di uno strato avente una tinta grigio-biancastra, e le azioni della luce sono state assai differenti. Dopo di avere projettato lo spettro luminoso per qualche minuto sopra la sua superficie, ritirando la lamina ed esaminandola alla luce, io ho notato come una traccia dello spettro (*souvenir du spectre*) fissata sulla lamina stessa, e le cui parti corrispondevano esattamente colle parti luminose dello spettro solare; nel tratto in cui il raggio rosso aveva percosso era rimasto un rosso pallido; il tratto giallo era rimasto giallo, il bleu, bleu ec. Collocando di nuovo la lamina nella medesima posizione di prima e lasciando continuare per lungo tempo l' azione dello spettro, gli effetti sono scomparsi, e non è infine rimasto che una tinta grigia la quale si stendeva in tutto il tratto percosso dallo spettro. Ho notato allora che non era una semplice coincidenza di tinta che aveva dato al cloruro di argento, primitivamente impressionato, il color rosso ad una estremità dello spettro, e violetto all' altra, ma che in questo caso il cloruro bianco non alterato era mescolato probabilmente al sotto cloruro, cioè ad un cloruro avente un equivalente di cloro di meno del cloruro bianco e che perciò le tinte osservate erano dovute a quest' ultima sostanza.

Ho sostituito allora all' acqua clorata, dissoluzioni di cloluri, di ipocloriti ec. capaci di cedere del cloro ad una lamina di argento, ed ho ottenuto, come colla prima dissoluzione, delle superfici atte a riprodurre l' immagine dello spettro co' suoi colori. La sostanza che ha dato miglior esito e della quale ho fatto conoscere la composizione nel 1848 all' epoca della pubblicazione del mio primo lavoro (1), è una dissoluzione contenente del bicromato di rame. La preparazione seguente è facilissima ad ottenersi: si prende del solfato di rame del commercio e del cloruro di sodio; si pongono questi due sali in eccesso in un bicchiere da reattivi con una certa quantità di acqua; la dissoluzione si effettua producendo una doppia reazione e formando del bicloruro di rame; si mescola un volume di questo liquido con un volume di dissoluzione satura di sal marino e sei volumi d' acqua, basta allora immergere una lastra d' argento o di plaqué d' argento in questo liquido perch' essa prenda rapidamente una tinta violetta dovuta alla presenza di un leggiero strato di cloruro di argento; ed in pari tempo divenga impressionabile all' azione dello spettro, di cui essa riproduce le gradazioni principali. Le lamine d' argento impiegate devono essere purissime, imperciocchè questo processo mette in evidenza le menome traccie di materie estranee che si trovassero alla loro superficie.

Debbo però soggiungere che questo modo di preparazione quantunque semplice, non permette di aumentare a piacere lo

(1) Lavoro presentato all' Accademia delle scienze dell' Istituto il dì 4 Febbrajo 1848 e inserito negli *Annales de Chimie et de Physique*, 3e. serie, tome XXII. pag. 451.

strato impressionabile; ond'è che io l'ho abbandonato affatto in altre mie ricerche (1) per sostituirvi un processo, il quale permette allo strato ottenuto di dare dei risultati ben più rimarchevoli e di avere quella grossezza che si vuole. Questo processo consiste nell' addurre a poco a poco mediante l'azione della elettricità, sulla superficie delle lamine di plaqué, il cloro allo stato nascente, il quale attaccando l' argento, somministra così uno strato impressionabile.

Per fare questa preparazione, si prende una lastra ben nitida di plaqué e se ne ricopre la parte di dietro con una vernice ad alcool affinchè non vi sia che la superficie di argento conduttrice dell'elettricità e sulla quale il cloro possa agire. Si attacca questa lamina per mezzo di uncini di rame al conduttore positivo di una pila voltaica di uno o di due elementi; si attacca al polo negativo un filo o una lamina di platino e s' immerge la lamina di argento e quella di platino in un miscuglio di 8 parti di acqua e 1 di acido cloridrico in volume. L' azione chimica della corrente elettrica trasporta l'idrogeno sul platino e il cloro al polo positivo sull' argento; quest'ultima sostanza è dunque attaccata, e infatti essa si colora in grigio violaceo; poi la sua tinta si fa più cupa, e se l'azione continuasse per parecchi minuti, la lamina diverrebbe nera come se fosse ricoperta di nero di fumo. Dopo di avere preparata la lamina in questo modo, basta di pulirla leggiermente col cotone o colla pelle per levare la specie di velo che la ricuopre, e possiamo servircene per riprodurne immediatamente delle impressioni colorate sotto l' azione della luce. Questo processo di preparazione del cloruro è il meglio che si possa fare per ottenere la riproduzione delle immagini dello spettro con tutte le gradazioni delle sue tinte, e, in certe condizioni, le immagini della camera oscura.

È notevolissimo che la sostanza impressionabile di cui si tratta è sensibile tra i medesimi limiti di refrangibilità della retina, ed è la sola che si presenti sotto queste condizioni. Se si projetti lo spettro solare sopra una lastra preparata come

(1) *Annales de Chimie et de Physique*, 3e. serie, tome xxv, pag. 447 (1849) et même ouvrage, tome xlii, pag. 81.

abbiamo detto, si comincia a vedere l'azione manifestarsi nel giallo, e nel verde; in seguito ha luogo verso il rosso da un lato, e verso il violetto dall'altro; l'azione poi è più energica colà dove la luce attinge il suo massimo. Nella parte rossa, la materia prende una tinta rossa, nella parte gialla, una tinta gialla, nella parte verde una gradazione verde; i bleu sono bellissimi, e la tinta violetta è simile a quella del violetto stesso dello spettro.

Se s'isoli un fascio di raggi luminosi rossi e che lo si faccia agire sulla materia, quando esso comincia ad esercitare la sua azione, la tinta della parte impressionata tende al rosso; se si lasci continuare l'azione, la tinta resta la stessa; se poi si prolunghi di molto la durata dell'esperienza, la materia può essere trasformata completamente, e non resta che l'argento metallico nei punti che sono stati percossi dalla luce.

Se si operi con un fascio di raggi bleu, si produce lo stesso effetto; la tinta bleu ottenuta sulla superficie prende forza a poco a poco, e lasciando agire la luce per lunghissimo tempo, al limite, la tinta prende quella di argento metallico. Accade lo stesso per ciascun gruppo di raggi, i quali danno dopo un'azione di una certa durata una tinta della medesima gradazione di loro stessi, ma in ultimo accade sempre, se la reazione è presso a poco completa, che la materia impressionabile tende a dare argento metallico.

Questi effetti mostrano dunque che non è per un'azione del genere di quella che produce il fenomeno delle lamine sottili, che la sostanza riproduce le impressioni colorate della luce, ma sibbene in virtù di un'azione speciale che fa sì che la sostanza curiosa di cui vi parlo, ha la facoltà di non diffondere che i raggi di quella refrangibilità che hanno agito chimicamente sopra di essa.

È necessario sopratutto che io vi dia qualche indicazione intorno alla sua probabile composizione. Abbenchè io non possa dare esattamente questa composizione, sono nondimeno portato a credere che la sostanza sia del *sottocloruro di argento violetto*, cioè un cloruro di argento avente un equivalente di cloro di meno del cloruro bianco. Si può in appoggio di questa ipotesi citare questo fatto, che trattando questo cloruro coi dissolventi del cloruro bianco, come per esempio l'ammoniaca, l'iposolfito di soda ec. si trova del cloruro bianco disciolto e resta sempre dell'argento metallico.

Il sotto cloruro di argento è fin qui il solo corpo chimicamente impressionabile che goda della proprietà notevole di riprodurre le gradazioni dei raggi luminosi attivi. I joduri, i bromuri ec. non danno nessun colore, e basta soltanto che il cloruro sia mescolato ad un poco di questi composti perchè all'istante sparisca ogni gradazione di tinta. Oltre a ciò i colori sono ottenuti immediatamente per l'azione luminosa senza l'impiego di alcun reattivo.

Vi debbo dire che ho ottenuto questo composto alla superficie della carta, del vetro, della porcellana, nel collodione, nella gelatina ec., ma gli effetti sono sempre stati più difficili ad ottenersi e assai meno belli che sulle lastre metalliche.

L'influenza della grossezza dello strato impressionabile sugli effetti che si ottengono, è enorme; quando lo strato è sottile, la sensibilità è abbastanza grande; essa è minore di molto della sensibilità delle lastre che sono preparate coll'joduro di argento, poi col bromo, per ottenere un disegno nella camera oscura; ma è quasi la stessa della lastra jodurata al modo di Daguerre; peraltro se la sensibilità di uno strato sottile è abbastanza grande, gli effetti della colorazione sono invece debolissimi. Servendoci di uno strato più grosso, la materia diviene meno impressionabile e i colori riprodotti divengono più precisi; a misura poi che lo strato aumenta di grossezza la sensibilità diminuisce sempre più, ma le riproduzioni colorate sono invece più belle.

Vi è un mezzo sicuro di conoscere la grossezza relativa dello strato di cloruro impressionabile che permette di porci sempre in eguali condizioni di preparazione; esso consiste nell'introdurre nel circuito voltaico formato della pila, della lamina e del bagno di acido cloridrico, un apparecchio per decomporre l'acqua, affinchè la corrente elettrica che adduce il cloro nella superficie dell'argento, decomponga l'acqua nel secondo apparecchio; ora le decomposizioni elettro-chimiche effettuandosi sempre in proporzioni definite, si porterà tanta quantità di cloro sulla lastra d'argento, per quanto idrogene si è sviluppato nell'apparecchio di decomposizione dell'acqua: così supponendo che il voltaimetro indichi 5, 6, o 7 centimetri cubici d'idrogeno, saremo certi che vi saranno altrettanti centimetri cubici di cloro fissati sulla superficie dell'argento.

Operando in questa guisa, si può riconoscere in ciascun istante e mentre si prepara lo strato sensibile, quale è la quantità esatta di cloro che si deposita alla superficie della lamina.

Io mi sono assicurato che bisognavano per giungere ad uno strato la cui grossezza *corrispondesse al terzo ordine delle lamine sottili*, tre centimetri cubici di cloro per ogni decimetro quadrato; ci troviamo allora in condizioni tali da avere riproduzioni abbastanza buone d'immagini prismatiche colorate. Se poi si va a 6 o a 7 centimetri cubici per decimetro quadrato, cioè alla grossezza corrispondente alle lamine sottili del quart'ordine, si ottengono le migliori riproduzioni colorate; a questo punto bisogna arrestarsi volendo ottenere buonissimi effetti. Per dare un'idea della grossezza reale dello strato, dirò che con 6 centimetri cubici di cloro per ogni decimetro quadrato, lo strato ha presso a poco $\frac{1}{1000}$ di millimetro di grossezza.

Quando si projetti lo spettro luminoso sopra una superficie di argento preparata con 6 a 7 centimetri cubici di cloro per ogni decimetro quadrato, la quale superficie ha una gradazione di tinta propria colore del legno, si può osservare nei saggi che io presento alla Società, quali sieno gli effetti che si ottengono: la parte percossa dal rosso prismatico è rossa e tende al rosso cupissimo verso la estremità meno refrangibile; il giallo è appena visibile, il verde si scorge benissimo, il bleu e il violetto sono magnifici ed offrono le medesime tinte dello spettro. In somma, le gradazioni, abbenchè simili a quelle dello spettro luminoso attivo, sono un poco oscure relativamente al fondo della lastra, che resta un poco più chiaro. Ma come si vedrà in seguito, si può modificare la superficie dopo ch'essa sorte dal bagno e prima che riceva impressioni dallo spettro, in modo che i colori ottenuti sieno molto più belli.

Infatti, questa materia, che si può chiamare *retina minerale*, può subire delle modificazioni notevolissime, tanto per parte dell'azione del calore, quanto per l'azione di certe parti della luce.

Elevando la temperatura del cloruro, ma però non tanto alta da produrre fusione, verso i 150 o 200 gradi si scorge che la tinta prende un colore rosso dopo il raffreddamento. Se si fa agire lo spettro sopra la sostanza così modificata, gli effetti sono del tutto differenti da quelli che erano precedentemente: i limiti di azione sono bensì presso a poco gli stessi dei precedenti, cioè sono quelli dello spettro visibile, soltanto il giallo e il verde, quantunque pallidi si disegnano in chiaro sul fondo che resta più cupo; e se si spingesse tropp'oltre l'azione dello spettro, si avrebbe per risultato finale una traccia bianca in luogo di una traccia grigia che si sarebbe avuta, avanti l'ulteriore azione della luce. Se si fanno rincuocere così le lastre al di là di 150 gradi, la trasformazione fisica della materia che tosto ha luogo, fa sì che la maggior parte delle gradazioni spariscano. Ma se ci limitiamo di rincuocere la sostanza con calore poco elevato, ma molto prolungato, non accade più lo stesso; a quest'uopo si collochi la lamina nell'interno di una scatola di rame, la quale s'introduce in una stufa riscaldata a 30 o 35 gradi tutto al più, e si prolunghi la deviazione di temperatura pel corso di quattro, cinque o sei giorni. Allora le impressioni prismatiche colorate sono bellissime, come voi stessi ne potrete giudicare. Non solo le gradazioni rosso, giallo, verde, bleu, violetto situate precisamente nei tratti su cui hanno agito i raggi dello spettro del medesimo colore, si staccano in chiaro sul fondo, che resta più oscuro, ma anche un fascio di luce bianca agisce dando una tinta bianca nel posto sul quale agisce.

Il sotto-cloruro di argento subisce parimente per parte dei raggi rossi estremi dello spettro solare una modificazione fisica altrettanto notevole che per l'azione del calore che dianzi abbiamo esposto; locchè permette di avere anche con altro mezzo, bellissime riproduzioni colorate dello spettro solare. Per potere ottenere questo risultato, si colloca in un telajo ricoperto di vetro *rosso cupo* (colorato dal protossido di rame), una lastra preparata e tal quale sorte dal bagno dopo l'azione della elettricità, e si espone il tutto all'azione dei raggi solari: passati 15 o 20 minuti la lastra diviene più nera di prima e si produce il medesimo effetto come si manifesta all'estremità meno refrangibili dello spettro. Nel tempo stesso che ha luogo questa colorazione, la materia sensibile si modifica a poco a poco, e probabilmente nello stesso modo che sotto l'azione del calore. Projettando allora sulla sua superficie uno spettro solare, esso apparisce alla fine di qualche minuto con tutte le sue gradazioni mirabilmente riprodotte, ed anche le parti gialle e verdi, le quali prima di questa operazione sarebbero state oscure ed indicate appena, risultano ora nettissime. È d'uepo però badare che l'azione anteriore dei raggi rossi non si prolunghi di troppo, poichè allora la materia diverrebbe meno sensibile. La Società può giudicare di queste diverse azioni mediante i saggi che io le sottopongo.

Una volta ottenute le impressioni colorate, esse non possono conservarsi che all'oscurità, ed allora si conservano indefinitamente; ma se le si espongano all'azione della luce diffusa o solare, esse si alterano, e a poco a poco finiscono per scomparire affatto. È assai notevole che non sia che in uno stato per dir così di passaggio, che la materia sensibile goda della facoltà di riprodurre le gradazioni dei raggi luminosi attivi; dimodo che partendo da un medesimo stato fisico, quello cioè della sostanza non alterata e procedendo verso il limite estremo che è la decomposizione completa, la sostanza manifesta delle disposizioni fisiche differenti, secondo che essa è stata percossa da un raggio piuttosto che da un altro.

Da tutto ciò che ho esposto si ricava che le impressioni colorate che io vi presento si alterano continuamente ed anche nel tempo che le riguardiamo; se le si conservano nella oscurità esse cessano di alterarsi. Soltanto siccome la materia non è impressionabilissima, sopratutto se si tratti di luce di candela, si possono lasciare le prove, anche per varii giorni, sotto la loro influenza senza ch'esse spariscano. L'effetto che la luce diffusa produce è tale; che se si collocasse una prova colorata sotto un vetro bleu, per esempio, essa prenderebbe dapprima una tinta bleu, e passerebbe poi al grigio. Accaderebbe lo stesso con vetri di altro colore, lo stato finale, come colorazione, sembra essere lo stesso, qualunque sia la luce che attacca questa sostanza; sembra dunque, come ho già detto, che soltanto in uno stato intermedio si presentino le colorazioni.

È possibile di ottenere delle riproduzioni d'immagini colorate dalla camera oscura, cioè delle pitture colla luce, siccome si può osservare negli schizzi che io presento, alcuni dei quali sono stati ottenuti or sono circa dieci anni. Ma vi sono delle cause che hanno tolto a queste pitture quella nettezza e quella viva gradazione di colori che si riscontrano per l'azione degli spettri luminosi. In fatti nelle immagini della camera oscura si hanno delle tinte composte più o meno mescolate al bianco; è dunque necessario che l'azione della luce bianca non venga a cangiare la gradazione dei raggi colorati la cui tinta è predominante. Ora per ottenere questo risultato, occorre preventivamente sottoporre le lastre preparate a un rincuocimento, o anche all'azione dei vetri rossi; allora i chiari risultano netti, ma le tinte gialle e verdi non riescono ugualmente nette. Se non si ha cura di rincuocere, come ho detto, la lastra, le tinte si mostrano bene, ma i bianchi sono grigi. D'altronde la materia è allora pochissimo impressionabile ed occorrono parecchie ore ed anche parecchi giorni per ottenere queste immagini. Nondimeno con delle precauzioni si possono evitare alcuni di questi scogli.

Le prove delle riproduzioni d'immagini colorate che sono qui, mostrano tutto ciò che si può ottenere attualmente per mezzo di questa materia sensibile.

Queste ultime riproduzioni mi hanno fin qui poco occupato, in quanto che esse per me non hanno destato che un interesse puramente scientifico, e non mi è punto passato per la mente che si dovesse pensare alla loro applicazione, poichè le impressioni non sussistono che nella oscurità e si alterano a poco a poco alla luce. Tutti i tentativi fatti fin qui per impedire quest'alterazione non sono riusciti, e non è che in uno stato di passaggio che la materia sensibile, propriamente *retina minerale*, possiede la proprietà notevole di conservare le impronte dei raggi luminosi attivi. Deggio pure aggiungere che le prove fatte da alcune persone che si sono servite de' miei processi ed a cui fui testimonio, sono ben lungi dall'essere così nette come quelle che io vi presento, e che sono state ottenute prendendo tutte le precauzioni che ho indicato qui sopra.

Si troveranno i mezzi di conservare queste immagini, quando esse restano esposte ai raggi luminosi? Le arti potranno arricchirsi di immagini dipinte dalla luce? Questo è ciò che io non potrei affermare. Io mi sono limitato a rendervi testimonj delle esperienze con tutti i loro dettagli, per farvi conoscere una maniera unica nel suo genere che permette *di dipingere colla luce*, e per mettervi in grado di riprodurre facilmente gli effetti che ho ottenuto.

PREPARAZIONE DELL' IODURO DI CALCIO E DEL CALCIO; DI LIES BODART E JOBIN.

(Corrispondenza particolare del Nuovo Cimento)

I. Per preparare con facilità l' ioduro di calcio si fa uso del gesso e del solfato di calce naturale operando nel modo che siegue:

Si prendono 8 parti di gesso calcinato e si mischiano esattamente con 3 parti di polvere di carbone; il miscuglio così formato si riscalda al rosso bianco per circa un' ora in un crogiuolo di terra. Il solfuro così ottenuto è messo in sospensione nell'acqua, nella quale si projetta a piccole riprese dell' iodo agitando frequentemente il miscuglio, fino a che il liquido, che si riscalda considerevolmente durante l' operazione, non si scolora più con una nuova addizione d' iodo; infine vi si aggiunge un poco di calce estinta e si abbandona il miscuglio a sè stesso per alquante ore.

Gli ossidi stranieri provenienti dal gesso o dal carbone, l'allumina, la silice, il ferro, il manganese restano precipitati. Si filtra poscia il liquido ch' è incolore ed un poco alcalino, e poi lo si evapora rapidamente fino a secchezza. Quando l' iodo comincia a svilupparsi allora si cessa dal riscaldare, si stacca lo strato d' ioduro e s' introduce in un crogiuolo di porcellana fornito del proprio coperchio. Questo crogiuolo s' introduce in un secondo di terra riempiendo i vuoti con polvere di carbone, e si copre con un coperchio: poscia il tutto si riscalda almeno per mezz' ora. Dopo il raffreddamento si rompe il crogiuolo di porcellana e si distacca l' ioduro sotto forma di larghe lamine con isplendore perlaceo, che somiglia al cloruro di magnesio e che come questo si lascia facilmente dividere sotto il pistello, molto differente del cloruro di calcio come pure gl' ioduri di strontio e di bario, che sono molto più resistenti, senza struttura micacea e non decomponibili dal sodio.

II. Il calcio che trovasi abbondantemente in natura allo stato di combinazione, e che non si era ottenuto che per mezzo della pila, in piccola quantità e difficilmente, si può ottenere facilmente decomponendo l'ioduro di calcio per mezzo del sodio alla temperatura del rosso. A tale effetto, in un crogiuolo cilindrico di ferro, il cui coperchio chiude a vite, s' introducono una parte di sodio e 7 parti d' ioduro di calcio, il quale deve covrire tutto il sodio. Il crogiuolo avvitato al coperchio si riscalda lentamente al rosso scuro per una mezz' ora, e poi la temperatura si porta al rosso vivo e la si mantiene per circa due ore, evitando con ogni cura di arrivare al rosso bianco, alla quale temperatura si otterrebbe una reazione inversa, cioè il calcio scaccerebbe il sodio ch' è volatile. Nel tempo che il crogiuolo si trova riscaldato al rosso, gli s' imprimono de' movimenti per riunire il metallo al fondo. Dopo il raffreddamento completo del crogiuolo, lo si svita, e si stacca con cura la sostanza che vi si trova.

Il sodio ha color gialliccio; ha splendore metallico quando si mettono allo scoperto le parti interne, le quali però si terniscono dopo poco tempo.

La densità del calcio è minore di quella dello zinco, ma è superiore a quella dello stagno; si distende sotto il martello; è più pesante del cloroformio, e galleggia sul bicloruro di carbonio; la sua densità è alquanto superiore a quella di un miscuglio formato da volumi eguali di cloroformio; e di solfuro di carbonio, e quindi non può essere superiore a 1,55; in contatto dell' aria si altera rapidamente; nell' olio di nafta si presenta di un color grigio bruniccio, un pezzo del metallo lasciato in contatto dell' aria per 24 ore si è trovato attaccato alla profondità di 2 millimetri, con formazione di un idrocarbonato analogo a quello che forma la calce messa nelle stesse circostanze.

Il calcio conserva il suo splendore per lungo tempo, messo in bottiglie smerigliate, con nafta e scorie provenienti dalla sua preparazione; Il calcio decompone l'acqua, attacca lentamente una soluzione concentrata di soda; attacca l'alcole ordinario, ma non ha azione sull'alcole assoluto. Riscaldato al rosso, brucia lanciando delle scintille molto luminose.

Parigi, 25 Settembre 1858.

SOLUBILITA' DELLA SETA NELL'AMMONIURO DI NICKEL, E SUA SEPARAZIONE DALLA CELLULOSA; DI G. SCHLOSSBERGER.

(*Annalen der Chemie und Pharmacie, Vol.* 107 *pag.* 21.)

Una soluzione molto concentrata di ossido di nickel nell'ammoniaca gode della proprietà di discioglier la seta, la quale prima vi si contorce e poi a poco a poco vi si discioglie comunicando al liquido un colore giallo bruno. È necessario per ottenere questo fenomeno che il reagente sia molto concentrato, ed infatti se durante il tempo in cui si compie la soluzione si allunga il liquido con acqua, la seta rimane in quello stato in cui era al momento dell'addizione.

Le soluzioni de' sali alcalini non alterano la soluzione; il cloruro ammonico le ritorna il primitivo colore bleu-violetto, ma senza precipitare la seta, la quale invece separasi dal liquido in fiocchi bianchi per l'aggiunta d'un acido.

La cellulosa, così facilmente sciolta dall'ammoniuro di rame, rimane inalterata nella soluzione d'ossido di nickel, anche lasciatavi per molto tempo. Nè questo liquido discioglie la fecola, mentre invece discioglie l'inulina.

In una nota successiva l' Autore fa conoscere alcune circostanze per le quali la soluzione della cellulosa nell' ammoniuro di rame o non si fa, o si compie malamente. Così, per esempio, la cellulosa bagnata con soluzioni di sal comune, di cloruro ammonico o di nitrato ammonico non si discioglie nel reagente. Le soluzioni concentrate di sali alcalini la precipitano.

INTORNO ALLA DETERMINAZIONE DEL PESO SPECIFICO; DEL DOTTOR UGO SCHIFF.

(*Annalen der Chemie und Pharmacie. Vol. 107, pag. 59*).

L' Autore usa d' un apparecchio semplicissimo per la determinazione del peso specifico dei corpi. Consiste in un tubo non molto lungo, ben calibrato, sul quale le divisioni segnate notano i centimetri cubici. Sta infisso in un turacciolo che serve di piede, ed un altro piccolo lo chiude per impedire l' evaporazione. Volendosi adoperare quest' istromento, si comincia con un tubo effilato a farvi entrare od alcool, o benzina o nafta, un liquido che non abbia azione chimica sulla sostanza, ed allora tolto il tubo effilato, si legge l' altezza del liquido e si pesa l' apparato. Quindi, col mezzo d' un imbutino infisso nel turacciolo che copre il tubo, si introduce la sostanza (4 gramme circa) in forma di polvere grossolana, e si nota il livello del liquido, ed il peso dell' apparato. I dati per la determinazione del peso specifico sono forniti dalla differenza del livello del liquido e dà quella delle pesate, dividendo questa per quella. Usando i liquidi suindicati, difficilmente l' aria aderisce alla sostanza, o facilmente si stacca, ovvero si sprigiona col mezzo di un sottil filo di ferro ricoperto di mercurio.

Con questo apparato le cause di errore sono ridotte ad essere piccolissime, e l' apparecchio stesso pesa pochissimo, essendochè caricato non pesa che 20 gramme circa, e non esige per accessorio che un piccolo tubo dove tiensi la sostanza sottoposta alla determinazione.

Come esempio reca l' Autore la seguente determinazione:

Rame metallico: temperatura 12°1.

Avanti l' introduzione della sostanza:

	Peso	gr. 16,493	Livello	4,950 cent. cub.
Dopo	»	21,033	»	5,460
		gr. 4,540		0,510 cent. cub.

$$\text{Peso specifico} = \frac{4.540}{0,510} = 8,902.$$

Ed in una serie di esperienze trovò in media i seguenti risultati:

Rame metallico	peso specifico	=	8,906
Ferro ridotto coll' idrogeno	»	=	8,007
Zinco granulato		=	6,966
Mercurio		=	13,598
Allume di cromo		=	1,845.

DELL' IDRURO DI SILICIO; DI F, WÖHLER.

(Annalen der Chemie und Pharmacie, Vol. 107. pag. 112).

Finora non erasi ottenuto questo gas che in piccole quantità. Il signor Marties fece l' osservazione che trattando la scoria che si ottiene dalla preparazione del magnesio col metodo di Deville per mezzo dell'acido cloridrico si sviluppava un gas, che da sè infiammavasi in contatto dell' aria. Lo studio che ne fece poi •Wohler, dimostrò che era idruro di silicio.

Il materiale atto alla preparazione del gas si ottiene ndendo gr. 40 di cloruro di magnesio fuso, gr. 35 di fluo› di silicio e di sodio fortemente essiccato, e gr. 10 di sal une fuso, e riducendo queste sostanze in polvere in un tajo caldo, e mescolandole. Quindi si mescolano con gr. di sodio ridotto in piccoli pezzi il più presto possibile. ltra parte si prepara un crogiuolo arroventato, nel quale one la miscela, e si ricopre e si riscalda più fortemensino a che dal coperchio non esce più fiamma di sodio. ra lasciasi freddare. La massa ottenuta ripiena di lamelle occie metalliche è adatta alla preparazione del gas.

Si ottengono buoni risultati anche usando minor quandi sodio, o sostituendo al fluoruro una miscela di crioe di vetro, ed al cloruro di magnesio quello doppio di gnesio e sodio ottenuto disciogliendo la magnesia nell'acicloridrico ed aggiungendovi $\frac{1}{4}$ di sal comune, evaporane fondendo.

Si introduce la massa in pezzi in una bottiglia a due rture, con un tubo che porti al fondo l'acido e con un o addultore stretto e corto per quanto è possibile. Si npie il tutto con acqua bollita, e si capovolge una botia o campanella piena d'acqua sul tubo adduttore, e si oduce l'acido. Il gas si sviluppa rapidamente.

Ottenuto il gas non è difficile farlo passare in campale sul mercurio essiccandolo con un tubo a cloruro di cal. La piccola esplosione occasionata dall'aria del tubo non ericolosa, conviene però impiegare tubi stretti contenenti minor quantità d'aria possibile.

Il gas si accende in contatto dell'aria, ed ogni bolla duce una forte esplosione, e l'acido silicico prodotto ma quegli anelli che osservansi nella combustione dell'idroo fosforato, e l'aria si riempie di fiocchi bianchi, che ò taluna volta sono anneriti da silicio incombusto. Il gas sgorga nell'aria da un tubo abbrucia con una fiamma nca lucentissima. Si decompone al color rosso, e facenо passare per un tubo scaldato a quella temperatura il sio amorfo splendente vi si depone internamente, ed altrettо avviene sulla porcellana quando la si avvicini alla fiamma del gas che esce da un tubo. Col cloro fa esplosione, invece nè il protossido nè il biossido d'azoto, nè le soluzioni alcaline reagiscono su di esso.

L'idruro di silicio precipita alcune soluzioni metalliche come il solfato di rame, il nitrato d'argento ed il cloruro di palladio.

L'analisi del gas non potè finora esser fatta perocchè trovasi misto sempre ad idrogeno libero. E nemmeno fu possibile il trovare esattamente quale delle sostanze contenute nei materiali dai quali si estrae il gas servì a produrlo, ma probabilmente è una sostanza d'aspetto metallico la cui presenza venne notata nelle scorie, nelle quali però sembra esistere contemporaneamente e silicio libero, e siliciuro di magnesio che coll'acido cloridrico ed anche col sale ammonico sviluppa l'idruro di silicio, e infine siliciuro di magnesio che coll'acido cloridrico forniace idrogeno ed ossido di silicio, sostanza questa che si produce in gran copia nelle preparazioni dell'idruro di silicio sotto forma di schiuma.

Il siliciuro di magnesio, che produce il gas infiammantesi, ottenuto in taluna preparazione in grande, in globetti del peso di un grammo pare che abbia la composizione seguente:

Magnesio.	=	52,9
Silicio	=	47,1
		100,0

E che quindi debba esser espresso dalla formola Mg^2Si.

SULLE VARIAZIONI DELLA CORRENTE MUSCOLARE NELL'ATTO DELLA CONTRAZIONE; DEI PROFESSORI VALENTIN E SCHIFF DI BERNA.

(Riunione della Società Elvetica delle Scienze Naturali, 1 Agosto 1858).

È noto ai Fisici il fatto fondamentale della contrazione svegliata in una rana galvanoscopica allorchè il suo nervo è posato in contatto di un muscolo qualunque in contrazione. Si sa pure che Du Bois Reymond ha scoperto che avendo un muscolo di una rana nel circuito del galvanometro, il quale resta deviato per la corrente muscolare che circola, allorchè si fa contrarre fortemente e ripetutamente questo muscolo, l'ago in quell'istante discende rapidamente allo zero e devia per qualche istante nel quadrante opposto, tornando poi a deviare, ma più debolmente, nel primo senso, allorchè le contrazioni sono indebolite. Du Bois Reymond aveva spiegato questo fatto ammettendo che sotto la contrazione diminuisce la corrente muscolare, per cui se vi è una forza elettro-motrice opposta nel circuito, la deviazione si fa in senso opposto e questa forza, secondo lui, risiede nella polarizzazione degli elettrodi.

È stato in seguito dimostrato che i fenomeni procedevano ugualmente anche quando usando elettrodi di zinco immersi in una soluzione neutra e satura di solfato di zinco la polarizzazione degli elettrodi era distrutta. Si sa anche che se il muscolo messo in circuito da principio era tagliato in modo da produrre una corrente muscolare in senso opposto alla corrente della coscia intera, la deviazione in questo caso aumentava sotto la contrazione.

Questi fatti, contrarii all'opinione di Du Bois Reymond, conducevano a stabilire che nell'atto della contrazione insorgeva un fenomeno analogo a quello della scarica elettrica di certi pesci e che la nuova direzione e l'intensità maggiore della corrente in quell'istante, potevano anche intendersi ammettendo che per la contrazione si modifichi la struttura del muscolo in modo da produrre quegli effetti.

I Professori Valentin e Schiff volendo sottoporre questo soggetto a nuovo studio, hanno immaginato di far prima contrarre fortemente il muscolo e indi di chiudere il circuito col galvanometro, perchè così facendo non avevano a temere la polarizzazione degli elettrodi. Se, come suppone Du Bois Reymond, questa polarizzazione è la causa dell'inversione della corrente nell'atto della contrazione, chiudendo il circuito del galvanometro quando il muscolo è in contrazione, la deviazione dovrebbe essere più debole, ma sempre nel senso primo della corrente muscolare.

I due illustri Fisiologi di Berna hanno realmente trovato, operando come si è detto, che l'ago devia sempre nel senso della corrente muscolare.

Questo fatto, che può esser facilmente verificato, non deve però essere interpretato nel modo che si è detto, nè può distruggere la conclusione tratta dalle esperienze fatte escludendo la polarizzazione degli elettrodi.

L'esperienza di Valentin e di Schiff non è che la esperienza solita di Du Bois Reymond, nella quale si ottiene l'inversione della corrente sotto le prime e le più forti contrazioni; è ben noto che se si seguita ad irritare il nervo, a misura che le contrazioni s'indeboliscono, l'ago torna allo zero e devia benchè più debolmente nel senso primitivo, che è quello della corrente muscolare. Nelle esperienze di Valentin e di Schiff le contrazioni più energiche, che sono quelle sotto le quali s'inverte la corrente, hanno luogo quando il circuito del galvanometro non è anche chiuso, e per poco che si prolunghi l'esperienza questo circuito viene ad essere chiuso quando le contrazioni sono tanto indebolite; che se il circuito fosse stato sempre chiuso, anche la deviazione sarebbe in quel momento già tornata nel senso della corrente muscolare.

Questa interpretazione è così vera, che basta di ripetere l'esperienza di Valentin e di Schiff, ora chiudendo il circuito del galvanometro subito dopo cominciate le contrazioni, ora dopo un intervallo più o meno lungo, per vedere l'ago nel primo caso indicare una piccola deviazione in senso opposto e poi retrocedere e negli altri deviare subito nel senso della corrente muscolare, ma sempre tanto meno da principio quanto piu la chiusura del circuito del galvanometro fu prossima alle prime contrazioni.

C. Matteucci.

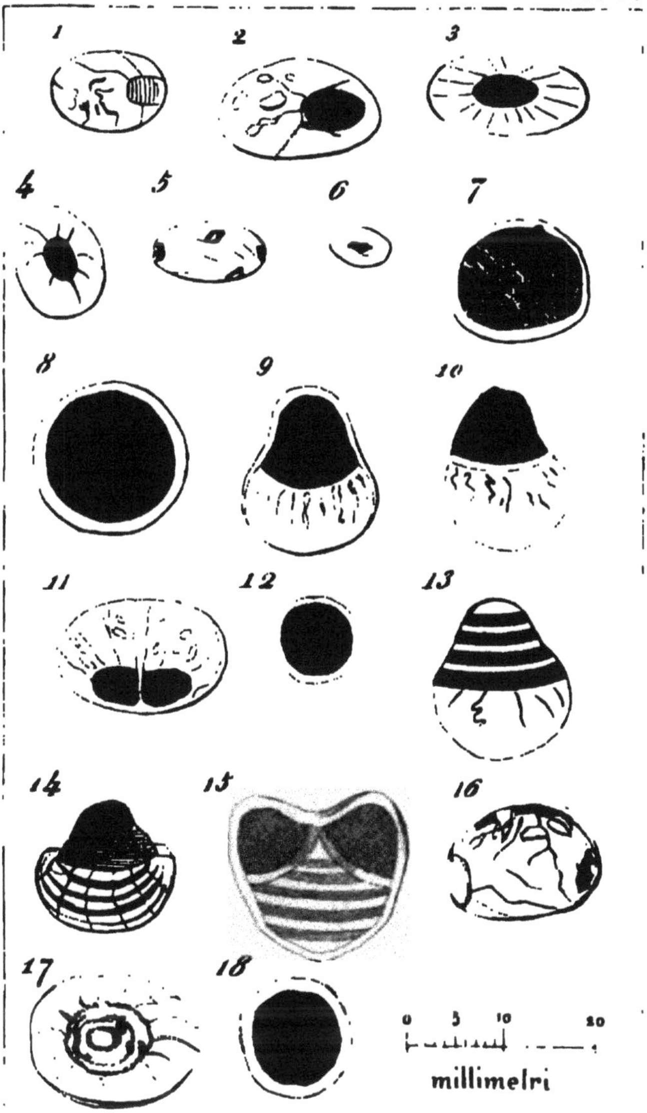
1
2
3
4
5
6
7
8
9
10
11
12
13
14
15
16
17
18
0 5 10 20
millimetri

INDICE

MEMORIE ORIGINALI

TRADUZIONI ED ESTRATTI

RICERCHE SPERIMENTALI SUL DIAMAGNETISMO;
DI CARLO MATTEUCCI.

§. 6°.

Confronto fra le forze elettro-motrici indotte e le repulsioni diamagnetiche sviluppate, in presenza di una superficie polare molto estesa.

Fu già da Faraday e più recentemente da Verdet, impiegato un circuito indotto onde studiare per mezzo dell' induzione la distribuzione delle forze intorno ad una calamita.

Comincio dal descrivere il metodo e l'apparecchio che ho adoperato in queste ricerche e che credo sia esente da ogni obbiezione e suscettibile di una grande sensibilità.

L'elettro-calamita adoperata consisteva in un cilindro di ferro dolce di $0^m,111$ di diametro avente una base alta 12 millimetri e più larga del cilindro, cioè di $0^m,175$ di diametro, che era la superficie polare impiegata. Questo cilindro è lungo $0^m,345$ ed è circondato da una spirale formata di diversi giri di un grosso filo di rame ben coperto di seta e verniciato. L'elettro-calamita è solidamente fissata sopra un banco in una posizione orizzontale. Sullo stesso banco è fissato normalmente alla superficie polare un regolo d'ottone simile a quello che si trova in tutti i Gabinetti di Fisica e che fa parte dell'apparecchio delle interferenze o dell'apparecchio di Melloni. Scorrono in questo regolo e possono essere fissati a diverse distanze dalla superficie polare, due sostegni, ognuno dei quali porta una lamina quadrata d'avorio. Per una disposizione facile ad intendersi il sostegno può essere fissato a diverse altezze, come pure la lamina d'avorio può scorrere per un certo tratto orizzontalmente. Nella lamina d'avorio è tracciato un solco circolare, nel quale è introdotto e fissato un filo di rame di $\frac{3}{4}$ di millimetro di diametro: in una delle lamine l'anello di fil di rame, che chiameremo A, è di un giro solo di filo e nell'altra lamina l'anello che chiameremo B, che è esattamente dello stesso diametro, è formato di due giri di filo. I due circuiti, cioè quello a un filo solo e quello a filo doppio sono riuniti e formano un circuito continuo, essendo però le loro spire volte in modo, che lo stesso polo di una calamita presentato dalla stessa parte ai due circuiti, supposti separati, le correnti indotte sarebbero in senso opposto. Fa parte dello stesso circuito degli anelli A e B una ruota d'interruzione e un galvanometro a filo corto molto delicato: è appena necessario di far notare che quelle parti del circuito indotto che sono fuori degli anelli sono formate con due fili di rame verniciati, ben riuniti e stretti insieme onde l'effetto dell'induzione sia nullo sopra di esse. Una seconda ruota d'interruzione montata sullo stesso asse della prima, serve ad interrompere il circuito della pila. Il galvanometro osservato con un cannocchiale è stabilito a grande distanza dall'elettro-calamita e bisogna assicurarsi che non ne risenta l'azione. Finalmente la posizione dei due circuiti è determinata col micrometro del cannocchiale di un catetometro orizzontale di cui l'asta divisa è paralella al regolo che porta i circuiti. Ho eseguite due serie d'esperienze; in una serie il diametro degli anelli indotti era di 22 millimetri e nell'altra serie questo diametro era la metà. Ho adoperata per la spirale dell'elettro-calamita una pila di 30 elementi di Grove e col mezzo di una bussola dei seni e di un reostata si manteneva costante la corrente. Al solito una cassa piena d'acqua fredda inviluppava la spirale.

Fissati i piani dei due circuiti paralelli fra loro e alla superficie polare e posti coi loro centri sull'asse dell'elettro-calamita, si concepisce facilmente come l'esperienza è condotta per determinare nel campo magnetico i due piani in cui le forze elettro-motrici indotte stanno fra loro :: 1 : 2. Messa in azione l'elettro-calamita, si tiene fermo uno dei circuiti e si fa muovere l'altro a destra e a sinistra della posizione primitiva, girando nel tempo stesso la ruota di interruzione: si vedrà dopo qualche tentativo, l'ago deviare ora a destra ed ora a sinistra, per cui trovato in mezzo il punto in cui l'ago stà immobile, si ha la certezza di avere i due anelli collocati nei due piani che hanno la suddetta proprietà.

Agendo con questo apparecchio e tenendo i due circuiti col loro centro sull'asse magnetico, si trova che in prossimità della superficie polare il magnetismo decresce molto lentamente: fino alla distanza di 10 millimetri da quella superficie è necessario che nelle diverse posizioni d'equilibrio che sono state trovate, il circuito collocato in quello spazio, si sposti di circa 2 millimetri per ottenere un'indicazione distinta al galvanometro della rottura dell'equilibrio o della variazione della forza. Al contrario, pel circuito indotto più lontano dalla superficie polare, cioè ad una distanza maggiore di 10 millimetri, basta uno spostamento di $0^{mm},35$ per ottenere un'indicazione distinta al galvanometro: avvertirò che si deve ogni volta spostare un poco a destra e un poco a sinistra il circuito, onde ottenere così due correnti indotte in senso contrario per essere certi d'aver trovata la posizione d'equilibrio.

Per dare un'idea di queste esperienze, dirò che dando alla doppia ruota d'interruzione una velocità mediocre di rotazione e tenendo separatamente in azione il circuito a un giro solo, si aveva nel galvanometro una deviazione impulsiva di oltre 30 gradi.

Prima di passare alle esperienze che formano il soggetto di questo capitolo noterò brevemente i resultati ottenuti studiando coll'apparecchio descritto la distribuzione delle forze magnetiche che emanano dalla superficie polare adoperata. In un piano paralello alla superficie polare e quasi in contatto di essa, la forza elettro-motrice indotta è minima nel centro, e si conserva quasi uniforme dal centro fino al terzo del raggio della superficie polare; da questo punto cresce lentamente fino in prossimità della periferìa, dove raggiunge rapidamente il massimo. In un piano distante 99 millimetri dalla superficie polare il massimo si trova nell'asse magnetico, da dove decresce uniformemente sino ad una grande distanza.

Trovati nel modo che abbiamo detto i due piani in cui le forze elettro-motrici indotte stanno fra loro :: 1 : 2, dovevo determinare qual era la forza repulsiva provata da una massa di bismuto in quelle stesse posizioni. A questo fine il piano su cui posa l'elettro-calamita è coperto da una cassa di cui le pareti laterali sono di cristallo e il piano superiore di legno. In questo piano sono fissati due tubi ognuno dei quali porta un micrometro simile a quello della bilancia di Coulomb. Questi due tubi sono stabiliti in maniera da potersi muovere in direzioni perpendicolari fra loro, cioè paralellamente e normalmente all'asse magnetico. In una parola, sono due bilancie di torsione simili, ognuna delle quali è destinata a misurare la forza repulsiva che soffre un disco o una lamina di bismuto del diametro stesso dei circuiti indotti: questa lamina è fissata all'estremità della solita leva di legno colla sua maggior superficie paralella alla superficie polare. Non starò qui a descrivere tutte le minute precauzioni usate onde giungere a risultati rigorosi e costanti: è essenziale di operare in una stanza terrena e dove la temperatura varia pochissimo, e di mantenere colla scatola piena d'acqua che inviluppa la spirale, costante la corrente e la temperatura dell'elettro-calamita.

Ho adoperato da primo due dischi di bismuto che erano stati ottenuti colando da una certa altezza alcune goccie di bismuto fuso sopra un piano di marmo e poi riducendoli dello stesso peso, di 1 millimetro di grossezza e di 12^{mm} di diametro. In un'altra serie d'esperienze, onde ottenere effetti più forti, ho preparato due lamine rettangolari di bismuto lunghe $16^{mm},90$; larghe $9^{mm},30$ e di $1^{mm},75$ di grossezza: queste lamine perfettamente cristallizzate avevano i piani di clivaggio in traverso e quindi paralelli all'asse magnetico. Si faceva la determinazione della posizione delle lamine per mezzo del filo del canocchiale del catetometro: la lastra di bismuto fissata come fu detto ad una estremità della leva della bilancia, era sempre, prima di cominciare l'esperienza e quando l'elettro-calamita agiva, condotta in uno stesso piano normale all'asse magnetico e paralello alla superficie polare.

Talvolta l'esperienza era fatta mettendo successivamente lo stesso disco diamagnetico nelle due posizioni in cui erano state determinate le forze elettro-motrici indotte: più spesso ho adoperato due lastre e due dischi simili di bismuto, alternandone però la posizione, cioè portando più vicina alla calamita la lastra che prima era più lontana e viceversa. Onde sollecitare la misura della torsione, si può mettere contro l'asta di legno che porta la lastra di bismuto un tubo di vetro, lo che permette di torcere il filo verso l'elettro-calamita di un certo numero di gradi prima di cominciare l'esperienza. Si fà allora agire l'elettro-calamita e se la torsione data era poca, il disco sarà respinto e si distaccherà dal tubo: così con alcuni tentativi si riesce più prontamente alla misura della repulsione.

Ho eseguito diverse serie d'esperienze nelle condizioni e col metodo che ho descritto ed ho costantemente trovato, *che la forza con cui è respinto il bismuto da una superficie polare molto estesa di un' elettro-calamita, e la forza elettro-motrice indotta, variano secondo la stessa legge: in quei punti del campo magnetico dove la forza elettro-motrice indotta è doppia, è pure doppia la forza repulsiva provata dal bismuto*.

Questo risultato è stato verificato stando coi circuiti indotti e coi dischi di bismuto sull'asse magnetico, come pure stando in un piano paralello alla superficie polare.

Si sarebbe dovuto tentare di estendere lo studio di questa relazione ad altri casi e specialmente variando la forma e l'inclinazione della superficie polare: ma pur troppo sono stato arrestato in questa continuazione dal tempo troppo lungo che esigono le esperienze. Deve quindi considerarsi quella relazione stabilita nei soli casi in cui ho operato.

§. 7°.

Sull'influenza dello stato di divisione di un corpo sul suo potere diamagnetico.

Per eseguire questa ricerca ho adoperata una solita bilancia di torsione e una grossa elettro-calamita di cui il ferro pesa 100 chilogrammi orizzontale in parte coperta colla cassa delle bilancia stessa. Al filo di torsione è sospesa una lunga asta di legno, la quale è tenuta all'altezza di circa $0^m,18$ dal piano che passa per i centri delle superficie polari. Ad una estremità di quest'asse è fissato un cubetto d'avorio traforato per lasciar passare un tubetto di vetro che per mezzo di una vite pure d'avorio si tiene fermo a diverse altezze. All'estremità inferiore di questo tubo di vetro ho fatto saldare il turacciolo di cristallo arruotato di un piccolo palloncino pure di cristallo simile ai palloncini che si usano per la determinazione dei pesi specifici dei liquidi. Un segno fine tracciato nel collo del palloncino e sul turacciolo serve a rimettere il palloncino sempre nella stessa posizione rispetto al turacciolo. Il palloncino ha anche altri segni egualmente fatti coll'acido idrofluorico, i quali sono osservati con due cannocchiali muniti dei fili micrometrici e fissati a angolo retto sulle pareti della cassa della bilancia di torsione. L'altro braccio dell'asta porta un piccolo piatto di carta su cui si pongono dei pezzi di acido stearico onde fare equilibrio ai pesi diversi dei metalli messi nel palloncino. Le due àncore dell'elettro-calamita terminate in mezze sfere sono in contatto fra loro e fissate con viti di ferro sul ferro dell'elettro-calamita.

Prima di cominciare l'esperienza, si lascia il filo in riposo per diversi giorni onde prendere la sua posizione d'equilibrio; è utile di assicurarsi del buon andamento del filo, mettendo nell'interno della cassa un quadrante del diametro dell'asta e torcendo il micrometro ora a destra ora a sinistra, per un tempo più o meno lungo, per vedere se l'asta viene a fermarsi sul quadrante facendo un angolo eguale a quello fatto col micrometro.

Allorchè il palloncino è fissato al suo turacciolo, l'asta deve trovarsi in equilibrio essendo il palloncino in contatto delle estremità polari e col suo centro sulla metà della linea che unisce i centri delle due superficie polari.

Per assicurarmi della costanza della corrente o piuttosto della forza magnetica dell'elettro-calamita, ho fissato ad una certa distanza dall'elettro-calamita un sistema astatico sospeso in una cassa di cristallo e munito dello specchio di Gauss sul quale è riflessa la solita scala divisa, posta sotto il cannocchiale di un teodolite. Nel circuito della spirale dell' elettro-calamita era compreso un reostata, il quale consisteva in un filo sottile di acciajo che da una parte era unito ad un reoforo della pila, e dall' altra pescava nel mercurio in un tubo di vetro piegato ad U: facendo escire da una delle branche di questo tubo il pezzo lungo del filo d' acciajo che rimane libero, s' intende facilmente che si possono avere delle lunghezze diverse di filo d' acciajo, ora percorso dalla corrente ed ora no. Con questa disposizione ho creduto di esser più sicuro dei contatti che col reostata ordinario di Wheatstone.

Procedo nell' esperienza nel modo che segue. Messo il palloncino al suo posto, chiudo il circuito dell' elettro-calamita onde assicurarmi dell' azione che soffre il palloncino solo: per solito quest' azione è leggiermente repulsiva, ma tanto piccola che con due gradi di torsione il palloncino non si distacca più dalle àncore. È utile di avere nell' interno della cassa e sotto il braccio della leva opposto a quello che porta il palloncino, un sostegno di legno su cui la leva si riposa, allorchè si toglie il palloncino dal posto per vuotarlo e riempirlo di un altro corpo. Finalmente, di faccia al tubo del palloncino alla distanza di 15 a 20 millimetri, si colloca un tubo di vetro fissato sopra un piede di legno e piegato orizzontalmente in alto, contro il quale viene ad urtare il tubo allorchè il palloncino è respinto e che serve a diminuire le oscillazioni e a stabilire più presto l'equilibrio.

Per mezzo dei micrometri dei due cannocchiali fissati alle pareti della cassa, il palloncino è rimesso in una posizione invariabile rispetto ai poli dell' elettro-calamita. Riempito il palloncino della sostanza di cui si vuol determinare il potere diamagnetico e chiuso il circuito dell' elettro-calamita, un Ajuto torce il micrometro della bilancia di torsione di un certo numero di gradi, che deve esser tale che il centro del palloncino si fissi respinto ad una piccola distanza dalle àncore, cioè di 8 o 10 millimetri col suo centro.

Questa posizione stabilita in una prima esperienza, è quella che si deve verificare in tutte le esperienze successive e che è determinata rigorosamente coi fili micrometrici dei cannocchiali.

Per chi conosce quanto sono difficili queste esperienze di misura e di confronto dei poteri diamagnetici, che si devono ottenere in presenza di azioni magnetiche fortissime, troverà ragionevole l'estensione e il dettaglio in cui sono entrato sul metodo da me seguito.

I metalli allo stato di grande divisione su cui ho operato sono l'oro, l'argento, il rame e il bismuto. Ottenuti questi metalli allo stato di purezza coi processi chimici ordinarii, erano ridotti allo stato di grande divisione, ora con mezzi chimici, ora con processi meccanici analoghi a quelli della lavatura di certi minerali, ed ora usando la corrente elettrica per decomporre le soluzioni di quei metalli e per separarli allo stato di polvere finissima sull'elettrode negativo.

L'oro era ottenuto facendo agire l'acido ossalico sul cloruro neutro d'oro. Se le soluzioni sono diluite, e la reazione si opera lentamente alla temperatura ordinaria, si ottiene il metallo allo stato di grande divisione sotto forma di fiocchi. Per dare un'idea dello stato di divisione di questo metallo, dirò che lo stesso volume, che è quello del palloncino di oro, pesa $1^{gr},200$; $2^{gr},540$; $4^{gr},255$; $6^{gr},075$; $11^{gr},355$, secondo che è più o meno compresso. La polvere d'oro era compressa in un mortajo d'agata e volendo ridurla in laminette grosse e molto compresse, basta di scaldarla prima di sottoporla alla pressione. L'oro per la sua inalterabilità all'aria e per la proprietà di essere ottenuto in fiocchi che poi si possono comprimere sino a ridurlo quasi simile all'oro fuso, è il metallo che mi ha fornito i risultati più costanti in questa ricerca. Chiamando 1 il poter diamagnetico dell'oro allo stato della più grande compressione, questo potere diviene, secondo i diversi gradi di divisione, 1,36; 1,41; 1,73. È appena necessario di descrivere come questo risultato si ottenga immediatamente dall'esperienza. Empito il palloncino dello stesso volume di polvere d'oro sempre più compresso, le forze repulsive nelle stesse condizioni non variano proporzionalmente al peso del metallo contenuto in quel volume, ma in un rapporto che è tanto minore quanto più è grande lo stato di condensazione della polvere.

L' argento è stato ottenuto decomponendo con una pila forte una soluzione neutra e diluita di nitrato d' argento puro, e avendo per elettrodi due lamine di argento di coppella. Si ottiene sull' elettrode negativo una polvere finissima che poi si lava più volte coll' acqua distillata, si tiene in digestione coll' acido idroclorico puro e si lava di nuovo coll' acqua. Per ottenere la polvere più o meno divisa, si agita la polvere stessa nell' acqua e si lasciano deporre le polveri tenute in sospensione nei diversi liquidi, che hanno servito alla lavatura. Per ottenere una polvere cristallina, basterà che la soluzione di nitrato d' argento sia più densa e che si operi con una corrente debole. Così operando, lo stesso volume d' argento più o meno diviso, senza essere calcato, pesò 1gr,160; 1gr,570; 1gr,885; 3gr,200; 4gr,770. Anche con questo metallo si trova un aumento del poter diamagnetico proporzionalmente al grado di divisione. Così chiamando 1 il poter diamagnetico dell' argento allo stato di grossa polvere cristallina, questo potere può salire fino ad 1,12 e anche a 1,55, sul metallo preso allo stato di grande divisione.

Sul rame questa ricerca è difficile e incerta per la difficoltà di ottenere il metallo puro e perchè il rame allo stato di grande divisione assorbe e condensa l' ossigene divenendo magnetico da diamagnetico che è allorchè è allo stato metallico. È nota l'esperienza colla quale si fa vedere, la stessa quantità di polvere di rame puro essere ora attratta ora respinta dall' elettro-calamita, secondo che si adopera ossidata riscaldandola all' aria o ridotta coll' idrogene. Per questa proprietà della polvere di rame di assorbire l' ossigene e di ossidarsi all' aria, ne viene che durante le esperienze sul diamagnetismo si trova un poter diamagnetico variabile per la stessa quantità di metallo. Quando si riesce ad operare prontamente sulla polvere di rame raffreddata nel gaz idrogene, si trova sempre che il suo poter diamagnetico è maggiore di quello dello stesso rame ridotto in globetti fusi col mezzo della fiamma del gaz ossi-idrogene.

Ho già detto in questa memoria §. 3°. che il poter diamagnetico del bismuto non varia, almeno in quei limiti di divisione, che può essere ottenuta coi mezzi meccanici.

Dirò finalmente che sottoponendo a esperienze simili alcuni corpi isolanti, come sono lo solfo, l' acido stearico, le resine, ora allo stato di massa solida, ed ora in polvere più o meno fina, ho sempre trovato che le forze repulsive crescevano proporzionalmente ai pesi.

È dunque sui metalli soli che si verifica che il poter diamagnetico aumenta col grado di divisione di questi corpi e ciò in proporzione della loro conducibilità.

Farò finalmente osservare che la conducibilità delle polveri metalliche è tanto più piccola quanto più queste polveri sono fine, e basterà per assicurarsi di questa verità, di avere in un circuito voltaico, in cui è un galvanometro, una colonna di una delle polveri metalliche sopra dette: si vede allora crescere la conducibilità crescendo la quantità della polvere contenuta in quella colonna, ossia comprimendola sempre più e mantenendo la sua lunghezza costante. Si può ottenere sopra una carta da feltro uno strato sottilissimo d'argento o d'oro; saggiando la conducibilità di questo strato si troverà che è nulla o quasi nulla e che si può accrescere facilmente, comprimendo lo strato in modo che acquisti lo splendore metallico.

Riassumendo queste ricerche, si può considerare come sperimentalmente stabilito, *che il poter diamagnetico di un metallo aumenta a misura che la conducibilità elettrica della massa metallica è resa meno grande per lo stato diverso di divisione in cui si adopera.*

RICERCHE SULLA COLORAZIONE DEI LEGNI, E STUDIO SUI LEGNI D'AMARANTO; DI G. ARNAUDON (DA TORINO), FATTO NEL LABORATORIO CHIMICO DEI GOBELINS A PARIGI.

(Corrispondenza particolare del Nuovo Cimento)

Fra i prodotti naturali ed in ispecie tra quelli su cui si aggira il così detto commercio dei generi coloniali molti ve ne sono, i quali benchè usati da tempo antichissimo non sono generalmente conosciuti che sotto un nome empirico, tratto il più delle volte dall' aspetto, da una data proprietà, dall' uso a cui vengono applicati; da cotali principii emergono delle classificazioni affatto artificiali e variabili come i punti di vista da cui si presero a considerare. E per tacere di tanti altri esempi che mi verrebbero forniti dalla storia delle droghe mi limiterò a far cenno di uno, perchè entra più particolarmente nel soggetto che ho impreso a trattare, alludo allo studio dei legni. Senza badare alla tenacità, durezza, colore ec., il farmacista riunisce in un gruppo tutti quei legni che pel complesso dei loro principii possono esercitare un' azione identica od analoga sull' economia animale; il chimico verrà a sua volta a classificarli a seconda del principio immediato predominante od al quale accorda una più grande importanza; l'ebenista coordinerà i legni dietro la loro apparenza resultante dal colore, e dalla diversa disposizione delle fibre legnose tenendo pur conto talvolta dell' odore, che pel profumiere costituisce un carattere di primo ordine; per i lavori d' artiglieria, pel costruttore di navi, proprietà di maggior rilievo saranno la tenacità, le dimensioni, la resistenza agli agenti esteriori.

Utilizzati come combustibili, i legni vengono ordinati secondo il loro potere calorifico, il modo di ardere ec. Le qualita del carbone sono poi più particolarmente apprezzate dai fucinatori e da chi fabbrica la polvere da guerra.

Finalmente il tintore lasciando in disparte tutte le proprietà anzi enunciate formerà una classe di legni tintoriali che verrà suddivisa in ordine ai colori che può estrarre ed applicare su' fili e tessuti. Non essendo mio intendimento il discutere qui sul valore dei diversi metodi di classificazione dei legni, concluderò senz' altro col dire che io mi atterrò al sistema che riunisce in uno stesso gruppo tutti i legni aventi un principio immediato simigliante, non però comune a tutti come la cellulosa, ma caratteristico di taluna generazione di piante.

Nelle presenti ricerche mi sono proposto di trovare e distinguere i principii immediati dei varii legni colorati in violetto, ed in questo capitolo tratterò di quelli che ho compreso in uno stesso gruppo a cui ho dato il nome usuale di legni d' amaranto. Siffatti legni non usitati finora che nell' ebanisteria, potranno, in seguito al risultato de' miei studii, venir d' or innanzi compresi nella classe dei legni di tinta. Spero inoltre che queste ricerche saranno d' ajuto alla risoluzione del gran problema della produzione de' colori negli esseri organizzati.

Si distinguono nel commercio colla denominazione di legno violetto, legno d' amaranto ec. differenti qualità di legni d' ebanisteria più o meno colorati in rosso cremisi porporino od in violetto, originarii per la maggior parte dall' America meridionale e dalle Antille. Egli è dalle Guyane e dal Brasile che ci arrivano ordinariamente pei bisogni dell' ebanisteria, avvegnachè abbondano nella nuova Granata, nel Messico e nel Paraguay.

Assai incerta è finora la specie e la famiglia botanica alla quale devesi ascrivere l' amaranto, probabilmente il principio immediato colorante è diffuso come l' indigotina in diverse famiglie; ma per levare ogni incertezza bisognerebbe risalire alla fonte del commercio di questi legni, assistere al loro raccolto, in una parola studiare la pianta che li produce.

Nello stato attuale delle cose l' aspetto e specialmente il colore violaceo venne preso quasi esclusivamente in considerazione per distinguere il legno d' amaranto.

Ma egli è dei vegetali all' incirca come è dei minerali, l' aspetto esteriore e il più di sovente un carattere d' ordine affatto secondario relativamente alla classificazione dei corpi, sia per riconoscere le specie botaniche che per distinguere le specie chimiche. Mi sono capitati dei legni che pel colore si sarebbero ordinati nei legni d'amaranto, ma che per la natura della materia colorante si discostano totalmente dalle specie comprese in tal gruppo.

Incomincierò per descrivere brevemente i legni che ho fin qui esaminati e che annovero come legni d'amaranto.

Il *pao colorado*, (legno rosso) di Bolivia del Brasile. La mostra che ho esaminata proviene dalla collezione raccolta dall' insigne botanico Weddel nel viaggio ch'ei fece coll'ammiraglio Castelnau. Questo legno è d'un colore rosso sanguigno molto somigliante a quello del santalo rosso; siffatto colore non è limitato alla superficie, ma vi penetra regolarmente in tutta la massa, ha fibre grosse e diritte, il suo peso specifico è minore che quello dell'acqua, può piallarsi facilmente senza faticar troppo i ferri che si impiegano a lavorarlo. Non deve confondersi con quello che il Guibourt ha descritto sotto il nome di amaranto rosso (1).

Il *bois violet* di Cayenna di un color rosso meno intenso è più gialliccio; il colore è più violaceo all'interno che all'esterno, e non è distribuito uniformemente, ma delle fibre d'un rosso cupo sono alternate con altre fibre più strette e di color ranciato; il punteggiato nel taglio trasversale di questo legno è più grossolano che nel pao colorado ed il suo peso specifico minore. La mostra esaminata proviene dal Museo d'istoria naturale (*Jardin des plantes*) ed appartiene alla collezione dei legni di Cayenna inviata dal sig. Dueler; ne ho trovato eziandio nel Museo del Ministero delle colonie a Parigi. Questo legno è impiegato nei lavori di ebanisteria, e secondo il sig. Noyer ex deputato della Guyana che pubblicò un lavoro speciale sulle risorse forestali di quel paese (2), il legno violetto appartiene ad un bell'albero assai comune nelle foreste, è d'un uso eccellente nelle costruzioni navali.

(1) *Histoire des drogues*, vol. III. p. 322. È mia opinione che il legno qui descritto dal Guibourt, il quale ebbi occasione di vedere, non deve esser compreso nel gruppo dei legni d'amaranto.

(2) *Des forets vierges de la Guyane*, Paris 1817.

Il *Mariwaguna* o *purple heart* (cuor porpora) detto combarel, dagli indigeni d'Araweah, Guyana Inglese. La mostra da me esaminata e che devo alla gentilezza del sig. A. Brogniart è tratta dalla collezione di Sir R. Schomburgh. Dietro questo naturalista e secondo il Comitato della Guyana Inglese che ne aveva pure esibiti all'esposizione universale, questo legno apparterrebbe al *copoisera publifora et bracteata* (Benth.); il suo alburno assai esteso è bianco giallognolo, leggiero, e quasi spugnoso: il cuore, o legno propriamente detto, è di color porporino; men vivo che nel pao colorado, più intenso all'esterno che all'interno; fibre disposte regolarmente e assai facile al lavoro: lo si dice superiore ad ogni altro nella confezione degli affusti d'artiglieria. Gli indiani della riva Orabice costruiscono colla scorza di questo legno delle barche o *Woodskins* le quali possono contenere fino a venticinque persone.

Il *tananeo* o *tananè* della nuova Granata. Il campione esaminato venne portato da Cartagena dal sig. Fontainier, e da quanto mi venne narrato dal sig. Jose Triana Prof. di botanica a Santa Fe di Bogota, il tananeo apparterrebbe alla famiglia delle bignoniacee e sarebbe compreso nel genere Tecoma.

Questo legno è più pesante che i precedenti; il suo peso specifico è superiore a quello dell'acqua; le sue fibre più fine e connesse irregolarmente, si nota che dopo due o tre strati regolarmente disposti ve ne alterna uno facente un angolo cogli altri e presentante per questo motivo quella difficoltà di lavoro che si osserva pei legni di quebracho e di santalo, come altresì quel riflesso variabile della superficie piallata.

Il colore esterno di questo legno è il rosso violetto, vale a dire di un porpora più rossigno dei precedenti, ma siffatto colore non è qui che superficiale, quello dell'interno è d'un bigio somigliante a quello del noce. Esposto all'aria questo colore si cambia, e passa graduatamente al porpora.

Il legno tananè abbonda nelle foreste delle Ande e s'incontra particolarmente nelle prime zone di vegetazione, di quelle alle montagne, e non lungi da'grandi fiumi che solcano quel paese. Vi si impiega per lavori di tornio, ruote dentate, molini a zuccaro, e perfino come legno da ardere.

Il *palo morado* (legno violetto) del Paraguay. La mostra

che qui descrivo faceva parte dei prodotti naturali inviati dal Paraguay all' esposizione universale del 1855 e lo devo alla benevolenza del sig. Laplace Console Generale di quella Repubblica a Parigi.

Questo legno si approssima molto al precedente pe' suoi caratteri, tuttavolta è un po' meno pesante, le sue fibre avvegnachè ondulate non sono sì divergenti; il colore rosso della superficie è più intenso. Ma come già dissi pel tananeo, il colore non si propaga all' interno, ed il legno al disotto del sottile strato superficiale è d' un bigio sbiadito, ma dopo breve esposizione all' aria il colore porporino appare vivo ed intenso.

L' albero che produce questo legno deve essere d' assai gran dimensione a giudicarne sul campione che io posseggo, il quale non ha meno di due decimetri di diametro senza l' alburno. Pare che esso sia abbastanza comune sulle rive del Paraguay e dell' Uraguay.

Ho esaminato ancora un legno che mi si disse assai impiegato nell' ebenisteria parigina e che mi sono procacciato alle segherie meccaniche del subborgo di S. Antonio; esso presenta dei caratteri intermediarii tra il purple heart ed il palo morado. Questo legno proviene dal Rio de la Plata.

Nello scopo di conoscere la causa della colorazione e la natura della materia colorabile, ho cominciato per ricercare la parte d' influenza, che gli agenti atmosferici esercitano sulla produzione del fenomeno; a tal fine l' ho sottoposti ad esperienze analoghe a quelle altra volta citate per i legni di taigu e di quebracho: ed ecco i risultati ottenuti:

AZIONE DEGLI AGENTI ESTERIORI

sul legno d'amaranto.

DISPOSIZIONE DELL' ESPERIENZA	RISULTATI		
	Conservato nell' oscurità dopo 15 giorni	*Conservato nell'oscurità dopo un mese*	*Esposto alla luce dopo 15 giorni*
1. Legno ad aria rarefatta e vuoto operato colla macchina pneumatica.	nessun cambiamento.	nessun cambiamento.	Il legno si è colorato in violetto, il colore è il 3°. violetto, 5°. tono imbrunito a $^1/_{10}$.
2. Idrogeno.	nessun cambiamento.	nessun cambiamento.	come sopra.
3. Acido carbonico.	nessun cambiamento.	nessun cambiamento.	come sopra.
4 Vapore acqueo.	nessun cambiamento.	nessun cambiamento.	violetto alquanto più intenso che al n°. 1.
5. Aria confinata in tubo di vetro saldato alla lampada.	nessun cambiamento.	leggermen. imbrunito.	Violetto più rosso, ed è il rosso 8°. tono imbrunito a $^7/_{10}$.
6 Aria libera circolante.	leggermente imbrunito.	leggermen. imbrunito.	Il violetto volge più al rosso bruno e può considerarsi il 3°. rosso 11°. tono imbrunito a $^8/_{10}$.

Si può conchiudere da queste osservazioni che la luce influisce essenzialmente sullo sviluppo del colore nel legno d'amaranto, che l'acqua favorisce il fenomeno, che l'ossigeno atmosferico senza luce è insufficiente a sviluppare la materia colorante anche col concorso dell' acqua. Ciò nondimeno quando agisce simultaneamente alla luce modifica la tinta violacea della materia colorata prodotta sotto l' influenza isolata della luce facendola volgere alquanto verso il rosso.

Credo opportuno di ricordar qui il risultato delle esperienze analoghe riguardanti l' influenza degli agenti esteriori sulla colorazione dei legni che ho esposto nei miei studii precedenti sui legni di quebracho e di taigu. Siffatte esperienze mi portavano a concludere che mentre l' aria e la luce erano necessarie allo sviluppo del colore rosso ranciato del legno di quebracho, l' aria sola era sufficiente alla produzione della efflorescenza giallo-verde del legno di taigu. Per lo contrario nei legni d'amaranto di tutti gli agenti esteriori, è la luce quello che agisce attivamente a svilupparne il colore violetto.

Dopo avere studiato l' azione della luce dell' aria e dell' acqua ho voluto sapere qual sarebbe quella del calore. A tal fine ho sottoposto i legni a influenze analoghe alle precedenti, ma sostituendo la luce al calore, ho potuto elevare la temperatura gradatamente fino a 130 cent^{di}. senza scorgere cambiamento sensibile; ma una volta arrivati tra 140° e 150° si sviluppò un magnifico color porpora. Questa colorazione è soprattutto appariscente, quando si opera non più sul legno ma sulla materia colorabile che venne separata e seccata fuori dell' influenza della luce. In questo stato essa è incolora, ma vengasi a scaldare a + 150° ed immediatamente il color porporino si mostra in tutta la sua eleganza, ed ancorchè siasi operato nel vuoto non si osserva veruna tumefazione nè cambiamento di consistenza nel corso di questa trasformazione.

Le osservazioni fatte sui legni mi condussero ad esaminare come si comporterebbe la loro soluzione acquosa. Questa soluzione saturata a caldo è leggiermente colorata in bruno e lascia deporre per raffreddamento un sedimento di color bigio. Presi quattro volumi eguali A, B, C, D, di siffatta soluzione dopo averla resa perfettamente limpida; il volume A venne messo nel vuoto oscuro; il volume B conservato pure nell' oscurità ma in contatto dell' aria; il volume C venne esposto alla luce, suddiviso in due parti, su l' una delle quali agiva liberamente l' aria mentre la seconda n'era preservata; e finalmente il volume D è stato esposto all'influenza del calore.

I risultati di queste esperienze furono i seguenti:

a) Nessuna colorazione, nessun sedimento: il liquido si trova ancora dopo due anni qual'era al cominciamento dell'esperienza.

b) Nessuna colorazione rossa ma un sedimento di color bigio.

c) Dopo qualche minuto, leggiera colorazione in violetto nella faccia del vaso rivolta alla luce solare, non si nota differenza sensibile tra quella sottratta all'azione dell'aria, e quella in cui l'aria circola liberamente; il colore rosso violaceo sviluppato sotto l'influsso della lùce solare scompare lentamente allorquando lo si mette nell'oscurità. La disparizione è più pronta se si scalda a bollizione il liquido, se dopo averlo così decolorato si rimette all'azione della luce, si colora nuovamente in violaceo per scomparire ancora, come dissi qui avanti, e così successivamente.

d) Un'ebollizione protratta ed a 100° non sviluppò il colore, sia nell'aria che nel vuoto in tubo chiuso; verso i 150 appare la colorazione.

Le precedenti esperienze dimostrano: che l'aria sola modifica la materia disciolta, ma altrimenti che nol faccia la luce ovvero la temperatura di 150° la luce sviluppa il color porpora nella materia colorabile sciolta nell'acqua ma meno sensibilmente che sul legno e sulla materia isolata. La tenue quantità di materia colorata prodotta dall'azione della luce su di una parte della materia colorabile disciolta, venendo ad alterarsi per l'azione dell'acqua bollente e dell'aria, si spiega come avvenga la disparizione del color porpora nella soluzione; ma siccome quest'ultima contiene ancora di materia colorabile non alterata, si spiega pure come dopo essersi scolorata la soluzione si colori nuovamente allorchè viene esposta all'azione della luce solare.

L'esame dei legni d'amaranto coi diversi reagenti mi aveva dimostrato che gli acidi ed i sali acidi anche in gran stato di diluzione esercitavano un'azione particolare per sviluppare nella soluzione la materia colorante porporina, mentre come abbiam veduto l' azione sola della luce non produce che una tenue quantità di materia colorante. L' azione della luce col concorso di traccie d' acido sviluppa, in qualche minuto, una vaga colorazione rossa di carminio. Questo fenomeno non si osserva che indi a qualche giorno nel liquido conservato nell' oscurità.

Guidato dall' induzione di anteriori osservazioni, ho cercato di accelerare la produzione della materia colorante col mezzo degli acidi non più col concorso della luce, ma sotto l' influenza del calore; scaldai in pallone di vetro la soluzione incolora vicino agli 80° poscia v' instillai poche goccie d' acido cloridrico, ed incontanente la massa divenne di un magnifico rosso cremisi, ed il liquido lasciò deporre per raffreddamento dei fiocchi di materia colorata, dello studio della quale, come di quello della materia colorabile preesistente, mi occuperò più innanzi (1).

Prima di passare più oltre credo non sia inutile di stabilire fin da questo momento:

1°. Che i differenti legni di cui ho parlato, contengono tutti una materia incolora suscettibile di trasformarsi in un'altra materia colorata in rosso porpora sotto l' influenza della luce, del calore, e degli acidi.

2°. Che questi legni, come pure tutti quelli che presenteranno in avvenire gli stessi caratteri, massime se corroborati dall' esame delle proprietà speciali del principio immediato, potranno venir riuniti in uno stesso gruppo, il quale sebbene sia poco naturale al punto di vista botanico non sarà senza utilità nella scienza, massime per la chimica che studia la sua specie ove rincontra, qualunque sia, la sua origine.

3°. Che la materia colorabile passa allo stato di materia colorata per un'altra causa che quella dell' aria o dell' ossidazione: che questa causa deve piuttosto riferirsi ad una modificazione molecolare del principio immediato preesistente nei legni, che ad un assorbimento di ossigeno esterno.

(1) Tutti gli acidi ad eccezione dell' acido acetico producono la trasformazione. L' acido cloridrico è quello però che mi diede migliori risultati. La materia colorata resiste all' azione dell' acido solforico concentrato, e l' aggiunta dell' acqua non ne fa scomparire il colore.

4°. Che la materia colorabile è in più gran quantità nei legni di questo gruppo meno colorati all' interno.

5°. Che la tintura viene ad essere arricchita d' una nuova materia tintoriale, mentre l' ebanisteria trova uno sbocco migliore pei suoi residui.

APPARECCHIO ESTRATTORE PER IL TRATTAMENTO DELLE MATERIE ORGANICHE CON DISSOLVENTI SUCCESSIVI A DIVERSE TEMPERATURE; DI GIACOMO ARNAUDON DA TORINO.

(*Corrispondenza particolare del Nuovo Cimento*).

Il più antico procedimento d' estrazione è quello che consiste a mettere direttamente il liquido in contatto colla materia in vaso chiuso e lasciarvelo così soggiornare per qualche tempo: quindi decantarlo e continuare così fino ad esaurimento.

Viene in seguito il processo detto per spostamento antichissimo, almeno se vogliamo riportarci ai mezzi d' estrazione già in uso per il liscivio delle ceneri, delle terre nitrate ed a molti altri consimili nei quali trattasi di estrarre una sostanza solubile dalle materie che la contengono.

L' apparecchio di Robiquet consiste in un' allunga posta su di una bottiglia destinata a ricevere il liquido che vi sgocciola dopo avere attraversato la sostanza contenuta nell' allunga.

Guibourt ha perfezionato quest' apparecchio mediante l' addizione di una chiavetta di cristallo alla parte affilata dell' allunga e sostituendo alla bottiglia ordinaria una bottiglia di Woulf a due tubulature delle quali una è destinata a portare l' allunga, mentre l' altra va munita d' un tubo che mette in comunicazione la bottiglia colla parte superiore dell' allunga: disposizione che facilita la filtrazione del liquido; la bottiglia è inoltre provvista di una chiavetta alla parte inferiore, lo che permette di rivuotarla del liquido che contiene.

L'apparecchio di Jaquelain differisce dal precedente in ciò solo che il tubo adduttore va munito d'un tubo di sicurezza alla Welter e che l'allunga è più corta, ha bocca più larga e che la materia in vece di essere posta su d'uno strato di cotone che serve di filtro vien qui collocata entro un filtro di carta, per modo che ad esaurimento finito si può togliere e pesare la materia medesima separatamente dall' allunga

L'apparecchio di Payen detto a circolazione o a distillazione continua si distingue dai precedenti in ciò che la bottiglia di Woulf è sostituita da un pallone a due tubulature ed ancora per l'addizione d'un condensatore a bolle che sovrasta all' allunga. Il liquido dissolvente sottomesso alla distillazione, distilla i vapori, fannosi strada pel tubo laterale ed arrivano alla parte superiore dell' allunga ove si condensano in liquido per la più gran parte e ricadono sulla sostanza e quindi nel pallone sottoposto; i vapori non condensati vengono più o meno ritenuti dal sistema di bolle condensatrici.

L'apparecchio di Kramer di Milano non differisce dall' or menzionato se non se in ciò che è costrutto in metallo in vece di vetro e che ciascuna delle due parti principali, che costituiscono il precedente, è qui suddivisa in due altre per modo a formare quattro vasi sovrapposti nell' ordine seguente.

Superiormente vi è un' allunga a sostanza che comunica per la parte inferiore con un vaso contenente la materia filtrante (sabbia o cotone), segue un serbatojo pel liquido estratto, e per ultimo il vaso a concentrazione a doppio fondo che può essere scaldato a vapore: delle chiavette, e un livello a liquido permettono di regolare l'andamento dell' operazione. Il tubo laterale è inviluppato da un altro tubo, nel quale si fa circolare acqua calda a vapore per impedire la condensazione dei vapori che devono salire per distillazione alla parte superiore dell' allunga (1).

(1) Il Prof. Kramer aveva stabilito, fin dal 1843, quest' apparecchio su grande scala nella Fabbrica dei prodotti farmaceutici del sig. Perelli Paradini a Milano, il quale lo mise in pratica specialmente per la preparazione

L' apparecchio di Schloesing (1) analogo esso pure a quello di Payen ma perfezionato per l' utile aggiunta di un refrigerante alla Gay-Lussac posto alla parte superiore, dove i vapori arrivando dal pallone a concentrazione passano e si condensano in liquido che ricade sulla sostanza contenuta nell' allunga e di là cola nel pallone anzi citato.

L' apparecchio di E. Kopp somiglia a quello dello Schloesing se non che al refrigerante alla Gay-Lussac si è sostituito un serpentino; si distingue molto per l' impiego della latta in vece del vetro.

Non farò che menzionare gli apparecchi di Calvert, di Mohr, di Stephen-Peen, di Loisel, i quali pur figuravano all' esposizione universale del 1855.

Gli apparecchi di Kramer, Payen, Schloesing, Kopp, Calvert hanno sugli altri il vantaggio di permettere l' esaurimento della sostanza con una quantità relativamente minima di dissolvente. Ma in tutti questi apparecchi la sostanza è sottoposta direttamente all' azione del calore, ed alla temperatura in cui il liquido bolle fintanto che dura la distillazione. Egli è dunque necessario di assicurarsi con esperienze preventive prima di sottomettere una materia all' estrazione in questi apparecchi a circolazione ed a caldo, ch' essa non contenga principii modificabili per l' elevazione della temperatura, o che non si alterino sotto l' influenza di prolungata ebollizione.

Quando poi trattasi di far uso di apparecchi metallici quali son quelli di Kramer e di Kopp, bisogna inoltre aver riguardo allo stato di neutralità della sostanza su cui si vuole operare. Ed infatti non è ignoto che il piombo e lo stagno possono venire intaccati assai facilmente sotto certe influenze acide od alcaline, senza parlare de' gravi inconvenienti che succederebbero

del solfato di chinina. Vedi per la descrizione di quest' apparecchio gli *Annales de Physique et Chimie* 1845 p. 507, *et planche VI*. fig. 1, 2. Questo stesso apparecchio fu poi descritto da Payen nel mese di Gennajo 1845 negli *Annales de Chimie et Physique*, pag. 59.

(1) *Memoria sulla nicotina*, presentata all' Accademia delle Scienze di Francia, 21 Dicembre 1846, e inserita negli *Annales de Chim. et Ph.* 1847, p. 230.

allorchè il ferro fosse messo allo scoperto in qualche parte dell' apparecchio.

Chevreul fin dal 1801 aveva impiegato un apparecchio da lui stesso immaginato a proposito del suo lavoro sull' analisi del sughero; il quale apparecchio gli permetteva d' agire a una temperatura e ad una data pressione in un vaso di rame investito d'argento. Questo stesso apparecchio gli servì eziandio all' estrazione di varie materie coloranti coi dissolventi ad alta pressione. Pelletier e Caventou ne fecero pure uso nella loro analisi della cocciniglia.

Quest' apparecchio esiste ancora oggigiorno al laboratorio dei Gobelins.

Benchè il Chevreul fosse inventore di un apparecchio d' estrazione ad alta temperatura, s' era già da lungo tempo occupato delle singolari modificazioni che le sostanze provano pel calore, e degli inconvenienti che possono sorgere nell' estrazione di certi principii immediati preesistenti e modificabili sotto l' influenza delle circostanze nelle quali si opera l' estrazione. Citerò tra altri esempi i belli studi fatti da lui su' diversi stati dell' albumina, non che le modificazioni analoghe che altre materie possono subire per l' azione del calore.

Chevreul, pel trattamento delle lane, ha operato, con un apparecchio particolare nel modo seguente:

Dopo un trattamento acquoso per macerazione, la lana era sottoposta a un trattamento alcoolico in un' allunga posta su d' un pallone; l' alcool arriva allo stato di vapore e si condensa in parte nell' allunga ed il rimanente nel vaso inferiore che gli serve di sostegno. Il liquido lascia deporre per raffreddamento un corpo grasso particolare ritenendo in dissoluzione altri corpi della stessa natura ma più fusibili e solubili. La soluzione alcoolica fredda, separata per decantazione dal corpo grasso solido, è concentrata in un pallone per mezzo della distillazione; un tubo riporta i vapori alcoolici sulla lana e ne continua l'esaurimento.

Con quest' apparecchio era possibile di frazionare i prodotti, di mettere a parte i primi che si separavano in vece di lasciarli reagire sull' alcool, e gli altri principii ai quali si trovano associati.

Arrivo finalmente al sistema che ho immaginato per l'estrazione dei principii solubili nei diversi dissolventi, sia a freddo sia a caldo.

L' apparecchio funzionante a freddo (*Tav. III. fig.* 1 2), si compone di una bottiglia a tre tubulature di cui la mediana più larga dà passaggio alla parte assottigliata di un' allunga o pallone A munito di una chiavetta di vetro R (1) che vi si applica col mezzo di un turacciolo di sughero. Ad una delle tubulature laterali si adatta un tubo *a* di cui l' estremità inferiore va fino in fondo della bottiglia e l' orificio superiore mette nella bocca dell' allunga: lo stesso turacciolo che porta il tubo or indicato è pur provvisto di un tubo in S.

La terza tubulatura della bottiglia è munita di un tubo T al quale si può adattare una pompa premente, un soffietto ec.

La maniera con cui l' apparecchio funziona, è facile a comprendersi. Si mette la sostanza nel pallone A, la chiavetta R essendo chiusa, si versa dell' alcool od altro liquido sino al punto da ricoprire la sostanza e si lascia che si operi la macerazione, e dopo un tempo determinato si apre la chiavetta, e la soluzione scola nel vaso inferiore. Per poi rimontare il liquido nel pallone si chiude la chiavetta e si opera una pressione d' aria in T; il liquido premuto sale e si deversa in O mentre l' aria sfugge pel tubo in S: si continua così fino a che giudicasi che il liquido dissolvente è compiutamente saturato, e che la sostanza è press' a poco esaurita a freddo delle sue parti solubili. In quel dissolvente, si travasa allora questa soluzione chiudendo la chiavetta e sostituendo al tubo A un sifone S' e soffiando in T: l'estratto che sorte pel sifone è ricevuto in un pallone N (*fig.* 3). al quale è adattato un tubo CC il quale viene a rendersi nella parte superiore del pallone estrattore. Il tutto così disposto, si concentrta l' estratto per ebollizione; nello stesso tempo che si continua l'esaurimento a caldo i vapori arrivano nel pallone estrattore ove si condensano partitamente e colano nel vaso V; le parti più spiritose non condensate arrivano nel vaso refrigerante che può essere un tubo

(1) Si può supplire, in alcuni casi, allachiavetta di vetro con un tubo di gomma elastica, e facendo uso del robinetto del sig. De Luca.

alla Gay-Lussac; il riquido è licevuto nel vaso G sottoposto. L'estratto che trovasi concentrato nella bottiglia a 3 tubulature è travasato, adattando il tubo sifone S' ad una delle tubulature, chiudendo la chiavetta del pallone e mediante la pressione d'aria operata all'estremità inferiore del tubo del refrigerante.

Quando la materia è esaurita dal primo dissolvente, si può continuare l'esaurimento con altri dissolventi, coll'acqua per esempio che si fa succedere immediatamente all'alcool.

Quest'apparecchio mi ha servito in molte occasioni da tre anni in qua nei miei studii sui prodotti naturali della esposizione del 1855 ed è quello stesso che ho citato a proposito delle ricerche sull'acido taigutico.

Parigi, 30 Settembre 1858.

CONSIDERAZIONI INTORNO ALLA TEORIA DEL SIG. GIRAUD-TEULON SULLA VISIONE DEL RILIEVO DEGLI OGGETTI MEDIANTE AMBEDUE GLI OCCHI.

Partendosi dal fatto che le due immagini luminose che compariscono nella oscurità quando si comprimano, per esempio con due dita, i globi oculari, si confondono in una sola allorchè le regioni premute siano in un certo rapporto di posizione, si stabilì che vi sono nelle due retine dei punti che talmente si corrispondono da unificare le impressioni che su di essi avvengono nei due occhi. L'immagine unica comparisce quando un occhio è premuto verso d'angolo nasale, l'altro verso l'angolo temporale della apertura delle palpebre: l'immagine è pure unica se tenendosi nella direzione verticale del centro della pupilla, si comprimono due punti o superiori ambedue in modo sensibilmente eguale, od in modo sensibilmente eguale inferiori al centro istesso della pupilla. — Con questi dati si cercò di stabilire quale posizione dovessero aver nello spazio li oggetti capaci di impressionare i punti corrispondenti, o come si dissero omologhi, delle due retine — Le esperienze più sopra citate mostravano che omologa in complesso è la parte destra d'una retina con la parte destra dell'altra: spingendo l'esattezza della formula generale un po' più oltre di quello che il solo sperimento dimostrasse, si determinò, guidandosi con una ragionevole induzione, quale è nelle due retine il punto a cui i rapporti di posizione si referiscono, quale è il modo per indicare semplicemente tali rapporti — Centro nelle due retine si disse bene a ragione il punto per dove passa il prolungamento dell' asse ottico del globo oculare, tenendo poi quello come polo, ed immaginando sulle retine dei meridiani e dei paralleli, omologhi si dissero i punti che trovansi in ambedue sull istesso meridiano e sull'istesso parallelo. — Ciò ammesso, e ritenendo che la configurazione delle due retine sia quella di callotte sferiche, lo che è vero non esattamente ma pure con grande approssimazione, si avevano li elementi necessarii per determinare quali dovessero essere nello spazio i punti d'intersezione delle linee che staccandosi dai punti omologhi delle due retine, e passando pel centro di loro curvatura si prolungassero al di fuori. — Questa determinazione fatta prima da Vieth, quindi da G. Müller inconsapevole del lavoro dell' altro, condusse a conoscere che tutte quelle intersezioni formano una superficie circolare che passa per i due centri ottici, o centri di curvatura delle retine, e pel punto di convergenza degli assi ottici, e questa superficie è quella che dicesi oroptro. — Se adunque per la visione semplice con due occhi è necessario che le due immagini di ciaschedun punto dell'oggetto veduto si dipingano su i punti omologhi delle due retine, egli è evidente che per un dato grado di convergenza degli assi ottici, i soli punti collocati sull'oroptro relativo a quella tale convergenza, potranno essere veduti senza raddoppiamento: tutte le altre parti degli oggetti collocate fuori dell'oroptro non potranno dipingersi sovra elementi omologhi delle due retine, nè per conseguenza esser vedute senza raddoppiamento di immagini. — Ben pochi degli oggetti che ci troviamo dinanzi gli occhi dovrebbero dunque sembrarci unici, tutti gli altri dovremmo vedere raddoppiati, se tutte le impressioni fatte sulle nostre retine fossero nitidamente avvertite, e salissero al grado di perfette sensazioni visive. — Della generale mancanza delle doppie visioni che in teoria dovrebbero accadere, nessuna ragione seppero dare per ora i fisiologhi migliore di quella della poca o nessuna attenzione che si presta in un dato momento non solo agli oggetti situati notevolmente fuori della superficie dell' oroptro, ma ben anco a quelli che su questa superficie si stanno a qualche distanza dal punto d'intersezione degli assi ottici: e questa ragione, se anche altre se ne potessero trovare in seguito, è per certo gravissima. — I movimenti automatici pei quali i due occhi, con gran rapidità esaminano successivamente le varie parti del campo che si dispiega dinanzi a loro, cambiando di continuo la direzione e la convergenza degli assi ottici, mentre sono cosa continua e quasi inresistibile, sono poi così inavvertiti che non è facile persuadersi della loro importanza nella spiegazione cercata: ma basta mettersi con la testa affatto immobile a guardare un oggetto, per esempio una pagina stampata, imponendosi la legge di non muovere nè punto nè poco gli occhi, per esser tosto convinti che è ben piccola la superficie veduta con nitida visione, e che fuori di essa tutto va confondendosi tanto più quanto più ci discostiamo dal centro di quella piccola area, cosicchè non possiamo dire se le immagini siano semplici o raddoppiate — Questa piccola area ove accade la visione distinta, non ha, come è facile a comprendersi, esatti confini: ma sebbene anche in essa la chiarezza degli oggetti vada scapitando quanto più ci si allontana dal centro, e per conseguenza i limiti siano costituiti da un più od un meno di confusione, è agevole constatare che dessa è più estesa traversalmente che nel senso antero-posteriore, ed ha tale ampiezza che la sua immagine sulla retina non oltrepassa per certo 10 od al sommo 15 gradi dell' arco di cerchio secondo il quale si curva quella membrana.

Queste poche cose di ottica fisiologica relative alla visione bioculare ho voluto qui riepilogare, prima di esporre come il sig. Giraud-Teulon (1) abbia voluto spiegare la mancanza del

(1) *Gazette médicale de Paris*. 3. serie T. 12 pag. 702. 730. 745.

raddoppiamento delle immagini per li oggetti non esattamente collocati nell' oroptro: e di accennare quali riflessi siano da farsi intorno alla di lui ipotesi: perchè senza dichiarare bene quali fossero per me i punti di partenza temei dovesse riescirmi difficile di spiegare il mio modo di pensare in proposito.

Fra i casi di oggetti situati alquanto fuori dell' oroptro, il sig. Giraud-Teulon prese a considerare quello di un corpo che presenti delle parti sporgenti verso l' osservatore, poniamo per esempio un prisma triangolare situato verticalmente, con uno delli spigoli volto verso la persona che lo guarda. — È evidente in questo caso che le due faccie contigue allo spigolo sporgente non potranno far parte della superficie dell' oroptro, la quale è circolare e senza rilievi, e per conseguenza è evidente che, applicando a rigore la teorìa della semplicità della visione bioculare a seconda della ragione geometrica su cui è fondato l' oroptro, ben pochi punti del prisma di che si parla potrebbero esser veduti con chiarezza, e senza raddoppiamento di immagini. — L' esempio scelto dal sig. Giraud-Teulon non è adunque se non che un caso speciale di quanto avviene in generale per tutti li oggetti che non sono sull' oroptro: e forse sarebbe stato meglio che l' Autore avesse preso in considerazione l' argomento intiero nel senso più lato, anzichè in quello più ristretto cui accenna la sua Memoria, intitolata. « *Mécanisme de la production du relief dans la vision binoculaire* ».

Per ottenere che nel caso ora citato, ed in tutti i consimili, i raggi diretti ai due occhi da un punto dell' oggetto incontrino li elementi omologhi delle due retine, sebbene la direzione loro non li conducesse su quelli, il sig. Giraud-Teulon suppone che le retine possano essere parzialmente spostate, e crede che per questo spostamento vengano a collocarsi i punti omologhi dinanzi i raggi che altrimenti non li incontrerebbero, e dovrebbero generare il raddoppiamento delle immagini. — Agenti di questo spostamento, crede il sig. Giraud-Teulon che possano essere quelle fibre del muscolo tensore della coroide che sono le più esterne, ed hanno anteriormente la inserzione loro come le altre in corrispondenza del limite fra la cornea e la screlotica, posteriormente ad uno strato della coroidea, verso quella linea ove cessa la espansione della retina. — Queste fibre formano così rispetto alla callotta della coroide vestita internamente dalla retina, quasi una fitta frangia attaccata alla circonferenza di una ombrella presso che emisferica. — Se in un tale sistema di parti si supponga che entri in contrazione una di quelle fibre muscolari, od un piccolo fascetto di esse, mentre poi sia fissa la parte centrale di quella callotta, ne conseguirà la formazione di una ripiegatura o grinza sporgente in dentro, diretta a seconda dell' arco di meridiano che va dal polo fisso della callotta al punto ove è inserita la fibra che si contrae. — Ai due lati di questa piega, la coroide, e la retina che ad essa si appoggia, avranno allora abbandonato la loro ordinaria curvatura emisferica, e formeranno lateralmente a quella linea sporgente due piani inclinati. — Se in questo stato di cose ci facciamo a riflettere quale dovrà essere stato il movimento di ognuno dei puntiformi elementi della superficie della retina, sarà facile scorgere che lo spostamento d' ognuno di essi non avrà dovuto effettuarsi a seconda di una linea che partendosi da esso vada al centro di curvatura della callotta, la quale linea è quella che seguono nell'occhio i raggi luminosi: ma avrà dovuto accadere seguendo una direzione che volgendosi verso la cresta della ripiegatura formatasi, devii più o meno dalla linea anzidetta, secondochè di quella ripiegatura sarà maggiore o minore l'estensione. — Così è evidente che un punto della retina che trovavasi sulla direzione di un dato raggio luminoso, allorchè quella membrana era nella sua posizione ordinaria, si sarà spostato lateralmente a quel raggio, il quale cadrà allora sopra un diverso punto della retina istessa; questo spostamento è quello che il signor Giraud-Teulon suppone che si verifichi come meccanismo compensatore, ora in un punto ed ora in un altro delle retine, per ricondurre le impressioni su punti omologhi nei due occhi, allorchè la direzione dei raggi non le farebbe tali.

Niun dubbio può aversi che qualora le fibre esterne del tensore della coroide entrassero in contrazione isolatamente, l'effetto prodotto sulla configurazione della retina sarebbe quello più sopra indicato: ma non conviene dimenticare che di quel modo di contrarsi delle citate fibre nessuna prova ci porge l'Autore, e nessuna che io mi sappia potrebbe darsene. — Ma anche senza entrare su questo punto in più minute disamine, sarà pur sempre da ricercare se mediante il meccanismo compensatore supposto dal Giraud-Teulon, l'effetto ottenuto sarebbe sufficiente all'uopo, e se sarebbe scevro di inconvenienti per ogni altro rapporto.

Fondamento primo per conoscere quale efficacia possa accordarsi al meccanismo che suppone il Giraud-Teulon, si è l'estensione di retina che può per esso cangiare posizione, abbandonando la configurazione di callotta sferica e disponendosi nel piano che di essa callotta formerebbe la base; imperocchè ognuno comprende che l'estensione del tratto di retina compreso fra due punti invariabili situati ai due estremi del diametro di quella callotta, varierà per l'ideato spostamento secondo il rapporto di un arco con la corda che lo sottende, ed ognun sa che questo rapporto è tanto minore quanto minore è l'arco di che si tratta — Se per determinare l'estensione di questo arco ci si pone a guardare fissamente alla distanza della visione distinta, per esempio una pagina stampata, tenendo affatto immobili la testa e gli occhi, sarà facile accorgersi che assai piccola è l'area veduta con nitidezza in un dato momento; e tenuto conto della distanza della medesima dall'occhio, si rimarrà convinti che l'angolo che ne rappresenta la massima dimensione, cioè quella trasversale, non arriva come già accennai a comprendere nemmeno 15 gradi. Supponiamo ora che i due punti, uno dei quali è già nell'oroptro, e l'altro deve esservi condotto pel meccanismo compensatore, si trovino ai due estremi dell'indicato arco di 15 gr. e ciò per prendere un caso molto favorevole all'ipotesi del Giraud-Teulon, giacchè di più non potrebbe concedersi senza incontrare l'inconveniente di uno spostamento troppo generale di immagini per molta parte della retina. — Ammesso dunque che il tratto della retina compreso nell'arco di 15 gradi abbandoni la sua posizione curvilinea, e si disponga in linea retta seguendo la corda dell'arco che prima formava: per sapere quanto spostamento abbia subito la estremità sua corrispondente alla ripiegatura formatasi, e quale per conseguenza sia la misura della correzione avvenuta, bisognera confrontare l'estensione lineare di un arco di 15 gradi con la sua corda: ed in tal caso si troverà che la corda è più corta dell'arco per soli $\frac{3}{1000}$ circa della estensione lineare di questo. — Tre millesimi di 15 gr. equivalgono a 45 millesimi di grado: dunque il resultato ottenuto sarà quello che si sarebbe avuto facendo aumentare o diminuire di appena $\frac{1}{22}$ di grado l'angolo formato dai due raggi che partono l'uno dall'oggetto puntiforme che supponemmo nell'oroptro, e l'altro da quello che non vi era. — Questo aumento o questa diminuzione di angolo si otterrebbe qualora quest'ultimo oggetto si muovesse un poco da innanzi in dietro o viceversa rispetto all'osservatore: lo spostamento della immagine sulla retina producendo l'effetto che si avrebbe per questo sporgere o retrarsi dell'oggetto, sarebbe causa perciò appunto secondo il Giraud-Teulon, che vedessimo in rilievo od in incavo li oggetti. — Ma se anco voglia accordarsi che non in un solo occhio avvenga il movimento di compensazione nella retina, se si supponga che avvenga in senso contrario in ambedue, per modo che debbano duplicarsi le cifre già stabilite, sarà pur sempre vero che il movimento dell'oggetto avrà in questi casi favorevoli forse oltre ogni dovere, un valore angolare di meno che $\frac{1}{10}$ di grado. — Se ora con questi dati si prenda a determinare con una semplice costruzione grafica quale dovrebbe essere l'apparente sporgere o retrarsi dell'oggetto, troveremo che questo (supponiamo il prisma triangolare verticale di che parla il Giraud-Teulon) per occupare sulla retina un arco di 15 gradi dovrebbe avere una estensione di circa $0^m,07$ qualora si trovasse $0^m,25$ distante dall'osservatore, e che il movimento apparente in avanti od indietro di quello spigolo rispetto al quale fosse avvenuto nella retina lo spostamento compensatore, non arriverebbe nemmeno a $0^m,01$. — Qualora adunque tutte le supposizioni del signor Giraud-Teulon fossero accettabili nel modo il più lato, il meccanismo da lui ideato non varrebbe se non che a produrre effetto insignificante, darebbe idea di rilievi o di incavi piccolissimi: o per esprimersi in termini più generali, ricondurrebbe a fare impressione su punti omologhi delle due retine delli oggetti che di ben poco fossero anteriori o posteriori alla superficie dell'oroptro, e lascerebbe senza spiegazione la semplicità della immagine dei corpi che fossero più sensibilmente al davanti od al di dietro di quella superficie, come è appunto il caso di uno delli spigoli del prisma cui più volte si fece allusione.

Ma se anche volesse ammettersi che le fibre esterne del tensore della coroide entrassero in contrazione nel modo supposto dal signor Giraud-Teulon, adattando la loro energia non si sa bene a quale circostanza, producessero sulla retina l'effetto di aggrinzarla in certe date direzioni: ammettendo anche una sufficiente efficacia compensatrice in questo spostamento parziale della retina: potrebbe tale spostamento avvenire senza che se ne avesse nessuno inconveniente per l'effettuarsi della visione? — Non è difficile persuadersi che ciò non potrebbe essere. — Nel ripiegarsi per accorciare certi tratti della sua estensione, nello abbandonare la disposizione curvilinea, la retina si avvicina al cristallino, ed è evidente che se trovavasi prima ad una giusta distanza focale, non lo sarà più dopo lo spostamento avvenuto. — O lo spostamento è insignificante rispetto al cangiarsi della distanza dal cristallino, e sarà pure insignificante ed inutile per gli altri riguardi, od è notevole ed efficace per questi, e sarà notevole e dannoso rispetto alla giustezza della distanza focale. Se il venire in avanti della retina avvenisse solo per correggere la situazione delle immagini di oggetti lontani più dell'oroptro, potrebbe credersi necessario di verificare col calcolo se questo avvicinamento al cristallino non fosse appunto proporzionato alla minore divergenza dei raggi partiti da tali oggetti, ma poichè quello spostamento si vuole ammettere del pari per oggetti più prossimi e per oggetti più lontani dell'oroptro, anche questa indagine riesce superflua, perchè per li oggetti più vicini non un protrarsi ma un retrarsi della retina sarebbe conveniente. — Se il cambiamento di situazione della retina avvenisse nel solo punto corrispondente alla immagine che si vuole spostare, inutile affatto sarebbe occuparsi delle altre immagini che si dipingono contemporaneamente su di altri punti della retina: ma poichè il cangiamento di situazione estende il suo effetto a distanza del punto del massimo movimento, resterà da dimandare all'A. come va quando a lato della immagine che richiede secondo lui la massima correzione non ve ne siano altre che ne esigano una gradatamente minore? come andrebbe se invece del suo prisma, le di cui faccie vedute in isbieco verificano appunto la espressa condizione, si avesse soltanto lo scheletro di esso prisma, e così accanto all'immagine dello spigolo sporgente altre immagini di oggetti che potrebbero essere nell'oroptro? in tal caso queste ultime immagini prima dello spostamento delle retine si troverebbero su punti omologhi nei due occhi, non lo sarebbero più dopo avvenuto il movimento supposto dal sig. Giraud-Teulon. — Altra cosa pure da notarsi si è che nella ipotesi della quale ci occupiamo, i corpi la di cui immagine venisse spostata sulla retina, dovrebbero esser veduti non già nella direzione dei raggi mandati da essi all'occhio dell'osservatore, ma in una alquanto diversa, vale a dire sù di una linea sulla quale non sono nè essi nè i raggi che li rappresentano: e questa in genere sarebbe cosa non facile a conciliarsi con diverse altre parti della teoria della visione. — Ma quando anche non voglia guardarsi la cosa troppo per la sottile, quando si ammetta che l'insegnamento della esperienza ci abbia fatto capaci di valutare al giusto quell'errore, ed abbia ristabilito così l'armonia fra la vista ed il tatto: come va che guardando lo scheletro del prisma cui più sopra ho accennato, si vegga rettilineo un filo teso obliquamente dall'uno all'altro dei due spigoli posteriori, che si suppongono nell'oroptro, mentre laddove incrocia l'immagine dello spigolo anteriore pel quale avvenne lo spostamento della retina, quel filo dovrebbe sembrare curvilineo o rotto da un angolo molto sensibile?

Giusta ed irrecusabile dobbiamo adunque reputare la obiezione del signor Giraud-Teulon alla teoria dell'oroptro presa in modo assoluto ed esclusivo, perchè mentre questa teoria pone per condizione necessaria ed unica per la visione semplice con due occhi, che le immagini si dipingano su dei punti omologhi delle due retine, il citato Autore ci richiama ad osservare dei casi nei quali si ha visione semplice mancando l'accennata condizione: ma non per questo accettabile mi sembra l'ipotesi con la quale egli vorrebbe supplire a quel difetto della teoria dell'oroptro. — Allorchè si guarda un oggetto che abbia delle parti prominenti e delle parti incavate due supposizioni possono farsi. Si può credere seguendo l'una di esse che le une e le altre sembrano semplici del pari perchè non sono guardate nel tempo istesso, ma bensì successivamente, variando il grado di convergenza degli assi ottici, per modo che l'oroptro mutando con egual misura venga a comprenderle tutte le une dopo le altre: e questa è cosa che per quanto possiamo accorgerci non avviene guardando oggetti con prominenze ed incavi che non siano grandissimi. Se questa supposizione non comparisse accettabile converrà ammettere che la teoria della semplicità della visione bioculare, non deve basarsi per intiero sulla rigorosa situazione degli oggetti nella immaginaria superficie dell'oroptro relativo alla convergenza che hanno in quel dato momento gli assi oculari. — Questo secondo modo di vedere è poi reso anche più probabile se si pensa a quello che avviene nello stereoscopio; questo strumento produce nei due occhi due disegni aventi delle linee che non cadono su punti omologhi delle due retine abbenchè debbano dare la sensazione di un solo oggetto, ed in questo appunto imita quello che avviene allorchè si guarda un oggetto con parti più e meno sporgenti: ma a differenza di quello che avviene guardando oggetti siffatti, nello stereoscopio i disegni che si guardano hanno tutte quelle linee sul medesimo piano, e perciò meno ammissibile diviene il supposto di un successivo cambiamento nella convergenza degli assi ottici. — Ritenuto pertanto che si veggono semplici non solo li oggetti, i quali trovandosi appunto nell'oroptro dipingono la loro immagine su dei punti geometricamente omologhi delle due retine: ma ben anco quelli che non sono esattamente nell'oroptro, e che per conseguenza si rappresentano su dei punti geometricamente non omologhi di quelli organi nervosi: e non potendosi negare d'altronde che alloraquando due impressioni danno una sensazione semplice, i punti impressionati nei due occhi meritano di essere considerati come associati nella loro funzione, egli è evidente che per stabilire le condizioni della omologia funzionale fra le diverse parti delle due retine, converrà prendere in considerazione anche qualche elemento che si trascurava nella teoria basata sulla geometrica ragione dell'oroptro.

— Piuttosto difficile e delicata è la indagine diretta a stabilire se si possano determinare le leggi di omologia funzionale fra le due retine, non affidandosi alle sole indicazioni geometriche: le quali presuppongono che la causa di quella omologia sia di natura affatto anatomica e perciò immutabile nei suoi effetti: ma fondando invece tali leggi su di un fatto d'indole fisiologica, modificabile a seconda di certe norme. — In questo argomento non starò ora ad entrare per non allungare di soverchio questa scrittura, riserbandomi di tentare altra volta se mi fosse possibile giungere in proposito in qualche conclusione bastevolmente esatta.

Pisa 8 Novembre 1858.

C. STUDIATI

PREPARAZIONE E CARATTERI DEL NIOBIO; DI H. ROSE.

(*Accademia delle Scienze di Berlino*).

Il niobio si prepara in diversi modi allo stato metallico. Il processo più facile consiste a trattare per mezzo del sodio i composti formati dal fluoruro di niobio co' fluoruri metallici alcalini, nello stesso modo che si opera per ottenere il tantalio.

Il niobio ha colore nero intenso, i reattivi lo attaccano più facilmente che il tantalio; se, dopo disseccato, lo si fa bollire nell'acido idroclorico, si può, per mezzo dell'ammoniaca, precipitare nella soluzione acida una piccola quantità di acido iponiobico; ma se immediatamente alla sua preparazione, e quando è ancora umido dalle lavature subite, si riscaldi il niobio nell'acido idroclorico allungato, vi ha sviluppo d'idrogeno ed il metallo si discioglie completamente nell'acido. Una tal soluzione ch'è senza colore, dà coll'ammoniaca un precipitato voluminoso alquanto bruniccio, che lavato sopra un filtro si trasforma lentamente in ossido di color bianco. Il niobio non si scioglie nell' acido nitrico nè a freddo nè a caldo: l' acqua regia sembra discioglierlo in minor quantità dell' acido idroclorico; riscaldato per molto tempo nell' acido solforico, vi si discioglie producendo una soluzione colorata in bruno, la quale allungata con molt' acqua diviene scolorata, e dà coll' ammoniaca un precipitato voluminoso che diviene col tempo bruniccio. Fondendo il niobio col solfato acido di potassa, esso si ossida, e trattando la massa fusa coll' acqua, si ottiene dell' acido iponiobico insolubile. L' acido fluoridrico in contatto del niobio metallico si riscalda, anche alla temperatura ordinaria, con isviluppo d' idrogeno e dissoluzione del metallo; un miscuglio di acido fluoridrico e di acido nitrico facilita una tal dissoluzione. Il niobio fatto bollire in una soluzione di potassa idrata, vi si discioglie e si trasforma in acido iponiobico; l' iponiobato di potassa può prepararsi con più facilità facendo fondere un miscuglio di niobio e di carbonato di potassa. Il niobio preparato nel modo menzionato ha pesi specifici differenti, sia perchè non si ottiene mai perfettamente puro, ed anche perchè con una calcinazione più o meno elevata si ha a diversi gradi di densità: in una sperienza in cui il metallo era stato preparato per mezzo del fluoruro di sodio e di potassio, la densità sua è stata trovata eguale a 6,297; altra volta il niobio ottenuto per mezzo del sodio e del cloruro di niobio ha presentato una densità quasi identica alla precedente, cioè, di 6,272; altri saggi di niobio metallico ottenuti per mezzo del fluoruro di iponiobiato di potassa avevano per peso specifico 6,300 ed anche 6,674. Calcinando il niobio metallico in contatto dell' aria, si ossida con fenomeni luminosi e si trasforma in acido iponiobico, una corrente di cloro alla temperatura ordinaria, non ha azione sul niobio, ma per una leggiera elevazione di temperatura il metallo diviene rosso e produce due cloruri, uno volatile giallo, e l' altro poco volatile e bianco.

SULLA STRUTTURA CRISTALLINA DEL FERRO, E SULLE SUE PROPRIETA' MAGNETICHE; DI A. SCHRÖTTER.

(*Atti dell' Accademia delle Scienze di Vienna*, 19 *Febbrajo* 1857).

L'Autore ha preso a studiare i cangiamenti prodotti nella struttura del ferro da un grandissimo numero di torsioni successivamente applicate a un cilindro di questo metallo preso allo stato di ferro dolce e fibroso. È facile di concepire come si riesca a imprimere e a contare nel tempo stesso un gran numero di torsioni a un cilindro di ferro: questo cilindro fortemente fissato in una estremità è libero all'altra estremità contro la quale vengono ad urtare i denti di una ruota messa in moto con una macchina a vapore o in un altro modo qualunque.

Ecco i risultati a cui il sig. Schrötter è stato condotto:

1°. Dopo 32400 torsioni consecutive i cilindri di ferro rotti in diversi sensi non offrirono alcun cambiamento visibile nella loro struttura.

2° Dopo 129600 torsioni si scorgeva per mezzo della lente un cominciamento di variazione nella struttura fibrosa del metallo.

3° Dopo 388800 torsioni il cambiamento era visibile ad occhio nudo e si manifestava una struttura granulosa, soprattutto nei punti di massima torsione.

4°. Dopo 3,888,000 torsioni il cambiamento era esteso in tutti i punti, cioè la struttura era divenuta granulosa, ma non anche lamellare.

5°. Dopo 23,328,000 torsioni il cambiamento era sempre più profondo e distinto.

6°. Finalmente dopo 70 a 100,000,000 torsioni la struttura era divenuta cristallina e nella frattura il ferro rassomigliava allo zinco.

È dunque provato che un'azione meccanica, come sarebbe la torsione, senza alcun cambiamento di temperatura, può trasformare la struttura fibrosa del ferro, prima in granulosa poi in lamellare e cristallina. Questo risultato ci spiega le rotture per i cambiamenti di struttura che avvengono negli assi di ferro delle locomotive o delle altre macchine soggette ad azioni meccaniche prolungate e ripetute.

L'Autore ha voluto esaminare se per questi cambiamenti di struttura il ferro acquistava proprietà magnetiche diverse. Da questa ricerca, che sembra condotta con diligenza, l'Autore sarebbe giunto ad un resultato negativo, il quale per le cognizioni che abbiamo sembrerà nuovo, che cioè la forza coercitiva e lo stato magnetico del ferro non variano per le suesposte differenze di struttura. Al contrario sappiamo che il magnetismo di un cilindro di ferro varia per la torsione ed è ben nota l'esperienza colla quale si riesce a magnetizzare permanentemente un cilindro di ferro dolce tenuto paralellamente all'ago d'inclinazione, purchè, mentre è in questa posizione, il cilindro sia fortemente torto o percosso.

SAGGI SUL LEGNO D'ANDROMENO O PALINANDRO VIOLETTO DEL MADAGASCAR (COLONIE FRANCESI); DI G. ARNAUDON.

Questo legno che a prima vista poteva aggiudicarsi per legno di amaranto, si distingue ciò nondimeno per molti caratteri e specialmente pel suo peso e per la mancanza di quella materia colorabile che ho indicata nel mio lavoro sui legni d'amaranto

Il legno di palinandro violetto, presenta un aspetto più compatto dei vasi legnosi più diradati che non il legno d'amaranto. Il punteggiato nel taglio trasversale è poco sensibile, la sua densità è più grande di quella dell'acqua; le sue fibre sono disposte paralellamente e quasi senza sinuosità; di fresco è di un color porporino, e presentante di distanza in distanza degli strati di colore più cupo. Il color rosso violetto è uniforme in tutto lo spessore del legno;

questo colore si fa più intenso all'aria, massime se l'azione ha luogo in presenza della luce solare. Il legno di palinandro violetto è ricchissimo di una materia colorante resinoide, la quale ne impregna siffattamente le fibre legnose da comunicare al legno medesimo un'apparenza resinosa quasi cornea sugli orli; brucia facilmente e con fiamma assai illuminante e alquanto fuliginosa, non lasciando che alcuni millesimi 0^{gr},004 di ceneri bianche e polverulenti. L'acqua anche bollente non iscioglie che traccie di materia colorante; per lo contrario quest'ultima è solubilissima nell'alcool. 100 parti di legno trattato ripetutamente con alcool bollente a 84° hanno fornito 33 parti di materia solubile. Questa materia solubile è costituita da due materie coloranti, l'una d'un rosso porporino solubilissima nell'etere; l'altra d'un rosso cupo poco solubile, la quale probabilmente deriva dalla prima per assorbimento d'ossigeno: per mezzo dell'acqua si separa una materia gommosa che n'è solubile.

La glicerina scioglie la materia colorante del palinandro, lo che potrebbe indicare un modo di tintura analogo a quello che ho già annunziato per l'estratto di robbia. La stessa materia colorante si scioglie ancor più facilmente nell'acido acetico e senza subire nessuna alterazione, il che si aggiunge ai mezzi di applicazione nelle stoffe.

Dalla maniera di comportarsi coll'aria e coi dissolventi si può conchiudere che per la natura della sua materia colorante, il legno di palinandro violetto si approssima al legno di santalo, ma non ha di quest' ultimo nè la direzione irregolare delle fibre nè l'inclinazione; d'altronde essi differiscono ancora per l'olio aromatico che contengono, il quale sente l'iride o la viola nel santalo, mentre nell'altro si disvela l'odore caratteristico di palinandro ordinario. Inoltre la materia colorante del santalo si distingue pel suo colore che volge più al ranciato e per la sua maggiore stabilità all'azione degli alcali che fanno volgere immediatamente al verde, all'olivo, poi al bruno quella del palinandro.

Il colore e la disposizione regolare delle fibre di questo legno si avvicinano a quelli del *pao colorado* del Brasile, ma se ne distingue notevolmente per l'assenza della materia colorabile peculiare ai legni d'amaranto. Infatti il colore, la luce, gli acidi invece di sviluppare come in questi ultimi una colorazione rossa nella decozione acquosa del legno non ingenerano che una materia colorata in bruno. Gli acidi non solamente non producono la materia colorata in rosso, ma distruggono facendo girare al giallo quella del palinandro violetto.

Applicazioni. I procedimenti di tintura impiegati pel santalo possono applicarsi al legno di palinandro. La materia colorante essendo poco solubile nell'acqua, fa duopo di polverizzare il legno e tingere a caldo in presenza del legno. La piccola quantità di materia disciolta si applica allora sulla stoffa, mentre una nuova quantità la sostituisce nel dissolvente e così di seguito come opera per la robbia. I mordenti d'allumina la fissano sulle stoffe con colore violetto e i sali di stagno in pavonazzo. Una lunga ebollizione fa passare il colore al fulvo.

Questa materia colorante può eziandio applicarsi senza mordenti e senza avvivamenti facendo uso della glicerina o meglio dell'acido acetico come dissolvente. A tale oggetto si bagna la segatura del legno con acido acetico concentrato, indi si getta siffatta poltiglia nell'acqua bollente e si tingono le stoffe all'ebollizione in 20 a 25 minuti.

La seta, la lana ed il cotone introdotti nello stesso tempo hanno preso i due primi un color rosso che si avvicina a quello che si ottiene col legno di fernambucco e la composizione di stagno; il cotone ed il filo di canapa prendono un colore più violaceo ma di un tono meno intenso.

Il legno di palinandro essendo molto apprezzato nell'ebanisteria, non è mia opinione, nè tornaconto di sviarne la destinazione per gli usi tintoriali. Ciò non di meno questa novella applicazione potrebbe offrirle uno sbocco commerciale più grande ed equilibrare per tal maniera ai capricci della moda variabile pur anche nella scelta dei legni d'ebanisteria.

In ogni caso, siccome l'ho già consigliato pei legni d'amaranto, si potrà far uso dei ritagli e degli altri residui di detto legno per impiegarli alla tintura e trarne per tal modo miglior partito. La cosa che non deve mai esser perduta di vista da chi coltiva un'industria, è quella di utilizzare gli avanzi di tutte le altre fabbricazioni.

NOTA SULLA COLORAZIONE DELLA RESINA DI GUAIACO;

G. ARNAUDON DI TORINO.

Le ricerche fatte sulla colorazione dei legni mi condussero naturalmente ad indagare le cause di un tal fenomeno in altre sostanze e specialmente tra le resine.

È noto che la resina di guaiaco possiede la singolar proprietà di colorarsi in azzurro sotto l'influenza della luce, ma non mi consta che siensi fatte delle esperienze dirette per sapere se l'ossigeno dell'aria è indispensabile allo sviluppo del colore azzurro. Nello scopo di risolvere la questione, ho istituite le seguenti sperienze:

Dopo di aver passata della carta bibola in un bagno di tintura alcoolica di resina di guaiaco purificata, la misi a seccare a stufa, avendo cura di operare nell'oscurità ed il più prontamente possibile.

La carta così preparata era d'un bianco leggiermente giallognolo. Da uno stesso foglio di essa carta tagliai diverse listarelle che vennero introdotte separatamente in diversi tubi di vetro e chiusi gli uni senz'aria, gli altri contenenti gas idrogeno, altri infine con aria od ossigeno. Così disposti vennero presentati insieme all'azione della luce solare e lasciati tutt'una giornata, ed ecco cosa mi venne fatto di osservare:

La colorazione azzurra non si produsse che là ov'eravi contatto della carta coll'aria o coll'ossigeno, mentre nessuna colorazione di tal genere ebbe luogo nei tubi privi di aria o d'ossigeno; l'aria era necessaria alla produzione del fenomeno. Bastò per provarlo rompere le punte dei tubi che avevo saldate alla lampada, e tosto la colorazione azzurra cominciò a mostrarsi. Ho ripetute le stesse esperienze su pezzi di resina di guaiaco, ed i medesimi effetti sonosi manifestati sebbene con minor evidenza.

Alla luce diffusa la colorazione ha pur luogo, ma ben più lentamente.

Nell' oscurità è poco sensibile, e potrebbe esser dovuta ad un' influenza estranea.

Dalle precedenti esperienze si può arguire:

Che la colorazione della resina di guaiaco esposta alla luce solare, non ha luogo che col concorso dell' aria; l'influenza della luce pare limitarsi a rendere più attivo l'ossigeno atmosferico costituendolo in uno stato analogo a quello che esso ossigeno prende allorchè viene a patire l'influenza dell' elettrico dell' organismo vivente, o di taluni corpi chimici come il fosforo. Ed infatti ho trovato che la carta tinta di guaiaco si colora in azzurro nelle circostanze in cui l'ossigeno viene ad ozonizzarsi (1).

PROVA DELLA PRESENZA NELL'ATMOSFERA DI UN NUOVO PRINCIPIO GASSOSO, L'OSSIGENO NASCENTE O OZONO; M. A. HOUZEAU.

(*Annuaire de la Société météorol. de France, T. v., 1857, 2de partie*).

Traduzione.

Applicando allo studio dell' atmosfera i nuovi dati analitici che hanno fatto il soggetto della mia ultima comunicazione alla Società meteorologica, io sono pervenuto a met-

(1) Ero giunto a quest'ultima conclusione riferente all'ozono, ignorando il bel lavoro che lo Schoenbein pubblicò poco fa in Germania, e nel quale accenna pure alla colorazione della resina di guaiaco mediante l'ossigeno elettrizzato.

tere fuori di dubbio l'esistenza nell'aria di un nuovo principio gassoso, l'ossigene nascente, e a dimostrare così una verità, la quale, senza sufficienti prove, era stata annunciata dal sig. Schoenbein.

Ecco la relazione delle esperienze sulle quali poggia questa conclusione. Il 9 Luglio 1856, ai confini del Bosco di Montmorency, nel luogo chiamato Eremitaggio, è stato esposto pel corso di un mese all'aria libera, e ad un'altezza di 4 metri dal suolo, difesa però dal sole e dalla pioggia, una sottocoppa di porcellana contenente 30 centimetri cubici di una debole dissoluzione di joduro di potassio *neutro*. A misura che l'acqua si evaporava, si sostituiva ad essa una eguale quantità di acqua pura.

Nel 9 di Agosto seguente, giorno in cui la esperienza è stata compiuta, si verificava che il liquido esposto era macchiato di granellini di polvere e che di più aveva acquistato una reazione alcalina assai sensibile, sopratutto se, verso la fine della esperienza, si abbia avuto cura di non più sostituire nuova acqua a quella evaporata; ora siccome in una esperienza comparativa, fatta con la stessa dissoluzione di joduro esposta all'aria soltanto di una stanza chiusa ed inabitata, la neutralità del liquido non ha subìto variazione malgrado che l'esperienza vi sia stata per più lungo tempo prolungata, con lo scopo appunto di impiegare anche qui, come precedentemente all'aria libera, il medesimo volume di acqua destinata a riparare le perdite cagionate dalla evaporazione, risulta evidente che la reazione alcalina verificatasi nella prima osservazione, non proviene da impurità dell'acqua, e che non essendo neppure generata da una reazione dell'joduro sulle pareti della sottocoppa e nè tampoco sui principj costituenti l'aria, cioè l'ossigeno, l'azoto, l'acido carbonico e le polveri tenute in sospensione, è razionale di doverla attribuire alla differenza che esiste tra l'atmosfera dell'appartamento e quella che circola liberamente nella natura. Ripetuta parecchie volte l'esperienza, essa ha costantemente fornito il medesimo risultato, vale a dire neutralità dell'joduro conservato nell'appartamento inabitato, ed al contrario reazione alcalina dell'joduro esposto liberamente, e soltanto difeso dal sole e dalla pioggia, al contatto dell'aria di campagna.

Ottenuto questo primo fatto, si procedette all'esame di questa singolare modificazione del sale jodurato, e per mettersi al coperto di ogni causa di errore che seco apporta l'analisi chimica, è stata seguita una via induttiva, la quale consiste a prevedere i casi di reazione che possano operarsi separatamente ed anche in modo simultaneo affine di afferrarle mercè del loro speciale carattere, nel momento della loro manifestazione. Le influenze esterne che sono atte a generare la reazione acida osservata, sono infatti assai diverse.

L'aria, che può celare dei principj naturalmente alcalini, sia allo stato di vapore come l'ammoniaca, o il carbonato ammonico, sia allo stato pulverulento, come le ceneri, o ogni altro corpuscolo minerale che dovesse la sua natura alcalina all'ammoniaca rinserrata tra i suoi pori: l'aria può essere il veicolo di qualche emanazione acida avente il potere, per l'intervento predisponente dell'ossigeno atmosferico, di trasformare l'joduro in un sale alcalino, siccome noi ne abbiamo mostrato la possibilità in una precedente comunicazione.

Le polveri organiche che i venti trasportano qualche volta a distanze considerevoli, sono pure una delle cause di alterazione, alla quale era d'uopo di por mente, imperocchè non era affatto impossibile ch'esse fossero una sorgente di reazioni acide, sia emettendo l'ammoniaca in conseguenza di una fermentazione della loro materia azotata, sia decomponendo l'joduro a foggia di un acido debole che genera un composto alcalino. Finalmente, tra gli agenti capaci di sviluppare questa reazione acida nell'joduro, vi ha la serie di corpi ossidanti e di cui l'ossigeno nascente forma la base.

L'esperienza tale quale è stata istituita a Montmorency, non permetteva dunque di distinguere quale di queste differenti cause aveva prevalso nel fenomeno osservato; ond'è che si sono dovute prendere nuove disposizioni per giungere a questo risultato. Ma questa volta la sede delle esperienze è stata trasportata a Queue, che è un villaggio situato sul fertile ripiano della Brie.

Il 14 Ottobre 1856, nel parco del sig. Rouart, si collocano una contigua all'altra, sotto un chiosco aperto a tutti i venti, ma il cui centro era inaccessibile alla pioggia e al sole, due sottocoppe di porcellana, l'una delle quali è riempita di acqua distillata pura, e l'altra di una dissoluzione neutra di joduro di potassio. Cinque giorni appresso una terza sottocoppa egualmente piena di liquido jodurato è congiunta alle due precedenti, ma con questa differenza: che in luogo di essere come queste esposte all'aria libera, viene ricoperta di una campana tubulata di vetro di parecchi litri di capacità e non chiusa ermeticamente. Inoltre al disopra di ciascuna delle due prime sottocoppe, si sospende a due centimetri di distanza dalla superficie del liquido (rinnovati in ogni settimana) due fogli di carta sensibilissimi, l'uno di tornasole arrossato, l'altro di tornasole bleu. Infine, come precedentemente, si sorveglia bene l'esperienza per aggiungere dell'acqua a mano a mano che la evaporazione ne sottrae dalle sottocoppe, eccetto però verso gli ultimi giorni della durata dell'esperienza, nei quali si lasciano a bello studio i liquidi concentrarsi, affine di rendere più visibile il fatto della loro modificazione.

Scorso un mese di esposizione, l'esame di questi liquidi stabilisce che l'joduro di potassio, il quale ha subìto il contatto dell'aria libera, possiede ancora una reazione alcalina incontestabile, nel mentre che la medesima dissoluzione jodurata della sottocoppa ricoperta di una campana a tubulatura poco chiusa, ha conservata la sua primitiva neutralità. Questo fatto esclude per conseguenza nello sviluppo della reazione alcalina dell'joduro l'intervento dei fluidi imponderabili: calore, elettricità, luce solare. E quantunque la sottocoppa dell'joduro alterato sia macchiata di polveri di ogni specie, non è neppure per ciò possibile di attribuire la presenza dell'alcali a queste polveri o ai vapori ammoniacali dell'aria, poichè questi medesimi principj che sono stati, o che sarebbero stati in contatto con l'acqua distillata della *sottocoppa-compagna* (soucoupe-temoin) esposta essa pure alle medesime influenze, non ne hanno alterato la neutralità. D'altronde le carte reattive sospese al disopra delle sottocoppe, non hanno in nessun caso, accennato nell'aria la presenza di un acido o di un alcali (1); anzi invece di prendere una colorazione conforme al loro carattere speciale, esse si sono sempre, abbenchè riparate dal sole, invariabilmente scolorate alla fine di alcuni giorni, locchè prova che esiste piuttosto nell'atmosfera un principio analogo al cloro.

Si conclude dunque che la reazione alcalina dell'joduro di potassio esposto all'aria libera della campagna non è affatto estranea agli elementi che compongono questo joduro, vale a dire all'jodo, o al potassio, e per conseguenza che essa deve essere il risultato di un semplice cangiamento sopravvenuto nella combinazione di questi due corpi semplici.

Possono esistere nondimeno delle condizioni di natura complessa, per cui l'joduro di potassio generi un alcali in seguito alla sua stessa decomposizione, senza che per questo si sia in diritto di fare derivare questa decomposizione dalla preesistenza dell'ossigeno nascente allo stato libero; ed invero tra le esperienze riferite qui sopra nessuna di esse rispondeva a questa grave obbiezione. L'uso della sottocoppa-compagna a acqua distillata escludeva bensì la impossibilità di spiegare la reazione alcalina dell'joduro per l'introduzione diretta di un principio estraneo, naturalmente alcalino, come sarebbero le emanazioni ammoniacali, e le polveri alcaline di origine sconosciuta, ma lasciava intieramente sussistere il timore che questa reazione alcalina fosse il risultato dell'azione esercitata sull'joduro di potassio dalle polveri cadute sulla sottocoppa.

Per dissipare questa ultima causa di errore è stato dunque riunito alle polveri della sottocoppa ad acqua distillata, l'joduro di potassio neutro che era ricoperto di una campana tubulata; poi pel corso di un mese, è stato esposto questo liquido complesso all'influenza dell'aria libera di un appartamento chiuso e inabitato. Evidentemente se la reazione alcalina osservata precedentemente era il risultato

(1) Può accadere che l'aria sia ora alcalina, ora acida. Io ho osservato queste proprietà differenti nello strato d'aria che lambisce il suolo.

dell'azione mutua dell'joduro sulle polveri apportate dall'atmosfera, essa doveva ugualmente manifestarsi nella esperienza presente, in cui le condizioni di temperatura erano presso a poco le stesse: or bene, questo fatto non è stato possibile di constatare: prima e dopo, l'joduro è rimasto assolutamente neutro. Di più: due carte reattive simili a quelle di cui si è già parlato, le quali erano state sospese nella sottocoppa a due centimetri della superficie del liquido perchè stessero ad indicare la neutralità dell'aria dell'appartamento, non solo non hanno subìto alcuna modificazione nel loro proprio colore, ma non si sono scolorate come quelle che, poste al medesimo scopo, erano state collocate all'aria libera. Adunque in realtà si vede che esiste una relazione curiosa tra la distruzione delle tinture vegetabili e l'apparizione della reazione alcalina dell'joduro, o, per dir meglio, una similitudine di carattere tra l'agente decolorante, e l'agente che sviluppa la reazione alcalina dell'joduro senza che esso stesso sia alcalino.

Finalmente mi sono assicurato con una esperienza diretta, che in presenza dell'aria, l'acido carbonico non rende alcalino l'joduro di potassio neutro, siccome può renderlo per esempio in certe condizioni particolari, l'acido acetico. Quindi è che una dissoluzione di joduro di potassio simile a quella che è stata impiegata nelle osservazioni precedenti, è rimasta neutra, dopo di essere stata per il corso di un mese e mezzo in contatto con un'atmosfera di aria contenente 4 per cento di acido carbonico, ottenuto dalla calcinazione del bicarbonato di soda.

Sicchè la ricerca delle cause di errore essendo compiuta, e le esperienze istituite per generare reazione alcalina nell'joduro di potassio, eccettuato l'ossigeno nascente, non avendo dato che risultati negativi, non rimaneva altro che definir bene il carattere dell'alterazione dell'joduro di potassio, e a riconoscere la natura dell'alcali generato, per dedurne la causa che ha presieduto alla sua formazione.

Questo appunto è ciò che è stato fatto, e le esperienze hanno mostrato che la reazione alcalina era il risultato della fissazione dell'ossigeno sul potassio (1) e di una eliminazione dell'jodo, precisamente come si effettua nei laboratorj per mezzo dell'ossigeno odoroso estratto ad una bassa temperatura dal biossido di bario. Ora siccome di tutti i corpi che possono esistere alla temperatura di + 30, non vi ha, nello stato attuale della scienza, che l'ossigeno nascente o ozono, che sia capace di decomporre l'joduro di potassio con produzione di potassa, e poichè nelle medesime condizioni di calore, l'ossigeno ordinario o i corpi ossidanti non godono affatto di questa facoltà in assenza di acidi o della luce solare, è razionale di ammettere che sia per la presenza dell'ossigeno nascente contenuto nell'aria aperta della campagna, ch'essa possiede la proprietà di rendere alcalina una dissoluzione neutra di joduro di potassio, in conformità dei principj stabiliti nella mia ultima Memoria. D'altronde la rapida decolorazione all'aria libera delle carte di tornasole conferma pienamente questa conclusione poichè a simiglianza del cloro, l'ossigeno nascente è un decolorante energico.

Corollario. La prova dell'esistenza dell'ossigeno nascente nell'atmosfera riposa sui fatti seguenti:

1°. L'joduro di potassio neutro in dissoluzione nell'acqua diviene alcalino quando lo si espone per un tempo sufficiente, difeso dal sole, e dalla pioggia, al contatto dell'aria di campagna.

2°. L'acqua distillata pura resta neutra quando, durante il medesimo tempo, la si espone alle stesse influenze.

Dunque la reazione alcalina osservata in 1°. non deriva da emanazioni ammoniacali, o da polveri alcaline che l'aria avrebbe depositate nell'joduro neutro.

3°. L'joduro di potassio neutro in dissoluzione nell'acqua non diviene alcalino quando, durante il medesimo tempo, lo si espone, difeso dal sole, al contatto dell'aria confinata in un appartamento chiuso e inabitato; ciò che mostra che la reazione alcalina osservata in 1°. non è dovuta all'a-

(1) La dissoluzione dell'joduro alcalino, non perde la sua reazione alcalina per motivo del calore, come succede ad un'acqua ammoniacale che si sottopone all'ebollizione.

cqua distillata impiegata durante la esperienza, e neppure ad un'azione dell'joduro medesimo sulla sostanza del vaso che lo contiene, o sopra i principj costituenti l'aria, l'ossigeno ordinario, l'azoto, l'acido carbonico ec.

4°. Questo medesimo joduro di potassio neutro in dissoluzione nell'acqua, non diviene alcalino, se dopo averlo mescolato alle polveri che l'aria depone sulle sottocoppe, lo si esponga di nuovo per un tempo eguale difeso dal sole, al contatto dell'aria confinata in un appartamento chiuso e inabitato; per cui si conclude che la reazione alcalina osservata in 1° non è altrimenti il risultato di un'azione esercitata sull'joduro dalle polveri organiche addotte dall'aria.

5°. Le carte reattive sensibilissime di tornasole bleu e rosso, essendo sospese sulle sottocoppe in esperienza, non hanno giammai svelato nell'atmosfera la presenza di un acido o di un alcali; esse si sono invece scolorate completamente all'aria libera senza perdere il loro colore nell'aria confinata; locchè conferma il risultato dell'osservazione 2a. sull'assenza nell'aria di principj alcalini proprj e di principj acidi. In oltre questa esperienza prova che esiste nell'aria di campagna un principio decolorante, come l'ossigeno nascente, di cui pare che sia priva l'aria confinata.

6°. L'acido carbonico in presenza dell'aria, non rende alcalino l'joduro neutro, come possono farlo certi acidi; imperocchè una dissoluzione di joduro di potassio simile a quella che è stata impiegata nelle esperienze precedenti, è rimasta neutra, dopo di essere stata pel corso di un mese e mezzo in contatto con un'atmosfera di aria che conteneva 4 per cento di acido carbonico. Per conseguenza la reazione alcalina dell'joduro che ha subìto l'influenza dell'aria della campagna, non è certamente il risultato dell'azione dell'acido carbonico atmosferico.

7°. L'joduro di potassio che è stato esposto all'azione dell'aria libera della campagna racchiude meno jodio che prima dell'esposizione, e a questa perdita di jodio corrisponde la reazione alcalina segnalata in 1° vale a dire una produzione di potassa; imperocchè la dissoluzione dell'joduro modificato non perde la sua reazione alcalina per motivo del calore, siccome lo fa un'acqua ammoniacale che si sottopose all'ebollizione.

SULL'ORIGINE DELLO SPLENDORE DELLE COMETE;
DI G. GÓVI (1).

Poco sappiamo intorno alla natura delle comete, e i racconti degli antichi anzichè d'ajuto ci sarebber d'inciampo se li volessimo tener per certi e trarne lume per questa parte oscurissima della cosmografia. Le sole osservazioni fatte da una sessantina d'anni a questa parte, meritan piena fede, ed anco tra le osservazioni recentissime, poche sono le veramente utili; la maggior parte di esse riferendosi piuttosto alla posizione ed al moto delle stelle chiomate che alle loro apparenze, o dove pure si rivolgano a queste, consistendo quasi sempre in giudicii grossolani ed approssimativi, rado, o quasi mai in misure precise da cui si possa trar frutto.

E per non trattare che della luce onde brillano le comete: nessuno tentò finora di misurarne l'intensità e le variazioni, nessuno ne definì il colore, nè descrisse l'apparenza dello spettro derivatone mediante un prisma o mediante un reticolo. Per cui mancando di dati precisi su questo argo-

(1) Delle cose contenute in questo scritto e d'altri particolari sulla cometa *io informai* il sig. Babinet con una lettera spedita da Firenze il dì 5 d'Ottobre e che però dovè giugnere a Parigi molto prima che si pubblicassero nel *Bulletin de l'Observatoire Impérial* le osservazioni di Chacornac (molto incomplete) sullo stesso argomento. Sono lieto di potere aggiungere che il mio egregio amico il sig Adamo Prazmowki astronomo a Varsavia ha confermato pienamente le mie osservazioni con una sua lettera diretta all'Ab. Moigno redattore del Cosmos (V. Cosmos *revue encyclopédique hebdomadaire etc.* T. XIII. pag. 585 — 12 Novembre 1858).

mento gli Astronomi che ne parlarono si divisero in due campi. Quelli che volean le comete luminose per sè stesse tenean una parte. Dall'altra stavano quelli che ne derivavano la luce dal sole. Ma pur fra questi chi le ammettea riflettenti il lume a modo di specchi, e chi invece volea che per l'azione de' raggi solari la sostanza cometica diventasse fosforescente e però brillasse di luce quasi sua propria. In tanta disparità di giudicii sarebbe stato difficile lo scegliere, se alcuni dati sperimentali non avessero favoreggiato l'opinione di chi volea le comete essere illustrate dal sole. E fra questi dati, principalissimo era quello dello scemar della luce cometica proporzionalmente alla distanza del sole dall'astro errante e non proporzionalmente alla lontananza di questo dalla terra, ma non mancavano gli avversarii di trovar cavilli per ispiegar un tale fenomeno anche nelle ipotesi contrarie. Finalmente Arago s'accorse nel 1819 che la luce della cometa apparsa in quell'anno dava segni di polarizzazione e confermò questa sua scoperta nel 1835 osservando con un polariscopio la cometa di Halley di ritorno in quell'epoca. Ora, avendo riconosciuto lo stesso Arago che le sostanze aeriformi luminose per sè stesse non danno mai segni di polarizzazione, e tutto concorrendo a provarci esser le comete interamente gassose, ad eccezione forse del nocciolo; derivava chiaramente dalla sua osservazione, esser improntata e non propria la luce dei vapori cometici. Ma restava ancora una difficoltà da superarsi onde provare che la luce delle comete veniva proprio dal sole e non da un'altra sorgente. A togliere ogni dubbio in proposito furono rivolti gli sperimenti che ora si descriveranno, e che non altro sono se non che il complemento di quelli fatti già dall'Arago sulla cometa di Halley, e a ripetere i quali fece splendido invito la magnifica cometa di G. B. Donati.

Se un corpo rifletta luce ordinaria e si voglia conoscere di dove provenga la luce riflessa, basta cercare la direzione del piano in cui la luce riflessa si trova più intensamente polarizzata, poichè in quel piano devesi trovar anche la sorgente del lume. Quando la polarizzazione è gagliarda, sono valevoli a quest'uopo o un romboedro di spato calcare o una tormalina, o un prisma di Nicol o una pila di vetri sottili; ma se la polarizzazione sia debole, e molta la proporzione della luce non polarizzata, allora occorrono mezzi più squisiti e si possono adoprare o il polariscopio d'Arago o quello di Brewster e di Soleil, o quello di Savart o quello di Babinet ec. Ad analizzar la luce della cometa di Donati si adoprarono i due polariscopii di Savart e d'Arago o di Brewster, e si dovettero usare entrambi per non errare di 90° nella posizione del piano da determinarsi. Infatti nel polariscopio di Savart il campo dello stromento esposto alla luce polarizzata appare vergato di linee iridescenti disposte simmetricamente da una parte, e dall'altra d'una linea centrale nera o luminosa, secondochè l'asse della tormalina o la sezione principale del prisma di Nicol del polariscopio sono nel piano di polarizzazione della luce incidente o perpendicolari a questo piano. Ora se la porzione di luce polarizzata è debole nel fascio osservato, riesce difficilissimo e quasi impossibile il determinare quando sia nera e quando lucida la linea mediana del campo, a meno che non si ricorra a costruzioni del polariscopio, diverse dalla semplicissima comunemente usitata. Di qui nasce la quasi impossibilità di stabilire in questo caso col solo polariscopio di Savart, quale de' due piani perpendicolari sia quello in cui veramente si trova polarizzata la luce riflessa o rifratta che lo attraversa.

Il polariscopio d'Arago o di Brewster, e meglio assai quello di quest'ultimo fisico reso più semplice e men costoso da Soleil, non lascia dubbio sulla direzione approssimativa del piano di polarizzazione, ma può quando la luce sia debolmente polarizzata lasciare un'incertezza di varii gradi sulla posizione precisa di questo piano. Il polariscopio adoprato nello studio della cometa di Donati si componeva di una lamina di cristallo di rocca a faccie paralelle, composta di due pezzi uniti insieme in modo da occupare l'uno una metà, l'altro l'altra del campo dello stromento. Una delle due lamine apparteneva a un cristallo di quarzo *destrogiro*, l'altra ad un cristallo *levogiro* in modo che, posta la sezione principale del prisma di Nicol con cui si guardava la lamina composta, paralellamente alla linea di contatto delle due lamine componenti, queste apparivano d'ugual colore soltanto allora che la loro giuntura giaceva nel piano di polarizzazione della luce incidente o si trovava ad esso parallella. Nello stromento adoprato il colore delle due lamine era porporino quando la linea mediana del campo venìa messa paralellamente al piano di polarizzazione, era giallo verdognolo invece quando quella linea si girava di 90°. Una tale differenza di tinta non permetteva più di confondere il piano di polarizzazione col suo perpendicolare, e così i dati del polariscopio di Savart veniano ad essere confermati e liberati da ogni dubbiezza.

Alcuni tentativi intrapresi nella prima metà di Settembre onde riconoscere la polarizzazione della luce cometica non riescirono per la debolezza del lume da studiarsi, il quale non era allora neppur l'ottava parte di ciò che divenne sul principiar dell'Ottobre. Dopo alcuni giorni nebulosi, finalmente si potè dirigere un cannocchiale sulla cometa il 26 di Settembre ma per mancanza di polariscopii squisiti, non avendosi in quel dì che un prisma birefrangente, non fu possibile di determinare con sicurezza la posizione del piano di polarizzazione della luce osservata. Il dì 27 ripetuta l'osservazione con un gran cannocchiale del Prof. Amici e valendosi del polariscopio a due rotazioni, si riconobbe la polarizzazione parziale del lume della cometa e si potè determinare approssimativamente la direzione del piano in cui essa avea luogo; piano, la traccia del quale si trovò compresa nell'angolo formato al centro del nucleo dai lati della coda in prossimità del nucleo stesso. Il 29 di Settembre con un obiettivo di 298 mill. d'apertura ed impiegando il polariscopio di Savart congiuntamente a quello di Soleil si confermò l'osservazione precedente e si potè riconoscere come il piano di polarizzazione fosse presso a poco paralello alla bisettrice dell'angolo formato da due rette paralelle ai lati della coda e passanti pel centro del nucleo. Questa bisettrice che si potrebbe chiamare *asse della coda* si riferiva alle parti dello strascico luminoso vicine al nocciolo, perchè la coda s'incurvava notevolmente di mano in mano che si allontanava dal capo della cometa. Si disse che il piano di polarizzazione era *presso a poco* paralello all'*asse della coda* non potendosi garantire la coincidenza perfetta di linee o di direzioni che si sono stimate ad occhio e senza l'ajuto di circoli graduati.

Dal 29 di Settembre in poi fino alla sera del 16 d'Ottobre si determinò ogni giorno la posizione del piano di polarizzazione riferito all'asse della coda della cometa e lo si trovò sempre sensibilmente paralello a quest'asse.

Se talvolta parvero diminuire e quasi sparir del tutto gl'indizii di polarizzazione, ciò devesi attribuire all'interposizione di nebbie più o men dense fra la cometa e noi. Queste nebbie notanti nell'atmosfera terrestre agivano sulla luce polarizzata della cometa sparpagliandone le oscillazioni in ogni verso come fanno i vetri appannati e i corpi diffusivi sulla luce polarizzata ordinaria.

Dove cogli Astronomi, che da Apiano in poi studiarono le comete, si ammetta che la coda abbia per asse il prolungamento del raggio vettore condotto dal sole al nocciolo dell'astro caudato, si dovrà ritenere che la coda giaccia in gran parte sul piano dell'orbita percorsa dalla cometa. Qualunque sian la forma e la sostanza delle particelle gassose di cui si compongono gli involucri del nocciolo e la coda, puossi affermare che a sembrarci luminose esse dovranno riflettere specularmente la luce che le percuote; e però tutta la loro compage ne apparirà siccome un corpo levigato riflettente il lume sulla sua superficie esteriore colle medesime leggi con cui lo rifletterebbe un corpo solido d'egual figura e d'eguale indice di rifrazione, posto nelle stesse circostanze. Se la materia cometica fosse dotata di fosforescenza o di fluorescenza, illuminandosi allora di uno splendor proprio sotto l'impulso della luce che venisse a percuoterla, non si avrebbero più indizii di polarizzamento, e quel gas ne apparirebbe come gli ordinarii gas incandescenti. Ma la cometa apparve polarizzata: dunque non era nè fosforica nè fluorescente, e se rinviava lume verso di noi, ce lo spingeva di rimbalzo. Ora ammettendo che l'angolo di massima polarizzazione sia quello la cui tangente è eguale all'indice di rifrazione, e prendendo 1,0002946 indice dell'aria per indice della materia gassosa di cui si compone la cometa, si ha che la riflessione deve aver luogo su questa materia sotto l' angolo di 45°. 0'. 30",37 perchè la polarizzazione sia al massimo.

Nella sera del 29 di Settembre il raggio vettore della cometa faceva un angolo di 100°. 30' all'incirca colla visuale diretta dalla terra al suo nocciolo, supponendo quindi paralelli al raggio vettore i raggi solari che illuminavan la cometa doveau essi incontrare la superficie riflettente delle sue particelle sotto un angolo di 50°. 15' per esser riflessi verso la terra, il quale angolo differisce pochissimo dall'altro 45°. 0'. 30". che avrebbe prodotto la massima polarizzazione. Ma volendo anche imaginare la superficie del conoide che involgeva la cometa, siccome il luogo della riflessione e del polarizzamento della luce, e trascurar l' azione delle particelle interne, basterà attribuire a questo conoide un' apertura sufficiente perchè i raggi solari ne sian riflessi verso la terra. Ora un angolo di 39°. 45' fatto dalle generatrici del cono caudale con l' asse, basta a conseguire l' intento, e siffatta apertura si accosta assai a quella che l' occhio attribuiva alla coda nelle parti più prossime al nucleo. D' altronde queste misure suppongono una polarizzazione massima e si possono far variare d'assai senza togliere per ciò alla cometa la facoltà di polarizzare sensibilmente la luce del sole. Se si facesse l'indice di rifrazione del gas cometico minore di quello dell'aria diminuirebbe ancora l'angolo di polarizzazione accostandosi sempre più al limite 45°.

Sanno i Fisici poi come nella riflessione della luce si confondano i due piani di riflessione e di polarizzazione quando la luce incidente non sia stata prima polarizzata. La luce del sole non dà segni di polarizzazione alcuna, motivo per cui l'attribuì Arago ad una sostanza gassosa incandescente, dunque la luce solare riflessa dee mostrarsi polarizzata nel piano di riflessione.

Ora il piano che contiene il sole, la cometa, l'asse della sua coda e la terra, è quello stesso in cui si trovò polarizzata la luce della cometa e coincide con quello in cui deve avvenire la riflessione della luce solare per parte dell' atmosfera cometica onde essa pervenga a noi se queall'atmosfera riflette veramente la luce del sole; dunque coincidendo i due piani di riflessione della luce solare e di polarizzazione del lume cometico si può asserire che la cometa non brilla di luce propria, o che se ne possiede, essa non supera in intensità quella che le viene dal sole e ne è riflessa verso la terra.

Ecco dunque come lo studio della polarizzazione della luce derivante dalla cometa di Donati risolva, almeno per questa, il problema della origine del suo splendore, origine che molto probabilmente avranno comune con essa anche tutte l'altre comete (1).

(1) Nella ricerca del piano di polarizzazione della luce cometica, essendosi fatto uso di cannocchiali a lenti e temendosi l'azione dei vetri interposti sul fenomeno da constatarsi, si fecero alcune osservazioni togliendo l'oculare dei telescopii, altre lasciandovelo. L'interposizione dell'oculare non cambiò per nulla il fenomeno osservato. Volendo conoscere l'azione degli obbiettivi sulla luce incidente vennero essi diretti di giorno verso quei punti della volta celeste dove era massima la polarizzazione atmosferica. Riescì allora facilissimo il riconoscere, mediante un prisma di Nicol od una tormalina, che i 4 obbiettivi così cimentati erano doppiamente rifrangenti ed in modo sensibilissimo. Tutte queste lenti di gran diametro (da 244 a 298 millim. di diametro) erano state tratte da dischi di cristallo rammollito in una fornace dopo d'averli posti nella forma che dovea limitarne la larghezza. Per quante cure adoprino i fonditori onde evitare un raffreddamento troppo repentino di siffatti dischi, pare che il contatto dell'aria esterna dia loro sempre una tempera da cui deriva poi la doppia rifrazione manifestata dagli obbiettivi lavorati con essi. Non sembra improbabile che una tale facoltà birefrangente degli obbiettivi possa turbare la precisione de' contorni nelle imagini de' corpi celesti studiati con essi quando si ingrandiscano molto con eccellenti oculari. Le lenti tratte da larghe lastre di cristallo di poco spessore e raffreddate con moltissima lentezza, non danno alcun segno di doppia rifrazione.

SU' COLORI TRATTI DAL REGNO ANIMALE; DI ROBERT HUNT.

In un articolo pubblicato dall' *Art journal*, Robert Hunt passa in rivista i colori che ci somministrano i regni vegetabile ed animale. Parlando della profusione con la quale i fiori sono sparsi sulla terra, e delle innumerevoli varietà di gradazioni che ciascuna specie presenta, egli dice, come alcuni fiori sono di un bianco sì puro, così candido da riflettere tutti i raggi luminosi che li traversano, senza nè assorbirne, nè alcuno decomporne; altri, per l' incontro sono così cupi, che ci offrono la prova del potere assorbente delle loro foglie, comparendo quasi nere. Fra questi due estremi si riscontrano, in virtù della costituzione fisica della loro superficie, non solo dei bei colori primitivi, ma ancora delle belle gradazioni, provenienti da combinazioni di colori, effettuati in maniera veramente meravigliosa, ed è così che avendo origine il colore di tali fiori, ora dal giallo, ora dall' azzurro, ora dal rosso, si hanno delle varietà infinite di gradazioni verde, violette, grigie e gialle.

Egli è noto che nel regno animale gli uccelli offrono particolarmente dei svariati colori. Quello vegetabile in vero non presenta nulla che possa eguagliarlo; così, lo splendore lucentissimo dell' uccello mosca, il bel colore di varj pappagalli, ed il petto eziandio di parecchi colombi.

Confrontando i colori delle piume degli uccelli, ed i colori dei fiori, fra gli uni e gli altri si presenta una rimarchevole differenza, in quanto che i primi devono la loro bellezza ed il loro splendore ad una disposizione puramente meccanica nella loro superficie, mentre i fiori debbono il colore ai succhi colorati che circolano nei tessuti delicati de' loro petali, benchè alcune condizioni esterne di frequente modificano tali fenômeni di coloramento. Con la infusione, e colla pressione, si può togliere ai fiori le loro materie coloranti, che poi vengono impiegati nelle arti; però in simile guisa non possiamo trarre partito dei colori delle penne degli uccelli.

La luce e l' ossigeno dell' aria esercitano un' azione speciale sopra i colori vegetabili, ed è solo in un piccolo numero di casi che si rende possibile il conservarli lungamente allo stato normale. Così talvolta egli basta una rapida esposizione al sole per distruggere certi colori, e farli passare al bianco sporco; tale altra volta è l' oscurità che agisce come la luce producendo una completa alterazione. Facendo combinare i colori vegetabili a certi composti chimici, si perviene a formare una numerosa serie di tinte e colori fra il nero ed il giallo. Nel regno animale, all' incontro, non possiamo utilizzare che il colore rosso; qualora si faccia eccezione a quello della porpora di conchiglia che non si impiega nè per le arti nè per le industrie.

Dopo avere fornito alcuni dettagli storici, Robert Hunt prende ad esaminare il kermes, il carminio, la lacca, queste tre sorgenti del regno animale da cui le arti traggono dei colori.

Il kermes, prosegue l' Autore, indica sempre un colore rosso, e quando è poco pronunziato, la tinta non tarda a diventare più cupa. Esso è una specie di cocciniglia (coccus ilicis) che si trova sopra una specie di quercia.

Secondo Herby e Spence, non si riscontra che nel *quercus coccifera*, varietà sempre verde, che non giunge che a poca altezza ed è munita di aculei.

Alcuni Autori affermano che gli antichi coltivavano molto questo albero per allevare il kermes, ma però essi non porgono prove di quanto asseriscono. Nel tempo anteriore alla scoperta della verde cocciniglia di America, il kermes era impiegato per la tintura scarlatta. Nel medio evo, era conosciuto sotto il nome di *vermiculus* o *vermiculum*, ed il tessuto che veniva con esso tinto *vermiculata*. Da questo il vocabolo di vermiglio per indicare una specie di rosso, e da questo poi venne quello di vermiglione dato al composto resultante dalla combinazione del solfo col mercurio.

Nel 1518 gli spagnoli scoprirono nel Messico la cocciniglia propriamente detta, e di questa si servivano gli indigeni per dipingere le proprie abitazioni; è dunque fuori dubbio che i messicani conoscessero da lungo tempo l' uso di questo insetto indicato dai naturalisti col nome di *coccus cacti*. Ecco la descrizione che ne dà il Dott. Pereyra; la cocciniglia femmina, la sola che sia di un valore commerciale, si fissa sulla pianta che la nutre, e che serve ad essa di dimora invariabile; ivi si accoppia col maschio ed aumenta poco a poco di volume. Ciascuna depone parecchie migliaja di uova, che sortono per un' apertura posta alla estremità della parte addominale e si fissano sotto il ventre dove avviene lo sviluppo degli uovi. In seguito al deporsi delle uova la femmina muore; il corpo di lei si dissecca, le sue membra formano una specie di bozzolo che circonda l' uovo, e dal quale le piccole cocciniglie non tardano a sortire. Questi insetti si nutrono sul *nopale* (opuntia cochinillifera). Tanto la cultura di questa pianta come quella della cocciniglia è limitata al Messico, nel distretto della Misteca e nello stato di Oaxaca.

Quando gli insetti hanno raggiunto un grado convenevole di sviluppo, si raccolgono spazzolando con una coda di scojattolo la pianta che gli nutre, s' immergono poi nell' acqua calda, e si disseccano od al sole od in forni. Si è fatto il calcolo, come ne abbisognano 70000 per raggiungere il peso di una libbra inglese che equivale a 453^{gr},588.

Esistono due specie di cocciniglia che trovansi nei medesimi mercati, la cocciniglia selvaggia alla quale gli spagnoli danno il nome di *grana sylvestra* e la cocciniglia domestica, *grana fina*, chiamata *misteque* ancora, dal nome della provincia ove viene coltivata; ed è la prima che è meno stimata, come quella che contiene meno principio colorante.

La varietà misteca, quando è ben secca, e conservata con cura, deve avere un colore grigio, tendente al porpora; questa tinta grigia proviene dalla polvere che la ricopre, e contiene una piccola quantità di materia grassa. La tinta porpora proviene dall' acqua ove si sono fatti perire gli insetti. La vera cocciniglia ha il dorso righettato di parecchie linee parallele, trasverse e divise nel loro mezzo da un' altra linea longitudinale, ed è uno dei segni esteriori che permette di distinguere le falsificazioni. Sotto il nome di cocciniglia dell'India, s'incontra talvolta nel commercio un prodotto composto di vera cocciniglia a cui furono mischiati dei grani neri a superficie liscia; ma ad un occhio pratico facile si rende lo scoprire la frode, in quanto che la vera cocciniglia è priva di ali, schiacciata sul ventre, e rassomiglia nella forma ad un uovo diviso nel senso del suo asse longitudinale, oppure se si vuole all'inviluppo esterno della tartaruga.

La materia colorante della cocciniglia è stata studiata da diversi chimici e fra gli altri da Pelletier, Caventou, John e Chevreul. Per mezzo dell'etere solforico si isola la materia grassa o cera di cui fu trattato di sopra, ed esaurendo per l'alcool a caldo si ottiene una soluzione rossastra tendente al giallo. Lasciando evaporare questa soluzione alcoolica, si ottiene una materia granulosa di un bel colore rosso che porta il nome di carminio. La materia colorante è solubilissima nell'acqua, e per evaporazione il liquido prende l'aspetto di un siroppo senza però deporre cristalli. Questo carminio si lascia precipitare da tutti gli acidi quando è accompagnato da una piccola quantità di materia animale, cioè della cocciniglia.

L'affinità dell'allumina per la materia colorante è rimarchevolissima; così quando quest'ossido è precipitato di recente e versato in una soluzione acquosa del principio colorante, esso se ne impadronisce immediatamente. L'acqua diventa incolore, si ottiene una lacca di un bel colore rosso; se la operazione è stata fatta alla temperatura dell'atmosfera, ma, se il liquido è stato riscaldato, il colore passa al cremisi, e la tinta diventa più o meno violetta, secondo il grado della temperatura e la durata della ebullizione. Ecco come si prepara il principio colorante od acido carminico come viene chiamato da De La Rue: si fa bollire, per venti minuti circa, della cocciniglia in polvere che la si mischia con circa cinquanta volte il suo peso di acqua; la decozione viene poi filtrata, e dopo averla lasciata riposare per quindici minuti, la si decanta e la si tratta con una soluzione di acetato di piombo acidulata con l'acido acetico (impiegasi una parte di acido per 6 di sale). Il precipitato prodotto, è lavato, e decomposto in seguito con l'acido idrosolforico. La materia colorante, di nuovo disciolta, è allora precipitata una seconda volta, e decomposta come per l'avanti. La soluzione di acido carminico così ottenuta è posta ad evaporare fino a siccità, e disciolta nell'alcool assoluto bollente, poi la si fa digerire con una certa dose di carminato di piombo, e la si tratta con etere per sceverarla da una piccola quantità di materia azotata che contiene. Finalmente filtrando e facendo evaporare nel vuoto, si ottiene dell'acido carminico puro. Ottenuta con questo processo di preparazione, questa sostanza è friabile, ha un colore bruno porpora, è trasparente al microscopio; si riduce polverizzandola, in una polvere d'un bel rosso, solubile in tutte le proporzioni nell'acqua e nell'alcool, ma pochissimo solubile nell'etere. Si decompone ad una temperatura al disopra di 136gr Fahrenheit. Disciolta nell'acqua, la soluzione non possiede che una debole reazione acida, e non assorbe l'ossigeno dell'aria. Gli alcali trasformano la sua tinta in porpora, e se vi si aggiunge dell'alcool, i precipitati hanno il medesimo colore. L'allume dà luogo, con l'acido carminico, e con l'aggiunta di una leggiera quantità di ammoniaca, ad una lacca di un bel cremisi; simili resultati si ottengono con altri precipitati metallici.

Diversi processi sono impiegati, per preparare il carminio; quello descritto da Pereyra è forse il piu diffuso.

Il carminio si estrae dalla cocciniglia nera. Si fa una decozione di questo insetto nell'acqua; il residuo, chiamato terra di carminio, è impiegato nell'industria delle carte dipinte; dopo avere aggiunto alla decozione un precipitante generalmente del bicloruro di stagno, la si mette in un vaso largo e poco profondo in riposo. Poco a poco vedesi formare nelle pareti del vaso stesso un deposito; si decanta in seguito il liquido, e si fa disseccare il precipitato, che è del carminio. Il liquido concentrato prende il nome di *liquido rosso*.

La preparazione del carminio secondo il processo tedesco, consiste nel versare una certa quantità di soluzione di allume in una decozione di cocciniglia. Un altro metodo fra gli altri è quello ben noto della signora Cenette di Amsterdam, e che si effettua aggiungendo alla decozione di cocciniglia una soluzione di biossalato di potassa. Secondo Pelletier e Caventon, il più bel colore ci è dato col processo dell' ossido di stagno.

La formazione del carminio è accompagnata da certi fenomeni degni di essere rimarcati. Così tanto le gradazioni, quanto il colore sono alterati, dacchè avvenga il più leggiero variare di temperatura, oppure il minimo cangiamento nel mezzo luminoso ove si esperimenta.

Robert Hunt, s' intrattiene sopra i fatti che esso medesimo ha osservati in seguito a numerose e recenti esperienze. Quando la preparazione è fatta al sole, il colore è di un magnifico splendore: in un tempo annuvolato manca totalmente di questo splendore, finalmente preparata nella oscurità, è ancora più offuscata, e la tinta rossa è meno intensa. Questa azione rimarchevole della luce, non si esercita solo sul carminio; ma anche il bleu di Prussia subisce le medesime influenze in analoghe condizioni.

Con 453gr,588 di cocciniglia si possono ottenere 10gr,632 di carminio.

Il rosso detto di *fard* è fatto con un miscuglio di 226gr,744 di carbonato calcare e di 56gr,70 di carminio di recente preparato.

La lacca è uno zucchero concreto che fu dapprima riguardato come il prodotto della traspirazione di alcune piante; ma sembrerebbe, in seguito a nuove osservazioni, che la sua produzione dovesse essere attribuita ad un insetto nominato *coccus ficus* o *coccus loco*. Si conoscono, nel commercio, tre specie di lacche distinte sotto il nome di lacca in *bastoni*, lacca in *grani*, e lacca in *iscaglie*. Esistono ancora due altre varietà che ci vengono dall' India sotto le denominazioni inglesi di *lac-lac* (lacca-lacca) e *lac-dye* (lacca-tintura).

Bancroft ha scoperto come gli acidi distruggevano le materie resinose della lac-dye, e rendevano solubile il principio colorante; tale è il modo di trattamento generalmente posto in pratica da quelli che fanno uso di questa sostanza. In Francia, i tintori prendono 32 parti di lac-dye e la trattano con 12 di acido idroclorico. Il miscuglio bene effettuato è disciolto in una eguale quantità di acqua, poi, dopo una digestione di 24 ore, è in condizioni tali da potere essere impiegato.

Le lacche sono impiegate per rimpiazzare la cocciniglia; esse permettono d'ottenere quasi tutte le tinte, ma però se ne richiede grande quantità per ottenere bei colori rossi.

NUOVO METODO PER OTTENERE DAL FELDSPATO E DA' MINERALI ANALOGHI, IL CARBONATO DI POTASSA; DI E. MEYER.

Il processo dell' Autore consiste a decomporre il minerale calcinandolo con la calce, e sottomettendo il miscuglio all' azione dell' acqua sotto una pressione di 7 od 8 atmosfere: trattandosi del feldspato se ne impiegherà 1 equivalente per 14 a 19 di calce, o, ciò che val lo stesso, 100 parti di feldspato per 139 a 188 di calce. Ecco poi come si procede praticamente: La calce allo stato d'idrato o di carbonato si mischia col feldspato in modo da farne una pasta che si distribuisce in pani, ciascuno de' quali ha un diametro di circa 10 centimetri. Questi pani dopo averli seccati si sottomettono ad una temperatura tra il rosso vivo ed il rosso bianco, e dopo tale cottura si polverizza la massa, e si riscalda coll' acqua, per lo spazio di 2 a 4 ore in un recipiente capace di sopportare una pressione di 8 atmosfere: operando in tal modo tutto il liquido contiene tutta la potassa del feldspato, la quale si eleva dai 9 agli 11 per 100 relativamente alla quantità di silicato impiegato. Se il minerale contiene della soda, anch' essa si troverà nel liquido allo stato di carbonato.

Se dopo aver saturato coll' acido carbonico, si fa evaporare la soluzione alcalina, si deposita pria di tutto una piccola quantità di allumina e di silice, ed il carbonato di soda cristallina colla concentrazione del liquido, nel quale resta il solo carbonato di potassa.

Lo stesso processo serve pure per estrarre da' graniti gli alcali ch' essi contengono.

APPLICAZIONE DEL COLOR VERDE SULLA LANA ED ALTRI TESSUTI DI ORIGINE ANIMALE, PER MEZZO DELL'OSSIDO DI CROMO; DI FRANCILLON.

Il color verde fissato su' fili e tessuti di lana, e di seta, fin oggi è stato ottenuto, combinando l' azzurro d' indaco, il blù di Prussia, il blù di campeggio, al giallo proveniente da una sorgente organica od inorganica.

Per mezzo di questi due colori primitivi, combinati in diverse proporzioni, variabili secondo l' intensità e la natura della tinta che si vuol produrre, sono state fissate su' tessuti di natura animale tutte le gradazioni del verde; ma un tal colore, come la esperienza lo dimostra, non è di grande stabilità e non tarda a decomporsi.

Il processo proposto e messo in pratica dall' Autore è il seguente: Il tessuto che si vuol tingere s' impregna uniformemente di una soluzione di bicromato di potassa saturato a freddo, e questa operazione si eseguisce alla temperatura ordinaria o ad una temperatura di 30, 40, 50 gradi e al di sopra, a seconda della natura del tessuto.

Il tessuto così preparato si espone per alquante ore in un luogo quasi oscuro, od almeno fuori del contatto de' raggi solari, e poi si procede alla riduzione dell' acido cromico, esponendo il tessuto stesso ancor umido a' vapori di acido solforoso, o immergendolo nella soluzione preparata collo stesso gas solforoso. In tal modo l' acido cromico è istantaneamente ridotto, ed il color giallo del tessuto passa al verde più o meno intenso.

Un color verde più pronunziato, si ottiene bagnando i tessuti in una soluzione di bicromato di potassa e di acido arsenioso, sempre riducendo per mezzo dell' acido solforoso.

LEGA PER LA FABBRICAZIONE DELLE MEDAGLIE; DI DE BIBRA.

(*Bulletin de la Société d'Encouragement*).

La lega menzionata si prepara fondendo insieme in un crogiuolo od in un cucchiajo di ferro, 6 parti di bismuto, 3 parti di zinco e 13 parti di piombo. La massa fusa si cola in forme cilindriche e si rifonde quando si deve farne uso. Questa lega non è fragile e non ha frattura cristallina. Le medaglie appena formate si debbono lavare nell' acqua forte allungata, poi nell' acqua ordinaria, ed infine asciugate con panni lani; il colore della lega e delle medaglie somiglia a quello del bronzo antico.

MODO PER TOGLIERE ALL' ALCOLE DEL COMMERCIO IL CATTIVO SAPORE E L' ODORE EMPIREUMATICO; DI KLETZINSKY.

(*Bulletin de la Société d'Encouragement*).

L' Autore avendo impiegato 28^{lit},30 di alcole empireumatico per disciogliere una certa quantità di sapone e renderlo trasparente, osservò che distillando l' eccesso di alcole, questo si è condensato nel corrispondente recipiente di un maggior grado di forza, cioè che il sapone avea ritenuto una certa quantità di acqua contenuta nell' alcole primitivo, e di più l' alcole distillato avea perduto il gusto cattivo di prima, e non era più fornito dell' odore empireumatico.

Le altre esperienze dell' Autore mostrano, che i diversi alcoli del commercio distillati sul sapone a bagno maria, perdono l' odore ed il sapore di prima; che le sostanze empireumatiche restano in combinazione col sapone, da cui possono essere eliminate, con una temperatura più elevata: il vapor d' acqua che si forma trascina tali sostanze; che per ogni 100 litri di alcole empireumatico si possono impiegare 3 chilogrammi e 957 grammi di sapone. Le esperienze dirette avendo dimostrato che il sapone può ritenere 20 per 100 di olio empireumatico; che il sapone da impiegarsi non deve contenere potassa o acidi grassi in eccesso; esso deve essere a base di soda.

LEGA METALLICA CHE SI PUO' MODELLARE CON FACILITA'; DI GERSHEIM.

(*Bulletin de la Société d' Encouragement*).

Per preparare questa lega bisogna ridurre l' ossido di rame per mezzo dell' idrogeno. Si prendono 20, 30 o 36 parti di questo rame secondo la durezza che si vuol dare alla lega, la quale è più dura se più rame contiene, e si umettono in un mortajo di porcellana con dell' acido solforico concentrato (1,85 di densità), e poscia a questa pasta metallica si aggiungono, agitando continuamente, 70 parti in peso di mercurio. Quando il rame è interamente amalgamato, si lava il composto coll' acqua bollente per togliere l' acido solforico, lo si lascia raffreddare, e dopo 10 o 12 ore si ottiene duro al punto di poterlo pulire.

Quando simile lega è dura la si può rendere molle riscaldandola a circa 375 gradi e triturandola in un mortajo di ferro riscaldato a 125° fino a che abbia preso la consistenza della cera. In questo stato due superficie metalliche non ossidate possono essere saldate per mezzo di questa lega, la quale può servire per riempire i vuoti di diversi oggetti a' quali aderisce fortemente; inoltre essa è buonissima per saldare diversi pezzi metallici, la cui saldatura a fuoco presenterebbe degli inconvenienti.

ESPERIENZE SOPRA ALCUNI METALLI, E SOPRA ALCUNI GAS; M. C. DESPRETZ.

(*Comptes rendus de l' Académie des sciences*, T. XLVII, 15 *Nov.* 1858).

Traduzione.

Si conoscono oggi sessantadue corpi, i quali dalla maggior parte dei chimici sono considerati come corpi semplici, poichè non è stata tratta da ciascuno di essi che una sola materia particolare. Quantunque sia questo il modo di vedere più generale, noi osiamo credere che la convinzione di molti chimici, mineralogisti, e fisici non sia ben decisa relativamente alla opinione, la quale ammette altrettante materie differenti per quanti sono i corpi chiamati semplici.

Bastano alcune citazioni per mettere fuori di dubbio la verità di questa ultima asserzione:

Un giovane chimico (Gerhardt), rapito troppo presto alla scienza, diceva nel 1847 nella sua *Introduzione allo studio della chimica* pag. 57. « *Noi non abbiamo alcuna dimostrazione matematica della natura semplice degli elementi reputati tali: i progressi della scienza potrebbero un giorno decomporre il solfo, il carbonio, i metalli e dimostrare nelle loro molecole l' eterogeneità degli atomi* ».

Noi troviamo i due passaggi seguenti in una Memoria del sig. Dumas, il quale ha attratto eminentemente l'attenzione dell' Accademia.

« *Due opinioni si trovano di fronte. L' una, che sembra essere stata seguita da Berzelius, conduce a ravvisare gli ele-*

menti semplici della chimica minerale come esseri distinti indipendenti gli uni dagli altri, le molecole dei quali non hanno di comune tra loro che la loro essenza fissa, immutabile, eterna. Vi sarebbero altrettante materie distinte, per quanti elementi chimici vi ha in natura. L'altra opinione permette di supporre invece, che le molecole dei diversi elementi chimici attuali potessero essere costituite in virtù della condensazione di una materia unica, come sarebbe per esempio l' idrogeno, assumendo come vera la relazione notabile osservata dal Dott. Prout, e come ben fondata la scelta della sua unità. (Veggansi i Comptes rendus, 21 Maggio 1858) ».

Citiamo qualche opinione più antica ancora. H. Davy ha congetturato che i metalli e i solidi infiammabili chiamati semplici, fossero composti di una base particolare incognita, e di una medesima materia che entri nell' idrogeno. (*Leçon Bakerienne*, 1807. *Annales de Chimie*, tom. LXV. pag. 240).

Secondo l'opinione di Gay-Lussac e Thenard il potassio e il sodio non erano che una combinazione di alcali coll' idrogeno (detto giornale, t. LXVI. p. 207, 1808). Curandan riguardava i metalli alcalini come altrettanti composti nuovi, nei quali l' idrogeno si trovava in uno stato di grande condensazione (detto volume p. 102).

La luce si è presto diffusa nella mente di questi celebri chimici. All' epoca in cui essi non sapevano come interpretare la produzione e la natura del potassio e del sodio, la decomposizione degli alcali e delle terre aveva illustrato il nome di H. Davy. Il modo di estrazione del potassio e del sodio, di già immaginato da Gay-Lussac e Thenard, doveva esclusivamente essere messo in pratica pel corso di più di trenta anni. Questo metodo potrebbe anche al giorno d'oggi essere di grande soccorso ai chimici in alcune circostanze. Finalmente il processo che serve da qualche anno alla preparazione di questi preziosi metalli, non è altro che il processo di cui Curandan aveva arricchita la scienza. Bisogna confessare che questo processo è stato dipoi perfezionato dal sig. Brünner, dai signori Donny e Mareska e dal sig. Enrico Sainte-Claire Deville.

Bastano queste citazioni, che noi potremmo moltiplicare a dovizia per attestare che in diverse epoche una grande incertezza si è sparsa negli animi relativamente alla natura elementare dei corpi chiamati semplici (1).

Conoscendo dunque questo difetto di idea precisa nella opinione dei fisici, sono stato indotto a fare i saggi seguenti, che ho concepito fino dall' anno 1849.

Dopo di avere constatato nel 1849 che i corpi più refrattarj sono fusibili e volatili al fuoco elettrico di una pila energica o anche al fuoco risultante dalla riunione del calore elettrico, del calor solare e del calore della combustione; dopo di aver veduto in pari tempo, che i corpi composti, per esempio i feldspati, lasciano sviluppare dapprima le matarie più volatili (2), mi rimaneva naturalmente a ricercare se i metalli sottoposti a queste sorgenti calorifiche energiche si separassero o no nei loro elementi, ov' essi effettivamente ne racchiudessero varj. Io era, malgrado le citazioni addotte, disposto a considerare, assieme al maggior numero di chimici, di mineralogisti e di fisici, i metalli e i corpi non metallici, come altrettanti corpi semplici, non racchiudenti ciascuno che una materia particolare inalterabile nella sua intima natura.

Ho cominciato le mie ricerche nel mese di Maggio 1857.

I signori Delafosse e Fremy, nostri colleghi, videro le mie esperienze sino dal principio di Luglio. Il sig. Alvarès Reynoso, giovane e valente chimico spagnolo, il quale mi fece delle visite a quell' epoca in laboratorio per tutto il tempo che è rimasto a Parigi, fu pure presente a' miei primi tentativi.

Io farò dapprima conoscere le esperienze che ho ese-

(1) Veggansi quattro articoli sull' alchimia (*Journal des Savans*, 1851), del sig. Chevreul; *Die Geschichte der Chemie* in quattro parti, del sig. Hermann Kopp; *l' Histoire de la Chimie* in 2 volumi del sig. Höfer; *les Alchimistes* 1 volume del sig. Figuier; *les métaux sont des corps composés* un piccolo volume del sig. Tiffereau; *Paracelse et l'Alchimie*, 1 volume del sig. Frank; l' articolo, *Proporzioni*, del sig. F. Moigno nella *Enciclopedie du* XIX. *siécle* t. 20

(2) *Comptes rendus*, Tom. XXVIII. e XXIX.

guite per venire in chiaro se i metalli fossero semplici o composti.

Supponiamo per un istante che i metalli sieno composti binarj: i due metalli componenti sono necessariamente distinti dalle loro proprietà; essi debbono essere disegualmente volatili, disegualmente precipitati dalla pila voltaica, da metalli più energici, dai diversi reattivi chimici. I sali di questi metalli elementari debbono avere aspetto e forma caratteristica.

Su questa differenza di proprietà dei due componenti ammessi ipoteticamente, è appunto fondato il principio che ci ha servito di guida nella maggior parte delle esperienze del nostro lavoro.

Con esperienze preliminari noi ci siamo assicurati dell' esattezza di questo principio, il quale d' altronde è ben poco contestabile.

Se si tratta colla pila, collo zinco, col gas idrosolforico o finalmente col carbonato di soda, un miscuglio di sale di piombo e di sale di rame; di sale di piombo e di sale di cadmio; di sale di rame e di sale di cadmio ec., e che si frazionino i precipitati di uno stesso miscuglio, si troverà in ciascuno di questi precipitati una composizione tanto più differente, quanto più essi sono lontani gli uni dagli altri.

In parecchi miscugli la separazione è completa, o quasi completa per mezzo della pila o dell' acido solfidrico. È appunto ciò che si verifica con un miscuglio, per esempio, di rame e di piombo; di cobalto e di nickel; di rame e di cadmio. Io avrò l' onore di fare all' Accademia una o piu comunicazioni intorno a questo punto che è intimamente legato al mio lavoro attuale.

Prima esperienza. Si fa passare la corrente di due elementi di Bunsen (1) attraverso di una dissoluzione contenente 500 grammi di solfato puro di rame. Si cuoprono così successivamente otto lamine di platino di 5 centimetri di larghezza e di 7 centimetri di altezza. Ognuna delle lamine è

(1) È stata impiegata in queste ricerche la pila di Bunsen soltanto, mantenuta sempre in tensione, a meno che non si dica il contrario.

coperta sulle due faccie. Si trova che sulle cinque prime lamine si sono depositati degli ottaedri regolari e dei cubo-ottaedri simili ai cristalli di rame nativo.

Sulla quarta lamina i cristalli ottaedri sono raggruppati come si ravvisa nel rame nativo della Siberia. I medesimi cristalli sono ancora più piccoli e più serrati sulla quinta e sulla sesta lamina; finalmente siamo costretti a collocare tra due cristalli i due ultimi depositi formati in una dissoluzione indebolita, per poterli osservare col microscopio. Facendo così, si riconosce che i cristalli piccolissimi sono essi pure ottaedri e cubo-ottaedri.

Compiuto l' ultimo deposito, la dissoluzione è intieramente incolora e non racchiude più affatto metallo.

L' aspetto, la cristallizzazione, il colore, tutto insomma è simile in questi otto depositi. La corrente elettrica che ha decomposto tutto il solfato di rame, non ne ha precipitato che un solo metallo. Ecco che già questa esperienza permetterebbe di ammettere che non vi ha che un solo metallo nel solfato di rame puro; in altri termini che il rame è un corpo semplice. Si continui l' esame dei prodotti.

Si discioglie ciascun deposito nell' acido azotico puro diluito. Si sottrae l' eccesso di acido mediante un calore moderato e si fanno cristallizzare le otto dissoluzioni. Nei cristalli ottenuti si scorgono alcuni prismi quadrangolari a base obliqua, ma non tutti i cristalli che hanno d' altronde il medesimo colore sono bene precisi nelle forme. — La deliquescenza di questo sale impedisce di potervi giungere. — Si trasforma l' azotato parte in solfato e parte in acetato.

Ciascuna delle otto dissoluzioni di solfato non depone che prismi bi-obliqui a base paralellogrammica più o meno modificati. È avvenuto più volte che i cristalli non avevano esattamente questa forma. Si sono ottenuti dei prismi scanalati; ma questi cristalli disciolti di nuovo davano cristalli di forma conosciuta.

L' acetato non fornisce che prismi obliqui a base romba colorati di un verde oscuro e poco efflorescenti.

Seconda esperienza. In una esperienza affatto simile alla prima, si decompone mediante la corrente di tre elementi il medesimo peso di 500 grammi di solfato puro di rame disciolto in 4 litri di acqua; dopo i primi precipitati si prendono quattro, cinque e sette elementi. La cristallizzazione dei depositi è simile alla cristallizzazione dei depositi dell' esperienza precedente, ma è meno apparente, ciò che deriva da una precipitazione più rapida. Soltanto vi sono stati osservati di più dei cubi meglio pronunciati e piani di clivaggio paralelli alle faccie del cubo.

Il colore del quinto e del sesto deposito è un poco più oscuro del colore dei precedenti. Sotto il microscopio, tutti i depositi hanno lo stesso colore.

Si forma dapprima dell' azotato con tutto il rame precipitato e con 40 grammi di rame rosso che non abbia subito l' azione della elettricità.

I sette azotati danno dei prismi romboidali, che non sono nettamente terminati. L' aspetto, il colore dei sette azotati, tutto insomma apparisce identico. Per mezzo d' idrogeno puro o disseccato, si decompone una porzione di ciascun azotato, preventivamente ridotto allo stato di ossido. I sette prodotti ottenuti hanno il medesimo colore rosso-giallastro, che è presso a poco il n°. 8 dell' aranciato del primo cerchio cromatico del sig. Chevreul.

Si è trasformato ciascun azotato in solfato, in acetato e in formiato, tre sali ben decisi nelle loro forme e poco alterabili all' aria, Si abbandonano le dissoluzioni ad una cristallizzazione spontanea.

Le sette dissoluzioni di solfato, di acetato e di formiato forniscono dal mese di Febbrajo al mese di Novembre un gran numero di cristallizzazioni. Si dissecca ciascuna dissoluzione, e si fa lo stesso in tutte le esperienze.

Si esaminano i cristalli, poi si conservano in tubi coll' indicazione del luogo del deposito, e della natura della dissoluzione. Si ridiscioglie il sale incompletamente formato col restante della dissoluzione ec.

Il solfato non ha depositato che prismi bi-obliqui a base paralellogrammica, e le modificazioni state descritte da Haüy e da' suoi successori.

Nelle cristallizzazioni fornite dall' acetato, non si riconosce che il prisma obliquo romboidale colorato in verde bruno cupo, conosciuto da tutti i chimici.

Finalmente il formiato non produce che un prisma obliquo a base romboidale più o meno modificata. Questo sale è efflorescente ed imbianchisce presto nell'aria a 20 o 25 gradi.

Ciascun gruppo di cristalli offre i caratteri chimici dei sali di rame.

Terza esperienza. Si fa passare idrogeno solforato, preventivamente lavato, attraverso una dissoluzione di 50 grammi di solfato puro di rame disciolti in tre quarti di litro di acqua distillata (1). Si ottengono sei precipitati di solfuro che si lava nell'acqua bollita e si trasforma in solfato per mezzo dell'acido azotico puro ed allungato e dell'aggiunta d'una certa quantità di acido solforico. Si espelle in seguito l'eccesso di quest'ultimo acido mediante un calore conveniente.

Le sei piccole masse biancastre così ottenute e disciolte nell'acqua, non depongono che solfato di rame nella sua forma conosciuta che ho dianzi rammentata. Accade lo stesso delle acque madri sottoposte alla cristallizzazione fino all'esaurimento del sale.

L'identità dei sei precipitati coll'idrogeno solforato nel solfato puro di rame è un nuovo attestato che non vi ha in questo sale che un solo metallo.

Esperienze istituite con varj miscugli di piombo e di rame; di piombo e di cadmio; di rame e di cadmio ec., mostrano che coll'idrogeno solforato si precipiterebbero composti variabili nel rapporto dei loro principii, se il rame non fosse altrimenti un corpo elementare.

Quarta esperienza. Si precipitano 500 grammi di solfato puro di rame, disciolti in 4 litri di acqua distillata, con 573^{gr},14 di carbonato puro di soda diviso in quattro parti uguali.

I quattro precipitati di carbonato di rame ritengono

(1) Non ci siamo serviti in queste esperienze che di *acqua distillata* e di *materie pure*.

dell' acido solforico, anche dopo di essere stati agitati con una dissoluzione di carbonato di soda in eccesso e lavati per decantazione per il corso di otto giorni.

Si disciolgono i precipitati nell' acido solforico diluito e si decompongono le dissoluzioni diluitissime con tre elementi di Bunsen. Ciascun precipitato è poco aderente alle lamine di platino ed è come raggruppato (*mamelonné*); vi si osservano piccoli cristalli simili a quelli di cui abbiamo parlato precedentemente.

Si procede come nelle due prime esperienze.

Si disciolgono i quattro depositi nell' acido azotico puro.

Si ritira una porzione del metallo di ciascun azotato.

Si forma col restante dell' azotato, del solfato, dell' acetato e del formiato. Si fanno cristallizzare questi tre sali.

I quattro rami provenienti dalla riduzione per mezzo d' idrogeno; i cristalli di solfato, di acetato e di formiato, sono identici ai campioni di rame, ed ai cristalli di solfato, di acetato e di formiato di cui abbiamo parlato nella seconda esperienza.

Sicchè le cose accadono anche qui come se il rame fosse effettivamente corpo elementare. Esperienze che riporteremo in una comunicazione ulteriore, provano che un miscuglio di piombo e di rame, ovvero di due altri metalli, trattato che sia con una dissoluzione di carbonato di soda, somministra precipitati di composizione variabile.

Quinta esperienza. Cinquecento grammi di solfato puro di rame, disciolti in circa 8 litri di acqua distillata, sono agitati successivamente quattro volte con 33 grammi di zinco metallico distillato. Il tempo necessario perchè lo zinco sia sostituito al rame è all' incirca due ore, di modo che tutta la precipitazione esige circa otto ore purchè si abbia cura di non interrompere mai l' agitazione del miscuglio.

Il rame precipitato è dapprima bene lavato, poi separato a un dolce calore coll' acido solforico diluito dalla piccola porzione di zinco col quale potesse per avventura essere mescolato, poi è disseccato a bagno maria, infine è ridotto coll' idrogeno puro e privo di acqua.

I quattro prodotti sono rosso-giallastri e identici ai rami precedenti ridotti coll' idrogeno.

Il solfato formato con una parte di ciascun precipitato, non ha dato ancora qui che le forme conosciute di solfato di rame.

Un miscuglio di due sali di metallo precipitati collo zinco, non somministra prodotti identici. Questi precipitati variano di composizione, o l' uno dei due è precipitato per il primo. Se ne citeranno esempii nelle comunicazioni posteriori.

Sesta esperienza. Questa esperienza non è altro che la ripetizione dell' esperienza precedente. Essa fornisce i medesimi risultati.

Settima esperienza. Duecento grammi di azotato puro di piombo disciolti in circa 1500 grammi di acqua, sono decomposti successivamente tre volte da 59^{gr},6 di carbonato puro di soda.

Si divide ciascun precipitato ben lavato e disseccato in quattro parti uguali.

Si riduce il quarto coll' idrogeno.

Si forma col restante dell' azotato, dell' acetato e del formiato.

I tre azotati forniscono cristalli, la maggior parte dei quali sono trasparenti; essi appartengono al sistema cubico dell' azotato di piombo.

Il formiato cristallizza in prismi slegati, che un chimico esercitato riconosce immediatamente per formiato. Al microscopio questi cristalli appariscono sotto forma di prismi retti romboidali. Le acque madri nelle loro cristallizzazioni, non depongono che cristalli slegati analoghi.

I cristalli dell' acetato di piombo si riferiscono al prisma romboidale obliquo.

Ottava esperienza. È noto che una corrente voltaica passando in una dissoluzione di piombo determina un deposito di piombo metallico sull' elettrode negativo e un deposito di biossido nell' elettrode positivo (1).

(1) *Comptes rendus*, t. XLV. 1857. In una prossima comunicazione, io darò altri risultati e cercherò di fare un' istoria rapida di questo punto della scienza.

Se si sostituisce al sale di piombo, un miscuglio di acetato di piombo ed acetato di rame, tutto il rame si trasporta al polo negativo, e il biossido di piombo al polo positivo. Conformemente a quanto abbiamo constatato in una precedente comunicazione, in questa seconda esperienza i due metalli sono completamente separati l' uno dall' altro. È quindi naturale il ricercare se nella prima esperienza, il metallo depositato al polo negativo sia identico al metallo depositato al polo positivo. Questa identità non potrebbe sussistere se il piombo, che noi consideriamo come un corpo semplice, fosse una mescolanza o una combinazione in condizioni qualunque.

Per la qual cosa noi abbiamo fatto passare una corrente voltaica attraverso una dissoluzione di acetato puro di piombo formato di 500 grammi di questo sale e di 3 litri di acqua, coll' aggiunta di alcuni grammi di acido acetico, a fine di rendere il liquido limpido.

Ciascuno elettrode era immerso in un vaso rettangolare collocato nella dissoluzione; si evitava per tal modo il miscuglio delle parti dei depositi ch' esso separava nel corso di una esperienza. Sono stati impiegati da principio due elementi nelle cinque prime decomposizioni, poi quattro, poi sei, poi otto.

Si sono così ottenuti quattordici depositi al polo negativo, e quattordici depositi al polo positivo. Se ne sono formati degli azotati; si sono riuniti due azotati vicini di ciascuna serie. L' esame delle varie cristallizzazioni ha fatto scorgere così negli uni come negli altri sali, degli ottaedri regolari un poco troncati agli angoli e agli spigoli, trasparenti o no; dei cubo-ottaedrici con l'ottaedro o il cubo dominante, qualche dodecaedro romboidale, insomma tutte le forme derivate dal cubo. Non si sono osservate differenze notabili tra le cristallizzazioni al polo negativo e quelle al polo positivo.

È stata distaccata una piccola porzione di azotato tanto da ciascun azotato positivo quanto da ciascun azotato negativo, e quelle piccole porzioni sono state ridotte in piombo per mezzo dell' idrogeno, e si è ricavata la densità del metallo positivo e del metallo negativo.

La densità media di parecchi frammenti del piombo dell'azotato del deposito positivo non differisce che nella quarta cifra decimale dalla densità media del piombo dell'azotato del deposito negativo.

Questa esperienza sta essa pure a dimostrare il carattere elementare del piombo. Se il piombo fosse stato composto di due elementi, questi due elementi non avrebbero dato i medesimi azotati, e non avrebbero avuta la stessa densità e la medesima tendenza galvanica.

Nona esperienza. Si colloca in un piattino (*nacelle*) di carbone sei mezze palle di piombo povero. Si fa passare nel metallo la corrente di trecento elementi riuniti tra loro in serie ciascuna composta di cento. Le palle poste a contatto di ciascun polo sono le prime a fondersi; dopo qualche minuto tutto è fuso.

Il passaggio della corrente dura quaranta minuti; in seguito si toglie successivamente dal circuito la prima, la seconda e infine la terza serie. Il tempo che volge in questa successiva rottura della corrente è circa dodici minuti; tempo sufficiente per determinare la solidificazione totale del metallo, tenuto sotto l'azione della corrente.

Si distacca dal polo positivo e dal polo negativo un frammento equivalente a circa mezza palla. Si discioglie ciascun frammento nell'acido azotico puro diluito in un volume di acqua uguale al proprio.

Il nitrato positivo somministra ottaedri regolari; qualcuno di questi cristalli presenta delle faccie cave alla foggia di tramoggie, ciò che si riscontra sovente nel sistema regolare (alume, sal marino ec.).

Il nitrato negativo offre i medesimi ottaedri con qualche cubo-ottaedrico.

Decima esperienza. Questa esperienza è la ripetizione della precedente, eccetto alcuni cangiamenti. Una piccola làmina di piombo ritirata dall'acetato è posta in un piattino di porcellana non verniciata. Si mantiene fuso il piombo per mezzo del calore pel corso di tre ore; la corrente di duecento elementi riuniti in serie di cento ciascuna, traversa il metallo durante questo tempo. Una bussola delle tangenti avente un diametro di 48 centimetri segna 63° $\frac{1}{3}$ al principio dell'esperienza; dopo alcuni minuti 65° $\frac{1}{5}$; alla fine 48° $\frac{1}{8}$. Si tolgono un poco per volta i carboni rossi che circondano il piattino, poi una delle serie, poi l'altra; il piombo si raffredda lentamente sotto l'azione della corrente. Per tal modo se la corrente ha determinato un cangiamento qualunque nel metallo, questo cangiamento deve mantenersi sino alla intiera solidificazione.

La notevole diminuzione d'intensità della pila dipende dal circuito, il quale essendo composto unicamente di parti metalliche, non oppone che debole resistenza al passaggio della corrente. L'azione chimica nell'interno della pila è energica. Alla fine dell'esperienza la metà dei zinchi è presso a poco inservibile per una seconda esperienza. Si distacca il metallo che circonda ciascun polo e la parte contigua. Il lato di ciascuno di questi frammenti è presso a poco di un centimetro.

Si estraggono dei pezzi a questi quattro frammenti, si trattano coll'acido azotico puro; per prima cosa si osserva che questi pezzi non sono sensibilmente attaccati dall'acido azotico puro e concentrato. Neppure il piombo puro è attaccato: non sembra che la corrente modifichi il piombo nel rapporto delle sue affinità chimiche, o almeno nel rapporto dell'azione dell'acido azotico concentrato. Li si disciolgono nell'acido azotico diluito in due volumi di acqua; si evaporano quasi a siccità le dissoluzioni, poi si fanno cristallizzare Ecco i risultati che si ottengono:

Polo positivo. Cubo-ottaedri-piatti; cubo-ottaedri.

Al di quà del polo positivo. Cubo-ottaedri-belli; altri cristalli simili ridotti a metà; cubo-ottaedri, qualcuno raggruppato; cubo-ottaedri meno trasparenti; cubo-ottaedri-piatti; ottaedri ridotti a una piramide.

Polo negativo. Cubo-ottaedri; ottaedri segmentiformi; ottaedri regolari; cubo-ottaedri, l'ottaedro dominante; ottaedri segmentiformi.

Al di quà del polo negativo. Cubo-ottaedri un poco piatti; cristalli più piccoli; ottaedri regolari segmentiformi; ottaedri regolari, gli altri cristalli meno precisi.

Tutte le dissoluzioni hanno cristallizzato sino all'esaurimento del liquido.

Le diverse forme dei quattro azotati caratterizzano il *piombo*: esse appartengono al sistema regolare.

Le densità dei quattro frammenti presentano pochissima differenza colla densità del piombo puro ottenuto dall'acetato di piombo.

S'istituiscono col rame esperienze analoghe a queste due ultime; un caso fortuito c'impedisce di riportarne oggi i risultati.

Undecima esperienza. Si dividono 3 kilogrammi di zinco in otto parti per mezzo di quattro distillazioni successive eseguite nel modo seguente:

Nella prima distillazione, si lascia nella storta, presso a poco, il terzo del metallo non volatilizzato; si conserva la storta e una trentina di grammi del prodotto volatilizzato.

Si sottopone il prodotto di già distillato ad una seconda distillazione parziale; si conserva la storta e una trentina di grammi del secondo prodotto volatilizzato.

Si prosegue così sino alla quarta distillazione, e si ha dello zinco distillato una volta, due volte, tre volte, quattro volte; quattro storte ritengono ciascuna il residuo di ogni distillazione; in altri termini, otto frammenti di zinco presi ciascuno in una condizione particolare.

Si discioglie nell'acido solforico una parte del primo, del secondo . . . . . dell'ottavo campione di zinco; si elimina mediante il calore l'eccesso di acido, e si ottengono otto solfati che si disciolgono per farli cristallizzare.

Si prepara l'azotato collo zinco non distillato, e collo zinco distillato una volta, due volte, tre volte, quattro volte; in tutto cinque azotati.

Per preparare cinque acetati e cinque formiati corrispondenti, si forma dapprima del carbonato con ciascuno dei cinque ultimi zinchi. Si discioglie una parte di questi cinque carbonati nell'acido formico e una parte nell'acido acetico. I due acidi non attaccano lo zinco metallico che con estrema lentezza.

Gli otto solfati hanno dato le forme che sono compatibili col prisma retto romboidale o rettangolare; in esse il prisma rettangolare o il prisma romboidale era dominante; delle altre coi vertici composti di due ottaedri l'uno romboidale, l'altro rettangolare, l'uno o l'altro dominante. Spesso i vertici erano poco precisi; spesso i prismi suplui non erano formati che di un lato solo; spesso non si trovavano che lamine esagonali o rettangolari; qualche volta si sono trovati pure i due ottaedri rammentati qui sopra, con più un terzo ottaedro romboidale.

Tutti questi cristalli avevano aspetto e caratteri del solfato di zinco.

Dal mese di Giugno al mese di Novembre si sono raccolti dei cristalli oltre cinquanta volte.

I cinque azotati hanno fornito dei prismi romboidali, ma questi prismi non erano talmente precisi, da poter decidere se appartenevano al quarto o al quinto sistema.

Il formiato ha cristallizzato abbastanza e facilmente all'aria libera. Ciascun formiato ha fornito quattro o cinque depositi successivi. I cristalli erano prismi romboidali corti, leggiermente obliqui, con alcune modificazioni sugli spigoli ovvero sugli angoli. L'aspetto era in generale madreperlaceo.

L'acetato è stato posto sotto una campana, con due capsule contenenti acido solforico. Questo sale ha fornito pochi cristalli, ma ciascuna dissoluzione ne ha prodotti. Questi cristalli erano o lamine romboidali o esagonali riunite, oppure semplici lamine, o anche prismi raggruppati senza forma bene precisa. Tutti questi cristalli avevano aspetto madreperlaceo ed anche una certa mollezza. Non è stato possibile di scorgere se essi appartenevano al quinto o al sesto sistema; a seconda di quanto riferisce il sig. Brooke, Gerhardt li riporta al quinto (1).

(1) Il nostro cortese collega Mr. Delafosse, in grazia delle sue conoscenze teoriche e pratiche estesissime in cristallografia, ci è stato più volte utile nel nostro lungo lavoro; ci sia dunque permesso di esprimergli qui tutta la nostra riconoscenza.

(continua)

1° Del Nuovo Cimento si pubblica ogni mese un fascicolo di cinque fogli di stampa.

Sei fascicoli formeranno un volume, sicchè alla fine dell'anno si avran due volumi, ciascuno de' quali di 30 fogli di stampa, sarà corredato un' indice.

Le associazioni sono obbligatorie per un anno, e gli Associati che per la fine di Novembre non avranno disdetta l'associazione, s'intendono obbligati per l'anno successivo.

4° Il prezzo d'associazione per l'intiero anno è fissato come segue:

Per la Toscana franco fino al destino . . . . Lire toscane 20

Per il Regno delle due Sicilie Ducati 4, pari a . . . Lire toscane 23

Per il Piemonte, il Regno Lombardo-Veneto, lo Stato Pontificio ed i Ducati di Parma e di Modena, franco fino al destino, Franchi 20 effettivi pari a . . . . Lire toscane 24

Per gli altri Stati fuori d'Italia, franco fino al destino, Franchi 25; pari a . . . . Lire toscane 30

5° Le Associazioni sono obbligatorie per un anno, ma il pagamento dovrà farsi per semestri anticipati, cioè una metà a tutto Gennajo, ed un'altra a tutto Luglio di ciascun anno.

6° Gli Associati che pagheranno anticipatamente l'intiera annata, godranno d'un ribasso del 5 per 100 sul prezzo precedentemente stabilito.

7° Un egual ribasso sarà accordato a quelli che faranno pervenire direttamente ed a proprie spese, il prezzo d'associazione alla Direzione del Giornale.

8° Finalmente gli Associati che adempiranno [illegible] all'altra condizione, rimettendo alla Direzione [illegible] spese, il prezzo anticipato d'una intiera annata [illegible] rimessi, sono autorizzati a prelevare il [illegible] associazione.

La compilazione del Nuovo Cimento si fa a Torino ed a Pisa [illegible] stessa, dal Prof. R. Piria per la Chimica e le Scienze affini alla Chimica; dal Prof. C. Matteucci per la Fisica e per le Scienze [illegible] Fisica. L'amministrazione, la stampa e la spedizione sono affidate alla Tipografia Pie-

ri-

Finalmente la corrispondenza, le memorie, i giornali scientifici e gli altri stampati di argomento spettante alla Fisica dovranno essere diretti, *franchi di Posta*, a Pisa — *Al Prof.* C. MATTEUCCI.

SULLA CAGIONE DEL VEDERE LE STELLE E I PUNTI LUMINOSI AFFETTI DA RAGGI; MEMORIA DEL PROFESSORE GIO. MARIA CAVALLERI B.ª

Quando il nostro occhio nella oscurità della notte ed a piena apertura di pupilla si affissa nelle stelle od in qualche punto lucido, come sarebbe un lume lontano, per poco che questi oggetti siano brillanti, li vede or più or meno affetti da raggi, i quali si allungano e si frastagliano in varia guisa. Quale è la cagione di questo fenomeno? Ecco la questione che mi sono proposto e che ho cercato di sciogliere.

Siccome però si possono produrre nel nostro occhio altre svariatissime specie di raggi, sarà bene che per motivo di chiarezza veniamo brevemente toccando di tutte queste specie, affine di non confonderli con quella sorta di raggi, dei quali teniamo apposito ragionamento. Infatti se il nostro occhio si dirige per avventura ad un oggetto di piccol diametro e di vivacissima luce, non potendo la nostra vista sostenerne il bagliore, avviene che per un moto istintivo si restringe l'iride, nè questa bastando ancora, le palpebre vengono in soccorso dell'organo soverchiamente eccitato e restringendosi non lasciano passare che un debol filo di luce, il quale per mezzo alle palpebre entra come per una fessura estremamente sottile. In questo istante manifestansi or più or meno alcuni raggi, i quali si protendono talvolta lunghissimi. Questa specie di raggi è però assai irregolare, sì per ciò che spetta la giacitura e la lunghezza loro, come per ciò che spetta il lor numero. Allargando o movendo solo anco per poco le palpebre, questa specie di raggi cangia figura, numero e direzione, ed è quasi impossibile riprodurli identici a quelli che per avventura poco prima si videro.

Altra specie di raggi consimili a questi si produce ogni qual volta pel soverchio muco o per umor lacrimale tra una palpebra e l'altra si trova rammassata una irregolare quantità di così fatti umori. I raggi in questo caso riescono più rotti, più lunghi ancora ed irregolari e fugaci. Chi ha occhi lagrimosi, e chi piange, se fissa un lume, gli appare solcato da larghi e lunghi raggi, i quali ad ogni moto di palpebre o ad ogni erumpere di nuove lacrime si vanno cambiando di forma, di posizione e di numero.

La cagione di queste due sorta di raggi è chiara per sè, nè credo perciò che sia duopo entrare in apposite indagini. Nel primo caso infatti, quando cioè i raggi sono prodotti dal solo restringimento delle palpebre, senza che intervenga ad alterare la regolarità della fessura nè il muco nè l' umor lacrimale, il fenomeno è evidentemente prodotto dalla diffrazione che soffre la luce allo spigolo delle due palle delle due palpebre, le quali presentano alla luce entrante una esilissima fessura. La luce partendo da un lume di vivo splendore, ma di piccolissima dimensione, tanto da potersi considerare come un punto, giunta agli spigoli delle palpebre, soffre una pronunciata diffrazione e si allunga a foggia di raggi. E che in realta poi questi raggi sieno effetto della diffrazione, vaglia il considerare che dessi possono all'uopo, come il debbono, produrre le frange colorate proprie della diffrazione. Osservando infatti attentamente un lume di sera, e procurando che agli spigoli delle palpebre non si ammassi o muco od umor lacrimale che complichi il fenomeno, si giunge spesso ad osservare distintamente i raggi forniti delle frange colorate, le quali a modo di zona solcano ad intervalli, ed in un senso perpendicolare, la lunghezza dei raggi istessi. Col lume vicino, le frange colorate si vedono anche meglio, conformate a raggio formato da una serie di molti lumi. Col lume lontano il muco o l'umore lacrimale turbano con somma facilita le frange. Nel secondo caso, cioè quando irregolarmente abbondi il muco o l'umor lacrimale, i raggi sono evidentemente prodotti dagli umori istessi, i quali si foggiano a guisa di prismi irregolari e scomposti. La luce in questo caso entrando nell'occhio devia dal suo corso regolare, e va a prolungarsi a guisa di raggi sulla retina in isvariatissime fogge. Infatti movendo le palpebre e dando a questi umori forme diverse, anche i raggi prodotti da questi umori si van cambiando in cento bizzarre forme. Più spesso però avviene che l'un fenomeno sia congiunto coll'altro; ed è perciò che alla produzione hanno parte e gli spigoli delle palpebre, e il muco e l'umor lacrimale: ed avviene spesso, che le frange colorate non sempre si possono ben distinguere, sopraffatte dalla rifrazione prismatica degli umori suddetti.

Di queste due specie di lunghi raggi ed irregolari noi non intendiamo occuparci, come di quelli la cui cagione è per sè molto ben chiara, nè varrebbe la pena di impiegarvi più oltre parole.

L'altra specie di raggi, di cui sopra in primo luogo toccammo, è assai più complicata, ed è quella per cui, anche senza intervento dello spigolo delle palpebre e del muco o dell'umor lacrimale, si veggono i punti lucidi affetti dai raggi. Quando infatti di piena notte si osserva una stella brillante od un lume posto a certa distanza, questi si vedono a foggia di un punto lucido, dal quale si partono alcuni raggi in generale molto più corti di quelli prodotti dalle palpebre e dagli umori sopra detti. All'origine e alla cagione di questi raggi sono dirette le presenti indagini.

Prima però di rintracciarne l'ascosa cagione, è mestieri di ben fissare il fenomeno. I raggi, che sembrano partire dal punto lucido che si contempla, affettano diverse apparenze a tenore del vario grado di miopia, presbiopia, e di vista normale, e inoltre anche a tenore della conformazione fisiologica dei diversi individui. Tranne ben poche eccezioni, da ritenersi come anomalie, la stella o il punto lucido che si voglia, si vede da tutti affetto da raggi; ma il loro numero, la loro grandezza e la loro giacitura è varia. Negli individui di buona vista, ed in generale anche nella più parte dei presbiti, le stelle brillanti ed i lumi posti a certa notevole distanza, appajono come punti lucidi dai quali partono alcuni raggi non però troppo prolungati. Arago che si diè cura di determinarne la grandezza, li circoscrive da tre a cinque minuti primi di diametro, quando si abbia buona vista, o si adoperino cannocchiali od occhiali adatti alla propria vista. Nei miopi i medesimi punti lucidi osservati appajono più o men grandi e a foggia di dischi di notevole diametro, dal centro dei quali partono molto irregolarmente dei raggi che dal centro dei dischi si estendono fino alla loro periferia. Quanto più è grande il grado di miopia e d'altrettanto è più grande il disco luminoso. Nei miopi moderati anzichè formarsi a veri dischi, i punti lucidi appajono circondati da raggi grossi e ben distinti fra loro. Io ebbi cura di far descrivere ai diversi individui di varia vista uno stesso punto lucido che era un lume comune ad olio posto a cento e più passi lontano ed osservato nella oscurità della notte, Nella *fig.* 1ª. *Tav. III.* vedonsi due figure quali presentaronsi a due scelti individui di buona vista; nella *fig.* 2ª. due saggi di quelli di vista presbite; nella *fig.* 3ª. due altri di vista miope. Oltre a ciò vuolsi notare che non tutti gli individui vedono il medesimo lume collo stesso numero di raggi. Chi ne vede due, chi tre, chi cinque e più; e inoltre i veri raggi non formano tra loro lo stesso angolo, come si può facilmente vedere dalle tre prime figure accennate. Se i punti lucidi osservati vengono mano mano scemando di intensità, i raggi si affievoliscono e talora scompajono; il che generalmente avviene nelle stelle di debole intensità di luce. Un altro fenomeno che si osserva è questo, che i suddetti raggi, quando l'intensità del lume sia prossimamente eguale, sono fissi e sempre gli stessi per il medesimo individuo. Chi, a cagion d'esempio, vede un lume lontano affetto da cinque distinti raggi, ne vedrà sempre cinque e nella medesima posizione. Chi, per qualche anomalia dell'occhio, vede i lumi lontani stranamente formati a raggi contorti, o foggiati a linee e figure irregolari assai, li vedrà sempre nella stessa guisa. Se il lume osservato è di poca luce, anche i raggi si indeboliscono, e incominciano a scomparire i più deboli raggi, finchè, quando il lume sia debolissimo, scompajon tutti.

Le malattie di occhi e l'età inducono altresì cambiamenti in questi raggi; ma questo cambiamento si fa gradatamente appoco appoco, ed è perciò che in generale e in un breve stadio e regolare di vita si possono ritenere invariabili e fissi. Osservando più sere lo stesso lume od un lume consimile si acquista pratica e si può fare il disegno dei raggi luminosi i quali si vedranno sempre alla medesima forma dal medesimo individuo. Talora però accade che vedendo un lume lontano lo si osserva coi raggi, i quali sembrano più o meno spostarsi o modificarsi un poco. Queste anomalie accadono pel muco o per l'umor lacrimale che talvolta non è regolarmente sparso sulla cornea trasparente dell'occhio. Però, mano mano che si procura di tener l'occhio asciutto e ben netto, i raggi primitivi e fissi ricompajono nella medesima posizione di prima e affettano la stessa figura. Quelli che sono alquanto miopi hanno il vantaggio di veder molto più distinti i raggi e fissarne meglio la posizione, perchè i loro raggi sono assai più lunghi e larghi di quelli che hanno la vista normale o presbite. Alcuni rari individui, in generale di buona vista, e dei quali feci di sopra parola, non vedono raggi distinti intorno al punto lucido che osservano; e questo si presenta loro come un punto netto e perfettamente spiccato. Se però questo punto diviene più brillante, incominciano a vedere anch'essi alcuni deboli raggi. Ad ogni modo il numero di questi individui è raro assai, e vedremo in seguito come anche di questo fenomeno si possa assegnare la cagione.

Dalla esposizione di questi fatti risulta adunque 1°. che, qualora l'oggetto o punto lucido che si osserva abbia una sufficiente intensità, si veggono sempre dei raggi: 2°. che questi raggi sono in numero variabile a tenore dei diversi individui: 3°. che mantengono una posizione costante per ogni individuo. Fissati questi tre principali punti della questione vediamo di trovarne la cagione.

La cagione di questi raggi, come ognun vede, non può certo trovarsi nella natura dell'oggetto raggiante: non può essere cioè che noi vediamo un tale oggetto raggiante, per la ragione che questi raggi siano inerenti all'oggetto medesimo il quale abbia la virtù di emettere 2, 3, 5 o più raggi distinti. Se così fosse, tutti gli individui di sana vista dovrebbero vedere questo istesso oggetto affetto dal medesimo numero di raggi e questi situati in una determinata posizione. Ma questo non avviene punto: avviene anzi il contrario. Infatti un lume istesso, una medesima stella brillante, a modo d'esempio, sarà veduta da un individuo di sana vista affetta da cinque raggi principali e facenti tra loro angoli determinati, mentre da altri individui, pure di sana vista, sarà veduta circondata da otto o più raggi, e questi formanti angoli notevolmente diversi dai primi.

Esclusa questa cagione, estrinseca all'individuo, bisogna escluderne anche un'altra; ed è che non si può supporre, che il punto lucido osservato emetta dei raggi in forza di qualche modificazione che subisca la luce passando per l'aria. Se l'aria potesse influire sulla produzione di questi raggi, un lume posto a cento passi di distanza e veduto contemporaneamente da molti individui, dovrebbe parere a tutti egualmente circondato dai medesimi raggi, il che non avviene punto. Uopo è dunque concludere che la cagione di questi raggi non risieda già nel lume stesso, o nei mezzi pei quali vien transitando, sibbene risieda nell'individuo e sia prodotto dal suo occhio stesso. Arago che venne parlando di questo curioso fenomeno, e non ne potè assegnar la cagione, affermava che doveva dipendere *dalla costituzione fisica dell' occhio*.

Onde procedere regolarmente in questa delicata ricerca, è necessario istituire una breve analisi di tutte quelle parti dell'occhio nostro, le quali potrebbero influire alla produzione di questi raggi sulla nostra retina; e noi per amore di chiarezza accompagneremo il raggio luminoso, che parte dal punto lucido, entra nel nostro occhio e passa pei varii mezzi diafani che costituiscono l' occhio medesimo.

E dapprima potrebbe ad altri sembrare che gli spigoli delle palpebre siano capaci di produrre i nostri raggi in discorso, attesa la legge della diffrazione. Per poco però che si ponga mente al fenomeno, si rileva ben presto che in realtà gli spigoli delle palpebre, comunque siano o regolari o irregolari, sono incapaci di produrre siffatti raggi e farci così comparire i punti lucidi affetti da raggi. Si possono infatti allargare artificialmente le palpebre ben oltre l'apertura della pupilla e tuttavia i nostri raggi sussistono inalterati. Anzi, a rimovere ogni dubbio, si può porre d'innanzi all'occhio una laminetta opaca nella quale siasi fatto un foro del diametro alquanto più piccolo dell'apertura della pupilla, la quale in luogo oscuro è larga da 6 a 7 millimetri. Veduto allora il lume o la stella per mezzo di questo foro, ed esclusa così ogni influenza degli spigoli delle palpebre, i raggi sussistono ancora inalterati. Questo esperimento che più volte rinnovai sopra me stesso e sopra altri, rimuove ogni dubbio che, nella formazione dei raggi, abbiano parte alcuna gli spigoli delle palpebre.

Lo stesso si deve dire degli spigoli dell'iride: anche questi, comunque siano formati da piccolissimi addentellati, e capaci per sè stessi talvolta di produrre un grandissimo numero di piccoli e capillari raggi intorno ad un punto luminoso di vivacissima luce, non hanno però influenza alcuna nella produzione dei raggi nostri. Infatti, essendo gli addentellati dell'iride in un numero stragrande, e dovendo per legge di diffrazione ogni addentellato produrre un raggio, gli oggetti o punti lucidi osservati dovrebbero vedersi sempre contornati da un grandissimo numero di raggi, il che è contrario alla osservazione ed al fatto. Aggiungiamo inoltre che questi spigoli dell'iride quantunque formati ad addentellati, sono però di una finezza estrema, ed incapaci di produrre raggi sensibili all'occhio quando la luce sia alquanto debole, come sarebbe appunto un lume a cento passi di distanza od una stella anche molto brillante. Di questa sorta di finissimi e numerosissimi raggi toccheremo in seguito. A rimovere però ogni dubbio, basta porre innanzi all'occhio il diaframma opaco sovraccitato, con un foro di un diametro minore della apertura della pupilla. In questo caso gli spigoli dell'iride vengono esclusi, e tuttavia i raggi nostri sussistono inalterati, e il punto lucido si vede ancora egualmente raggiato. Dunque anche gli spigoli dell'iride non hanno parte alcuna nella produzione dei raggi intorno al punto luminoso.

Tocchiamo un'altra parte dell'occhio importantissima, e sia questa la retina; e giacchè discorriamo dell'influenza che possono avere le parti opache dell'occhio nella formazione dei nostri raggi, vediamo accuratamente se questa membrana nervosa sia capace di produrre questo fenomeno, di far cioè comparire un punto lucido affetto di raggi.

Ufficio della retina è, propriamente parlando, quello di ricevere l'impressione dei raggi non di produrli; il perchè fu giustamente paragonato l'occhio ad una camera ottica oscura, in cui i mezzi rifrangenti fanno l'ufficio di lente, e la retina quello di una carta su cui si dipingono le immagini degli oggetti. E sarebbe certo cosa stranissima che non presentando le lenti del nostro occhio alcuni raggi, dovesse poi la retina formarne a piacimento di così strani e svariati, quali si producono e si vedono nei varii individui, e dei quali abbiamo discorso.

Cosa però inconcepibile ancora sarebbe quella, che in ogni punto della retina si dovessero produrre gli stessi raggi con tutte quelle anomalie delle quali abbiam ragionato. Infatti, si ponga mente a ciò, che girando noi l'occhio, e facendo cadere l'immagine di un punto lucido or sopra una parte or sopra l'altra della retina, i nostri raggi non si mutano punto e rimangono fissi ed inalterati. Di più, se contemporaneamente si osservano due lumi di eguale intensità e vicini fra loro, ognuno di questi lumi produce raggi somiglianti ed eguali. Ora sarebbe egli mai possibile ammettere che ogni punto della retina sia capace di produrre gli stessissimi fenomeni raggiati? Inoltre che questa stessa retina, a tenore delle varie viste o normali o miopi o presbiti, fosse di più anche capace di conformare i punti lucidi osservati in quelle svariate fogge che abbiam veduto? Ma vi ha di più. La retina potrebbe ella mai alterare per sua propria virtù questi raggi col solo mettere noi gli occhiali? Infatti, se un miope si pone gli occhiali ben adattati alla propria vista, invece di vedere i punti lucidi grandi e molto raggiati a foggia di grandi dischi, li vede piccoli e raggiati sottilmente a modo di chi ha buona vista. Non è dunque effetto della retina il formare le varie fogge di raggi, sebbene deve essere proprio delle altre parti dell'occhio.

Noi però a questo riguardo non dissimuleremo alcuna difficoltà od obbiezione che sia giunta a nostra cognizione. Quelli i quali opinano che il fenomeno dei raggi sia prodotto dalla retina, ammetterebbero che questa percossa dall'apice luminoso dei punti lucidi osservati e scossa per tal modo in un punto della sua superficie, oscilli e si scuota tutto all'intorno e quindi prodoca i raggi in discorso. Si assomiglierebbe la retina in certo modo ad un'acqua tranquilla, nella quale gettato un sassolino produce molte onde tutto all'intorno, o ad un vetro che colpito nel suo mezzo si frange e produce rotture raggiate.

Sebbene a questa sottile difficoltà possano validamente rispondere le osservazioni fatte testè del dovere cioè riprodursi in ogni punto gli stessi raggi identici, le anomalie dei presbiti, miopi e di sana vista, e l'argomento degli occhiali di sopra toccato; noi risponderemo con un fatto il quale, a chi ben considera, è pienamente decisivo, e proverebbe ad evidenza che nella produzione dei nostri raggi non ha parte alcuna la retina, ed il suo scuotimento centrale.

Supponiamo che una persona nella oscurità della notte si ponga a riguardare un lume di una candela stearica a cento o duecento passi di distanza; e supponiamo anche, onde avere più cospicuo il fenomeno, che questa persona sia tale per cui si manifestino ben pronunciati i raggi. Ella vedrà un punto lucido contornato da raggi bastantemente lunghi e ben distinti. Se in questo mentre questa persona, alla distanza di circa un braccio, piglia un cartoncino od anche la sua mano stessa, e l'intromella gradatamente dal basso in alto tra l'occhio veggente ed il lume che osserva, vedrà i seguenti fenomeni. La figura del punto lucido raggiato incomincerà a perdere parte dei raggi nella parte più bassa per dove s'intromette il diaframma. Mano mano che il diaframma o cartoncino ascende, verranno a scomparire tutti i raggi più bassi; ascendendo ancora il diaframma, anche il punto lucido centrale verrà eclissato, sì che da ultimo non rimarranno visibili che le sommità dei raggi più alti. Fermiamoci a questo punto e facciamo una considerazione. Ammesso che questi raggi in questione siano frutto della retina che scossa in una sua parte oscilli e mandi raggi, come sarebbe egli mai possibile che scomparissero dapprima i raggi inferiori, se questi fossero in realtà prodotti dalla parte centrale scossa? Se questa parte centrale esiste ancora illuminata, ed è la cagione dei raggi, questi raggi inferiori non possono scomparire per l'intromissione del diaframma. Dovrebbero tutt'al più indebolirsi, non mai scomparire. Come sarebbe egli inoltre possibile che eclissato e tolto affatto anche il punto centrale in cui è scossa la retina, esistessero le sommità dei raggi nella parte superiore? Qui non vi è nemmeno la parte centrale che possa oscillare o produrre raggi; eppure i raggi sussistono ancora. Dunque questi raggi è impossibile che siano prodotti dalla vibrazione o scotimento centrale della retina. Il sassolino di cui sopra dicemmo, e che percuote nell'onda tranquilla è tolto di mezzo, ossia non viene a percuotere le onde: il colpo dato nel centro di una lamina di vetro è sospeso; e tuttavia le onde esistono, e le rotture raggiate si manifestano ancora. Il medesimo fenomeno si riprodurrebbe inversamente se il diaframma si intromettesse dall'alto al basso o lateralmente. I primi raggi a scomparire sono sempre quelli posti dalla parte donde entra il diaframma. Eccettuati alcuni individui tendenti alla presbiopia, nei quali il fenomeno succede capovolto, per ragioni che si rileveranno in seguito, siamo dunque costretti ad eliminare l'ipotesi, che i raggi dei punti lucidi che noi osserviamo siano prodotti dall'irraggiamento e dallo scotimento della retina.

Per maggior chiarezza di questo interessante esperimento, ci esprimeremo con una figura. Vedi la *fig.* 4ª. *a* è il lume posto a circa duecento passi dall'occhio osservatore; *abc* è il fascio di raggi che dal lume entra nell'occhio: *d* è il diaframma che viene poco a poco ad intercettare il suddetto fascio di raggi dal basso in alto; *bc* è l'apertura dell'occhio; *e* il fascio di raggi che colpisce la retina in un punto e forma il punto raggiato o stella raggiata *e*, che per maggior chiarezza abbiamo descritta a parte e più ingrandita in *g*; *h* è lo stesso punto raggiato veduto allora quando il diaframma *d* incomincia ad ascendere, *i* è quando il diaframma giunge nel mezzo del fascio *abc* ed intercetta la metà del fascio di luce che entra nell'occhio; *l* è quando il diaframma supera la metà del fascio; finalmente *m* è quando il diaframma sia stato tanto alto da non lasciare libera che la parte ultima e più alta del suddetto fascio di luce *abc*. Da questa figura si vede chiaro come, anche quando il diaframma *d* intercetti una parte, una metà, od anche quasi tutta la luce centrale del fascio *abc*, sulla retina e precisamente nel punto *e*, i raggi residui che entrano nell'occhio colpiscono ancora il medesimo punto *e*, e questo punto percosso, dovrebbe ancora oscillando produrre i medesimi raggi sebbene più deboli, ma non mai troncare i raggi stessi dal basso in alto, come si vede nelle *fig. h*, *i*, *l*, *m*. A meglio convincerci supponiamo ancora che invece del diaframma *d* si ponga una piccola palla opaca *n* nel mezzo del fascio di luce *abc*, per esempio in *n'*. Allora verranno intercetti i raggi centrali, non esisterà più lo scotimento centrale della retina e la stella *g* si presenterà senza parte centrale, ed avrà i soli raggi esterni come vedesi in *o*. Se da ultimo si amasse intercettare anche un sol raggio, basterà intromettere lo spillo o stecco *p*, e con questo coprendo un raggio del cristallino, la stella si presenterà priva di un raggio come vedesi in *q*. Quando s'intromette la palla *n* il fenomeno dell'intercettare la parte centrale del fascio luminoso è ben visibile nei miopi e nei presbiti. Anche negli altri però di sana vista si produce, ma è d'uopo di molta delicatezza nell'agire, essendo i raggi assai piccoli e corti. La palla *n* si potrà fare di diverse grandezze, e così meglio adattarsi ai singoli bisogni degli individui. Noi ci siamo allungati forse di soverchio in questo esperimento; ma è duopo riflettere che la presente figura ci giovera assai nel conoscere in seguito altri fenomeni, dai quali deve dipendere la soluzione della finale questione.

Giunti a questo punto della nostra discussione, e veduto come nessuna delle parti opache che abbiam toccate sono la cagione efficiente di questi raggi, converrà ricercarla negli umori e nelle fibre che formano l'occhio, e propriamente nelle sue parti diafane o trasparenti. Non sembri strano a taluno che, le parti diafane o trasparenti di una lente, come è l'occhio, possano rendersi visibili e produrre anche delle linee raggiate chiare ed oscure. Basta per ottenere questo intento che le sostanze trasparenti non abbiano la stessa densità o rifrazione in tutte le loro parti: in questo caso, un raggio sottile di luce che passi per questi mezzi, è capace di produrre linee chiare ed oscure e dare a divedere la struttura delle medesime parti quantunque tutte siano diafane.

Abbiasi, a cagione d'esempio, un pezzo di vetro a faccie parallelle ben terso e limpido *a*, ma tale che per entro sia affetto da tre tortiglie di vetro *bcd*, *fig.* 5ª. Se queste tortiglie o direm anche strie sono deboli, osservando il vetro direttamente, non si vedranno punto. Ma se un sottil fascio di luce *e* a conveniente distanza dal vetro entra pel vetro stesso, e passato che sia si raccoglie sopra un diaframma *f*, allora l'immagine delle strie o tortiglie si vede benissimo, e si può ricavarne il preciso disegno: ognuna delle strie *bcd* si rifletterà in *b'c'd'* e presenterà talora anche linee oscure e chiare; giacchè, se queste strie sono conformate a cilindretti, possono formare l'effetto di lenti cilindriche, e quella luce che per rifrazione sottraggono in una parte, radunarla in altra e così conformarla anche a striscie o raggi luminosi. Lo stesso dicasi se il pezzo di vetro fosse conformato a lente: le sue strie sarebbero ancora ben visibili usando di questo mezzo. A chi si occupa dell'ottica pratica, queste anomalie accadono di sovente nelle lenti, e sono la precipua cagione del non potersi ottenere dalle lenti stesse tutto il vantaggio che si potrebbe ricavare.

Ammesso adunque che in una lente o in un mezzo diafano qualunque vi è modo di poter vedere le strie trasparenti che vi fossero per entro, non è difficile vedere le strie o strisce, o irregolarità che si vogliano dire, nel nostro occhio, se mai vi sono, ed assegnarne la grandezza e la posizione. Basterà per ciò comportarsi nel modo che abbiamo fatto nella *fig.* 5ª. far servire la retina per diaframma sulla quale si projetteranno le strie dell'occhio nostro. Per tal modo potremo noi stessi vedere le irregolarità dei mezzi del nostro occhio ed esserne giudici.

Abbiasi un piccolo e vivace lume *a* posto alla distanza della persona di circa tre metri (*fig.* 6ª.), e si riceva un fascio di luce per mezzo della piccola lente convessa *b* la quale in *c* farà un piccolissimo fuoco. Da *c* i raggi, come da piccolissimo punto, entrino nell'occhio *de*. Si regoli la distanza della lente *b* dall'occhio *de* in modo, che i raggi entranti non si radunino a formar fuoco sulla retina *f*, ma siano invece allargati come vedesi in *hi*. Così composte le cose, se per avventura in un qualche mezzo diafano dell'occhio, per esempio nel cristallino, vi fossero quattro strie incrociate *m*, compariranno projettate sulla retina in *hi*; e noi potremo a nostro bell'agio vederle distintamente. Se vi fossero invece punti, globetti, ecc. anche questi si vedranno projettati sulla nostra retina. Noi potremmo per tal guisa fare un'analisi delle parti irregolari che compongono il nostro occhio, ed all'uopo assegnare le modificazioni che bene spesso subisce col volgere dell'età l'occhio stesso.

Eseguito più e più volte questo esperimento sopra me stesso e sopra altri individui ammaestrati, ecco quello che mi risulta. Io ometto tutto quello che fu veduto da altri e con altri esperimenti poco dissimili da questo, cioè di punti lucidi che si presentano, di punti oscuri, di mosche vaganti, di anelli, di coroncine, ecc. Per ciò che spetta i raggi nostri in questione, non prima d'ora che io mi sappia avvertiti da altri, diremo: che si vede in qualunque individuo un disco *g* luminoso più o men grande a seconda della maggiore o minor vicinanza della piccola lente *b*. Dal centro di questo disco vedonsi partire alcuni raggi più o men chiari, ma sempre sbiaditi che si protendono sino alla periferia del disco stesso in numero di 2, 3, 4 ed anche 8 e più. Nell'occhio di molti giovani ed anche di parecchi adulti sani, questi raggi sono d'ordinario ben diritti e conformati; in altri invece sono più o meno irregolari e contorti, sì che a primo aspetto non si direbbero aver punto la figura di un raggio come in *h*. Alcuni raggi si direbbe che non si partano dal centro, ma che dalla periferia si dirigano al centro senza però giungervi. Ora, se la piccola lente che abbiam posto vicino all'occhio si viene mano mano allontanando dall'occhio stesso, il disco raggiato viene per legge ottica restringendosi, giacchè questo si approssima a formar fuoco sulla retina. In questo mentre i raggi sbiaditi e larghi che si vedevano nel disco grande si restringono, si assottigliano, lasciano tra loro uno spazio oscuro, ma mantengono la medesima posizione; finchè poi allontanata di uno o due metri la piccola lente, si giunge a vedere un punto lucido come una stella munita dei medesimi raggi, come vedesi in *g'h'*. Conservando, per quanto è possibile i raggi paralelli onde averli nella stessa direzione in che si veggono ad occhio nudo, inoltre se, allontanata la lente, si fissi direttamente un lume lontano od una brillante stella, ben pulito che sia l'occhio, la si vede somigliante nei raggi a questo punto lucido che appariva nella piccola lente. È inutile avvertire che, per ben riuscire in questi delicati esperimenti, vi ha bisogno di una certa riflessione e di un certo tatto ottico che però in breve si ottiene colle pazienti e replicate esperienze. Ora noi diciamo, se i mezzi diafani componenti il nostro occhio fossero strettamente regolari ed omogenei come avviene in molte lenti di vetro tersissimo, non si potrebbero vedere raggi ed anomalie di alcuna sorta; ma siccome in realtà si vedono e son projettati fedelmente sulla retina, bisogna convenire che in realtà nelle parti trasparenti dell'occhio esiste la vera causa di questi raggi. E ciò è tanto più vero in quanto che, se si intromette un diaframma *o* nel corso dei raggi, il diaframma esclude precisamente dei quattro raggi di *m* i due che sono in basso, sicchè veggonsi i due soli raggi o strie superiori di *m*; e delle stelle raggiate *g'* ed *h'*, non si vedono che le metà superiori segnate in g^2 ed h^2. Questo modo di considerare il fenomeno porta con sè una specie di prova geometrica, e noi, per quanto ci sarà dato, procureremo di portare la nostra tesi alla evidenza di questa natura. A conferma però del fin qui detto verranno in seguito altre riflessioni ed esperimenti più decisivi.

Veduto come i nostri raggi abbiano origine dagli umori trasparenti dell'occhio, uopo è cercare quale di questi umori produca il fenomeno dei medesimi. E dapprima diremo come questi raggi non possano essere prodotti nè dalla aberrazione di sfericità, la quale non esiste nel nostro occhio, almeno in quantità sensibile, nè dalla aberrazione di rifrangibilità che esiste in parte nell'occhio, anche il più perfetto. Di queste due sorta di aberrazione, la prima, ossia l'aberrazione di sfericità, tenderebbe a formare una nebulosità intorno al punto lucido che si osserva, producendo una sequela di fuochi; e la seconda, cioè l'aberrazione di rifrangibilità, tenderebbe a formare intorno allo stesso punto lucido osservato una sequela di anelli colorati. Però nè l'aberrazione di sfericità, nè quella di rifrangibilità è capace di formare i raggi particolari dei quali ci occupiamo. Basta per farcene persuasi, aver presenti le elementari cognizioni dei fenomeni che presentano le lenti convesse, in cui non siano corretti gli errori di rifrangibilità e di sfericità.

Escluse adunque queste influenze e tutte le già dette di sopra, dello spigolo delle palpebre e dell'iride e della retina, esaminiamo colla scorta eziandio degli studii istologici e microscopici le parti diafane componenti l'occhio, e vediamo se ci è dato di scoprirne l'origine. Noi siam già sicuri che la cagione efficiente di questi raggi deve ritrovarsi qui entro e non altrove.

Il primo strato che ci si presenta entrando la luce nell'occhio è l'umor lacrimale, che talora è sparso irregolarmente sulla cornea trasparente. Questo umor lacrimale, formando qualche volta una specie di lamina di diversa grossezza e forma, può essere capace di far deviare alquanto il fascio di luce entrante; ma non mai di produrre raggi fissi e costanti. Infatti, giuocando di palpebre e pulendo l'occhio da queste irregolarità dell'umor lacrimale, i punti lucidi che si osservarono, tornano a presentare sempre gli stessi raggi. Viene in seguito il muco, il quale anch'esso sparso per avventura con qualche irregolarità sulla cornea, o raggruppato in granelli, o foggiato a prominenze, potrebbe produrre qualche raggio; ma come si disse dell'umor lacrimale, agitando le palpebre, questi raggi irregolari ed avventizi scompajono tosto, e sono anch'essi incapaci di formare quei raggi fissi e ben determinati di cui teniamo discorso.

Vi fu chi disse, che la superficie della cornea potrebbe esser capace di produrre dei raggi. E per verità se la superficie della cornea fosse ondulata, screziata, formata a concavità o prominenze irregolari, sarebbe capace di formare alcuni raggi. Il Prof. Cav. Giuseppe Belli mi suggerì un modo di assicurarmi dell'influenza che può avere la superficie della cornea nella formazione dei raggi; ed era quello di coprir l'occhio coll'acqua, e per mezzo di un cerchio munito di un vetro di tal convessità da simulare la cornea, osservare se questi raggi scomparivano. Se scomparivano, era segno evidente che i raggi nostri erano prodotti dalla cornea stessa. Io ebbi cura di eseguire l'esperimento. Un vuoto cilindro *ab* (*fig.* 7ª.) di ottone, del diametro di poco più del bulbo dell'occhio, venne coperto da un lato con un vetro ben curvo e ben lavorato *d e*, e dall'altro venne empito con acqua tepida. Applicato questo apparecchio all'occhio, io vedeva ancora gli oggetti ad un dipresso come se nulla avessi d'innanzi all'occhio; e voltomi a contemplare un lume lontano, i raggi nostri esistevano ancora e i punti lucidi osservati si presentavano ancora raggiati come prima in *e*. Non si può dunque attribuire alla irregolarità della superficie della cornea, e tanto meno al muco od all'umore lacrimale la cagione efficiente dei nostri raggi.

Segue l'epitelio che copre la cornea colla sua laminetta omogenea su cui riposa, le quali due sostanze e per la loro regolare struttura e per la loro sottigliezza non presentano costruzione alcuna alla luce entrante atta a conformarla a raggi.

Ciò che si dice di questo epitelio, dicasi pure degli altri che seguono più addentro l'occhio a coprire e separare le parti interne.

Anche della cornea trasparente propriamente detta si deve dire lo stesso, stando alle osservazioni recenti del dottissimo istologo Kölliker e di alcuni altri, delle osservazioni dei quali e di alcune mie proprie io mi sono servito. La costituzione microscopica della lamina amorfa superiore della cornea, i tessuti più interni e fibrosi ed alcuni granulosi con cellule plasmatiche che si anastomizzano, formanti tutti insieme la cornea, sono di tal natura e di tal giacitura da produrre tutt'al più diminuzione di luce e qualche aberrazione o nebulosità non mai determinati raggi. Pigliata una cornea e immersa nell'acqua e chiusa tra due vetri a faccie paralelle ed osservata col microscopio, si vede evidentemente che dessa non hà punto parti capaci di formar raggi, e un debol filo di luce vi passa con tutta regolarità come se passasse per un vetro piano e netto.

Così devesi anche dire dell'umor acqueo e di altri pigmenti che vengono in seguito, unitamente alla membrana di Descemet o di Demours detta membrana dell'umor acqueo, colle sue due parti componenti, la membrana cioè elastica propriamente detta ed il suo distinto epitelio. Tutte queste parti, sia che si osservino separatamente chiuse tra due vetri piani, sia che si veggano ancora chiuse nell'occhio estratto di fresco da un animale, non presentano irregolarità di sorta e si veggono assai ben terse ed esenti da strie o strisce. Trattate poi anche con acidi particolari, e fatte divenire in parte opache, com'è d'uso, per così meglio vederne la struttura elementare, si presentano tali da produr nebbia, ma non mai determinati raggi alla luce entrante.

Passando ad esaminare l'umor vitreo, potrebbe nascere un dubbio che in questo sia riposta l'occulta cagione che andiamo cercando. Perocchè, se da un lato Brücke lo vuole composto di lamine che si sopraffanno a modo degli involucri delle cipolle, e quindi impossibile per questa costruzione a produrre il nostro fenomeno; d'altra parte Hannover e Kölliker trattando l'umor vitreo coll'acido cromico, inclinano a credere che sia formato in modo inverso, cioè formato a settori che partono dall'asse ottico e si allargano alla periferia come tanti coni o fasci simili ai settori di un arancio. Come osserva però Browman e lo stesso Kölliker, non si deve dar molto valore a questa opinione, non essendo noi ancora ben certi dell'azione dell'acido cromico; se cioè quelle leggiere apparenze siano piuttosto da attribuirsi all'azione di quest'acido, anzichè alla vera struttura del vitreo. Ad ogni modo osserveremo come esaminando l'umor vitreo fresco di alcuni animali, ed anche quello dell'uomo, per quanto quest'ultimo si puo avere fresco, si vede chiaramente che desso non presenta alcuna sensibile irregolarità di densità o forma da produr raggi: egli è limpido ed omogeneo come acqua, e solo si rende opaco per mezzo di alcuni acidi.

Tutti i dubbi però che potrebbero per avventura insorgere ancora sulla sede e sulla cagione produttrice di questi raggi, rimangono sciolti dall'esame dell'umor cristallino, il quale abbiamo a bello studio conservato in ultimo luogo. D'innanzi alla struttura ed ai fenomeni che ci presenta il cristallino, noi siamo forzati a ritenere per certo che questo umore è la vera cagione che ci presenta i punti lucidi che osserviamo circondati da raggi. Noi procureremo, per quanto ci sarà dato, di conservare il miglior ordine possibile nella trattazione ed analisi di questa parte trasparente dell'occhio; e per ciò che spetta la elementare costruzione delle sue minime parti, rimanderemo i lettori al Trattato istologico del Kölliker. (Vedi Elements d'Histologie Humaine par A. Kölliker. Traduction de MM. I. Beclard e M. Sée. Paris 1856. Organe de la Vue pag. 659-700.

Incominciamo ad esaminare un occhio di un bambino neonato. Kölliker ci assicura che ben osservando esteriormente si vede che il suo cristallino presenta una stelletta a tre raggi. Anche nelli occhi dei vitelli e dei majali che hanno il cristallino molto affine al nostro ho trovato l'istesso fenomeno. Col crescere dell'età la stelletta non è più visibile. Estratto poi un cristallino di un vitello, o di un giovane majale ed esaminatolo fuori dell'occhio, si presenta ben limpido e bello; ma dal suo centro partono tre raggi o specie di unioni o fessure assai ben discernibili, volgendolo qua e colà, onde avere la luce propizia. Sembra una specie di piccola cipolla nel cui mezzo siano praticate tre profonde incisioni o tagli partendo dall' asse della cipolla istessa, e conservando il piano delle incisioni paralello all' asse. Altre tre incisioni paralelle alle prime in seguito si vedono per di sotto al cristallino, sebbene più deboli; in tutto sei raggi, i quali, osservati in direzione all' asse, sono egualmente distanti gli uni dagli altri, quindi fanno l' angolo di 60 gradi. Vedasi la *fig.* 8ª. in cui *a b c* sono le incisioni o raggi o stelletta che si vede nel cristallino osservandolo nella direzione dell' asse e per di sopra, e *d e f* sono le altre che sono fatte nel disotto, *g* è il medesimo cristallino veduto perpendicolarmente all' asse.

Col crescere dell' individuo il cristallino, che nel suo centro e nella parte superiore da cui partono le prime divisioni o incisioni è alquanto depresso, si rialza, acquista una bella figura regolare, quasi un bel segmento di sfera: ma i raggi rimangono ancora e vengono anzi moltiplicandosi. Estratto ora un cristallino umano nella età più avanzata vediamo come si presenta. Noi seguiremo le osservazioni del Kölliker, e molto anche le nostre, avendo a bello studio esaminati moltissimi cristallini umani e molti anche di buoi e di majali, i quali ultimi si possono avere freschi ed appena cavati. Per questo fine estratto un cristallino umano, senza punto rompere l' involucro esterno che gli dà forma bella e regolare, si ponga tosto nell' acqua od anche nell' olio di trementina, avendo cura di spogliarlo dell' umor vitreo che gli restasse per avventura aderente. Introdottolo a tal fine nel recipiente *d* (*fig.* 9ª), che contenga uno di quei due liquidi, il cui fondo è formato da una lamina di vetro *c* a faccie paralelle e ben lavorate, per mezzo di uno specchio piano *b*, si raccolga la luce da una lucerna alla carcel *a* posta ad alcuni metri di distanza, o in sua vece la luce del cielo che passi da un piccolo foro praticato in una finestra; poscia con una lente *f*, oppure con un debole microscopio, l' occhio *g* esamini il cristallino *e*. Questo cristallino di cui diamo la figura ingrandita alla *fig.* 10ª, veduto nel senso dell' asse, si presenta affetto da sei ed anche otto raggi che partono dal centro e si allungano sino alla periferia: alcuni altri piccoli raggi poi qua e là si vedono, i quali incominciano molto lungi dal centro e toccano anch' essi la periferia. Da ciascun punto poi di ogni raggio partono le innumerevoli fibre esilissime che formano il cristallino, le quali si ripiegano e scorrono poi quasi paralelle ai raggi per giungere anch'esse alla periferia. I raggi quindi, a ben osservare, non sembrano formati che dall'incominciamento delle stesse sottili fibre cristalline. Questo incominciamento io trovai variamente conformato e sbiadito a tenore dei diversi cristallini, e ciò forse per la diversa età e perchè non si possono avere se non molto tempo dopo la morte dell'individuo. Nei cristallini dei buoi e dei majali che si possono con facilità aver freschi, le fibre benchè più difficili a vedersi, han tuttavia il vantaggio di presentare le loro unioni più nette e sottili. Ora, è riposta in questi raggi la produzione del fenomeno che andiamo cercando. Per convincersene, basta, come mi suggerì il Professore astronomo nob. Paolo Frisiani alla lucerna alla carcel (*fig.* 11ª. *bis*) sostituire una luce più piccola e vivissima: io raccolsi perciò un fascio di raggi solari *s* per mezzo di uno specchietto concavo *a* posto ad alcuni metri di distanza dallo specchio piano *b*. Allora ad occhio nudo, e meglio ancora colla lente *c* si vede al fuoco del cristallino, non già un punto lucido, ma una stella raggiata *d*, e di più si vede che i suoi raggi partono e sono formati dalle divisioni *x*, *y*, *z* ec. ec.; della figura decima in cui si descrisse il cristallino. Facendo poi ruotare orizzontalmente il cristallino, ruotano insieme anche i raggi da esso prodotti, com'era da aspettarsi. L'immagine della stella raggiata *d* (*fig.* 11ª. *bis*) si può anche ricevere sopra un pezzo di carta bianca, ma di spesso è debole.

L'effetto distinto in questo esperimento, come io usai, si ha adoperando i cristallini dei majali, ed anche quelli dei buoi, i quali avendo una rifrazione maggiore di quelli dell'uomo, formano, anche posti nell'acqua, un fuoco meglio distinto e più corto. D'altronde è ben difficile aver cristallini umani freschi. Quando il cristallino rimane molto tempo nel cadavere i fenomeni dell'endosmosi alterano assaissimo il bel risultamento che si avrebbe adoperandoli freschi.

Ho notato che la stelletta che si vede assai bene nel cristallino dei neonati, non è punto obliterata o guasta col crescere della età. Rompendo la capsula del cristallino e levando leggermente colla mano i primi strati del cristallino che sono molto teneri e quasi liquidi, e con questa operazione impicciolendo il cristallino stesso, poi ponendolo nell' acqua del recipiente *d* della *fig.* 9ª, ricompare la stelletta della prima infanzia. Egli pare che col crescere della età il cristallino cresca anch'esso per sovrapposizioni di altre fibre, rimanendo le antiche, le quali si rendono compatte e quasi solide nel mezzo. Ne diamo la descrizione grafica nella *fig.* 12ª.

Potè ad alcuni nascere un ragionevole dubbio che questi raggi del cristallino si manifestino solo allora che esso viene estratto e posto nell' acqua; giacchè, rimanendo lungo tempo in essa, il cristallino si rende opaco e le fibre ed i raggi si fanno allora sempre più visibili e distinti, e quindi vorrebbero che quando il cristallino è nell' occhio vivo, siano affatto invisibili, quindi anche incapaci di produrre il fenomeno dei raggi. Questa difficoltà però rimase pienamente tolta di mezzo dall' osservare che, estratti da un coniglio vivo due cristallini ed esaminati all' istante, presentavano ancora visibili le fibre raggiate; ed esaminato poi anche il cristallino con sopravi parte dell' umor vitreo che lo ricopriva, riuscivano ancor visibili i raggi prodotti dalle fibre del cristallino. Quest' ultimo esperimento fu gentilmente eseguito dal dotto ed esperto osservatore al microscopio il sig. Dott. Cotta. Io per altra guisa operava, introducendo il cristallino appena estratto nella essenza di trementina, nella quale non poteva all' istante alterarsi per endosmosi il cristallino stesso. D' altra parte le osservazioni fatte colla piccola lente, di sopra (*fig.* 6ª.) citate, non mi lasciavano un ragionevole dubbio, che le fibre ed i raggi fibrosi del cristallino non fossero visibili anche nell' occhio vivo. Se ciò non fosse stato, bisognava rinnegare una legge ottica, un esperimento della quale vedemmo alla *fig.* 5ª. Tutto dunque conferma che nell' occhio anche vivo esistono questi raggi o fibre raggiate, e che sono la vera cagione del veder noi i punti lucidi affetti da raggi. Osserveremo altresì a questo proposito che siccome, levando al cristallino i primi tegumenti, si vede per entro la stelletta della infanzia, come testè dicemmo, così rimane anche con ciò provatissimo che le fibre raggiate esistono anche nell' occhio vivo ed agente; giacchè questa stelletta non è possibile che si produca all' istante dell'estrazione: ella esiste da sè già dall' infanzia formata. Sebbene il fin qui esposto ne possa render certi che la cagione del fenomeno che andiam cercando risieda nelle giaciture delle fibre raggiate del cristallino, noi verremo esponendo altre prove e fatti che aggiungeranno maggior lume alla questione.

Poniamo dunque per ora che sia realmente certo che le fibre raggiate siano la vera cagione del veder noi i punti lucidi affetti da raggi, e supponiamo altresì che chi vede il punto lucido sia una persona tendente al miopismo, nella quale i punti lucidi osservati sembrano forniti di raggi assai lunghi e grossi; e vediamo se i fenomeni che dovrebbero accadere secondo la teoria e le regole elementari dell' ottica concordino colla pratica. Se questo avverrà, sarà una novella prova al fin qui esposto. Sia *f* un lume che da lontano venga osservato (*fig.* 13ª.) dall' occhio di un miope, ed il suo cristallino sia, a cagione d' esempio, fornito di soli tre fasci di fibre raggiate *a b c*. I raggi lumici entrati per la cornea *d e* dovranno investire i tre raggi *a b c* del cristallino; radunarsi prossimamente al foco *h*, per poi di nuovo allargarsi sulla retina nei punti corrispondenti a' b' c' e formarvi un dischetto lucido coi suddetti tre raggi. Per maggior chiarezza li porremo visibili di prospetto ed un poco allargati in a^2 b^2 c^2. Ora se un diaframma *m* si viene per di sopra introducendo pian piano nella direzione dei raggi lumici entranti nell' occhio, incomincerà a scomparire la parte superiore del raggio *a*; e l'occhio vedrà il lume col raggio *a* smozzicato, come vedesi in a^3 b^3 c^3, avvertendo bene al noto rovesciamento delle immagini sulla retina. Seguitando innanzi ed abbassando fino all' asse dell' occhio il diaframma *m*, l'osservatore non vedrà più che i due raggi c^4 b^4; finchè da ultimo abbassando ancor più il diaframma *m*, non rimarranno che le ultime sommità dei raggi c^5 b^5. Ora questo è ciò che in realtà accade quando una persona miope si pone a considerare un punto lucido raggiato. Questa persona potrà sempre riscontrare l' esattezza del presente fenomeno, e senz' altro apposito diaframma, potrà anche servirsi della sua mano interponendola fra il lume e l'occhio alla distanza di questo da circa un mezzo metro od anche meno.

Anche nei presbiti, ed in quelli di vista normale si ripete il medesimo fenomeno; sol che in questi ultimi essendo i raggi d'intorno al punto lucido più corti e sottili, il fenomeno riesce meno cospicuo.

Un altro esperimento non men concludente si può fare in altra guisa. Supponiamo che nella oscurità della notte, ad apertura massima di pupilla, l'occhio *a* contempli il lume *b* (*fig.* 14ª.) e il suo cristallino abbia quattro fasci raggiati come sono disegnati: egli vedrà il lume affetto da quattro grandi raggi come vedesi in *c*, e che noi per maggior chiarezza descriviamo in *d*. Ora se in questo mentre si ponga lateralmente vicino all'occhio un vivo lume *e*, l'iride dell'occhio *i i* si restringe, e restringendosi esclude all'intorno parte dei raggi fibrosi del cristallino, e la stella *d* dovrà sembrare di raggi assai più corti e ritagliati come si vede in *f*. Avvicinando lateralmente ancor più il lume, l'iride dovrà più ancor restringersi e formare la stella *g* di raggi ancor più corti, finchè col massimo avvicinamento si giunge talora ad avere la stella priva di raggi come vedesi in *h*. Ora, questo è ciò che replicate esperienze confermano pienamente.

Ancora un altro esperimento. Supponiamo, come abbiam veduto nella *figura* 13ª, che un occhio sia miope: esso vedrà il lume solito come una grande stella a foggia di un disco solcato da tre raggi $a^2b^2c^2$. Se però gli si porrà allora un occhiale adatto alla sua vista, il fuoco *h* cadendo sulla retina renderà il disco ristretto assai, da simulare una piccola stella affetta da tre piccoli raggi, come può vedersi in $a^6b^6c^6$.

Se ora, come abbiam fatto nella *fig.* 4ª, un occhio, sia egli presbite o un poco miope, osservando un lume *a* (*fig.* 15ª.) nella oscurità della notte lo vegga affetto per esempio da quattro raggi come in *b*, perchè il suo cristallino *c* presenta quattro raggi, esso vedrà la stella *b* ben compiuta, e che noi ingrandita poniamo in *d* per chiarezza. Ma se sul cammino dei raggi del lume si porrà in mezzo una pallina opaca *e*, allora per legge ottica le parti centrali *o* del cristallino non riceveranno luce, e la stella *d* si presenterà senza nucleo, come vedesi in *f*. E se tolta la pallina si intromettesse lo spillo o stecco *s*, sì che si ponesse nella direzione del raggio *x* del cristallino, allora la stella comparirebbe priva di questo raggio, come vedesi in *g*, cui manca un raggio. Se poi piacesse anche intromettere sul passaggio dei raggi del lume il diaframma *h* munito di tre fori del diametro di uno, due, tre millimetri, con questo si potranno isolare quei raggi che si vorranno e così aversi un'altra prova che ormai potremmo chiamare geometrica. Gli esperimenti confermano pienamente queste teorie, e sono perciò a nostro credere di tutta evidenza.

Constatato essendo che le fibre raggiate del cristallino sono realmente quelle che formano i raggi intorno al punto lucido, rimarrebbe a vedere per qual motivo i raggi cristallini *x y z* ec. *fig.* 10ª, che pur sono della medesima sostanza e trasparente del cristallino stesso, possano formare raggi a parte o estrafocali, e non concentrar anch'essi la luce del lume o della stella in un sol punto, come pur fa tutta l'altra sostanza cristallina. A questo quesito risponderò, che da qualche esame istituito, mi risulterebbe che in quelle parti del cristallino, le quali producono il fenomeno dei raggi, pare che la rifrazione sia minore, e come tale non debba concentrare tutta la luce in un sol punto come fanno le altre parti. Del rimanente confessiamo che in questo fenomeno può aver parte non solo la rifrazione minore, ma fors'anche la diffrazione prodotta dall'unione di miriadi di fibrille, le quali nella loro origine sembrano di natura disposte in modo da produr raggi, come avviene delle linee sottili che si tracciano sul vetro. Infatti, analizzando al microscopio un raggio cristallino, cioè quella parte che è la cagione ed origine dei raggi dei punti lucidi, si osserva essere formato dalle minutissime fibre del cristallino, le quali colà hanno una direzione perpendicolare alla loro direzione generale come vedesi nella *fig.* 10ª. *bis*: *a b* è la direzione di un raggio cristallino, e *c d e f g* sono le fibre cristalline, le quali al loro incominciamento affettano una serie di linee perpendicolari al raggio *a b*. Può dunque avvenire che queste per diffrazione possano formare un raggio, come insegna l'ottica. Infatti in *c d e f g* sono queste fibre ben pronunciate come osservai nel cristallino fresco dei buoi, il che non è così delle altre fibre, le quali si accavallano e si compenetrano in modo da formare una specie di sostanza tutta omogenea scorrendo nel senso dei raggi.

Diciamo di più ancora, che non sarà forse estranea anche la riflessione; giacchè in alcuni cristallini di buoi e di majali osservati, l'unione degli ammassi delle fibre elementari con altre fibre, è così ben distinta, che si direbbe foggiarsi a modo di un vetro fesso. Nel vetro fesso l'unione di un pezzo coll'altro è assai esatta, eppure le due parti che si toccano lasciano scorgere la rottura. Potrebbe essere che tra un fascio e l'altro delle fibre vi fosse una membrana di una densità diversa delle fibre stesse. Io non mi inoltro in questa delicata questione, la quale ha bisogno di studi appositi. Forse potrà formare il soggetto di nuove indagini. Al presente basta per me che sia provato nel miglior modo possibile, che *la cagione del veder noi i punti lucidi affetti da raggi*, *dipenda dalla forma raggiata del nostro cristallino, o diremo anche dalla giacitura delle fibre raggiate, e di più che i raggi, sono prodotti da quella parte del cristallino nella quale si uniscono i fasci delle fibre cristalline*, *come in* x y z *ec.* della *figura* 10ª. In alcuni miopi si vedono anche quei raggi che sono formati dei pezzi *b a*, per cui essi vedono talora il punto lucido, il quale ha dei raggi staccati, come può vedersi nella *figura* 10ª. In alcuni miopi si vedono anche quei raggi che sono formati dei pezzi *b a*, per cui essi vedono talora il punto lucido, il quale ha dei raggi staccati, come può vedersi nella *figura* 11.ª in *a' b'*. Di questa specie di raggi, spesso confusi con altri di altra specie, ne parlarono diffusamente Priestley, Smith, Brewster, Quetelet, Plateau, Antonio Mazzoli ed altri, attribuendo la cagione ora alla interferenza dei raggi lumici prima di entrare nell'occhio, ora allo scotimento od irraggiamento della retina. Il solo Mazzoli inclinò a crederli formati dalla varia rifrangibilità del cristallino, poi, in altra memoria, dalla aberrazione degli umori dell'occhio. (Nuovi Annali delle Scienze naturali anno 2°. tomo 3°.)

Comunque la questione nostra sembri bastantemente chiarita, e sia tale che per combatterla abbisogni confutare e dimostrare o falsi od illusorii gli argomenti e i fatti da noi esposti, sarà bene occuparci anche delle obbiezioni o direm meglio osservazioni che vennero fatte e che giunsero a nostra cognizione. L'interesse che pigliarono molte persone assai dotte in questa nostra questione, ed i dibattimenti fatti in proposito ed annunciati sui pubblici fogli, addimostrano l'importanza del delicato argomento. Fisici e fisiologi furono sempre sottili e caldi indagatori dei fenomeni dell'occhio, del più nobile e mirabile degli organi nostri. Il perchè non sarà grave al lettore seguirci nella rivista delle osservazioni fatte in proposito alla nostra tesi. Molte di queste osservazioni saranno una nuova conferma della tesi stessa.

A taluni potrebbe sembrare strana cosa che il cristallino umano, essendo in complesso sì bello e regolare, presenti il fenomeno di produrre ora tre, ora quattro, e fin otto e più raggi a tenore dei diversi individui. Parrebbe che la natura dovesse in questa parte ritrovarsi più omogenea e regolare. Chi però ha esaminato al microscopio molti cristallini può constatare che la divisione dei fasci fibrosi è molto irregolare, ed appena è che un cristallino si possa trovare perfettamente eguale ad un altro. Gli stessi nostri due occhi è ben raro e quasi impossibile nel fatto che siano eguali in virtù visiva; e tanto più in tutti gli innumerevoli accidenti, a cui va soggetta la vista. Lo stesso dicasi dei cristallini degli animali. Sebbene ciascuno abbia caratteri particolari, per cui si distingue dai cristallini degli animali d'altra specie, tuttavia nelle singole particolarità diversificano grandemente. Questa è per i fisiologi una legge generale. Tutte le mani degli uomini diversificano sostanzialmente dalle mani dei quadrumani, e tuttavia la mano di un determinato uomo è ben diversa nei suoi particolari dalle mani di tanti altri. Non havvi foglia di gelso che sia identica ad un'altra foglia pure di gelso, nè un fiorellino eguale ad altro della medesima specie. Salva la parte caratteristica di un organo, le sue specialità sono sempre diverse, ed essendo in buon numero, danno perciò luogo a combinazioni quasi infinite.

Il perchè si risponde con ciò anche ad un'altra osservazione, ed è quella per cui in alcuni individui le stelle appaiono sfornite di raggi; e solo si vedono raggi quando il punto lucido osservato sia di una forte intensità. In questo caso si deve dire che l'unione dei fasci delle fibre, che è fatta a raggi, è quasi del tutto obliterata. Infatti, osservando molti cristallini di animali ed anche di uomini, sebbene non freschi, si vede che mentre in alcuni l'unione dei fasci è ben distinta e capace di produrre raggi lumici alla luce entrante, in altri è così esile e debole da potersi ritenere quasi nulla. Però se una viva ed abbondante luce viene a passare per queste unioni, si distinguono alcuni deboli raggi. Egli è anche per ciò che, per avere effetti cospicui nelle esperienze da noi citate, è bene scegliere gli esemplari i più buoni.

Furonvi alcuni, ai quali non parve consentaneo al fedele agire della natura, che un punto lucido, il quale è per sè medesimo sfornito di raggi, debba poi comparire variamente raggiato allora quando la sua luce passa per l'occhio umano. La natura in questo caso, dicono essi, non sarebbe per noi la fedele interprete degli oggetti che ci circondano. Qual cosa infatti in apparenza più anomala di questa, che l'occhio ci mostri un punto lucido affetto da raggi, quando in realtà questi raggi non esistono nel punto lucido, ma solo nell'occhio nostro? Questa difficoltà, a chi ben considera, è in parte propria anche agli altri sensi, i quali ben raro è che da soli ci diano una esatta cognizione delle cose percepite. Bene spesso è duopo di riflessione, di paragoni, di ripetute osservazioni, onde accertarci della verità degli oggetti percepiti, e liberarci così dalle illusioni. Sovente è necessario che vengano gli altri sensi in soccorso di quello che agisce, il quale da sè dà segnali spesso indecisi, e la mente non sa qual giudizio emettere. Forse i raggi che si presentano intorno ai punti lucidi sono utili all'intento di allargare il diametro di un punto, il quale, se fosse piccolissimo, potrebbe passare inosservato. Anche l'irradiazione, per mezzo della quale un sottil filo di luce appare molto più grande di quello che è, serve a questo gran fine di farci accorti che quel sottil filo di luce è molto più intenso di un altro pure egualmente sottile, ma di minor forza di luce. Ad ogni modo è indubitato che questi raggi sono l'opera dell'occhio nostro, e se la sapienza della natura così volle, avrà avuto il suo fine pure sapientissimo.

Parve ad alcuno una grave difficoltà l'osservare come, allorquando si fissa un lume vicino, per esempio, una candela stearica alla distanza di un metro, non la si vede punto raggiante, nel mentre che, posta alla distanza di cento o più metri, la si vede invece cinta da raggi. A questa obbiezione può rispondere l'esperimento fatto alla *fig.* 5.ª Infatti per quanto sia piccola la superficie luminosa della fiamma della candela, ella ha sempre un notevole diametro quando è a noi vicina, e tale da non produrre ombre ben nette e quasi geometriche. La luce, che parte da un punto della periferia della candela vicina, distrugge l'effetto della luce che parte da un altro punto della fiamma stessa; ed essendo esilissime le unioni delle fibre raggiate del cristallino, non producono alcun raggio. Al buon effetto dei raggi serve molto, anzi è necessario il paralellismo di tutti i raggi della luce entrante: e noi nella candela vicina abbiamo raggi lumici, i quali non entrano tutti paralelli, perchè gli estremi che partono dalla periferia della fiamma, fanno tra loro un angolo che ha per base la superficie della candela e per vertice l'occhio: angolo che sebben piccolo, è però apprezzabile, così che in realtà il diametro della candela è visibile; nel mentre che, posta la candela a cento e più metri di distanza, il diametro è tanto piccolo da confondersi con un punto, e allora i raggi si mostrano nel loro pieno vigore.

Un'altra osservazione fu mossa da alcuni ed era che, osservando nei cannocchiali le stelle, queste appaiono quasi sempre spoglie di raggi, per cui sembra potersi dare il caso che noi possiamo vedere un punto lucido spoglio di raggi. La causa del non vedersi spesse volte i raggi intorno alle stelle quando si osservano nei cannocchiali può derivare da parecchie fonti. Se il cannocchiale, come spesso avviene, per l'ingrandimento forte e per gli errori residui, che sempre ha di aberrazione, aggrandisce il diametro apparente delle stelle di modo che coll'occhio si possa vederne bene ed apprezzarne il diametro; allora si riproduce il fenomeno testè accennato della candela vicina, nella quale non si vedono i raggi, appunto perchè essa ha un diametro considerevole, e la risposta a questa difficoltà è chiarissima. Se in secondo luogo il cannocchiale presentasse le stelle in modo da non vedersi od apprezzarsi il diametro, sicchè si potesse considerare come un punto; anche in questo caso potrebbe darsi che non si vedessero i raggi, ogni qual volta la luce della stella sia debole. Infatti, se il punto lucido osservato è debole, non ha luce bastante da dare risalto ai raggi prodotti dal cristallino, i quali sono sempre per sè medesimi molto più deboli della parte centrale e viva della stella. Egli è perciò che, osservando anche ad occhio nudo una stella di debole luce, la si vede spoglia di raggi, nel mentre che un' altra molto viva e grande la si osserva circondata dai soliti raggi. Da ultimo può darsi il caso che la stella presentata dal cannocchiale sia come un punto e molto brillante, e tuttavia avviene spesso di non vederla affetta da raggi. In questo caso la ragione del fenomeno consiste nell'essere il fascio di luce emesso dall'oculare ultima assai più piccolo del diametro massimo della pupilla; ond'è che del nostro cristallino non agisce che la parte centrale, ed è esclusa l'altra parte del cristallino, all'estremità specialmente del quale sono bene spiccati i fasci delle fibre raggiate, le quali producono i raggi intorno alla stella. Infatti (*fig.* 16ª.) se *a* è una piccola lente oculare del cannocchiale, e *b* è il fascio di luce emessa, ed entri nel cristallino *c* di un occhio che abbia, per esempio, tre fasci raggianti *x*, *y*, *z* sul cristallino stesso, e questo sia molto più grande del piccol fascio di luce *b* che vi entra, allora questo piccol fascio di luce non potrà investire che poco più della parte centrale del cristallino stesso, e perciò saranno escluse dall'azione le parti più attive dei fasci stessi in *x*, *y*, *z*. Quindi sulla retina si proietterà l'immagine della stella *e*, priva o quasi priva di raggi. Se però si abbia un oculare debole, ed il fascio di raggi che esce dall'ultima oculare sia largo così da abbracciare tutta l'apertura della pupilla, e quindi investire ovunque il cristallino coi suoi fasci raggiati, e la stella abbia una considerevole intensità di luce e si presenti di piccol diametro, allora la si vede raggiata come ad occhio nudo. Veggasi la *fig.* 17 che per l'anzidetto non ha bisogno di ulteriore spiegazione. La stella *e'* apparirà ben raggiata. Avvertasi che quando il cannocchiale è vôlto ad un punto lucido e sia posto per la chiara visione di una vista normale, il fascio di luce *b* emesso dall'ultima oculare è sempre formato a guisa di un cilindro di luce, il cui diametro ha una relazione costante coll'apertura dell'obbiettivo, e può servire a determinare l'ingrandimento del cannocchiale. Se l'oggetto osservato invece avesse un diametro sensibile, allora il fascio emesso *b* sarebbe formato a cono, come avviene col sole e colla luna, e ciò per ragioni ottiche e geometriche facili a sapersi. Quando adunque il fascio uscente dall'oculare sia così grande da investire tutta l'apertura della pupilla, ed abbia inoltre le condizioni sopra esposte della forza di luce e del diametro piccolo della stella, la stella apparirà contornata da raggi. Un esperimento consimile fu fatto da Arago, quando, con un piccolo cannocchiale di molta luce e che non ingrandiva, provò che i satelliti di Giove potevano essere visibili anche senza ingrandimento.

In questo esperimento essendo la luce di Giove piccola e vivissima, e inoltre, per la debolezza dell'oculare che si doveva adoperare, essendo ben largo il fascio di luce che usciva, sì da investire bene l'ampiezza del cristallino, vedevasi Giove molto ben contornato da raggi. Questi esperimenti si possono sempre fare anche colle stelle brillanti, adoperando un cannocchiale acromatico, la cui oculare sia della lunghezza focale dell'obbiettivo. In questo caso il cannocchiale non ingrandisce; ma ha il vantaggio di aver molta luce e di bene adattarsi alle diverse viste così da presentare le stelle come bellissimi punti lucidi. Pel fin qui esposto adunque, questa difficoltà che si potrebbe opporre, prova indirettamente la nostra teoria. E tanto più la prova in quanto che, movendo l'occhio (*fig.* 16ª.) e facendo cadere il fascio *b* di luce sopra un raggio del nostro cristallino per esempio *x*, quando questo raggio fibroso sia per sè ben distinto, allora si vede parte del raggio *x* medesimo. In generale poi tutti questi esperimenti riescono assai più facili a farsi da quelle viste che sono miopi, od anche presbiti, o in generale tali che vedano già da per sè a nuda vista i punti luminosi affetti da notevoli e ben distinti raggi. Avvertasi di conservare paralelli i raggi lumici uscenti dall'ultima lente oculare presso l'occhio, onde averli nella stessa direzione in che si veggono ad occhio nudo.

Anche fu opposta un'altra osservazione ed era, il come mai essendo queste fibre del cristallino così piccole, potevano produr raggi e in certo modo vedersi; nel mentre che, avendo noi una ben più grossa arteria, che dal fondo dell'occhio, attraversando per mezzo il vitreo umore, si dirige fino al cristallino, non era visibile. Dall'analisi sovra esposta del cristallino alla *fig*a. 9 e 10 ed anche da altre appare chiaro, come non sia già ciascuna fibra separata che produce un raggio, sibbene la giacitura di migliaia di fibre ed ammassi delle medesime che producono i raggi stessi. Il perchè solo rimane ad osservare come la suesposta arteria, essendo visibile anche ad occhio nudo, non riesca poi a fare sulla nostra retina un impressione distinta. Infatti, osservando a cagione d'esempio un pezzo di carta bianca, niuno è che si accorga dell'ombra o dell'effetto che dovrebbe produrre questa arteria. La cagione del non veder noi la nostra arteria è riposta in ciò che, entrando moltissimi raggi nell'apertura della pupilla e facendo fuoco sulla retina, il punto al quale si uniscono i detti raggi sono provenienti da tutta la estensione della pupilla stessa la quale è ben più grande dello spazio che occupa l'arteria. Questa potrà quindi, di cento raggi per esempio che entrano nella pupilla, intercettarne una piccola parte; non però tanta da formarne una sensibile diminuzione. Infatti anche nel tubo di un obbiettivo di un cannocchiale si possono intromettere cordicelle e piccoli nastri nel bel mezzo, e tuttavia l'immagine al fuoco rimarrà ben fatta e non darà punto sentore od ombra dell'esservi intrusé quelle funicelle o quei piccoli nastri. Nel cammino quindi dei raggi lumici prodotti dalle fibre cristalline raggiate, una piccola parte di luce verrà certo intercetta od anche modificata dalla arteria; ma non così da obliterare i raggi o da esser per ciò visibile l'arteria. In un sol caso è ben visibile l'ombra della arteria o almen parte di essa; ed è quando accostiamo all'occhio una piccolissima lente e di gran forza, la quale riceva la luce viva dal cielo o da una lucerna. In questo caso essendo sottilissimo il fascio di luce che entra nell'occhio, ed espandendosi a segno da abbracciare gran parte degli umori dell'occhio, l'arteria projetta sulla retina la sua ombra, come pur avviene di altre irregolarità che potessero ritrovarsi nel cristallino e nel vitreo, e come in parte accennai da principio, toccando dei punti lucidi, delle mosche vaganti, dei punti oscuri, i quali projettano la loro ombra sulla retina; ed è perciò che anche questi si vedono dal nostro occhio. Una descrizione geometrica del corso dei raggi lumici porrebbe ancor più in chiaro queste nostre osservazioni così da esserne pienamente soddisfatti. Infatti, se un gran numero di raggi *abc* di un punto lucido (*fig*ª. 18) entra e si raccoglie sulla retina in *e* a formare una stella raggiata, potrebbe essere che un'arteria *d* intercettasse parte della luce entrante, per esempio il raggio *a*. Tuttavia nel punto *e* si raccoglieranno ancora tutti gli altri raggi e formeranno la stella raggiata. Tutt'al più l'arteria *d* potrebbe modificare un poco un raggio della stella, quando per avventura il fascio raggiato *fg* del cristallino s'incontrasse nella arteria. Anche in questo caso però l'arteria è tale che non può interrompere che una piccola parte dell'effetto di *fg*.

Esaminando com'io feci la vista di molti giovani che contemplavano una medesima stella brillante, mi accorsi che questa era generalmente veduta affetta da sei raggi pressappoco posti nella medesima posizione, sebbene più o meno intensi. D'onde avviene questa singolare coincidenza? Questo fenomeno è da ripetersi dalle sei principali divisioni del nostro cristallino, come si disse più sopra. Col crescere della età questi sei raggi che diremo normali si alterano, si obliterano si suddividono in varie guise; ond'è che nei giovani, i quali poco distano dall'infanzia, avviene spesso che si riscontrino ancor ben distinte e regolari le primiere divisioni. Questo fatto sarebbe anzi una conferma della nostra opinione.

Potrebbero opinare alcuni altri, che il fenomeno dei nostri raggi possa essere molto più complesso di quello che appare, e che inoltre la parte fisica non debba andar disgiunta dalla fisiologica; e in questa supposizione parrebbe doversi tener conto anche di quest'ultima, la quale, come ognun vede, è per sè molto ancor problematica. Sebbene gli esperimenti ed i fatti da noi sovraesposti possano rispondere a parer nostro in modo molto soddisfacente; diremo che noi consideriamo con Arago il fenomeno in discorso come dipendente *dalla costituzione fisica dell'occhio*. E infatti tutto il fin qui esposto e fatto e discusso e capace di produr raggi, sarebbe un puro effetto dipendente dalla costituzione fisica dell'occhio; effetto tale che non si può miscredere ragionevolmente. Che poi anche la fisiologia strettamente detta ci abbia parte, è verissimo; e sotto questo aspetto si deve dar luogo anche alla parte fisiologica. Egli basta però pel nostro intento che la fisiologia ci conceda, che ogni qual volta in forza di leggi fisiche si projetta un raggio di luce sulla retina di un uomo sano ed in istato normale, questi debba percepirlo. Ora essendo ben dimostrato che il cristallino, per la sua peculiare fisica costituzione, è in realtà capace di produr raggi sulla retina, la fisiologia deve concedere che l'individuo è costretto a percepire i suddetti raggi, tali e quali vengono prodotti dal cristallino medesimo.

Se qualcuno per avventura potesse mai confondere il nostro fenomeno dei raggi, coi fenomeni prodotti dalla irradiazione, noi diremo che questa è estranea alla nostra questione e ben diversi sono i suoi effetti. Tutti i corsi di fisica definiscono infatti l'irradiazione per quel fenomeno, il quale si manifesta allora quando si osserva un oggetto chiaro sopra un fondo oscuro, o viceversa un oggetto oscuro sopra un fondo chiaro. Nel primo caso l'oggetto per irradiazione sembra ingrandirsi, nel secondo impicciolirsi. Questo fenomeno vuolsi derivato da ciò che la retina, scossa vivamente dalla luce, oscilla un poco anche al di là del vero punto in cui è scossa. Lo stesso potrebbe dirsi anche della così detta aureola accidentale, sebbene prodotta da un'altra cagione. Ambedue queste proprietà dell'occhio non possono confondersi col nostro fenomeno, essendo per sè medesime queste due incapaci di produrre i raggi proprj fissi e discussi fin qui. E se per avventura potesse mai l'irradiazione produrre raggi, essendo questi allora frutto dello scotimento della retina, gli esperimenti fatti da noi alla *fig.* 1ª. risponderebbero adequatamente, e proverebbero ad evidenza che i nostri raggi, dei quali facciam parola, non dipendono punto dallo scotimento della retina.

Toccheremo anche un'altra difficoltà, in parte già sciolta di sopra, ed è il come avviene che, un punto lucido osservato, appare fornito di maggiore o minor numero di raggi, a tenore della sua maggiore o minore intensità di luce; a segno tale che, quando l'oggetto o punto lucido è debolissimo, non produce raggi di sorta. Questo fenomeno accade evidentemente per la debolezza del lume stesso. Essendo i raggi intorno al punto lucido una piccola parte aliquota del lume che si osserva, quando questo sia debole, la parte aliquota è di tal debolezza e di così poca intensità, da non essere più visibile. Infatti un piccol lume che a poca distanza produceva sensibili raggi, di mano in mano che si allontana, vengono scemando i raggi; sì che alla perfine non sono più visibili. Ecco uno dei motivi che si accennava di sopra, che per vedere gli stessi raggi fissi, bisogna che la luce del lume sia di eguale intensità, o prossimamente eguale.

Anche a taluno potrà sembrare strano che, la differenza in cui si atteggia il punto lucido veduto dai presbiti e dai miopi in forte grado, sia tale da presentare in questi ultimi quasi nessun sintomo di raggi distinti, ma solo un gran disco luminoso solcato da ineguaglianze di luce, come vedesi nella *fig.* 3ª. È però da avvertire che i miopi in forte grado vedono poco più dell'ombra del loro cristallino, e questa pure in certo modo ingrandita. Se noi poniamo una lente molto viziata da strie, lordure, ec. in faccia ad un sottil raggio di sole, e riceviamo l'immagine della lente al di là del fuoco, ritroveremo quello che deve accadere ai miopi in forte grado. Tutti i difetti della lente si troveranno riprodotti molto visibilmente. Potrebbero però essere alterati un poco, se mai per avventura la lente non avesse una curvatura regolare, il che può avvenire anche nell'occhio umano, quando la cornea non fosse curva regolarmente. Ciò diede motivo al Prof. Burckhardt di scoprire infatti che spesso la nostra cornea non ha una eguale curvatura nel senso verticale e nel senso orizzontale. Egli è perciò che si possono in piccola parte modificare i raggi entranti nell'occhio e modificarli col restringere od allargare i raggi di cui parliamo. Veggasi all'uopo il *Verhandlungen der Naturforschenden Gessellschaft in Basel* sotto il titolo *Ueber den Gang Lichtstrahlen in Auge*. (*Vorgetragen den* 24 *Januar* 1855).

Un'ultima difficoltà ci si potrebbe presentare, ed è quella degli operati di cateratta, i quali privi essendo del cristallino, vedono spesso anch'essi or cogli occhiali or senza dei raggi fissi, i quali talora hanno somiglianza coi nostri di cui parliamo. Se in realtà i raggi che circondano i punti lucidi sono prodotti dall'umor cristallino, come avviene egli mai che abbassato tutto intiero il cristallino quà e là rimangano ancora dei raggi fissi? A primo aspetto la difficoltà sembra gravissima, e tale da esser tentati a mettere in serio dubbio, che i raggi dei punti lucidi non siano veramente prodotti dal cristallino, come noi abbiamo pur veduto e provato. A questa difficoltà procureremo di rispondere con un esame forse alquanto minuto, ma necessario per ben chiarire la nostra fondamentale questione.

Dapprima noi crediam bene di esaminare teoricamente che cosa dovrebbe accadere ad un occhio, per ciò che spetta i punti lucidi ed i suoi raggi da noi osservati e discussi, allora quando per cateratta all'occhio stesso si estraesse od anche si abbassasse il cristallino. Che cosa ci insegnerebbe la teoria ottica? Estratto od abbassato il cristallino è naturale e necessaria conseguenza che, se i nostri raggi in discorso sono in realtà prodotti dal cristallino, l'occhio operato non potrà più vedere i raggi di prima, quando cioè aveva il cristallino. Tolta la cagione deve essere tolto l'effetto. Se l'occhio intatto vedeva a cagion d'esempio i punti lucidi affetti da sei raggi ben netti e distinti, tolto di mezzo il cristallino è impossibile che vegga ancora gli stessi sei raggi come li vedeva prima.

Osserviamo ora se infatti negli operati di cateratta succeda questo cambiamento. Di tre individui che io esaminai ed erano i soli che poteva avere a mia disposizione, niuno vedeva i punti lucidi affetti dai medesimi raggi che vedeva prima. Anche facendo uso di occhiali i punti lucidi benchè veduti distintamente non presentavano per nulla la primiera conformazione di raggi. È questa, anche per quanto ho inteso da altri una condizione comune a tutti gli operati. In questi disgraziati i punti lucidi si presentano, come vedrem anche meglio più innanzi, molto diversamente dagli altri che hanno il beneficio del cristallino. Ad un operato di cateratta i lumi pigliavano l'aspetto di una specie di mano, ad un altro l'aspetto di un reliquiario. Dunque per questo lato, e fino a questo punto, gli operati di cateratta anzichè combattere la nostra teoria la confermerebbero almeno indirettamente. Essi dimostrerebbero che tolto il cristallino sono tolti quei raggi che vedevano prima. Il cristallino aveva dunque un' influenza sui raggi primitivi.

Andiamo più innanzi, ed esaminiamo il corso dei raggi luminici o della luce che entra in un occhio operato, e vediamo teoricamente gli effetti che deve produrre. Se la luce di un lume lontano *a* (*fig.* 19ª.) entra per la cornea trasparente e trapassa l'umor acqueo, non trovando più in seguito il cristallino che è molto rifrattivo, e che venne tolto di mezzo, non potrà produrre un distinto fuoco o immagine del lume sulla retina; e dipingerà invece sulla retina stessa un circolo alquanto grande di luce, così da produrre, come mi confessò qualche persona operata, una specie di *bottone di fuoco*. Fin qui la pratica concorda pienamente colla teoria. Il perchè uopo è munire gli operati di fortissime lenti convesse, onde con queste sopperire alla mancanza del cristallino. Nell'abbassamento però forzato del cristallino, che cosa può essere accaduto, e che cosa in realtà spesso accade all'umor vitreo ed all'acqueo? Il cristallino strappato violentemente dalla sua sede e seco tratta la capsula che lo involgeva e dava con ciò anche forma regolare e concava all'umor vitreo, questo trovandosi spoglio del suo sostegno, è quasi impossibile che mantenga la sua concavità esatta e perfetta; quindi altererà più o meno la sua figura regolare. E ciò tanto più facilmente accadrà, in quanto che il cristallino abbassato occupa il luogo del vitreo, ed obbliga questo ad occupare poi il suo luogo primitivo. Supponiamo che il vitreo faccia un poco di ventre in *b* ed una specie di prisma. In questo caso i raggi del lume, transitato che abbiano per l'umor acqueo e scontratisi in *b*, divergeranno, ossia divergerà un fascetto di luce entrante per essere l'umor vitreo più rifrattivo dell'acqueo, e questo si projetterà sulla retina sotto forma d'un raggio deforme ed irregolare in *b'*. Lo stesso avverrà, sebbene in senso inverso, se il vitreo presentasse una concavità, come vedesi in *c*. La luce del lume dovrà divergere, e conformata a raggio strano, projettarsi sulla retina in vicinanza del fuoco comune degli altri raggi, i quali avessero per avventura trovata nel vitreo una superficie bastantemente regolare. In ultimo risultato l'operato di cateratta dovrà vedere, anche usando degli occhiali, un punto lucido non troppo ben rotondo, talvolta stranamente deforme, e circondato da alcuni raggi molto anch'essi deformi ed irregolari come sarebbe per esempio la *fig.* *d*. Torna inutile poi il dire, come tutte le alterazioni che potrebbero avvenire all'operato per l'umor lacrimale e per il muco irregolarmente deposto sulla cornea, possano modificare un poco la posizione normale dei suoi raggi fissi, il che avviene pure, come abbiam più sopra dimostrato, negli occhi sani.

Se tutto questo insegna la teoria, vediamo che cosa ne dice la pratica. Questa conferma anch'essa pienamente la teoria. Io ebbi cura di fare descrivere a tre operati di cateratta colla lor propria mano la figura di un lume posto a moderata distanza, la quale figura trascrivo più fedelmente che mi è possibile.

Il primo di questi operati (*fig.* 20ª.), vedeva una specie di mano, o di tridente colle punte volte in alto *a* quando fissava il lume di una candela stearica posta a circa quaranta passi di distanza. Il secondo con una piccola lucerna carcel vedeva una figura *b* con un raggio al di sopra molto lungo e spiccato. Il terzo vedeva la medesima lucerna, come vedesi in *c* con un raggio che egli diceva ricurvo e molto grande anch'esso. Una bellissima stella descritta dal secondo presentava la forma *d*, che ha qualche somiglianza colla *figura b*, sebbene in paragone molto più debole; giacchè trattavasi non di luce viva di una carcel, posta lontana circa trenta passi, ma di una stella.

Questi fatti adunque confermano la teoria, e provano da parte loro che, non solo l' umor cristallino è la vera cagione dei raggi che andiam cercando; ma confermano anche in generale la tesi, che una irregolarità qualunque di densità nei mezzi diafani dell' occhio, per poco che sia estesa, è capace di produr raggi, e che questi raggi sono fissi, finchè almeno rimangono fisse le irregolarità.

Per non lasciare cosa alcuna che anche indirettamente possa dar luce alla nostra questione, toccheremo ancora di un altro fenomeno di raggi che sono proprii degli operati di cateratta, ed anche in gran parte degli individui di occhio intatto. Quando i due ultimi individui operati vedevano la piccola lucerna posta come dicemmo a circa trenta passi di distanza, oltre il vedere le due figure citate *bc* così mal conce, le vedevano eziandio ben contornate da un numero grandissimo di sottilissimi raggi che essi dicevano capillari. D'onde hanno origine questi raggi? Noi crediamo fermamente che la loro origine debba ripetersi dagli addentellati minutissimi dell' iride. Infatti questi spigoli, quando la luce sia molto viva, producono raggi anche in quegli individui che hanno il cristallino. Solo è da avvertire che gli operati di cateratta, adoperando talora una lente molto convessa, raccolgono, molto maggior luce degli altri; e quegli spigoli che nei non operati sono incapaci produrre sensibili raggi capillari per mancanza di luce, li producono spesso negli operati, perchè appunto questi introducono nell'occhio maggior quantità di luce. Oltre di che potrebb' essere negli operati forse maggiore la sensibilità alla luce, come infatti addiviene di alcuni i quali non possono soffrire quella luce viva e bella che tanto piace a quelli di vista sana e robusta.

Del rimanente è facil cosa produrre e vedere noi stessi i raggi capillari degli addentellati dell' iride. Abbiasi un punto di luce ben vivo e lucido, come può aversi collo specchietto *a* della *figura* 11ª. *bis*. Se noi ci poniamo a qualche metro di distanza, e interponiamo tra il punto lucido e l' occhio nostro una lente convessa di corto fuoco, per esempio di un pollice, e l' approssimiamo più o meno all' occhio, si trova facilmente una situazione tollerata dalla vista, in cui si vede il punto lucido ben rotondo e sufficientemente ampio; ma questo punto o diremo meglio dischetto di luce, è circondato da innumerevoli e piccolissimi raggi, (*fig.* 20ª.) Questi raggi sono prodotti dagli spigoli addentellati dell'iride. Basta per convincersene interporre quà e colà un corpo opaco che ci intercetti parte di questi spigoli addentellati, per veder subito scomparire i raggi. Questi spigoli poi essendo in complesso ben regolari, e segnando quasi un circolo ben definito, possono produrre anche i fenomeni degli anelli colorati. Noi per ora non entriamo in più minuti dettagli ed indagini, perchè è nostro principale scopo attendere alla risoluzione del problema che ci siamo proposti.

Toccheremo da ultimo di un vantaggio che specialmente dagli oculisti si può trarre dalle esperienze da noi istituite e più sopra accennate. Giacchè colla piccola lente *b* della *figura* 6ª. possiamo far riflettere la forma delle fibre raggiate, o direm meglio degli ammassi fibrosi del nostro cristallino sulla retina e vederli noi stessi, potremo cavare con ciò due vantaggi. Il primo si è quello di fare la descrizione del nostro cristallino, e vedere se coll' inoltrare degli anni subisca modificazioni e tenerne un rigoroso conto. In secondo luogo esaminare, se in caso di malattia di occhi, subisca il cristallino delle modificazioni, e quali sieno, e dove avvengano, e come si propaghino, e cento altre cose che per avventura potrebbero emergere. Lo specchietto forato e la lente che si usa dagli oculisti, è certo ottimo istrumento per vedere le anomalie e le parti che presenta il nostro occhio, quando queste però siano opache, o tali almeno da riflettere un poco di luce; ma trattandosi di fibre cristalline o di ammassi di sostanze trasparenti che alterassero la regolarità del nostro cristallino, non può servir lo specchietto e la sua lente. Solo diremo che, per usare del nostro metodo, è d' uopo aver ben presenti gli effetti che produce in questo caso la lente, a tenore della sua distanza focale, e della distanza di questa lente all' occhio medesimo. Infatti ogni qual volta con una lente di corto fuoco, com' è bene che sia, per esempio di 8 o 12 linee, si raccoglie l' immagine di un lume lontano, e si fa cadere dentro dell' occhio in un determinato punto, questo punto non può projettare la sua ombra sulla retina. Che se per lo contrario si faccia cadere il fuoco o prima o dopo quel punto suddetto, allora questo, se è di densità irregolare, si projetterà sulla retina e potrà scorgersi. Io mi sono servito di questo metodo per projettare sulla mia retina ora le irregolarità e gli ammassi fibrosi anteriori del mio cristallino, ed ora i posteriori. Lo sviluppo completo del modo di agire con questo metodo ci porterebbe troppo in lungo, e devieremmo troppo dal nostro assunto. Basterà l' aver toccato di questo vantaggio che si può trarre, lasciando per ora che ciascuno nel caso pratico vi si adoperi sopra, e così acquisti quel tatto pratico che è necessario in così delicate esperienze.

Riassumendo da ultimo il fin qui esposto, diremo: la cagione del veder noi le stelle ed i punti lucidi raggiati non può dipendere dagli oggetti lucidi stessi o dall' aria per cui transita la luce, perchè ogni occhio li vede affetti da raggi diversi e proprii dell' individuo: neppure può dipendere dagli spigoli delle palpebre o dall' iride, i quali, esclusi coi diaframmi, non tolgono o modificano i raggi dei punti lucidi. La cornea, l' umor acqueo, il vitreo non vi hanno parte, come risulterebbe dalla loro struttura o dai fatti esperimenti; anche il muco, l'umor lacrimale e la superficie della cornea stessa non è la cagione dei raggi, perchè col mezzo dell' acqua posta sopra l' occhio si escluse la loro influenza. Neppure possono esserne la cagione le aberrazioni di rifrangibilità e di sfericità incapaci nel nostro caso a produr raggi. Lo stesso deve dirsi del fenomeno della irradiazione. Anche lo scotimento della retina non ci può aver parte, perchè si può escludere uno, due o più raggi, e fino la parte centrale del punto raggiato; senza che per questo si alterino o si spengano i raggi rimasti. Rimane dunque a concludere che l'origine dei raggi sia dovuta al cristallino. Ciò si proverebbe dal potersi projettare sulla nostra retina tutte le divisioni delle fibre raggiate che esistono, le quali poi, per mezzo di una lente, si prova che si trasformano in raggi del punto lucido. E che in realtà così debba essere, si ha una prova in ciò che ad ogni projettata unione delle fibre raggiate corrisponde un raggio. Estratto il cristallino e facendo passare per questo i raggi di un punto lucido si uniscono al fuoco in forma di stella raggiata, e ciascun raggio corrisponde alle unioni raggiate delle fibre cristalline; sì che, rotando queste, ruotano anche i raggi corrispondenti: esperimento che ben riesce con buoni cristallini dei buoi e meglio forse con quelli dei majali. In generale poi corrisponde il numero predominante di sei raggi colle sei divisioni principali del cristallino, le quali si riscontrano nei giovani individui. Altre prove si hanno coprendo un determinato raggio cristallino, a cui tiene dietro perciò la disparizione del suo raggio di luce corrispondente, e questo avviene variando in molte guise l' esperimento. Restringendo l' iride con un lume posto lateralmente all' occhio, e venendo con ciò a ritagliare e metter fuori di azione la parte circonferenziale del cristallino, anche i raggi del punto lucido si ritagliano alla circonferenza in ragione esattamente corrispondente alla parte ritagliata. Come esistono alcuni fasci raggiati nel cristallino, i quali non arrivano alla parte centrale del medesimo, così i miopi specialmente, osservando il punto lucido, veggono talora i raggi lumici corrispondenti affatto staccati dagli altri, e che, come isolati, non giungono al centro del punto lucido osservato. I varii aspetti in che si atteggiano i punti lucidi veduti dai miopi, dai presbiti e da quelli di vista normale, corrispondono pienamente a ciò che dovrebbe essere, secondo le leggi ottiche, se il cristallino fosse come l'abbiamo realmente trovato; e l'uso degli occhiali nei miopi si concilia evidentemente con queste vedute. L'esame degli operati di cateratta ed i fenomeni che presentano, anzi che opporsi alla presente teoria, verrebbero a confermarla in un modo quanto inaspettato altrettanto evidente. Le obbiezioni da ultimo trovano una soddisfacente e chiara spiegazione nelle leggi dell'ottica ed in quelle della fisiologia. Diremo anzi, che parecchie delle obbiezioni medesime sono una riprova evidente del nostro assunto, e fra le altre quella molto calzante delle stelle osservate al cannocchiale con oculari differenti. Tutto adunque conferma che *la cagione del vedere le stelle ed i punti lucidi raggiati è riposta nelle unioni raggiate delle fibre del nostro cristallino.*

SULLE MACCHINE ELETTRICHE A DISCO DI VETRO;
DI R. TARELLI.

Nel bollettino scientifico della *Bibliotheque Universelle*, n.° 5 del 20 Maggio a. c., vien reso conto succintamente di una Memoria del sig. J. N. Hearder che versa sopra la differenza fra la quantità di elettricità che si sviluppa nelle macchine elettriche a cilindro, ed in quelle a disco. I fenomeni citati in quella Memoria non mancando d'interesse, come lo afferma il nominato periodico, parmi opportuno render note alcune mie esperienze le quali, spero, potranno offrire qualche giovamento alla scienza se varranno a gettar maggior luce sul modo con cui si comporta l'elettricità nelle macchine a disco, ed a rettificare quei fenomeni di cui il sig. Hearder non potè dar ragione.

Varie ricerche io avea già fatte allo scopo di scegliere le

migliori disposizioni possibili da darsi alle macchine elettriche a disco, per applicarle ad una che stava costruendo. Con tali ricerche ho potuto io pure verificare essere inutile il collocar le punte del conduttore che servono a raccogliere l'elettricità, contro ambedue le facce del disco, avendo trovato che uguali effetti si ottenevano col disporle da una sola parte del medesimo. Di più mi risultava conveniente di far penetrare fra il disco ed i cuscinetti la stoffa isolante che serve a meglio conservare l'elettricità eccitata, in luogo di attaccarla ai cuscinetti all'esterno, per cui ne riusciva una disposizione simile a quella ora proposta dal sig. Hearder per le macchine a cilindro. La stoffa isolante così introdotta serve a togliere in gran parte la dispersione dovuta alla vicinanza somma degli eccitatori ai punti del disco sui quali è appena cessata la pressione. Senonchè io usava rivolgerla all'infuori attorno al fianco dei cuscinetti, ma adesso conobbi aversi ancora miglior effetto coll'abbandonarla al contatto del disco, limitandola in prossimità alle punte del conduttore.

Per la spalmatura dei cuscinetti ho sempre preferito il carbone dolce, applicato strofinando con un pezzo di questo le pelli in modo che ne restino ben ricoperte senza l'uso di alcun grasso. Questa preparazione, oltre favorire bene lo sviluppo dell'elettricità, offre anche i non trascurabili vantaggi di non richiedere per moltissimo tempo d'essere rinnovata, e di non imbrattare menomamente il disco.

Quanto al modo di diportarsi dell'elettricità nelle macchine a disco, il chiarissimo sig. Soret in una sua nota alla Memoria succitata crede indubitabile che nei fenomeni manifestati dalle macchine elettriche nelle quali il fluido viene ritirato da una sola parte del disco, concorra la ripulsione delle elettricità di egual nome aumentate sopra le due facce, e tale opinione appunto viene convalidata dalle esperienze che ora vengo ad esporre.

Ammesso che l'elettricità distribuita sulla superficie eccitata del disco che sta dalla parte opposta del raccoglitore (1)

(1) Così chiamerò per comodità il sistema di punte destinato a ricevere l'elettricità del disco per trasmetterla al conduttore.

valga colla sua ripulsione a spingere su questo oltre il fluido libero dell'altra faccia che si scarica da sè, una quantità di quello naturale del vetro, dovrà questo, dopo aver trascorso dinanzi al raccoglitore, e qualora il conduttore sia in perfetta comunicazione col suolo, rimaner caricato in più dalla parte che dal raccoglitore non fu spogliata, ed altrettanto in meno nella faccia opposta sulla quale il medesimo ha esercitato la sua azione; nè potrà questa faccia trovarsi allo stato naturale, mentre ciò avverrebbe soltanto qualora l'elettricità del lato opposto non avesse avuta alcuna influenza sulla prima faccia. Ebbene, l'esplorazione dello stato elettrico del disco fatta in un punto già trascorso davanti al raccoglitore e che si trovi tra questo ed i cuscinetti nella zona d'azione, conferma che il vetro in quella situazione rimane caricato appunto nella maniera supposta. Resta per tal modo provato che l'attuazione attraverso al disco è la causa per cui una maggiore e pressochè doppia quantità di fluido si scarica dal disco al conduttore in luogo della sola che vi si scaricherebbe dalla faccia che ne lambe le punte senza il concorso della ripulsione dei fluidi. Per bene eseguire l'esperimento è mestieri aver prima girato il disco con molta lentezza affinchè il raccoglitore abbia potuto completamente agire; anzi per togliere quella qualunque traccia di elettricità libera che fosse sfuggita all'assorbimento, converrà ripassare su quella superficie del vetro con delle punte metalliche comunicanti col suolo innanzi intraprendere l'esplorazione. Questo potrà farsi nella solita maniera, ponendo a contatto col vetro della macchina un piano di prova, e toccando nello stesso tempo il disco dalla parte opposta per render libera la carica che è dissimulata dall'attuazione, ritirando poscia il piano di prova per saggiarlo all'elettrometro.

Riferendomi sempre a quanto vien riportato dal nominato periodico, il sig. Hearder avrebbe trovato che, impiegando un solo cuscinetto non si otterrebbe che un piccolo vantaggio collocando il raccoglitore dalla parte della superficie eccitata. Tale circostanza meritava certo d'essere verificata, e molto più che per essa le note leggi dell'elettricismo sarebbero rimaste altamente compromesse.

Munito di un solo cuscinetto il disco della mia macchina

ed appostovi un solo raccoglitore contro la faccia eccitata, tenni conto sulla frequenza delle scintille che, girando uniformemente, passavano dal conduttore ad una palla metallica comunicante col suolo, mantenuta a distanza costante. Collocato poscia il cuscinetto dalla parte opposta, ossia ad eccitare la faccia su cui il raccoglitore non può direttamente agire, mi venne dato di osservare che girando il disco colla eguale celerità di prima, in sul principio le scintille che passavano dal conduttore alla palla erano bensì egualmente frequenti quanto nel caso antecedente, ma che in seguito il loro succedersi si faceva sempre più lento e finiva quasi col cessare del tutto. Di più, esplorando lo stato del vetro, trovai che ad ogni giro esso andava caricandosi vieppiù a guisa di un quadro di Franklin negativamente dalla parte del raccoglitore fino a raggiungere una carica capace di dare vigorosa scintilla, se vi si stendano sulle faccie due armature metalliche.

Del perchè avvenga questo fenomeno non sarà difficile rendersi ragione se ci appoggeremo a quanto fu poc'anzi stabilito. Il disco, eccitato dal cuscinetto, resta elettrizzato in più dalla parte strofinata; la tensione da questa parte agendo per influenza sulla opposta, costringe certa quantità di fluido naturale del vetro a passare nel conduttore della macchina per essere trasmesso al suolo, balzando a scintille sulla palla metallica che è con esso in comunicazione. Ora, l'elettricità rimasta sul vetro nella parte già trascorsa davanti al raccoglitore, ed opposta a questo, si troverà dissimulata e potrà quindi il vetro essere nuovamente caricato dall'eccitatore e forzare alla sua volta nuova quantità di fluido a gettarsi sul raccoglitore, da questo al suolo, e così di seguito. È chiaro pertanto che ad ogni giro il disco andrà vieppiù a caricarsi positivamente dalla parte eccitata, e per sottrazione del raccoglitore negativamente dall'altra finchè, giunta che sia la carica quantunque dissimulata in parte, ad eguagliare in tensione la forza colla quale il cuscinetto tende a spingere il suo fluido positivo sul vetro, cesserà la trasmissione per parte dell'eccitatore, e con essa gli effetti della macchina. Egli è poi evidente che, procurando di mantenere le due faccie del disco costantemente in comunicazione fra loro, la carica per attuazione che tenderebbe a prodursi, va di continuo ricomponendosi, e che in conseguenza l'effetto della macchina, anche nel caso del solo cuscinetto che agisce sul lato opposto al raccoglitore, resta costante ed eguale come se quest'ultimo si trovasse dalla parte eccitata. Giova poi avvertire che nell'esperienza testè indicata, a motivo di una più o meno lenta ricomposizione della carica, che va generandosi sul vetro, per l'imperfetta sua coibenza, il conduttore non cessa mai affatto da dar scintille, ma solamente il loro numero, relativamente al tempo, diventa vieppiù scarso fino ad un momento in cui raggiunge una sensibile costanza. Ora, l'aver il sig. Hearder trovato poco divario negli effetti della sua macchina col collocare un unico cuscinetto dall'una oppure dall'altra parte del disco, indicherebbe, se ci riferiamo a quanto ora fu rimarcato, che facile comunicazione v'avea fra le due superficie del disco da lui impiegato. A ragione dunque attribuiva egli ad una imperfetta coibenza del disco della sua macchina l'inferiorità da essa mostrata in confronto ad altra macchina a cilindro posta a pari condizioni di strofinamento.

Prima di chiudere questo mio scritto, mi si permetta di porre sott'occhio un fenomeno che in sul principio riuscì di turbamento a queste indagini, e che con qualche fatica ho potuto isolare dagli altri coi quali costantemente trovavasi combinato.

Riportando il primo de' miei esperimenti ho detto essere necessario, prima d'imprendere l'esplorazione dello stato elettrico del disco, di ripassare con delle punte metalliche comunicanti col suolo, sopra la faccia dalla parte ove sta il raccoglitore onde accertarsi che questa abbia perduta tutta l'elettricità libera che al raccoglitore potesse essere sfuggita. Infatti ben di rado avviene che in quella situazione non esista, oltre la carica dissimulata di cui si è tenuto parola, una carica libera generalmente negativa, e solo dopo aver prestata attenzione alla forma del raccoglitore, ed alla più o meno perfetta comunicazione fra il conduttore ed il suolo, ho potuto scoprire da quali circostanze essa sia dipendente.

Sia costituito il raccoglitore da una fila di punte metalliche a guisa di pettine, disposte parallelamente al raggio del disco: l'elettricità libera che può rimanere sulla superficie esposta all' azione del raccoglitore venga radunata in una bottiglia di leida munita di apposito pettine metallico, comunicante coll' armatura interna, ed il conduttore della macchina si trovi in perfetta comunicazione col suolo. Dopo non molti giri la bottiglia si troverà caricata negativamente all' interno ed in modo così sensibile da giungere perfino al terzo della carica che si sarebbe ottenuta positiva coll' egual numero di giri avendola messa in diretta comunicazione col conduttore. Eguale risultato si avrà del pari quando il fluido venga raccolto da ambe le parti del disco a mezzo di un doppio raccoglitore.

Questi fenomeni mostrano apertamente che il disco non scarica sul raccoglitore la sola elettricità in eccesso sviluppata dagli strofinatori, mettendosi tosto allo stato di equilibrio col suolo, ma che v' ha inoltre una tendenza a formarsi un nuovo squilibrio in senso inverso per modo tale che viene ad essere trasmessa al conduttore una quantità di fluido molto maggiore della sola eccitata, restando così il vetro privato d' una porzione del proprio fluido naturale.

Si sostituisca ora al raccoglitore di cui si è parlato un altro che consista di due ranghi di punte metalliche paralleli e poco distanti fra loro che agiscano dalla stessa parte, e si troverà che mentre quello dei due ranghi più dappresso ai cuscinetti raccoglie il fluido positivo del vetro nel modo consueto, l' altro non fa all' incontro che trasmetterne, rendendosi ciò manifesto nella oscurità per le stellette luminose che appariscono sulle punte del primo pettine, e per i flocchetti che si formano invece sulle punte del secondo. Questo ritorno dell' elettricità sul disco per mezzo del secondo rango di punte, dovuto allo squilibrio negativo lasciato dal primo rango, va evidentemente a diminuzione degli effetti utili della macchina, e per convincersene basta contare i giri che necessitano per arrivare alla carica massima di una bottiglia di leida la cui scarica si effettui a distanza costante, come quella impiegata dal sig. Hearder, e si vedrà che molto meno giri occorreranno per giungere a quel limite, usando raccoglitori ad un solo pettine. Per conseguire maggiore effetto da una macchina elettrica, sarà dunque importante servirsi di raccoglitori ad un solo ordine di

punte in luogo di altri a pettine moltiplici, al corrente ed a finale come talvolta si usa.

[illegible] lecito infine di osservare che, se la punta del conduttore riceverà dal disco maggior quantità di fluido che non quella in eccesso accumulata sulle sue facce; ciò non avviene che in piena accordo colle leggi di meccanica: infatti, quando il fluido nel suo ritorno ai cuscinetti per mezzo del conduttore e del suolo, non trovi tanta resistenza da consumare tutta la forza viva che ha acquistata, dovrà conservare una parte della sua velocità, ed in virtù di questa accumularsi presso i cuscinetti a detrimento delle località prossime alle punte, le quali, rese per tal modo costantemente negative, togliendone di continuo porzione dell'elettricità naturale al disco, oltre a spogliarlo della sovrabbondante distribuitavi dai cuscinetti. In appoggio a questo, l'esperienza mi ha mostrato che, aumentandosi la resistenza del circuito, la carica negativa del disco, nelle parti trascorse davanti alle punte, diminuisce sempre più e diventa poi positiva per le forti resistenze, specialmente se prodotte da interruzioni per le quali l'elettricità sia costretta a trasmettersi producendo scintille. Il vantaggio però dell'impiego del pettine semplice come raccoglitore, è limitato al solo aumento della velocità concepita dal fluido per ottenere più prontamente una data carica, ma non per raggiungere una maggior tensione, la quale, prescindendo dalle dispersioni esterne, è sempre indipendente dalla forma del raccoglitore.

DEL FALSO VULCANO DI LIVORNO;
CENNI DEL PROF. PIETRO MONTE BARNABITA.

Dalle domande di varie città d'Italia che mi vengon fatte intorno al falso vulcano di Livorno, veggo che non sarà inutile, benchè tardi, dirne qualche parola in un giornale scientifico. Io non mi maraviglio punto della grande leggierezza colla quale molti giornali d'Italia e fuori, hanno dato fede alle voci esagerate, che di quel momentaneo fenomeno si sono sparse; giacchè io stesso, in Livorno, sentii persone a dire che due militari furono bruciati alla bocca del non mai esistito vulcano, per essersi voluti di troppo avvicinare. Il fenomeno che diede cagione di credere alla comparsa di un vulcano, avvenne il giorno 3 Novembre scorso verso la sera in cui si vide innalzarsi da una buca del molo vecchio del porto di Livorno, una piccola colonna di fumo, la quale durò per forse tre ore e anche meno. Io mi recai la mattina del giorno seguente a visitare quella buca e non vidi più nulla affatto, la esaminai attentamente, mi introdussi per quanto potevo dentro, e non ho scorto nessun principio di eruzione vulcanica, non puzzo di sostanze sulfuree, non elevamento di temperatura, non depositi di nessuna maniera pel condensamento di vapore uscito; in sostanza nessun segno da far credere ciò che si diceva. Solo potei scorgere un leggiero annerimento alla bocca, quindi non ne feci più nessun caso e solamente il giorno 5 Novembre, insieme col bullettino meteorologico spedivo, per telegrafo, al Museo Fisico di Firenze questo breve dispaccio: *Si ride del vulcano.* Il giorno sei Novembre fui pregato dal Museo medesimo a mandare una descrizione un po' in dettaglio del falso vulcano: e per non dire semplicemente ciò che ne pensavo, feci più di sessanta sperienze termometriche all'aria libera in vicinanza della buca, nella buca stessa, e nelle acque del mare vicino, a varie profondità; le quali sperienze danno queste medie col termometro centigrado:

		Temperature
7 Novembre,	all'aria libera	13°.6
	nella buca di sgorgo	14.1
	nel mare vicino	14.3
8 Nov. mat.^{no},	all'aria libera.	13.5
	nella buca	15.0
	nel mare vicino	14.4
nella sera,	all'aria libera.	11.5
	nella buca	15.1

Feci ancora nei giorni seguenti altre sperienze, ma tanto

[illegible] già detta. Prima della costruzione del molo nuovo, [illegible] avanzata in quest'anno, era anche assai più facile l'introduzione di quelle materie fra i macigni, come si può facilmente giudicare dai depositi vegetabili che vi sono, appena fuori della buca; ma ora non sarebbe la cosa tanto agevole, perchè le acque nelle maree ordinarie difficilmente salgono sino alla buca e nelle burrasche frangonsi nel molo nuovo, per guisa che giunte al molo vecchio, le acque, hanno perduta la loro velocità. Ora ciascun vede che la località del falso vulcano essendo esposta ai raggi solari e non essendo più, nel suo interno, corsa dalle acque del mare così facilmente, rotte dal molo nuovo, le sostanze ed i sedimenti organici di dentro hanno potuto subire forti decomposizioni ed originare una certa quantità di vapore resa anche più manifesta dalla condensazione accaduta nell'aria fredda dell'atmosfera di quel giorno. È questa una delle spiegazioni che si possono dare del fenomeno osservato nel Porto di Livorno. Molte altre spiegazioni anche più semplici si presentano alla mente. L'essenziale è di aver dimostrato che nessun indizio di eruzione vulcanica ha mai esistito e nessun segno di questo fenomeno è rimasto.

INTORNO AD UNA DISQUISIZIONE STORICA CIRCA LA PRIMA APPLICAZIONE DEL PENDOLO ALL'OROLOGIO; LETTERA DI E. ALBÈRI AL PROFESSORE *VINCENZO FLAUTI* SEGRETARIO PERPETUO DELLA R. ACCADEMIA DELLE SCIENZE DI NAPOLI.

Nel volume di supplemento, o sedicesimo che dir vogliamo delle Opere di Galileo da me pnbblicate, è inserita una mia dissertazione intitolata: *Dell' orologio a pendolo di G. Galilei.* La quale avendo io più tardi indirizzata all'illustre decano delle scienze fisiche in Francia, il Professore G. B. Biot, perchè volesse farne omaggio in mio nome a quella Imperiale Accademia delle Scienze, ciò ha dato luogo ad una sua disquisizione, che mi obbliga alla seguente avvertenza, ch'io Vi prego di sottoporre a quest'inclita Accademia, la quale appunto per le fatiche da me durate nel condurre la sopradetta edizione, mi onorava della qualifica di suo socio corrispondente.

Sino dal 13 Settembre del corrente anno, il sig. Biot intratteneva dunque l'Accademia intorno questo argomento colle seguenti parole:

« M. le professeur Eugenio Albèri, le savant et conscien-
« cieux éditeur de la collection complète des œuvres de Ga-
« lilée, récemment pubbliée à Florence, a désiré que je pré-
« sentasse de sa part à l'Académie une dissertation dans la
« quelle il a réuni un ensemble de documents tendant à prou-
« ver, qu'en 1641, dans la dernière année de sa vie, Gali-
« lée avait conçu le projet d'appliquer le pendule aux hor-
« loges mécaniques pour moderer et régulariser la descente
« de leur poids moteur; qu'il avait arrêté dans son esprit

« toutes les dispositions propres à mettre cette idée en pra-
« tique, mais qu'étant alor privé de la vue, il avait confié
« l'exécution de ce plan à son fils, lequel l'aurait effective-
« ment réalisé après la mort de son père; de sorte que Huy-
« ghens n'ayant annoncé et publié la même application que
« seize ans plus tard, en 1657, il faudrait désormais repor-
« ter à Galilée l'honneur d'une invention qui a été si utile
« à l'astronomie.

« En reconnaissant la parfaite exactitude des documents
« rassemblés par M. Albèri, et l'irreprochable fidelité avec
« laquelle il les expose; en y trouvant, comme lui, une nou-
« velle preuve du genie inventif de Galilée, je crois que l'on
« en doit tirer une conséquence toute différente: c'est-à-dire
« qu'ils ne portent aucune atteinte à la gloire de Huyghens
« et qu'ils n'affaiblissent en rien ses droits à la reconnais-
« sance exclusive que l'astronomie, et les sciences d'obser-
« vation en général, ont jusqu'à présent témoignée à sa mé-
« moire pour le service qu'il leur a rendu. Voilà ce que je
« vais tâcher d'établir, aussi brièvement que peut le com-
« porter une question de jurisprudence scientifique d'une
« telle importance ».

Ma il suo discorso oltrepassando i confini proprj del rendiconto accademico, egli stabilì di pubblicarlo per disteso nel *Journal des Savants*, come appunto ha avuto luogo nel fascicolo di Novembre prossimo passato.

Io, fin da quando lessi l'annunzio surriferito, credetti mio debito richiamare l'attenzione dell'illustre Professore sulle ultime parole del suo primo paragrafo – *de sorte que* etc. –, per le quali egli veniva ad una inferenza che poteva dar luogo ad equivoco, quasi foss'io quegli che sostenesse, o per lo meno avesse dato luogo di sostenere, che dall'aver Galileo inventato sedici anni prima di Huyghens l'applicazione del pendolo all'orologio, venisse meno la gloria del celebre olandese, il quale avesse non inventato da sè, ma avuto quella scoperta dal filosofo toscano; mentre invece io aveva formalmente mantenuto come questa non pervenisse giammai a cognizione di Huyghens, al quale per conseguenza restava intero il vanto della sua, non altrimenti che se quella di Galileo non fosse mai stata; che bensì fra i meriti di Galileo dovea contarsi pur questo, d'avere escogitata la cosa stessa molti anni prima. Onde a pag. 334 del citato volume di supplimento, dove è inserita la mia dissertazione intorno questo argomento, stabilisco: » mettere gli allegati « documenti affatto fuori di dubbio la priorità di Galileo in « questa importantissima invenzione, *senza che ciò detragga « al merito dell' Ugenio, che noi pure crediamo* INGENUO, *ma « non primo inventore della stessa applicazione* ». Altro è il giudicare di una grande invenzione dalla utilità che ne sia derivata all'universale, alla qual cosa è necessaria la divulgazione; altro il considerarla in rispetto al merito dell'inventore, siasi qualsivoglia l'uso che il mondo abbia potuto o voluto farne. E chi per vero si avviserebbe d'inferire menomata la gloria di Cesalpino o di Newton quando per caso si ritrovasse che in antico altri ebbe chiaro il concetto della circolazione del sangue e della gravitazione universale? Ma chi eziandìo non ammirerebbe, e non direbbe in ciò pari di merito, e primi in tempo, quegli antichi fino ad oggi dimenticati?

Io insisteva dunque presso il sig. Biot come l'affermare che dagli allegati documenti dei quali egli stesso attesta la piena esattezza - *parfaite exactitude* - e la scrupolosa fedeltà - *irreprochable fidélité* - nell'esporli fosse a cavarsi una *conseguenza affatto diversa*, quella cioè ch'essi *ne portent aucune atteinte à la gloire de Huyghens*, mentre tale è precisamente la mia conclusione, avesse sembianza di contradizione, e tendesse a compromettere il mio vero criterio presso coloro, i quali più dall'autorità di un tanto uomo, che dall'attento esame della questione, fossero eventualmente per giudicare; sì come appunto mi consta essere già intervenuto.

Il sig. Biot, in diverse lettere colle quali mi ha in questa congiuntura onorato, e specialmente in una del dì 27 Settembre, mi replicava ch'egli era ben lontano dall'avere un solo istante creduto o inteso di far credere che io intendessi a togliere all'Huyghens il merito e la gloria della scoperta, e che questo apparirebbe dalla prossima pubblicazione del suo ragionamento.

Aspettai dunque l'articolo del *Journal des Savants*, ch'egli stesso mi ha senza dilazione gentilmente procurato; ma dopo fattane lettura, io debbo, se non erro, insistere sulla stessa distinzione: che cioè io non ho inteso di sostenere e di provare altra cosa se non che Galileo realmente escogitasse fino dal 1641 l'applicazione del pendolo all'orologio: tantochè se la sua invenzione fosse stata divulgata, il mondo da lui solo l'avrebbe riconosciuta (come appunto lo stesso sig. Biot apertamente conferma); ma che fatalmente ciò non essendo accaduto, ed essendo la scoperta di Galileo rimasta sconosciuta, Huyghens da sè la rifece sedici anni più tardi, la divulgò, ed ebbe la gloria di dotarne il mondo. A dimostrare la qual cosa, nelle note specialmente della mia dissertazione, mi par quasi d'aver fatto uno sforzo di critica.

Ora, s'io non m'inganno, essendo appunto questi due fatti quelli che il sig. Biot vuol mettere in evidenza, pareva a me più giusto per parte sua l'inferire che la mia dissertazione li pone in sodo, e rettifica e corregge il criterio di chi avesse già potuto sospettare in contrario come appunto confessa il sig. Biot essere intervenuto per lungo tempo a lui stesso. La qual cosa io non aveva detta per lo innanzi, nè ora la direi, s'egli medesimo non tenesse a dichiararla candidamente (*pag. 11 del suo articolo sopracitato*) per ritrattarla. Di guisa che se il suo nuovo convincimento nel quale egli è venuto, e la nuova argomentazione ch'egli produce, deriva, come afferma egli stesso, dalle *pièces du procès* che io ho recate, – le quali stabiliscono per l'una parte l'invenzione di Galileo nel 1641, tantochè esso Biot deplora con onorevole risentimento che il Viviani non la mettesse subito in luce; e per l'altro mi fanno concludere che Huyghens fu pur egli ingenuo inventore, e che nulla per conseguenza è detratto alla sua gloria –; pare a me che fosse stato più a proposito il dire che io avessi risoluto la quistione, anzichè dato luogo di rinnovarla.

In una cosa bensì mi è grato render piena giustizia allo squisito criterio del sig. Biot; e ciò è nell'aver trovata la ragion vera del perchè il Viviani non divulgasse mai la sua lettera del 1659, quella lettera dalla quale resulta la vera e incontrovertibil prova dell'invenzione di Galileo nel 1641. Io la deduceva dal timore di dispiacere all'Huyghens e a Luigi XIV. Ma il sig. Biot molto più giustamente (mi piace di confessarlo) la vede in questo: che la pubblicazione di quella lettera si convertiva per il Viviani in un'accusa contro sè stesso, il quale non aveva saputo in tempo debito apprezzare l'importanza di quella invenzione; importanza che gli fu rivelata dall'applauso universale con cui fu accolta quella di Huyghens, che sostanzialmente è la stessa. Onde se per un primo moto dell'animo si propose il Viviani di rivendicare il merito del suo maestro scrivendo la lettera in discorso col proposito di divulgarla; un secondo moto lo ritenne da una confessione che certamente lo avrebbe fatto cadere dalla stima di molti. E ben a ragione esclama il sig. Biot: « Il dut amèrement regretter que sa longue insouciance, ou « l'insuffisance de son esprit, eussent fait perir dans ses « mains une palme qui aurait été si glorieuse pour Galilée « et pour l'Italie ».

Firenze, 28 Dicembre 1858.

(*Segue la continuazione dell'articolo* — Esperienze sopra alcuni metalli, e sopra alcuni gaz — *di M. C. Despretz*.

Duodecima esperienza. La volatilità del cadmio ci ha permesso di istituire con questo metallo una esperienza analoga a quella che abbiamo descritto per lo zinco. Soltanto il prezzo molto più elevato del cadmio ci ha costretti a non operare che sopra un solo kilogrammo di questo metallo (1).

L'esperienza è stata condotta nello stesso modo che abbiamo tenuto per lo zinco.

Si sono fatti otto solfati, cinque azotati, cinque formiati nelle condizioni dei sali corrispondenti di zinco.

Ciascun solfato ha depositato quattro o cinque volte cristalli, i quali erano quasi tutti prismi a otto lati leggermente obliqui, formati del prisma romboidale e del prisma rettangolare, nei quali l'uno o l'altro era dominante con vertici piramidali da quattro o sei faccie. Qualche cristallo presentava delle tramoggie quadrangolari.

Formiato. La mineralogia dà per forma fondamentale di questo sale un prisma obliquo romboidale (2). Le varie cristallizzazioni che abbiamo ottenuto nelle nostre esperienze erano prismi romboidali sotto forma di lamine più o meno assottigliate.

Tutti i cristalli avevano il medesimo aspetto.

L'azotato non ha depositato cristalli ben formati.

Tredicesima esperienza. Si distilla in una storta di grès un miscuglio di 500 grammi di cadmio e di 356^{gr},8 di zinco, preventivamente fuso. Questo miscuglio equivale a una proporzione dell'uno e dell'altro metallo.

Si conduce questa distillazione nello stesso modo in cui si sono condotte le due distillazioni precedenti.

Noi abbiamo avuto otto prodotti ottenuti ciascuno in una condizione speciale.

Ho pregato il sig. Robiquet, Dottore in scienze (conosciuto già dall'Accademia, e figlio del nostro antico ed egregio collega) di fare l'analisi di questi otto prodotti.

Egli ha eseguita quest'analisi sopra un grammo di quelle sostanze.

(1) Il nostro collega sig. Peligot è stato cortese di esaminare questo metallo e lo ha trovato puro.

(2) Gerhardt, tomo 1. pag. 230 a seconda del sig. H. Kopp.

I residui della prima e della seconda distillazione non contenevano che zinco; il terzo residuo era composto di un terzo di zinco e due terzi di cadmio; il quarto residuo non conteneva che cadmio.

La parte volatilizzata nella prima distillazione si componeva di cadmio mescolato a undici centesimi di zinco; la seconda di cadmio mescolato a un trentesimo di zinco; la terza e la quarta non erano che cadmio.

È noto nei laboratorii e nella industria che lo zinco è meno volatile del cadmio. Il processo di estrazione del cadmio dalle miniere di zinco, che racchiudono questo metallo, è appunto fondato su questa differenza di volatilità.

Si poteva dunque prevedere a priori l'andamento generale dell'esperienza; soltanto i risultati di ciascuna distillazione avrebbero variato con la durata della esperienza, l'energìa del calore, il rapporto dei metalli del miscuglio ec. Io ho voluto osservare soltanto in qual modo si eseguiva il reparto. Nella nostra esperienza questo reparto avrebbe dovuto accadere tanto nella distillazione dello zinco, quanto in quella del cadmio, ove questi metalli non fossero stati corpi elementari.

Ora in queste due esperienze, lo zinco distillato quattro volte si è mantenuto identico allo zinco non distillato; altrettanto è avvenuto pel cadmio.

Quattordicesima esperienza. Alcune esperienze sono state eseguite sopra il gas ossigeno, il gas azoto, il gas ammoniaco e il gas idrogeno bicarbonato; questi gas erano stati preparati coi processi cogniti, e si ebbe cura ch' essi fossero puri e bene disseccati. Ciascuno di questi gas era stato introdotto in un tubo di 30 centimetri di altezza e di $2\frac{1}{2}$ centimetri di diametro; due fili di platino di 0, 8 di millimetro di diametro traversavano le pareti di ciascun tubo; la distanza delle punte dei fili, collocate nell'asse era di oltre un centimetro o di 4 centimetri.

Per produrre la scintilla e la corrente, è stato impiegato un grande apparecchio d' induzione del sig. Ruhmkorff. Il filo conduttore di questo apparato ha 300 metri di lunghezza e 2^{mm},5 di diametro; il filo indotto ha 25 a 30 millimetri di lunghezza e mezzo millimetro di diametro. Un condensatore posto in opera per la prima volta dal sig. Fizeau, fa parte del filo induttore.

Il gas ammoniacale è decomposto in totalità in pochi minuti.

Il gas idrogeno bicarbonato dà un primo indizio di decomposizione all'azione delle prime scintille, ma non è totalmente decomposto che dopo due ore. Noi siamo indotti a credere che il carbone precipitato ritenga un poco d'idrogeno, imperciocchè il volume non si è mai raddoppiato; noi cercheremo in seguito di schiarire alquanto questo fenomeno (1).

L'ossigeno e l'azoto sono stati pel corso di cinque ore sottoposti alla scintilla e alla corrente dell'apparecchio d'induzione sviluppata da 40 o 60 elementi riuniti in serie di 10 elementi in tensione; essi non hanno subito la menoma alterazione nel loro volume, eccetto l'ossigeno, una traccia del quale si è riunito al mercurio. Queste esperienze sono atte a dimostrare che il gas ossigeno e il gas azoto sono gas semplici.

Se questi gas fossero formati dalla condensazione del gas idrogeno o anche di un gas più leggiere, l'ossigeno conterrebbe 16 volumi e l'azoto 14 volumi d'idrogeno condensati in uno solo; la scintilla elettrica che decompone tutti i gas composti, dovrebbe cangiare di volume i due gas rammentati.

L'apparecchio che abbiamo impiegato aveva una grande energia di tensione; nel modo in cui era disposto nelle nostre esperienze la scintilla poteva traversare sei tubi ad un tempo, in due dei quali la distanza delle punte era di oltre 4 centimetri, e oltre 2 centimetri in due altri; la distanza totale era all'incirca di 18 centimetri.

Quindicesima esperienza. Un tubo barometrico di 9 millimetri di diametro e di un metro di altezza è traversato, alla distanza di 6 centimetri dall'estremità chiusa, da due fili di platino di 0,8 di millimetro di diametro sigillati sul

(1) È stato decomposto il gas ammoniacale colla elettricità ordinaria e il gas carbonato con l'apparecchio d'induzione. Noi ritorneremo su questo argomento in altra comunicazione.

vetro. Le punte che sono nell' asse del tubo, distano l' una dall' altra di circa un centimetro e mezzo. Si riempie il tubo di mercurio elevato di recente ad una temperatura prossima all' ebollizione, lo si capovolge in un gran pozzetto ripieno di mercurio; non vi si scorge la minima bolla d'aria. Si fa passare in questo tubo la scintilla di un apparecchio d' induzione del sig. Ruhmkorff, sviluppata da 20, 30, 40 e da 50 elementi riuniti in serie di 10 in tensione.

I due fili arrossano successivamente sino al rosso-bianco. L' esperienza dura presso a poco quindici minuti. Si volatilizza del platino; il livello del mercurio, che era ad una distanza di 8 centimetri dal filo più basso, non varia.

Sedicesima esperienza. Si fa l' esperienza stessa con un tubo di due centimetri di diametro traversato esso pure da due fili di platino disposti come i fili dell' esperienza precedente; soltanto i due fili attuali sono terminati da sottilissimi fili di ferro. Si fa passare in questo tubo la scintilla del medesimo apparecchio d' induzione, sviluppata da 20, 30, 40, 50, 60 e 70 elementi riuniti in serie di 10 elementi in tensione; i fili di ferro arrossano sino al bianco. Il livello del mercurio non varia.

Ci sembra bene difficile di conciliare queste esperienze con la ipotesi, che considererebbe i metalli e i corpi non metallici come resultati da una condensazione più o meno forte in ciascuno di essi del gas idrogeno o di un gas più leggiero ancora dell'idrogeno. Infatti come mai un gas condensato potrebbe resistere alla corrente elettrica e ad un calore rosso che attinge quasi il bianco e che forse ammonta a 1200 o a 1300 gradi? E di più si dee riflettere che nella ipotesi tratta dalla legge del Dott. Prout, il ferro racchiuderebbe circa ottantamila volumi e il platino circa duecentomila volumi d' idrogeno condensati in uno solo.

Diciassettesima esperienza. L' esperienza è disposta nello stesso modo delle due precedenti, con questa differenza soltanto che avvi in ciascun tubo barometrico sei fili di platino; all'estremità di ciascun filo sigillato nel vetro sono attaccati quattro fili sottili di ferro o di platino fissati con torsione sufficiente.

Si sonò sempre ottenuti i medesimi risultati della quindicesima e sedicesima esperienza, allorchè si fa passare la corrente e la scintilla per fili opposti. Le punte erano leggiermente fuse, il livello non era variato; ma quando si è fatta passare la corrente per due altri fili situati al disopra o al disotto, il tubo si è rotto, di modo che la esperienza non è stata portata a compimento siccome si desiderava. Avevamo in animo di fondere con questa esperienza tutti i fili sottili, ma siamo stati arrestati dalla rottura del tubo.

Riassumeremo, col proporci queste dimande: le conseguenze tratte dai fatti costatati in questo nostro lavoro, sono veramente logiche?

1°. Si viene ad avere provato che ciascun metallo è formato di una materia particolare, elementare, indistruttibile nella sua intima natura?

2°. Siamo giunti a dimostrare che l' ossigeno, l' azoto e i metalli non sono composti di gas idrogeno e nè tampoco di un gas più leggiero, condensato in grado variabile in ciascuna di queste sostanze?

3°. È egli possibile di scorgere in queste esperienze la prova che due metalli non sieno una medesima materia in istati molecolari differenti?

4°. Il numero dei risultati ottenuti è egli sufficiente perchè si possano legittimamente estendere a tutti i corpi metallici o non metallici le conseguenze dedotte da esperienze istituite sopra otto corpi soltanto?

Noi crediamo di potere rispondere affermativamente a questi quattro quesiti.

Le esperienze sul solfato di rame decomposto successivamente in otto o in sei parti identiche dalla corrente galvanica; in quattro parti identiche dallo zinco, dal gas idrosolforico, dal carbonato di soda; le esperienze sull' acetato di piombo decomposto successivamente in quattordici parti identiche dalla corrente galvanica, sull' azotato del metallo stesso decomposto in tre parti identiche dal carbonato di soda; le esperienze sul piombo fuso dal calore e sottoposto per parecchie ore, durante la sua fusione, all' azione di una corrente galvanica energica; gli otto prodotti identici raccolti in quattro distillazioni successive dello zinco e del cadmio, dimostrano, almeno a parer nostro, che ciascuno dei quattro metalli su cui si è sperimentato, non racchiude che una materia elementare, particolare, indistruttibile, e che nessuno dei quattro metalli può considerarsi come composto di molecole di un altro metallo in uno stato differente.

Le esperienze sul ferro e sul platino portati a un calor rosso che attinge quasi il bianco nel vuoto barometrico senza che siasi osservata la benchè minima traccia di sviluppo gassoso; quelle nelle quali l' ossigeno e l' azoto conservano un volume invariabile, malgrado ch' essi siano stati traversati pel volgere di varie ore dalla luce e dalla corrente di un apparecchio energico d' induzione, fanno vedere che il ferro, il platino, l' azoto e l' ossigeno non possono essere prodotti dalla condensazione nè del gas idrogeno nè di un gas più leggiero ancora dell' idrogeno.

I risultati ottenuti sopra sei metalli e sopra due corpi non metallici, possono estendersi legittimamente a tutti i corpi metallici e non metallici? Noi crediamo che sì.

In fatti la storia dei metalli offre un quadro di fenomeni presso a poco simili. Tutti questi corpi producono ossidi, clorori, cianuri, solfuri, e la maggior parte somministra sali di diverse nature e forme.

I metalli e i corpi non metallici si combinano tra di loro, ma non si combinano in generale con gli ossidi, cogli acidi, coi corpi neutri, a meno che nella reazione non si produca una decomposizione.

Si nota pure nelle combinazioni dei metalli coi corpi non metallici, e di questi tra loro, la importante legge delle proporzioni multiple; nelle combinazioni dei corpi non metallici, si verifica inoltre la bella legge delle combinazioni gassose. Questa ultima legge sarebbe probabilmente generale se si potesse determinare la densità dei vapori dei varii metalli. S' intenda bene però che non bisognerebbe perdere di vista la restrizione che noi vi abbiamo introdotta nel 1830. (veggasi il supplemento alla mia *Chimica elementare* 1830, e i *Comptes rendus* tomo XIII, 2 e 30 Novembre 1846).

I metalli e i corpi non metallici non sono decomposti

da nessuna delle forze conosciute, nè dal calore, nè dalla elettricità, nè dalla luce. Da tutti questi fatti e dall'insieme dei fenomeni chimici, ci sembra derivare questa proposizione: cioè, che i metalli e i corpi non metallici sono in uno stato molecolare del medesimo ordine.

Le nostre esperienze c'insegnano che quattro metalli sono semplici, e composti ciascuno di una materia particolare; esse c'insegnano inoltre che due metalli e due gas non debbono essere considerati come prodotti dalla condensazione di un gas qualunque. Noi dunque estendiamo i risultati stessi a tutti quanti i corpi ammessi come semplici nella maggior parte delle opere di chimica.

Questi ragionamenti e le conseguenze loro non ci fanno però deviare dalla riserva che è obbligatoria nelle ricerche sperimentali in genere. Noi siamo convinti che se si giungesse a decomporre uno dei metalli perfettamente conosciuto, si decomporrebbero tosto tutti gli altri. L'istoria della chimica offre, all' incominciare di questo secolo, un esempio luminoso della verità di questo pensiero.

La decomposizione di un solo alcale, ha tratto ben tosto la decomposizione degli altri alcali ed anche delle terre. L'accurato confronto dei sali alcalíni, dei sali terrosi e dei sali metallici, indicava veramente nei sali alcalini e terrosi l'esistenza di ossidi, analoghi nella composizione agli ossidi conosciutissimi dei sali metallici.

E qui surgono naturalmente alcune riflessioni.

Dietro l'ipotesi fondata sulla legge del Dott. Prout, supposta vera, i corpi semplici sarebbero composti di gas idrogeno o di un gas più leggiero ancora dell'idrogeno.

I metalli sono buoni conduttori del calore e dell'elettricità; questa proprietà è peculiare tanto dei metalli leggieri (potassio, sodio) come dei metalli pesanti (oro, platino).

Gli ossidi metallici, le resine, i corpi grassi, gli olii ec., sono cattivi conduttori, del calore e dell'elettricità.

I metalli, sotto un certo peso, non assorbono, per elevare di un grado la loro temperatura, che una frazione assai piccola della quantità di calore che l'acqua esige in circostanze eguali.

Questa differenza sì radicale tra corpi che avrebbero la stessa composizione, avrebbe qualche cosa di singolare.

Come concepire che nella riduzione dei minerali di ferro col carbone, ad una temperatura elevatissima, il ferro e il carbone non si riducono nè in gas nè in vapore? Come concepire che nelle esperienze intorno la fusione dei metalli colla pila, per esempio del ferro, del platino ec., questi metalli si fondono senza dissiparsi in modo almeno sensibile?

Si riscaldano crogiuoli di carbone di zucchero, lamine del medesimo carbone ad una temperatura bianca talmente elevata, che appena può l' occhio reggerne lo splendore; codesto carbone, in questa circostanza, non brucia che lentamente e non si volatilizza che lentissimamente.

Se la ipotesi che noi discutiamo fosse l' espressione reale della verità, la trasmutazione dei metalli, ed anche degli altri corpi, dovrebbe pure prodursi nelle tante e svariate operazioni dei laboratorii e della industria. Ora noi abbiamo una quasi certezza che non avvi un fatto solo di trasmutazione autentica.

La legge delle combinazioni gassose perderebbe tutta la sua semplicità.

Nella ipotesi in questione, tutti i corpi che racchiudono la terra non sarebbero che gas condensato. La luna la cui densità è poco inferiore a quella della terra, avrebbe probabilmente presso a poco la medesima costituzione di questo pianeta. Questi risultati hanno veramente aspetto di strano.

Forse si dirà che noi abbiamo spinto troppo oltre le conseguenze e le riflessioni. Noi sottoponiamo le nostre esperienze e le conseguenze loro ai chimici ed ai fisici, ed accoglieremo con sentimento di riconoscenza le osservazioni ed anche le obbiezioni ch' essi ci vorranno opporre.

Nota. Noi abbiamo detto in questa Memoria che avremo l' onore di presentare in seguito all' Accademia varie comunicazioni. Queste comunicazioni hanno relazione soprattutto col principio, sul quale ci siamo appoggiati.

Il nostro lavoro di oggi forma un tutto; non di meno noi vi ritorneremo con esperienze confermative.

BREVI RIFLESSIONI INTORNO ALLA TEORIA DELL'OROPTRO.

Nei fascicoli di Ottobre e Novembre degli *Archives des Sciences physiques et naturelles* di Ginevra trovansi pubblicati due scritti del sig. Ed. Claparède, relativi alla ipotesi del sig. Giraud-Teulon, ed alla dottrina dei punti identici delle retine: ed io sono molto dispiacente di non aver conosciuto quelle due dotte ed ingegnose scritture, innanzi di mettere assieme le poche considerazioni già pubblicate sulla teoria della visione binoculare. Una parte delle due memorie citate è destinata ad una discussione polemica, prima intorno alla ipotesi del Giraud-Teulon, e più oltre intorno la dottrina del Meissner sull'oroptro: un'altra è diretta ad una ricerca propria all A., quella cioè della forma che deve avere la superficie oropterica della quale soltanto alcune linee per lo innanzi vennero determinate. Alla ipotesi del Giraud-Teulon oppone l'A. delle giudiziose riflessioni critiche intorno alla possibilità ed innocuità dei movimenti ammessi dal francese scrittore nella retina: nè su tal particolare credo necessario insistere più a lungo, mentre per ragioni diverse di quelle del sig. Claparède fui condotto io pure ad analoghe conclusioni, come può rilevarsi dall Articolo che in questo istesso Giornale pubblicai già su tal proposito. Dirò solamente che è stata cosa per me graditissima e rassicurante il trovare le opinioni da me esternate conformi a quelle del distinto scienziato di Ginevra: e che sono lieto fra le altre cose che a lui pure sembri non appoggiata per intiero alla irrecusabile testimonianza dei fatti la formula della teoria dei punti omologhi delle due retine: la quale mentre ha per solo fondamento le osservazioni di Giovanni Müller e di altri su i fosfeni, trovasi poi enunciata con rigore geometrico maggiore di quello che non permettano le indicate osservazioni.

Non contento di avere difeso la dottrina dei punti omologhi delle retine, confutando la ipotesi prodotta dal sig. Giraud-Teulon, il sig. Claparède dimostra che la determinazione dell'oroptro quale venne fatta con geometrica esattezza da Alessandro Prevost, da Vieth, e da Giov. Müller, è da ritenersi per vera, mentre inaccettabile è quella dovuta al Meissner, la quale condurrebbe a dare alle linee dell' óroptro una diversa situazione, che non si accorda coi resultati delle esperienze.

Ingegnose e stringenti sono le considerazioni, semplici e concludenti le prove per le quali l' A. giunge a dimostrare inammissibile che le linee resultanti dai punti dello spazio che si dipingono sovra elementi omologhi delle retine siano, come vorrebbe il Meissner, una retta la quale passi per il punto di convergenza degli assi ottici, in direzione verticale quando l' oggetto è a distanza infinita o quando lo sguardo è volto in basso con inclinazione di 45 gradi sotto l' orizzonte, inclinata invece negli altri casi: ed inoltre una linea orizzontale che tagli normalmente la precedente passando per il punto di convergenza degli assi ottici, o punto di mira, nei due casi già accennati, e riducasi ad un punto, cioè al solo punto di mira, in tutti gli altri. Io non starò qui ad esporre partitamente le prove sperimentali sulle quali si appoggia l' A., perchè sarebbe impossibile stringerle in un breve compendio senzachè perdessero la loro evidenza, e sarei costretto a tradurre qui per intiero un lungo brano del diligente lavoro del signor Claparède: e mi terrò pago di avere accennato la sorgente alla quale può ricorrere con piena fiducia chiunque voglia avere più precise cognizioni su questo particolare.

Le linee delle quali resulta l' oroptrò sono dunque secondo quanto fu dimostrato da Prevost, da Vieth, da G. Müller, una circonferenza che passi per i due centri ottici degli occhi e pel punto di mira, ed una linea che sia normale al piano di questa circonferenza e passi anch' essa pel punto di mira. Se peraltro queste linee comprendessero esse sole tutti i punti dello spazio che possono vedersi semplici guardando con i due occhi, riesce di per sè molto evidente che la massima parte degli oggetti dovrebbe in ogni istante trovarsi fuori di quelle linee, e quasi generale sarebbe nel campo ove si guarda la confusione dei contorni per raddoppiamento di immagini. Convinto l' A. che questo infatti sia il lato debole della teoria dei punti omologhi, o come altri dicono identici delle due retine, per una parte si adoprò, nelle due Memorie delle quali si tratta, per attenuare il valore delle obiezioni che da tale punto di vista possono farsi, contrapponendo le favorevoli attestazioni di scrittori autorevolissimi; e per un' altra parte tentò di diminuire di assai il difetto istesso della teoria, cercando se oltre le già indicate linee oropteriche, vi fosse un più esteso sistema di punti dotati delle proprietà che a quelle appartengono rispetto alla visione bioculare. Questo secondo intento credè il sig. Claparède di avere ampiamente raggiunto, dimostrando che oltre le antiche linee oropteriche si trovano tanti altri punti capaci di dipingersi nelle due retine sovra elementi omologhi, che nel loro insieme compongono una estesa superficie, della quale con metodi sperimentali si può determinare la configurazione, e che può con matematici artifizj agevolmente venire rappresentata. Che questo ritrovato debba annoverarsi fra le nuove conquiste che ogni dì va facendo la scienza, rimase per lungo tempo presso chè persuaso, anche il lettore delle Memorie del sig. Claparède: ed è solo nelle penultime pagine del suo recente scritto che l'A. stesso con onorevole schiettezza dichiara che in conseguenza della lettura di una Memoria del sig. Burkardt ha dovuto persuadersi che non abbastanza rigorosi erano i metodi coi quali giunse alla determinazione della larga superficie oropterica, concludendo che le due sole linee di A. Prevost, comprendono i punti collocati nell' oroptro, eccetto il caso in cui gli oggetti siano a distanza infinita, nel quale l' oroptro può rappresentarsi come un cilindro normale al piano dei due assi ottici, o piano di visione, ed avente una base di raggio infinito.

Come priva di ogni speranza di ulteriore sviluppo possiamo dunque con molta fiducia considerare la determinazione del sistema dei punti oropterici: dappoichè nessuno accettabile resultato fruttarono le dotte e pazienti indagini del sig. Claparède: e per sapere se la teoria della visione semplice mediante i punti omologhi delle retine possa bastare essa sola per render conto della unificazione delle immagini in tutti i casi di visione bioculare, possiamo senza timore portare il nostro esame su quella teoria tale quale resultò dai lavori dei Prevost e dagli altri fisiologhi già citati.

A seconda della indicata teoria si trovano in condizione da esser veduti necessariamente semplici soltanto i pochi punti che compongono le due linee oropteriche, e per intendere come il raddoppiamento degli innumerevoli punti collocati fuori di quelle non si verifichi per noi. I più dotti ed ingegnosi scrittori dissero che gli occhi sono sempre in un così rapido e continuo, e ad un tempo inavvertito movimento, che in grazia di questo tutti i punti del campo che sembra veduto in uno istante, e situati a destra ed a sinistra della linea oropterica verticale, sopra e sotto a quella orizzontale, più in avanti e più in dietro del punto di mira, passano successivamente a far parte di una di quelle linee. La spiegazione che ora ho accennato è, egli è vero, quella che danno della mancanza di raddoppiamento e di confusione delle immagini il sig. Brücke, Alessandro Prevost, e Sir. D. Brewster, ma senza avere per nulla la pretensione di farmi censore irreverente di siffatti uomini, deggio pure confessare che quella spiegazione non mi sembra per ora appoggiata a fatti abbastanza decisivi, mentre per le non poche difficoltà che si incontrano nella sua applicazione avrebbe bisogno di essere dimostrata con molta evidenza.

Se infatti si pensa che la luce della scintilla elettrica basta per farci giudicare del rilievo degli oggetti che ne circondano, come basta anche perchè si produca l' illusione nello stereoscopio: e se si pensa che quella luce, secondo quanto dimostrò Wheatstone, dura meno di 0,0000001 di minuto secondo, molto difficile ad ammettersi dovrà riescire se non erro, che in un tempo così breve possano le linee oropteriche essersi spostate non solo nel senso antero-posteriore per una notevole estensione, mediante una progressiva modificazione nella convergenza degli assi ottici, ma possano anche ad ogni minimo spostamento in questo senso avere percorso verticalmente il nuovo campo cui in quell' istante corrispondeva l' oroptro. Anche il sig. Claparède dichiara che questa obiezione è la sola che gli sembri seria contro la teoria della visione bioculare semplice mediante i punti oropterici, e soggiunge che se non gli sembra una obiezione assoluta egli è in virtù del cangiamento al quale per impulso automatico soggiace di continuo il grado di convergenza degli assi ottici senza che nemmeno ce ne accorgiamo: ma io confesso candidamente che questa obiezione mi sembra così imponente che sino a nuova e più completa dimostrazione non saprei indurmi ad accettare la teoria dell' oroptro come sola spiegazione della visione semplice con due occhi. In questa opinione anzi oserei confidare potesse scendere anche il sig. Claparède, se vorrà riflettere che allorquando l'oroptro deve ridursi unicamente a due sole linee di matematica sottigliezza non basta ammettere possibile il movimento loro nel senso antero-posteriore, ma conviene non dimenticare la necessità di un continuo movimento verticale o trasversale: nel qual caso, oltrepassa i limiti del probabile che in un tempuscolo quasi inapprezzabile, possano i muscoli dell'occhio effettuare tutte le contrazioni necessarie, mentre le esperienze di Helmholtz ci insegnano che la contrazione muscolare non è un fenomeno di una istantaneità incommensurabile. La teoria dell'oroptro sembrami dunque non possa nella semplicità sua darci buona spiegazione di tutti i fenomeni della visione bioculare, ma non per questo è da credere che ogni norma precisa per interpretare quei fenomeni venga meno, e che si sia costretti a nascondere la nostra ignoranza nel trito ripiego di una proprietà della retina capace di agire senza leggi costanti: perchè molti altri elementi di spiegazione rimangono tuttora da adoprare, e manca soltanto che mediante esperienze precise e concludenti di ognuno di essi si determini il relativo valore.

Una avvertenza, che se non erro non venne sempre valutata quanto conviene nella considerazione della visione bioculare, si è quella che non conviene argomentare di ciò che nella ordinaria visione deve accadere, prendendo per fondamento quello che si verifica in certe esperienze, nelle quali l'attenzione anzichè essere uniformemente distribuita su di un largo campo, è concentrata a tutto potere entro un angusto confine. Quanto influisca l'attenzione sul resultato delle sensazioni visive, lo mostra la notissima esperienza delle varie figure che possiamo vedere a piacimento nostro, in un circolo che contenga inscritti due triangoli equilateri disposti per guisa che dalla intersezione dei loro lati resulti un esagono regolare: giacchè ognuno sa come in tal caso riesca facile vedere o l'esagono centrale, od i due triangoli, o la stella a sei spicchi che resulta dal loro insieme, non curando volta per volta quelle combinazioni di linee delle quali in quel momento non vogliamo far caso. Questa considerazione ho voluto ricordare non gia perchè io pensi che possa direttamente ajutarci nella spiegazione dei fenomeni dei quali si tratta, ma perchè credo che possa spianare alquanto la via avvertendoci che p. e. l'esperienza dei tre spilli di G. Müller non deve prendersi come giusta rappresentatrice delle condizioni nelle quali ordinariamente si esercita la vista, talchè accettabili nel primo caso possono stimarsi dalle spiegazioni che non lo sarebbero nel secondo.

Il centro delle retine, siccome quello a cui corrisponde il prolungamento dell'asse ottico del sistema lenticolare dell'occhio, è per certo un punto di importanza singolare, e come tale dovrà tenersi anco nella determinazione delle omologie degli altri punti delle due retine: ma quelle omologie così geometricamente determinate se potranno avere valore assoluto agli occhi del fisico che nella retina considera il portaggetti di una camera oscura, non potranno esser tenute come esclusive di ogni altra considerazione pel fisiologo, che conosce quanta complicanza di organizzazione, e quanta dovizia di proprietà organiche possegga la membrana nervosa dell'occhio. Sarebbe forse impossibile cosa che mentre le immagini formatesi nelle retine sulle linee che corrispondenti a quelle oropteriche, si unificano pel semplice ed incontrovertibile carattere della omologia rispetto al prolungamento dell'asse ottico dell'occhio, altri benchè meno semplici ed inevitabili processi di unificazione dovessero ammettersi del pari? Le immagini che non cadono sovra elementi affatto omologhi nei due occhi, quando un insolito concentramento di attenzione non si opponga, non potrebbero entro certi limiti sommarsi in una impressione unica, se oltre al rapporto della loro posizione nelle due retine entrasse nel calcolo unificatore anche l'elemento della posizione dell'oggetto rispetto alle linee oropteriche, o, cosa che equivale, la posizione delle immagini rispetto al meridiano orizzontale ed a quello verticale delle retine, considerata in relazione del grado di convergenza degli assi ottici? Questi elementi sembreranno troppo numerosi, questa supposizione potrà apparire lambiccata: nè io certamente intendo di affacciarla se non come una semplice supposizione messa là nella mancanza di teorie complete e soddisfacienti, per vedere se l'ingegno di qualche sperimentatore riesce a quello a che io non seppi giungere nei brevi e frettolosi momenti nei quali per adesso potei occuparmi di questo argomento, vale a dire ad escludere o confermare quel supposto per mezzo di qualche buona e decisiva esperienza. Col solo oggetto di difendermi dall'addebito di avere troppo alla leggiera arrischiato un ipotetico pensiero, ricorderò che nei giudizii che si formano mediante la vista entrano spesso numerosi e diversi elementi, e farò notare che la retina non è da considerarsi come un mosaico di puntiformi elementi nervosi, ognuno dei quali operi da per sè essendo in diretta relazione funzionale col comune sensorio, ma che per lo contrario la retina è un vero e proprio organo nervoso, la di cui individualità è rappresentata morfologicamente dallo strato delle cellule ganglionari, e fisiologicamente se non altro dalle leggi delle così dette aureole accidentali che si vedono in certi casi attorno agli oggetti, e dal cangiamento delle figure e delle dimensioni apparenti degli oggetti piccoli in mezzo ad un campo di una intensità luminosa molto diversa da quella che dessi hanno. Se questa proprietà esiste nella retina: se come dice e procura di provare sperimentalmente anche il sig. Claparède, esiste in noi una tendenza abituale a realizzare la visione unica con due occhi: se di più la mancanza di una perfetta omologìa dei punti che ricevono le immagini, può trovare degli elementi correttori nella situazione loro relativa ai meridiani verticali ed orizzontali tenuto conto del grado di convergenza degli assi ottici, non sembrerà forse cosa molto strana che tanto raro sia in fatto il raddoppiamento delle immagini, mentre tanto frequente dovrebbe essere guardando allo scarsissimo numero dei punti compresi dalle linee oropteriche.

Il grado di convergenza degli assi ottici sarà sempre da reputarsi, nessuno può dubitarne, come il più fondamentale e sicuro criterio che ci somministrino i nostri occhi per giudicare delle distanze, e perciò del rilievo degli oggetti: e le prove addotte nelli scritti del sig. Claparède basterebbero per persuadersene: ma non per questo dovremo trascurare anche delle altre considerazioni di non lieve importanza. Il fenomeno della visione non è, come a prima giunta potrebbe credersi, da qualcuno, un fenomeno semplice derivante dal solo dipingersi dell'immagine in un dato punto delle retine, ma è un fenomeno complesso, è il resultato della somma o del confronto dei diversi criteri, taluni più rigorosi ed esatti e taluni meno, che mediante l'apparato oculare giungiamo in un istante a raccogliere relativamente agli oggetti che ci stanno dinanzi. Taluni di questi criterii sono d'indole affatto positiva, come appunto la convergenza degli assi ottici, della quale abbiamo cognizione mediante l'informazione che il senso muscolare ci somministra del grado di contrazione dei muscoli orbitali: la divergenza dei raggi componenti ogni cono luminoso proveniente dagli oggetti, la quale necessita un diverso adattamento dell'occhio, perchè il fuoco dell'apparato lenticolare sia esattamente sulla retina: ec. ec.; e questi criterii sogliono prevalere con facilità sovra gli altri di più dubbio significato, come sarebbero la maggior freddezza delle tinte per gli oggetti lontani, le dimensioni relative, gli effetti della prospettiva, quelli delle ombre ec. ec. Ma se ciò avviene quasi sempre, non sarebbe nel vero chi asserisse che costantemente è così. Quante volte una pittura, se specialmente le regole prospettiche abbiano potuto avere larga e buona applicazione, non sembra per nulla una rappresentazione di oggetti tutti su di un piano, ma sembra anzi un insieme di oggetti collocati a distanze diversissime, abbenchè sia veduta a tale prossimità che l'angolo degli assi ottici non è ancora trascurabile? Quante volte una ben fatta fotografia di un basso rilievo, (ed io ne conosco esempi notevolissimi) non sembra un pianeggiante disegno, ma comparisce come se avesse delle forti prominenze anche nel momento in che il tatto ci assicura che è perfettamente piana? Il giudizio che facciamo mediante la vista è adunque il resultato di un calcolo assai complesso, nel quale diamo valore ora più ed ora meno a questo od a quel criterio, a seconda di alcune variabili circostanze che ce lo rendono preferibile, e ci fanno negar fede alle contrarie testimonianze che per altra parte ci giungono: e sebbene il grado di convergenza degli assi ottici sia uno dei cardini principalissimi nel giudicare delle distanze, pure ancora esso non sempre riesce vittorioso alla prova.

Non è per certo mio intendimento porre in dubbio che la teoria dell'oroptro possa di per sè darci spiegazione della unità e della duplicità delle immagini, quando si guarda attentamente un oggetto mentre se ne veggono altri più vicini o più lontani di quello: ma se non erro potrà pur sempre esser vero che quella teoria non debba invocarsi sola quando l'attenzione è distribuita con più uniformità sugli oggetti veduti, e che mediante un meno semplice processo si unifichino allora talune immagini non omologhe secondo la teoria dell'oroptro, e si possa avere idea delle distanze relative delli oggetti, senza misurarle mediante un progressivo cangiamento nella convergenza degli assi ottici.

Pisa 14 Dicembre 1856.

C. STUDIATI.

PROEMIO ALL' ARCHIVIO METEOROLOGICO CENTRALE ITALIANO; DI V. ANTINORI, DIRETTORE DELL' I. E R. MUSEO DI FISICA E STORIA NATURALE DI FIRENZE.

A sodisfare la naturale e giusta curiosità del lettore premetto alcune notizie sulla origine e lo scopo di questa pubblicazione, non che sulle attuali condizioni della meteorologia.

Nel primo congresso degli scienziati italiani, ch' ebbe luogo, siccome è noto, in Pisa l' anno 1839, fu richiamata l' attenzione dei fisici sopra gli studj meteorologici (1), sembrando quella una occasione propizia per dare ad essi la consistenza di cui abbisognavano, e che dal progresso delle altre scienze naturali, non che dal concorso di varie menti a questo scopo rivolte, potevano conseguire. Piacque la proposta e parve opportuna, e nei futuri congressi, particolarmente in quelli di Pa-

(1) Vedi la *Memoria sulla necessità di stabilire un sistema regolare di osservazioni di fisica terrestre ed atmosferica.* Firenze Tipografia Galilejana 1840.

dova, di Lucca, di Milano e di Napoli, si nominarono le commissioni a redigere il richiesto piano generale di osservazioni di fisica atmosferica e terrestre in tutta la Penisola; si tennero varie discussioni in proposito, e da questo Museo fu inviato al congresso di Napoli un *progetto di modula* per servire di guida agli osservatori italiani, ed il *saggio di un Vocabolario meteorologico* per la uniformità del linguaggio nei fenomeni in specie di pura osservazione. Intanto da questo medesimo Museo l'ottavo giorno del 1844 si pubblicava una circolare (1) in cui erano gli osservatori invitati a contribuire alla formazione di un archivio centrale meteorologico italiano, il quale aveva per iscopo di raccogliere e di ordinare tutte le osservazioni che si vanno facendo nella nostra Penisola per pubblicarle compendiate e ridotte ad unità di linguaggio, in tanti prospetti o quadri *numerici e grafici*, non senza fiducia di potere un tempo giungere a dare giorno per giorno in tante carte o mappe rappresentanti l'Italia, l'andamento della pressione atmosferica, della temperatura, del magnetismo, delle correnti aeree, delle tempeste e della pioggia ec. su tutta la superficie della nostra Penisola; al quale scopo erasi pure inciso un rame che, mentre dava di questa l'esatto contorno, coll'artificio di tante linee o tratti più o meno fitti mostrava, quasi direi a colpo d'occhio, d'ogni parte di essa l'altezza dal livello del mare, non che il corso de' fiumi nelle ime parti delle valli ed i segni convenuti per indicare la posizione degli osservatorj. E poichè al nostro invito i più solerti ingegni da varie parti d'Italia gentilmente nell'anno stesso 1844 corrisposero, ci stimammo in debito nel Settembre d'inviare al prossimo congresso, quello di Milano, un ragguaglio col duplice oggetto, e di ringraziare coloro che si mostrarono pronti a contribuire allo scopo cui richiamava la nostra circolare, pubblicando i loro nomi, e la natura dei loro invii partitamente narrando, e di esporre i preparativi che da noi si andavano facendo per ordinare, in tante

(1) Vedi la *Circolare* a stampa del dì 8 Gennajo 1844 e pubblicata il 10 Settembre 1844 Tip. Galilejana.

[illegible]

precisione ed accuratezza delle indicazioni; dividendo intanto le pubblicazioni del nostro Archivio in due parti, *Antica* cioè e *Moderna;* destinando alla prima tutte quelle osservazioni che dai più remoti tempi fino a tutto il passato secolo ci pervenivano, e all'altra quelle spettanti al secolo in cui viviamo; accogliendo di buon grado eziandio tutte quelle osservazioni che meno complete o di più breve periodo venissero indirizzate al nostro Archivio, a cui potranno essere utili non solo tutte quelle osservazioni che descrivono e misurano i fenomeni generali e giornalieri, ma quelle eziandio che senz' apparato d'istrumenti narrano con accurata semplicità i fenomeni parziali ed accidentali; che se non tutti potranno essere da noi pubblicati, potranno pur tutti avere onorata menzione in un Catalogo ragionato che accompagnerà le nostre pubblicazioni, e che darà

(1) Vedi sull' *Archivio Meteorologico Centrale Italiano,* Ragguaglio indirizzato alla sesta Riunione degli Scienziati Italiani dalla pag. 13 alla 15.

di tutti i materiali raccolti il titolo e l' oggetto onde all' occasione possano essere nel nostro Archivio consultati e studiati. Fermi in questo proposito, scelte le materie per un primo fascicolo, si pose mano alla stampa, se non che fattasi l' Italia teatro di ben altri eventi che quelli dei quali ci proponevamo lo studio, e noi ad altre gravi cure chiamati, la stampa ha proceduto con lentezza, e la pubblicazione venne fin qui ritardata. Che se da un lato ci fu doloroso il ritardo per cui ci vedemmo nei nostri concetti prevenuti dagli stranieri, ci è stato di segreta compiacenza il considerare come fosse opportuno il nostro primo richiamo a quegli studj, e quanto fossero giusti i mezzi suggeriti a farli avanzare; imperocchè da pochi anni a questa parte abbiamo veduti sorgere importantissimi lavori su questo proposito, ed efficaci istituzioni a promuoverli; a malgrado delle difficoltà che in ogni tempo si presentarono e si presentano per coltivarli con utilità; a malgrado la tendenza che, in generale, ha pigliato la nostra età leggiera e frettolosa di preferire la gloriola del momento, sovente effimera e caduca, a quegli studj i quali, comunque importantissimi ed utili, non danno pascolo all' amor proprio che si vuol sodisfatto subito, qualunque sia per essere il vantaggio che può derivarne alla scienza; a malgrado la mancanza per ora di quella estesa uniformità ed intelligenza tra gli osservatori che potrà si validamente contribuire ad incamminare la meteorologia al grado di scienza, non potendo a questo scopo bastare gli sforzi di un *solo*, nè di *pochi*, ma l' accordo simultaneo di *molti* osservatori, i quali, più saranno di numero, e più occuperanno del vasto campo che abbracciano i fenomeni meteorici, tanto più e meglio ne faranno conoscere e la natura e le leggi.

A malgrado di ciò fummo testimoni, siccome diceva, di molti e brillanti risultati che vennero in questi ultimi tempi ad arricchire siffatti studj, tutti più o meno estesi, ma tutti pure dimostranti la necessità di raccoglier più fatti che sia possibile, onde ottenerli. Tali sono (ne trascelgo alcuni), l' Atlante Uraganografico del Reid, il quale ci addita l' andamento regolare degli uragani in mare, e dimostra ai naviganti non solo il modo di evitarli, ma in qualche caso anco di renderseli favorevoli; scoperta utilissima e tutta meteorologica la quale,

[illegible]

[illegible] le osservazioni orarie del termometro estese a diverse regioni, e fatte grande argomento di sicurezza a determinare la media temperatura, delle quali diè primo l'esempio l'italiano Chiminello. Tali sono i saggi di meteorologia comparata del Kämtz, e quelli del Mártins e del Bravais coll'oggetto di paragonare i fenomeni atmosferici delle contrade boreali con quelli di un clima analogo, ma di latitudini medie derivanti da grande elevazione sul livello del mare, tutti dati, siccome ognuno vede, preziosissimi a meglio determinare la climatologia delle varie regioni ed alla naturalizzazione degli esseri necessarissimi.

A questi fatti più importanti venuti ad illustrare lo stadio dei fenomeni atmosferici, ed a mostrarne la utilità aggiungo

(1) Abbiamo di questa importante Opera del Colonnello William Reid un'accurata traduzione italiana col seguente titolo: *Sviluppo progressivo della legge delle tempeste e dei venti variabili con l'applicazione pratica alla Navigazione, illustrato con Tavole ed incisioni.* — Malta 1853.

le più rimarcabili istituzioni dei nostri giorni tendenti ad accrescere il numero dei fatti, e ad estendere il campo delle osservazioni, e stabilirne la uniformità, la simultaneità, la comparabilità. Pongo tra queste l'Annuario meteorologico della Francia pubblicato con regolare periodicità dai signori Haeghens, Martins, Bérigny, dal 1849 in poi; e l' Associazione Britannica per le osservazioni meteorologiche giornaliere e simultanee, dirette dall' Astronomo dell' Osservatorio reale di Londra, ed estese di presente con regolare rapidità dalle coste d' Irlanda al Belgio, e da Jersey a Dundee. Ed è qui mio debito ricordare che, frutto in gran parte di questa associazione vedesi nel portentoso palazzo di Sydenham tra tante e tante maraviglie forse la meno avvertita, ma non però la meno importante, un quadro o prospetto che indica col favore dell' elettrica rapidità tutti i cambiamenti atmosferici che, non solo di giorno in giorno, ma a diverse ore del giorno accadono nei varj porti dell' Inghilterra.

Nè di minore importanza nè meno proficuo alla fisica terrestre ed atmosferica riusciva l' appello fatto negli Stati Uniti d' America agli amici della scienza con oggetto di stabilire un sistema regolare d' osservazioni in terra ed in mare su larghissimo campo, e il concertato piano che a questo scopo fu stabilito, e le date istruzioni onde porle ad effetto, ed i fatti notevoli che ne risultarono, e le carte o mappe che a dimostrare il giro delle tempeste e l' andamento dei fenomeni giornalieri nel perimetro attivo di quella corrispondenza, vennero pubblicati (1). Di tutti questi fatti ci ha dato in pochi anni il primo esempio l' operosa America, la quale coll' ardore giovanile d'una nazione che sorge, ha saputo sì ben profittare dei lumi e della esperienza della vecchia Europa in ogni genere di civiltà. E muoveva pure dagli Stati Uniti d' America l' invito all' Inghilterra per concertare un piano uniforme di osservazioni meteorologiche nel mare, e i due Governi avendo convenuto della evidente utilità che poteva risultare dalla loro intelligenza non solo, ma da quella eziandio di tutte le altre potenze marittime,

(1) Vedi *Primo Rapporto sulla meteorologia di James Espy A. M. Washington* 9 Ottobre 1843.

convennero con esse che nell'Agosto del 1853 sarebbesi aperta a Bruselle una conferenza, alla quale erano pregati tutti i Governi di inviare, un giorno determinato, e questo fu il 23 di quel mese, un ufiziale di marina come loro rappresentante, ed in quel giorno intervennero e si adunarono nel palazzo del Ministro dell' interno i rappresentanti degli Stati Uniti, dell' Inghilterra, della Svezia, della Norvegia, della Danimarca, del Belgio, dei Paesi Bassi, della Russia, della Francia e del Portogallo, con animo deliberato di giungere immediatamente a stabilire un sistema di osservazioni il più perfetto ed esteso che fosse possibile. E questa conferenza, nella regolarità del suo andamento, modello di zelo, di sapienza, e d' imparzialità, presieduta dall' illustre Quetelet benemerito ed operoso promotore degli studj meteorologici, sagacemente, discusse le ragioni di preferenza degli istrumenti fissato il tempo ed il modo delle osservazioni, e stabilito il quadro degli istrumenti da registrare e dei fenomeni da osservare lo pubblicava insieme colla storia di queste conferenze, ed i processi verbali delle sue sedute, nell' anno stesso e nelle due lingue inglese e francese con grandissima utilità della scienza meteorologica e non senza fiducia che questo esempio possa essere efficace impulso ad estendere sempre più tra gli osservatori del continente quell' accordo che può condurre la meteorologia a conseguire meritamente il nome di scienza (1).

Questi risultamenti e questi sforzi che per l' avanzamento di essa ultimamente si trovarono e si fecero, ne mostrano la utilità, senza ulteriori argomenti; e di questa utilità stimo oggimai vano parlare dopo quel tanto che ne fu scritto da altri, dopo tuttociò che venne notato intorno alle utili applicazioni della meteorologia; la quale ha d' uopo di accrescere a dismisura il numero dei *suoi fatti*, ed a questo provvederanno gli *archivj*: ha d' uopo d' *intelligenza tra gli osservatori*, ed a questo provvederanno le *analoghe associazioni*. Lo spirito d' associazione, che è l' anima di tutto l' umano consorzio, lo sarà

(1) Vedi *Conférence Maritime tenue à Bruxelles pour l' adoption d'un Système uniforme d'Observations Météorologiques à la Mer*, Août et Septembre 1853.

pure della scienza meteorologica; e che questa debba presto, e sempre in più efficace modo, e su più largo campo progredire, due considerazioni mi danno argomento a sperarlo, e l'attuale progresso di tutte le altre scienze fisiche che di necessità deve spingere anch'essa, e le facilitate comunicazioni per cui gli uomini possono, con incredibile rapidità, intendersi ed associarsi.

E di fatto, quanto al generale progresso di tutte le scienze naturali vuolsi riflettere come, a misura che la fisica sperimentale ha progredito nelle diverse sue diramazioni con rapido corso, che l'elettricità ha pigliato sì vasto campo nell'economia dell'universo, che il calorico, l'ottica e l'acustica dilatato il respettivo loro dominio, sono andate mirabilmente giovandosi ed affratellandosi, e la dottrina degli aereiformi ha ricevuto dall'avanzamento di quelle, nuova luce e consistenza; a misura che la chimica, accresciuta notabilmente la potenza della sua analisi, si è con la fisica sperimentale intimamente legata; a misura che le scienze, le quali più particolarmente prendono ad esaminare e conoscere la natura degli esseri, sonosi dilatate con vicendevole accordo e vantaggio; a misura che si è voluto meglio studiare e sapere la costituzione del nostro pianeta, e gl'influssi che su di esso esercitano tutti gli agenti fisici interni ed esterni; a misura che si è preso a considerare la distribuzione naturale di tutti gli esseri che nelle varie sue parti lo popolano, e sotterra ed alla superficie, e nell'aria, e nel mare, anco gli studj meteorologici han dovuto di necessità ridestarsi ed essere desiderati e ripresi. E questo oceano aereo, il quale, non altrimenti che l'aquatico, ci preme e circonda, doveva per natural conseguenza essere anche esso esaminato ed analizzato, e la ricerca di tutti i fenomeni che in lui succedono, e che da lui dipendono, prender doveva negli studj cosmologici e climatologici nobilissima ed indispensabile parte; dando ad essi, e da essi prendendo quei lumi di cui respettivamente abbisognano, con reciproco cambio d'utilità. Che in fatto di scienze fisiche, nell'avanzamento di molte non ponno le altre rimanersi stazionarie e ferme, ma sibbene avanzare anch'esse, e giovandosi dell'altrui progresso provvedere al proprio, e quindi allo splendor generale di tutte, per quel mirabile accordo che tra loro le consolida e stringe. Che anzi ai nostri giorni in tali condizioni si trova lo studio delle scienze naturali, che se a coltivarle di proposito e con profitto è necessario darsi ad una sola di esse, credo ugualmente necessario che non si debba però perdere di vista le vicendevoli relazioni che tutte hanno tra loro, perchè così facendo, non solo si dilata a dismisura l'orizzonte delle cognizioni, ma si giova efficacemente alla scienza prescelta, dando maggior forza e criterio alla nostra mente osservatrice; tale e tanta è l'armonia che regola i fenomeni e le leggi dell'universo!

E di questo vicendevole legame, (che nel loro progresso hanno le scienze ai nostri giorni reso sempre più manifesto) sono dimostrazione palpabile e parlante, gli Atlanti di Geografia fisica del Berghaus e del Johnston, e più di questi (se pure non sono anch'essi frutto della medesima mente vastissima) il Cosmos dell'Humboldt, maraviglioso prospetto del Mondo creato che, descrivendone la natura e la storia dimostra chiaramente l'armonia delle leggi che lo governano, l'influsso delle cose sugli esseri, e di questi su quelle, e come l'uomo, che tutto modifica, venga dal canto suo, e dalle cose e dagli esseri modificato; sublime concetto degno del grande argomento: prodigio insieme d'antica sapienza e di moderna attività; opera immortale che basterebbe di per se sola a salvare dalla taccia di leggiero il secolo in cui viviamo.

Veduto come possa e debba il progresso attuale delle scienze efficacemente giovare ai nostri studj, vengo all'altra considerazione sul vantaggio che queste possono ripromettersi dalle facilitate comunicazioni tra gli uomini, la quale chiarissima di per sè non abbisogna di molte parole a provarsi, perchè a tutti sono note siffatte facilitazioni, e salta pure agli occhi di tutti come possono esse servire ai nostri bisogni mirabilmente. Noi abbisognamo e di estendere il campo delle nostre ricerche e d'intelligenza tra gli osservatori e di uniformità e simultaneità nelle osservazioni; ora a questo scopo egli è evidente che possono mirabilmente servire come servono, e sempre più serviranno i telegrafi elettrici, lo che viene gia dimostrato dai risultamenti ottenuti, mercè di essi, in America e in Inghilterra, dal saggio esteso dal Le Verrier a varie provincie della Francia, e più recentemente a varie parti d'Europa e da quello non ha guari praticato, comecchè su più ristretto perimetro, dal chiarissimo Padre Secchi nello Stato Romano. Che se verrà un tempo in cui si stabilisca e si estenda d'accordo tra gli osservatori tanto quanto all'uopo della scienza è richiesto, potremo allora, e così non fosse quel tempo lontano, conoscere l'origine e l'andamento dei fenomeni che ci riguardano, e quindi ritrovarne le leggi, non altrimenti che se fosse dato ad un solo uomo ascendere nel più alto dei cieli con tanta potenza di vista da contemplare tutta la superficie terrestre girando attorno lo sguardo.

Queste cose premesse sulla storia e l'indole della presente pubblicazione, e sulle attuali condizioni della scienza che è nostro argomento, scendo a parlare di questa prima pubblicazione, la quale, divisa anch'essa, come fu detto, nelle due parti, *Antica* e *Moderna*, conterrà nella prima le osservazioni meteorologiche degli Accademici del Cimento, tutte finora inedite; nella seconda le giornaliere osservazioni che regolarmente si fanno in questo I. e R. Museo dal 1832 in poi. E noi non crediamo potere in più solenne modo inaugurare la nostra pubblicazione, nè sotto più grati e splendidi auspicj incominciarla, di quello che presentando il prospetto delle osservazioni meteorologiche (1) istituite dagli Accademici del Cimento in quell'età maravigliosa e feconda (certo una delle più splendide non solo per la Toscana, ma nella storia dei popoli) che vide nascere e con mirabile rapidità farsi adulta la fisica sperimentale; in quella età che dette agli studj nostri, e il termometro e il barometro e l'igrometro, ed altri strumenti di misura, e nella quale ebbero quindi le osservazioni meteorologiche anch'esse quella consistenza e quel retto andamento che allora tutte le altre nuove e recenti parti della fisica andavano ricevendo. La qual cosa se fui sollecito avvertire fino da quando per mia gran ventura venni destinato a parlare di quella epoca feracissima, a cui ritornerà sempre con sodisfazione l'umano pensiero (e

(1) Sarebbe stato importante per la scienza di conoscere la relazione fra gl'istrumenti meteorologici adoperati dall'Accademia del Cimento e quelli che ora adoperiamo.
C.

che non si potrà mai tanto lodare ed esaltare che non meriti molto di più) ora a tutti apparirà manifesta da quello che pubblichiamo.

Quella schiera di eletti ingegni, tutti illuminati dalla nuova toscana filosofia sperimentale, (annunziata già da Leonardo, e poi da Galileo creata e divulgata) animati da uno spirito di osservazione alla ricerca del vero unicamente diretto, sgombri da qualunque pregiudizio di opinione preconcetta, forti alle seduzioni di sistematiche generalità, guidati da retto spirito d'induzione, educati insomma nella scuola del gran toscano, furono nell'esercizio della investigazione delle verità naturali con tanta opportunità di preparazione addestrati, che l'intelletto loro vi trovava il pascolo confacente al *genio* insieme ed all'*ingegno*; cosicchè poi qualunque parte dell'Universo prendessero in esame, vi portavano quella rettitudine di mente, quel giusto criterio, quella vastità di concetto, quella purità d'intenzione che doveva per ogni lato illustrarla. E questo lo vediamo eziandio nelle ricerche di fisica atmosferica, le quali furono tosto da essi vedute colla debita sagacia, e, quasi direi, con moderno intendimento considerate. Di fatti se risalgo all'invenzione del barometro e considero il concetto del celebre inventore di quell'istrumento, rilevo, che egli istituì quell'esperienza filosofica intorno al vacuo, com'egli dice, « non per fare « semplicemente il vacuo, ma per fare uno strumento, che mo« strasse le mutazioni dell'aria, ora più grave e grossa, ora « più leggiera e sottile » (1) e questo quanto al barometro considerato come istrumento meteorologico, ma sembra indubitato che egli fin d'allora prevedesse che questo istrumento poteva servire come misura delle altezze de' monti; poichè dopo aver notato che noi viviamo immersi in un pelago d'aria, la quale nelle parti inferiori è più densa che nelle superiori, e che si estende per molte miglia al di sopra delle nostre teste, osserva che sopra le cime degli alti monti attenuandosi deve esser molto meno pesante. E dopo aver riportato nella lettera diretta al Ricci, l'altezza alla quale si sostiene il mercurio determinata

(1) *Prefazione alle Lezioni Accademiche* d'Evangelista Torricelli. — Firenze 1715 da c. 27 a 29.

da esso di un braccio e $\frac{1}{4}$ e un dito (altezza che mirabilmente s'approssima alla nostra media barometrica, ottenuta ora da una lunga serie di osservazioni (1)), mostra infine, data la relazione dei risultati dell'esperienze, essersi ancor accorti dell'influenza della temperatura sull'altezza barometrica.

Ed ecco il barometro che nato appena e non ancor nominato, già se ne vede l'ufficio suo principale, e la necessità di badare alla temperatura per correggere le di lui indicazioni. E vedesi poscia questo istrumento medesimo nelle mani prima del Gran-Duca Ferdinando II, e poi degli Accademici del Cimento, farli ben presto accorti dei cambiamenti ordinarj e straordinarj, giornalieri ed accidentali, nel peso dell'aria, e destar la curiosità loro e la loro maraviglia lo apparire questo fluido in cui viviamo, per le indicazioni di quell'istrumento, più leggiero allorchè è pregno di vapori e di nuvole, di quello che a cielo sereno; il qual fenomeno che destò fino agli ultimi anni del passato secolo la curiosità di tutti i fisici, fu dai nostri non solo veduto subito, ma sotto varj aspetti considerato, tentandone la spiegazione con ipotesi varie le quali, se non tutte plausibili, certo tutte ingegnose e sottili, e tutte esaminate e discusse con ammirabile acutezza di criterio, ipotesi e discussioni che (se non mi abbaglia la venerazione che nutro per quei sommi, venerazione che non può mai dirsi soverchia), sono a noi, pur troppo tardi nipoti, di duplice scuola, e pel solerte modo col quale si debbono considerare i più complessi fenomeni naturali, e per quello spirito benigno ed imparziale con cui c'insegnano a discutere le altrui opinioni rispettandole sempre, e a difendere le proprie annunziate pur sempre con la debita riserva e modestia: dal quale esempio se possa l'età nostra imparare ne lascio il giudizio al lettore.

Quale spirito animasse i nostri filosofi, e quale fosse la varia indole dei loro ingegni apparisce dalle lettere e note che pubblichiamo, come quelle che ci sono sembrate opportunissi-

(1) L'altezza media barometrica non ridotta a zero temperatura, è di 757 millimetri; il braccio e quarto fior. corrisponde a 730,5 millimetri. La differenza che ne risulta di 27 millimetri circa, stà a rappresentare quella vaga espressione di un dito.

mi e preziosi documenti a giustificare le nostre parole, documenti che, non le dubitiamo, riusciranno gratissimi a chiunque brami conoscere la storia del progresso dell'umana ragione, e le glorie del nostro paese nativo, che, la Dio mercè, sono con quella si intimamente legate. Apparirà ancora da queste lettere, per la massima parte inedite, la prontezza con la quale dai nostri Accademici si notavano i fenomeni più singolari, si comunicavano le idee in proposito, la smania di conoscerne le cause, e il vivo desiderio di studiare se vi fosse coincidenza tra certi fenomeni periodici, come tra i moti dell'aria, e quelli del mare nel flusso e riflusso, per la qual ricerca proponeva il Borelli alcuni esperimenti comparativi da farsi a Livorno, come ancora tra la quantità dell'umidità atmosfarica e l'altezza barometrica; nè sfuggì loro la diretta relazione che difatto esiste tra quella e questa, se non che è da maravigliare che mentre registrano questa coincidenza nel diario, nel libro poi dei saggi attribuiscono a cagioni ignote e non apparenti le grandi variazioni della colonna barometrica. E degni pure di considerazione sono i sagaci suggerimenti che a seconda delle ricerche si proponevano per discoprire il vero, e la sollecitudine colla quale il Principe che loro presedeva, andava generosamente ordinando i mezzi opportuni alle diverse proposte esperienze, discutendo però egli stesso i varii progetti e le opinioni, in modo, non saprei dire, se più ingegnoso o cortese.

Narrai già come uscisse dalle mani del suo inventore il termometro, quali perfezionamenti ricevesse dal medesimo, e dal di lui amico e discepolo Francesco Sagrado (1), quali per opera del Granduca Ferdinando II, e come egli primo l'applicasse agli studj meteorologici (2) e ne facesse fabbricare dei comparabili tra loro: egli è però mio debito il fare osservare in questa occasione che, riconosciutosi allora come fatto costante che l'acqua gelavasi sempre alla medesima temperatura, e che questa si manteneva pur sempre la stessa nel ghiaccio

(1) Vedi *Saggi di naturali Esperienze* fatte nell'Accademia del Cimento. Terza edizione Fiorentina 1841. *Notizie Storiche* da pag. 50 a 52.

(2) Vedi *Saggi di naturali Esperienze* fatte nell'Accademia del Cimento. Terza edizione Fiorentina 1841. *Notizie Storiche* da pag. 43 a 44.

che fondevasi, quando anco il vaso in cui era contenuto fosse immerso nell'acqua bollente corresse veloce il genio investigatore dei nostri filosofi a voler conoscere se quel fatto esistesse costante per ogni latitudine ed in ogni stagione dell'anno; volo di genio che se si considera l'età e lo stato della scienza d'allora, non può non apparire maraviglioso siccome quello che precorreva il futuro e vero oggetto della meteorologia, ed era primo e vasto lampo di luce agli studj climatologici, e con questo acutissimo intendimento trovansi registrate le proposte per le relative osservazioni delle quali ecco le precise parole: « Vedere col medesimo termometro circondato di ghiaccio, se nella freddezza di questo si trovi differenza per la diversità delle stagioni (1).

« Far esaminare con termometri eguali e simili se nella freddezza dei ghiacci di paesi diversi e particolarmente dei settentrionali e meridionali assai più di noi si trovi differenza (2) ».

E per questo illuminato desiderio date furono le istruzioni ed i mezzi opportuni a stabilire in varie parti della Toscana e dell'estero delle osservazioni in proposito. Così sui versanti dell'appennino, e sulle cime delle alpi, a Bologna coll'opera del Padre Riccioli, a Parma, a Milano, a Varsavia, ad Inspruch, a Parigi valendosi del Bullialdo ec. Il Padre Luigi Antinori, come dissi nelle notizie storiche sull'Accademia del Cimento (3), era incaricato di mandare e gl'*istrumenti* e la *formula* per le osservazioni (4), e queste ad esso dai varj corrispondenti inviate venivano volta per volta rimesse nelle mani del Granduca Ferdinando.

Ammesso quindi quel dato fondamentale di paragone che la natura stessa poteva fornire nella massima parte dei paesi, proponevano ai loro corrispondenti di verificare « a quanti gradi di ascenda il massimo caldo e il massimo freddo dell'aria in diverse regioni in rispetto dei gradi dati dal diaccio (5) ». Di

(1) Vedi Documento n. 1.
(2) Idem.
(3) Vedi *Notizie Storiche* come sopra pag. 43.
(4) Vedi *Lettera* del Padre Terilla, Documento n. 4.
(5) Vedi Documento n. 1.

tanto scempio: la Divina Provvidenza la quale volle, con quel successivo e per ben quattro Secoli incessante periodo di ogni civiltà, di che le piacque privilegiare questa prediletta sua terra, tanta luce di sapienza diffondervi e tanto amore e generalità di cultura che ogni angolo ne restasse illustrato e compenetrato, e dal quale derivò, non ne dubito, quel natural criterio, quel buon senso, quella gentilezza d'animo che si notò e si ammirò sempre nel popolo toscano; la Divina Provvidenza, io diceva, non permetterà giammai che un tanto suo benefizio, l'oscurità della barbarie distrugga: e con questa lusinghevole speranza do fine al presente ragionamento, persuaso che, nelle più sinistre vicende, nelle più fiere e tempestose procelle saranno in ogni tempo nostro palladio e nostre tavole di scampo, Dante, Leonardo, Michelangiolo e Galileo!

SOPRA UNA NUOVA DISPOSIZIONE DI PILA A CORRENTE COSTANTE; DI RENOUX E SALLERON.

(*Comptes Rendus*, 10 *Janvier* 1859.)

Gli Autori si sono proposti di togliere alcuni inconvenienti della pila di Bunsen, sostituendo all'acido nitrico una dissoluzione di clorato di potassa nell'acido solforico, da $\frac{1}{5}$ sino a $\frac{1}{6}$ d'acido puro in volume. Essi assicurano che questa pila dà una corrente sensibilmente costante anche per otto giorni. I carboni sono cilindrici ed hanno un foro nell'interno in cui si mette il clorato di potassa che via via si discioglie e si mescola al liquido per dei fori laterali. La forza di questa pila si calcola essere intermedia fra quella di Daniell e quella di Bunsen. A peso eguale, il clorato di potassa può distrugger sei volte più d'idrogene del solfato di rame e il suo prezzo è solamente tre volte più grande.

RICERCHE SU' VINI DELLA TOSCANA FATTE NEL LABORATORIO DI CHIMICA DELL'UNIVERSITA' DI PISA; SOTTO LA DIREZIONE DEL PROF. *S. De Luca*, DA O. SILVESTRI E C. GIANNELLI.

Prima Parte.

La pubblicazione della prima parte di questo lavoro ha per iscopo di far conoscere a' lettori del *Nuovo Cimento* i risultamenti ottenuti d'alcuni saggi fatti sopra diversi vini toscani.

In tutt'i lavori scientifici o meccanici è sempre necessario un tirocinio, per acquistare facilità nell'esecuzione delle sperienze, conoscere il nesso tra queste e dare un giusto valore a' risultamenti che si ottengono: donde la necessità di cominciare dalle cose che presentano minori difficoltà di esecuzione. Perciò si è cercato di determinare la quantità di alcole contenuto ne' vini toscani e le materie organiche fisse alla temperatura di 110 centigradi, come pure le ceneri o sostanze inorganiche fisse, l'acqua, e la costatazione della glicerina in due campioni di vini.

La determinazione dell'alcole si è fatta distillando un volume di 100 centimetri cubi (presso a poco 100 grammi in peso) di ogni campione di vino, e raccogliendo la metà del volume di liquido (50^{cc}) dopo averlo fatto accuratamente condensare in un refrigerante di Liebig. Il numero di gradi che l'alcoometro di Gay-Lussac marca nel liquido distillato, indica la quantità di alcole contenuta in tutto il vino sottomesso alla distillazione, dopo aver fatto le correzioni relative alla temperatura alla quale sono state eseguite le determinazioni.

Questi saggi mostrano che i vini toscani sono tutti alcolici, ed in generale per l'anno 1857, la quantità di alcole puro in essi contenuto non è minore di 4 nè maggiore di 14 per 100 ritenendo inoltre che la media dedotta da 64 sperienze fatte sopra un egual numero di varietà di vini, corrisponde a circa 9 per 100 in alcole assoluto.

Il liquido distillato in cui si è determinato l'alcole, presenta costantemente una reazione acida alla carta di tornasole; questa reazione proviene da un acido volatile passato alla distillazione unitamente all'alcole ed all'acqua del vino.

La natura di quest'acido si è determinata nel seguente modo: la totalità del liquido distillato si è neutralizzata col carbonato di soda puro, e quindi si è evaporato a secchezza; una parte del residuo ottenuto trattata coll'acido solforico concentrato in proporzione conveniente, ha fatto sentire l'odore dell'acido acetico, e l'altra parte distillata in un piccolo matraccio (adattato alla lampada per saggi di tal natura) e insieme ad una piccola quantità di acido solforico e di alcole, ha dato dell'etere acetico riconoscibile al suo odor grato caratteristico ed alle altre sue proprietà fisiche.

Da ciò si rileva che tutti i vini toscani, o come conviene, almeno quelli sinora esaminati, contengono una certa quantità di acido acetico, proveniente senza dubbio dall'ossidazione dell'alcole e dalla trasformazione di quest'ultimo in aldeide, e dell'aldeide nell'acido acetico menzionato.

Si rileva pure da queste sperienze che, in generale, i vini ottenuti con mezzi non artificiali, debbono contenere una certa quantità di acido acetico, la quale può d'altronde facilmente eliminarsi per mezzo di un ossido metallico e di un carbonato; ma un tal metodo costituisce una falsificazione, capace di produrre, soventi volte, fenomeni di avvelenamento, cosa che può avvenire se l'acido si vuol neutralizzare per mezzo del litargirio, del piombo, del carbonato di piombo, ovvero col rame e con qualche suo composto: in questi casi si formano de'sali di piombo o di rame che si sciolgono nel vino, e possono quindi in tale stato passare nell'economia animale, e produrre gli effetti di cui sono capaci.

Se la neutralizzazione dell'acido acetico ne' vini comuni è necessaria, è miglior consiglio di far uso del carbonato di calce (marmo) ch'è per sè stesso insolubile e che può fornire dell'acetato di calce di azione innocua nell'economia animale.

La presenza dunque dell'acido acetico ne' vini naturali toscani, merita di essere menzionata, tanto più che non trovasi indicata da altri.

La determinazione delle sostanze organiche fisse alla temperatura di 110 centigradi si è eseguita evaporando a secchezza il liquido che rimane dopo la distillazione dell'alcole: si ottiene, operando in tal modo, un residuo-sciropposo, denso, acido, di sapor dolciastro, che nella totalità rappresenta le materie organiche fisse e le sostanze minerali. Coll'incinerazione in un fornello a muffola, si eliminano tutte le sostanze organiche, e si ottiene un nuovo residuo, il cui peso indica la quantità di sostanze minerali contenute in 100 parti di vino. Come pure il peso delle sostanze fisse al 100° diminuito di quello delle sostanze minerali, dà per differenza la quantità di sostanze organiche distruttibili coll'azione del calore.

La quantità di sostanze organiche ne' vini esaminati, (salvo due eccezioni in cui si eleva a circa 10 per 100) non va al di là del 5 per 100, nè trovasi al di sotto dell'1 per 100. La media poi dedotta da 64 sperienze è rappresentata dalla seguente cifra sopra 100 parti. 2,62

Le sostanze minerali sono poi contenute in piccola quantità ne' vini esaminati: esse non si elevano al di là del 0,6 per 100, nè sono inferiori al 0,1 per 100 ed in media sono rappresentate da 0,24 per 100.

Infine, conformemente alle belle ricerche di Pasteur, sulla fermentazione alcolica, i vini dovrebbero contenere come prodotto costante dello sdoppiamento dello zucchero, una certa quantità di glicerina. Questa ricerca delicata è stata eseguita dal giovine Giuseppe Ubaldini sopra due campioni di vini toscani, ed entrambi hanno fornito una tenue quantità di un liquido denso ed alquanto dolce, solubile nell'alcole assoluto, volatile col calore in fumi bianchi, i quali spandono un odore particolare e caratteristico: inoltre questo liquido non fermenta col lievito di birra, e trattato coll'ioduro di fosforo dà del propilene iodato, C^6H^5I, che fornisce il gas propilene in contatto dell'acido idroclorico e del mercurio.

Tutti questi caratteri si accordano con quelli appartenenti alla glicerina ottenuta da' corpi grassi, ed in conseguenza la sostanza suddetta isolata da' due campioni di vini menzionati, non può essere che analoga alla glicerina.

Questi saggi, relativi alla glicerina, saranno continuati ne' lavori susseguenti.

Se da questi dati si volesse dedurre approssimativamente la quantità di acqua contenuta in 100 parti di vino, basterebbe sottrarre da questo peso, l'alcole e le sostanze fisse organiche e minerali determinate o 110°, e si otterrebbe una differenza che rappresenta l'acqua in 100 parti di vino. L'acqua in media, ne' vini toscani, rappresenta gli 88 per 100.

Ma tali determinazioni, se sono importanti non sono complete, nè sono le sole a farsi: è necessario determinare le sostanze zuccherine, le materie coloranti, la natura e la quantità degli acidi e delle basi, la glicerina che si forma col processo della fermentazione alcolica, ed infine le sostanze eteree che ordinariamente danno l'aroma a' vini. Inoltre un tal lavoro, non deve limitarsi a' vini di un solo anno, ma almeno a quelli di un intero decennio, per aversi risultamenti di qualche importanza e degni di fiducia.

FINE DELL'VIII. VOLUME.

Segue il quadro indicante le determinazioni di già menzionate, e talune notizie relative a' vini esaminati.

INDICE

MEMORIE ORIGINALI

TRADUZIONI ED ESTRATTI

Lightning Source UK Ltd.
Milton Keynes UK
UKHW020618110119
335177UK00005B/223/P

9 780666 092526